Belongs To: R&D Dept.

AF876921

saur

Jean De Coster

Dictionary for automotive engineering

English – French – German

Dictionnaire du génie automobile

anglais – français – allemand

avec définitions
des termes français

Wörterbuch für Kraftfahrzeugtechnik

Englisch – Französisch – Deutsch

Mit Definitionen
der deutschen Begriffe

3rd revised and enlarged edition
3e édition revue et augmentée
3. verbesserte und ergänzte Auflage

K · G · Saur
München · London · New York · Paris 1990

CIP-Titelaufnahme der Deutschen Bibliothek

Coster, Jean de:
Dictionary for automotive engineering : English – French – German = Dictionnaire du génie automobile = Wörterbuch für Kraftfahrzeugtechnik / Jean De Coster. – 3., rev. and enlarged ed. – München ; London ; New York ; Oxford ; Paris : Saur, 1990
ISBN 3-598-10881-8
NE: HST

Printed on acid-free paper

© 1990 by K.G.Saur Verlag München
(member of the international Butterworth Group)
Alle Rechte vorbehalten · All Rights Strictly Reserved

Printed in the Federal Republic of Germany

Jede Art der Vervielfältigung ohne Erlaubnis des Verlags ist unzulässig.

Printed by WS-Druckerei Werner Schaubruch, Mainz
Bound by Thomas Buchbinderei, Augsburg

ISBN 3-598-10881-8

Contents / Table des matières / Inhalt

Preface

Given the success of the first edition of the Dictionary for Automotive Engineering, and the recognition it found among its users, it seemed worthwhile to publish a second expanded edition, using the basic layout of the first.

The editor has attempted, above all, to further research the area of autoelectronics, since this is the most rapidly changing field. For this reason, electronic injection as well as electronic equipment have been given special attention. Other areas, for example, auto-body painting, tools for maintenance and repair, car-radio installation, noise suppression, and exhaust detoxification, oil products, road traffic etc., have been either expanded or newly added.

The valuable contribution of the editor, Mr. Léopold Gridelet, teacher at the Ecole de Mécanique et de Technologie des Ateliers de la Ville de Liège, must be acknowledged with thanks. Mr. Gridelet carefully went through the manuscript of this new edition, giving valuable advice and tips.

Neupré-Plainevaux, June 1986.

Avertissement

Au vu du succès remporté par la première édition du présent ouvrage, il nous a paru utile de présenter aux lecteurs une version encore plus étoffée à la faveur d'une réédition,en nous en tenant au canevas adopté précédemment.

Notre souci majeur fut d'abord de défricher le domaine de l'électronique, qui semble être celui qui évolue le plus en technique automobile. C'est ainsi que l'injection électronique de même que l'appareillage de contrôle électronique lui aussi ont trouvé une large place dans cette nouvelle édition entièrement remaniée. D'autres domaines tels que le traitement de la carrosserie, la peinture, la panoplie de l'outillage ainsi que les travaux de réparation et d'entretien en atelier, le montage de postes de radio, le déparasitage, la lutte antipollution, les produits pétroliers, le trafic routier ont été systématiquement explorés.

Enfin l'auteur se fait un devoir de remercier tout particulièrement Monsieur Léopold Gridelet, Professeur de mécanique automobile à l'Ecole de Mécanique et de Technologie des Ateliers de la Ville de Liège, à qui échut la tâche ingrate de relire le manuscrit et dont les conseils éclairés contribueront à rehausser la qualité de cet ouvrage de référence.

Neupré-Plainevaux, juin 1986.

Vorwort

Nachdem die Erstauflage des Fachwörterbuchs für Kfz-Technik aus Kreisen der Technik, Wissenschaft und des Fachhandels große Anerkennung gefunden hat, erschien es uns erforderlich, eine zweite Auflage in erweiterter Form, jedoch unter Beibehaltung des Grundschemas herauszubringen.

Vor allem hat sich der Verfasser bemüht, das Gebiet der Kfz-Elektronik weiter durchzuarbeiten, weil besonders dort die größten Fortschritte von Jahr zu Jahr erzielt wurden. Aus diesem Grund sind die elektronische Einspritzung sowie die elektronische Werkstattausrüstung weitgehend berücksichtigt worden. Weitere Gebiete wie z.B. die Fahrzeuglackierung, die Werkzeugausrüstung für Reparatur- und Instandsetzungsarbeiten, der Autoradioeinbau und die Kfz-Entstörung, die Abgasentgiftung, die Erdölprodukte, der Strassenverkehr usw. sind erweitert bzw. neu aufgenommen worden.

Bei dieser Neuausgabe gilt der besondere Dank des Verfassers Herrn Léopold Gridelet, Fachlehrer bei der Ecole de Mécanique et de Technologie des Ateliers de la Ville de Liège, dessen Hinweise und Ratschläge bei der Durchsicht des Manuskripts gern aufgenommen wurden.

Neupré-Plainevaux, Juni 1986.

Dictionary for automotive engineering
Dictionnaire du génie automobile
Wörterbuch für Kraftfahrzeugtechnik

ABS braking device 0001

dispositif antiblocage ABS

Système de freinage grâce auquel les roues sont modérément freinées indépendamment de la pression exercée sur la pédale de freins, et ce jusqu'à l'immobilisation du véhicule, en sorte qu'un blocage soit évité. Le parcours de freinage s'en trouve plus ou moins réduit selon l'état de la chaussée. Récemment un antiblocage ABS pour motos a été mis au point par le constructeur BMW.

Le dispositif anti-patinage ABS comporte les éléments suivants:

1. Des capteurs de vitesse de roue sur un ou deux essieux et un capteur de vitesse d'arbre d'entraînement. Ils sont reliés à un calculateur électronique.
2. Le calculateur électronique traite les signaux que lui envoient les capteurs, prend des décisions et donne des instructions sous forme de signaux qu'il émet à son tour, lorsqu'une roue atteint la limite du blocage.
3. Le bloc hydraulique (ensemble hydraulique) muni d'électrovannes qui, sous l'impulsion des signaux, commande la pression hydraulique dans les cylindres récepteurs du circuit de freinage. La pression augmente, diminue ou est maintenue au même niveau.

Antiblockiersystem, ABS, elektronische Bremsschlupfregelung, Antiblockiereinrichtung, Blockierregler, Bremsschlupfregler, Blockierschutz, Gleitschutzregler, Blockierverhinderer

Mit dieser Einrichtung drehen sich die Räder mäßig gebremst bis zum Anhalten des Fahrzeugs unabhängig vom Pedaldruck, so daß sie nicht schroff blockieren. Je nach dem Zustand der Fahrbahn wird mit dem Blockierregler der Bremsweg mehr oder weniger verkürzt. Neuerdings ist ebenfalls ein Motorrad-ABS von BMW entwickelt worden.

Das Antiblockiersystem besteht aus folgenden Elementen:

1. Drehzahlfühler, auch Sensor genannt, der die Raddrehzahl und die Drehzahl des Antriebskegelrades mißt. Die jeweilige Drehzahl wird dem elektronischen Steuergerät gemeldet.
2. Elektronisches Steuergerät für die Verarbeitung der Sensorsignale. Es führt vorprogrammierte Entscheidungen und Befehle aus in Form von Ausgangssignalen, wenn eine eventuelle Blockierneigung an einem Rad erkannt wird.
3. Hydraulikeinheit mit Magnetventilen zur Steuerung des Flüssigkeitsdrucks in den Radzylindern der Bremsanlage. Der Flüssigkeitsdruck wird aufrechterhalten, aufgebaut oder abgebaut.

absorption dynamometer = dynamometer brake

accelerating pedal = gas pedal

accelerating pump = accelerator pump

accelerating pump jet = acceleration jet

acceleration 0002

accélération
Accroissement uniforme ou non de la vitesse en m/s^2 (système SI).

Beschleunigung
Gleichförmige oder ungleichförmige Geschwindigkeitserhöhung in m/s^2 (SI-Einheit).

acceleration jet 0003

gicleur de pompe
Gicleur réglant le débit de carburant injecté par la pompe de reprise et placé dans la canalisation reliant la pompe au diffuseur.

Pumpendüse, Beschleunigungsdüse
Düse zur Regulierung der Kraftstoffdurchflußmenge im Einspritzrohr zwischen Beschleunigungspumpe und Lufttrichter

acceleration lane 0004

voie d'accélération
Voie aménagée le long d'une chaussée permettant aux automobilistes d'adapter leur vitesse au flux de la circulation dans lequel ils vont s'engager.

Beschleunigungsspur
Jene neben einer Fahrbahn liegende zusätzliche Fahrspur, die dazu dient, sich einfädelnden Fahrzeugen die Angleichung ihrer Geschwindigkeit an die des durchgehenden Verkehrs zu ermöglichen.

accelerator = gas pedal

accelerator cable = carburetor control cable

accelerator pedal = gas pedal

accelerator pump *(See Ill. 8 p. 84)* 0005

pompe de reprise
Pompe généralement à membrane servant à ajuster le débit de carburant plus lourd au débit d'air plus léger, lorsque ce dernier augmente brusquement lors d'une accélération soudaine. Les pompes de reprise à piston sont plus rarement utilisées.

Beschleunigungspumpe
Membranpumpe, mit deren Hilfe bei einer plötzlichen Beschleunigung des Motors die Kraftstoffzufuhr sich dem ruckartig ansteigenden Luftdurchsatz anpaßt. Beschleunigungspumpen mit Kolben sind seltener anzutreffen.

access ramp 0006

rampe
Les rampes permettent de soulever l'avant ou l'arrière d'un véhicule sur ses roues. Elles ne sont toutefois pas utilisables pour tous les travaux sous la voiture tels que la vidange d'huile par exemple, car la voiture

Auffahrbühne, Auffahrrampe
Gestell zum Hochbocken eines Wagens. Auffahrbühnen sind nicht für alle Arbeiten geeignet wie z.B. für den Ölwechsel, weil der Wagen eben stehen soll, oder bei Arbeiten an den Rädern oder an der Aufhängung.

(d'huile par exemple, car la voiture) doit reposer à plat sur ses quatre roues, ou d'autres travaux sur les roues ou les organes de suspension.

(oder an der Aufhängung.)

accu = accumulator

accumulator 0007

accumulateur

Appareil servant à emmagasiner l'énergie. Le courant continu qui alimente l'accumulateur est transformé en énergie chimique, laquelle est restituée sous forme de courant électrique selon les besoins.

Akkumulator

Aggregat zur Energiespeicherung. Der zugeführte elektrische Gleichstrom wird in chemische Energie umgewandelt und diese je nach Bedarf in Form von elektrischer Energie wieder abgegeben.

accumulator acid = battery acid

accumulator cell 0008

élément de batterie

L'élément d'une batterie est la plus petite unité de celle-ci. La tension nominale d'un élément de batterie au plomb est fixée à deux volts.

Batteriezelle, Zelle

Kleinste Einheit einer Batterie. Als Nennspannung sind 2 V je Zelle einer Bleibatterie festgelegt.

acetylene 0009

acétylène, éthyne

Hydrocarbure non saturé à triple liaison (C_2H_2).

Acetylen, Äthin

Ungesättigter Kohlenwasserstoff mit einer Dreifachbindung (C_2H_2).

acetylene welding = autogenous welding

acid density 0010

densité de l'acide

Suivant le type de plaques utilisées, la densité de l'acide dans les batteries chargées est 1,28 kg/l (32 degrés Baumé). Elle n'est plus que de l'ordre de 1,21 kg/l (27 degrés Baumé) dans les batteries à moitié chargées et de 1,14 kg/l (14 degrés Baumé) dans les batteries déchargées.

Batteriesäuredichte, Säurekonzentration, Säuredichte

Je nach den eingesetzten Batterieplatten stellt sich die Säuredichte in einer geladenen Batterie auf 1,27 g/cm^3, in einer halbgeladenen Batterie auf 1,23 g/cm^3 und in einer entladenen Batterie auf 1,14 g/cm^3.

acid level 0011

niveau de l'électrolyte

Le niveau de l'électrolyte d'une batterie au plomb se situe 10 à 15 mm au-dessus du bord supérieur des plaques. Dans bon nombre de

Säurespiegel, Säurestand, Elektrolytstand, Batteriesäurestand

Im allgemeinen liegt der Säurespiegel einer Bleibatterie 10 bis 15 mm über der Plattenoberkante. Bei vielen Bat-

(des plaques. Dans bon nombre de) batteries ce niveau est marqué par un repère.
Il convient de veiller que le niveau de l'électrolyte ne descende pas en dessous de ce repère, car les parties non immergées des plaques ne participent plus au phénomène d'accumulation et de débit de courant électrique, le rendement de la batterie diminue alors et les plaques sont menacées de sulfatation. Aussi faut-il vérifier régulièrement le niveau de l'électrolyte. En effet une batterie se réchauffe lorsqu'elle fonctionne et l'eau contenue dans l'électrolyte s'évapore avec le temps. C'est alors que l'on complète le niveau au moyen d'une eau distillée ou déminéralisée. Comme l'électrolyte ne s'évapore pas, on se gardera d'ajouter de l'acide, à moins que la quantité d'acide sulfurique ait diminué pour une raison quelconque. Après un remplissage d'appoint il vaut mieux laisser travailler la batterie pendant quelque temps encore avant de relever la densité de l'électrolyte pour permettre à ce dernier de bien se mélanger à l'eau distillée.

(der Plattenoberkante. Bei vielen Bat-) terien ist dieser Elektrolytstand durch eine Markierung gekennzeichnet. Es muß immer dafür gesorgt werden, daß der Säurespiegel nicht unter die Plattenoberkante sinkt; denn die bloßgelegten Teile der Platten nehmen nicht mehr an der Stromspeicherung und Stromabgabe teil, die Batterie wird leistungsschwach, und die Platten beginnen zu sulfatieren. Deshalb soll die Höhe des Säurespiegels durch die Einfüllöffnungen im Deckel regelmäßig überprüft werden. Batterien erwärmen sich nämlich im Betrieb, und das Wasser verdunstet mit der Zeit aus dem Elektrolyt. Aus diesem Grund wird gegebenenfalls destilliertes bzw. entsalzenes Wasser nachgefüllt. Die Füllsäure verdunstet jedoch nicht und deshalb wird nur dann Batteriesäure nachgefüllt, wenn solche irgendwie verlorgengegangen ist. Es wäre nutzlos, gleich nach dem Nachfüllen die Säuredichte zu messen. Die Batterie muß nämlich einige Zeit betrieben werden, bevor sich das destillierte Wasser richtig mit dem Elektrolyt vermischt.

acid-proof grease = battery terminal grease

Ackermann steering **0012**

direction Jeantaud, épure de Jeantaud, quadrilatère de Jeantaud, trapèze de Jeantaud

Trapèze formé par l'essieu avant, la barre de connexion et les deux leviers d'accouplement. Il s'agit en fait d'un quadrilatère déformable qui a la forme d'un trapèze isocèle lorsque la barre de connexion est parallèle à l'essieu avant. Le quadrilatère de Jeantaud permet, dans un virage, à la roue intérieure de braquer plus que la roue extérieure grâce aux inclinaisons

Lenktrapez

Lenkungsteil bestehend aus Vorderachse, Spurstange und den beiden Spurstangenhebeln. Es handelt sich eigentlich um ein Gelenkviereck, das ein gleichschenkliges Trapez ergibt, wenn Spurstange und Vorderachse genau parallel zueinander liegen. Mit dem Lenktrapez soll erreicht werden, daß beim Befahren einer Kurve das innenliegende Rad stärker eingeschlagen wird.

(extérieure grâce aux inclinaisons) différentes des leviers d'accouplement.

(wird.)

acrylic enamel **0013**

peinture acrylique

Peinture à séchage rapide, résistante aux intempéries, qui se laisse très bien polir et dont l'éclat résiste à l'épreuve du temps. Elle se rapproche le plus du vernis-émail.

Acryl-Lack

Schnelltrocknender, wetterbeständiger und polierfähiger Lack mit langer Glanzerhaltung, der dem Einbrennlack sehr nahekommt.

active lead plate = negative plate

active materials **0014**

matière active

Matière active des plaques d'une batterie au plomb. Dans les plaques positives chargées, la matière active est constituée de bioxyde de plomb et, dans les plaques négatives, de plomb poreux.

aktive Masse, aktive Substanz, wirksame Masse

Wirksame Elektrodenmasse in einer Bleibatterie. Bei den geladenen Plusplatten besteht die aktive Masse aus Bleidioxid und bei den Minusplatten aus Bleischwamm.

adhesion coefficient **0015**

coefficient d'adhérence

Rapport entre les efforts moteurs ou forces de freinage pouvant être transmis entre le pneumatique et la chaussée et la force normale que le pneu exerce sur la chaussée. Le coefficient d'adhérence est déterminé par la nature et l'état du sol ainsi que par les caractéristiques du bandage de la roue.

Kraftschlußbeiwert, Haftwert

Verhältnis der zwischen Reifen und Boden übertragbaren Antriebs- oder Bremskräfte und der Normalkraft des Reifens auf die Fahrbahn. Der Kraftschlußbeiwert wird von der Beschaffenheit der Fahrbahnoberfläche, vom Zustand der Fahrbahn sowie von der Eigenschaft des Reifens bestimmt.

adjustable pulley **0016**

poulie réglable, poulie à diamètre variable

Poulie constituée de deux flasques dont l'écartement peut être réduit par l'enlèvement de rondelles d'épaisseur intercalées, ce qui a pour résultat de retendre la courroie (sur modèles FIAT 650 et coccinelles VW).

geteilte Riemenscheibe

Zweiteilige Riemenscheibe, deren Kehlenbreite durch Wegnehmen von Einstellscheiben zur Einstellung der Keilriemenspannung reduziert wird (FIAT 650 und VW-Käfer).

adjustable wrench **0017**

clé à molette

Clé de serrage à ouverture réglable.

Rollgabelschlüssel

Schraubenschlüssel mit verstellbarer Maulweite

adjusting-bracket bolt 0018

vis de fixation de l'oreille de l'alternateur

Vis fixant l'oreille de l'alternateur sur un tendeur et qu'il faut desserrer lorsque la courroie de l'alternateur doit être retendue.

Lichtmaschinen-Befestigungsschraube

Schraube zur Befestigung der Lichtmaschine in einer Schiebeschiene (Langlochschiene). Sie muß zum Einstellen der Keilriemenspannung gelockert werden.

adjusting sleeve 0019

douille de réglage

Dans une pompe d'injection on trouve une douille de réglage avec secteur denté au-dessus du cylindre de la pompe. Le débit de la pompe est dosé par le mouvement de rotation du piston que commande la tige de réglage par l'intermédiaire de la douille de réglage.

Regelhülse, verdrehbare Büchse

In einer Einspritzpumpe befindet sich die Regelhülse mit Zahnsegment über dem Pumpenzylinder. Zur Regulierung der Fördermenge wird der Pumpenkolben über die Regelhülse mittels der Regelstange verdreht.

adjustment of ignition timing = ignition setting

admission stroke = suction stroke

admission valve = inlet valve

advance characteristic 0020

courbe d'avance centrifuge

Courbe de diagramme avec le nombre de tours par minute en abscisse et les degrés de l'avance à l'allumage en ordonnée. Elle est indiquée par le fabricant de l'allumeur pour le contrôle de l'avance à l'allumage à l'aide d'une lampe stroboscopique à déphaseur et d'un compte-tours ou sur le banc d'essai des allumeurs.

Frühzündkurve, Verstellinie, Zündverstellinie, Verstellkurve des Zündverteilers

Kurve in einem Diagramm mit der Tourenzahl pro Minute auf der Abszisse und der Gradteilung auf der Ordinate. Sie wird vom Verteilerhersteller zur Kontrolle der Frühzündung mit einer Stroboskoplampe mit Phasenverschieber sowie einem Tourenzähler oder auf dem Verteilerprüfgerät angegeben.

advance curve = advance characteristic

advance ignition 0021

avance à l'allumage

Allumage du mélange explosif avant que le piston n'atteigne le point mort haut de compression. Cette avance a pour but de déclencher l'allumage lorsque la pression de combustion est optimale. Cette pression atteint sa valeur maximale 10 à 20° après le point mort haut.

Frühzündung, Vorzündung

Zündung des Kraftstoff-Luft-Gemisches vor Erreichen des oberen Kolbentotpunktes. Sie soll die Verbrennung des Gemisches bei optimalem Verbrennungsdruck ermöglichen. Der Zündzeitpunkt wird so gewählt, daß der maximale Verbrennungsdruck 10 bis 20° KW nach OT sich einstellt.

advance weight = flyweight

avanced ignition = advance ignition

aerosol = paint spray can

air bag **0022**

sac gonflable
Coussin en forme de ballon qui protège les occupants d'un véhicule automobile en cas d'accident. Lors d'une collision, un capteur déclenche en quelques millièmes de seconde le gonflage du sac au moyen de gaz, et ce face aux occupants qui sont précipités vers l'avant. Le sac se dégonfle aussitôt qu'il s'est gonflé.

Luftkissen, Luftsack, Air-bag
Ballonförmiges Kissen zum Schutz der Wageninsassen bei Unfällen. Die explosionsartige Aufblähung des Luftkissens vor den Fahrzeuginsassen bei einem Aufprall wird in einigen ms durch einen Sensor ausgelöst. Dabei wird Gas vom Sensor in den Luftsack entlassen, der sich unmittelbar danach wieder entleert.

air-brake system = air pressure brake

air-cell diesel engine **0023**

moteur diesel à chambre d'air, moteur diesel à chambre d'accumulation, moteur diesel à chambre de réserve d'air
Moteur diesel dans lequel le combustible pénètre directement dans la chambre de combustion principale, alors qu'une partie émigre dans un réservoir d'air. Au temps de combustion, il y a reflux dans la chambre de combustion principale.

Luftspeichermotor, Dieselmotor mit Luftspeicherkammer, Luftspeicher-Dieselmotor
Dieselmotor, bei dem der Kraftstoff direkt in den Hauptverbrennungsraum einströmt, während ein Teil davon in einen Nebenraum, Luftspeicher geheißen, gelangt. Beim Verbrennungstakt erfolgt eine Rückströmung in den Hauptbrennraum.

air-chamber diesel engine = air-cell diesel engine

air-chamber engine = air-cell diesel engine

air choke = choke flap

air compressor **0024**

compresseur de frein
Partie du frein à air comprimé. Son rôle consiste à comprimer l'air atmosphérique qui est ensuite refoulé dans les réservoirs. Il est entraîné par courroie trapézoïdale ou directement accouplé au moteur.

Luftpresser, Kompressor
Teil der Druckluftbremsanlage. Der Luftpresser verdichtet die atmosphärische Luft, die dann in die Luftbehälter strömt. Er wird über Keilriemen angetrieben oder unmittelbar mit dem Motor gekoppelt.

air conditioner 0025

climatiseur, conditionneur d'air, installation d'air conditionné
Installation frigorifique fonctionnant par compression et qui, en liaison avec les dispositifs de chauffage et de ventilation, règle et rafraîchit la température dans l'habitacle d'un véhicule.
Un compresseur aspire un fluide frigorigène d'un évaporateur et le refoule, en le comprimant, vers un condenseur où le fluide se liquéfie en cédant de la chaleur. Le fluide frigorigène liquéfié passe successivement par un réservoir déshydrateur et un détendeur, avant de boucler le cycle en retournant à l'évaporateur. Ce faisant, la pression diminue et le fluide se vaporise en refroidissant l'évaporateur de manière sensible. L'air de l'habitacle est aspiré par un pulseur électrique, qui lui fait traverser l'évaporateur et le refoule dans le même habitacle.

Klimaanlage
Kühlanlage (Kompressionskälteanlage) zur Regulierung bzw. zur Kühlung der Temperatur im Fahrzeuginnenraum in Verbindung mit den Einrichtungen für Heizung und Belüftung.
Ein gasförmiges Kältemittel, meist Freon, wird von einem Kältekompressor aus einem Verdampfer augesaugt und unter hohem Druck zu einem Verflüssiger (Kondensator) verdrängt. Das somit erhitzte Kältemittel kühlt im Verflüssiger ab und wird flüssig, wobei ihm Wärme entzogen wird. Anschließend fließt das Kältemittel unter Druck über einen Filtertrockner und ein Expansionsventil in den Verdampfer zurück. Somit ist der Kreislauf geschlossen. Dabei wird der Druck herabgesetzt, was eine Verdampfung des Kältemittels zur Folge hat. Dieses entzieht seiner Umgebung Wärme, so daß die Temperatur im Verdampfer erheblich sinkt. Die Luft im Fahrzeuginnenraum wird von einem Elektro-Gebläse angesaugt und über die Lamellen des Verdampfers wieder in den Fahrzeuginnenraum zurückgedrückt.

air cooling 0026

refroidissement par air
Dans ce mode de refroidissement, l'excès de chaleur est transmis directement des parois des cylindres à l'air ambiant. Les cylindres et la culasse sont pourvus d'ailettes radiantes généralement venues de fonderie afin que l'effet de refroidissement soit accru.
Le système de refroidissement par air est simple, peu sujet aux pannes, il ne requiert presque aucun entretien et est parfaitement insensible au gel. Un moteur refroidi par air atteindra très rapidement sa température de fonctionnement, ce qui équivaut à une économie de carburant, mais il la perdra tout aussi vite à l'arrêt. Aux faibles allures le refroidissement

Luftkühlung, Gebläsekühlung
Bei diesem Verfahren erfolgt der Wärmeübergang unmittelbar von den Zylinderwänden an die Luft. Um eine bessere Kühlwirkung zu erzielen, werden Zylinder sowie Zylinderkopf mit Kühlrippen versehen. Die Luftkühlung ist einfach in ihrem Aufbau, sie ist kaum störanfällig, praktisch wartungsfrei und kennt keine Frostgefahr. Ein luftgekühlter Motor wird seine Betriebstemperatur schnell erreichen, wobei er weniger Kraftstoff verbraucht, kühlt aber im Stillstand auch schneller ab. Die Kühlung läßt bei langsamer Fahrt nach. In diesem Fall leistet ein Gebläse gute Dienste, jedoch unter der Bedingung eines höheren Leistungsbedarfs. Schließlich ist die Geräuschdämpfung

(Aux faibles allures le refroidissement) par air laisse à désirer, cet inconvénient pouvant toutefois être pallié par un ventilateur, qui est tout de même un grand consommateur de puissance. Enfin le niveau sonore du moteur refroidi par air est plus élevé que celui du moteur refroidi par eau dans lequel les bruits sont amortis par la présence de chemises d'eau.

(Schließlich ist die Geräuschdämpfung) nicht so gut wie bei den wassergekühlten Motoren.

air correction jet *(See Ill. 8 p. 84)* **0027**

ajutage d'automaticité
Gicleur d'air devant permettre un émulsionnage correct d'air et d'essence dans un carburateur de type Solex, quelle que soit l'allure du moteur, à l'exception toutefois du ralenti pour lequel il reste inopérant.

Ausgleichsluftdüse, Luftkorrekturdüse
Luftdüse, die in einem Solex-Vergaser für das richtige Kraftstoff-Luft-Gemisch bei jeder Motordrehzahl mit Ausnahme der Leerlaufdrehzahl sorgt.

air distribution switch **0028**

répartiteur de ventilation-chauffage-aération
Répartiteur qui dirige le flux d'air frais ou chaud vers l'intérieur de l'habitacle en direction du pare-brise, vers le plancher avant ou arrière ou vers les ouïes d'aération latérales.

Luftverteilschalter
Schalter für Heizung und Belüftung, der die einströmende Luft je nach seiner Stellung in das Wageninnere lenkt, und zwar zur Windschutzscheibe, zum Fahrer- oder Fondfußraum oder zu den schwenkbaren Einsätzen für Seitenbelüftung.

air filter *(See Ill. 16 p. 180)* **0029**

filtre à air, épurateur d'air
Boîtier métallique contenant une cartouche filtrante. Son rôle est d'empêcher des impuretés d'encrasser le moteur, le carburateur, la pompe d'injection et les injecteurs ainsi que d'atténuer les bruits d'aspiration.

Luftfilter
Metallkasten mit Filterpatrone. Er soll Motor, Vergaser, Einspritzpumpe bzw. Einspritzdüsen vor Verunreinigungen schützen und die Ansauggeräusche dämpfen.

air filter element = filter cartridge

air-flow sensor **0030**

sonde de debit d'air, debitmètre d'air
Dans le système d'injection d'essence continue K-Jetronic, la quantité d'air aspirée par le moteur est évaluée par un débimètre se trouvant

Luftmengenmesser
Bei der kontinuierlichen Benzineinspritzung K-Jetronic wird die vom Motor angesaugte Luftmenge mit einem Luftmengenmesser erfaßt, der vor der

(évaluée par un débimètre se trouvant) devant le papillon d'air. Il se compose pour l'essentiel d'un venturi et d'un disque de dosage fixé sur un levier. Le résultat obtenu permet alors au doseur de carburant de distribuer à chacun des cylindres du moteur la quantité de carburant nécessaire. Dans le système d'injection électronique L-Jetronic, la sonde de débit d'air a pour fonction de transmettre à l'unité de commande électronique un signal modulé selon la quantité d'air aspirée.

(Luftmengenmesser erfaßt, der vor der) Drosselklappe steht. Dieser Luftmengenmesser besteht aus einem Lufttrichter und einer Stauscheibe, die an einem Hebel befestigt ist. Anhand der gemessenen Luftmenge wird dann die Kraftstoffmenge vom Kraftstoffmengenteiler den Motorzylindern zugeteilt. Bei der elektronisch gesteuerten Benzineinspritzung L-Jetronic hat der Luftmengenmesser die Aufgabe, ein von der angesaugten Luftmenge abhängiges Spannungssignal an das elektronische Steuergerät zu liefern.

air-flow sensor plate 0031

plateau sonde, disque de dosage
Pièce de la sonde de débit d'air fixée sur un levier dans le système d'injection continue d'essence K-Jetronic.

Stauscheibe
Teil des Luftmengenmessers in der kontinuierlichen Benzineinspritzung K-Jetronic, das an einem Hebel befestigt ist.

air-fuel mixture = explosive mixture

air-fuel ratio = mixture ratio

air leak 0032

prise d'air
Air qui pénètre dans le conduit d'aspiration situé derrière le carburateur et qui perturbe le mélange carburé air-essence.

Falschluft, Nebenluft
Luft, die in die Ansaugleitung hinter dem Vergaser eindringt und sich auf das Benzin-Luft-Gemisch störend auswirkt.

air pressure brake 0033

freins à air comprimé
Système de freinage recourant à l'air comprimé comme force d'appoint, l'effort musculaire exercé par le conducteur étant insuffisant. L'air comprimé est produit par un compresseur, stocké dans des réservoirs sous pression et, lors du freinage, il est acheminé par l'action d'un robinet vers les cylindres de frein.

Druckluft-Bremsanlage
Bremsanlage, in der Druckluft als Hilfskraft benutzt wird, weil die Muskelkraft des Fahrers zum Bremsen nicht ausreicht. Die Druckluft wird von einem Kompressor, dem Luftpresser, erzeugt, in Behältern unter Druck aufbewahrt und beim Bremsen durch das Bremsventil in die Bremszylinder eingelassen.

air ratio 0034

lambda, coefficient d'air lambda, rapport lambda
Le rapport idéal du mélange air-

Luftzahl, Luftverhältnis
Die Luftzahl gibt Aufschluß über das richtige Mischungsverhältnis von Kraft-

(Le rapport idéal du mélange air-) essence est donné par le lambda qui est équivalent à 1,0. S'il est inférieur à cette valeur, il y a manque d'air et le mélange est trop riche. Inversement il y a excès d'air et appauvrissement du mélange lorsque la valeur du lambda est supérieure à 1,0.

(richtige Mischungsverhältnis von Kraft-) stoff und Luft. Sie ist dann gleich 1,0. Bei Luftmangel ist das Gemisch überfettet, die Luftzahl liegt dann unter 1,0. Ist dagegen die Luftzahl größer als 1,0, ergibt sich ein Luftüberschuß und ein zu mageres Gemisch.

air reservoir **0035**

réservoir d'air
Partie de l'installation de freins à air comprimé. Lorsqu'on enfonce la pédale de freins, l'air contenu dans le réservoir est chassé par une soupape vers les cylindres.

Luftbehälter
Teil der Druckluftbremsanlage. Bei der Betätigung des Bremsfußhebels läßt das Bremsventil die Druckluft aus dem Behälter den Bremszylindern zuströmen.

air resistance **0036**

résistance de l'air, résistance aérodynamique
Force contrariant l'avancement d'un véhicule par rapport à l'air. Elle est d'autant plus sensible que la vitesse du véhicule est élevée.
La résistance de l'air dépend du coefficient de pénétration dans l'air Cx, appelé également coefficient de traînée, de la masse volumique de l'air ρ s'exprimant en kg/cm^3, de la valeur du maître-couple S, qui est l'aire de la plus grande section transversale du véhicule, et de la vitesse v qui s'entend en m/s. Cette résistance, qui s'exprime en N, a pour expression:

$$R = Cx \cdot \frac{v}{2g} \cdot S \cdot v^2 \text{ ou bien}$$

$$R = \tfrac{1}{2} \cdot Cx \cdot \rho \cdot S \cdot v$$

Luftwiderstand
Hemmende Kraft, die sich der Bewegungsrichtung eines sich relativ zur Luft bewegenden Fahrzeugs entgegensetzt. Sie fällt bei hohen Geschwindigkeiten besonders schwer ins Gewicht. Der Luftwiderstand ist von der Form des Fahrzeugs (ausgedrückt durch die Luftwiderstandszahl Cw), seinem Querschnitt A senkrecht zur Strömungsrichtung (Schattenquerschnitt), der Anblasgeschwindigkeit v der strömenden Luft und der Luftdichte ρ abhängig.
Es gilt: $W = A \cdot Cw \cdot \rho \cdot \frac{v^2}{2}$

air sensor = air-flow sensor

air-sensor flap = air-flow sensor plate

air-sensor plate = air flow sensor plate

air silencer = silencer filter

air space = scavenging area

air tank = air reservoir

air-temperature sensor *(See Ill. 16 p. 180)* 0037

capteur de température d'air
Capteur de température d'air aspiré, qui agit sur la quantité de carburant injecté dans un système d'injection électronique.

Temperaturfühler
Temperaturfühler für die Ansaugluft, welcher die Kraftstoff-Einspritzmenge in einer elektronisch gesteuerten Benzineinspritzanlage beeinflußt.

air tester = pressure loss tester

air tube = inner tube

air volume gauge = air-flow sensor

air volume lever 0038

manette de débit d'air
Manette à portée de main du conducteur servant à moduler le débit d'air pénétrant dans l'habitacle dans un système de ventilation-chauffage-aération.

Hebel für Luftmenge
Hebel der Heizungs- und Belüftungsanlage zur Einregulierung der Luftzufuhr ins Wageninnere.

alcotest 0039

alcotest, alcootest
Procédé permettant d'évaluer de manière approximative l'imprégnation éthylique d'une personne en mesurant la teneur en alcool de l'air insufflé dans un petit appareil.

Alcotest, Alkoholtest
Verfahren zur ungefähren Feststellung des Alkoholgehalts der ausgeatmeten Luft bei einer unter dem Einfluß von Alkohol verdächtigen Person.

alignment checking bench = alignment unit

alignment unit 0040

appareil de vérification du parallélisme
Appareil conçu pour vérifier le carrossage, le pinçage ou l'ouverture, la chasse ainsi que l'angle de braquage des roues intérieure et extérieure ou divergence en virage.

Achsmeßgerät, Spurmeßgerät
Mit Hilfe dieses Gerätes werden der Radsturz, die Vor- bzw. Nachspur, der Nachlauf und der Spurdifferenzwinkel überprüft.

aliphatic compounds 0041

composés aliphatiques
Corps organiques à chaîne ouverte (droite ou ramifiée) d'atomes de carbone.

Aliphaten, aliphatische Verbindungen
Organische Verbindungen, die aus geraden oder verzweigten Kohlenwasserstoffketten gebildet sind.

alkaline accumulator 0042

accumulateur alcalin
Dans les accumulateurs alcalins les

alkalische Batterie, alkalischer Sammler, Laugenbatterie, Stahlakkumulator,

(Dans les accumulateurs alcalins les) électrodes sont constituées par des plaques de fer et de nickel ou de nickel et de cadmium plongeant dans une solution de soude composée d'eau distillée et d'hydroxyde de potassium. L'accumulateur alcalin possède une tension plus faible que l'accumulateur au plomb (1,25 volt par élément en moyenne).

(ler, Laugenbatterie, Stahlakkumulator,) Stahlsammler, Edison-Akkumulator, Edison-Batterie
In den alkalischen Batterien findet man Nickel-Eisen- oder Nickel-Cadmium-Elektroden, die in einer Kalilauge als Elektrolyt eingetaucht sind. Sie besitzen eine etwas schwächere Zellenspannung als die Bleiakkumulatoren (1,25 V im Durchschnitt).

alkaline neutralizer = battery terminal grease

alkaline storage battery = alkaline accumulator

alkane **0043**

alcane
Nom générique désignant les hydrocarbures saturés de la série grasse (alcane est synonyme de paraffine).

Alkan
Sammelbegriff für die gesättigten Kohlenwasserstoffe der Paraffinreihe.

alkyd resin **0044**

alkyd
Résine polyester obtenue par condensation d'un polyalcool avec un polyacide. Elle sert de matière première dans la fabrication de peinture pour carrosserie.

Alkydharz
Polyesterharz hergestellt durch Kondensation von einem mehrwertigen Alkohol mit einer Polysäure. Alkydharz dient als Lackrohstoff für Autokarosserien.

alkylation **0045**

alkylation, alcoylation
Combinaison d'une oléfine avec des composés organiques. L'alkylation par combinaison de l'isobutylène et de l'isobutane aboutit à l'isooctane.

Alkylierung, Alkylation
Einführung von Alkyl in organische Verbindungen. Durch die Verbindung von Isobutylen und Isobutan erhält man Isooktan.

all-electric cooling fan = electric fan

alloy **0046**

alliage
Fusion d'un métal avec un ou plusieurs autres métaux ou non-métaux. Il peut également s'agir d'un frittage de diverses poudres métalliques ou d'une cémentation. Ces opérations ont pour but d'améliorer les propriétés des métaux.

Legierung
Zusammenschmelzen eines Metalls mit einem oder mehreren Metallen oder Nichtmetallen. Legierungen werden auch durch das Sintern verschiedener Metalle in Pulverform oder durch Veredelung der Metalloberflächen durch Zementation erzielt. Auf diese Weise können die Eigenschaften der Metalle gezielt verbessert werden.

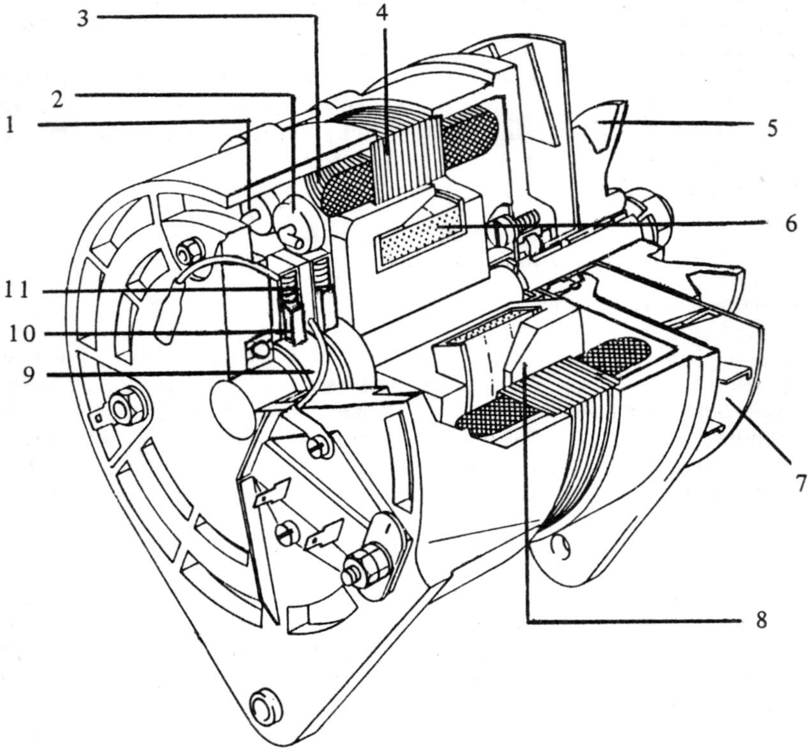

Ill. 1: alternator **(0047)**

1 positive diode
2 negative diode
3 stator winding
4 stator
5 pulley
6 rotor winding
7 fan wheel
8 rotor
9 slip ring
10 brush
11 brush spring

alternator *(See Ill. 1 p. 26)* **0047**

alternateur
Générateur électrique d'un véhicule entraîné par le vilebrequin du moteur à l'aide d'une courroie trapézoïdale. Il alimente les organes consommateurs d'énergie électrique et charge la batterie à accumulateurs.

Alternator, Wechselstromlichtmaschine
Generator eines Kraftfahrzeuges, der von der Kurbelwelle des Verbrennungsmotors mit einem Keilriemen angetrieben wird, die Verbraucher elektrischer Energie im Fahrzeug versorgt und die Batterie ladet.

alternator charge indicator lamp = charging control lamp

alternator regulator = generator regulator

altitude correction **0048**

correcteur altimétrique
Dispositif destiné à corriger les variations de pression atmosphérique. Lorsque celle-ci diminue, une capsule manométrique s'allonge et commande une aiguille qui entrave plus ou moins l'écoulement de l'essence à travers le gicleur principal du carburateur.

Höhenkorrektor
Vorrichtung für den Ausgleich von Luftdruckschwankungen. Mit zunehmender Höhe dehnt sich eine Druckdose aus, die eine Düsennadel betätigt. Der Benzinzufluß durch die Hauptdüse des Vergasers wird damit mehr oder weniger gehemmt.

aluminium (GB) = aluminum

aluminum (US) **0049**

aluminium
Métal blanc brillant, mou et très malléable, fondant à 659° C. Il se distingue par sa bonne conductibilité électrique et thermique ainsi que par ses propriétés de dilatation thermique. L'aluminium entre dans la composition de nombreux alliages appelés „alliages légers".

Aluminium
Weißglänzendes, weiches und gut formbares Metall mit Schmelzpunkt bei 659° C. Es hat gute elektrische und Wärmeleitfähigkeit sowie große Wärmeausdehnung. Mit anderen Zusätzen ergibt Aluminium sehr widerstandsfähige Legierungen (Leichtmetall-Legierungen).

aluminum-silicon alloy **0050**

alliage aluminium-silicium
Alliage à très forte teneur en silicium utilisé tout particulièrement dans la fabrication de pistons en alliage léger. Ce type d'alliage est très résistant à l'usure et présente une faible dilatation thermique.

Aluminium-Silicium-Legierung
Legierung mit hohem Siliziumgehalt, die besonders bei der Herstellung von Leichtmetallkolben bevorzugt wird. Sie ist verschleißfest mit geringer Wärmedehnung.

ambient thermo-switch **0051**

thermostat d'ambiance
Thermostat réglant la température

Temperaturschalter
Schalter zur Regulierung der Innentem-

(Thermostat réglant la température) ambiante à l'intérieur de l'habitacle.

(Schalter zur Regulierung der Innentem-) peratur im Fahrgastraum.

ammeter 0052

ampèremètre

Appareil indicateur de l'intensité du courant électrique. Il se branche en série.

Dans les véhicules automobiles il s'agit fréquemment d'un appareil supplémentaire mesurant la quantité de courant qui entre et qui sort de la batterie et indiquant l'état de charge de l'alternateur. Il est du type à zéro central et la plage de son échelle va de - 30 A + 30 A.

Ampèremeter, Strommesser

Anzeigeinstrument für die elektrische Stromstärke. Er wird in Reihe geschaltet.

Bei Kraftfahrzeugen mißt das oft als zusätzliches Instrument eingebaute Ampèremeter die der Batterie zufließende bzw. die von der Batterie abgegebene Strommenge und zeigt die Ladetätigkeit der Lichtmaschine an. Die Anzeige ist auf 30 – 0 – 30 A bemessen.

ampère-hour *(See Ill. 2 p. 44)* 0053

ampère-heure

Quantité d'électricité transportée en une heure par un courant d'un ampère. Unité de capacité d'une batterie au plomb.

Ampèrestunde

Transportierte Ladung, wenn ein Strom von 1 Ampère eine Stunde lang fließt. Einheit der Kapazität einer Bleibatterie.

ampere-hour capacity = battery capacity

ampere-turns 0054

ampères-tours

Unité de champ magnétique. Produit du nombre des spires d'une bobine par le courant électrique qui les traverse.

Amperewindungen, Amperewindungszahl, Durchflutung

Maß für die magnetische Feldstärke. Produkt aus der Anzahl der Drahtwicklungen einer Spule und dem sie durchfließenden Strom in Ampere.

ampere windings = ampere-turns

amphibian vehicle = amphibious vehicle

amphibious vehicle 0055

véhicule amphibie

Véhicule capable de se déplacer sur l'eau grâce à l'étanchéité de la partie inférieure de sa caisse.

Amphibienfahrzeug

Schwimmfähiges Landfahrzeug durch wasserdichte Ausbildung der unteren Karosseriehälfte.

angle 0056

angle

Figure géométrique formée par deux lignes ou deux surfaces de même origine. On distingue les

Winkel

Geometrisches Gebilde aus zwei von einem Punkt ausgehenden Strecken oder Ebenen. Man unterscheidet: spit-

(même origine. On distingue les) angles aigus, les angles droits, les angles obtus, les angles plats, les angles rentrants et les angles pleins.

(oder Ebenen. Man unterscheidet: spitze Winkel, rechte Winkel, stumpfe Winkel, gestreckte Winkel, erhabene (überstumpfe) Winkel und Vollwinkel.

angle drive = angle transmission

angle of lock **0057**

angle de braquage
Angle formé par les roues directrices avec l'axe longitudinal d'un véhicule lorsque le volant de direction est tourné à fond.

Einschlagwinkel der Vorderräder
Neigung der gelenkten Räder zur Längsache des Fahrzeuges beim größten Lenkeinschlag.

angle transmission **0058**

renvoi d'angle réducteur
Le renvoi d'angle a pour but de transmettre le mouvement de rotation du vilebrequin disposé dans l'axe du véhicule aux arbres de roue perpendiculaires au sens de l'avance sous un angle de 90° avec un rapport de démultiplication approximatif de 1:5 pour les voitures de tourisme. Le renvoi d'angle s'obtient par couple conique à denture droite (abandonné), à denture hélicoïdale (taille Gleason), à denture hypoïde, par vis sans fin droite ou globique.

Winkelgetriebe, Umlenkgetriebe
Das Winkelgetriebe überträgt die Drehbewegung der in Längsrichtung des Kraftfahrzeuges liegenden Antriebswelle (Kurbelwelle) auf die quer zur Fahrtrichtung liegenden Radwellen unter einem Winkel von 90°. Dabei beträgt das Untersetzungsverhältnis für Pkw ca. 1:5. Die üblichen Winkelgetriebe sind der Kegelrad-Stirnrad-Antrieb (veraltet), die Gleason-Kreisbogenverzahnung, der Hypoid-Kegelräder-Antrieb, das zylindrische Schneckengetriebe und die Globoidschneckenverzahnung.

angle of valve seat **0059**

angle de chanfrein
L'angle de chanfrein d'une soupage est en général de 45°, rarement de 30°.

Ventilsitzwinkel
Der Ventilsitzwinkel beträgt meistens 45°, seltener 30°.

angular ignition spacing **0060**

cycle de came, période d'allumage
Somme de l'angle de came et de l'angle d'ouverture. Ce cycle équivaut à l'angle de rotation de l'arbre d'allumeur entre deux allumages successifs.

Zündwinkel, Zündabstand, Unterbrechungsabstand, Gesamtwinkel
Der Zündwinkel setzt sich aus Schließ- und Öffnungswinkel zusammen. Er entspricht dem Drehwinkel der Verteilerwelle von Zündpunkt zu Zündpunkt.

angular velocity **0061**

vitesse angulaire
La vitesse angulaire d'un corps en rotation est le nombre de tours

Winkelgeschwindigkeit
Die Winkelgeschwindigkeit eines rotierenden Körpers ist die Anzahl Umdre-

(rotation est le nombre de tours) qu'il accomplit en une seconde.

(renden Körpers ist die Anzahl Umdrehungen, die er in einer Sekunde vollzieht.

aniline **0062**

aniline
Produit antidétonant de l'essence.

Anilin
Antiklopfmittel im Benzin.

annular rubber ring **0063**

ressort annulaire en caoutchouc
Ressort creux en caoutchouc de forme conique se trouvant dans l'élément d'une suspension hydrolastique et qui, lorsque la roue surmonte un obstacle, se déforme en augmentant ainsi la pression du liquide hydraulique circulant dans la tuyauterie qui relie les éléments avant et arrière.

Gummischubfeder, Gummifederkissen, Gummihohlfeder
Hohl ausgebildete, konische Gummifeder im Federaggregat der Hydrolasticfederung, die sich beim Durchfahren einer Bodenunebenheit verformt und das Hydrauliköl in der Verbindungsleitung zwischen vorderem und hinterem Federaggregat unter Druck setzt.

annulus *(See Ill. 27 p. 347)* **0064**

couronne à denture intérieure, couronne planétaire, grand planétaire
Couronne d'un train planétaire toujours en prise avec les satellites, qui sont généralement au nombre de trois.

Hohlrad, Außenrad
Innenverzahntes Rad in einem Planetengetriebe. Mit dem Hohlrad sind die – meist drei – Planetenräder dauernd im Eingriff.

anodic oxidation **0065**

anodisation
Oxydation électrolytique de l'aluminium qui engendre la formation d'une couche protectrice mince et très dure contre la corrosion et sur laquelle les couches de peinture accrochent parfaitement.

Eloxieren, Anodisieren, anodische Oxidation
Elektrolytische Oxidation von Aluminium, die zur Bildung einer dünnen bzw. harten Korrosionsschutzschicht führt und eine Grundlage für nachfolgende Anstriche abgibt.

anodizing = anodic oxidation

antechamber **0066**

antichambre, chambre de précombustion
Chambre ménagée dans la culasse d'un moteur diesel.

Vorkammer, Teilverbrennungsraum
Vorverbrennungsraum im Zylinderkopf eines Dieselmotors.

antechamber compression ignition engine **0067**

moteur diesel à antichambre, moteur diesel à chambre de

Vorkammermotor, Dieselmotor mit Vorkammer, Vorkammer-Dieselmotor

(moteur diesel à chambre de) précombustion
Moteur diesel à antichambre reliée à la chambre de combustion principale par des canaux de communication. Par suite de la trop faible quantité d'oxygène présente dans l'antichambre, le combustible injecté ne se consume que partiellement. De par la surpression résultant de la combustion dans l'antichambre, la portion de gas-oil non brûlée est projetée dans la chambre principale, ce qui provoque une forte turbulence achevant ainsi la combustion.

(Vorkammer, Vorkammer-Dieselmotor)
Dieselmotor mit einer Vorkammer, die mit dem Hauptbrennraum durch Schußkanäle verbunden ist. Aufgrund der geringen Sauerstoffmenge in der Vorkammer verbrennt der eingespritzte Kraftstoff nur zum Teil. Der bei der Verbrennung in der Vorkammer entstehende Überdruck schleudert den übrigen unverbrannten Teil in den Hauptverbrennungsraum, wobei er nach kräftiger Durchwirbelung verbrennt.

ante-combustion chamber = antechamber

anti-acid grease = battery terminal grease

anti-blocking system = ABS braking device

anti-corrosive agent = corrosion inhibitor

anti-dazzle filament = dip filament

anti-dazzle light = low beam

anti-detonant agent = anti-knock additive

anti-dieselling valve = idle cutoff valve

antidive **0068**

dispositif anti-galop, dispositif anti-cabreur
Dispositif de suspension d'un véhicule automobile supprimant tout mouvement de tangage, cabrage et plongée lors du freinage.

Anti-Dive
Bremsnickausgleich durch geeignete Auslegung der Federung gegen das Tauchen der Vorderachse beim Bremsvorgang (Anti-Dive-Effekt).

anti-fatigue bolt **0069**

vis à tige allégée
Vis dont la tige effilée garantit une plus grande élasticité et une meilleure résistance à la rupture.

Dehnschaftschraube, Dehnschraube
Schraube mit schlanker Schaftform, die größere Elastizität und Bruchsicherheit gewährleistet.

anti-foaming additive = foaming inhibitor

antifreeze = anti-freezing agent

antifreeze pump **0070**

pompe antigel

Pompe servant à injecter de l'antigel dans une installation de freins à air comprimé afin d'empêcher que l'eau de condensation ne se transforme en cristaux de glace. Elle se compose d'un réservoir à antigel ainsi que d'une pompe à main ou d'une pompe automatique.

Frostschutzpumpe

Pumpe zum Einspritzen von Gefrierschutzmittel in eine Druckluftbremsanlage, um eine Eisbildung durch Kondenswasser zu verhüten. Sie besteht aus einem Vorratsbehälter für das Frostschutzmittel sowie aus einer Handpumpe oder einer automatischen Pumpe.

antifreezing agent **0071**

antigel, liquide incongelable

Matière qui abaisse le point de congélation de l'eau. La plupart des antigels sont des glycols.

Frostschutzmittel, Gefrierschutzmittel

Stoff, der den Gefrierpunkt des Kühlwassers senkt. Meist handelt es sich um Glykol.

anti-glare filament = dip filament

anti-glare light = low beam

anti-knock additive **0072**

antidétonant, inhibiteur antidétonant

Les antidétonants sont des composés chimiques tels que le plomb tétraéthyle ou le pentacarbonyle de fer qui sont ajoutés à certains carburants pour en augmenter l'indice d'octane et renforcer leur résistance à la détonation.

Antiklopfmittel, Klopfbremse, OZ-Verbesserer, Gegenklopfstoff

Chemische Verbindungen wie z.B. Tetraäthylblei oder Eisenkarbonyl, die bestimmten Kraftstoffen zur Erhöhung der Oktanzahl bzw. zur Beseitigung des Klopfens zugesetzt werden.

anti-knock agent = anti-knock additive

anti-knock quality **0073**

résistance à la détonation

Propriété que possède un carburant de s'opposer à la combustion prématurée. La résistance à la détonation est définie par l'indice d'octane et renforcée par des produits additifs antidétonants. Elle dépend toutefois d'autres facteurs également tels que la compression, le nombre de tours ainsi que de la température de l'air et de l'eau du radiateur.

Klopffestigkeit

Widerstandseigenschaft eines Kraftstoffes, sich nicht voreilig zu entzünden. Die Klopffestigkeit wird durch die Oktanziffer gekennzeichnet und durch Zusatz von Antiklopfmitteln verstärkt. Sie hängt allerdings auch von weiteren Faktoren (Verdichtung, Drehzahl, Luft- und Kühlwassertemperatur) ab.

anti-knock rating = anti-knock quality

anti-locking brake system = ABS braking device

anti-roll bar 0074

barre antidévers, barre antiroulis, stabilisateur
Barre reliant les suspensions indépendantes des deux roues d'un même essieu. Elle contribue à stabiliser dans les virages le véhicule dont la carrosserie a tendance à se coucher.

Diagonalstrebe, Querstrebe, Stabilisator
Stab, der zwei einzeln abgefederte Räder einer Achse verbindet. Er verbessert die Kurvenfestigkeit und verringert die Seitenneigung des Aufbaus.

antiskid brake system = ABS braking device

anti-theft ignition lock 0075

antivol coupe-contact
Dispositif antivol qui coupe le circuit d'allumage ou déconnecte une pompe à essence électrique. Il est constitué d'un simple interrupteur à bascule ou à tirette dissimulé, dont seul le conducteur connaît l'emplacement.

Diebstahlsicherung mit Trickschaltung, Trickschaltung
Diebstahlerschwerer, bestehend aus einem versteckten Kipp- oder Zugschalter, der die Zündanlage unterbricht oder die elektrische Benzinpumpe, falls vorhanden, abschaltet.

API grade 0076

degré API
Classification définissant neuf catégories d'huiles minérales réparties en deux sous-groupes désignés par une lettre: S (Service) pour véhicules à essence et C (Commercial) pour véhicules essence et diesel. Une 2e lettre précise le type d'utilisation et le niveau de performance.
Catégorie S: SA–SB–SC–SD–SE
Catégorie C: CA–CB–CC–CD
La catégorie CD ne concerne que les moteurs diesel.

API-Grad
Einteilung der Mineralölsorten in 9 Klassen mit 2 Untergruppen: S (Service) für Benzinmotoren und C (Commercial) für Benzin- und Dieselmotoren. Ein zweiter Kennbuchstabe weist auf das Leistungsvermögen der betreffenden Ölsorte hin.
S-Reihe: SA–SB–SC–SD–SE
C-Reihe: CA–CB–CC–CD
Klasse CD nur für Dieselmotoren.

approach road 0077

voie d'accès
Route très large (9 à 12 mètres) desservant les voies autoroutières.

Zubringer, Zubringerstraße, Auffahrtstraße, Zufahrtstraße
Zubringer sind 9–12 m breite Straßen von und zu den Bundesautobahnen.

aquaplaning **0078**

aquaplaning, aquaplanage
Glissement dangereux d'un pneu de véhicule sur une chaussé mouillée. Plus la nappe d'eau sur la chaussée est épaisse et la vitesse du véhicule élevée, plus grande sera la quantité d'eau que le pneu devra dégager. Il s'ensuit une pression hydraulique prenant naissance devant le pneu et formant une poche d'eau que celui-ci ne parvient plus à refouler. Cette vague de proue a dès lors tendance à soulever le pneu. Si la pression de la poche d'eau l'emporte sur celle du pneu sur la chaussée, il n'y a plus d'adhérence du tout. En l'absence de tout contact avec le sol, les efforts de freinage et de direction ne sont plus transmis, le véhicule devient incontrôlable.
L'aquaplanage est tributaire de l'épaisseur de la couche d'eau sur la chaussée, de la vitesse du véhicule, de la hauteur et de la forme des sculptures de la bande de roulement et de la largeur du pneu (les pneus taille basse y sont plus sensibles).
En cas de formation de nappes d'eau compactes sur la chaussée, il est impératif de réduire la vitesse du véhicule à 80 km/h maximum.

Aquaplaning, Wasserglätte, Aufschwimmen, Aufgleiten
Aufschwimmen eines Autoreifens auf einer Wasserschicht. Je stärker die Wasserschicht auf der Fahrbahn und je höher die Geschwindigkeit des Fahrzeugs ist, um so mehr Wasser muß der Reifen verdrängen. Vor dem Reifen entsteht ein Keil aus unverdrängtem Wasser. Diese Bugwelle versucht, den Reifen anzuheben. Wird der Druck des Wasserkeils größer als der Druck des Reifens auf die Fahrbahn, wird der Kraftschluß vollständig aufgehoben. Es besteht kein Kontakt mehr zur Fahrbahn, weil das Wasser durch das Reifenprofil nicht mehr ausweichen kann, und der Reifen kann keine Brems- und Lenkkräfte mehr auf die Fahrbahn übertragen.
Das Aquaplaning ist vor allem von der Stärke des Wasserfilms auf der Fahrbahn, dem gefahrenen Tempo, dem Zustand und der Gestaltung der Profilierung auf der Reifenlauffläche und der Breite des Reifens abhängig (Breitreifen sind eher gefährdet).
Hat sich auf der Fahrbahn ein geschlossener Wasserfilm gebildet, sollte die Geschwindigkeit auf max. 80 km/h gedrosselt werden.

arc welding = electric arc welding

armature *(See Ill. 30 p. 398)* **0079**

induit
Partie de machines électriques (moteurs, génératrices) pourvue d'un enroulement dans lequel une tension est produite par induction.

Anker
Teil von elektrischen Maschinen (Motor, Generator), in dessen Wicklung eine Spannung durch Induktion erzeugt wird.

armature brake **0080**

frein d'induit
Dispositif mécanique ou électrique qui remet l'induit d'un démarreur en position de repos, dès que celui-ci est mis hors circuit.

Ankerbremse
Mechanische oder elektrische Vorrichtung, die das schnelle Zurückbringen des Ankers in seine Ruhelage sofort nach dem Ausschalten des Anlassers bewirkt.

aromatic compounds 0081

composés aromatiques
Composés organiques cycliques élaborés au départ du noyau benzénique.

Aromaten, aromatische Verbindungen, Arene
Zyklische organische Verbindungen, die nur auf dem Benzolring aufgebaut sind.

articulated jack 0082

cric à parallélogramme
Cric qui se manoeuvre au moyen d'une vis horizontale tournant dans un écrou.

Scherenwagenheber, Scherenheber
Wagenheber (Wagenwinde) mit waagerechter Schraubenspindel, die sich in einer Mutter dreht.

asbestos 0083

amiante
Minéral à contexture fibreuse. L'amiante est réfractaire et résiste aux acides. Grâce à son pouvoir isolant et réfractaire, il est utilisé dans la fabrication de joints d'étanchéité, de garnitures de frein et d'embrayage. L'amiante est cancérigène.

Asbest
Faseriges Mineral, das säure- und feuerfest ist. Wegen seines hohen Isolationsvermögens und seiner Hitzebeständigkeit wird Asbest u.a. bei der Herstellung von Dichtungsmaterial, Brems- und Kupplungsbelägen verwendet. Asbest kann Krebs verursachen.

aspect ratio 0084

coefficient d'aspect
Rapport entre la largeur et la hauteur d'un pneumatique.

H:B-Verhältnis, Querschnittsverhältnis
Verhältnis der Querschnittshöhe zur Breite eines Autoreifens.

asymmetric low beam 0085

feux de code asymétriques, faisceau européen unifié
Système d'éclairage permettant d'obtenir une plus grand portée lumineuse sur la moitié droite de la chaussée que sur la moitié gauche afin d'éliminer le risque d'éblouissement pour les usagers roulant en sens inverse.

asymmetrisches Abblendlicht
Mit dem asymmetrischen Abblendlicht wird die rechte Fahrbahnhälfte besser ausgeleuchtet, während die Lichtweite der Scheinwerfer auf der linken Seite begrenzt ist, um eine Blendung des Gegenverkehrs zu verhüten.

atmospheric chamber 0086

chambre sous pression atmosphérique
Partie de la chambre à diaphragme dans un régulateur à dépression.

Atmosphärendruckkammer
Teil des Membranblocks in einem Unterdruckregler.

atmospheric pressure 0087

pression atmosphérique
Pression exercée par l'atmosphère

atmosphärischer Druck, Atmosphärendruck, barometrischer Luftdruck

(Pression exercé par l'atmosphère) terrestre en un point déterminé.

(druck, barometrischer Luftdruck) Der von der Erdatmosphäre ausgeübte Druck auf eine bestimmte Stelle.

Austin-Morris Hydrolastic system = Hydrolastic suspension

authorized towed weight **0088**

poids remorquable

Charge tractée par un véhicule et dont la valeur maximale est fixée par le législateur. Dans le cas du poids remorquable sans frein, le poids de la remorque doit être très inférieur au poids à vide du véhicule tracteur. Pour ce qui touche le poids remorquable avec frein, la charge de la remorque ne peut excéder le poids total admissible du véhicule tracteur.

zulässige Anhängerlast

Von einem Fahrzeug geschleppte Last, deren Höchstwert vom Gesetzgeber vorgeschrieben ist. Bei der zulässigen Anhängerlast ungebremst muß das Gewicht des Anhängers erheblich unter dem Zugwagenleergewicht liegen und bei der zulässigen Anhängerlast gebremst, darf diese das zulässige Gesamtgewicht des Zugwagens nicht überschreiten.

autobody undercoating = underbody sealant

autocycle **0089**

cyclomoteur

Bicyclette équipée d'un moteur auxiliaire. La force motrice peut être appuyée par l'effort musculaire exercé sur le pédalier.

Moped

Fahrrad mit Hilfsmotor. Die Antriebskraft des Motors kann auch durch Muskelkraft unterstützt werden.

autogenous welding **0090**

soudure autogène, soudure au chalumeau, soudure oxyacétylénique

Assemblage par fusion de deux éléments d'un même métal avec ou sans apport d'un métal présentant la même composition que celle des éléments à souder. Les gaz combustibles utilisés (acétylène, hydrogène, propane, etc.) sont fournis par un chalumeau oxyacétylénique (chalumeau injecteur), qui opère le mélange avec de l'oxygène. Avec l'acétylène on parvient à obtenir une flamme de chauffe de 3200° C environ.

Gasschmelzschweißen, Autogenschweißen, Gasschweißverfahren

Verbindung zweier Werkstücke aus demselben Metall durch Verflüssigung ihres Werkstoffs mit oder ohne Zusatzwerkstoff, der die gleiche Zusammensetzung aufweist. Die benötigte Wärme wird durch Verbrennung eines Heizgases (Acetylen, Wasserstoff, Propan usw.) erzeugt, das in einem Schweißbrenner (meist Injektorbrenner, Saugbrenner) mit Sauerstoff gemischt wird. Mit Acetylen können Flammentemperaturen bis ca. 3200° C erreicht werden.

automatic advance = centrifugal advance

automatic choke 0091

choke automatique, thermostarter, auto-starter

Volet de départ à froid disposé au-dessus de la chambre de mélange d'un carburateur et s'ouvrant automatiquement sous l'action d'un bilame, lorsque le moteur atteint une temperature suffisante. Le ressort bilame est réchauffé électriquement, par l'eau du radiateur ou par les gaz d'échappement. On rencontre également un élément à cire qui remplace le ressort bilame.

Startautomatik

Starterklappe über dem Vergaserdurchlaß, die sich selbsttätig öffnet, wenn der Motor seine Betriebstemperatur erreicht hat. Das Kernstück der Startautomatik ist eine Bimetallfeder, die elektrisch, durch das Kühlwasser oder die Abgase erwärmt wird. Neuerdings wird ein Dehnstoffelement statt einer Bimetallfeder eingesetzt.

automatic injection timer 0092

variateur d'avance automatique

Dispositif de moteur diesel qui permet de faire varier automatiquement l'avance à l'injection par effet centrifuge de masses selon le régime du moteur.

automatischer Spritzversteller

Vorrichtung in Dieselmotoren, die je nach der Drehzahl den Einspritzbeginn durch Fliehgewichte automatisch verschiebt.

automatic starting unit = automatic choke

automatic transmission 0093

transmission automatique

La transmission automatique est un convertisseur de couple qui choisit automatiquement le rapport de changement de vitesses dans la transmission s'opérant entre le moteur et les roues motrices en fonction de la vitesse du véhicule et des conditions de charge. La plupart des boîtes de vitesses automatiques sont montées soit avec un coupleur hydraulique, soit avec un convertisseur de couple auquel s'ajoutent un ou plusieurs engrenages planétaires ou épicycloïdaux.

automatisches Getriebe, Getriebeautomat

Drehmomentwandler, der den geforderten Bedingungen entsprechend das richtige Übersetzungsverhältnis in der Kraftübertragung zwischen Motor und Antriebsrädern automatisch wählt bzw. schaltet. Die meisten Getriebeautomaten sind Strömungskupplungen bzw. Strömungswandler, denen ein oder mehrere Planetengetriebe nachgeschaltet sind.

automobile body sheet 0094

tôle de carrosserie

Tôle d'acier dont l'épaisseur varie de 0,6 à 0,9 mm.

Karosserieblech

Stahlblech mit einer Dicke von 0,6 bis 0,9 mm.

automobile registration 0095

carte grise, titre de propriété d'un véhicule

Récépissé de la déclaration de mise en service que tout propriétaire de voiture automobile ou de motocyclette doit faire auprès des autorités compétentes.

Fahrzeugbrief

Identitäts- und Besitzurkunde für ein Kraftfahrzeug. In den Fahrzeugbrief werden die technischen Merkmale des Fahrzeugs sowie der Name des Autobesitzers eingetragen.

automotive battery = battery

automotive diesel engine = diesel engine

automotive electrics 0096

électricité automobile

L'électricité automobile englobe l'équipement électrique tout entier des véhicules. Dans les voitures, la tension du circuit électrique est de 12 volts; elle passe généralement à 24 volts dans les poids lourds.
Si le moteur est arrêté, l'alimentation en courant du circuit électrique s'effectue au moyen d'une ou parfois de plusieurs batteries. En revanche, lorsque le moteur tourne, c'est l'alternateur qui fournit l'énergie électrique à l'allumage ainsi qu'à tous les consommateurs branchés tels que par exemple les projecteurs et l'éclairage, cependant qu'il recharge la batterie. Enfin un régulateur veille à maintenir la tension à un niveau constant, et ce à tous les régimes du moteur et quelle que soit la charge.
Dans son ensemble le système électrique est commandé par un interrupteur de contact branché dans le circuit primaire (basse tension) et actionné par une clé de contact qui provoque le lancement du moteur par le démarreur.
Outre l'allumage, le démarreur, les projecteurs, l'éclairage, les essuie-glace, le chauffage, la lunette dégivrante, etc. sont les principaux consommateurs d'électricité d'un véhicule automobile.

Autoelektrik, Kfz-Elektrik

Die Autoelektrik ist die gesamte elektrische Ausrüstung eines Kraftfahrzeuges. Bei Pkw beträgt die Bordnetzspannung 12 V, bei Lkw dagegen meist 24 V. Das Bordnetz des Fahrzeugs wird bei Stillstand des Motors von einer Batterie, zuweilen auch von mehreren Batterien, mit elektrischer Energie gespeist. Während des Motorbetriebs werden die eingeschalteten elektrischen Verbraucher wie Zündung, Beleuchtung vom Generator mit Strom versorgt, wobei die Batterie geladen wird. Ein Regler sorgt dafür, daß die Spannung bei allen Drehzahlen und Belastungsfällen nahezu auf gleicher Höhe gehalten wird.
Das gesamte elektrische System läßt sich über ein in den Primärstromkreis geschaltetes Zündschloß einschalten, das mit dem Zündschlüssel betätigt wird, wodurch der Verbrennungsmotor vom Starter angeworfen wird.
Zu den Hauptverbrauchern der Kraftfahrzeugelektrik zählen neben der Zündanlage der Starter, die Scheinwerfer, die Beleuchtung, die Scheibenwischer, die Heizung, die heizbare Heckscheibe usw.

automotive engine = engine

automotive truck (US) = truck

autothermic piston 0097

piston autothermique

Piston présentant des fentes entre la jupe et le porte-segments de façon que la transmission de chaleur se fasse du porte-segments vers le bossages. Ainsi la dilatation thermique s'oriente vers l'axe du piston et la température de la jupe reste modérée.

Autothermik-Kolben

Kolben mit Querschlitzen zwischen Kolbenmantel und Ringteil zur Abführung des Wärmestromes vom Ringteil zu den Bolzenaugen. Die Wärmeausdehnung verlagert sich in die Richtung der Kolbenbolzenachse, und der Kolbenschaft bleibt kühler.

auxiliary-air device *(See Ill. 16 p. 180)* 0098

tiroir d'air additionnel

Organe obturateur qui court-circuite le volet d'air au cours de la phase d'échauffement du moteur pour lui fournir un appoint d'air destiné à augmenter la quantité du mélange. Lorsque le moteur est chaud, le passage est obturé par un bimétal.

Zusatzluftschieber

Absperrorgan, das während der Warmlaufphase dem Motor Zusatzluft durch Umgehung der Drosselklappe zuführt, weil dieser eine größere Gemischmenge braucht. Bei betriebswarmem Motor wird der Durchgang mit einem elektrisch aufgeheizten Bimetall gesperrt.

auxiliary brake = hand brake

auxiliary frame = sub-frame

auxiliary lamp 0099

projecteur d'appoint, projecteur de complément

Les projecteurs de complément sont surtout des phares halogène, antibrouillard ou longue portée vendus par paire en kit complet avec tous les éléments nécessaires au branchement (relais et câblage).

Zusatzscheinwerfer

Zusatzscheinwerfer sind hauptsächlich Halogen-, Nebel- und Weitstrahlscheinwerfer, die im Fachhandel als Scheinwerfer-Sets einschließlich Zubehör (Relais und Kabelsatz) erhältlich sind.

avalanche diode = Zener diode

axial bearing 0100

butée

Pièce mécanique soutenant un arbre en rotation et supportant un effort axial.

Axiallager, Längslager, Spurlager

Maschinenteil zum Abstützen von rotierenden Wellen. Es wird axial belastet.

axial runout = side runout

axial-type starting motor = sliding-armature starter

axle 0101

essieu

Support transversal aux extrémités duquel sont fixées deux roues en mouvement de rotation parallèle. Chacune des extrémités de l'essieu prend appui sur un moyeu de roue. Dans un sens plus large, l'essieu comprend tous les éléments reliant les roues au corps du véhicule, y compris la suspension. On distingue divers types d'essieu tels que l'essieu rigide et la suspension indépendante (essieu brisé) ainsi que les dispositions avec bras oscillant longitudinal, transversal et incliné.

Achse, Tragachse, Radachse

Querträger zweier parallel laufender Räder. Beide Achsenenden stützen sich je auf einer Radnabe ab. Im weiteren Sinne werden die Teile, die das Rad mit dem Fahrzeug verbinden einschließlich Aufhängung zur Achse gerechnet. Es gibt verschiedene Achsenanordnungen wie die Starrachse, die Einzelradaufhängung sowie die Anordnung mit Quer-, Längs- und Schräglenker.

axle base = wheel base

axle cap 0102

enjoliveur de roue, chapeau de roue, chapeau de moyeu

Disque métallique qui masque le moyeu de roue.

Achskappe, Radzierkappe, Zierkappe, Nabenkappe, Nabendeckel, Radnabenkappe, Radblende

Metallscheibe zum Abdecken der Radnabe.

axle driving shaft = axle shaft

axle-pin rake = caster

axle shaft *(See Ill. 12 p. 144)* 0103

arbre de commande, arbre d'essieu, arbre de roue motrice.

Arbre d'entraînement reliant le différentiel à la roue motrice du véhicule.

Achswelle, Seitenwelle

Antriebswelle, die das Differentialgetriebe mit dem Antriebsrad verbindet.

axle stand 0104

chandelle

Trépied dont la tête-support est réglable en hauteur. Les chandelles sont utilisées par paires et ne peuvent soutenir la voiture qu'aux emplacements prévus pour le cric.

Abstützbock, Unterstellbock

Stativ, dessen Kopf höhenverstellbar ist. Abstützböcke werden paarweise an die Stellen angesetzt, wo der Wagen sonst mit dem Wagenheber angehoben wird.

back axle = rear axle shaft

back-up lamp = reversing light

backfire = misfire

baffle flap = air-flow sensor plate

baffle silencer 0105

silencieux à chicanes

Silencieux dans lequel les bruits d'échappement sont réfléchis par des chicanes.

Reflexionsschalldämpfer, Reflexionsdämpfer

Schalldämpfer, in dem die Geräusche mit Hilfe von Resonatoren durch Reflexion gedämpft werden.

balance weight 0106

contrepoids

Pièce métallique, généralement en plomb, servant à compenser un balourd.

Ausgleichsmasse

Gegengewicht meist aus Blei für die Beseitigung einer Unwucht.

balancing 0107

équilibrage

Apposition de contre-poids en plomb destinés à compenser un balourd constaté à la roue, au pneumatique ou dans les tambours de frein.

Le balourd ou déséquilibre est en effet imputable à la répartition inégale de masses sur la roue en rotation.

Un balourd de 50 grammes seulement sur une roue de diamètre moyen donne, à une vitesse de 100 km/h, naissance à une force centrifuge de 10 kg. Les causes pouvant provoquer le déséquilibre des roues sont diverses: déformation du voile de la roue, mauvaise répartition de matière, défaut de centrage, usure inégale des pneumatiques, écrous différemment serrés, contre-poids mal placés, etc. Plusieurs de ces défauts peuvent se combiner et ne plus être décelés isolément.

Il s'ensuit que la roue prend un mouvement vibratoire (ce qui engrendre le shimmy si les roues affectées sont directrices). De même on constate une usure accélérée et irrégulière des

Auswuchtung, Radauswuchtung

Anbringen von Ausgleichsmassen (Bleigewichten) zur Beseitigung einer Unwucht am Rad, am Reifen oder an den Bremstrommeln.

Unwucht entsteht nämlich durch ungleichmäßige Massenverteilung am drehenden Rad.

Eine ungleiche Gewichtsverteilung von nur 50 Gramm an einem mittelgroßen Rad kann bei einer Geschwindigkeit von 100 km/h eine einseitige Zugkraft von 10 kg hervorrufen.

Verschiedene Ursachen können zur Unwucht von Fahrzeugrädern führen: verformte Radkörper, ungleichmäßige Werkstoffverteilung, Zentrierfehler, ungleichmäßig abgefahrene Reifen, ungleich angeschraubte Radmuttern, falsch montierte Ausgleichsgewichte usw. Solche Fehler können aber auch zusammenwirken und sind dann nicht mehr einzeln feststellbar. Die Folgen hiervon sind das Taumeln der Räder (bei den gelenkten Rädern macht es sich durch Vibrationen am Lenkrad bemerkbar), eine erhöhte bzw. ungleichmäßige Reifenabnutzung, die Überbelastung der Radaufhängung, eine unruhige Lenkung und eine schlechte Straßenlage. Das Auswuch-

(accélérée et irrégulière des) pneumatiques, une fatigue excessive de la suspension, la direction devient malaisée et la tenue de route en souffre.
L'équilibrage des roues revêt une importance particulière dans le cas de roues de petit diamètre qui, bien entendu, tournent plus vite.
Il y a deux types de déséquilibre: le déséquilibre statique et le déséquilibre dynamique.
Une roue tournant librement sur un axe horizontal doit pouvoir s'immobiliser en n'importe quelle position. Si, en revanche, elle finit par osciller tel un pendule pour s'immobiliser ensuite toujours dans la même position, il y a déséquilibre statique, qui, en marche, fait bondir la roue dans le sens vertical. On remédiera à ce déséquilibre par la mise en place d'un contre-poids au point opposé au balourd constaté.
Par contre le déséquilibre dynamique provient d'une répartition inégale de poids des deux côtés du plan de rotation de la roue, ce qui provoque des vibrations. Dans ce cas un réglage sur une équilibreuse s'impose. Il existe actuellement des équilibreuses électroniques permettant le diagnostic et l'élimination de balourds, sans qu'il soit besoin de démonter la roue.

(schlechte Straßenlage. Das Auswuch-) ten ist vor allem bei kleinen Fahrzeugrädern wichtig, weil diese sich selbstverständlich schneller drehen.
Es gibt zwei Arten Unwucht: die statische und die dynamische.
Ein auf einer waagerechten Achse freilaufendes Rad muß in jeder Stellung stehenbleiben. Pendelt es sich langsam aus und bleibt dann immer an der gleichen Stelle stehen, so hat es eine statische Unwucht, die während der Fahrt zum Springen in die Höhe führt. Zum Ausgleich wird ein entsprechendes Gegengewicht gerade gegenüber der betreffenden Stelle angebracht.
Die dynamische Unwucht dagegen steht schräg zur Drehebene des Rades, die Gewichtsverteilung ist seitlich oben und unten irgendwie gestört und verursacht das Taumeln des Rades. In diesem Fall ist das Auswuchten auf einer Radauswuchtmaschine (Auswuchter) erforderlich. Mit dem elektronischen Auswuchter braucht das Rad für die Beseitigung der Unwucht nicht abgenommen zu werden.

ball bearing **0108**

roulement à billes

Pièce d'appui et de guidage d'un arbre se composant de deux bagues formant des chemins de roulement dans lesquels sont logées des billes en acier au chrome qu'une cage intercalaire maintient à égale distance les unes des autres.

Kugellager

Stützelement einer Welle mit zwei Laufbahnträgern (Innen- und Außenring) und einer Reihe von Chromstahlkugeln, die vom Kugelkäfig in gleichem Abstand gehalten werden.

ball-jointed track rod = tie bar

ball pein hammer 0109

marteau à panne sphérique

Marteau à panne sphérique d'un côté et face plate de l'autre. Il est utilisé pour travaux de carrosserie.

Ingenieurhammer, amerikanischer Schlosserhammer

Hammer mit Kugelfinne und runder, flacher Bahn für Ausbeularbeiten.

ball and roller bearing 0110

roulement

Mécanisme servant à l'appui et au guidage d'arbres en rotation qui, grâce à la friction roulante, est peu sujet aux pertes par friction. Généralement on entend par roulements les roulements à billes, à rouleaux, à galets et à aiguilles.

Wälzlager

Lager zum Abstützen und zum Führen von rotierenden Wellen, das durch rollende Reibung wenig Reibungsverluste aufweist. Zu den Wälzlagern werden die Kugel-, Rollen- und Nadellager gerechnet.

ball-type lubricating nipple 0111

graisseur sphérique

Valve à bille constituant la fermeture d'un point de graissage.

Kugel-Schmiernippel

Kugelventil, das eine Schmierstelle abschließt.

ballast resistor *(See Ill. 2 p. 44)* 0112

résistance ballast, résistance additionnelle, résistance de départ

Résistance branchée en série sur l'enroulement primaire de la bobine d'allumage. Elle a pour but de réduire l'intensité du courant primaire et de prévenir l'échauffement de la bobine d'allumage. Toutefois cette résistance est court-circuitée au démarrage par un contact, car, à ce moment, il faut que la batterie fournisse un courant très intense au démarreur et à l'allumage. Grâce au court-circuitage de la résistance additionnelle, on n'enregistre plus de chute de tension dans le circuit primaire et par conséquent dans la haute tension d'allumage. Etant donné que l'on dispose ainsi d'une tension suffisante à l'allumage, le démarrage devient beaucoup plus facile surtout à froid. Ford utilise un câble résistant en guise de résistance additionnelle.

Vorwiderstand

Vor die Primärwicklung der Zündspule geschalteter Widerstand. Er vermindert den Primärstrom und verhütet die thermische Überbelastung der Zündspule. Beim Anlaßvorgang wird jedoch dieser Widerstand durch einen Kontakt kurzgeschlossen, weil die Batterie einen sehr hohen Strom für den Starter und die Zündung bereitstellen muß. Durch die vorläufige Überbrückung des Vorwiderstandes gibt es keinen Spannungsabfall mehr in der Batteriespannung und folglich in der induzierten Zündspannung. Nachdem somit beim Anlassen eine ausreichende Zündspannung zur Verfügung steht, ist das Startverhalten des Motors viel besser, besonders bei kalter Maschine. Bei Ford-Modellen findet man eine Widerstandsleitung anstelle des Vorwiderstandes.

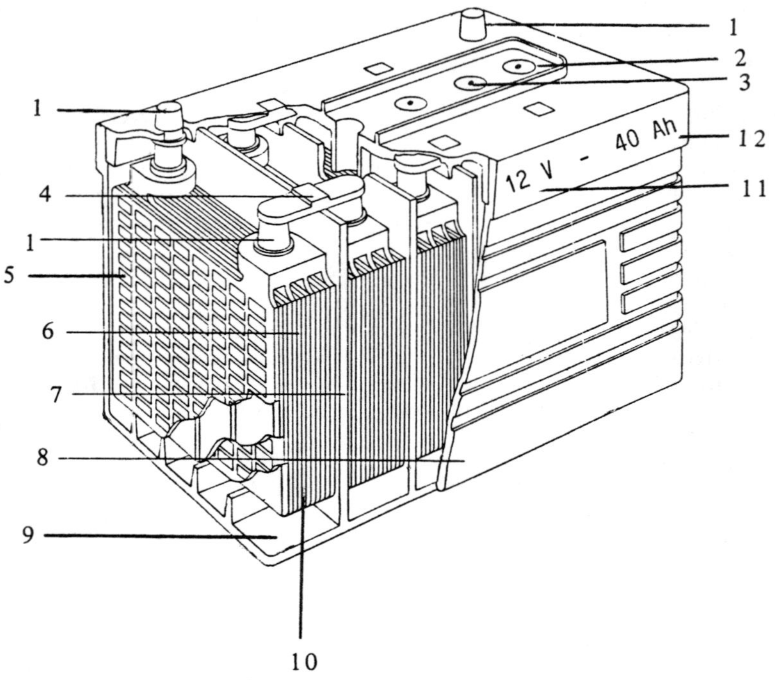

Ill. 2: battery **(0117)**

1 terminal
2 cell filler hole
3 degassing opening
4 cell bridge
5 negative plate
6 separator plate
7 cell divider
8 battery box
9 sediment chamber
10 positive plate
11 battery voltage
12 ampere-hours

balloon tire 0113

pneu ballon
Pneumatique dont la largeur et la hauteur sont égales (coefficient d'aspect = 1).

Ballon-Reifen
Reifen, dessen Breite und Höhe gleich sind.

banana pin = banana plug

banana plug 0114

fiche banane
Fiche mâle en métal flexible.

Bananenstecker
Stecker mit federnden Kontaktflächen.

banjo axle 0115

pont banjo, pont poutre
Essieu porteur rigide constitué de deux coquilles en tôle d'acier soudées et dans lequel sont logés les deux demi-arbres ainsi que le différentiel. Un couvercle permettant la visite du pont-arrière y est ménagé dans la partie centrale arrière.

Banjoachse
Starrachse bestehend aus zwei zusammengeschweißten Blechschalen zur Unterbringung der Achswellen bzw. des Differentials. Im hinteren Mittelstück ist ein Schaulochdeckel angeordnet.

barometric pressure = atmospheric pressure

barrel = mixing chamber

basement garage 0116

garage souterrain
Garage collectif en sous-sol avec emplacements individuels délimités par marquage ou cloisonnés.

Tiefgarage, Kellergarage
Sammelgarage in einem Kellergeschoß mit unterteilten bzw. abgeteilten Einstellplätzen.

battery *(See Ill. 2 p. 44, Ill. 3 p. 50, Ill. 6 p. 71, Ill. 7 p. 80)* 0117

batterie de démarrage, batterie à accumulateurs
Dispositif stockant le courant électrique et composé d'accumulateurs ou éléments branchés an série. Ceux-ci sont généralement des plaques de plomb immergées dans de l'acide sulfurique dilué dans de l'eau distillée. La batterie est chargée par la dynamo ou l'alternateur et fournit à elle seule l'énergie électrique à tous les organes consommateurs lorsque l'alternateur ne fonctionne pas. Lorsque le moteur tourne, la

Batterie, Stromspeicheraggregat, Sammler, Starterbatterie
Aggregat zur Speicherung des elektrischen Stromes. Die Batterie besteht aus in Reihe geschalteten Akkumulatoren (Bleiplatten in verdünnter Schwefelsäure) und wird von der Lichtmaschine geladen. Sie liefert allein den elektrischen Strom für alle Verbraucher im Fahrzeug bei Ausschaltung der Lichtmaschine. Während des Motorbetriebes speichert die Batterie einen Teil der von der Lichtmaschine erzeugten Energie. Ihre Hauptaufgabe ist es aber, beim Anwerfen des Motors den elektrischen Strom für den Anlasser und die

(Lorsque le moteur tourne, la) batterie à accumulateurs emmagasine une partie de l'énergie que lui fournit la génératrice (dynamo, alternateur). Lors du démarrage, elle débite un courant électrique très intense au démarreur et à l'allumage. Le lancement du moteur requiert en effet une très grande puissance électrique et, pour cette raison, il convient d'éliminer momentanément les consommateurs de courant au moment du démarrage. Dans certains véhicules, cela se fait automatiquement aussi longtemps que le démarreur est actionné. Au cours de la charge de la batterie, l'énergie électrique qui lui est fournie est convertie en énergie chimique. De par l'action du courant de charge provenant de la génératrice, le sulfate de plomb des plaques positives se transforme en dioxyde de plomb et celui des plaques négatives en plomb spongieux. Il se forme ainsi de l'acide sulfurique et la densité de l'électrolyte augmente.
En revanche, lorsque la batterie à accumulateurs se décharge, l'acide sulfurique se décompose, ce qui amène une production d'eau. Le dioxyde de plomb des plaques positives de même que le plomb des plaques négatives se transforment en sulfate de plomb. La densité de l'acide diminue.
En moyenne la tension nominale d'un élément de batterie est fixée à 2 volts. Toutefois la tension effective peut être légèrement supérieure ou inférieure à cette valeur selon l'état de charge ou les sollicitations auxquelles la batterie est soumise.

(schen Strom für den Anlasser und die) Zündung abzugeben. Der Anlaßvorgang erfordert nämlich eine hohe elektrische Leistung und deshalb ist es ratsam, die übrigen Stromverbraucher beim Starten abzustellen. Bei einigen Fahrzeugen geschieht dies automatisch, solange der Anlasser betätigt wird.
Beim Ladevorgang wird die von der Batterie aufgenommene elektrische Energie in chemische Energie umgewandelt. Durch den Ladestrom aus der Lichtmaschine wird das Bleisulfat der Plusplatten in Bleidioxid und dasjenige der Minusplatten in Bleischwamm verwandelt, wobei Schwefelsäure entsteht. Die Säuredichte nimmt zu.
Beim Entladen dagegen wird die Schwefelsäure zerlegt; es entsteht Wasser. Das Bleidioxid der positiven Platten und das Blei der negativen Platten werden in Bleisulfat umgewandelt. Die Säuredichte nimmt ab.
Als Nennspannung sind im Mittel 2 V pro Bleizelle einer Batterie festgelegt. Je nach Ladezustand oder Beanspruchung kann allerdings die effektive Betriebsspannung etwas über oder unter diesem Wert liegen.

battery acid **0118**

acide d'accumulateur
Acide sulfurique dilué à l'eau distillée.

Batteriesäure, Füllsäure, Akkumulatorensäure
Schwefelsäure, die mit destilliertem Wasser verdünnt ist.

battery acid tester 0119

lorgnette acidimétrique

Appareil optique permettant de contrôler la densité de l'électrolyte d'une batterie. Après avoir posé une goutte d'acide sur un verre circulaire, on oriente l'appareil vers une source lumineuse. On pourra dès lors évaluer immédiatement la densité de l'acide à travers un oculaire sur une ligne de démarcation entre une zone claire et une zone sombre.

Batteriesäuretester

Optisches Gerät zur Prüfung der Säuredichte einer Bleibatterie. Nachdem man einen Tropfen Elektrolyt auf ein Meßfenster gebracht hat, wird der Säuretester gegen das Licht gehalten. Die Säurekonzentration kann dann unmittelbar durch ein Okular an der Trennlinie zwischen hell und dunkel abgelesen werden.

battery booster cable 0120

câble de démarrage

Paire de câbles raccordant une batterie déchargée à une batterie fournissant du courant. La capacité en Ah de la batterie débitrice ne peut pas être très inférieure à celle de la batterie déchargée. On trouve aussi des câbles de démarrage équipés d'un boîtier électronique de sécurité, qui prévient tout endommagement de l'alternateur ou de l'ordinateur de bord.

Starthilfekabel

Kabelpaar zum Anschluß einer entladenen Batterie an eine stromgebende Batterie. Die Kapazität (Ah) der stromgebenden Batterie darf nicht wesentlich unter derjenigen der entladenen Batterie liegen. Sicherheitsstartkabel gibt es neuerdings auch mit Schutzelektronik, um Folgeschäden an Lichtmaschine und Bordcomputer zu verhindern.

battery box *(See Ill. 2 p. 44)* 0121

bac de batterie

Le bac de la batterie est divisé en plusieurs éléments et réalisé en matière plastique isolante et résistante aux chocs et à l'acide, en ébonite ou autre matériau similaire.

Batteriegehäuse, Batteriekasten, Blockkasten

Das Batteriegehäuse enthält die Zellen einer Batterie und ist aus säurefestem bzw. stoßsicherem isolierendem Kunststoff, Hartgummi oder ähnlichem Material hergestellt.

battery cable 0122

câble de batterie

Câble de courant fort reliant la borne positive de la batterie au démarreur.

Batteriekabel, Batteriehauptkabel

Starkstromkabel zwischen Batterie plus und Anlasser.

battery-cable terminal 0123

cosse de batterie

Cosse annulaire à visser pour le branchement de câbles sur les bornes d'une batterie à accumulateurs.

Batterieklemme

Klemme zum Verschrauben der Leitungen an den Polköpfen einer Batterie.

battery capacity 0124

capacité de batterie

Quantité de courant pouvant être prélevée d'une batterie à accumulateurs et qui est évaluée en ampères-heures. Elle dépend notamment du nombre et de l'ampleur des plaques, de la quantité de l'électrolyte et du courant de décharge.

Batteriekapazität, Ladekapazität, Speichervermögen, Kapazität in Ah

Entnehmbare Strommenge aus einer Batterie, die in Ampèrestunden gemessen wird. Sie ist von der Anzahl und der Größe der Platten, der Elektrolytmenge und der Stromstärke bei der Entladung abhängig.

battery case = battery box

battery change-over relay 0125

coupleur de batteries

Relais électromagnétique équipant les installations pourvues de deux batteries de 12 volts, et plus spécialement les véhicules qui ont besoin d'une grande puissance au démarrage. Grâce au coupleur, les batteries sont branchées en série au démarrage et en parallèle en marche normale. Le branchement en parallèle leur permet d'être chargées par le générateur.

Batterieumschalter, Batterieumschaltrelais

Elektromagnetischer Umschalter für Anlagen mit zwei 12-Volt-Batterien bzw. für Fahrzeuge, die eine hohe Startleistung brauchen. Mit dem Batterieumschalter werden beim Starten die beiden 12-Volt-Batterien in Reihe, im Fahrbetrieb dagegen parallel geschaltet, damit sie vom Generator aufgeladen werden.

battery charger 0126

chargeur de batterie

Appareil utilisé pour recharger les accumulateurs d'une batterie. Il est connecté d'une part aux deux bornes de la batterie et d'autre part au courant de secteur. Ce dernier est transformé en courant continu à l'aide de redresseurs. En début de charge, le courant ne peut excéder un dizième de la capacité de la batterie.

Batterieladegerät, Ladegerät, Ladeaggregat, Akkuladegerät

Gerät zum Nachladen von Akkumulatoren. Es wird an die beiden Pole der Batterie und an das Netz angeschlossen. Der Wechselstrom aus dem Netz wird durch Gleichrichter in Gleichstrom für die Batterie umgewandelt. Der Anfangs-Ladestrom darf 10% der Batteriekapazität nicht überschreiten.

battery-and-coil ignition = battery ignition

battery condition indicator = voltmeter

battery container = battery box

battery-cutoff relay 0127

relais de coupure de batterie

Relais dont la fonction est d'isoler une seconde batterie d'appoint lors

Batterietrennrelais

Relais, das eine Zweitbatterie beim Starten abschaltet und diese nach dem (une seconde batterie d'appoint lors) du démarrage et qui la remet en circuit dès que le moteur est lancé.

(Starten abschaltet und diese nach dem) Anwerfen des Motors wieder einschaltet.

battery hydrometer = hydrometer

battery ignition *(See Ill. 3 p. 50)* **0128**

allumage par batterie
Dans l'allumage par batterie, le courant primaire à basse tension est fourni par une batterie d'accumulateurs. Ce type d'allumage comprend principalement la batterie, la bobine d'allumage, l'allumeur ou distributeur ainsi que les bougies.

Batteriezündung
Bei der Batteriezündung wird der niedergespannte Primärstrom durch eine Batterie erzeugt. Zur Batteriezündung gehören hauptsächlich die Batterie, die Zündspule, der Verteiler und die Zündkerzen.

battery liquid = battery acid

battery main switch = battery master switch

battery master switch **0129**

robinet de batterie
Interrupteur s'intercalant entre le pôle négatif de la batterie à accumulateurs et la masse permettant de couper l'installation électrique de la batterie.

Batterieschalter, Batteriehauptschalter
Handbetätigter Schalter zwischen Minuspol der Batterie und Masse, mit dem sich die elektrische Anlage von der Batterie trennen läßt.

battery-terminal grease **0130**

graisse pour bornes de batterie
Graisse spéciale dont on enduit les bornes et les cosses de batterie afin de prévenir toute oxydation.

Batteriepolfett, Säureschutzfett, Akkumulatorenfett
Fett, mit dem Klemmen und Polköpfe einer Batterie bestrichen werden, um Oxydation an diesen Stellen zu verhüten.

battery tester **0131**

contrôleur de batterie
Appareil permettant de vérifier l'état de charge d'une batterie à accumulateurs. Il se compose d'une poignée avec deux grosses pointes métalliques entre lesquelles sont montés un voltmètre et une résistance shunt. L'une de ces pointes vient en contact avec le pôle positif et l'autre avec le pôle négatif de la batterie.

Batterieprüfer
Gerät zur Prüfung des Ladezustandes einer Batterie. Es besteht aus einem Griff mit zwei Prüfspitzen, die auf den Plus- bzw. Minuspol der Batterie aufgesetzt werden und zwischen welchen ein Widerstand sowie ein Voltmeter geschaltet sind.

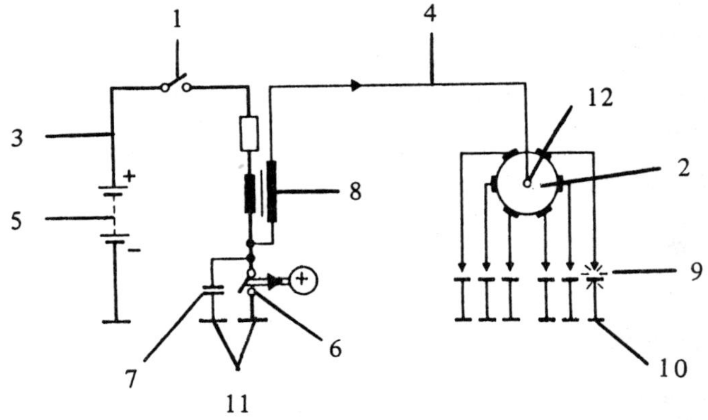

Ill. 3: battery ignition **(0128)**

1 ignition switch
2 ignition distributor
3 primary circuit
4 secondary circuit
5 battery
6 contact breaker
7 ignition capacitor
8 ignition coil
9 spark-plug
10 ground return
11 parallel connection
12 distributor cap segment

battery voltage *(See Ill. 2 p. 44, Ill. 16 p. 180)* **0132**

tension de batterie
Tension débitée par la batterie de démarrage. Dans la plupart des voitures automobiles, la tension de batterie est de 12 volts. Seuls certains modèles anciens sont encore équipés d'une batterie de 6 volts.

Batteriespannung, Bordnetzspannung
Die von einer Starterbatterie abgegebene Spannung.
Bei den meisten Pkw beträgt die übliche Batteriespannung 12 V (6 V bei älteren Modellen).

bayonet catch = bayonet fixing

bayonet closure = bayonet fixing

bayonet fixing **0133**

fermeture à baïonnette
Fixation amovible d'un corps cylindrique dans un autre par simple emboîtement suivi d'un mouvement de rotation de la pièce mâle. La fermeture est obtenue par des ergots glissant dans des encoches.

Bajonettverschluß, Renkverschluß
Lösbare Verbindung zwischen zwei Hülsen durch Einstecken und anschließendes Verdrehen des eingeführten Teils, wobei Stifte sich in Schlitze bewegen.

bayonet joint = bayonet fixing

bayonet lock = bayonet fixing

bead core **0134**

tringle de talon
Anneau en câble d'acier déformable disposé au coeur du talon d'un pneumatique et enrubanné de caoutchouc. Il assure le serrage du pneumatique sur la jante.

Wulstkern
Ringförmiges bzw. verformbares Stahldrahtseil mit Gummiüberzug im Wulst eines Autoreifens. Es hält den Reifen auf der Felge fest.

beamsetter **0135**

règle-projecteurs, contrôleur pour le réglage des phares, visiomètre
Appareil équipé de systèmes optiques permettant de régler les phares sur un espace réduit. Il est généralement pourvu d'un luxmètre. Le faisceau lumineux du projecteur à régler traverse une lentille qui le fait converger sur une glace. Celle-ci reflète alors le faisceau sur un écran gradué.

Scheinwerfereinstellgerät
Gerät mit optischen Systemen zur Justierung der Scheinwerfer aus nächster Nähe. Es ist im allgemeinen zusätzlich mit einem Luxmeter ausgerüstet. Der Lichtstrahl des einzustellenden Scheinwerfers trifft einen Spiegel durch eine Sammellinse hindurch, der diesen Lichtstrahl auf einen Schirm mit Skalenteilung reflektiert.

bell-housing *(See Ill. 14 p. 162)* **0136**

pavillon d'embrayage, carter d'embrayage, cloche d'embrayage

Kupplungsglocke, Kupplungsgehäuse
Glockenförmiger Teil des Getriebege-

(d'embrayage, cloche d'embrayage)
Prolongement évasé du carter de la boîte de vitesses dans lequel se trouve l'embrayage.

(Glockenförmiger Teil des Getriebegehäuses, in dem die Kupplung untergebracht ist.

bellows thermostat 0137

thermostat à soufflet
Type de thermostat constitué d'une soufflet en tôle de laiton mince, rempli d'alcool dénaturé. Ce liquide à bas point d'ébullition se dilate lorsque l'eau se met à chauffer. Dès lors le soufflet métallique s'allonge, décolle la soupape de son siège et laisse refluer l'eau vers le radiateur.

Faltenbalgthermostat, Balg-Thermostat
Der Balg-Thermostat besteht aus einer harmonikaartig gefalteten Messingblechdose, die mit vergälltem Alkohol gefüllt ist. Bei Erwärmung dehnt sich diese leichtsiedende Flüssigkeit aus. Dadurch wird ein Tellerventil geöffnet und gibt den Durchfluß des Wassers zum Kühler frei.

belt 0138

ceinture
Ceinture assurant une meilleure stabilité de la bande de roulement et disposée entre cette dernière et la carcasse du pneumatique. Elle comporte deux ou plusieurs nappes de fils inextensibles en acier torsadé ou en fibres synthétiques.

Gürtel
Festigkeitsträger zwischen Lauffläche und Unterbau eines Gürtelreifens. Er besteht aus zwei oder mehreren undehnbaren Lagen aus verdrillten Stahlfäden oder Textilfasern.

belt-adjustment link 0139

tendeur
Pièce sur laquelle est bloquée la vis de fixation de l'alternateur et permettant de régler la tension de la courroie.

Spannlasche
Lasche zur Befestigung der Lichtmaschine und zum Einstellen der Riemenspannung.

Bendix-type starter 0140

démarreur Bendix, démarreur à lanceur à inertie, démarreur à engagement par inertie
Démarreur qui est immédiatement activé lors de la mise du contact, auquel cas le pignon coulissant sur un arbre hélicoïdal se visse de par son inertie dans la couronne de lancement.

Bendix-Anlasser, Schraubtriebanlasser
Starter, der unmittelbar volle Spannung durch den Anlaßschalter erhält, wobei das Ritzel entlang einem Steilgewinde aufgrund seiner Trägheit sich in die Schwungradverzahnung einschraubt.

benzol 0141

benzol
Liquide obtenu de la distillation de groudrons de houille en dessous de 170° C et constitué principalement d'un mélange de benzène, de toluène et de xylènes.

Rohbenzol, Leichtöl
Flüssiges Produkt aus der Destillation von Steinkohlenteer bis 170° C, das hauptsächlich aus Benzol, Toluol und Xylol besteht.

bevel gear = differential side gear

bias-belted tire (US) 0142

pneu à carcasse diagonale ceinturée
Pneu diagonal dont la carcasse est surmontée d'une ceinture.

Semigürtelreifen, Diagonl-Gürtelreifen
Diagonalreifen, dessen Unterbau mit einem Gürtel kombiniert ist.

big-end bearing = connecting rod bearing

big-end cap = connecting rod cap

bicycle path 0143

piste cyclable
Partie de la voie publique réservée à la circulation des bicyclettes et des cyclomoteurs à deux roues.

Radweg, Radfahrweg
Sonderweg, der den Radfahrern und den Führern von Fahrrädern mit Hilfsmotor vorbehalten ist.

bilux bulb® *(See Ill. 4 p. 54)* 0144

lampe bilux, ampoule à deux filaments, lampe bifil
Ampoule électrique comportant deux filaments séparés dont l'un se trouve au foyer géométrique de la parabole (filament de route). Le filament de croisement n'est pas au foyer de telle sorte que ses rayons sont réfléchis par la partie supérieure du miroir et, de ce fait, dirigés vers le sol.

Biluxlampe, Zweifadenlampe, Zweidrahtlampe
Elektrische Glühlampe mit zwei getrennt schaltbaren Glühfäden, von denen einer im Brennpunkt liegt (Fernlicht). Der Glühfaden für Abblendlicht liegt außerhalb des Brennpunktes, so daß dessen Lichtstrahl auf den oberen Teil des Reflektors trifft und nach unten geneigt aus dem Scheinwerfer austritt.

bimetal piston 0145

piston bimétal
Piston en alliage d'aluminium avec surface de contact en fonte grise.

Bimetallkolben, Zweimetall-Kolben
Kolben aus einer Aluminiumlegierung mit einer Lauffläche aus Grauguß.

bimetal strip 0146

bilame
Combinaison de deux lames métalliques inégalement dilatables. Lorsque la température change, le bilame s'incurve. Les bilames sont utilisés dans les thermostats, les installations de feux clignotants, les chokes automatiques, etc.

Bimetallstreifen
Kombination zweier Metallstreifen unterschiedlicher Wärmeausdehnung. Bei Temperaturänderung verbiegt sich der Streifen. Bimetallstreifen finden in Thermostaten, in Blinkanlagen und in der Startautomatik Verwendung.

binder 0147

liant
Constituant filmogène de vernis et de peintures.

Bindemittel
Grundbaustoff für Lacke, der der Bindung der Pigmente dient.

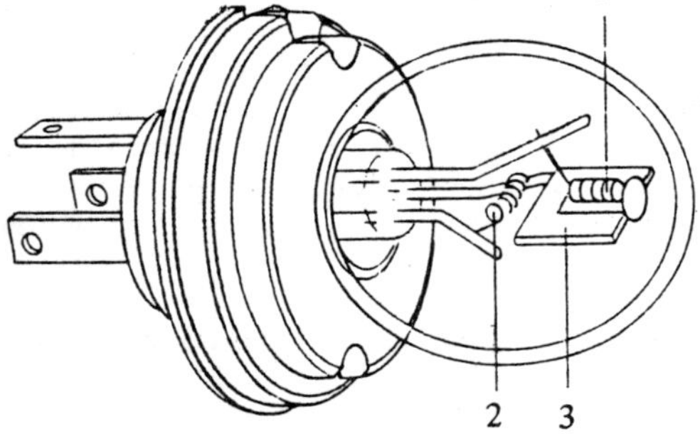

Ill. 4: bilux bulb **(0144)**

1 dip filament
2 main beam filament
3 low beam filament shield

bistable multivibrator = flip-flop

bistable trigger circuit = flip-flop

BL Hydrolastic suspension = Hydrolastic suspension

Birfield constant-velocity joint 0148

joint de transmission Birfield
Joint homocinétique comportant une cage à six billes d'acier. Il permet de grands débattements angulaires et fait en même temps office de joint coulissant.

Kugelgelenk
Homokinetisches Gelenk mit sechs in einem Käfig rollenden Stahlkugeln. Kugelgelenke lassen große Beugungswinkel zu und gleichen Längenänderungen aus.

blackheart malleable cast iron 0149

fonte malléable à coeur noir, fonte malléable américaine
Fonte malléable obtenue par traitement thermique de pièces coulées sous faible décarburation, la graphitisation de la cémentite jouant un rôle essentiel.

schwarzer Temperguß, Schwarzkernguß, Blackheartguß
Temperguß, der durch Glühen von Gußstücken in Sand unter geringem Kohlenstoffentzug gewonnen wird, wobei der harte Zementit in weiche bzw. schwarze Temperkohle umgewandelt wird.

blade receptacle 0150

clip pour languette
Connecteur femelle d'une connexion rapide dans lequel s'enfiche une languette.

Flachsteckhülse
Teil eines lösbaren Leitungsverbinders, in das der Flachstecker eingeführt wird.

blade terminal 0151

languette
La languette s'enfiche dans un clip pour former ainsi une connexion rapide à languette dans un circuit électrique.

Flachstecker
Flachstecker werden in Flachsteckhülsen eingesteckt zur Herstellung einer lösbaren Leitungsverbindung in einem Stromkreis.

blade-type connector = snap-lock connector

bleed nipple = bleeder screw

bleed valve 0152

purgeur
Certaines voitures à moteur refroidi par eau sont équipées de purgeurs qui empêchent des poches d'air de se former lors du remplissage du circuit. Au cours de cette opération, il peut être nécessaire d'étrangler les durits par exemple au moyen d'un collier de serrage.

Entlüftungsventil
Bei einigen wassergekühlten Motoren sind Entlüftungsventile vorhanden, damit sich keine Luftblasen beim Einfüllen von Kühlwasser bilden. Dabei werden notfalls die Kühlwasserschläuche z.B. mit Schlauchschellen gequetscht.

bleeder screw *(See Ill. 13 p. 150; Ill. 15 p. 164)* **0153**

vis de purge
Vis du cylindre récepteur dans un circuit de freins. Lors de la purge, on y fixe un tube en caoutchouc plongeant dans un récipient en verre.

Entlüftungsschraube
Schraube eines Radzylinders, an die ein Entlüftungsschlauch zur Entlüftung einer Flüssigkeitsbremse angeschlossen wird.

bleeding device = brake bleeder unit

blind nut = cap nut

block gage (US) **0154**

cale-étalon
Les cales-étalons sont des éléments de mesure de diverses longueurs et de section rectangulaire. Elles sont réalisées en acier trempé et servent notamment à la vérification de calibres de contrôle. Ces étalons peuvent être combinés entre eux par glissement (adhérence de glissement) our par collage (adhérence moléculaire).

Parallelendmaß
Parallelendmaße sind Meßblöcke verschiedener Länge aus gehärtetem Stahl und mit meist rechteckigem Querschnitt. Sie werden u.a. zum Prüfen von Arbeitslehren verwendet, und man kann sie durch Anschieben oder Ansprengen zusammensetzen.

block gauge (GB) = block gage

blow-back **0155**

explosion au carburateur
Les explosions au carburateur sont généralement imputables à un mélange trop pauvre, à un manque d'étanchéité des soupapes d'admission (soupape ou ressort de rappel cassé, soupape usée) ou à un allumage erratique.

Vergaserpatschen, Vergaserknallen, Vergaserknaller
Vergaserknaller können auf einen zu mager eingestellten Leerlauf, auf schlecht schließende Einlaßventile (Ventilbruch, Rückzugfederbruch, verschlissene Ventile) sowie auf falsche Zündung zurückzuführen sein.

blow pump **0156**

surpresseur
Soufflante qui, dans certains moteurs deux temps, comprime l'air de combustion pénétrant dans le cylindre.

Ladepumpe
Gebläse, das beim gebläsegespülten Zweitaktmotor die Verbrennungsluft in den Zylinder drückt.

blower **0157**

soufflante
Dans les moteurs refroidis par air, l'air de refroidissement est pulsé au moyen d'une soufflante entraînée par courroie.

Gebläse
Bei luftgekühlten Motoren wird die Kühlluft durch ein über Keilriemen angetriebenes Gebläse aus der Umgebung angesaugt.

board truck (US) = platform truck

bob weight = flyweight

body-fit bolt 0158

vis de calibrage, boulon ajusté
Vis utilisée avec des pièces réajustées, qui doivent à nouveau reprendre la position qu'elles occupaient les unes par rapport aux autres.

Paßschraube
Paßschrauben werden bei Teilen benutzt, die nach Lösen und erneutem Fügen ihre ursprüngliche Lage zueinander behalten sollen.

bodyshell 0159

carrosserie, caisse
Caisse d'un véhicule automobile fixé sur châssis.

Karosserie, Aufbau
Fahrzeugaufbau auf dem Fahrgestell.

bodywork = bodyshell

boiling point 0160

point d'ébullition
Température à laquelle un liquide pur entre en ébullition sous une pression donnée.

Siedepunkt, Kochpunkt
Temperatur, bei welcher eine reine Flüssigkeit unter einem bestimmten Druck zu sieden anfängt.

bolt 0161

boulon
Ensemble constitué par une vis et un écrou servant à maintenir par serrage deux ou plusieurs pièces traversées par la vis.

Durchsteckschraube
Mit einer Mutter gepaarte Schraube zur Befestigung zweier bzw. mehrerer Teile, durch welche die Schraube geführt wird.

boost battery charger = fast charger

boost charge 0162

charge rapide
Charge d'une batterie s'effectuant en un bref laps de temps avec une forte intensité pouvant atteindre 100 A en sorte que la batterie épuisée soit à nouveau rechargée du moins partiellement. La charge rapide est déconseillée dans le cas de vieilles batteries.

Schnelladung
Laden einer Batterie in sehr kurzer Zeit mit einer gewaltigen Stromstärke bis 100 A, so daß die erschöpfte Batterie anschließend wenigstens zum Teil wieder geladen ist. Die Schnelladung ist bei altersschwachen Batterien nicht zu empfehlen.

boot = luggage compartment

bore 0163

alésage
L'alésage équivaut au diamètre du cylindre. Il s'exprime en mm.

Zylinderbohrung
Die Zylinderbohrung stellt den Zylinderdurchmesser dar. Sie wird in mm angegeben.

bottle jack 0164

cric hydraulique, cric bouteille
Dispositif de levage d'un véhicule fonctionnant selon le principe d'une presse hydraulique et actionné par un levier.

Hydraulik-Wagenheber
Vorrichtung zum Anheben eines Fahrzeugs, die nach Art einer hydraulischen Presse mit Hilfe eines Hebels betrieben wird.

bottom dead centre (GB) = lower dead center

bottom gear = first gear

bottom hose stub = radiator inlet connection

bowden cable 0165

câble Bowden, câble sous gaine
Câble d'acier coulissant dans une gaine flexible ou rigide et transmettant des efforts de poussée ou de traction.

Bowdenzug
In Schläuchen geführter Metalldraht zur Übertragung von Zug- und Druckkräften.

boxer engine = flat engine

box-type truck (US) = box-van truck

box-van truck (US) 0166

fourgon en caisson
Fourgon automobile avec carrosserie en tôle d'acier ou en alliage léger, aménagé pour le transport de denrées de valeur ou périssables. Il existe des fourgons en caisson dont la double paroi est bourrée de matériau isolant thermique.

Kastenwagen
Lastkraftwagen mit geschlossenem Kasten aus Stahlblech- bzw. Leichtmetallbauweise für den Transport von hochwertigem Ladegut und verderblichen Waren. Kastenwagen gibt es auch mit doppelwandigem Aufbau, der mit Isoliermaterial gefüllt ist.

braced tread tire (US) = radial tire

bracket with stationary point = breaker fixed contact

brake 0167

frein
Dispositif qui ralentit l'allure d'un véhicule, l'immobilise à un endroit donné ou l'empêche de rouler.

Bremse
Einrichtung, die ein Fahrzeug verzögert, zum Halten zwingt oder verhindert, sich zu bewegen.

brake adjustment *(See Ill. 15 p. 164)* 0168

réglage des freins
Pour compenser l'usure des garnitures de freins, il y a lieu de procéder à intervalles réguliers à un réglage du jeu de frein en agissant sur des écrous disposés sur la timonerie de freins ou sur un

Bremseneinstellung, manuelle Bremsbackennachstellung
Um den Verschleiß des Bremsbelages auszugleichen, muß in Zeitabständen das Bremsspiel nachgestellt werden. Dazu werden Stellmuttern im Bremsmechanismus angezogen bzw. gelockert

(la timonerie de freins ou sur un) excentrique prévu pour chacun des segments.

(chanismus angezogen bzw. gelockert) oder ein für jede Bremsbacke vorgesehener Exzenter wird nachgestellt.

brake anchor pin = shoe steady pin

brake anchor plate *(See Ill. 15 p. 164)* **0169**

plateau support de segments, plateau de frein, flasque
Flasque solidaire de l'essieu du véhicule et sur lequel sont fixés les deux segments de frein.

Bremsträger, Bremsankerplatte, Bremsträgerplatte, Bremsschild
Platte, die auf der Fahrzeugachse verankert ist. Die beiden Bremsbacken sind auf diesem Bremsschild befestigt.

brake backing plate = brake anchor plate

brake band **0170**

bande de frein, ruban de frein
Dispositif d'un train planétaire permettant l'immobilisation de l'un de ses éléments et servant ainsi à changer de vitesse. Il est commandé par un vérin hydraulique.

Bremsband
Durch Öldruck betätigte Vorrichtung in einem Planetenradsatz zum Festhalten eines der Bauglieder. Somit dient die Bandbremse zum Gangwechsel.

brake bleed screw = bleeder screw

brake bleeder unit **0171**

appareil purgeur sous pression, auto-purgeur
Appareil qui purge et remplit à la fois le circuit de freins hydraulique.

Druckentlüfter, Entlüftergerät, Füll- und Entlüftungsgerät
Gerät, das die Bremsanlage entlüftet und zugleich mit Bremsflüssigkeit auffüllt.

brake booster = vacuum servo brake

brake caliper *(See Ill. 13 p. 150)* **0172**

étrier
Partie du frein à disque dans laquelle sont logés les pistons qui amènent les plaquettes de frein en contact avec les surfaces de frottement du disque.

Bremssattel, Bremsjoch
Teil der Scheibenbremse, in dem sich die Kolben befinden, die die Bremsbeläge gegen die Reibflächen der Bremsscheibe anpressen.

brake cam **0173**

came de frein, olive, tournevis de frein
Les extrémités libres des segments sont séparées par une came. En agissant sur cette came, on écarte les segments qui s'appliquent sur le tambour.

Bremsnocken, Bremsdaumen
Die Bremsbacken sind an einem Ende durch einen Nocken getrennt und werden beim Bremsen gespreizt bzw. gegen die Trommel gedrückt.

brake carrier plate = brake anchor plate

brake check spring = shoe-return spring

brake clearance **0174**

écartement des garnitures, jeu des garnitures
Ecartement entre les garnitures de frein et le tambour ou entre les plaquettes et le disque.

Bremslüftspiel
Abstand zwischen Bremsbelag und Bremstrommel bzw. Bremsscheibe.

brake conduit = brake line

brake cylinder = wheel cylinder

brake cylinder paste **0175**

pâte pour cylindres de frein
Pâte servant à enduire très légèrement les pièces de caoutchouc ainsi que la paroi des cylindres de frein.

Bremszylinderpaste
Paste, mit der die Bremszylinderwände sowie alle Gummiteile im Bremszylinder dünn bestrichen werden.

brake disc *(See Ill. 13 p. 150)* **0176**

disque de freinage
Disque solidaire de la roue du véhicule et qui, lors du freinage, subit la pression des plaquettes de frein.
Lorsque les freins sont soumis à de fortes sollicitations thermiques, on utilise également des disques ventilés.

Bremsscheibe
Scheibe, die mit dem Fahrzeugrad verbunden ist. Beim Bremsen steht sie unter dem Druck beider Bremsbeläge.
Für thermisch besonders hoch beanspruchte Bremsen werden auch innengekühlte oder gelochte Bremsscheiben verwendet.

brake distribution unit = brake power distributor

brake drum *(See Ill. 15 p. 164)* **0177**

tambour de frein
Partie principale du frein à tambour et solidaire du moyeu de roue. Lors du freinage, les segments qu'abrite le tambour viennent s'y appliquer. Les tambours de frein sont réalisés en fonte à graphite sphéroïdal, en tôle d'acier embouti, en fonte grise, en fonte malléable à coeur blanc, en acier moulé ou en alliage d'aluminium. Ils doivent présenter une résistance très élevée ainsi qu'une bonne conductibilité thermique.

Bremstrommel
Hauptteil der mechanischen Innenbackenbremse, der mit der Radnabe verbunden ist. Bremstrommeln werden aus Gußeisen mit Kugelgraphit, Stahlblech (gezogen), Grauguß, weißem Temperguß, Stahlguß oder einer Aluminiumlegierung hergestellt. Sie müssen gute Festigkeitseigenschaften und gute Wärmeleitfähigkeit aufweisen.

brake facing = brake lining

brake fluid *(See Ill. 15 p. 164)* **0178**

liquide de frein, liquide Lockheed
Liquide incompressible, résistant aux très basses températures et élaboré à base d'alcools polyvalents (glycols, glycérine). Il sert à la transmission de l'effort de freinage dans le circuit de freins. Ce liquide reste fluide entre − 60° et +220° C. Il possède un point d'ébullition très élevé (environ 300° C), dont la valeur peut toutefois sensiblement diminuer par infiltration d'eau en condensation, ce qui risque de rendre le circuit inopérant. Aussi le liquide Lockheed doit-il être renouvelé au terme d'un kilométrage fixé par le constructeur. Le liquide de frein est corrosif et attaque la peinture du véhicule.

Bremsflüssigkeit, Hydrauliköl, Bremsöl
Inkompressibles, hochkältebeständiges und auf der Basis mehrwertiger Alkohole (Glykol, Glyzerin) aufgebautes Medium für die Druckübertragung in hydraulischen Bremsanlagen. Das Bremsöl bleibt zwischen − 60° und + 220° C flüssig und hat einen sehr hohen Siedepunkt (ca. 300° C), der jedoch durch Eindringen von Kondenswasser erheblich sinkt, was zu einem Ausfall der Bremsanlage führen kann. Deshalb wird das Bremsöl in größeren Zeitabständen gewechselt. Bremsflüssigkeit ist ätzend und greift den Fahrzeuglack an.

brake fluid container = brake fluid reservoir

brake-fluid level gauge **0179**

contrôle automatique du niveau de liquide de frein
Le niveau du liquide de frein est contrôlé dans le réservoir compensateur à l'aide d'un flotteur qui agit sur un contact électrique dès que le niveau du liquide descend en dessous du repère minimum. Dès lors le témoin des freins s'allume au tableau de bord.

Niveaukontrolle der Bremsflüssigkeit, automatische Kontrolle des Flüssigkeitsstandes
Der Bremsflüssigkeitsstand im Ausgleichbehälter wird durch einen Schwimmer überwacht, der einen elektrischen Kontakt schließt, sobald die Bremsflüssigkeit unter den unteren Grenzwert absinkt. Die Anzeige erfolgt dann über die Bremskontroll-Leuchte in der Instrumententafel.

brake-fluid reservoir **0180**

réservoir de liquide de freins, réservoir compensateur, bocal de freins, réservoir en charge
Réservoir translucide placé sous le capot et relié au maître-cylindre du circuit de freinage. Il veille à ce que le maître-cylindre soit toujours rempli de liquide de frein. Dans le cas d'un maître-cylindre tandem, le réservoir a un compartiment pour chacun des deux circuits.

Bremsflüssigkeitsbehälter, Ausgleichbehälter, Nachfüllbehälter
Durchscheinender Behälter unter der Motorhaube, der mit dem Hauptzylinder der hydraulischen Bremsanlage verbunden ist. Er sorgt dafür, daß der Hauptzylinder stets mit Bremsflüssigkeit gefüllt ist. Beim Tandemhauptzylinder hat der Vorratsbehälter zwei Kammern, je eine für jeden der beiden Bremskreise.

brake hose *(See Ill. 15 p. 164)* 0181

tuyau de frein, flexible Lockheed
A proximité des roues, les canalisations rigides du circuit de freinage se terminent par des canalisations souples appelées flexibles Lockheed et qui aboutissent aux cylindres récepteurs.

Bremsschlauch
In Radnähe werden die Bremsrohre mit druckfesten Bremsschläuchen bis zu den Radzylindern verlängert.

brake light = stop light

brake light switch 0182

contacteur de stop
Lors du freinage un contacteur de stop hydraulique, fixé sur le maître-cylindre, est actionné en raison de l'augmentation de pression se produisant dans le circuit hydraulique et allume de ce fait les stops à l'arrière du véhicule.
Un contacteur de stop mécanique peut aussi se trouver près de la pédale de freins dont il subit la pression lorsqu'elle est enfoncée.

Bremslichtschalter
Beim Bremsen wird ein am Hauptzylinder befestigter Öldruckschalter aufgrund des Druckanstieges im hydraulischen Bremssystem betätigt, der dann die Bremslichter aufleuchten läßt.
Ein mechanisch betätigter Bremslichtschalter kann auch unmittelbar durch den Bremsfußhebel gesteuert werden.

brake line *(See Ill. 15 p. 164)* 0183

conduite de frein, canalisation hydraulique
Canalisations rigides et souples dans un circuit de freins hydraulique.

Bremsleitung
Bremsrohre und Bremsschläuche im hydraulischen Bremssystem.

brake lining *(See Ill. 15 p. 164)* 0184

garniture de frein, frotteur
Semelle en matière amiantée, en matière synthétique thermodurcissable ou en métal fritté fixée sur les segments de frein par collage ou à l'aide de rivets à tête noyée et qui, lors du freinage, est comprimée sur le tambour.
Il faut que les garnitures de frein aient un coefficient de frottement élevé pour obtenir un effet de freinage satisfaisant même en cas d'échauffement. De même elles doivent être résistantes à la chaleur, présenter une bonne conductibilité thermique et une forte résistance à

Bremsbelag, Reibbelag
Belag aus abriebfestem Material (Asbest-Metallgewebe, warmhärtendem Kunststoff bzw. Sinterwerkstoff), der auf den Bremsbacken aufgeklebt oder aufgenietet ist und beim Bremsen gegen die Trommel gedrückt wird.
Bremsbeläge müssen eine hohe Reibungszahl (Reibwert) zum Erzielen einer guten Bremswirkung auch bei Erwärmung der Bremse haben, ebenso eine hohe Warmfestigkeit, Wärmeleitfähigkeit und Standzeit. Asbestgewebe ist bekanntlich hitzebeständig und Metalldrahteinlagen haben eine gute Wärmeleitfähigkeit.

(thermique et une forte résistance à) l'usure. Il est bien connu que les matières amiantées sont très résistantes à la chaleur et que les armatures en fil métallique ont de bonnes qualités de conductibilité thermique.
Dans les freins à tambour, la limite d'usure des garnitures est de l'ordre de 1,5 à 2 mm pour les voitures de tourisme, elle est d'environ 3 mm pour les camions.
Il convient en principe de remplacer le moment venu les quatre garnitures d'un même essieu, auquel cas on veillera à biseauter les deux extrémités de chacune d'elles afin d'éviter un blocage intempestif des freins. Enfin il faudra que les garnitures soient tenues à l'abri de projections d'huile ou de graisse. Un nettoyage à l'essence de garnitures imprégnées d'huile ne constitue pas une solution durable, car les matières grasses pénètrent dans les pores de la garniture et suintent lorsque celle-ci s'échauffe.

(meleitfähigkeit.)
Die Verschleißgrenze der Bremsbeläge liegt für Pkw bei 1,5 bis 2 mm; für Lkw bei ca. 3 mm (Trommelbremse). Beim Belegen der Bremsen sind grundsätzlich die vier Beläge einer Achse zu erneuern. Außerdem ist darauf zu achten, daß die Beläge an beiden Enden abgefast werden, sonst kann die Bremse schroff blockieren. Zum Schluß müssen sie frei von Öl und Fett bleiben. Das Reinigen von verölten Bremsbelägen mit Benzin stellt keine Dauerlösung dar; denn Öl dringt in die Poren des Reibbelages ein und schwitzt bei starker Erwärmung wieder aus.

brake lining grinder **0185**

rectifieuse de garnitures

Après rivetage, les garnitures de frein sont rectifiées à l'épaisseur finale à l'aide d'une rectifieuse.

Bremsbelagschleifmaschine

Bremsbeläge werden mit dieser Maschine nach dem Aufnieten auf Fertigmaß geschliffen.

brake lining wear = lining wear

brake lining wear indicator **0186**

témoin d'usure de plaquettes de frein

A partir d'un certain degré d'usure, un fil électrique noyé dans la plaquette de frein touche le disque et établit un contact qui allume une lampe-témoin.

Bremsbelagverschleißanzeige

Ein im Bremsbelag versenkter elektrischer Leiter kommt bei fortschreitendem Belagverschleiß mit der Bremsscheibe in Berührung und schließt somit einen Kontakt, der eine Kontrolllampe aufleuchten läßt.

brake master cylinder *(See Ill. 5 p.65)* **0187**

maître-cylindre, cylindre de commande

Hauptbremszylinder, Hydraulik-Hauptzylinder, Bremshauptzylinder

(commande)
Dans les freins hydrauliques, le cylindre de commande recèle un piston commandé par la pédale de frein. Lorsque cette pédale est enfoncée, le piston repousse le liquide de frein et la pression ainsi créée est transmise aux cylindres récepteurs par l'intermédiaire de canalisations rigides et souples.

(Hauptzylinder, Bremshauptzylinder)
Bei der hydraulischen Bremse wird der Kolben im Hauptzylinder durch Niedertreten des Bremspedals bewegt. Die Bremsflüssigkeit wird dadurch verdrängt, und der entstehende Druck den Radzylindern über Bremsrohre und Bremsschläuche zugeführt.

brake pad = disc brake pad

brake pad wear indicator = brake lining wear indicator

brake pedal *(See Ill. 5 p. 65)* **0188**

pédale de frein
Levier sur lequel agit la force musculaire du conducteur pour obtenir l'effet de freinage.

Fußbremshebel, Bremsfußhebel, Bremspedal
Hebel, auf den die Muskelkraft des Fahrers zum Bremsen einwirkt.

brake pedal free play = brake pedal free travel

brake pedal free travel **0189**

garde à la pédale de frein
La garde à la pédale de frein est d'environ 10 mm. Dans les voitures de tourisme, elle ne peut en aucun cas dépasser 50% de la course totale de la pédale.

Bremsfußhebel-Leerweg
Der Bremsfußhebel-Leerweg beträgt ca. 10 mm. Bei Pkw darf er auf keinen Fall die Hälfte des Pedalweges überschreiten.

brake pipe = brake line

brake power distributor **0190**

répartiteur de freinage
Limiteur de pression qui, lorsqu'une pression hydraulique déterminée est atteinte, s'oppose à toute augmentation de pression dans le circuit de freinage des roues arrière.

Bremskraftverteiler
Druckbegrenzungsventil, das beim Erreichen eines bestimmten hydraulischen Drucks einen weiteren Druckanstieg in der Bremsleitung der Hinterachse verhindert.

brake pressure **0191**

pression de freinage
Pour le frein à tambour, la pression de freinage varie de 250 à 500 N/cm^2, pour le frein à disque entre 500 et 800 N/cm^2. Dans le cas d'un frein duplex, la pression de freinage s'élève à 1200 N/cm^2.

Bremsdruck
Bei der Trommelbremse liegt der Bremsdruck zwischen 250 und 500 N/cm^2, bei der Scheibenbremse zwischen 500 und 800 N/cm^2. Bei der Duplexbremse stellt sich der Bremsdruck auf 1200 N/cm^2.

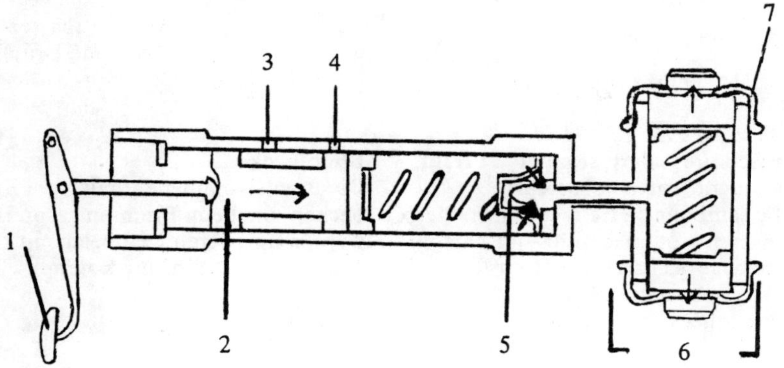

Ill. 5: brake master cylinder **(0187)**

1 brake pedal
2 piston
3 reservoir port
4 expansion port
5 check valve
6 wheel cylinder
7 dust seal

brake release spring = shoe-return spring

brake retracting spring = shoe-return spring

brake-return spring = shoe-return spring

brake servo unit = servo-brake

brake shield = brake anchor plate

brake shoe *(See Ill. 15 p. 164)* 0192

mâchoire, sabot, segment de frein, segment frotteur, secteur
Le tambour de frein comporte deux segments ou mâchoires qui, lors du freinage, s'écartent et dont les garnitures amiantées sont appliquées sur le tambour.

Bremsbacke
Die Bremstrommel enthält zwei Bremsbacken, die beim Bremsen gespreizt werden und deren Reibbelag mit der Trommel in Berührung kommt.

brake shoe pin = shoe steady pin

brake shoe pull spring = shoe-return spring

brake shoe return spring = shoe-return spring

brake slip control drive = ABS braking system

brake spring pliers 0193

pince à ressort de frein
Outil servant à décrocher le ressort de rappel des segments lors du remplacement des garnitures de frein.

Bremsfederzange
Sonderwerkzeug zum Aushängen der Bremsbackenrückzugfeder beim Belagwechsel.

brake stop light switch = brake light switch

brake supply tank = brake fluid reservoir

brake system bleeding 0194

purge d'une installation hydraulique de freins
Vidange du liquide de freins dans un récipient en verre (purge à la pédale). Sur chaque roue on ouvre et on ferme en alternance la vis de purge, cependant qu'un auxiliaire enfonce et relâche tour à tour la pédale de freins. Le liquide s'échappant par un tube de purge s'écoule dès lors dans le récipient jusqu'à ce qu'il soit clair et ne contienne plus de bulles d'air. Au cours de l'opération il faudra surveiller le niveau du réservoir compensateur et compléter

Entlüftung der Bremsanlage
Abfüllen der verbrauchten Bremsflüssigkeit in einen Glasbehälter. An jedem Rad wird die Entlüftungsschraube abwechselnd gelöst und angezogen bei gleichzeitigem Durchtreten bzw. Loslassen des Bremspedals durch einen Helfer. Die aus dem angeschlossenen Entlüfterschlauch austretende Bremsflüssigkeit fließt so lange in den Glasbehälter, bis sie klar und blasenfrei ist. Während des Entlüftens muß der Bremsflüssigkeitsstand dauernd geprüft werden. Sinkt er ab, muß Bremsöl nachgefüllt werden. Heute wird die

(réservoir compensateur et compléter) avec du liquide frais.
Purge sous pression: On a fréquemment recours à un appareil spécial qui purge et remplit à la fois l'installation sous pression.

(nachgefüllt werden. Heute wird die) Bremsanlage vielfach mit Hilfe eines Entlüftergeräts unter Druck entlüftet und gleichzeitig aufgefüllt.

brake wheel cylinder = wheel cylinder

braking **0195**

freinage
Diminution de la vitesse du véhicule jusqu'à son immobilisation par l'action progressive d'un système à friction s'exerçant sur les roues.

Bremsen
Verminderung der Fahrgeschwindigkeit bis zum Stillstand des Fahrzeuges durch schrittweise Reibwirkung auf die Räder.

braking deceleration **0196**

décélération
Diminution de vitesse par unité de temps.

Bremsverzögerung
Verminderung der Fahrgeschwindigkeit pro Zeiteinheit.

braking distance **0197**

distance d'arrêt, longueur d'arrêt
Distance parcourue par un véhicule depuis le début du freinage jusqu'à son immobilisation. Elle peut se calculer par la relation

$$s = (\frac{v}{10})^2$$

s étant la distance d'arrêt en m et v la vitesse du véhicule en km/h.

Bremsweg, Bremsstrecke
Die vom Fahrzeug zurückgelegte Fahrstrecke vom Augenblick der Betätigung des Bremsfußhebels bis zum Stillstand. Hierbei gilt die Beziehung

$$s = (\frac{v}{10})^2$$

s = Bremsweg in m, v = Geschwindigkeit in km/st.

braking fading **0198**

fading
Diminution de la puissance de freinage se manifestant surtout dans les freins à tambour fortement sollicités par suite de dissipation de chaleur insuffisante.

Bremswirkungsverlust, Bremsschwund, Bremsfading, Fading
Nachlassen der Bremskraft infolge schlechter Wärmeableitung vor allem bei der hochbelasteten Trommelbremse.

braking-force limiter = pressure-limiting valve

braking pressure limiting valve = pressure limiting valve

braking work **0199**

travail de freinage
Produit de l'effort de freinage par la distance d'arrêt.

Bremsarbeit
Produkt aus Bremskraft und Bremsweg.

brass 0200

laiton, cuivre jaune
Alliage de cuivre et de zinc dont la composition peut être très variable d'un alliage à l'autre.

Messing, Gelbkupfer
Kupfer-Zinklegierung, deren Zusammensetzung von einer Sorte zur anderen sehr verschieden sein kann.

brazing 0201

soudo-brasage
Assemblage de pièces métalliques au moyen d'un métal d'apport de brasage fort à des températures dépassant 450° C. Les principaux métaux d'apport sont des alliages de cuivre, de laiton, d'argent et d'aluminium.

Hartlöten
Löten von metallischen Werkstücken mit Hartlot (Schlaglot, Strenglot) bei Arbeitstemperaturen oberhalb 450° C. Die wichtigsten Hartlote sind Kupfer-, Messing-, Silber- und Aluminiumlegierungen.

break contact 0202

contact de repos, contact normalement fermé
Relais dont les contacts fermés au repos s'ouvrent dès que la bobine magnétique est parcourue par le courant de commande. De cette manière, le circuit de puissance alimentant le récepteur est coupé.

Ruhestromrelais, Öffner, Ausschaltglied, Ruhekontakt, Öffnungskontakt
Relais, bei dem die im Ruhezustand geschlossenen Kontakte sich trennen, sobald die Magnetwicklung Strom erhält. Auf diese Weise wird der Stromkreis des Verbrauchers unterbrochen.

break spark 0203

étincelle de rupture
Etincelle jaillissant entre les vis platinées à chaque ouverture du rupteur. Pour éviter une usure prématurée des vis platinées, cette étincelle est absorbée par un condensateur.

Abreißfunke, Öffnungsfunke
Funke, der bei jeder Öffnung der Unterbrecherkontakte entsteht. Um einen frühzeitigen Abbrand der Kontaktstifte zu vermeiden, wird er durch den Zündkondensator unterbunden.

breakdown lorry = wrecker

breaker = contact breaker

breaker arm = breaker lever

breaker cam = contact breaker cam

breaker fixed contact *(See Ill. 24 p. 160)* 0204

contact fixe de rupteur, porte-enclume
Contact fixe réglable vissé sur le plateau du rupteur d'un allumeur.

Unterbrecherwinkel, fester Kontaktträger, feststehender Kontaktwinkel, Amboß, feststehender Amboß
Feststehender Kontaktträger, der in einem Zündverteiler auf der Unterbrecherscheibe einstellbar verschraubt ist.

breaker lever *(See Ill. 24 p. 160)* **0205**

linguet de rupteur, contact mobile, levier d'interruption
Linguet mobile qui, dans un allumeur, s'écarte légèrement du contact fixe par l'action de la came du rupteur.

Unterbrecherhebel, Unterbrecherhammer, Hammer, beweglicher Unterbrecherhebel, Gleithebel
Beweglicher Unterbrecherhebel in einem Zündverteiler, der duch den Verteilernocken vom Amboß, dem festen Kontaktträger, abgehoben wird.

breaker moving contact = breaker lever

breaker ply **0206**

nappe de ceinture
La ceinture d'un pneu radial est faite de plusieurs nappes superposées en fibre textile ou en fils d'acier torsadés.

Gürtellage
Der Gürtel eines Radialreifens besteht aus mehreren übereinanderliegenden Gürtellagen aus Textilfasern oder auch aus feinen verdrillten Stahlseilen.

breaker point = contact breaker point

breaker spring **0207**

ressort de rupteur, ressort de levier de rupteur, ressort-connexion
Lame de ressort qui provoque la fermeture du levier de rupteur, après que ce dernier a été écarté du contact fixe par la came de rupteur.

Unterbrecherfeder, Hebelfeder
Blattfeder, die das Schließen des Unterbrecherhebels nach dem Abheben vom festen Kontaktträger bewirkt.

breaker-triggered induction semiconductor ignition *(See Ill. 6 p. 71)* **0208**

allumage transistorisé par bobine à déclenchement par rupteur, allumage transistorisé avec contacts
Type d'allumage proche de l'allumage classique par bobine et qui est très fréquemment monté dans une installation déjà existante. Dans ce système, les contacts du rupteur ne sont plus parcourus par le courant primaire, car le rupteur fait office d'interrupteur de commande et ne sert plus qu'à la commande du transistor, qui se comporte tel un relais et qui assume la fonction de commutation. A cet effet, le condensateur branché en dérivation sur le rupteur devra être débranché.
L'utilisation de transistors autorise la mise en oeuvre de courants plus

kontaktgesteuerte Transistor-Spulenzündung, TSZ-k
Zündungsart, die der herkömmlichen Spulenzündung sehr nahesteht. Sie ist meist zum nachträglichen Einbau bestimmt. Die Unterbrecherkontakte werden dabei nicht mehr vom Primärstrom durchflossen, weil der Zündunterbrecher als Steuerschalter lediglich zum Steuern des Transistors dient, der sich wie ein Relais verhält und die Schaltfunktion der Unterbrecherkontakte übernimmt. Zu diesem Zweck muß jedoch der Zündkondensator am Zündunterbrecher abgebaut werden.
Durch den Einsatz von Transistoren können größere Ströme geschaltet werden als in der normalen Zündanlage. Im Primärstromkreis werden sogar Stromstärken von 8 bis 9 A gemessen. So

(la mise en oeuvre de courants plus) élevés que dans l'allumage classique. On relève en effet dans le circuit primaire des intensités de courant de 8 à 9 ampères. C'est ainsi que l'on peut mettre en place des bobines d'allumage transistorisé qui admettent un courant primaire plus élevé et qui, du fait de leur moindre induction, permettent une montée rapide du courant primaire, ce qui augmente le nombre d'étincelles par minute. Comme le transistor n'a aucun contact mécanique mobile, il ne se produira aucun arc de rupture. Dès que les contacts du rupteur se ferment, un courant d'au moins 8 ampères circule à travers l'émetteur et le collecteur du transistor devenu conducteur ainsi que par l'enroulement primaire de la bobine d'allumage, alors que le courant de commande traversant les contacts n'est que très faible. Lorsque le courant de commande est coupé par les grains de contact, il ne passe plus par la base du transistor. Dès lors le courant primaire cesse soudainement de circuler à travers la jonction émetteur-collecteur, car, dans ce cas, le transistor bloque le courant. Ce n'est que lorsque le courant de commande se remettra à circuler que la jonction émetteur-collecteur sera à nouveau conductrice et le circuit primaire se fermera une fois encore. C'est par ses grandes capacités de commande que le transistor fonctionne tel un interrupteur électronique sans inertie et insensible à l'usure. Mais il est toutefois sensible aux surcharges électriques et thermiques et, pour cette raison, des précautions seront à envisager lors du montage de ce type d'allumage et il faudra tout particulièrement veiller à un refroidissement suffisant (boîtier à ailettes).

(stärken von 8 bis 9 A gemessen. So) kann man besondere Transistorzündspulen einbauen, die einen höheren Primärstrom zulassen und aufgrund ihrer geringeren Induktivität diesen schneller ansteigen lassen, was eine größere Zahl Funken pro Minute zur Folge hat. Nachdem der Transistor keinen beweglichen, mechanischen Kontakt besitzt, ist ein Öffnungslichtbogen nicht zu befürchten.
Sobald die Unterbrecherkontakte schließen, fließt ein Strom von mindestens 8 A über Emitter und Kollektor des leitend gewordenen Transistors durch die Primärwicklung der Zündspule, während der den Unterbrecher durchfließende Strom viel niedriger ist. Sind die Kontakte offen, fließt kein Steuerstrom mehr in die Basis des Transistors. Folglich werden Emitter und Kollektor stromlos, denn in diesem Fall wird der Strom durch den Transistor gesperrt. Erst wenn der Steuerstrom wieder geschaltet ist, wird die Emitter-Kollektor-Schaltung leitend, und der Primärstromkreis ist erneut geschlossen. Aufgrund seiner außerordentlichen Steuermöglichkeiten ist der Transistor ein trägheitsloser und verschleißfester elektronischer Schalter. Allerdings ist er empfindlich gegen Überlastungen. Deshalb sind bei der Montage besondere Maßnahmen auch zur Wärmeableitung (z.B. durch Kühlrippen) notwendig.

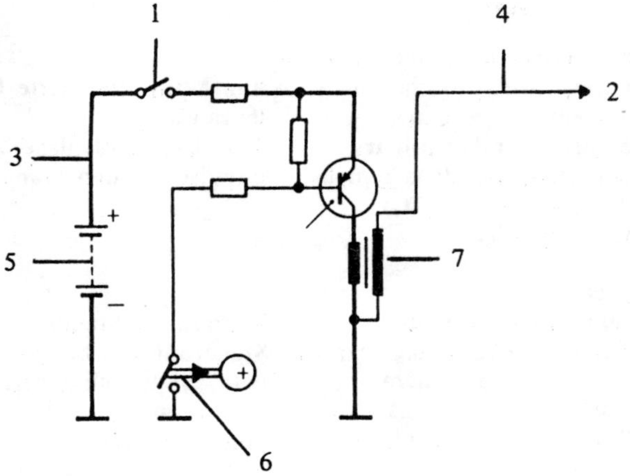

Ill. 6: breaker-triggered induction semiconductor ignition **(0208)**

1 ignition switch
2 ignition distributor
3 primary circuit
4 secondary circuit
5 battery
6 contact breaker
7 ignition coil

breaker triggering 0209

déclenchement par rupteur
Déclenchement de l'allumage par un rupteur mécanique fréquemment actionné par un bossage.

Kontaktsteuerung
Steuerung von Zündvorgängen mit Hilfe eines mechanischen Schalters, der meistens nockenbetätigt ist.

breakerless inductive semiconductor ignition 0210

allumage transistorisé par bobine à déclenchement sans rupteur, allumage sans point de rupteur
Allumage transistorisé dans lequel un impulseur magnétique commande le transistor.

kontaktlos gesteuerte Transistor-Spulenzündung
Transistorzündanlage, in der ein Zündimpulsgeber den Transistor steuert.

breakerless triggering 0211

déclenchement sans rupteur
Déclenchement de l'allumage par un impulseur magnétique générateur d'impulsions de courant sans le secours d'un rupteur mécanique.

kontaktlose Steuerung
Steuerung von Zündvorgängen mit einem Zündimpulsgeber, der Zündimpulse ohne mechanische Unterbrecherkontakte erzeugt.

breaking spark = break spark

breather 0212

reniflard de carter
Tuyauterie montée sur le carter d'un moteur permettant l'évacuation des gaz qui pénètrent dans le carter en passant entre le cylindre et le piston ainsi que des vapeurs d'eau et d'huile de graissage qui s'y accumulent. Le reniflard aboutit au filtre à air ou au collecteur d'admission.

Entlüfter, Entlüftungsrohr, Motorbelüftungsschlauch
Entlüftungsrohr zur Abführung der ins Kurbelgehäuse zwischen Zylinderwand und Kolben eindringenden Gase sowie der dort sich ansammelnden Öldünste und Wasserdämpfe. Diese Rohrleitung führt zum Luftfilter bzw. Ansaugkrümmer.

breathing space = scavenging area

bridge contact *(See Ill. 30 p. 398)* 0213

contact à pont
Contact se composant d'un contact mobile et de deux contacts fixes comme celui d'un solénoïde de démarreur.

Brückenkontakt
Kontakt bestehend aus einer beweglichen Kontaktscheibe und aus zwei feststehenden Kontaktteilen wie z.B. im Einrück-Relais eines Anlassers.

bridging contact member = contact bridge

bridlepath 0214

piste cavalière
Piste réservée aux cavaliers et signalée comme telle.

Reitweg
Verkehrsweg, der den Reitern vorbehalten und entsprechend beschildert ist.

Brinell harness test 0215

essai de dureté Brinell
Essai au cours duquel une bille d'acier est imprimée normalement pendant dix secondes dans une matière à essayer sous une charge bien déterminée. Dès que l'on supprime la charge, on relève le diamètre de l'empreinte laissée sur la surface de la matière. La dureté Brinell HB est le quotient de la charge P en kg et de la surface de la calotte de l'empreinte en mm^2.

Härteprüfung nach Brinell
Bei diesem Versuch wird eine Stahlkugel normalerweise 10 Sekunden lang in den zu prüfenden Werkstoff unter einer bestimmten Last gedrückt, wonach der Durchmesser des in der Oberfläche entstandenen Eindrucks nach der Entlastung ausgemessen wird. Die Brinellhärte HB wird als Quotient aus Prüflast (Prüfkraft) P (in kg) und Oberfläche des bleibenden Eindrucks (in mm^2) errechnet.

broad-beam headlight = wide-beam headlight

broken line 0216

ligne discontinue
Marque longitudinale d'une chaussée matérialisant généralement une bande de circulation.

unterbrochene Linie, gestrichelte Linie, Fahrspurlinie
Fahrbahnmarkierung u.a. zur Kennzeichnung einer Fahrspur.

brush *(See Ill. 1 p. 26, Ill. 30 p. 398)* 0217

balai, charbon de contact
Pièce à ressort à base de carbone (graphite) assurant la liaison électrique entre un corps fixe et un corps en rotation par contact glissant.

Bürste, Kohlebürste, Schleifkohle
Gefedertes Kohlestück, das durch Schleifkontakt die elektrische Verbindung zwischen einem feststehenden und einem rotierenden Körper herstellt.

brush holder 0218

porte-balai
Pièce métallique dans laquelle est logé le balai frotteur.

Bürstenhalter
Konstruktionsteil, in dem eine Schleifkohle untergebracht ist.

brush-on touch-up paint = touch-up lacquer

brush spring *(See Ill. 1 p. 26, Ill. 30 p. 398)* 0219

ressort de balai
Ressort en spirale d'un porte-balai qui appuie un balai sur une lamelle de collecteur ou sur une bague collectrice lisse.

Bürstenfeder, Kohlebürstenfeder
Spiralfeder in einem Bürstenhalter, der eine Kohlebürste auf eine Kollektorlamelle bzw. einen glatten Schleifring aufdrückt.

BTDC (before top dead centre) = advance ignition

buckling 0220

flambage
Déformation latérale d'une pièce droite et longue sous l'effet de la compression qu'elle subit en bout.

Knickung
Seitliches Ausbiegen eines auf Druck beanspruchten langen bzw. geraden Stabes.

bull's eye 0221

catadioptre, cataphote
Pièce en verre ou en matière plastique qui renvoie les rayons lumineux dans leur direction d'incidence.

Rückstrahler, Katzenauge
Kunststoff- oder Glaskörper, der Lichtstrahlen in die Einfallsrichtung zurückwirft.

bullet connector = pin terminal

bumper 0222

pare-chocs
Accessoire en matière plastique très résistante ou en acier chromé, parfois garni de butoirs et placé à l'avant et à l'arrière d'une voiture pour la protéger contre de légers chocs. Les pare-chocs peuvent être d'une seule pièce ou comporter plusieurs éléments.

Stoßstange, Stoßfängerstange
Schutzstange aus schlagfestem Kunststoff oder verchromtem Stahl, mitunter mit Stoßfangenhörnern oder Gummipuffern, die vorn und hinten am Kraftwagen angebracht ist. Stoßstangen können ein- oder mehrteilig sein.

buna 0223

buna
Elastomère de synthèse obtenu par polymérisation en masse du butadiène avec du sodium comme catalyseur.

Buna
Synthetischer Kautschuk, der durch Blockpolymerisation von Butadien hergestellt wird, wobei Natrium als Katalysator dient.

burn-off temperature = self-cleaning temperature

burning away of electrodes = electrode burning

burning off = electrode burning

bus 0224

autobus urbain
Grand véhicule automobile de transport en commun urbain, dont le nombre de passagers est fixé par la loi.

Stadtbus
Großer Kraftwagen, der für die Beförderung einer größeren, gesetzlich festgelegten Personenzahl im Stadtverkehr eingerichtet ist.

butt connector 0225

bout-à-bout, prolongateur
Connecteur permettant de prolonger un fil trop court et de le réunir à un autre fil.

Stoßverbinder
Quetschverbinder zum Verlängern eines zu kurzen Kabels mit einem weiteren Kabel.

butt-joint connector = butt connector

butterfly = throttle plate

butterfly nut = wing nut

butyl rubber 0226

caoutchouc butyle
Polybutylène rendu vulcanisable par l'introduction d'environ 4% d'isoprène. Il est utilisé notamment dans la fabrication de pneumatiques et de chambres à air.

Butylkautschuk
Polybutylen, dessen Vulkanisation durch Zugabe von ca. 4% Isopren ermöglicht wird. Verwendung bei der Herstellung von Schläuchen und Reifen.

bypass bore *(See Ill. 8 p. 84)* 0227

orifice de progression, orifice de transition, by-pass
Orifice se trouvant juste devant le papillon des gaz d'un carburateur. L'ouverture du papillon des gaz le dégage et il fournit dès lors un mélange d'appoint permettant au moteur de passer du ralenti au ralenti accéléré sans à-coup.

Bypass-Bohrung, Übergangsbohrung
Bohrung, die in einem Vergaser kurz vor der Drosselklappe liegt. Beim Öffnen der Drosselklappe wird diese Bohrung frei und liefert Zusatzgemisch für den Übergang vom Leerlauf zur Teillast, damit kein „Loch" entsteht.

by-pass oil filter = by-pass oil cleaner

by-pass oil cleaner 0228

filtre à huile en dérivation
Filtre qui, dans le graissage sous pression, n'est traversé que par une partie de l'huile moteur.

Nebenstromfilter
Feinfilter, der bei der Druckumlaufschmierung nur von einem Teil des Motorenöls durchströmt wird.

cable = wire

cable-operated clutch 0229

embrayage à commande par câble
Dans ce type d'embrayage, la force musculaire du conducteur agissant sur la pédale de débrayage est transmise à la butée par un câble reliant la pédale à la fourchette d'embrayage.

mechanische Kupplung mit Seilzug
Die Pedalkraft wird bei dieser Betätigung durch einen Seilzug zwischen Kupplungspedal und Ausrückgabel auf den Ausrücker übertragen.

calibrated float 0230

aréomètre
Flotteur gradué d'un pèse-acide grâce auquel on peut faire la lecture de la densité d'un électrolyte.

Araeometer
Schwimmer mit Skala in einem Säureprüfer zur Ermittlung der Säuredichte in einer Bleibatterie.

calibrating nozzle-holder assembly = test nozzle holder

caliper = brake caliper

cam *(See Ill. 24 p. 260)* 0231

came
Bossage sur un arbre ou un disque, qui transmet le mouvement circulaire de cet arbre ou de ce disque en le transformant en un mouvement alternatif d'autres organes.

Nocken
Kurvenförmige Erhebung an einer Welle oder Scheibe, die bei Drehung der Welle oder Scheibe anderen Maschineteilen Bewegungsimpulse erteilt.

cam angle = dwell angle

cam follower = rubbing block

cam lobe = contact-breaker cam

cam-and-peg steering 0232

direction à vis et doigt, direction à doigt, direction Ross
Dans ce type de boîtier de direction, on trouve un doigt qui s'engage dans le filet hélicoïdal de la vis et qui met ainsi en mouvement la bielle pendante.

Lenkfinger-Getriebe, Daumenlenkung, Schneckenlenkung mit Lenkfinger, Roßlenkung
Lenkungsart, bei der ein Finger in das Gewinde der Lenkschnecke eingreift und so den Lenkstockhebel bewegt.

camber *(See Ill. 36 p. 528)* 0233

carrossage, carrossage à la jante
Léger écartement de la fusée de l'horizontale (± 1 1/2°). Le carrossage est dit positif si la fusée est inclinée vers le sol et négatif si elle est relevée au-delà du plan horizontal. Le carrossage et l'inclinaison du pivot de fusée vont de pair.
Grâce à la position inclinée des roues, le point de contact des pneus sur le sol tend à re rapprocher de l'axe de rotation du pivot de fusée. De cette manière les roues sont astreintes à accoster le roulement de fusée, ce qui a pour effet de

Radsturz, Sturz
Geringe Abweichung des Achsschenkels von der Waagerechten (± 1 1/2°). Beim positiven Radsturz ist der Achsschenkel zum Boden, beim negativen nach oben hin geneigt. Radsturz und Spreizung sind aufeinander abgestimmt. Durch die Schrägstellung der Räder wird der Reifenaufstandspunkt auf dem Boden möglichst nahe an die Drehachse des Achsschenkelbolzens herangebracht. Die Räder werden gezwungen, am Achsschenkel anzulaufen, wodurch das Radlagerspiel vermindert und die Lenkung erleichtert wird. Stimmt der Radsturz nicht, wird die

(de fusée, ce qui a pour effet de) diminuer le jeu du roulement et d'adoucir la direction.
Lorsque le carrossage devient excessif, la direction se durcit et l'usure des pneus s'accélère. Si l'angle de carrossage est trop positif, ce sera le bord extérieur de la bande de roulement qui s'usera prématurément et, inversement, des traces d'usure apparaîtront sur le bord intérieur dans le cas d'un angle de carrossage trop négatif.
Une inégalité de carrossage sur les deux roues contribue à l'insécurité de la direction et influence défavorablement la conduite du véhicule sur trajets rectilignes. Ce dernier aura en effet tendance à dévier du côté où le carrossage est plus important.
Les voitures avec suspension à roues indépendantes ont le plus souvent un carrossage négatif à l'arrière qui renforce leur stabilité dans la négociation de virages.

(Stimmt der Radsturz nicht, wird die) Lenkung erschwert und der Reifen schneller abgenutzt. Bei einem zu großen positiven Radsturz erscheinen Verschleißspuren auf der Außenseite der Lauffläche. Ist dagegen der negative Radsturz ebenfalls zu groß, wird die Innenseite der Lauffläche überlastet. Ein ungleicher Radsturz auf beiden Rädern verunsichert die Lenkung und beeinflußt die Führung der Räder bei Geradeausfahrt. Das Fahrzeug zieht zu der Seite hin, wo der Sturz am größten ist. Fahrzeuge mit Einzelradaufhängung haben häufiger einen negativen Radsturz an den Hinterrädern zur Verbesserung des Kurvenverhaltens.

camber angle **0234**

angle de carrossage
Angle formé par le plan de la roue avec la perpendiculaire au sol.

Sturzwinkel, Radsturzwinkel
Winkel, den die Radebene zur Senkrechten bildet.

camber setting **0235**

réglage du carrossage
L'angle de carrossage peut être réglé sur certains types de véhicule seulement. Si la correction n'est pas prévue par le constructeur, les pièces défectueuses sont à remplacer.
En règle générale, le réglage s'effectue par l'intermédiaire d'excentriques sur le bras transversal supérieur ou inférieur. Il peut aussi se faire au moyen de rondelles d'épaisseur.

Sturzeinstellung, Radsturzeinstellung
Die Sturzeinstellung ist nur bei bestimmten Wagentypen möglich. Kann der Sturz nicht nachgestellt werden, müssen die defekten Teile ersetzt werden.
Im allgemeinen wird die Sturzeinstellung über Exzenter am oberen oder unteren Querlenker oder durch Hinzufügen bzw. Wegnehmen von Einstellscheiben vorgenommen.

camping trailer = caravan

camshaft *(See Ill. 17 p. 182, Ill. 19 p. 216, Ill. 24 p. 260)* **0236**

arbres à cames, arbre de distribution
Corps cylindrique muni de saillies ou cames. Il est actionné par le vilebrequin et sert à la commande des soupapes ainsi que d'autres organes en même temps. La pompe à huile, la pompe à essence et l'allumeur sont généralement commandés par l'arbre à cames.

Nockenwelle, Steuerwelle
Ein mit Nocken versehener zylindrischer Körper, der von der Kurbelwelle betätigt wird und zur Steuerung der Ventile sowie weiterer Aggregate dient. Im allgemeinen werden Ölpumpe, Kraftstoffpumpe und Zündverteiler durch die Nockenwelle gesteuert.

camshaft clearance = valve clearance

camshaft cover = rocker cover

camshaft drive **0237**

commande de la distribution
Dans le cas d'un arbre à cames en tête, la commande se fait par l'intermédiaire d'un chaîne silencieuse, d'une courroie crantée ou d'un arbre intermédiaire.
Si l'arbre à cames est disposé dans le carter, la commande s'effectue par pignons droits ou par chaînes. L'arbre à cames tourne deux fois moins vite que le vilebrequin. Aussi son engrenage (pignon de distribution) est-il deux fois plus grand que le pignon d'attaque du vilebrequin.

Nockenwellenantrieb
Bei obenliegender Nockenwelle erfolgt der Antrieb über eine Rollenkette, einen Zahnriemen oder eine Zwischenwelle. Bei untenliegender Nockenwelle wird diese über Stirnräder oder Ketten angetrieben.
Die Nockenwelle dreht sich mit halber Motordrehzahl. Aus diesem Grund ist das Zahnrad auf der Nockenwelle doppelt so groß wie das Antriebsrad der Kurbelwelle.

camshaft tappet = valve tappet

cap nut **0238**

écrou borgne
Ecrou dont la fermeture d'un côté protège le filet.

Hutmutter
Einseitig geschlossene Mutter zum Schutz des Gewindes.

capacitor = ignition capacitor

capacitor-discharge ignition system *(See Ill. 7 p. 80)* **0239**

allumage électrostatique, allumage par thyristor, allumage capacitif, allumage par condensateur à haute tension, allumage à décharge par condensateur
Système d'allumage pouvant équiper des moteurs de 2 à 8 cylindres et permettant d'obtenir une nombre d'étincelles par minute

Hochspannungs-Kondensatorzündung, HKZ, Thyristorzündung, Batterie-Hochspannungs-Kondensatorzündung
Zündsystem für Hubkolbenmotoren mit 2 bis 8 Zylindern, mit dem eine hohe Funkenzahl pro Minute (25 000) erzielt werden kann. Es bietet eine große Kaltstartsicherheit auch bei einer ungenügend geladenen Batterie, die Zündspan-

(une nombre d'étincelles par minute) très élevé (25.000). Grâce à cet allumage on a de meilleurs démarrages à froid même en cas de batterie insuffisamment chargée, la haute tension secondaire demeure constante, les contacts du rupteur ne présentent plus de traces d'usure, la combustion se déroule parfaitement du fait de la courte durée de l'étincelle, ce qui diminue la pollution, et la consommation de courant primaire de même que celle du carburant s'en trouvent réduites. On peut escompter une économie d'essence de 5 à 10%. Les principaux composants de l'allumage capacitif sont le bloc électronique et la bobine spéciale appelée transformateur d'allumage. Dans le bloc électronique se trouve logé un convertisseur ou dispositif de charge qui transforme le courant de batterie en haute tension, redresse cette dernière et charge un condensateur haute tension. Celui-ci fait office d'accumulateur capacitif d'énergie et la tension chargée est de l'ordre de 350 à 400 volts. Au point d'allumage, le condensateur haute tension se décharge dans l'enroulement primaire du transformateur d'allumage au moment de la fermeture d'un interrupteur électronique (thyristor). Dès lors est induite dans l'enroulement secondaire une haute tension de 25000 à 30000 volts dont la valeur n'est nullement tributaire du régime-moteur. L'allumage électrostatique existe en versions avec et sans rupteur mécanique.

(gend geladenen Batterie, die Zündspan-) nung bleibt konstant, die Unterbrecherkontakte werden geschont, die Verbrennung verläuft einwandfrei aufgrund der äußerst kurzen Funkendauer (geringere Luftverschmutzung), der Primärstromverbrauch sinkt, ebenso der Kraftstoffverbrauch (Ersparnis von 5 bis 10%). Die wesentlichen Bauteile der HKZ sind das Schaltgerät und der Zündtransformator.
Im Schaltgerät befindet sich ein Spannungswandler, eine Ladeeinrichtung, die die Batteriespannung in Hochspannung zuerst umwandelt, diese dann gleichrichtet, bevor ein Speicherkondensator damit aufgeladen wird. Dieser Kondensator dient als kapazitiver Zündenergiespeicher und die Spannung beträgt 350 bis 400 V. Im Zündzeitpunkt entlädt sich der Speicherkondensator beim Schließen eines elektronischen Leistungsschalters (meist handelt es sich um einen Thyristor) über die Primärwicklung des Zündtransformators. Auf diese Weise entsteht in der Sekundärwicklung eine induzierte Hochspannung von 25 bis 30 KV, deren Wert von der Motordrehzahl nicht abhängt.
Die HKZ gibt es in kontaktgesteuerter und kontaktloser Ausführung.

capacitor ignition = capacitor-discharge ignition system

capacity well **0240**

puits de compensation, capacité
Puits additionnel d'un carburateur Zenith.

Vorratskammer
Reservebehälter in einem Zenith-Vergaser.

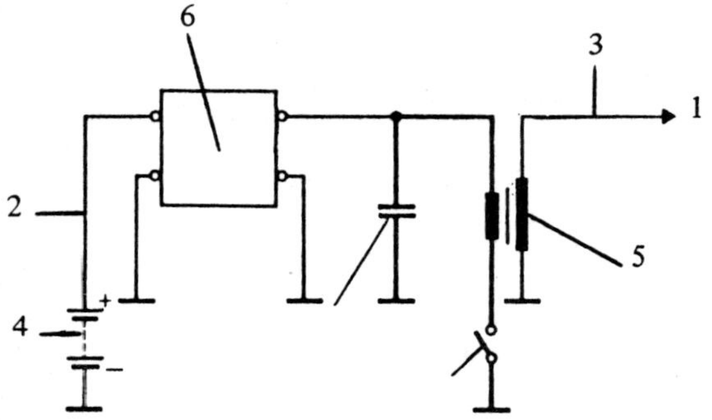

Ill. 7: capacitor-discharge ignition system **(0239)**

1 ignition distributor
2 primary circuit
3 secondary circuit
4 battery
5 ignition transformer
6 charging stage

car air conditioner = air conditioner

car body = bodyshell

car brake tester = roller tester

car engine = engine

car radio **0241**

autoradio, poste de voiture
Récepteur peu encombrant et de forme plate qui s'encastre dans la façade du tableau ou en dessous de celui-ci. Les modèles simples avec deux gammes d'ondes et syntonisation par bouton de réglage sont remplacés de plus en plus par des appareils avec recherche électronique des émetteurs. La radio-cassette réunissant le récepteur radio et le lecteur de cassettes en un seul boîtier tend à s'imposer.
L'efficacité du déparasitage est très importante dans le fonctionnement d'un autoradio, car les parasites sévissent tout particulièrement en modulation de fréquence. Aussi veillera-t-on qu'outre l'allumage, les appareils électriques qui fonctionnent constamment tels la bobine, l'alternateur et le régulateur de même du reste que les autres consommateurs occasionnels soient déparasités.
Dans certaines voitures, un fil d'alimentation est prévu au voisinage du logement de l'autoradio. En l'absence d'un tel fil, il convient de prendre une ligne sur le circuit commandé par la clé de contact.

Autoradio
Flacher und raumsparender Rundfunkempfänger zum Einbau in oder unter das Armaturenbrett. Die ganz einfachen Modelle mit zwei Wellenbereichen und Senderabstimmung mit Drehknopf werden mehr und mehr durch Geräte mit automatischem Sendersuchlauf verdrängt. Besonders beliebt sind die Kombigeräte (Autoradio und Tonbandgerät in einem Gehäuse).
Beim Betrieb von Autoradios soll die Entstörung sehr wirksam sein; denn Störungen machen sich vor allem im UKW-Bereich bemerkbar. Deshalb ist dafür zu sorgen, daß außer der Zündanlage ebenfalls die dauernd beanspruchten elektrischen Geräte wie Zündspule, Lichtmaschine und Regler wie übrigens auch andere gelegentliche Stromverbraucher entstört werden.
Bei einigen Wagentypen ist eine elektrische Zuleitung in der Nähe der Einbaustelle bereits vorhanden. Fehlt diese Zuleitung, muß eine Plusleitung, die vom Zündschloß aus Strom erhält, angezapft werden.

car starter = starter

car washing installation **0242**

station de lavage
Station de lavage de voitures en tunnel automatique, équipée principalement de rampes de gicleurs à eau et de buses d'air ainsi que de plusieurs brosses rotatives

Wagenwaschanlage, Waschstraße
Tunnelartige Anlage zum vollautomatischen Waschen von Pkw. Zu dieser Anlage gehören hauptsächlich rotierende Bürsten in waagerechter und senkrechter Stellung sowie ein Waschdüsen-

(que de plusieurs brosses rotatives) horizontales et verticales. L'opération de lavage, parfois répétée, est suivie d'un rinçage et d'un séchage.

(rechter Stellung sowie ein Waschdüsen-) und Lufttrockendüsensystem. An den Waschvorgang, der zuweilen wiederholt wird, schließen sich der Spül- und Trockenvorgang an.

car wiring diagram **0243**

schéma électrique
Représentation schématique des circuits électriques avec la position approximative des divers éléments reliés à la source de courant électrique. Il est fréquent que les éléments constitutifs du schéma soient repérés par des chiffres ou des lettres, dont la signification est donnée dans un tableau séparé.

Schaltplan, Schaltbild
Schematische Darstellung, in der die Schaltung der elektrischen Anlage sowie die ungefähre Lage der einzelnen elektrischen Einrichtungen und deren Verbindung mit der Stromquelle festgelegt ist. Oft sind die einzelnen Teile mit Nummern oder Kennbuchstaben bezeichnet, die in einer nebenstehenden Tabelle erklärt werden.

caravan **0244**

caravane
Voiture d'habitation tractable avec cuisine et couchettes. On distingue généralement les caravanes à caisson rigide et les caravanes pliantes.

Wohnwagen, Wohnanhänger, Wohnwagenanhänger, Caravan
Kfz-Anhänger für Wohnzwecke mit Koch- und Schlafgelegenheit. Man unterscheidet Wohnanhänger mit starrem Aufbau und Klappanhänger (Klappwohnwagen, Klappcaravan).

carbon brush = brush

carbon deposit = oil-carbon deposit

carbon monoxide **0245**

monoxyde de carbone, CO
Le monoxyde de carbone est présent dans les gaz d'échappement du moteur et résulte d'une combustion incomplète du carbone par manque d'air. C'est un gaz très toxique et inodore. Au ralenti, la teneur en CO doit être réduite dans la mesure du possible et ne pas excéder 4,5%.

Kohlenmonoxid
Kohlenmonoxid ist Bestandteil der Motorauspuffgase und entsteht durch unvollständige Verbrennung von Kohlenstoff bei Luftmangel. Es ist ein sehr giftiges und geruchloses Gas. Der CO-Gehalt im Abgas muß bei Leerlauf möglichst niedrig sein und darf höchstens 4,5 Vol.-% betragen.

carbon residue = oil-carbon deposit

carbon ring bearing = graphite release bearing

carburation **0246**

carburation
L'essence étant fournie à l'état liquide, elle doit être mélangée à un

Vergasung, Gemischbildung, Gemischaufbereitung
Bei der Vergasung wird das flüssige

(liquide, elle doit être mélangée à un) quantité d'air convenable et former avec celle-ci un mélange explosif. Cette opération s'effectue dans le carburateur.

(Bei der Vergasung wird das flüssige) Benzin mit einer abgewogenen Luftmenge vermischt und ergibt somit das Kraftstoff-Luft-Gemisch. Dies geschieht im Vergaser.

carburetor (US) *(See Ill. 8 p. 84)* **0247**

carburateur

Appareil dans lequel s'opère le mélange explosif à partir d'air et de vapeurs d'essence suivant un dosage défini. Le carburateur se compose essentiellement d'une chambre à niveau constant, d'une chambre de mélange, d'un circuit de ralenti, d'un dispositif de départ à froid et d'une pompe de reprise.
Normalement le carburateur, coiffé de son filtre à air, est fixé par une bride de montage sur la pipe ou le collecteur d'admission, qui est relié aux cylindres auxquels il distribue le mélange carburé.
L'air aspiré par les cylindres lors du mouvement descendant des pistons s'engouffre successivement à travers le filtre à air, le diffuseur, la pipe d'admission pour pénétrer dans la chambre de combustion lorsque les soupapes d'admission sont ouvertes. Du fait du rétrécissement du diffuseur, la vitesse de l'air augmente, mais sa pression diminue. Toutefois afin que l'on dispose d'un mélange soigneusement dosé a tous les régimes, il faut recourir à divers dispositifs offrant cette garantie. C'est le gicleur principal qui dose la quantité de base d'essence, alors que le diffuseur avec le papillon des gaz dose la quantité de base de l'air.

Vergaser

Vorrichtung, in der ein brennbares Gemisch aus Kraftstoff und Luft in einem bestimmten Mischungsverhältnis aufbereitet wird. Hauptbestandteil des Vergasers sind die Schwimmerkammer, die Mischkammer, das Leerlaufsystem, die Kaltstarteinrichtung und die Beschleunigungspumpe.
Normalerweise sitzt der Vergaser mit aufgesetztem Luftfilter auf dem Saugrohr, das das Kraftstoff-Luft-Gemisch auf die Zylinder verteilt.
Die von den Zylindern bei der Abwärtsbewegung der Kolben angesaugte Verbrennungsluft strömt über den Luftfilter, den Vergaserdurchlaß und das Saugrohr in den Verbrennungsraum hinein, wenn die Einlaßventile geöffnet sind. Bedingt durch die Einschnürung des Lufttrichters wird die Luftgeschwindigkeit erhöht, während der Druck dagegen absinkt. Nachdem jedoch bei allen Motordrehzahlen genau bemessene Mischungsverhältnisse eingehalten werden, müssen besondere Vorrichtungen im Vergaser vorhanden sein. Die Hauptdüse sorgt für die richtig bemessene Kraftstoffgrundmenge, und der Lufttrichter mit der Drosselklappe für die Dosierung der Luftgrundmenge.

carburetor adjustment = idling adjustment

carburetor air cleaner = air filter

carburetor control cable **0248**

câble d'accélérateur

Câble reliant la pédale des gaz au levier de commande du papilon.

Vergaserzug, Gaszug, Vergaserseilzug

Kabel, welches das Gaspedal mit dem Betätigungshebel der Drosselklappe

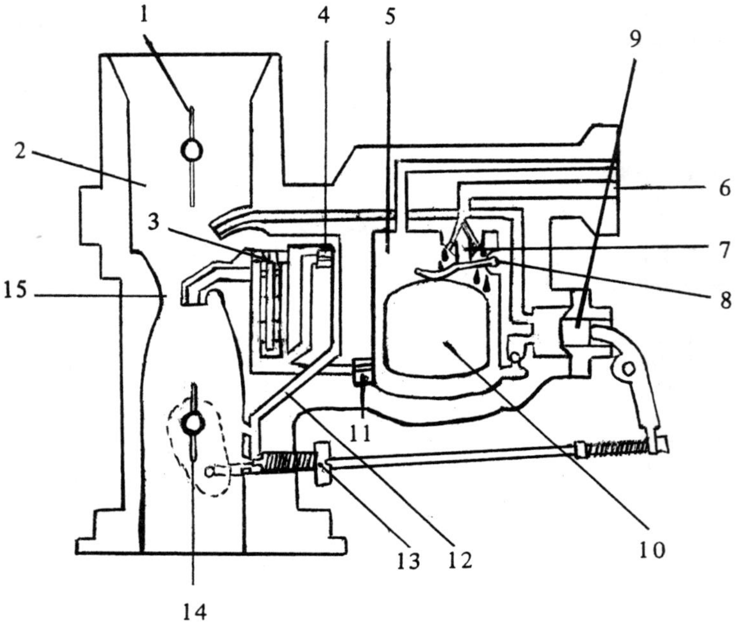

Ill. 8: carburetor **(0247)**

1 choke flap
2 mixing chamber
3 air correction jet
4 idling jet
5 float chamber
6 fluel inlet pipe
7 float needle valve
8 float pivot pin
9 accelerator pump
10 float
11 main jet
12 bypass bore
13 throttle stop screw
14 throttle valve
15 venturi

(levier de commande du papilon.) Lorsqu'on enfonce la pédale des gaz, le papillon, qui se trouve à la base du corps du carburateur, s'ouvre en pivotant sur son axe.

(Betätigungshebel der Drosselklappe) verbindet. Beim Niedertreten des Gaspedals öffnet sich die Drosselklappe im Vergaserunterteil.

carburetor damper = piston damper

carburetor engine **0249**

moteur à carburation externe, moteur à carburateur
Moteur à essence avec mélange carburé préparé en dehors des cylindres.

Vergaser-Ottomotor, Vergasermotor
Ottomotor, bei dem die Gemischbildung außerhalb der Zylinder mit Hilfe von Vergasern erfolgt.

carburetor icing **0250**

givrage du carburateur
Panne de carburateur due à la présence d'air humide se transformant en une couche de givre surtout sur le papillon des gaz.

Vergaservereisung
Vergaserstörung, bei der feuchte Luft sich vor allem an der Drosselklappe niederschlägt und gefriert.

carburetor idling adjustment = idling adjustment

carburetor linkage **0251**

tringlerie des gaz
Tringlerie assurant la liaison entre la pédale des gaz et le papillon pivotant sur un axe dans la buse du carburateur.

Gasgestänge
Bindeglied zwischen Gaspedal und Drosselklappe im Vergaserdurchlaß.

carburetor throat = venturi

carburetor tuning = idling adjustment

carburetor venturi = venturi

carburetter (GB) = carburetor

carburettor (GB) = carburetor

carburization quenching **0252**

trempe directe
Dans la trempe directe, la pièce cémentée est trempée dès sa sortie du milieu diffusant.

Direkthärten, Härten aus dem Einsatz
Härten des aufgekohlten Stahls unmittelbar nach Verlassen des kohlenstoffabgebenden Mittels.

carcass **0253**

carcasse
La carcasse d'un pneumatique est constituée de nappes superposées de fils textiles (coton, rayonne, Nylon,

Reifenunterbau, Gewebeunterbau, Karkasse
Den Reifenunterbau bilden übereinandergelegte gummierte Kordgewebela-

(fils textiles (coton, rayonne, Nylon,) etc.) enrobés de latex ou de caoutchouc.

(dergelegte gummierte Kordgewebela-) gen aus Baumwolle, Reyon, Nylon usw.

cardan joint *(See Ill. 12 p. 144, Ill. 14 p. 162)* **0254**

joint de Cardan, joint universel, articulation à la Cardan, joint brisé, joint hollandais, joint de Hooke
Joint s'articulant dans tous les sens et grâce auquel deux arbres qui ne sont pas dans le prolongement l'un de l'autre peuvent être entraînés l'un par l'autre.

Kardangelenk
Ein nach allen Seiten bewegliches Gelenk, mit dem zwei nicht fluchtende oder in einem Winkel zueinander stehende Wellen miteinander rotieren.

cardan shaft = propeller shaft

cardan shaft housing = propeller shaft housing

cardan spider **0255**

croisillon de joint à cardan, noix de cardan
Pièce maîtresse du joint universel à cardan sur laquelle s'articulent les deux fourches placées à 90° C de l'autre.

Zapfenkreuz, Gelenkkreuz, Kardangelenkkreuz, Kardankreuz
Kernstück eines Kardangelenks, das die beiden um 90° zueinander verdrehten Gelenkgabeln gelenkig verbindet.

cardan tube = propeller shaft housing

cardan universal joint = cardan joint

cargo space = loading space

carriage body = bodyshell

carrier plate = brake anchor plate

cart spring = leaf spring

case-hardening steel **0256**

acier de cémentation
Acier à faible teneur en carbone, dont la surface a été durcie par cémentation et trempe, mais dont le coeur présente une forte ténacité.

Einsatzstahl
Durch Einsatzhärtung an der Oberfläche gehärteter, kohlenstoffarmer Stahl, dessen Kern jedoch vor allem eine gute Zähigkeit aufweist.

casing = carcass

cast steel **0257**

acier moulé
Acier coulé sous forme de pièces moulées.

Stahlguß
In vorgefertigte Formen gegossener Stahl.

caster (US) *(See Ill. 36 p. 528)* **0258**

chasse
Disposition de la roue directrice d'un véhicule grâce à laquelle l'axe prolongé du pivot de fusée rencontre le sol en avant du point de contact de la roue. De cette manière, les roues directrices sont tirées et non pas poussées, comme c'est par exemple le cas avec les galets pivotants d'un petit chariot, et elles ont tendance à maintenir par elles-mêmes une trajectoire rectiligne. C'est ainsi que s'explique le fait qu'au moindre braquage en marche arrière, le véhicule dévie fortement, ce qui n'est pas le cas en marche avant à faible vitesse.
La chasse améliore la stabilité de la direction et a pour effet de permettre le redressement aisé des roues au sortir d'un virage. L'angle de chasse est de 1 à 3°.
Si l'axe prolongé du pivot de fusée rencontre le sol en arrière et non plus en avant du point de contact de la roue, la chasse est dite négative. Dans nombre de véhicules l'angle de chasse peut être corrigé, par exemple par l'enlèvement ou l'ajout de rondelles d'épaisseur.

Nachlauf, Radnachlauf
Anordnung des gelenkten Rades, bei dem die verlängerte Achse des Achsschenkelbolzens die Fahrbahn vor dem Radaufstandspunkt trifft. Ähnlich wie bei der schwenkbaren Rolle eines Einkaufswagens werden die Räder gezogen und nicht geschoben und haben das Bestreben, die gerade Fahrtrichtung selbsttätig einzuhalten. So erklärt es sich, daß beim geringsten Lenkeinschlag im Rückwärtsgang der Wagen stark abgelenkt wird, was bei Vorwärtsfahrt mit einem kleinen Gang nicht der Fall ist.
Der Nachlauf verbessert das Lenkverhalten und gestattet den Vorderrädern, nach einer Kurvenfahrt sich wieder geradeaus einzustellen. Der Nachlaufwinkel beträgt 1 bis 3°.
Trifft die verlängerte Lenkungsdrehachse den Boden hinter dem Radaufstandspunkt, so spricht man von Vorlauf, d.h. der Radaufstandspunkt auf dem Boden läuft dem Schnittpunkt der verlängerten Lenkungsdrehachse mit der Standebene vor.
Bei vielen Wagentypen kann der Nachlaufwinkel z.B. durch Wegnehmen oder Hinzufügen von Einstellscheiben nachgestellt werden.

casting resin **0259**

résine moulée
Résine artificielle utilisée notamment comme produit de masticage pour la réparation de carrosseries endommagées ou dans les assemblages collés.

Gießharz, Gießharzmasse, Vergußharz
Kunstharz, das u.a. als Spachtelmasse zur Ausbesserung von Karosserieschäden und für Klebeverbindungen verwendet wird.

casting resin molding material = casting resin

castle nut **260**

écrou crénelé, écrou à créneaux
Ecrou crénelé d'un seul côté pour fixation avec goupille fendue.

Kronenmutter
Mutter mit Schlitzen auf einer Seite zur Sicherung mit einem Splint.

castor (GB) = caster

cat's eye = bull's eye

catalytic converter 0261

pot catalytique
Boîtier métallique s'insérant tel un pot primaire dans la ligne d'échappement et comportant des filtres à nids d'abeilles en céramique ou en métal recouverts d'une fine couche d'alliage de platine ou de rhodium.
Les substances nocives contenues dans les gaz d'échappement y sont décomposées par réaction catalytique.
Toutefois la proportion du mélange air-essence devant être optimale ($\lambda = 1$), cet appareil est complété par une sonde lambda placée à proximité immédiate du moteur et qui veille à un dosage optimum constant en envoyant des signaux à un régulateur électronique.
Ni le pot catalytique ni la sonde lambda ne supportent le plomb. Aussi les voitures équipées de ces appareils doivent-elles rouler à l'essence sans plomb.

Abgaskatalysator, Katalysator
Blechgehäuse, das mit keramischem Material oder einem wabenförmigen Körper gefüllt ist. Auf diese Träger ist eine katalytische Kontaktschicht aus Platin- oder Rhodiumlegierung aufgetragen.
Der Abgaskatalysator ist wie ein Vorschalldämpfer im Auspuffsystem montiert und setzt die schädlichen Bestandteile des Abgases in unschädliche um. Voraussetzung hierfür ist allerdings ein gleich fettes Gemisch von Luft und Benzin (Luftzahl $\lambda = 1{,}00$). Dazu bedarf es einer Lambdasonde, die im Abgasstrom vor dem Katalysator sitzt und jede abweichende Gemischzusammensetzung an einen elektronischen Regler durch elektrische Signale meldet.
Weil Lambda-Sonde und Katalysator kein Blei vertragen, muß bleifreies Benzin getankt werden.

cavity preservation = hollow cavity insulation

CD = drag coefficient

CDI = capacitor-discharge ignition system

CD ignition = capacitor-discharge ignition system

cell = accumulator cell

cell bridge *(See Ill. 2 p. 44)* 0262

pontet de connexion
Dans une batterie au plomb, les pontets de connexion relient les accumulateurs branchés en série.
Dans les batteries modernes, dont le couvercle et le bac sont assemblés par thermosoudage, les connexions sont internes et traversent les cloisons (batteries à connexions internes). Grâce à ces liaisons plus courtes, on parvient à diminuer la résistance interne de la batterie, ce qui permet d'avoir de meilleurs départs à froid.

Zellenverbinder
In einer Bleibatterie sind die in Reihe geschalteten Zellen durch Zellenverbinder miteinander gekoppelt.
Bei modernen Batterien in Monodeckelbauweise (Blockdeckel-Batterien) sind die Polbrücken durch die Zellenwände hindurch miteinander verschweißt. Durch die so erzielte Verkürzung der Verbindungswege vermindert sich der Eigenwiderstand der Batterie, die mit erhöhter Kaltstartsicherheit arbeitet (Kaltstartbatterie, Batterie mit Kaltstartsicherheit).

cell divider *(See Ill. 2 p. 44)* **0263**

paroi de cellule, paroi d'élément, cloison
Paroi séparant chacun des éléments d'une batterie.

Zellentrennwand
Trennwand zwischen jeder einzelnen Zelle einer Batterie.

cell filler hole *(See Ill. 2 p. 44)* **0264**

orifice de remplissage
Orifice pratiqué au-dessus de chaque élément d'une batterie au plomb et permettant de surveiller ou au besoin de compléter le niveau d'électrolyte. Il est obturé par un bouchoun de remplissage.

Zellenöffnung
Öffnung mit Verschlußstopfen über jeder Zelle einer Bleibatterie zur Kontrolle des Säurespiegels bzw. zum Nachfüllen von destilliertem Wasser.

cellular-type radiator = ribbed radiator

center distance **0265**

entraxe
Ecart entre deux pignons en prise et montés sur leur arbre respectif. Il est calculé sur la base des diamètres des cercles primitifs.

Achsabstand
Entfernung von zwei im Eingriff stehenden Zahnrädern, die auf ihre Triebwellen gefügt sind. Der Achsabstand ergibt sich aus den Teilkreisdurchmessern.

center electrode *(See Ill. 32 p. 425)* **0266**

électrode centrale
Partie de la bougie d'allumage scellée dans l'isolant de manière étanche.

Mittelelektrode, Zündkerzen-Mittelelektrode
Teil der Zündkerze, der im Isolierkörper gasdicht verankert ist.

center high-tension cable = king lead

center plate = driven plate assembly

center punch **0267**

pointeau fin
Outil de traçage servant par exemple à amorcer un trou dans le métal avant le perçage.

Körner
Werkzeug zum Markieren oder Ankörnen von Metall, z.B. vor dem Bohren.

central carbon brush *(See Ill. 24 p. 260)* **0268**

balai frotteur central, frotteur central, contact central
Frotteur en carbone disposé au centre de la tête du distributeur. Il reçoit le courant haute tension de la bobine d'allumage et le transmet au rotor de l'allumeur sur lequel un ressort le comprime.

Verteiler-Schleifkohle, mittlerer Kontakt-Kohlestift, federnde Kontaktkohle
Kontaktkohle in der Mitte der Verteilerkappe. Sie erhält den hochgespannten Zündstrom aus der Zündspule und überträgt diesen auf den Verteilerläufer, worauf sie von einer Feder gedrückt wird.

central interlock system = centralized door locking

central power-output shaft **0269**

arbre de moteur à excentrique
Arbre d'un moteur Wankel entraîné par le piston rotatif.

Exzenterwelle, Motorwelle
Welle in einem Wankelmotor, der vom Kolben (Läufer) angetrieben wird.

central reactor = reactor

central tube frame **0270**

cadre à poutre centrale
Cadre de véhicule formé d'une poutre centrale barrée de traverses profilées.

Mittelrohrrahmen, Zentralrohrrahmen
Rahmen bestehend aus einem Zentralrohr mit Quertraversen.

centralized door locking **0271**

condamnation centrale, verrouillage central des portes
Dispositif de condamnation de toutes les portes d'un véhicule lors du verrouillage de la porte conducteur. Dans la condamnation à dépression, qui est la plus usitée, on a recours à la dépression régnant dans la pipe d'aspiration du moteur. Un distributeur inverseur commande tous les actionneurs à dépression se trouvant sur chaque porte, sur la serrure du coffre à bagages et sur le couvercle du bouchon de réservoir. Ces actionneurs sont à double effet, de telle sorte que la dépression opère aussi bien le verrouillage que le déverrouillage des serrures de porte.

Zentralverriegelung, Türzentralverriegelung, Schloßzentralverriegelung
Anlage zum Verschließen aller Wagentüren von der Fahrertür aus. Bei der am meisten verwendeten unterdruckgesteuerten Zentralverriegelung wird der zur Steuerung der Verriegelungsanlage erforderliche Unterdruck dem Saugrohr des Motors entnommen und in einem kleinen Vorratsbehälter, dem Unterdruckspeicher, gespeichert. Ein mit dem Türschloß der Fahrertür gekoppelter Unterdruckschalter steuert die Unterdruckelemente an allen Türen, am Kofferraumschloß sowie an der Tankklappe. Die Unterdruckelemente sind doppelseitig wirkend, so daß sowohl das Verriegeln als auch das Entriegeln der Türschlösser unterdruckgesteuert werden.

centralized lubrication **0272**

graissage centralisé
Alimentation des points de graissage par un système centralisé. Au bout d'un kilométrage déterminé, un contacteur monté dans le tachymètre agit sur un relais qui, à son tour, met en branle une pompe de graissage.

Zentralschmierung
Versorgung der Schmierstellen mit Schmieröl durch eine Zentralschmieranlage. Nach Zurücklegen einer bestimmten Strecke wird eine Schmiermittelpumpe durch einen im Tachometer eingebauten Kontaktgeber über ein Relais betätigt.

centre . . . (GB) = center . . . (US)

centre plate = driven plate assembly

centrifugal advance mechanism 0273

avance variable automatique, avance centrifuge, régulateur centrifuge

A mesure que le régime du moteur augmente, deux masselottes logées dans l'allumeur s'écartent sous l'action de la force centrifuge. La came de rupture se trouvant sur la partie supérieure de l'arbre d'allumage subit un mouvement de rotation plus ou moins prononcé selon le régime et fait varier l'avance à l'allumage. Lorsque le régime diminue, les masselottes sont ramenées à leur position d'équilibre par un ressort de rappel. La commande d'avance centrifuge est tributaire du régime moteur, alors que l'avance à dépression dépend de la charge.

Fliehkraftversteller, Fliehkraft-Zündversteller, Abwälzversteller

Vorrichtung zur Verstellung des Zündzeitpunktes. Mit ansteigender Motordrehzahl werden zwei federbelastete Fliehgewichte auseinandergetrieben. Der Nocken des Unterbrechers, der auf dem Oberteil der Verteilerwelle sitzt, läßt sich je nach der Motordrehzahl mehr oder weniger verdrehen. Bei sinkender Motordrehzahl werden die Fliehgewichte durch eine Rückzugsfeder in die Ruhelage zurückgebracht. Die Fliehkraftverstellung ist drehzahlabhängig, während die Unterdruckverstellung lastabhängig ist.

centrifugal advance weight = flyweight

centrifugal air cleaner 0274

filtre à air à force centrifuge

En milieu poussiéreux, on a recours à un filtre à air par force centrifuge qui vient se placer en amont du filtre à bain d'huile. Le courant d'air centrifugé est débarrassé de ses poussières qui sont évacuées dans un récipient.

Schleuderluftfilter, Wirbel-Luftfilter, Zyklon

Der Schleuderluftfilter wird in staubiger Atmosphäre dem Ölbad-Luftfilter vorgeschaltet. Der in Führungen geschleuderte Staub wird in einen Behälter abgeschieden.

centrifugal clutch 0275

embrayage centrifuge

L'embrayage s'obtient lorsque le moteur tourne à une vitesse déterminée seulement. Le moteur est automatiquement débrayé dès lors que sa vitesse retombe au-dessous de la limite fixée.

drehzahlgeschaltete Kupplung, Fliehkraftkupplung

Die Fliehkraftkupplung schließt erst, wenn der Motor eine bestimmte Drehzahl erreicht. Sinkt diese Drehzahl unter den festgelegten Grenzpunkt, wird der Motor automatisch ausgekuppelt.

centrifugal governor 0276

régulateur centrifuge, régulateur mécanique

Le régulateur centrifuge est un régulateur utilisé dans la pompe d'injection d'un moteur diesel. Selon que le régime augmente

Fliehkraftregler, Zentrifugalregler, fliehkraftgesteuerter Drehzahlregler, mechanischer Regler, mechanischer Drehzahlregler

Fliehkraftregler sind Leerlauf- und Enddrehzahlregler in den Einspritz-

(diesel. Selon que le régime augmente) ou diminue, des masselottes à ressorts tarés agissent sur un système de leviers déplaçant une crémaillère dans un sens ou dans l'autre pour régler le débit du combustible. De cette façon, le régulateur stabilise le ralenti et limite l'emballement du moteur à une vitesse maximale.

(Enddrehzahlregler in den Einspritz-)pumpen von Dieselmotoren. Bei zunehmender oder abnehmender Drehzahl verschieben vorgespannte Fliehgewichte eine Regelstange, die die Fördermenge entsprechend regelt. Auf diese Weise werden Leerlaufdrehzahl und Höchstdrehzahl geregelt.

centrifugal supercharger **0277**

compresseur centrifuge
Compresseur à roues à aubes utilisé en turbocompression.

Turbokompressor, Turboverdichter, Kreisellader, Kreiselgebläse, Kreiselverdichter
Verdichter mit rotierendem Laufrad (Turboaufladung).

centrifugal weight = flyweight

centrifugally controlled advance = centrifugal advance mechanism

ceramic insulator = spark-plug insulator

cetane **0278**

cétane
Hydrocarbure saturé ($C_{16}H_{34}$).

Cetan
Kohlenwasserstoff Hexadecan ($C_{16}H_{34}$).

cetane number **0279**

indice de cétane, nombre de cétane
Le nombre de cétane caractérise le délai d'allumage d'un combustible pour moteur diesel.

Cetanzahl, CaZ
Maß für die Zündwilligkeit von Dieselkraftstoff.

cetane rating = cetane number

chain and sprocket drive **0280**

engrenage à chaîne
Transmission à enroulement reliant par chaîne des roues dentées, lorsque les axes sont trop éloignés pour engrener directement. Avec ce type d'engrenage il ne peut y avoir de changement de vitesse de rotation.

Kettengetriebe, Kettentrieb
Umschlingungsgetriebe, das Zahnräder mittels einer Kette verbindet, die wegen einer zu großen Achsenentfernung nicht miteinander kämmen. Bei Kettengetrieben ist ein Drehzahlwechsel nicht möglich.

change-over contact break before make = transfer contact

change-over relay = transfer contact

change speed box = gearbox

change speed fork = shift fork

change speed gear = gearbox

change speed lever = gearshift lever

channelizing island 0281

îlot directionnel
Portion d'une chaussée soustraite à la circulation et repérée par des marques au sol (lignes parallèles obliques). L'îlot directionnel sert à canaliser la circulation.

Verkehrsinsel, Leitinsel, Längsteiler, Teiler
Nicht befahrbare und entsprechend gekennzeichnete Stelle inmitten der Fahrbahn zur Lenkung des Verkehrsstroms.

charge condition = state of charge

charge-control lamp = charging control lamp

charge indicator lamp = charging control lamp

charging cable 0282

fil de charge
Fil reliant la borne B+ de l'alternateur à la borne positive de la batterie.

Ladeleitung
Leitung zwischen Klemme B+ der Lichtmaschine und Batterie +.

charging control lamp 0283

voyant de charge, témoin d'allumage, témoin indicateur de charge
Voyant commandé par la clé de contact. A l'allumage, le voyant de charge s'éclaire alors que la tension de la batterie est plus élevée que celle de l'alternateur. Lorsqu'il s'éteint, l'alternateur travaille et alimente en courant les consommateurs du circuit électrique.
En effet le voyant de charge est monté en série entre le contact et l'alternateur. Lorsque le contact est mis, le courant en provenance de la batterie passe par le voyant et retourne à la masse via l'alternateur: l'ampoule s'allume. En revanche, lorsque le moteur est lancé, le voyant de charge reçoit un courant de 12 volts de deux côtés à la fois (batterie et alternateur). Ces deux

Ladestrom-Kontrolleuchte, Zündlicht, Ladeanzeigeleuchte, Ladeanzeigelampe, Ladekontrolleuchte, Ladekontrolle, Lichtmaschinenkontrolleuchte, Kontrollampe für Generator
Lampe, die vom Zündschloß geschaltet wird. Liegt die Spannung der Batterie höher als die der Lichtmaschine, leuchtet das Zündlicht bei eingeschalteter Zündung auf. Erlischt das Zündlicht, so arbeitet die Lichtmaschine und ist an das Verbrauchernetz angeschlossen. Die Ladekonstrolleuchte ist nämlich zwischen Zündschloß und Lichtmaschine in Reihe geschaltet. Beim Einschalten der Zündung fließt der Strom aus der Batterie durch die Ladekontrolle und dann zur Masse über die Lichtmaschine. Die Ladekontrolle leuchtet auf. Nach dem Anlassen des Motors erhält die Ladekontrolle eine gleich hohe Spannung von 12 V von beiden Seiten (Batterie und Lichtmaschine).

((batterie et alternateur). Ces deux) courants s'annulent et l'ampoule s'éteint.
Au ralenti, il se peut que l'ampoule brille d'un faible éclat, ce qui signifie qu'un courant de faible intensité venant de la batterie la traverse encore, la tension débitée par l'alternateur étant inférieure.
L'allumage du témoin de charge en régime élevé peut être imputable à de mauvais contacts ou à des résistances de passage.
Si le témoin de charge ne s'éteint pas, les causes en sont variées: la courroie de l'alternateur peut être mal tendue ou déchirée, le régulateur de tension ne fonctionne plus ou l'alternateur lui-même est en cause (balais usés, enroulements grillés, etc.).

(Seiten (Batterie und Lichtmaschine)).
Diese beiden Spannungen heben sich auf, und die Ladekontrolle erlischt.
Ein schwaches Glimmen der Ladekontrolle im Leerlauf zeigt, daß diese noch von einem schwachen Strom aus der Batterie durchflossen ist, nachdem die Lichtmaschinenspannung niedriger ist.
Bei hoher Motordrehzahl kann das Glimmen der Ladeanzeige auf Wackelkontakte oder Übergangswiderstände zurückzuführen sein.
Das Nichterlöschen der Ladeleuchte kann verschiedene Ursachen haben: defekter Antriebsriemen der Lichtmaschine, schadhafter Lichtmaschinenregler sowie Schäden des Generators selbst (abgelaufene Bürsten, durchgebrannte Wicklungen usw.).

charging device = charging stage

charging indicator lamp = charging control lamp

charging set = battery charger

charging stage *(See Ill. 7 p. 80)* **0284**

génératrice
Transformateur de tension dans un allumage capacitif qui convertit la tension de batterie de 12 volts en une tension continue sensiblement plus élevée pour charger le condensateur.

Ladeteil
Spannungswandler in einer Hochspannungs-Kondensatorzündanlage, der die Batteriespannung von 12 V in eine höhere Gleichspannung umwandelt, um den Speicherkondensator aufzuladen.

charging stroke = suction stroke

chassis = frame

chassis frame height = height of chassis above ground

check valve *(See Ill. 5 p. 65)* **0285**

1. **clapet de retenue**
2. **soupape double effet, soupape de fond, clapet double, clapet de pression résiduelle, soupape de retenue**
1. Organe obturateur ne laissant passer un fluide que dans un sens. Dans un circuit de freinage à air

1. **Rückschlagventil**
2. **Bodenventil**
1. Absperrvorrichtung, die ein Medium nur in einer Durchflußrichtung durchläßt.
In einer Druckluftbremse steht das Rückschlagventil zwischen Luftpresser und Luftbehälter. Mit diesem Ven-

(Dans un circuit de freinage à air) comprimé, le clapet de retenue s'intercale entre le compresseur et le réservoir, et il s'oppose au reflux de l'air comprimé vers le compresseur lorsque ce dernier est à l'arrêt.

2. Soupape à double effet et à ressort taré du maître cylindre d'un frein hydraulique à travers laquelle le liquide de frein est refoulé dans les canalisations lorsqu'on agit sur la pédale de freins. En position de repos, elle veille à maintenir une légère surpression dans le liquide de frein à l'intérieur des canalisations.

(ser und Luftbehälter. Mit diesem Ven-) til kann die Druckluft zum stillstehenden Luftpresser nicht zurückströmen.

2. Federbelastetes Doppelventil im Hauptzylinder einer hydraulischen Bremsanlage, durch das die Bremsflüssigkeit beim Niedertreten des Bremspedals in das geschlossene Leitungssystem verdrängt wird. Bei gelöster Bremse hält das Bodenventil die Bremsflüssigkeit im Leitungssystem dauernd unter einem geringen Überdruck

child safety seat **0286**

siège enfant

Siège de sécurité pour enfants de 8 à 16 kg, soit de 8 mois à 4 ans. En règle générale, la fixation se fait aux points d'ancrage des ceintures de sécurité arrière.

Kindersitz

Sicherheitssitz, der für Kinder mit einem Körpergewicht von 8 bis 16 kg bzw. in der Altersstufe von 8 Monaten bis zu 4 Jahren ausgelegt ist. Er wird meist an den bereits vorhandenen 3-Punkt-Rücksitzgurten befestigt.

china insulator = spark-plug insulator

chock **0287**

cale de bois

Pièce de bois triangulaire servant à bloquer la roue d'un véhicule ou d'une remorque sur une chaussée en pente.

Unterlegkeil

Abrollsicherung für Fahrzeuge oder Anhänger auf geneigter Fahrbahn.

choke flap *(See Ill. 8 p. 84)* **0288**

volet d'air, volet de départ, papillon d'étranglement primaire, étrangleur, obturateur d'air

Lors du démarrage à froid, une grande partie du carburant que contient le mélange explosif se condense sur les parois froides de la chambre de carburation et de la pipe d'admission. Aussi, pour obtenir un mélange plus riche, ferme-t-on le volet de départ presque complètement et on ouvre légèrement le papillon des gaz. La

Luftklappe, Starterklappe, Vordrossel

Beim Kaltstart schlägt sich ein Teil des im Gemisch enthaltenen Kraftstoffes an der kalten Wandung der Mischkammer bzw. Ansaugleitung nieder. Deshalb muß im Vergaser ein fettes Gemisch hergestellt werden. Zu diesem Zweck wird die Luftklappe fast gänzlich geschlossen und die Drosselklappe um einen Spalt geöffnet. Aufgrund des entstehenden Unterdruckes durch den Drosselklappenspalt beim Rückgang der Kolben wird dann reichlich Kraft-

(légèrement le papillon des gaz. La) dépression créée par le rappel des pistons se manifeste par l'entrebâillement du papillon des gaz et provoque un mélange plus riche. Lorsque le moteur est chaud, le volet de départ devra alors s'ouvrir afin que le mélange ne soit pas trop riche et n'engorge le moteur.

(der Kolben wird dann reichlich Kraft-) stoff abgesaugt. Ist der Motor warm geworden, wird mehr Luft angesaugt, damit ein überfettes Gemisch vermieden wird.

choke tube = venturi

choker plate = choke flap

chrome plating **0289**

chromage
Opération de traitement de surfaces métalliques par un dépôt électrolytique de chrome en couche très mince pour en rehausser l'aspect décoratif et leur assurer une bonne résistance à la corrosion atmosphérique (chromage brillant). Dans le cas du chromage dur, le dépôt de chrome est plus épais, garantissant une dureté superficielle renforcée pour les pièces exposées à de fortes sollicitations mécaniques. Le chromage dur intervient également pour le rechargement de pièces frottantes usées.

Verchromen
Verfahren der galvanischen Oberflächenbehandlung, bei dem Metallgegenstände mit Chrom in dünner Schicht zur Glanzerhöhung und zur Verbesserung der Korrosionsbeständigkeit (Glanzverchromung) überzogen werden.
Beim Hartverchromen werden dickere Chromschichten aufgetragen zur Erzeugung einer harten, verschleißfesten Oberfläche für mechanisch stark beanspruchte Teile oder zur Wiederherstellung deren Maßhaltigkeit.

chrome steel **0290**

acier au chrome
Acier additionné de chrome, qui augmente la résistance à la rupture et la dureté. De curcroît, à partir d'une teneur en chrome de 12%, ce type d'acier est considéré comme quasiment inoxydable. Les nuances d'acier avec une teneur en chrome allant jusqu'à 4% sont principalement des aciers à outils et à roulements, les qualités à teneur plus élevée étant généralement réservées à l'outillage de coupe.

Chromstahl
Stahl mit Chromzusatz, der die Festigkeit und die Härte des Stahles wesentlich erhöht. Außerdem gelten Chromstähle ab 12% Chromgehalt fast als korrosionsbeständig. Stähle mit höchstens 4% Chromgehalt werden vor allem als Wälzlager- und Werkzeugstähle eingesetzt; bei höherem Chromanteil dienen sie vor allem der Herstellung von Schneidwerkzeugen.

chromium steel = chrome steel

C.I. engine = diesel engine

cigar lighter 0291

allume-cigares, allume-cigarettes
Dispositif à spirale chauffante portée au rouge par un courant électrique et placé à portée de main du conducteur.

Zigarrenanzünder, Zigarettenanzünder, elektrischer Anzünder
Vorrichtung am Armaturenbrett von Pkw zur Erzeugung einer Glut mit einer elektrisch erwärmten Glühspule.

cigarette lighter = cigar lighter

circlip 0292

frein d'axe, circlip
Anneau élastique fendu en tôle d'acier, dont les extrémités peuvent être percées, afin que l'on puisse le contracter à l'aide d'une pince.

Sicherungsring
Elastischer, offener Ring aus Stahlblech, dessen Enden zuweilen durchbohrt sind, damit er mittels einer Zange zusammengedrückt werden kann.

circuit = electric circuit

circuit tester = voltage indicator

circulating air heating 0293

chauffage à recirculation d'air
Dans ce type de chauffage, un ventilateur électrique prélève de l'air dans l'habitacle du véhicule et le souffle vers le radiateur de chauffage.

Umluftheizung
Bei dieser Heizung wird durch ein Gebläse die Luft dem Fahrzeuginnenraum entnommen und zum Wärmetauscher gedrückt, wo sie sich erwärmt.

circumferential speed 0294

vitesse circonférentielle
Chemin parcouru en une seconde par un point de la circonférence que décrit un corps tournant. Elle équivaut à la vitesse angulaire multipliée par le rayon.

Umfangsgeschwindigkeit
Geschwindigkeit eines Punktes am Rande eines rotierenden Körpers; sie ist gleich dem Produkt aus der Winkelgeschwindigkeit des rotierenden Körpers und dessen Halbmesser.

Citroën hydropneumatic self-levelling suspension = hydropneumatic self-levelling suspension

city-bus = bus

claw-pole generator *(See Ill. 1 p. 26)* 0295

alternateur à rotor a griffes, alternateur à inducteur à crabots
La plupart des alternateurs triphasés dont sont équipés les véhicules automobiles sont des alternateurs à crabots. Le rotor est constitué d'un enroulement inducteur et d'une succession de crabots qui s'imbriquent pour former des pôles

Klauenpolmaschine, Klauenpolgenerator
Die meisten Drehstromlichtmaschinen in den Kraftfahrzeugen sind Klauenpolgeneratoren. Der Läufer besteht aus einer Drahtspule und zwei klauenförmigen Polhälften, die abwechslungsweise ineinandergreifen. Häufig sind es zwölf Magnetpole bzw. sechs Polpaare.

(s'imbriquent pour former des pôles) nord et sud. On compte normalement 12 pièces polaires dans un inducteur à crabots.

(Magnetpole bzw. sechs Polpaare.)

clay treatment 0296

passage sur terre décolorante, décoloration sur terre adsorbante
Procédé d'épuration des huiles de vidange (raffinage par adsorption).

Bleicherdebehandlung, Bleicherdefilterung
Adsorptionsverfahren zur Aufarbeitung von Altölen.

cleaner cartridge = filter cartridge

clearance filter = edge-type filter

clearance lamp = side-marker lamp

cloud point 0297

point d'écoulement, point de congélation, point de trouble
Dans le gazole, le point de congélation est la température à partir de laquelle un nuage opalescent indique l'amorce d'un dépôt de paraffine.

BPA-Punkt, Trübungspunkt, Cloudpoint, Paraffin-Stockpunkt
Der BPA-Punkt weist auf die Temperatur hin, bei der die Paraffinausscheidung in einem Dieselkraftstoff beginnt.

clover-leaf intersection 0298

trèfle
Croisement de deux autoroutes à des niveaux différents, qui avec leurs bretelles d'accès et de sortie affectent la forme d'un trèfle à quatre feuilles.

Kleeblatt, Autobahn-Kleeblatt
Planfreie Kreuzung zweier Autobahnen, die mit ihren Schleifenrampen die Form eines vierblättrigen Kleeblatts annehmen.

clutch *(See Ill. 11 p. 140)* 0299

embrayage
Mécanisme ayant pour but de solidariser ou de désolidariser momentanément l'arbre moteur de l'arbre primaire de la boîte de vitesses et grâce auquel le moteur en marche peut être désaccouplé de la boîte de vitesses. Il permet en outre de passer les vitesses progressivement.
Les embrayages les plus communs sont l'embrayage à friction, l'embrayage à poudre magnétique et l'embrayage hydraulique.

Kupplung
Ein- und ausrückbares Bauelement zwischen Motor- und Getriebeeingangswelle, mit dessen Hilfe der laufende Motor vom Getriebe getrennt werden kann und die verschiedenen Gänge progressiv eingeschaltet werden.
Die bekanntesten Kupplungsarten sind die Reibungskupplung, die Magnetpulverkupplung und die Flüssigkeitskupplung.

clutch adjustment **0300**

réglage de la garde d'embrayage
Réglage d'un embrayage sans rattrapage automatique de jeu. Il s'effectue généralement sur un écrou de réglage se trouvant près de la fourchette de débrayage.

Kupplungseinstellung, Einstellen von Kupplungsspiel, Nachstellen von Kupplungsspiel
Einstellung einer Kupplung ohne automatische Nachstellung. Das Kupplungsspiel wird meist an der Ausrückgabel über eine Einstellmutter nachgestellt.

clutch bell-housing = bell-housing

clutch cable **0301**

câble de commande d'embrayage
Le câble de commande d'embrayage relie la pédale à la fourchette de débrayage.

Kupplungsseilzug
Der Kupplungsseilzug verbindet das Kupplungspedal mit der Ausrückgabel.

clutch casing = bell-housing

clutch centering pin **0302**

centreur d'embrayage, mandrin de centrage
Outil spécial servant à centrer le disque de friction de l'embrayage lors du remplacement de ce dernier.

Kupplungsführungsdorn, Zentrierdorn
Sonderwerkzeug zum Zentrieren der Kupplungsscheibe beim Austausch der Kupplung.

clutch centre plate = driven plate assembly

clutch-control cable = clutch cable

clutch cover *(See Ill. 11 p. 140)* **0303**

plateau de fermeture d'embrayage, boîtier
Le boîtier ou plateau de fermeture est tout comme le volant et le plateau de pression une pièce constitutive de la partie motrice de l'embrayage. Le boîtier et le volant sont réunis par boulonnage.

Kupplungsdeckel
Der Kupplungsdeckel gehört zusammen mit der Schwungscheibe und der Druckscheibe zu den Antriebsteilen der Kupplung. Kupplungsdeckel und Schwungrad sind fest miteinander verschraubt.

clutch disc = driven plate assembly

clutch disengaging spring = clutch spring

clutch drive plate = pressure plate

clutch facing = clutch lining

clutch finger = clutch release lever

clutch fork *(See Ill. 11 p. 140)* 0304

fourchette d'embrayage
Dans l'embrayage monodisque, la fourchette de débrayage reçoit le mouvement de la pédale par un système de câble, de tringlerie ou de commande hydraulique et déplace dès lors la butée de débrayage.

Kupplungsausrückgabel, Ausrückgabel, Auskupplungsgabel, Kupplungsgabel
In der Einscheibenkupplung wird die Ausrückgabel über Gestänge, Seilzug oder ein hydraulisches System vom Kupplungspedal betätigt und verschiebt das Ausrücklager.

clutch free play = clutch pedal clearance

clutch gear *(See Ill. 21 p. 224)* 0305

pignon de renvoi de l'arbre primaire, pignon à queue
Pignon monté sur l'arbre primaire d'une boîte de vitesses qui est en prise constante avec le premier pignon du train fixe et qui de ce fait entraîne ce dernier.

Antriebszahnrad der Antriebswelle
Zahnrad auf der Antriebswelle eines Wechselgetriebes, das mit dem vordersten Vorgelegerad dauernd im Eingriff ist und somit die Vorgelegewelle antreibt.

clutch housing = bell-housing

clutch hydraulic fluid reservoir 0306

réservoir de liquide hydraulique
Réservoir se trouvant à proximité du maître-cylindre d'un embrayage à commande hydraulique.

Flüssigkeitsbehälter
Behälter mit Hydrauliköl (Bremsflüssigkeit) in der Nähe des Geberzylinders einer hydraulisch betätigten Kupplung.

clutch input cylinder = clutch master cylinder

clutch inspection hole 0307

regard d'embrayage
Orifice permettant de contrôler la garde d'embrayage entre butée et contre-butée.

Kupplungskontrolloch
Durch dieses Loch kann das Kupplungsspiel zwischen Ausrücklager und Ausrückring überprüft werden.

clutch lining *(See Ill. 11 p. 140)* 0308

garniture d'embrayage
Afin que le plateau de friction ait une meilleure adhérence et ne s'échauffe outre mesure lors du glissement des surfaces, il est revêtu sur les deux faces d'une garniture de friction en tissu d'amiante ou ferodo armée de fils de cuivre ou de laiton et fixée par rivets. La garniture peut également être simplement collée.

Kupplungsbelag, Kupplungsreibbelag
Um eine bessere Haftung der Mitnehmerscheibe zu erzielen bzw. eine übermäßige Erhitzung der Reibflächen zu vermeiden, sind beiderseits der Mitnehmerscheibe Kupplungsbeläge aus Asbeststoff mit Metalldrahteinlagen aus Kupfer oder Messing mittels Nieten befestigt. Diese Reibbeläge können ebenfalls einfach aufgeklebt sein.

clutch master cylinder 0309

maître-cylindre d'embrayage
Dans l'embrayage à commande hydraulique, le maître-cylindre recèle un piston commandé par la pédale de débrayage. Lorsque cette pédale est enfoncée, le piston refoule le liquide du circuit d'embrayage et la pression ainsi créée est transmise au cylindre récepteur.

Ausrückpumpe, Hauptzylinder für Kupplungsbetätigung, Kupplungshauptzylinder, Geberzylinder
Bei der hydraulisch betätigten Kupplung wird ein Kolben im Geberzylinder durch Niedertreten des Kupplungspedals bewegt. Die in der Anlage enthaltene Flüssigkeit wird dadurch verdrängt und der entstehende Druck dem Nehmerzylinder zugeführt.

clutch monitor lamp 0310

témoin d'usure d'embrayage
A mesure que s'usent les garnitures du disque d'embrayage, la pédale de débrayage peut atteindre un interrupteur qui allume un voyant d'usure.

Kupplungs-Kontrolleuchte
Mit fortschreitender Abnutzung der Kupplungsbeläge erreicht das Kupplungspedal einen Kontrollschalter, der eine Kupplungs-Kontrollampe aufleuchten läßt.

clutch operating cable = clutch cable

clutch operating fork = clutch fork

clutch operating linkage 0311

tringlerie de commande d'embrayage
La tringlerie de commande de l'embrayage relie la pédale à la fourchette de débrayage.

Kupplungsgestänge
Das Kupplungsgestänge verbindet das Kupplungspedal mit der Ausrückgabel.

clutch output cylinder 0312

cylindre récepteur
Dans l'embrayage à commande hydraulique le liquide du cylindre récepteur est refoulé au débrayage et le mouvement est transmis à la fourchette de débrayage.

Kupplungsnehmerzylinder, Nehmerzylinder, Ausrückzylinder
In der hydraulisch betätigten Kupplung wird die Flüssigkeit im Nehmerzylinder beim Auskuppeln unter Druck gesetzt, der dann auf die Ausrückgabel einwirkt.

clutch pedal 0313

pédale d'embrayage
Pédale servant au débrayage du moteur. Lorsqu'elle est levée, le moteur est accouplé à l'arbre primaire de la boîte de vitesses. Lorsqu'elle est enfoncée, le moteur est débrayé.

Kupplungspedal, Kupplungsfußhebel
Fußhebel zur Lösung der Kupplung. Wird das Kupplungspedal nicht betätigt, ist der Motor mit der Getriebeeingangswelle gekuppelt. Beim Niedertreten des Kupplungspedals wird der Motor ausgekuppelt.

clutch pedal clearance 0314

garde à la pédale d'embrayage, garantie d'embrayage

Kupplungspedalspiel
Das Kupplungspedalspiel schwankt zwi-

(garantie d'embrayage)

La garantie d'embrayage varie de 10 à 30 mm à la pédale. Elle se mesure entre la butée et la contre-butée (bague de débrayage) où elle est de l'ordre de 2 à 3 mm. A mesure que la friction s'use, le jeu diminue. Il peut être réajusté sur le câble de commande de débrayage ou sur une vis de réglage prévue à la pédale et vérifié à la fourchette.

(Das Kupplungspedalspiel schwankt zwi-) schen 10 und 30 mm. Gemessen wird das Kupplungsspiel zwischen Ausrücklager und Ausrückring, wo es nur noch 2–3 mm beträgt. Mit fortschreitender Abnutzung der Reibbeläge wird es kleiner. Es kann am Kupplungsseilzug oder an einer Nachstellschraube am Kupplungspedal nachgestellt und an der Ausrückgabel überprüft werden.

clutch pedal free travel = clutch pedal clearance

clutch plate lining = clutch lining

clutch play = clutch pedal clearance

clutch pressure plate = pressure plate

clutch pressure plate mechanism *(See Ill. 11 p. 140)* **0315**

mécanisme d'embrayage

Le mécanisme d'embrayage se compose du couvercle ou boîtier, des linguets, du contre-plateau solidaire du couvercle ainsi que des ressorts ou du diaphragme.

Kupplungsausrückmechanismus

Der Kuplungsausrückmechanismus umfaßt den Kupplungsdeckel, die Ausrückhebel, die mit dem Kupplungsdeckel verbundene Druckscheibe sowie die Druckfedern bzw. die Tellerfeder.

clutch release bearing = release bearing cup

clutch release cable = clutch cable

clutch release clearance = clutch pedal clearance

clutch release lever **0316**

linguet, levier de débrayage, doigt d'embrayage

Dans l'embrayage monodisque à ressorts, on trouve généralement trois linguets fixés sur le couvercle et agissant sur le contre-plateau. Lors du débrayage, les linguets vainquent l'action des ressorts et soulèvent le contre-plateau qui s'écarte de la friction.

Ausrückhebel, Abzugshebel

In der üblichen Einscheibenkupplung sind drei Ausdrückhebel auf dem Kupplungsdeckel angeordnet. Beim Auskuppeln wirken sie auf die Druckscheibe gegen die Federkraft der Druckfedern ein. Die Druckscheibe wird somit von der Kupplungsscheibe abgehoben.

clutch release master cylinder = clutch master cylinder

clutch release mechanism = clutch pressure plate mechanism

clutch release slave cylinder = clutch output cylinder

clutch release yoke = clutch fork

clutch reservoir = clutch hydraulic fluid reservoir

clutch shaft **0317**

arbre d'embrayage
Arbre cannelé sur lequel le disque de friction d'embrayage coulisse dans le sens axial.

Kupplungswelle
Keilnutenwelle, worauf die Kupplungsscheibe sich axial verschieben läßt.

clutch slip **0318**

patinage
Les principales causes du patinage de l'embrayage sont une garde nulle à la pédale, des ressorts avachis, des surfaces déformées (glace du volant, contre-plateau) ou des garnitures imprégnées d'huile.

Rutschen, Durchrutschen
Bei der Kupplung ist das Rutschen vor allem auf das Fehlen von Spielraum am Fußhebel, auf lahme Druckfedern, auf verformte Gleitflächen (Schwungscheibe, Druckscheibe) oder auf ölverschmierte Reibbeläge zurückzuführen.

clutch spring **0319**

ressort d'embrayage
Ressort butant d'une part contre le plateau de pression et d'autre part contre le couvercle de fermeture. Lors du débrayage, les ressorts sont comprimés, ce qui a pour effet de désolidariser le plateau de pression du disque de friction.

Kupplungsdruckfeder, Andruckfeder, Anpreßfeder
Diese Federn drücken gegen Druckscheibe und Kupplungsdeckel. Beim Einfedern wird die Druckscheibe von der Kupplungsscheibe abgehoben.

clutch throwout **0320**

débrayage
Séparation momentanée de l'arbre moteur par rapport à l'arbre primaire de la boîte vitesses.

Auskuppeln
Vorübergehende Trennung der Kurbelwelle von der Getriebeeingangswelle.

clutch thrust bearing = release bearing cup

clutch thrust fork = clutch fork

C.N. = cetane number

CO/HC analyzer **0321**

analyseur de gaz CO-HC
Appareil qui sert à déterminer la teneur en monoxyde de carbone (CO) et en hydrocarbures non brûlés (HC) dans les gaz d'échappement.

CO-HC-Meßgerät
Meßgerät zur Bestimmung des Kohlenmonoxidgehalts (CO) und der unverbrannten Kohlenwasserstoffe (HC) im Abgas.

coachwork = bodyshell

coal hydrogenation 0322

hydrogénation catalytique du carbone
Transformation d'un mélange d'hydrogène et d'oxyde de carbone au contact d'un catalyseur en hydrocarbures légers (procédés Bergius et Fischer-Tropsch).

Kohlehydrierung
Umsetzung von Kohlenstoff mit Wasserstoff über einen Katalysator, die flüssige Treibstoffe ergibt (Bergius- und Fischer-Tropsch-Verfahren).

coaltar 0323

goudron de houille
Goudron obtenu par distillation de la houille à basse température. Il sert de matière de base pour les peintures de carrosserie.

Steinkohlenteer
Teer, der beim Schwelen von Steinkohle anfällt. Er dient als Ausgangsstoff für Lacke.

coaxial-type starting motor = sliding-gear starting motor

coil HT cable = king lead

coil spring = helical spring

coil spring clutch 0324

embrayage à ressort unique
Dans certains véhicules utilitaires où il y a transmission de couples assez élevés, les ressorts d'embrayage sont remplacés par un seul ressort spiral très puissant.

Schraubenfederkupplung
Bei einigen Nutzfahrzeugen wird zur Übertragung höherer Drehmomente eine einzige, kräftige Schraubenfeder anstelle von Kupplungsdruckfedern eingesetzt.

cold plug 0325

bougie froide
Bougie d'allumage à indice thermique élevé. Les bougies froides sont peu sujettes à l'auto-allumage, mais plus sensibles à l'encrassement. Elles présentent un pied d'isolant court et large qui permet d'obtenir une dissipation de chaleur très rapide.

kalte Zündkerze
Zündkerze mit hohem Wärmewert. Kalte Zündkerzen neigen kaum zu Glühzündungen, dagegen mehr zur Verschmutzung. Sie haben einen kurzen, dicken Isolatorfuß, der eine größere Wärmemenge schnell abführen kann.

cold-start injector = start-valve

cold-start valve = start-valve

cold starting device 0326

dispositif de départ a froid
Partie du carburateur conçue pour assurer un mélange riche lors du démarrage du moteur à froid. Il s'agit en l'occurrence d'un volet de départ ou d'un starter.

Kaltstarteinrichtung
Teil des Vergasers, der für ein fettes Gemisch beim Anspringen des Motors sorgt. Es handelt sich um eine Starterklappe oder einen Startvergaser.

cold vulcanization 0327

vulcanisation à froid
Transformation du caoutchouc brut à température ordinaire avec ajout d'accélérateurs.

Kaltvulkanisation
Überführung von Naturkautschuk in elastischen Gummi bei Raumtemperatur, wobei Vulkanisationsbeschleuniger zugesetzt werden.

collapsible safety steering column 0328

colonne de direction télescopique de sécurité, colonne de direction cédant sous l'impact
Colonne de direction en plusieurs éléments qui s'emboîtent en cas de télescopage.

zusammenschiebbare Sicherheitslenksäule
Mehrgliedrige Lenksäule, die sich bei einem Frontalaufprall zusammenschiebt.

column-mounted gearshift = steering-column gear change

combination plier 0329

pince universelle
Outil réunissant en une seule pièce plusieurs autres pinces: pince plate, pince à gaz, pince coupante de côté et dont les branches isolées permettent d'effectuer des travaux sur des fils électriques sous tension.

Kombinationszange, Kombizange
Mehrzweckzange, die als Flach- und Rohrzange sowie als Seitenschneider verwendet wird und deren Griffe mit Kunststoff-Ummantelung Arbeiten an unter Spannung stehenden elektrischen Leitungen gestatten.

combination wrench 0330

clé mixte à mâchoire et douze pans
Clé de serrage dont les deux calibres sont identiques. Ouvertures courantes de 5 à 60 mm.

Ring-Maulschlüssel, Gabel-Ringschlüssel
Schraubenschlüssel mit gleichen Schlüsselweiten. Handelsüblich in den Größen von 5 bis 60 mm.

combined ignition and steering lock 0331

contact-démarreur-antivol, combiné antivol-contact-démarreur
Dans ce combiné on trouve trois positions successives de clé:
1. antivol 2. contact 3. démarreur (moteur à essence). On rencontre parfois un dispositif de sécurité empêchant d'actionner le démarreur deux fois de suite.

Lenkschloß mit Zündstartschalter Lenkanlaßschloß, Lenkschloß mit Zündanlaßschalter, kombiniertes Lenk- und Zündschloß
Im Lenkanlaßschloß ist bei Benzinmotoren die Reihenfolge der drei Schlüsselstellungen: 1. Lenkungssperre, 2. Fahrt, 3. Start. Zuweilen ist eine Sicherheitsvorrichtung eingebaut, die eine nochmalige Betätigung des Anlassers verhütet.

combined lighting and starting generator 0332

dynamoteur, dynastart, dynamo-démarreur
La dynamo et le démarreur peuvent

Anlaßlichtmaschine, Lichtanlaßzünder, Start-Zünd-Generator
Generator und Starter sind in der An-

(La dynamo et le démarreur peuvent) se combiner dans un dynamoteur qui ne possède qu'un induit unique. Au démarrage, le dynamoteur fonctionne comme un démarreur et, en marche normale, comme une dynamo.

(Generator und Starter sind in der An-) laßlichtmaschine mit nur einem Anker vereinigt. Diese wirkt als Anlasser beim Starten und als Generator (Lichtmaschine) im normalen Betrieb.

combined-rear-lamp unit = single tail lamp assembly

combustible mixture = explosive mixture

combustion chamber *(See Ill. 18 p. 206)* **0333**

chambre de combustion, chambre d'explosion
Espace délimité par la calotte du piston et la culasse, dans lequel se déroule la combustion de la veine gazeuse.

Brennraum, Verbrennungsraum
Der vom Kolben- und Zylinderkopf umschlossene Raum, in dem die Verbrennung abläuft.

combustion chamber volume = combustion chamber

combustion miss = misfire

combustion space = combustion chamber

commutator sparking = brush sparking

compensating gear = differential

compensating port = expansion port

compound twin-choke carburetor = two-phase carburetor

compressed air brake = air pressure brake

compressed gas suspension = Hydragas suspension

compressible metal gasket = spark plug gasket

compression chamber *(See Ill. 18 p. 206)* **0334**

chambre de compression
Espace délimité par la culasse et le piston au point mort haut.

Kompressionsraum, Verdichtungsraum, minimaler Verbrennungsraum
Der vom Zylinderkopf und vom Kolben im oberen Totpunkt abgegrenzte Raum.

compression-ignition engine **0335**

moteur à auto-allumage
Moteur à taux de compression assez élevé et à combustible à point de combustion bas.

Motor mit Eigenzündung, Motor mit Selbstzündung, Motor mit Kompressionszündung
Motor mit relativ hohem Verdichtungs-

(de combustion bas.)

(Motor mit relativ hohem Verdichtungs-) verhältnis, in dem Kraftstoff mit niedrigem Selbstentzündungspunkt verbrannt wird.

compression-ignition oil engine = diesel engine

compression-loss tester = pressure loss tester

compression ratio 0336

taux de compression, rapport volumétrique
Rapport entre le volume du cylindre auquel s'ajoute celui de la chambre de combustion et le volume de la chambre de combustion seul:

$$\rho = \frac{V + v}{v}$$

Dans les moteurs à essence, il est de l'ordre de 7:1 à 11:1; dans les moteurs diesel de 15:1 à 25:1.

Verdichtungsverhältnis, Kompressionsverhältnis, geometrisches Verdichtungsverhältnis
Verhältnis des Hubraums und des Verdichtungsraums zum Verdichtungsraum allein:

$$\epsilon = \frac{V_h + V_b}{V_b}$$

In den Ottomotoren liegen die Verdichtungsverhältnisse bei 7:1 bis 11:1; in den Dieselmotoren bei 15:1 bis 25:1.

compression ring *(See Ill. 26 p. 338)* 0337

segment de compression, segment d'étanchéité
Segment destiné à assurer l'étanchéité du piston dans le cylindre.

Verdichtungsring, Kompressionsring
Kolbenring, der dem Abdichten des Kolbens im Zylinder dient.

compression-space volume = compression chamber

compression stroke *(See Ill. 18 p. 206)* 0338

course de compression, temps de compression
Deuxième phase du cycle à quatre temps (phase résistante). La soupape d'aspiration étant fermée, le piston, dans sa course ascendante, comprime le mélange explosif jusqu'au point mort haut. Ce faisant, le vilebrequin accomplit une demi-rotation. Dans le moteur diesel, seul l'air aspiré est comprimé sous une pression allant de 30 à 50 bars.

Verdichtungshub, Verdichtungstakt, Kompressionshub, Kompressionstakt
Zweiter Takt im Viertakt-Arbeitsverfahren. Das Einlaßventil ist geschlossen. Der sich in Richtung Brennraum aufwärts bewegende Kolben verdichtet das angesaugte Kraftstoff-Luftgemisch bis zum oberen Totpunkt. Dabei dreht sich die Kurbelwelle um 180°. Beim Dieselmotor wird lediglich die angesaugte Luft auf 30 bis 50 bar zusammenpreßt.

compression temperature 0339

température des gaz à la compression
Moteur à essence: Lors de la phase de compression, le mélange air-

Verdichtungstemperatur
Benzinmotor: Beim Verdichtungshub wird das angesaugte Kraftstoff-Luft-Gemisch zusammengepreßt, wobei die

(de compression, le mélange air-) essence se tasse dans le cylindre et la chaleur dégagée par la compression fait monter la température à 400–600° C.
Moteur diesel: La chaleur dégagée par la compression de l'air porte la température à l'intérieur du cylindre à 700–900° C.

(Gemisch zusammengepreßt, wobei die) entstehende Kompressionswärme einen Temperaturanstieg auf 400 bis 600° C bewirkt.
Dieselmotor: Durch das Zusammendrücken der angesaugten Luft erhöht sich die Temperatur im Innern des Zylinders auf 700 bis 900° C.

compression tester **0340**

compressiomètre
Manomètre permettant d'évaluer la pression obtenue dans les chambres de combustion d'un moteur. En effet le piston avec ses segments, l'huile de graissage, le joint de culasse, les soupapes de même que le joint captif de la bougie d'allumage contribuent à assurer l'étanchéité de la chambre de compression d'un cylindre et, grâce au compressiomètre, il est possible de mieux localiser une fuite. L'essai s'effectue avec moteur à température de fonctionnement, toutes les bougies d'allumage devant être ôtées de leur trou. La pédale des gaz est maintenue enfoncée au plancher et l'embout conique en caoutchouc de l'appareil est fermement introduit dans chaque trou de bougie, alors que l'on actionne le moteur quelques secondes. Au terme d'une dizaine de compressions, on relève la valeur obtenue pour chacun des cylindres. En règle générale on admet un écart de 10% de la valeur maximale atteinte.

Kompressionsdruckprüfer
Manometer zur Messung der Druckverhältnisse in den Verbrennungsräumen eines Motors. Der Kolben mit den Kolbenringen, das Schmieröl, die Ventile, die Zylinderkopfdichtung sowie der Dichtring der Zündkerze dichten nämlich den Kompressionsraum ab, und mit dem Kompressionsdruckprüfer können Undichtheiten besser lokalisiert werden. Die Prüfung erfolgt bei warmer Maschine; alle Zündkerzen müssen aus ihrer Bohrung entfernt werden. Bei niedergetretenem Gaspedal wird der Gummikonus des Instruments in jede Kerzenbohrung fest eingesteckt, wonach der Motor kurz durchgedreht wird. Nach ca. zehn Kompressionshüben werden die Meßwerte für jeden einzelnen Zylinder ermittelt.
Eine Abweichung von 10% des gemessenen Höchstwertes gilt als zulässig.

compression tracer **0341**

compressiomètre enregistreur
Compressiomètre dans lequel on introduit une fiche sur laquelle s'inscriront les résultats de mesure obtenus.

Kompressionsdruckschreiber
Kompressionsdruckprüfer, bei dem die Meßergebnisse auf einem Diagramm festgehalten werden.

concrete-block crash test = crash test

condensate shield **0342**

cache-poussière
Chapeau en matière plastique se trouvant dans la tête de l'allumeur et devant empêcher la formation de condensation sur les plots du distributeur.

Kondenssperre, Abdichtscheibe, Staubschutzdeckel
Kunststoffkappe im Verteilerkopf. Sie soll die Kondensatbildung auf den Verteilersegmenten verhüten.

condensation **0343**

condensation
Passage d'une vapeur ou d'un gaz à l'état liquide ou solide par suite de compression ou de refroidissement.

Kondensation
Durch Abkühlung oder Druckerhöhung bedingter Übergang eines Stoffes vom gas- bzw. dampfförmigen in den flüssigen oder festen Aggregatzustand.

condenser = ignition capacitor

condenser **0344**

condenseur
Elément d'une installation d'air conditionné ou d'une installation similaire de fourgon frigorifique. C'est dans le condenseur que se refroidit le fluide frigorigène comprimé. Il y cède sa chaleur et se liquéfie.

Verflüssiger, Kondensator
Hauptteil in einer Klimaanlage bzw. in der Kühlanlage eines Kühlwagens. Im Kondensator wird das unter hohem Druck verdichtete Kältemittel abgekühlt, wobei ihm Wärme entzogen wird. Es wird flüssig.

cone clutch **0345**

embrayage à cônes
L'embrayage à cônes comporte un cône mâle et un cône femelle s'emboîtant l'un dans l'autre.

Kegelkupplung, Konuskupplung
Bei der Konuskupplung werden zwei konische Scheiben ineinandergepreßt.

connecting rod *(See Ill. 17 p. 182, Ill. 26 p. 338)* **0346**

bielle
La bielle est l'organe mobile intermédiaire s'intercalant entre le piston et le vilebrequin. Elle se compose de trois parties: le pied, la tête et le corps.
Les bielles sont façonnées par forgeage an acier allié trempé et revenu ou bien encore, afin qu'elles soient plus légères, en alliage d'aluminium très résistant ou même en alliage de titane, comme c'est le cas pour les moteurs de voiture de compétition.

Pleuel, Pleuelstange
Die Pleuelstange überträgt die Kolbenbewegungen auf die Kurbelwelle. Sie setzt sich aus dem oberen Pleuelauge, dem Pleuelfuß und dem Pleuelschaft zusammen.
Pleuel werden aus legiertem Vergütungsstahl, aber auch aus Gründen der Gewichtsersparnis aus hochfesten Aluminiumlegierungen oder sogar aus Titanlegierungen wie bei den Rennmotoren hergestellt.

connecting rod bearing *(See Ill. 26 p. 338)* 0347

coussinet de bielle
Deux coussinets minces et antifrictionnés sont en général engagés dans la tête de bielle. La partie frottante est lubrifiée par des pattes d'araignée.

Pleuellager
Geteiltes Gleitlager im unteren Pleuelauge (Pleuelfuß) der Pleuelstange. Die Gleitfläche wird über Rillen geschmiert.

connecting rod big end *(See Ill. 26 p. 338)* 0348

tête de bielle
La tête de bielle est la partie de la bielle articulée sur le vilebrequin.

Pleuelfuß, unteres Pleuelauge
Das untere Pleuelauge ist dasjenige Ende der Pleuelstange, das mit der Kurbelwelle beweglich verbunden ist.

connecting rod bottom end = connecting rod big end

connecting rod cap *(See Ill. 26 p. 338)* 0349

chapeau de bielle
Pièce amovible de la bielle assujettissant celle-ci sur le maneton du vilebrequin par deux boulons.

Pleueldeckel
Abnehmbares Teil einer Pleuelstange. Mit diesem Stück wird die Pleuelstange im allgemeinen mit Hilfe zweier Muttern mit dem entsprechenden Kurbelzapfen verbunden.

connecting rod crank end = connecting rod big end

connecting rod little end = connecting rod small end

connecting rod lower end = connecting rod big end

connecting rod shank *(See Ill. 26 p. 338)* 0350

corps de bielle
Le corps de bielle relie le pied de bielle à la tête de bielle. Il est soumis à des efforts de compression et de flambage et se présente fréquemment sous forme de double T.

Pleuelschaft
Der Pleuelschaft verbindet unteres und oberes Pleuelauge. Er wird auf Druck und Knickung stark beansprucht und ist meist mit I-förmigem Querschnitt ausgeführt.

connecting rod small end 0351

pied de bielle
Le pied de bielle est la partie de la bielle articulée sur l'axe de piston.

oberes Pleuelauge, kolbenseitiger Pleuelstangenkopf
Das obere Pleuelauge ist dasjenige Ende der Pleuelstange, das mit dem Kolbenbolzen beweglich verbunden ist.

connecting rod small end bush = piston pin bushing

con-rod = connecting rod

constant-mesh gears *(See Ill. 21 p. 224)* 0352

train de prise constante, prise constante
Dans une boîte de vitesses, le plus grand engrenage du train fixe est en prise constante avec un pignon denté de l'arbre primaire, de sorte que le train fixe tourne toujours avec l'arbre primaire.

Dauereingriff
In einem Getriebe ist das größte Rad auf der Vorgelegewelle mit dem Antriebsrad auf der Antriebswelle dauernd im Eingriff, so daß Antriebs- und Vorgelegewelle stets miteinander rotieren.

constant pinion shaft = primary shaft

constant-velocity joint 0353

joint homocinétique
Joint permettant la transmission régulière des vitesses de deux arbres même s'ils ne sont pas en ligne.

Gleichlaufgelenk, Gleichganggelenk, homokinetisches Gelenk
Gelenk, welches den Gleichlauf zweier Wellenteile ermöglicht, auch wenn sie nicht fluchten.

constantan 0354

constantan
Alliage de cuivre et de nickel que l'on utilise pour la confection de fils de résistances électriques.

Konstantan
Kupfer-Nickel-Legierung, die für die Herstellung von Widerstandsdrähten verwendet wird.

consumption indicator 0355

indicateur de consommation
Instrument à aiguille parfois accouplé à l'indicateur de niveau d'essence.

Verbrauchsanzeige
Zeigerinstrument, das zuweilen mit der Benzinuhr gekoppelt ist.

contact arm = breaker lever

contact assembly = contact breaker

contact breaker *(See Ill. 3 p. 50, Ill. 6 p. 71, Ill. 24 p. 260)* 0356

rupteur, rupteur mécanique
Dans l'allumage le rupteur se compose d'un disque en bronze claveté sur l'arbre d'allumage, d'un linguet (marteau), d'une enclume et d'une came. Le marteau et l'enclume sont chacun pourvus d'une pastille avec laquelle ils viennent en contact l'un sur l'autre. Le rupteur a pour but de fermer et d'ouvrir le circuit du courant primaire.

Batteriezündunterbrecher, Unterbrecher, Zündunterbrecher, Kontaktunterbrecher, Einfach-Unterbrecher, Primärstrom-Unterbrecher
In einer Zündanlage besteht der Unterbrecher aus der Unterbrecherscheibe aus Bronze, die auf der Verteilerwelle festsitzt, dem Unterbrecherhebel (Unterbrecherhammer), dem Amboß und dem Nocken. Hammer und Amboß besitzen je einen Kontaktstift, mit dem sie in Berührung kommen. Zweck des Unterbrechers ist das Schließen und das Unterbrechen des Primärstromkreises.

contact-breaker arm = breaker lever

contact breaker cam 0357

came de rupture, came de rupteur, came d'allumage, came de distributeur

Came tournant en même temps que l'arbre d'allumage et qui commande l'ouverture des pastilles de contact. Le linguet s'écarte de l'enclume à point nommé et fait jaillir l'étincelle entre les électrodes de la bougie d'allumage.

Unterbrechernocken, Verteilernocken

Nocken, der sich mit der Verteilerwelle dreht und die Unterbrecherkontakte öffnet. Der Hammer wird zur rechten Zeit vom Amboß abgehoben und löst einen Funken zwischen den Elektroden der Zündkerze aus.

contact breaker point *(See Ill. 24 p. 260)* 0358

vis platinée, grain de contact, pastille de contact, contact de rupteur, plot de contact

Pastille de contact se trouvant l'une sur l'enclume, l'autre sur le linguet du rupteur. Les pastilles de platine à point de fusion très élevé ont été, en raison de leur prix, remplacées par des grains de contact en tungstène. Il existe également des vis platinées pré-réglées fournies en cassette métallique. Elles peuvent être réajustées à travers un orifice pratiqué dans l'allumeur.

La longévité des vis platinées est tributaire d'un certain nombre de facteurs. Si les grains de contact présentent des traces de brûlure précoces, l'étincelle qui jaillit entre les deux grains est trop violente. Ce phénomène est généralement imputable à un condensateur défectueux ou à une bobine d'allumage en mauvais état et il contribue à modifier l'angle de came et le point d'allumage. Si l'écartement entre les vis platinées est trop étroit ou que la pression de contact soit trop faible, les surfaces des grains s'oxyderont rapidement et prendront un aspect gris. Enfin des croûtes ou des dépôts noirâtres indiquent que de l'huile, de la graisse ou des impuretés se sont insinuées entre les grains de

Zündkontakt, Unterbrecherkontakt, Kontaktstift, Zündunterbrecherkontakt

Kontaktstift am Hammer und am Amboß des Unterbrechers. Die teuren, hochschmelzenden Unterbrecherkontakte aus Platin wurden durch Kontaktstifte aus Wolfram ersetzt. Es gibt ebenfalls voreingestellte Kontaktstifte, die in einer Metallkassette enthalten sind. Die Nachstellung erfolgt durch eine Bohrung im Verteilergehäuse.

Die Lebensdauer der Unterbrecherkontakte ist von einer Anzahl Faktoren abhängig. Wenn sie nämlich frühzeitig verbrannte Kontaktflächen aufweisen, so ist die Funkenbildung zwischen beiden Kontaktstiften zu stark. Dies ist meist auf Störungen im Kondensator oder in der Zündspule zurückzuführen und bringt Änderungen des Schließwinkels und des Zündzeitpunktes mit sich. Ist der Kontaktabstand zu eng bemessen oder der Kontaktdruck zu schwach, so können die Kontaktflächen rasch oxydieren und grau anlaufen. Schwarz verkrustete Kontakte deuten auf das Eindringen von Öl, Fett oder Schmutzteilchen hin, die zwischen beide Kontakte gelangen. Bei einem normalen Kontaktverschleiß bilden sich am Pluskontakt starke Krater und am Minuskontakt Höcker. Nach 10000 km empfiehlt es sich, den Abstand der Unterbrecherkontakte nach-

(insinuées entre les grains de) contact. La formation de cratères sur le grain de contact positif et de perlages sur le grain négatif sont les signes d'une usure normale des vis platinées. Il est conseillé de vérifier leur écartement au bout de 10000 km et de les remplacer au bout de 15000 km. Dans les allumages transistorisés avec rupteur l'usure des grains de contact est négligeable. Toutefois le rupteur n'en est pas moins sujet à une usure mécanique et doit être remplacé au bout de 50000 km environ.

(stand der Unterbrecherkontakte nach-) zumessen. Nach 15000 km sollen sie ausgewechselt werden. Bei kontaktgesteuerten Transistorzündanlagen ist der Kontaktabbrand vernachlässigbar, lediglich der Unterbrecher leidet unter mechanischem Verschleiß, so daß das Auswechseln erst nach ca. 50000 km erfolgen soll.

contact-breaker points' gap = contact gap

contact-breaker set = contact set

contact-breaker springblade = breaker spring

contact bridge **0359**

pont de contact, contact mobile
Plaquette qui, dans un solénoïde de démarreur, est appliquée par le noyau plongeur au moyen d'un ressort sur les deux contacts fixes du solénoïde, ce qui permet au puissant courant de démarrage de passer.

Kontaktbrücke, Kontaktscheibe
In einem Einrück-Relais wird beim Anlaßvorgang eine Kontaktscheibe durch die Wirkung des Magnetschalter-Ankers mittels einer Feder auf zwei kräftige Kontakte gedrückt. Somit wird der Anlasserstrom freigegeben.

contact chatter **360**

rebondissement des contacts
Fonctionnement erratique pouvant par exemple se manifester à l'allumage lorsque les ressorts du rupteur sont défectueux. Les contacts du rupteur rebondissent à la fermeture et s'ouvrent à nouveau.

Kontaktprellung
Fehler, der z.B. bei nicht einwandfreien Unterbrecherkontaktfedern auftreten kann. Die Kontakte federn nach dem Schließen nach und öffnen nochmals.

contact-free transistor ignition = contactless transistorized ignition contact gap

contact gap *(See Ill. 24 p. 260)* **0361**

entre-grains, écartement des vis platinées
En règle générale, l'écartement des vis platinées est de 0,4 mm. Il dépend de l'angle de came.

Kontaktabstand, Unterbrecherkontaktabstand
Der Kontaktabstand beträgt im allgemeinen 0,4 mm. Er wird durch den Schließwinkel bestimmt.

contact lever = breaker lever

contact patch *(See Ill. 36 p. 528)* 0362

aire du contact, contact au sol
Surface de contact en forme d'ellipse entre le pneumatique et la chaussée sur laquelle il repose.

Aufstandsfläche, Bodenberührfläche, Latsch
Ellipsenförmige Kontaktfläche des auf der Fahrbahn ruhenden Reifens.

contact pitting 0363

transfert de métal
Transfert de matière se produisant aux grains de contact d'un rupteur par suite d'usure. Un cratère se creuse dans le grain de contact du linguet mobile alors qu'un perlage se forme sur le grain du contact fixe.

Kontaktwanderung, Stoffwanderung
Metallwanderung durch Abbrand an den Kontaktstellen eines Zündunterbrechers. Am Hebelkontakt entsteht ein Krater und am Amboßkontakt ein Höcker.

contact point = contact breaker point

contact pressure 0364

pression aux grains
Pression aux grains de contact d'un rupteur, fixée par le fabricant. Elle est de l'ordre de 4 à 6,5 N (400 à 650 grammes).

Kontaktdruck
Druck an den beiden Unterbrecherkontakten. Er wird vom Hersteller vorgeschrieben und schwankt zwischen 4 bis 6,5 N (400 bis 650 g).

contact return spring = breaker spring

contact set 0365

jeu de contacts, jeu de linguets
Jeu comprenant un linguet de rupteur ou contact mobile ainsi qu'un contact fixe.

Unterbrecherkontaktsatz, Kontaktsatz
Satz bestehend aus einem beweglichen Unterbrecherhebel und einem festen Kontaktträger

contactless transistorized ignition 0366

allumage transistorisé sans rupteur
Dans ce type de montage, l'allumage est déclenché par un déclencheur à effet Hall ou un générateur d'impulsions entraîné par l'intermédiaire de l'arbre à cames. Il existe également des systèmes optiques à cellule photo-électrique ainsi que d'autres systèmes à rayon infra-rouge.

kontaktlose Transistorzündung, berührungslose Zündelektronik
Die Zündung wird bei dieser Bauart von einem Hallgenerator oder einem magnetischen Geber ausgelöst, der von der Nockenwelle aus angetrieben wird. Es gibt auch optische Systeme mit Photozelle sowie Infrarot-Zündsysteme.

continuous-injection system = K-Jetronic fuel injection

continuous line 0367

ligne continue
Marque longitudinale d'une chaussée qu'un automobiliste ne peut franchir.

fortlaufende Linie, kontinuierliche Linie, nicht unterbrochene Linie, Sperrlinie
Grenze einer Fahrspur, die nicht verlassen werden darf.

continuous service brake 0368

ralentisseur
Dispositif contribuant à réduire la vitesse d'un véhicule indépendamment des freins à friction.

Dauerbremse, Verlangsamer, Retarder, dritte Bremse
Einrichtung, die unabhängig von der Reibungsbremse die Geschwindigkeit des Fahrzeuges vermindert.

continuously variable-ratio transmission system = variomatic

control box = trigger box

control current 0369

courant de commande, courant d'enclenchement, courant pilote
Courant de faible intensité qui par exemple dans un allumage transistorisé avec rupteur traverse les grains de contact sans causer de surcharge thermique tout en assurant un autonettoyage des surfaces des pastilles.

Steuerstrom
Schwacher Steuerstrom, der z.B. in einer kontaktgesteuerten Transistorzündanlage die Unterbrecherkontakte ohne thermische Belastung und mit ausreichend selbstreinigender Wirkung durchfließt.

control current amplifier = driver stage

control diode 0370

diode d'excitation, diode de régulation, diode de contrôle
Dans un alternateur triphasé, on trouve en plus des six diodes de puissance, trois autres diodes de régulation, qui alimentent le régulateur et excitent le bobinage du rotor.

Erregerdiode
In einem Drehstromgenerator befinden sich außer den sechs Leistungsdioden drei zusätzliche Erregerdioden, die den Spannungsregler versorgen und die Wicklung des Rotors erregen.

control edge = helical groove

control fork = shift fork

control gear = timing gear

control lead *(See Ill. 30 p. 398)* 0371

fil de contact
Fil électrique reliant le contact-démarrage au solénoïde du démarreur.

Steuerleitung
Elektrische Leitung zwischen Anlaßschalter und Anlaßmagnetschalter (Klemme 50).

control lever = gearshift lever

control rod **0372**

tige de crémaillère
Crémaillère d'une pompe d'injection destinée à régler de débit. Elle subit l'action de la pédale des gaz ou du régulateur.

Reglerstange, Zahnstange
Zahnstange einer Einspritzpumpe, die die Fördermenge durch Einwirken des Gaspedals oder des Reglers reguliert.

control-rod stop **0373**

butée de tige de crémaillère
Butée limitant la course de la tige de crémaillère dans une pompe à injection afin que le moteur ne reçoive pas trop de combustible par injection et ne se mette à fumer.

Regelstangen-Anschlag
Anschlag, der den Weg der Regelstange in einer Einspritzpumpe begrenzt, damit dem Motor nicht zu viel Kraftstoff eingespritzt wird.

control sleeve = adjusting sleeve

control valve assembly **0374**

valve de contrôle
Dans l'assistance de freinage à dépression, une valve contrôle la pression dans le cylindre à dépression. Dès qu'une action est exercée sur la pédale de frein, la valve de contrôle subit le mouvement d'un poussoir de commande et provoque la mise à l'air libre du cylindre à dépression et le déplacement du piston.

Steuerventil
In einem Unterdruckbremskraftverstärker übernimmt ein Steuerventil die Steuerung des Druckes im Vakuumteil. Sobald das Bremspedal getreten wird, wird das Steuerventil über eine Druckstange betätigt und läßt Luft unter atmosphärischem Druck in den Vakuumzylinder einströmen, so daß der Kolben in Bewegung gesetzt wird.

conventional tire = cross-ply tire

convertible **0375**

cabriolet
Véhicule automobile à deux ou trois places avec capote se repliant vers l'arrière.

Cabriolet, Kabriolett, Kabrio
Zwei- oder dreisitziger Pkw mit zurückklappbarem Stoffverdeck.

convoluted rubber gaiter **0376**

protecteur en caoutchouc
Manchon plissé en accordéon qui protège les articulations et autres pièces de direction contre l'encrassement et s'oppose en même temps à toute perte de lubrifiant.

Faltenbalg, Gelenkschutzhülle
Harmonikaartige Dichtung aus Gummi, die Gelenke und Lenkungsteile vor Verschmutzung schützt und gleichzeitig einen Schmiermittelaustritt verhindert.

cooling water control light 0377

témoin de température d'eau
Témoin qui en s'allumant révèle une température excessive de l'eau de refroidissement. A partir d'un seuil déterminé, le circuit du témoin est fermé par un bimétal et la lampe s'allume.

Kühlwassertemperatur-Warnleuchte
Warnlicht, das eine übermäßige Betriebstemperatur anzeigt. Bei Überschreitung einer bestimmten Kühlwassertemperatur wird der Stromkreis der roten Warnleuchte durch einen Bimetallkontakt geschlossen. Die Lampe leuchtet auf.

cooling water passages = water galleries

cooling water radiator = radiator

copper 0378

cuivre
Métal rougeâtre, malléable et ductile. Il est, après l'argent, le meilleur conducteur de courant électrique et de chaleur. Le cuivre électrolytique est au demeurant le conducteur d'électricité le plus répandu.

Kupfer
Hellrotes, zähes, dehnbares und weiches Metall. Kupfer hat nach Silber die beste Leitfähigkeit für elektrischen Strom und Wärme. Es ist der meistgebrauchte Elektrizitätsleiter (Elektrolytkupfer).

copper-asbestos gasket 0379

joint métalloplastique
Joint assurant, dans les moteurs à culasse rapportée, la liaison entre le groupe cylindres et la culasse. Il se compose d'une feuille d'amiante enrobée de cuivre et peut comporter des ouvertures pour le passage de l'eau de refroidissement et de l'huile de graissage.

Kupferasbestdichtung
Verbindungsstück zwischen aufgesetztem Zylinderkopf und Zylinderblock. Es besteht aus einer Asbestgewebelage, die mit einer Kupferfolie umhüllt ist. Manchmal sind Öffnungen für den Kühlwasser- und den Öldurchtritt vorgesehen.

core diameter 0380

diamètre à fond de filet, diamètre de noyau
Diamètre intérieur d'un filet.

Kerndurchmesser
Innendurchmesser eines Gewindes.

corrosion 0381

corrosion
Phénomène de destruction lente de matières et plus particulièrement de métaux par suite de réactions chimiques ou électrochimiques provoquées par des substances agressives (l'eau, l'air, les acides, les solutions alcalines ou salines, les gaz humides). Le métal subit une transformation chimique à partir de

Korrosion
Schädigung und Zerstörung von Werkstoffen bzw. von Metallen durch chemische oder elektrochemische Vorgänge, die von aggressiven Substanzen (Wasser, Luft, Säuren, Laugen, Salzlösungen oder feuchten Gasen) ausgelöst werden. Von der Oberfläche aus wird der Werkstoff chemisch verändert und geht eine chemische Verbindung mit

(transformation chimique à partir de) sa surface et se combine chimiquement avec la substance qui l'agresse (corrosion chimique). En revanche, dans le cas de la corrosion électrochimique, on assiste à la rencontre de deux métaux différents sur le plan électrochimique en présence d'humidité qui fait office d'électrolyte. Dès lors de minuscules couples voltaïques (piles locales) se constituent.
La corrosion peut revêtir divers aspects. Sur les métaux elle apparaîtra sous la forme d'une couche de rouille régulière ou de piqûres qui attaquent la matière en profondeur ou même sous l'aspect d'une corrosion intercristalline, auquel cas l'attaque épouse les coupures de grains.

(geht eine chemische Verbindung mit) dem angreifenden Medium ein (chemische Korrosion). Elektrochemische (galvanische) Korrosion dagegen entsteht, wenn zwei elektrochemisch verschiedene Metalle in Anwesenheit von Feuchtigkeit (Elektrolyt) zusammentreffen. Es bilden sich dann kleinflächige galvanische Elemente (Lokalelemente).
Korrosion kann verschiedene Erscheinungsformen annehmen. Bei Metallen tritt sie entweder als gleichmäßiger, flächenhafter Angriff zum Vorschein, oder als Lochfraß (nadelfeine, tiefe Löcher) oder auch als interkristalline Korrosion (Korngrenzenkorrosion), wobei der Angriff den Korngrenzen des Metalls folgt.

corrosion inhibitor 0382

additif anticorrosif, inhibiteur de corrosion
Additif de l'huile moteur servant à empêcher la formation d'acides lors de la combustion.

Korrosionshemmer, Korrosionsinhibitor, Korrosionsschutzstoff, Korrosionsschutzmittel
Wirkstoff des Motoröls zur Bekämpfung der bei der Verbrennung sich bildenden Säuren.

cotter pin = split pin

CO_2 indicator 0383

contrôleur de CO_2
Testeur tubulaire transparent sur lequel s'emmanche une poire en caoutchouc et qui contient un liquide réactif de couleur bleue. Cet instrument sert au prélèvement d'un échantillon d'air au-dessus du niveau d'eau du radiateur, le moteur étant chaud. Si l'échantillon contient du CO_2, le liquide réactif vire au jaune. Ce phénomène révèle alors la présence de fuites ou de fêlures au niveau de la culasse ou du bloc moteur, car les gaz de CO_2 emprisonnés dans la chambre de combustion sont comprimés dans le circuit de refroidissement en

CO_2-Prüfgerät, CO_2-Leck-Tester
Rohrförmiges Testgerät mit Gummiball, das eine blaue Reaktionsflüssigkeit enthält. Es wird zur Entnahme einer Luftprobe über dem Kühlwasserspiegel im Kühler bei warmgefahrener Maschine gebraucht. Ist nämlich in der angesaugten Luft CO_2 enthalten, so verfärbt sich die Reaktionsflüssigkeit gelb. Dies ist dann auf undichte Stellen bzw. auf Risse im Zylinderkopf oder im Motorblock zurückzuführen, weil CO_2-Gase aus dem Brennraum durch Überdruck in das Kühlsystem gelangen.

(le circuit de refroidissement en) raison de la surpression régnant à cet endroit.

(gelangen.)

countershaft *(See Ill. 21 p. 224)* **0384**

arbre intermédiaire, train fixe
Arbre à pignons fixes servant à modifier les rapports de vitesses. Le premier pignon, qui est également le plus grand, est en prise constante avec le pignon de commande de l'arbre primaire.

Vorgelegewelle
Welle mit festsitzenden Zahnrädern (Vorgelegerädern), die der Drehzahlübersetzung dient. An erster Stelle sitzt das größte Vorgelegerad, welches mit dem Antriebsrad auf der Antriebswelle in Dauereingriff ist.

countersunk screw **0385**

vis noyée
Vis dont la tête en forme de cône tronqué ne présente plus aucune saillie après avoir été enfoncée.

Senkschraube, versenkte Schraube
Schraube, deren kegelstumpfförmiger Kopf in das Material versenkt wird.

countersunk flat bolt = countersunk screw

countersunk-head screw = countersunk screw

coupe **0386**

coupé
Voiture fermée à deux portes et à deux sièges.

Coupé
Zweitüriger bzw. zweisitziger geschlossener Pkw.

coupling **0387**

1. attelage
2. accouplement permanent
1. Dispositif d'accrochage démontable entre un véhicule tracteur et une remorque.
2. Liaison mécanique permanente entre deux arbres.

1. Anhängerkupplung
2. nichtschaltbare Kupplung
1. Lösbare Verbindung zwischen einem ziehenden Fahrzeug und einem Anhänger.
2. Kupplungsart, bei der die Wellenenden miteinander verbunden bleiben.

cracking **0388**

craquage, cracking, cracking catalytique
Procédé de raffinage par modification moléculaire d'une fraction pétrolière sous l'effet combiné de la température, de la pression et de catalyseurs.

Kracken, Cracken, Crackung, katalytisches Kracken, Spalten
Verfahren zur Zerlegung von langkettigen Molekülgruppen durch Druck und Wärme bzw. mit Hilfe von Katalysatoren in kleinere Moleküle.

crank pit = crankcase bottom half

crankcase 0389

carter de vilebrequin, carter moteur
Enveloppe métallique abritant le vilebrequin, l'arbre à cames, la pompe à huile et l'huile moteur. Elle se compose parfois de deux demi-carters: le demi-carter supérieur boulonné sur la partie inférieure du groupe cylindres et le demi-carter inférieur qui ferme la partie inférieure du bloc moteur. On trouve également des carters coulés avec l'ensemble du groupe cylindres et appelés carters-cylindres. Dans les moteurs deux temps, seul le vilebrequin se trouve logé à l'intérieur du carter relié au cylindre par le canal de transfert.

Kurbelgehäuse, Kurbelkammer, Kurbelkasten
Metallgehäuse zur Aufnahme der Kurbewelle, der Nockenwelle, der Ölpumpe und des Motorschmieröls. Oft besteht das Kurbelgehäuse aus dem Kurbelgehäuseroberteil, das mit dem Unterteil des Zylinderblocks verschraubt ist, sowie aus dem Kurbelgehäuseunterteil, das den Motor unten abschließt. Manchmal sind Zylinderblock und Kurbelgehäuse aus einem Stück gegossen. Bei Zweitaktern ist nur die Kurbelwelle in der Kurbelkammer untergebracht, die über den Überströmkanal mit dem Zylinder verbunden ist.

crankcase bottom half *(See Ill. 17 p. 182)* 0390

demi-carter inférieur
Partie inférieure du carter de vilebrequin fixée sur le demi-carter supérieur et fermant la partie inférieure du bloc moteur. Elle fait office de réservoir d'huile et est pourvue d'un bouchon de vidange du carter.

Kurbelgehäuseunterteil, Kurbelwannensumpf
Unterteil des Kurbelgehäuses, das mit dem Gehäuseoberteil vereinigt ist und den Motor unten abschließt. Es ist als Ölwanne ausgebildet und besitzt eine Ölablaßschraube.

crankcrase breather = breather

crankcase oil = engine oil

crankcase oil dipstick 0391

jauge du niveau d'huile
Jauge avec repères maximum et minimum servant au contrôle du niveau d'huile dans le carter moteur.

Ölstab, Ölmeßstab, Ölpeilstab
Peilstab mit zwei Markierungen zur Überwachung des Ölstandes in der Ölwanne.

crankcase sump = crankcase bottom half

crankcase top half 0392

demi-carter supérieur
Partie supérieure du carter de vilebrequin fixée par boulons sur la partie inférieure du groupe cylindres.

Kurbelgehäuseoberteil
Oberteil des Kurbelgehäuses, das auf dem Unterteil des Zylinderblocks verschraubt ist.

crankcase upper half = crankcase top half

cranked platform trailer = low-bed trailer

cranking jaw 0393

griffe de la manivelle de lancement, dent de loup de mise en marche
Griffe d'une manivelle de mise en marche qui s'emboîte sur l'extrémité du vilebrequin.

Andrehklaue, Andrehkurbelklaue
Klaue einer Andrehkurbel, die an das Kurbelwellenende angesetzt wird.

cranking motor = starter

cranking speed 0394

vitesse de démarrage
Nombre de tours d'un moteur à partir duquel il tourne de lui-même en sorte que le démarreur puisse être mis hors circuit.

Anlaßdrehzahl, Starterdrehzahl
Drehzahl, bei der ein Motor von selbst läuft, so daß der Anlasser ausgeschaltet werden kann.

cranking torque = starting torque

crankpin *(See Ill. 9 p. 122)* 0395

maneton
Partie du vilebrequin. C'est sur les manetons que s'articulent les têtes de bielle. En principe il y a un maneton par bielle, sauf pour les moteurs à huit cylindres en V où l'on trouve un maneton pour deux bielles.

Pleuellagerzapfen, Kurbelzapfen, Hubzapfen
Teil der Kurbelwelle. Mit den Kurbelzapfen sind die Pleuelfüße beweglich verbunden. Zu jedem Pleuel gehört ein Kurbelzapfen mit Ausnahme jedoch des Achtzylinder-V-Motors, in dem ein Kurbelzapfen auf zwei Pleuel entfällt.

crankshaft *(See Ill. 9 p. 122, Ill. 17 p. 182)* 0396

vilebrequin, arbre-manivelle
Arbre recevant par l'intermédiaire des bielles l'effort des pistons et transformant le mouvement rectiligne alternatif des bielles en mouvement circulaire.

Kurbelwelle
Gekröpfte Welle, auf welche die schwingende Bewegung der Pleuelstangen übertragen und somit in eine Drehbewegung umgesetzt wird.

crankshaft bearing *(See Ill. 17 p. 182)* 0397

palier de vilebrequin
Palier du carter-moteur dans lequel tourne la portée d'un vilebrequin. Il sert à guider et à soutenir le vilebrequin.

Kurbelwellenlager, Hauptlager
Lager, in dem sich der Lagerzapfen einer Kurbelwelle dreht. Es dient der Führung und der Abstützung der Kurbelwelle.

crankshaft central bearing *(See Ill. 17 p. 182)* 0398

palier central de vilebrequin
Palier dont le rôle consiste à limiter le déplacement axial du vilebrequin surtout lorsque l'embrayage est sollicité. A cet effet les coussinets

Kurbelwellenpaßlager, Paßlager
Lager, das die Aufgabe hat, Axialverschiebungen der Kurbelwelle besonders bei der Betätigung der Kupplung zu begrenzen. Zu diesem Zweck sind die

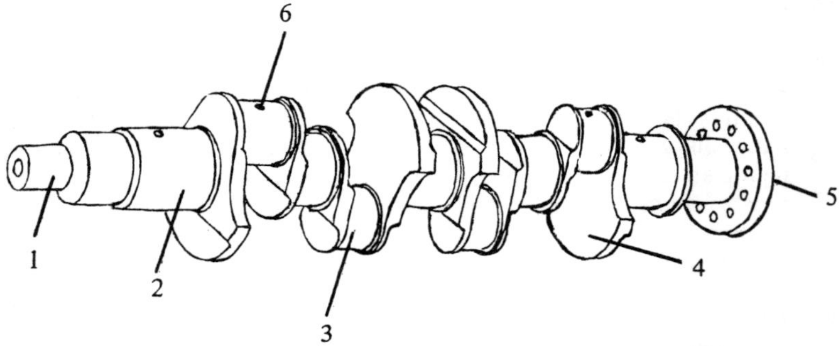

Ill. 9: crankshaft **(0396)**

1 crankshaft front end
2 crankshaft journal
3 crankpin
4 crankweb
5 flywheel flange
6 oil drilling

(sollicité. A cet effet les coussinets) de ce palier sont de part et d'autre pourvus d'un collet.

(begrenzen. Zu diesem Zweck sind die) Lagerschalen beidseitig mit einem Bund versehen.

crankshaft crankpin = crankpin

crankshaft drive *(See Ill. 17 p. 182)* **0399**

équipage mobile
Attelage piston-bielle s'articulant sur le vilebrequin. L'équipage mobile a pour but de transformer le mouvement alternatif des pistons en mouvement de rotation du vilebrequin.

Kurbeltrieb
Der Kurbeltrieb umfaßt den Kolben, das Pleuel und die Kurbelwelle. Die hin- und hergehende Bewegung der Kolben wird durch den Kurbeltrieb in eine Drehbewegung der Kurbelwelle umgewandelt.

crankshaft front end *(See Ill. 9 p. 122)* **0400**

nez de vilebrequin, soie avant de vilebrequin
Extrémité avant du vilebrequin. Il peut porter une poulie, un amortisseur de vibrations ou le pignon d'entraînement de l'arbre à cames. Dans les anciens moteurs, la tête de loup de la manivelle de mise en marche y était fixée.

Vorderzapfen der Kurbelwelle
Vorderster Zapfen der Kurbelwelle. An diesem Vorderzapfen können eine Riemenscheibe, ein Drehschwingungsdämpfer oder das Antriebsrad der Nokkenwelle befestigt sein. Bei älteren Motorbauarten endete der Vorderzapfen der Kurbelwelle mit einer Andrehklaue.

crankshaft housing = crankcase

crankshaft journal *(See Ill. 9 p. 122)* **0401**

tourillon
Partie du vilebrequin prenant appui sur un palier.

Kurbelwellenzapfen
Teil der Kurbelwelle, der sich auf einem Lager abstützt.

crankshaft oil seal *(See Ill. 17 p. 182)* **0402**

bourrage de vilebrequin
Joint d'étanchéité s'intercalant entre le palier arrière du vilebrequin et le volant-moteur. Son rôle est d'empêcher l'huile projetée par la rotation du vilebrequin de pénétrer dans l'embrayage.

Kurbelwellendichtung
Dichtring zwischen hinterem Kurbelwellenlager und Schwungscheibe. Er soll verhüten, daß das durch die Kurbelwellenumdrehungen geschleuderte Motorenöl in die Kupplung eintritt.

crankshaft pulley *(See Ill. 17 p. 182)* **0403**

poulie de vilebrequin
Poulie d'entraînement de l'alternateur, de la pompe à eau et du ventilateur.

Riemenscheibe der Kurbelwelle, Keilriemenscheibenrad
Riemenscheibe für den Antrieb von Lichtmaschine, Wasserpumpe und Ventilator bzw. Kühlgebläse.

crankshaft pulley pointer = rotating timing mark

crankshaft speed = engine speed

crankshaft torque = engine torque

crankweb *(See Ill. 9 p. 122)* **404**

masse d'équilibrage
Masse disposée de chaque côté des manetons du vilebrequin assurant l'équilibrage de celui-ci à régime élevé.

Kurbelwange
Beiderseits der Kurbelzapfen sind auf der Kurbelwelle Kurbelwangen angeordnet, die bei hohen Drehzahlen das Unrundlaufen der Kurbelwelle verhüten.

crash gearbox = sliding gear transmission

crash test **0405**

crash test
Essai ayant pour but d'éprouver la résistance aux chocs d'un véhicule lancé à une vitesse déterminée contre un obstacle constitué par exemple par un bloc de béton.
Après la collision, on vérifie que la partie avant du véhicule s'est déformée progressivement, l'habitacle devant théoriquement demeurer intact. De même la fermeture des portières, la position de la colonne de direction, la fixation des sièges, etc. font l'objet d'un examen.

Crash-Test
Versuch zur Ermittlung des Unfallverhaltens eines Kraftfahrzeuges. Im Rahmen dieses Versuchs wird das Testfahrzeug mit einer genau festgelegten Geschwindigkeit auf ein Hindernis, meist einen Betonblock, geschleudert.
Nach dem Aufprall wird festgestellt, ob die Frontpartie sich progressiv verformt hat (Knautschzone), so daß der Fahrgastinnenraum unversehrt ist. Ebenso werden das sichere Schließen der Türen, die Stellung der Lenksäule, die Sitzverankerung usw. beobachtet.

crater **0406**

cratère
Au terme d'un long service il s'opère un transfert de métal sur les faces des vis platinées d'un rupteur. De ce fait un cratère se creuse côté linguet mobile et il devient plus malaisé de relever l'entre-pointes.

Krater
Nach längerer Betriebszeit entsteht durch Metallwanderung ein Krater am Hebelkontakt eines Zündunterbrechers, so daß das Nachmessen des Kontaktabstandes dadurch erschwert wird.

crescent wrench **0407**

clé à crémaillère
Clé de serrage à ouverture réglable.

verstellbarer Schraubenschlüssel, Engländer, Franzose
Schraubenschlüssel mit verstellbarer Maulweite.

crimping **0408**

sertissage
Procédé permettant de réaliser une connexion entre un fil électrique et une cosse ou un connecteur dans lequel il est enfilé. L'extrémité du

Crimpung
Anschlußtechnik zur Herstellung einer elektrisch leitenden Verbindung zwischen einem Kabel und einem Leitungsverbinder, wobei Kabel und Verbinder

(lequel il est enfilé. L'extrémité du) fil est en effet écrasée dans le connecteur au moyen d'une pince à sertir, ce qui donne une liaison solide, assurant le passage du courant électrique, sans qu'il soit besoin de recourir à une soudure.

(verbinder, wobei Kabel und Verbinder) im Maul einer Quetschverbinderzange so kräftig zusammengepreßt werden, daß sich auch ohne Verlötung die Verbindung nicht mehr lockert oder den Stromdurchfluß hemmt.

crimping tool 0409

pince à sertir, pince à encoches
Pince spéciale d'électricien avec laquelle on dénude et coupe des fils et qui permet de réaliser des connexions par sertissage.

Kabel-Klemmzange, Quetschzange, Quetschverbinderzange, Crimpzange, Anpreßzange, Kabelschuhklemmzange
Spezialzange zum Kabelschneiden, Abisolieren von Drähten und zum Quetschen von Kabelschuhen.

crinkled spring washer 0410

rondelle ondulée
Frein à sécurité relative agissant par friction et s'opposant au desserrage d'une vis par suite de trépidations.

gewellte Federscheibe
Kraftschlüssige Schraubensicherung, die das Lockern einer Schraube durch Erschütterung verhindern soll.

cross-country carburetor (US) 0411

carburateur tous terrains
Carburateur equipé de deux cuves à flotteur permettant d'obtenir un niveau de carburant constant même lorsque le véhicule tous terrains roule en pente raide.

Geländevergaser
Vergaser mit Doppelschwimmer. Der Kraftstoffspiegel bleibt konstant, auch wenn das Geländefahrzeug starke Gefälle zu überwinden hat.

cross-country carburettor (GB) = cross-country carburetor

cross-flow radiator 0412

radiateur à débit horizontal
Type de radiateur comportant un faisceau de tubes disposés horizontalement.

Querstromkühler
Kühlerbauart, bei der das Kühlwasser den Kühlerkern durch waagerechte Rohre durchströmt.

cross-flow scavenging 0413

balayage transversal
Mode de balayage dans les moteurs deux temps. Les gaz frais et les gaz brûlés circulent transversalement dans le cylindre, car le canal de transfert et le conduit d'échappement se font face.

Querstromspülung, Querspülung
Spülverfahren bei Zweitaktern. Frischgase und Altgase strömen quer zur Zylinderachse, weil Überström- und Auslaßkanal einander gegenüberliegen.

cross-headed screwdriver = Phillips screwdriver

cross-ply tire (US) **0414**

pneumatique à structure diagonale, pneu traditionnel, pneu classique, pneu à carcasse diagonale
Pneumatique dont la carcasse est constituée de nappes de fils superposés et croisés en diagonale.

Diagonalreifen, konventioneller Reifen
Autoreifen, in dem die Karkasse aus kreuzweise übereinandergelegten Kordgewebelagen, d.h. in diagonaler Anordnung besteht.

cross-recessed screw = recessed-head screw

crossroads = intersection

cross wind = side wind

crown nut = cap nut

crown-wheel *(See Ill. 12 p. 144)* **0415**

couronne de différentiel, grande couronne
Pièce du renvoi d'angle attaquée par le pignon conique et tournant avec la coquille du différentiel dont elle est solidaire.

Tellerrad
Teil des Winkelgetriebes, in welches der Triebling eingreift. Es dreht sich mit dem Ausgleichgehäuse zusammen.

crown-wheel cage = differential case

cruciform frame = X-frame

crude oil = petroleum

crude oil fraction **0416**

fraction pétrolière
Produit de la distillation du pétrole brut dans une tour de fractionnement.

Erdölfraktion
In einem Fraktionierturm gewonnenes Erdöldestillat.

cruising jet = main jet

crumple zone **0417**

zone déformable, zone à absorption d'énergie
Une des mesures prises en matière de sécurité passive est de rendre les parties avant et arrière de la coque capables, en cas de collision, d'absorber les chocs par déformation progressive, et ce jusqu'à l'habitacle qui constitue un véritable espace de survie.

Knautschzone
Bei den Sicherheitskarosserien müssen Front- und Heckpartie als sogenannte Knautschzonen verformbar ausgeführt sein, so daß bei einem Aufprall die Stoßenergie progressiv in Verformungsarbeit umgewandelt wird.

cubic capacity = displacement

cup grease 0418

graisse compound, graisse consistante
Mélange de lubrifiant minéral pâteux et d'acide oléique technique.

Staufferfett, Starrfett
Schmierpaste, die mit Kalk- oder Natronlauge verseift wird.

current circuit = electric circuit

curved spring washer 0419

rondelle bombée
Frein à sécurité relative agissant par friction et s'opposant au desserrage d'une vis par suite de trépidations.

gewölbte Federscheibe
Kraftschlüssige Schraubensicherung, die das Lockern einer Schraube durch Erschütterung verhindern soll.

cushion-type tire = super-balloon tire

cutoff voltage 0420

tension finale
Limite inférieure de la tension d'un accumulateur qui ne peut être franchie lors de la décharge avec l'intensité de courant prévue.

Entladeschlußspannung
Festgelegte Spannung eines Akkumulators, die bei der Entladung mit dem zugeordneten Strom nicht unterschritten werden darf.

cutout relay 0421

conjoncteur-disjoncteur
Interrupteur électro-magnétique qui permet au courant de passer de la dynamo à la batterie mais qui empêche la batterie de se décharger dans la dynamo.

Selbstschalter, Ladeschalter, Rückstromschalter
Elektromagnetischer Schalter, der den Strom vom Gleichstromgenerator zur Batterie schaltet, jedoch einen Rückstrom aus der Batterie zum Generator verhindert.

cutting compound = polishing paste

CVT = variomatic

cylinder *(See Ill. 28 p. 362)* 0422

cylindre
Le cylindre est un évidement allongé dans lequel se meut le piston animé d'un mouvement de va-et-vient. Il se définit par l'alésage, la course du piston et la cylindrée.

Zylinder
Langgestreckter Hohlkörper, in dem der Kolben sich hin- und herbewegt. Maßgebend für den Zylinder sind die Zylinderbohrung, der Kolbenhub und der Hubraum.

cylinder bank angling 0423

angle d'ouverture
Angle formé par deux rangées de cylindres dans un moteur en V. Dans les moteurs à six cylindres en V, cet angle est généralement de

V-Winkel
Jener Winkel, den zwei Zylinderreihen in einem V-Motor miteinander bilden. Beim Sechszylindermotor beträgt dieser Winkel im allgemeinen 60° und

(V, cet angle est généralment de) 60° et il est de 90° dans les moteurs V8.

(ser Winkel im allgemeinen 60° und) beim Achtzylindermotor 90°.

cylinder block *(See Ill. 28 p. 362)* **0424**

bloc-cylindres, groupe-cylindres
Dans la plupart des moteurs à explosion, le bloc-cylindres comprend la totalité des cylindres avec leur chemise d'eau en une seule pièce venue de fonderie.

Zylinderblock, Zylinderkurbelgehäuse
Bei den meisten Verbrennungsmotoren werden die Zylinder in einem geschlossenen Block mit gemeinsamem Kühlwassermantel gegossen.

cylinder head *(See Ill. 17 p. 182)* **0425**

culasse
Pièce en fonte, aluminium ou alliage léger rapportée sur le groupe-cylindres et fermant ce dernier à sa partie supérieure. C'est dans la culasse que se trouvent les soupapes, les bougies ou les injecteurs, les raccords des pipes d'admission et d'échappement ainsi que l'arbre à cames dans les versions à arbre à cames en tête. La culasse forme avec le cylindre et le piston la chambre de combustion et elle est refroidie par eau ou par air. Dans les moteurs polycylindres, une seule culasse repose sur le groupe-cylindres tout entier dont elle est séparée par un joint de culasse. Dans les moteurs diesel très poussés, on rencontre toutefois une seule culasse par cylindre ou plusieurs culasses en groupes de 2 ou 3.
Lors du démontage d'une culasse, il convient de veiller que les boulons et écrous ne soient desserrés avant refroidissement complet, surtout s'il s'agit d'une culasse en alliage léger, sans quoi un voilage serait à craindre. De même les écrous ne peuvent être serrés que dans l'ordre et au couple prescrits par le fabricant. En règle générale, le serrage s'effectue symétriquement et en diagonale par rapport au centre de la culasse et l'on s'y reprend à plusieurs fois, car il faut éviter de serrer un écrou à bloc en

Zylinderkopf, Zylinderdeckel
Auf dem Zylinderblock aufgesetztes Bauteil aus Gußeisen oder Leichtmetall, das den festen Abschluß des Verbrennungsraumes nach außen bildet. Der Zylinderkopf nimmt die Ventile, die Zündkerzen oder die Einspritzdüsen, die Anschlüsse für Ansaug- und Auspuffleitungen, die Ventilführungen sowie die Nockenwelle bei OHC-Motoren auf. Mit dem Zylinder und dem Kolben bildet er den Verbrennungsraum und wird luft- oder flüssigkeitsgekühlt. Bei Mehrzylindermotoren ruht ein einziger Zylinderkopf auf dem ganzen Zylinderblock, wobei beide Teile mit Hilfe einer Zylinderkopfdichtung abgedichtet sind. Bei hochbelasteten Dieselmotoren sind jedoch Einzelzylinderköpfe bzw. solche in Zweier- oder Dreiergruppen anzutreffen. Beim Abnehmen des Zylinderkopfes ist besonders darauf zu achten, daß die Muttern bzw. Schrauben nach ausreichender Abkühlung gelöst werden, vor allem wenn es sich um einen Zylinderkopf aus Leichtmetallegierung handelt. Sonst kann sich das Material verziehen. Zylinderkopfschrauben müssen außerdem nach Hersteller-Vorschrift in der richtigen Reihenfolge bzw. mit dem vorgeschriebenen Drehmoment angezogen werden. Im Regelfall werden alle Muttern kreuzweise von der Mitte aus zuerst locker und dann fest angezogen. Auf einmal fest anziehen ist schädlich. Bei Zylinderköpfen aus Gußeisen wer-

(éviter de serrer un écrou à bloc en) une fois.
Dans les culasses en fonte, les écrous et boulons sont tout d'abord serrés à froid pour être ensuite bloqués à chaud. Dans les versions en aluminium ou en alliage léger, le blocage ne peut se faire qu'à froid.

(Bei Zylinderköpfen aus Gußeisen wer-) den die Kopfschrauben zuerst bei kaltem Motor angezogen, dann bei warmem Motor nachgezogen. Bei den Ausführungen aus Aluminium oder Leichtmetall erfolgt dagegen das Nachziehen der Kopfschrauben nur bei kalter Maschine.

cylinder head bolt 0426

vis de fixation de la culasse, boulon de culasse
Les vis de fixation de la culasse sont des goujons, des vis à tête hexagonale ou bien parfois des vis cylindriques à six pans creux. Elles sont serrées à la clé dynamométrique selon les directives du constructeur.

Zylinderkopfschraube
Zylinderkopfschrauben sind Stiftschrauben, Sechskantschrauben, Innenvielzahnschrauben oder auch Zylinderschrauben mit Innensechskant. Sie werden nach Herstellervorschrift mit einem Drehmomentschlüssel angezogen.

cylinder head cover = rocker cover

cylinder head gasket *(See Ill. 17 p. 182)* 0427

joint de culasse
Pièce de liaison s'intercalant entre la culasse rapportée et le groupe cylindres et servant à l'étanchéité de ces deux parties du moteur. Le joint de culasse doit pouvoir résister à des températures et des pressions de gaz très élevées et avoir en même temps une bonne conductiblité thermique. Lors de la mise en place d'un nouveau joint de culasse, il conviendra de veiller que le plan de joint entre culasse et groupe cylindres soit parfaitement propre et présente une surface absolument plane. Un contrôle au réglet d'outilleur est à conseiller. En outre le joint d'origine devra avoir l'épaisseur requise, sans quoi le rapport volumétrique serait faussé. Des joints de culasse défectueux sont la cause de pertes de compression et de puissance. La formation de bulles da gaz à la surface de l'eau du radiateur lorsqu'on laisse tourner le moteur plusieurs fois à haut régime est un indice de défectuosité du joint de culasse de même que des

Zylinderkopfdichtung, Zylinderkopfpackung, Kopfdichtung
Dichtung zwischen aufgesetztem Zylinderkopf und Zylinderblock. Sie dient der Abdichtung beider Teile nach außen. Sie muß hohen Temperaturen und Verbrennungsdrücken standhalten und soll wärmeleitfähig sein. Beim Einbau einer neuen Zylinderkopfdichtung ist darauf zu achten, daß die Trennfuge zwischen Zylinderblock und Zylinderkopf sauber und einwandfrei eben ist. Eine Nachprüfung mit dem Haarlineal ist zu empfehlen. Die Originaldichtung soll auch die vorgeschriebene Stärke aufweisen, sonst stimmt das Verdichtungsverhältnis nicht mehr.
Defekte Zylinderkopfdichtungen führen zu mangelhafter Verdichtung und folglich zu Leistungsverlusten. Die Bildung von Gasblasen im Kühlwasser bei laufendem Motor auf Hochtouren läßt auf eine schadhafte Zylinderkopfdichtung schließen, ebenso wie ungenügende Meßwerte auf dem Kompressionsdruckprüfer für zwei nebeneinander stehende Zylinder.

(joint de culasse de même que des) valeurs insuffisantes relevées au compressiomètre pour 2 cylindres voisins.

(stehende Zylinder.)

cylinder liner 0428

chemise
Cylindre amovible dont sont équipés certains blocs-moteur.

Laufbuchse
Auswechselbarer Hohlzylinder im Zylinderblock.

cylinder sleeve = cylinder liner

cylinder wear 0429

usure des cylindres
Les cylindres d'un bloc-moteur subissent l'action de la pression, de la chaleur, du frottement et de la corrosion. Avec le temps, le cylindre s'ovalise. L'usure des cylindres se manifeste singulièrement aux endroits où le piston inverse sa course, à savoir aux points morts haut et bas, car c'est là que le graissage laisse le plus à désirer. De surcroît, les parois du cylindre sont également attaquées par des résidus de combustion, de même que des impuretés drainées par l'huile-moteur ou véhiculées par l'air de combustion sont de nature à rayer ces parois.
L'usure des cylindres engendre un jeu excessif des pistons. La consommation d'huile devient elle aussi excessive, la compression diminue et des battements de piston se font entendre.
Lorsque l'usure atteint environ la cote de 0,5 mm, le cylindre doit être rectifié, après quoi on y introduira un piston de plus grand diamètre (piston suralésé).

Zylinderverschleiß
Die Motorzylinder werden im Betrieb durch Druck, Wärme, Reibung und Korrosion belastet. Mit der Zeit wird die zylindrische Bohrung unrund. Im oberen und unteren Totpunkt, also an den Umkehrpunkten des Kolbens, ist der Verschleiß besonders spürbar, weil dort die Schmierung nicht immer ausreicht. Außerdem werden die Laufflächen des Zylinders durch den Verbrennungsvorgang angegriffen. Zum Schluß können die im Motoröl oder in der Verbrennungsluft enthaltenen Verunreinigungen die Zylinderwandungen zerkratzen.
Durch den Zylinderverschleiß bekommen die Kolben zuviel Spiel, so daß der Ölverbrauch steigt, die Verdichtung nachläßt, und es kommt zum Kolbenkippen.
Bei einem Verschleiß von etwa 0,5 mm werden die Zylinder nachgearbeitet und Kolben größeren Durchmessers eingebaut (Übermaßkolben).

cylindrical gear-pair *(See Ill. 21 p. 224)* 0430

engrenage cylindrique
Engrenage reliant deux arbres parallèles. On distingue l'engrenage cylindrique droit, l'engrenage cylindrique hélicoïdal et l'engrenage à chevrons.

Stirnrädergetriebe, Stirnradtrieb
Getriebe mit parallel laufenden Wellen. Man unterscheidet das geradverzahnte, das schrägverzahnte und das pfeilverzahnte Stirnrädergetriebe (Zahnräder mit V-Zähnen).

cylindrical limit gage (US) **0431**

tampon-limite, tampon lisse de tolérances
Calibre cylindrique utilisé pour la vérification des dimensions d'un alésage avec un côté „entre" et un côté „n'entre pas".

Grenzlehrdorn
Feste Grenzlehre zum Prüfen der Maßgenauigkeit von Bohrungen. Sie hat zwei Meßseiten (Gut- und Ausschußseite).

D-Jetronic **0432**

D-Jetronic
Système électronique d'injection d'essence. Avec ce dispositif, une quantité de carburant est injectée par intermittence devant les soupapes d'admission, le dosage étant réalisé selon la quantité d'air présente dans la pipe d'aspiration du moteur et évaluée par une sonde de pression.

D-Jetronic
Elektronisch gesteuerte Benzineinspritzung, bei der die Kraftstoffmenge je nach der von einem Druckfühler ermittelten Luftmenge im Ansaugrohr intermittierend vor die Einlaßventile der Motorzylinder gespritzt wird. Sie ist also druckfühlergesteuert und heißt deshalb D-Jetronic.

damp-proofing sealant **0433**

vernis isolant
Vernis en aérosol que l'on vaporise sur la tête du distributeur, la bobine d'allumage et autres parties du circuit électrique (bornes de batterie, fils HT, bougies). Ainsi se forme une couche protectrice isolante s'opposant à l'humidité.

Isolierspray, Zündspray
Sprühmittel, mit dem Verteilerkappe, Zündspulendeckel und sonstige Teile der Zündanlage (Batteriepolklemmen, Hochspannungsleitungen, Zündkerzen) behandelt werden, um eine wasserabstoßende Lackschicht zu bilden.

damper *(See Ill. 10 p. 132, Ill. 35 p. 489)* **0434**

amortisseur
Appareil s'intercalant entre le châssis et la suspension de roue ou l'essieu à proximité de la roue elle-même et amortissant les vibrations imprimées aux roues par les inégalités du sol. L'amortisseur améliore le contact de la roue avec la chaussée et contribue à assurer la sécurité et le confort du véhicule.
Ce sont les amortisseurs télescopiques hydrauliques à un tube et surtout à deux tubes qui sont le plus utilisés.
Le système de fonctionnement des amortisseurs hydrauliques repose sur le fait que, par suite des

Stoßdämpfer, Schwingungsdämpfer
Apparat, der zwischen dem Fahrgestell und der Radaufhängung bzw. der Achse in Radnähe angeordnet ist und der Dämpfung der durch die Fahrbahnunebenheiten eingeleiteten Schwingungen des Federsystems dient. Er verbessert den Fahrbahnkontakt des Rades und erhöht die Fahrsicherheit und den Fahrkomfort.
Am häufigsten werden hydraulische Teleskopstoßdämpfer (Einrohr- und vor allem Zweirohrstoßdämpfer) verwendet.
Die Arbeitsweise der Flüssigkeitsstoßdämpfer beruht darauf, daß durch die Schwingungsbewegungen Hydrauliköl

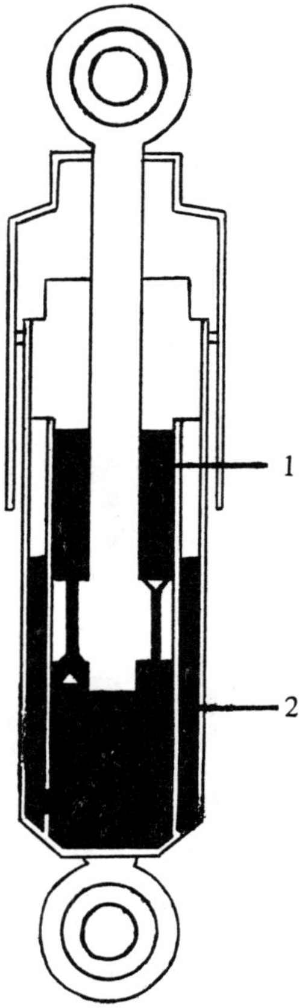

Ill. 10: damper **(0434)**

1 working cylinder
2 recuperating chamber

(sur le fait que, par suite des) oscillations de la caisse, une huile spéciale est refoulée par un piston à travers des ajutages calibrés. Dans l'amortisseur à deux tubes, on rencontre un piston à tige qui monte et descend dans un cylindre de travail et qui refoule l'huile à travers une soupape de fond dans un tube plus large entourant le cylindre et faisant office de réservoir d'huile (chambre de récupération). En construction automobile, on a renoncé aux anciens amortisseurs à friction mécaniques à double effet.
La béquille McPherson constitue quant à elle une réalisation particulière de système amortisseur. Plusieurs symptômes peuvent révéler l'état de fatique des amortisseurs:

- Perte importante d'huile
- Bonds de la roue en cours de route
- Traces de freinage discontinues à la suite d'un coup de frein sec.
- Usure anormale des sculptures du pneu
- Oscillations de la caisse après franchissement d'un obstacle.

La méthode qui consiste à faire rebondir une aile suspecte à l'arrêt est imprécise et peut même fausser un diagnostic, car les oscillations d'une seule aile se répercutent sur les trois autres amortisseurs.

(Schwingungsbewegungen Hydrauliköl) mit Hilfe eines Kolbens durch enge Bohrungen verdrängt wird.
Beim Zweirohrstoßdämpfer bewegt sich ein Arbeitskolben mit Kolbenstange in einem Arbeitszylinder auf und ab und drückt das Hydrauliköl durch ein Bodenventil in ein zweites, größeres Rohr, das den Zylinder umgibt und als Vorratsbehälter für das Öl dient.
Doppeltwirkende bzw. mechanisch arbeitende Reibungsdämpfer werden nicht mehr gebraucht.
Eine Sonderbauart des Stoßdämpfers ist das McPherson-Federbein. Verschiedene Anzeichen lassen auf defekte Stoßdämpfer schließen:

- Übermäßiger Ölverlust
- Springendes Rad während der Fahrt
- Unterbrochene Bremsspur bei Vollbremsung
- Auswaschungen im Reifenprofil
- Nachschwingungen des Aufbaus nach Überwindung von Bodenunebenheiten

Die sogenannte Schaukelmethode im Stand ist ungenau und kann sogar zu einer Fehldiagnose führen, weil die Schwingungen am verdächtigen Kotflügel auch auf die übrigen drei Stoßdämpfer übertragen werden.

Darlington amplifier **0435**

montage de Darlington
Disposition de plusieurs transistors donnant trois connexions (émetteur – base – collecteur) comme un simple transistor unique. Cette disposition est utilisée dans les systèmes d'allumage transistorisés.

Darlington-Schaltung, Zünddarlington
Anordnung mehrerer Transistoren, die drei Anschlüsse ergibt wie jeder einzelne Transistor (Emitter, Basis, Kollektor). Die Darlington-Anordnung wird vielfach bei Transistorzündanlagen verwendet.

Darlington circuit = Darlington amplifier

dashboard **0436**

tableau de bord, planche de bord
Ensemble des instruments indicateurs et des lampes témoins placés bien en vue du conducteur.

Instrumententafel, Instrumentenbrett, Schaltbrett, Armaturenbrett
Im Armaturenbrett sind alle Anzeigeninstrumente nebst Kontrollampen übersichtlich zusammengefaßt.

dashpot **0437**

frein de ralenti, dashpot
Dans un carburateur, le mouvement du levier du papillon des gaz peut être freiné au retour en position de ralenti par un piston plongeant dans l'essence.

Drosselklappenschließdämpfer
In einem Vergaser kann die Bewegung des Drosselklappenhebels durch einen in Benzin tauchenden Kolben bei der Rückkehr zur Leerlaufstellung abgebremst werden.

dazzle **0438**

éblouissement
Trouble visuel généralement transitoire imputable à une luminance excessive survenant dans le champ visuel.

Blendung
Zeitweise Beeinträchtigung der Sehfähigkeit des menschlichen Auges durch zu hohe Leuchtdichte im Gesichtsfeld.

DC motor = direct-current motor

dead beam axle **0439**

faux-essieu
Essieu composé de deux bras longitudinaux, qui près de leur point central sont reliés par un tube ou un profilé en double T. Cette suspension arrière recourt à des ressorts-amortisseurs.

Koppellenkerachse, Verbundlenkerachse
Hinterachse mit zwei Längslenkern, die ungefähr in der Mitte der Lenker durch ein Rohr oder einen Profilstahl verbunden sind. Diese Anordnung erfordert den Einsatz von Federbeinen.

dead weight = empty weight

de-asphalting **0440**

désasphaltage
Séparation de l'asphalte contenu dans les résidus pétroliers.

Entasphaltierung
Abtrennung des in den Rückständen der Erdöldestillation enthaltenen Asphalts.

decay process **0441**

phase oscillatoire amortie
Phase d'un oscillogramme représentant les oscillations amorties de la tension d'allumage, lorsque l'énergie de la bobine ne suffit plus à maintenir l'étincelle à la bougie.

Ausschwing(ungs)vorgang
Abschnitt eines Oszillogramms, in dem die Ausschwingungen der Zündspannung dargestellt sind, wenn die Energie der Zündspule zur Aufrechterhaltung des Zündfunkens erschöpft ist.

decelerometer 0442

décéléromètre
Appareil de mesure à liquide. La valeur de ralentissement ou décélération est indiquée en m/s/s. La lecture s'effectue lors de l'immobilisation du liquide dans le tube.

Bremsverzögerungsmesser
Meßgerät mit Flüssigkeits-Glas. Die Bremsverzögerung wird in m/s/s bei Stillstand der Flüssigkeit im Glasrohr abgelesen.

declutching lever = clutch release lever

de Dion axle 0443

transmission de Dion
Dans la transmission de Dion, le différentiel se trouve fixé au châssis et chacune des roues est commandée par un demi-arbre à deux joints de Cardan.

De-Dion-Achse
Bei der De-Dion-Achse befindet sich das Differential unmittelbar unter dem Fahrzeugrahmen befestigt. Jedes Rad wird über eine Doppelgelenkwelle angetrieben.

deep loading trailer = low-bed trailer

deflector piston 0444

piston à déflecteur
Dans certains moteurs deux temps, le piston est muni d'un déflecteur qui empêche les gaz frais comprimés dans le carter de se mélanger aux gaz brûlés et qui les dirige vers le haut du cylindre.

Nasenkolben
Bei Zweitaktmotoren ist der Kolbenboden so ausgebildet, daß das vorverdichtete Frischgas sich mit den verbrannten Gasen nicht vermischen kann und zum Zylinderkopf abgelenkt wird.

defoamant = foaming inhibitor

degassing opening *(See Ill. 2 p. 44)* 0445

orifice d'évacuation, trou de ventilation
Orifice minuscule pratiqué dans les bouchons d'une batterie au plomb. Il se forme en effet du gaz dans la batterie du fait de la décomposition de l'eau contenue dans l'électrolyte en hydrogène et en oxygène (gaz détonant).

Gasungsbohrung, Entlüftungsbohrung
Öffnung im Verschlußstopfen einer Bleibatterie. Die Gasentwicklung entsteht nämlich durch die Zersetzung des in der Batteriesäure enthaltenen Wassers in Wasserstoff und Sauerstoff (Knallgas).

degreasing 0446

dégraissage
Au terme de sa fabrication, la coque nue subit un prétraitement chimique dans un solvant dégraissant, qui élimine toute trace de graisse de même que les particules de métal et

Entfettung
Nach der Herstellung der Karosserie wird das blanke Karosserieblech zunächst einmal mit Hilfe eines Entfettungsmittels chemisch vorbehandelt, damit Fettspuren, Metallspäne und

(même que les particules de métal et) autres dépôts divers qui s'y sont accrochés en cours de fabrication. Sont également attachées aux coques les petites pièces métalliques qui y seront boulonnées par la suite et qui subissent ainsi le même traitement.

(damit Fettspuren, Metallspäne und) sonstige Rückstände aus der Herstellung weggespült werden. An der Karosserie hängen schon weitere Metallteile, die nachher mit ihr verschraubt werden und somit ebenfalls entfettet werden.

degree Engler **0447**

degré Engler
Graduation de la viscosité dans l'industrie pétrolière.

Englergrad
Einheit der Viskosität in der Erdölindustrie.

de-icing pump = antifreeze pump

delayed relay = time-lag relay

delivery **0448**

débit
Quantité de liquide ou de gaz fournie par une pompe ou un compresseur pendant l'unité de temps.

Fördermenge, Förderstrom
Das von einer Pumpe oder einem Verdichter geförderte Gas- oder Flüssigkeitsvolumen in der Zeiteinheit.

delivery pipe *(See Ill. 25 p. 315)* **0449**

tuyauterie haute pression, tuyau d'injection
Dans un système d'injection la tuyauterie de haute pression réalisée en acier spécial sans soudure relie la pompe d'injection à l'injecteur. Les tuyauteries de haute pression doivent avoir la même longueur pour tous les cylindres du moteur. Ce n'est que dans les systèmes d'injection d'essence que l'on rencontre des conduits en matière synthétique en raison des pressions beaucoup moindres qui y règnent.

Einspritzleitung, Druckrohr, Druckleitung, Kraftstoff-Druckleitung
In einer Einspritzanlage verbindet die Einspritzleitung die Einspritzpumpe mit der Einspritzdüse. Sie ist aus Edelstahl hergestellt und muß für alle Motorzylinder die gleiche Länge aufweisen. Kunststoffleitungen werden lediglich bei der Benzineinspritzung aufgrund der viel niedrigeren Drücke verwendet.

delivery valve **0450**

soupape de décharge, soupape de refoulement
Dans un pompe à injection, le clapet de décharge est soulevé en début d'injection (refoulement) par le gas-oil comprimé qui s'achemine vers l'injecteur par la

Druckventil, Entlastungsventil
In einer Einspritzpumpe wird bei Förderbeginn das Druckventil durch den verdichteten Dieselkraftstoff von seinem Sitz abgehoben. Der Kraftstoff fließt dann über die Druckleitung zu der Einspritzdüse. Wird kein Kraftstoff ge-

(s'achemine vers l'injecteur par la) tuyauterie haute pression. S'il n'y a pas refoulement, la soupape de décharge bloque le passage entre la tuyauterie haute pression et le cylindre de la pompe.

(Einspritzdüse. Wird kein Kraftstoff ge-) fördert, so wird die Druckleitung durch das Druckventil gegen den Pumpenzylinder abgedichtet.

delta circuit = delta connection

delta connection **0451**

couplage en triangle, montage en triangle
Dans un alternateur triphasé, les trois enroulements du stator peuvent être disposés de telle sorte que l'extrémité d'un enroulement soit rattachée au début de l'enroulement suivant.

Dreieckschaltung, Drehstrom-Dreieckschaltung
In der Drehstromlichtmaschine können die drei Wicklungsstränge der Ständerwicklung so miteinander verkettet sein, daß das Ende des einen Wicklungsstranges mit dem Anfang des folgenden Stranges verbunden wird.

demister **0452**

désembuage-dégivrage
Dispositif à travers lequel peut passer une quantité modulable d'air chaud destiné à dégivrer et désembuer le pare-brise et les glaces latérales.

Defroster, Entfroster
Einrichtung, durch die eine einstellbare Heizluftmenge zur Entfrostung bzw. Klarhaltung der Windschutz- und Seitenscheiben geblasen wird.

densimeter = calibrated float

depression = vacuum

depth gage (US) **0453**

jauge de profondeur, calibre de profondeur
Jauge servant notamment à sonder la profondeur d'orifices, la lecture de la cote se faisant au moyen d'un vernier comme avec un pied à coulisse.
Elle est entre autres utilisée pour la vérification et le calage de l'allumage de petits moteurs monocylindres à deux temps pour lesquels l'avance à l'allumage est indiquée en mm.
Dans les carburateurs également, la position du flotteur est contrôlée et réglée, en fonction du niveau de carburant dans la cuve, au moyen d'une jauge de profondeur.

Tiefenmaß, Tiefenlehre
Lehre zum Messen von Lochtiefen. Ähnlich wie bei der Schieblehre wird das Maß mit Hilfe eines Nonius abgelesen.
Das Tiefenmaß wird u.a. zum Prüfen und Einstellen des Zündzeitpunktes bei kleinen Einzylinder-Zweitaktmotoren verwendet, für die der Zündzeitpunkt in mm vor OT angegeben ist.
Auch bei Vergasern wird der Schwimmerstand durch Messen des Kraftstoffspiegels mit einer Tiefenlehre ermittelt.

depth gauge (GB) = depth gage

depth of thread **0454**

hauteur de filet
Ecart entre le diamètre extérieur et le diamètre intérieur (diamètre à fond de filet, diamètre de noyau) d'un filet. Il se calcule d'après l'équation:

$$\text{hauteur de filet} = \frac{\phi \text{ filet} - \phi \text{ noyau}}{2}$$

Gewindetiefe, Gangtiefe
Abstand zwischen Außen- und Innendurchmesser (Kerndurchmesser) eines Gewindes. Rechnerisch ermittelt man die Gewindetiefe nach der Gleichung:

$$\text{Gewindetiefe} = \frac{\text{Gewinde-}\phi - \text{Kern-}\phi}{2}$$

desmodromic valve control **0455**

commande desmodromique
Commande de soupape à double came, une came d'ouverture et une came de fermeture, toutes deux affectées à chaque soupape, ce qui rend inutile l'utilisation de ressorts de soupape.

Zwangssteuerung, zwangsläufige Steuerung, desmodromische Steuerung, Zwangsventilsteuerung
Ventilsteuerungsart, wobei jedem Ventil ein Öffnungs- und ein Schließnocken zugeordnet ist, so daß Ventilfedern entfallen.

desulphuration **0456**

désulfuration
Elimination du soufre des fractions pétrolières par adoucissement ou hydrogénation.

Entschwefelung
Beseitigung des in den Erdölfraktionen enthaltenen Schwefels durch Süßung oder Hydrotreating.

detergent additive **0457**

détergent
Additif de l'huile ayant la propriété de disperser les dépôts et les résidus et de les retenir en suspension.

Detergentzusatz, Reinigungszusatz
Zusatzmittel in den Ölen, das die Eigenschaft besitzt, Ablagerungen und Rückstände zu dispergieren und in Schwebe zu halten.

detonation = pinking

detonation suppressant = anti-knock additive

dewaxing **0458**

déparaffinage
Séparation de la paraffine contenue notamment dans les huiles de graissage pour en améliorer la fluidité par temps froid.

Entparaffinierung
Abtrennung von Paraffinen u.a. aus dem Schmieröl, um dessen Fließfähigkeit bei kalter Witterung zu verbessern.

diagnostic connector **0459**

prise diagnostic, prise de contact électronique, prise à douilles multiples
Prise disposée à proximité du bloc-moteur et sur laquelle se branche un programmtester ou ordinateur.

Diagnoseanschluß, Prüfsteckdose
Mehrfachsteckverbindung im Motorraum zum Anschluß eines Programmtesters bzw. eines Computers.

diagonal cutting plier = side-cutting pliers

diagonal joint piston ring 0460

segment de piston à coupe oblique
Segment de piston dont la section est fendue en biais.

Kolbenring mit schräger Stoßfuge
Schräggeschlitzter Kolbenring.

diagonal plier = side-cutting pliers

diagonal-ply tire = cross-ply tire

diagonal seat belt = shoulder strap belt

diagonal split = diagonal twin circuit braking system

diagonal twin circuit braking system 0461

double circuit de freinage en diagonale
Double circuit de freinage dont les canalisations relient les roues avant et arrière en se croisant sous le véhicule, en sorte qu'en cas de défaillance d'un circuit la répartition de l'effort de freinage entre l'avant et l'arrière ne soit nullement affectée. Il resterait en effet dans ce cas 50% d'effet de freinage des deux côtés.

Diagonal-Zweikreisbremsanlage, Diagonal-Bremskreisaufteilung
Zweikreis-Bremssystem mit kreuzweise angeordneten Bremsleitungen, so daß die Bremskraftverteilung bei Ausfall eines Bremskreises zwischen Vorder- und Hinterachse unverändert ist. An beiden Achsen bleibt nämlich eine Bremswirkung von 50% erhalten.

diagram = car wiring diagram

dial gage (US) 0462

comparateur à cadran, micromètre à cadran
Instrument de mesure utilisé pour comparer la cote effective d'une pièce avec celle d'un étalon (mesure de comparaison). Le mouvement rectiligne d'une touche télescopique est répercuté et amplifié sur l'aiguille du cadran de l'instrument au moyen d'une crémaillère et de pignons.

Meßuhr, Meßzeiger
Meßwerkzeug, das den Unterschied (Abweichung) des Istmaßes von einem Normal anzeigt. Eine solche Messung heißt Unterschiedsmessung. Die geradlinige Bewegung eines Meßbolzens (Fühlstift) wird mittels Zahnstange und Zahnräder auf einen Zeiger übertragen. Die Meßbolzenbewegung ist auf der Skala vergrößert angezeigt.

dial gauge (GB) = dial gage

diaphragm accelerator pump 0463

pompe de reprise à membrane
La pompe de reprise à membrane d'un carburateur est reliée à l'axe du papillon des gaz par une biellette.

mechanisch betätigte Membran-Beschleunigungspumpe
Die mechanisch betätigte Membran-Beschleunigungspumpe ist mit der Dros-

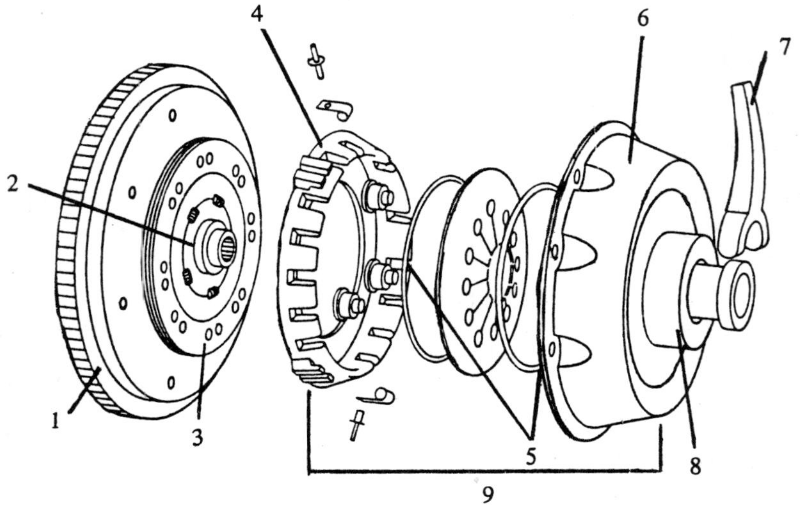

Ill. 11: diaphragm clutch **(0464)**

1 flywheel
2 driven plate assembly
3 clutch lining
4 pressure plate
5 fulcrum ring
6 clutch cover
7 clutch fork
8 release bearing cup
9 clutch pressure plate mechanism

(papillon des gaz par une biellette.) Lors d'une accélération brusque, le mouvement de l'axe du papillon provoque le déplacement instantané de la membrane qui fléchit et chasse l'essence contenue dans la pompe à travers un clapet et un tube calibré débouchant dans la chambre de mélange.

(schleunigungspumpe ist mit der Dros-) selklappenwelle durch ein Gestänge verbunden. Bei raschem Gasgeben wird die Drosselklappe geöffnet und die Pumpenmembran nach innen gedrückt. Dadurch verdrängt sie Zusatzkraftstoff durch das Einspritzrohr über das Pumpendruckventil in die Mischkammer.

diaphragm clutch *(See Ill. 11 p. 140)* **0464**

embrayage à diaphragme, embrayage à ressort-diagphragme
Dans l'embrayage monodisque, on trouve de plus en plus un diaphragme en acier à ressort entre le boîtier et le contre-plateau en lieu et place des ressorts habituels.

Membranfederkupplung, Tellerfederkupplung, Scheibenfederkupplung, Einscheibentrockenkupplung mit Ausrück-Scheibenfeder
Bei dieser Bauart sind die Druckfedern zwischen Kupplungsdeckel und Druckscheibe durch eine Tellerfeder ersetzt.

diaphragm unit **0465**

chambre à diaphragme
Compartiment d'un régulateur pneumatique de moteur diesel. Il comporte une chambre à dépression, un ressort de réglage, une membrane et une chambre sous pression atmosphérique.

Membranblock
Hauptbestandteil eines Unterdruckreglers bei Dieselmotoren. Zum Membranblock gehören u.a. die Unterdruckkammer, die Regelfeder, die Membrane und die Atmosphärendruckkammer.

die = die nut

die holder **0466**

porte-filière
Outil au centre duquel se trouve une cage ronde dans laquelle vient s'encastrer l'écrou-filière. Il sert au taillage de filets extérieurs.

Schneideisenhalter
Werkzeug mit einer runden Kapsel in der Mitte. Dort wird das Schneideisen zum Schneiden von Außengewinden gespannt.

die nut **0467**

écrou-filière
Outil circulaire à plusieurs dents coupantes destiné au taillage de filets extérieurs. Il est maintenu dans un porte-filière à cage ronde. Les écrous-filières sont standardisés et réalisés principalement en acier à outils.

Schneideisen, Schneidmutter
Ringförmiges Werkzeug mit mehreren Einzelschneiden zum Schälen von Außengewinden. Es wird in einen Schneideisenhalter bzw. eine runde Kapsel gespannt.
Schneideisen sind genormt und werden überwiegend aus Werkzeugstahl hergestellt.

die stock = die holder

diesel engine 0468

moteur diesel, moteur à huile lourde, moteur à combustion interne
Dans les moteurs diesel le travail n'est pas obtenu par un mélange explosif comme dans les moteurs à essence, mais bien par la combustion de fuel injecté à l'intérieur même du cylindre dans lequel se trouve de l'air comprimé à un taux de 30 à 40 kg. De par sa compression, l'air atteint des températures de l'ordre de 500 à 700° C et le fuel injecté s'enflamme à son contact. Les taux de compression de ces moteurs sont très élevés (16:1 à 24:1).

Dieselmotor, Schwerölmotor, Fahrzeugdieselmotor
Bei Dieselmotoren wird das Arbeitsspiel nicht durch ein brennfähiges Gemisch wie beim Ottomotor erzielt, sondern durch die Verbrennung eines eingespritzten Schweröls in den Zylinderraum, in dem sich nur reine Luft befindet, die auf hohen Druck (30–40 kp/cm^2) verdichtet wird. Die Gemischbildung wird also innerhalb des Verbrennungsraumes hergestellt. Aufgrund der Verdichtung wird die Lufttemperatur auf 500 bis 700° C gebracht, und bei der Berührung mit dieser erhitzten Luft verbrennt der Kraftstoff. Bei Dieselmotoren liegen die Verdichtungsverhältnisse zwischen 16:1 und 24:1.

diesel engine with direct injection = solid injection diesel engine

diesel engine with pre-combustion chamber = antechamber compression ignition engine

diesel engine with turbulence engine chamber = swirl chamber diesel engine

diesel fuel 0469

gas-oil-moteur, gazole, huile lourde
Combustible à base d'hydrocarbures à longue chaîne obtenu par distillation et cracking du pétrole brut. La distillation du gas-oil moteur s'étend de 150° à 360°.
Les critères essentiels de qualité imposés au gas-oil moteur sont les suivants: pouvoir calorifique élevé, bonne aptitude à l'allumage (indice de cétane), à la pulvérisation et au filtrage, combustion sans résidus, absence d'acides et tenue au froid.
L'aptitude à l'allumage du gas-oil moteur influence directement le délai d'allumage ou délai d'inflammation. Si le délai d'allumage est trop important (supérieur à 0,002 s), une grande quantité de gas-oil risque de s'accumuler dans la chambre de

Dieselkraftstoff, Dieseltreibstoff, Dieselöl
Kraftstoff aus langkettigen Kohlenwasserstoffen, der durch Destillieren und Kracken von Rohöl gewonnen wird.
Der Siedebereich des Dieselkraftstoffes reicht von 150° bis 360°.
Die wesentlichsten Anforderungen, die ein Dieselkraftstoff erfüllen soll, sind: hoher Heizwert, gute Zündwilligkeit (Cetanzahl), rückstandsfreie Verbrennung, Freisein von Säuren und Fremdstoffen, Kältebeständigkeit, gute Zerstäubbarkeit und Filtrierbarkeit.
Die Zündwilligkeit des Dieselkraftstoffes wirkt sich unmittelbar auf den Zündverzug aus. Bei zu großem Zündverzug (über 0,002 s) sammelt sich bis zum Einsetzen der Zündung eine große Menge Kraftstoff im Verbrennungsraum an, die dann schlagartig verbrennen kann (Nageln, Dieselschlag). Die Zündwillig-

(s'accumuler dans la chambre de) combustion jusqu'à ce que l'allumage se produise, ce qui engendre une combustion heurtée (cognement Diesel). C'est l'indice de cétane qui caractérise l'aptitude à l'allumage du gas-oil moteur. En hiver, cet indice est de l'ordre de 45, en été de 55. Le gas-oil d'hiver a en effet une teneur moindre en paraffine, car par temps de grand froid les dépôts de paraffine peuvent colmater les filtres. La tenue au froid d'un gas-oil moteur est caractérisée par son point d'écoulement (point de congélation).
Elle peut être améliorée par l'addition de pétrole ou d'essence.
La teneur en soufre du gas-oil peut aussi aboutir à la formation d'acide sulfureux ou sulfurique au moment de la combustion, ce qui représente un danger de corrosion et de pollution.

((Nageln, Dieselschlag). Die Zündwillig-) keit des Dieselkraftstoffes wird mit der Cetanzahl angegeben. Im Winter beträgt die Cetanzahl 45, im Sommer 55. Der Winterdieselkraftstoff enthält nämlich weniger Paraffin, weil bei Frostwetter Paraffinausscheidungen die Filter verstopfen können.
Die Kältebeständigkeit eines Dieselkraftstoffes wird mit dem BPA-Punkt angegeben (BPA = Beginn der Paraffin-Ausscheidung).
Das Kälteverhalten von Dieselkraftstoff kann durch Beimischung von Petroleum oder Benzin verbessert werden.
Durch den Schwefelgehalt des Diesel-Kraftstoffes kann es zur Bildung von schwefliger Säure bzw. Schwefelsäure im Laufe der Verbrennung kommen (Korrosionsgefahr und Luftverschmutzung).

diesel oil = diesel fuel

diesel oil engine = diesel engine

differential *(See Ill. 12 p. 144)* **0470**

engrenage différentiel, différentiel
Engrenage qui répartit l'effort moteur de l'arbre de transmission sur les deux roues motrices en permettant à ces roues solidaires d'un même essieu de tourner à des vitesses différentes dans les virages.
Dans la négociation d'un virage, la roue extérieure du véhicule décrit une plus grande trajectoire que la roue intérieure et, pour cette raison, il est nécessaire de compenser les différences de vitesses de rotation des deux roues motrices.
En régle générale, le différentiel englobe le renvoi d'angle réducteur, qui fait dévier de 90° le mouvement de rotation de l'arbre secondaire, ainsi que le mécanisme de différentiel à proprement parler,

Ausgleichgetriebe, Differentialgetriebe, Differential
Getriebe, welches das Eingangsdrehmoment der Gelenkwelle auf die beiden Antriebsräder verteilt und diesen zur gleichen Achse gehörenden Rädern gestattet, bei Kurvenfahrt trotz unterschiedlicher Drehzahl schlupffrei abzurollen.
Das außenliegende Rad legt nämlich bei Kurvenfahrt einen größeren Weg zurück als das innere, und der Drehzahlunterschied beider Antriebsräder soll deshalb ausgeglichen werden.
Unter Ausgleichsgetriebe versteht man im allgemeinen das Umlenkgetriebe (Winkelgetriebe), das die Drehbewegung der Hauptwelle um 90° umlenkt sowie das eigentliche Differential, das die unterschiedlichen Drehzahlen des

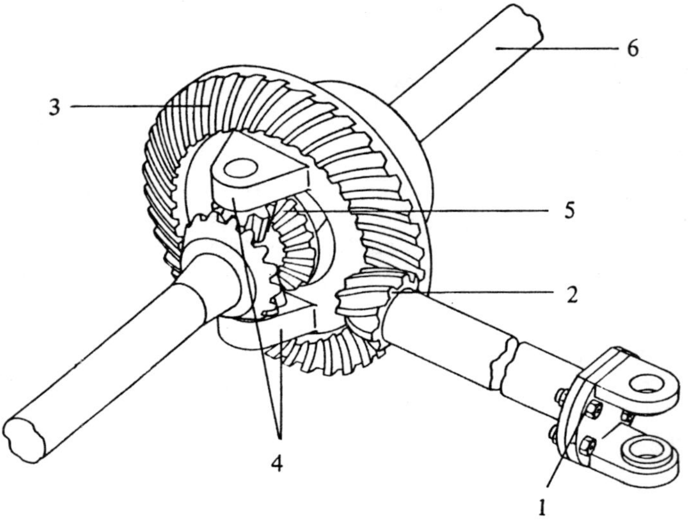

Ill. 12: differential **(0470)**

1 cardan joint
2 drive pinion
3 crown wheel
4 differential pinion
5 differential side gear
6 axle shaft

(différentiel à proprement parler,) qui compense l'inégalité des vitesses de rotation des roues.
Les organes du différentiel sont le pignon d'attaque, la couronne, le boîtier ou la coquille, l'axe porte-satellites ou croisillon, les satellites, les planétaires et les deux arbres de différentiel qui entraînent les roues motrices.
Lorsque le véhicule suit un trajet rectiligne, la couronne du différentiel tourne avec le boîtier. Les deux roues motrices et partant les deux planétaires emmanchés à cannelures sur les arbres de différentiel tournent à la même vitesse. De ce fait les satellites eux ne tournent pas sur leux axe, mais servent de liaison rigide. Le mouvement est donc transmis successivement à la couronne, au boîtier, au croisillon, aux satellites immobiles sur leur axe, aux planétaires et finalement aus arbres de différentiel.
En revanche, dans un virage, les pignons planétaires ne tournent pas à la même vitesse en raison de la courbe inégale parcourue par les roues extérieure et intérieure. Cette différence de vitesse de rotation est dès lors compensée par les pignons satellites, qui pivotent sur leux axe tout en poussant les planétaires.
Le fonctionnement du différentiel peut se révéler gênant sur un terrain glissant ou embourbé, parce qu'il permet à une roue de patiner, ce qui entraîne le freinage de la roue opposée et l'immobilisation du véhicule. Les véhicules lourds sont particulièrement sensibles à ce phénomène. Pour pallier cet inconvénient, on a équipé ces véhicules d'un dispositif de blocage de différentiel. Il s'agit très souvent d'un crabotage qui rend les planétaires solidaires en rotation du

(die unterschiedlichen Drehzahlen des) kurveninneren und -äußeren Rades ausgleichen soll.
Zum Ausgleichsgetriebe gehören Antriebsritzel (Antriebskegelrad, Triebling), Tellerrad, Ausgleichsgehäuse, Planetenkreuz, Ausgleichskegelräder, Achswellenkegelräder und schließlich die Halbachsen zum Antreiben der Räder. Bei Geradeausfahrt drehen sich Tellerrad und Ausgleichsgehäuse. Beide Antriebsräder und folglich auch beide Achswellenkegelräder haben gleiche Drehzahl. Dadurch drehen sich die Ausgleichskegelräder nicht um die eigene Achse und dienen als starre Verbindung. Die Antriebskraft wird zu gleichen Teilen über das Tellerrad, den Ausgleichkorb, das Planetenkreuz, die stillstehenden Ausgleichsräder und die mitgenommenen Achswellenräder auf die Halbachsen übertragen.
Bei Kurvenfahrt drehen sich die Achswellenkegelräder verschieden schnell infolge der unterschiedlichen Wege des kurveninneren und -äußeren Rades. Dieser Drehzahlunterschied wird durch die Ausgleichskegelräder ausgeglichen, die sich um ihre eigene Achse drehen, wobei sie auf den verschieden schnell sich drehenden Achswellenkegelrädern abrollen.
Diese Arbeitsweise des Differentials erweist sich jedoch auf weichem Boden oder vereister Fahrbahn als ungünstig. Rutscht nämlich ein Rad durch, wird das gegenüberliegende abgebremst und das Anfahren erschwert. Dies wirkt sich besonders bei schweren Fahrzeugen nachteilig aus. Um dem zu begegnen, sind diese Fahrzeugtypen mit einer Ausgleichssperre ausgerüstet. Meist ist es eine Klauenkupplung, die die Achswellenkegelräder drehfest mit dem Korb verbindet. Auf diese Weise können sich die Ausgleichskegelräder nicht mehr um die eigene Achse drehen, und beide Achwellen müssen dann gleich schnell laufen.

(planétaires solidaires en rotation du) boîtier du différentiel. De cette manière les satellites sont empêchés de tourner sur leur axe et les deux arbres de différentiel sont astreints à la même vitesse de rotation.

(dann gleich schnell laufen.)

differential cage assembly = differential case

differential case 0471

coquille de différentiel, cage de différentiel, boîtier de différentiel
Carter solidaire en rotation de la couronne du renvoi d'angle et dans lequel est logé le différentiel. Il s'agit très souvent d'une double coquille.

Ausgleichgehäuse, Ausgleichkorb, Korb, Käfig
Gehäuse, das sich mit dem Tellerrad dreht und in welchem das Differentialgetriebe untergebracht ist. Meist ist es zweiteilig ausgeführt.

differential crown wheel = crown wheel

differential gear unit = differential

differential gearing = differential

differential gears = differential

differential master gear = crown wheel

differential housing = differential case

differential pinion *(See Ill. 12 p. 144)* 0472

satellite, pignon satellite
Pièce du différentiel. Lorsque le véhicule roule en ligne droite, les satellites font office de liaison fixe entre les planétaires auxquels ils transmettent le mouvement. Dans les virages, les satellites tournent sur leux axe et compensent les différences de vitesse entre les deux roues tout en poussant les planétaires.

Ausgleichskegelrad, Ausgleichsrad, Differentialzwischenrad, Ausgleichzwischenrad, Trabant
Teil des Ausgleichgetriebes. Bei Geradeausfahrt stehen die Ausgleichskegelräder still und übertragen die Antriebskraft mit gleicher Drehzahl auf die Achswellenräder. Bei Kurvenfahrt drehen sie sich um die eigene Achse, kompensieren den Drehzahlenunterschied und wälzen sich auf den Achswellenrädern ab.

differential pinion spider 0473

croisillon de différentiel, axe porte-satellites
Pièce de différentiel fixée dans le boîtier. C'est sur le croisillon que les satellites sont montés fous.

Differentialkreuz, Planetenkreuz, Ausgleichkreuz
Teil des Differentials, das im Ausgleichsgehäuse verankert ist. Auf dem Differentialkreuz sind die Ausgleichkegelräder drehbar gelagert.

differential ring gear = crown wheel

differential shaft = half-shaft

differential side gear *(See Ill. 12 p. 144)* **0474**

roue planétaire, planétaire, pignon planétaire
Dans un différentiel, deux planétaires sont en prise constante avec les satellites. Chaque demi-arbre de roue est emmanché à cannelures dans le centre d'un planétaire.

Achswellenrad, Achswellenkegelrad, Hinterachswellenrad
Im Ausgleichsgetriebe sind zwei Achswellenräder mit den Ausgleichkegelrädern ständig im Eingriff. Jedes Achswellenrad ist mit einer genuteten Halbachse verbunden.

differential side shaft = half-shaft

diffuser = venturi

diffusing lens = headlight lens

digital control box **0475**

appareil de commande électronique
Dans le système Motronic, l'appareil de commande électronique reçoit par l'intermédiaire de capteurs un grand nombre d'informations relatives au moteur. Sur base de ces données, il détermine le point d'allumage optimum, le temps de fermeture le plus favorable ainsi que le dosage exact du carburant selon les conditions dans lesquelles le moteur tourne.

digitales Steuergerät, Microcomputer, Einspritz- und Zündungs-Rechner
Im Motronic-System werden dem digitalen Steuergerät eine große Anzahl von Motorinformationen über Sensoren zugeführt. Anhand dieser Daten ermittelt der Microcomputer den Zündzeitpunkt, die Schließzeit sowie die richtige Kraftstoffmenge, die dem momentanen Betriebszustand des Motors Rechnung tragen.

digital engine control = Motronic system

dim, to **0476**

passer en code, se mettre en code
Passer des feux de route en code en manipulant un inverseur.

abblenden
Den Abblendschalter betätigen, um vom Fernlicht auf das Abblendlicht umzuschalten.

dimmed light = low beam

dimmer relay **0477**

inverseur code-route
Relais spécial permettant de passer du feu code au feu de route et inversement.

Abblend-Kipprelais, Abblendrelais
Wechsler für Umschaltung von Fernlicht auf Abblendlicht und umgekehrt.

dimming filament = dip filament

diode housing **0478**

boîtier de diodes, plateau porte-diodes, plaquette de refroidissement

Dans un alternateur triphasé, le plateau porte-diodes contient les six diodes de puissance à couplage en pont destinées à redresser les courants de phase ainsi que les trois diodes de régulation qui elles redressent le courant d'excitation.

Diodengehäuse, Diodenplatte, Diodenträger, Kühlblech, Kühlkörper

In einer Drehstromlichtmaschine enthält das Diodengehäuse sechs in Brükkenschaltung zusammengeschaltete Leistungsdioden für die Gleichrichtung der Phasenströme und drei Erregerdioden zum Gleichrichten des Erregerstromes.

diode plate = diode housing

dip beam = low beam

dip filament *(See Ill. 4 p. 54)* **0479**

filament de croisement, filament code

Filament d'une ampoule de phare dont le faisceau lumineux est rabattu vers le sol grâce à un écran, de manière à ne pas éblouir les usagers roulant en sens inverse.

Glühfaden für Abblendlicht, Abblendfaden, Abblendleuchtkörper

Glühdrahtwendel einer Scheinwerferlampe, deren Lichtstrahl mittels eines Abdeckschirms nach unten gerichtet aus dem Scheinwerfer austritt, um eine Blendung des Gegenverkehrs zu verhüten.

dip rod = crankcase oil dipstick

dipped beam = low beam

dipper = crankcase oil dipstick

dipstick = crankcase oil dipstick

direct-acting overhead camshaft **0480**

arbre à came en tête à attaque directe

Arbre à cames agissant directement sur les soupapes sans l'intermédiaire de culbuteurs ou de doigts de poussée.

direktwirkende obenliegende Nockenwelle

Nockenwelle, welche die Ventile ohne Zwischenschaltung von Schwing- oder Kipphebeln unmittelbar betätigt.

direct braking **0481**

freinage direct

Dans une installation de freins à air comprimé, le conducteur se sert d'un robinet de commande pour envoyer l'air fourni par le compresseur directement dans les cylindres de frein.

Direktbremsung

In einer Druckluftbremsanlage läßt der Fahrer mit Hilfe eines Führerbremsventils die vom Luftpresser erzeugte Druckluft direkt in die Bremszylinder einströmen (Einlaßbremse).

direct-current motor 0482

moteur à courant continu
Moteur électrique qui ne peut être alimenté qu'en courant continu. Ce type de moteur est à excitation série, shunt ou compound.

Gleichstrommotor
Motor, der nur mit Gleichstrom betrieben wird. Ausführung als Reihenschluß-, Nebenschluß- oder Doppelschluß-Motor.

direct drive 0483

prise directe
Dans une boîte de vitesses, le couple moteur peut être transmis directement de l'arbre primaire à l'arbre secondaire. C'est très fréquemment le cas de la quatrième vitesse dans la boîte à quatre vitesses.

direkter Gang, großer Gang
In einem Wechselgetriebe kann das Motordrehmoment unmittelbar von der Antriebswelle auf die Hauptwelle übertragen werden. Meist ist es der Fall beim vierten Gang eines Vierganggetriebes.

direct hardening = carburization quenching

direct injection 0484

injection directe
Dans l'injection directe, il n'y a pas de mélange intime air-essence dans un carburateur. Le carburant dosé est pulvérisé sous pression dans les chambres de combustion de chacun des cylindres au moyen d'injecteurs à plusieurs trous.

direkte Einspritzung
Hierbei werden Luft und Kraftstoff nicht in einem Vergaser innig vermischt, sondern der Kraftstoff wird unter Druck in die Verbrennungsräume der jeweiligen Zylinder mittels Mehrlochdüsen eingespritzt.

direct injection diesel engine = solid injection diesel engine

direction indicator *(See Ill. 31 p. 414)* 0485

indicateur de direction, clignoteur, clignotant
Feu clignotant à lumière orange indiquant le changement de direction d'un véhicule. Il est commandé par un relais. La fréquence des impulsions est de 90 signaux par minute avec une tolérance de plus ou moins 30 impulsions. Puissance 21 watts.

Fahrtrichtungsanzeiger, Blinker, Blinkleuchte
Signalgeber zur Richtungsanzeige, die durch einen Blinkgeber gesteuert werden. Die Blinkfrequenz beträgt neunzig Impulse mit einer Toleranz von ± 30 je Minute. Leistungsbedarf je 21 W.

direction signal light = direction indicator

disc brake *(See Ill. 13 p. 150)* 0486

frein à disque
Frein se présentant sous la forme d'un disque solidaire du moyeu de roue et pris en sandwich entre deux plaquettes de frein goupillées dans

Scheibenbremse, Axialbremse
Mit der Radnabe verbundene Bremsscheibe, die zwischen zwei zangenartig angeordneten Reibbelägen eingespannt ist. Beim Bremsen werden die im

Ill. 13: disc brake **(0486)**

1 brake caliper
2 bleeder screw
3 pad retaining pin
4 pad carrier
5 disc brake pad
6 brake disc
7 wheel fixing bolt
8 hub
9 steering knuckle axle
10 hub securing nut

(plaquettes de frein goupillées dans) un étrier et mues par les pistons d'un système hydraulique.
Si on le compare au frein à tambour, le frein à disque offre des avantages indéniables: bonnes conditions de refroidissement naturel par déplacement d'air, autodécrassement par force centrifuge, meilleure résistance aux sollicitations thermiques, fading négligeable, rattrapage automatique de jeu et freinage équilibré en douceur. A signaler toutefois comme inconvénients l'absence d'assistance au freinage et l'usure relativement élevée des plaquettes avec des températures pouvant atteindre 700° C. De surcroît la mise en place d'un frein d'immobilisation (frein à main) peut poser des problèmes au constructeur.

(ist. Beim Bremsen werden die im) Bremssattel verstifteten Bremsbeläge hydraulisch von beiden Seiten her gegen die Bremsscheibe gedrückt.
Gegenüber der Trommelbremse bietet die Scheibenbremse unbestreitbare Vorteile: gute Kühlung durch Fahrtwind, Selbstreinigung durch Fliehkraft, höhere Wärmebelastbarkeit, geringen Bremsschwund, Selbstnachstellung, weiches und gleichmäßiges Ansprechen der Bremse und einfache Wartung.
Nachteilig sind jedoch das Fehlen einer Servowirkung und der verhältnismäßig hohe Belagverschleiß bei wesentlich höheren Temperaturen bis 700° C.
Außerdem ist es sehr aufwendig, die Scheibenbremse als Feststellbremse wirken zu lassen.

disc brake caliper = brake caliper

disc brake friction pad = disc brake pad

disc brake pad *(See Ill. 13 p. 150)* **0487**

plaquette de frein à disque
Support en acier sur lequel est collé un matériau amianté ou fritté. Les plaquettes de frein sont généralement fixées par goupilles, parfois par ressort, dans un étrier et, lors du freinage, elles sont appliquées par un piston sur un disque solidaire du moyeu. Les plaquettes en matériau tendre permettent d'obtenir un meilleur effet de freinage, mais elles s'usent d'autant plus vite. Lorsque l'épaisseur de la garniture n'est plus que de 2 mm, il y a lieu de remplacer les plaquettes.

Scheibenbremsbelag
Bremssegment mit aufgeklebtem Reibbelag aus Asbestgewebe oder Sinterwerkstoff. Scheibenbremsbeläge sind im allgemeinen mittels Haltestifte, selten mit einer Feder, im Bremssattel verankert und werden beim Bremsvorgang durch Kolben gegen eine an der Radnabe befestigte Scheibe festgedrückt. Ausführungen aus weichem Material erzielen eine bessere Bremswirkung, werden aber auch schneller abgenützt, Bei einer Restdicke von 2 mm müssen die Scheibenbremsbeläge gegen neue ersetzt werden.

disc brake piston seal **0488**

joint d'étanchéité de piston
Joint d'étanchéité d'un piston de frein à disque qui se déforme au freinage. Il agit tel un ressort de rappel.

Gummidichtring
Dichtung einer Scheibenbremse, die sich beim Bremsen verformt. Sie wirkt ähnlich einer Rückzugfeder.

disc facing = clutch lining

disc filter 0489

filtre à peigne
Filtre constitué d'un nombre de rondelles fixées sur un axe tournant. L'huile est comprimée entre les interstices séparant ces rondelles vers l'intérieur du filtre. Les impuretés qui ne passent pas sont éliminées à l'aide d'un peigne accouplé à la pédale de débrayage.

Plattenspaltfilter
Filter, der sich aus einer Anzahl Lamellen zusammensetzt, die auf einer drehbaren Achse angeordnet sind. Das Schmieröl wird zwischen diese Platte in den Filter hineingedrückt, wobei der Schmutz außen zurückgehalten wird. Dieser wird mit Hilfe von Kratzern, die mit dem Kupplungspedal verbunden sind, abgestreift.

disc pad = disc brake pad

discharge tubing = delivery pipe

disengaging lever = clutch release lever

dishing 0490

écuanteur, déport de roue
Pour accroître la résistance aux poussées latérales, on donne aux rayons ou au voile d'une roue la forme d'un cône dont le sommet est orienté vers l'intérieur. On dit alors que la roue a de l'écuanteur.

Sturz der Radspeichen, Sturz der Radschüssel, Einpreßtiefe
Damit die Räder den Seitenkräften mehr Widerstand leisten, nehmen die Radspeichen bzw. die Radschüssel die Form eines Kegels an, dessen Spitze nach innen gerichtet ist.

displacement 0491

cylindrée totale
Volume engendré par le déplacement du piston dans le cylindre entre le point mort haut et le point mort bas. Il se calcule sur base de l'alésage du cylindre, de la course du piston et il est multiplié par le nombre de cylindres.

Hubraum, Gesamthubraum
Rauminhalt des Zylinders zwischen oberem und unterem Totpunkt des Kolbens. Er wird aus der Zylinderbohrung und dem Kolbenhub errechnet und durch die Anzahl der Zylinder multipliziert.

displacer unit = hydrolastic unit

disruptive discharge 0492

décharge disruptive
Echange d'un charge électrique à travers un isolant.

Durchschlag, elektrischer Durchschlag
Funkenentladung durch ein Isoliermaterial.

distilled water 0493

eau distillée, eau déminéralisée
Eau pure débarrassée de ses sels minéraux par distillation.

destilliertes Wasser, Nachfüllwasser
Durch Destillation gereinigtes, d.h. von salzartigen Bestandteilen befreites Wasser.

distributor = ignition distributor

distributor advance weight = flyweight

distributor cam = contact breaker cam

distributor cap *(See Ill. 24 p. 260)* **0494**

chapeau de distributeur, tête de delco, calotte de distributeur, tête d'allumeur
Couvercle du distributeur d'allumage où se trouvent noyées des douilles en bronze appelées départs dans lesquelles s'enfichent les câbles isolés aboutissant aux bougies.

Verteilerdecke, Verteilerkappe, Verteilerscheibe
Haube des Verteilers mit den fest eingelassenen Anschlüssen (Büchsen aus Bronze) für die isolierten Zündkerzenkabel.

distributor cap segment *(See Ill. 3 p. 50)* **0495**

plot de distributeur, plot périphérique
Plot noyé dans la masse de la tête de delco. Chaque plot est relié par un câble isolé à l'une des bougies.

Verteilersegment
Fest eingelassene Elektrode in der Verteilerkappe. Jede Elektrode ist mittels eines isolierten Zündkabels mit einer Kerze verbunden.

distributor clamp bolt **0496**

vis de fixation du corps du distributeur
Vis servant à serrer ou desserrer le corps du distributeur notamment lors du calage de l'allumage.

Verteilerklemmschraube
Schraube zum Los- bzw. Festschrauben des Verteilergehäuses z.B. bei der Zündzeitpunkteinstellung.

distributor contact point = contact breaker point

distributor cover = distributor cap

distributor drive spindle = distributor shaft

distributor head = distributor cap

distributor finger = distributor rotor

distributor injection pump **0497**

pompe d'injection distributrice, pompe rotative
Pompe d'injection alimentant en combustible la totalité des cylindres du moteur par l'intermédiaire d'un seul élément de pompe.

Verteilereinspritzpumpe, Verteilerpumpe
Einspritzpumpe, die alle Zylinder über ein einziges Pumpenelement mit Kraftstoff versorgt.

distributor low-tension terminal = distributor side terminal

distributor moving-contact = breaker lever

distributor point = contact breaker point

distributor pump = distributor injection pump

distributor rotor *(See Ill. 24 p. 260)* **0498**

rotor de distributeur, doigt de liaison, disrupteur, bras mobile de distributeur, doigt rotatif, distributeur d'étincelles, doigt de distribution
La tension d'allumage est transmise au rotor fixé sur l'arbre d'allumage par l'intermédiaire d'un charbon (balai frotteur central) dont le contact est assuré par la compression d'un ressort. Le rotor tourne deux fois moins vite que le vilebrequin et son doigt effleure, à faible distance, les plots disposés dans le chapeau du distributeur et dont le nombre est égal à celui des bougies auxquelles ils sont reliés.

Verteilerfinger, Verteilerläufer, Verteilerlaufstück, Zündverteilerrotor
Die Zündspannung wird dem auf der Verteilerwelle sitzenden Verteilerläufer über eine federbelastete Kontaktkohle (Verteiler-Schleifkohle) zugeführt. Der Verteilerläufer dreht sich halb so schnell wie die Kurbelwelle und streift mit geringem Abstand die in der Verteilerkappe verankerten Elektroden. Die Anzahl dieser Elektroden entspricht derjenigen der Zündkerzen, mit denen sie verbunden sind.

distributor shaft *(See Ill. 24 p. 260)* **0499**

arbre d'allumage, arbre du delco, axe de distributeur
L'arbre d'allumage, dont la vitesse de rotation est moitié moindre que celle du vilebrequin, distribue le courant de haute tension à chacune des bougies. Le nombre de bossages qu'il possède correspond au nombre de cylindres du moteur.

Verteilerwelle, Zündverteilerwelle
In der Zündanlage dreht sich die Verteilerwelle mit halber Motordrehzahl und führt den hochgespannten Strom den einzelnen Zündkerzen zu. Die Anzahl der Nocken einer Verteilerwelle entspricht der Zylinderzahl im Motor.

distributor side terminal *(See Ill. 23 p. 256)* **0500**

borne basse tension de l'allumeur, borne de courant primaire de l'allumeur
Borne d'un allumeur reliée à l'enroulement primaire de la bobine d'allumage.

Verteileranschluß für Kabel 1
Klemme am Zündverteiler, die mit der Zündspulen-Primärwicklung verbunden ist (herkömmliche Batteriezündanlage).

distributor spindle = distributor shaft

distributor tester = distributor test bench

distributor test bench **0501**

banc d'essai pour allumeurs
Banc d'essai permettant un contrôle dynamique de l'allumeur qui tourne au même régime moteur et dont les organes de réglage sont ainsi contrôlés. De surcroit, il est possible

Verteilerprüfgerät, Zündverteilerprüfstand
Vorrichtung zur dynamischen Kontrolle von Zündverteilern. Der Verteiler wird mit normaler Motordrehzahl unter Betriebsbedingungen angetrieben,

(contrôlés. De surcroit, il est possible) d'évaluer la tension d'allumage grâce à l'écartement en mm des électrodes sur lesquelles est branché le faisceau de câbles HT.

(ter Betriebsbedingungen angetrieben,) und die Verstellorgane werden überprüft. Außerdem kann die Zündspannung an den Prüfelektroden gemessen werden, an denen die Zündkabel angeschlossen sind (Abstand in mm).

distributor-type fuel-injection pump = distributor injection pump

distributorless semiconductor ignition **0502**

allumage électronique intégral
Allumage électronique sans pièces mécaniques telles que le rupteur, l'avance à force centrifuge et le correcteur d'avance à dépression.

vollelektronische Batteriezündung, Computer-Zündung
Zündanlage ohne mechanische Bauteile wie z.B. Unterbrecherkontakte, Fliehkraft- und Unterdruckversteller.

dog clutch **0503**

embrayage à griffes, embrayage à crabots
Accouplement débrayable constitué de deux manchons portant des griffes ou crabots et qui viennent en prise par déplacement axial de l'un des deux manchons.

Klauenkupplung
Schaltkupplung, deren Hälften mit Klauen bestückt sind. Durch axiale Verschiebung der einen Kupplungshälfte werden die Klauen formschlüssig in Eingriff gebracht.

DOHC engine **0504**

moteur à soupapes symétriques
Moteur à deux arbres à cames en tête, l'un pour l'admission, l'autre pour l'échappement.

Dohc-Motor, Querstromkopfmotor
Motor mit zwei obenliegenden Nockenwellen, je eine zur Steuerung der Einlaß- und der Auslaßventile.

door contact switch = door light switch

door light switch **0505**

contact de feuillure
Contact qui provoque l'éclairage d'un plafonnier, du compartiment moteur ou d'un coffre à bagages lors de l'ouverture d'une porte, du capot moteur ou du couvercle du coffre. Il s'agit fréquemment d'un simple interrupteur à ressort qui se détend à l'ouverture et opère une liaison à la masse.

Türkontaktschalter, Türlichtschalter
Schalter, der das Aufleuchten der Innenbeleuchtung beim Öffnen der Türen, der Motor- oder Gepäckraumhaube bewirkt. Meist handelt es sich um einen federnden Druckknopfschalter, der bei der Türöffnung die elektrische Leitung an Masse legt.

double-acting shock absorber **0506**

amortisseur à double effet
Amortisseur freinant le bandage et la détente des ressorts.

doppeltwirkende Stoßdämpfer
Stoßdämpfer, der die Schwingungen beim Ein- und Ausfedern des Rades dämpft.

double acting wheel brake cylinder = double piston wheel brake cylinder

double carburetor (US) = dual carburetor

double cardan universal joint **0507**

joint à double cardan
Le joint à double cardan est constitué de deux joints de cardan réunis permettant de grands débattements angulaires.

Doppelkreuzgelenk, Doppelgelenk
Doppelgelenke sind zwei zu einem Gelenk vereinigte Kreuzgelenke, die größere Beugungswinkel zulassen.

double-circuit braking system **0508**

double circuit de freinage, système de freinage à deux circuits
Système de freinage comportant un maître-cylindre tandem abritant deux pistons. L'effort sur la pédale de frein se transmet sur le piston primaire qui le répercute sur le secondaire. De cette manière, le liquide de frein est refoulé en deux circuits. Si l'un d'entre eux devient inopérant, l'autre continue à fonctionner.

Zweikreisbremse
Bremsanlage mit einem Tandem-Hauptzylinder, in dem sich zwei Kolben befinden. Der erste wird beim Niedertreten des Bremspedals bewegt und übermittelt seine Kraft auf den zweiten. Dadurch wird die Bremsflüssigkeit in zwei Kreisen verdrängt. Fällt die Bremsleitung eines Kreises aus, so bleibt der zweite Kreis weiterhin wirksam.

double-circuit protection valve **0509**

valve de protection de double circuit
Valve séparant les réservoirs de deux circuits de freins à air comprimé. En cas de défaillance de l'un des circuits, elle veille à l'isoler de l'autre pour que ce dernier demeure opérant.

Zweikreisschutzventil
Schutzventil zur Trennung zweier Druckluftbremskreise. Fällt ein Bremskreis aus, bleibt der andere weiterhin wirksam.

double-contact regulator = two-contact regulator

double-end open wrench = open-end double-head wrench

double-end socket tee wrench **0510**

clé en tube droite à six pans
Clé de serrage en acier massif ou en tube d'acier à six pans. Elle peut être manoeuvrée au moyen d'une clé plate ou d'une tige d'entraînement. Calibres courants de 6 x 7 à 32 x 36 mm.

Doppel-Steckschlüsssel
Schraubenschlüssel aus Stahlrohr oder massiv mit Sechskantschaft. Das Werkzeug kann mit Drehstift oder Maulschlüssel betätigt werden. Handelsübliche Größen von 6 x 7 bis zu 32 x 36 mm.

double ended valve grinder = valve grinder

double filament bulb = bilux bulb

double filament incandescent lamp = bilux bulb

double-head box wrench **0511**

clé polygonale, têtes à douze pans
Clé de serrage se présentant avec deux têtes fréquemment contre-coudées. Calibres courants de 6 x 7 à 27 x 32 mm.

Doppelringschlüssel
Schraubenschlüssel oft in beidseitig gekröpfter Ausführung. Handelsüblich in allen Größen von 6 x 7 bis zu 27 x 32 mm.

double-head ring wrench = double-head box wrench

double lever contact breaker = two-system contact breaker

double offset screwdriver **0512**

tournevis coudé
Tournevis dont les extrémités sont plates ou dont l'une est plate, l'autre cruciforme.

Winkelschraubendreher, Winkelschraubenzieher
Schraubendreher mit versetzten Flachschlitzklingen oder mit einer Flachschlitzklinge und einer Kreuzschlitzklinge.

double piston wheel brake cylinder **0513**

cylindre de frein à double effet
Cylindre de roue comportant deux pistons qui se déplacent lors du freinage.

doppeltwirkender Radzylinder, beidseitig wirkender Radzylinder
Radbremszylinder mit zwei Kolben, die sich beim Bremsvorgang verschieben.

double plate dry clutch **0514**

embrayage bidisque à sec
Dans certain véhicules utilitaires dans lesquels il y a transmission de couples assez élevés, les surfaces de friction de l'embrayage sont doublées par l'emploi de deux disques d'embrayage.

Zweischeibenkupplung, Zweischeibentrockenkupplung
Bei einigen Nutzfahrzeugen wird zur Übertragung höherer Drehmomente die Kupplungsreibfläche durch den Einsatz zweier Mitnehmerscheiben verdoppelt.

double-pole glow plug **0515**

bougie de préchauffage bipolaire
Les bougies bipolaires d'un moteur diesel sont des bougies à incandescence branchées en série dans leur circuit.

zweipolige Drahtglühkerze
Zweipolige Glühkerzen werden in der Glühanlage eines Dieselmotors in Reihe geschaltet.

double-reduction rear axle **0516**

pont-arrière à double démultiplication
Dans certains véhicules gros porteurs, le rapport de démultiplication du pont arrière

Hinterachse mit doppelter Untersetzung
Bei einigen Schwerfahrzeugen muß das Untersetzungsverhältnis der Hinterachse sehr klein sein. Deshalb wird zwi-

(démultiplication du pont arrière) devant être très bas, on intercale un train démultiplicateur entre le pignon d'attaque et la couronne de différentiel.

(se sehr klein sein. Deshalb wird zwischen Triebling und Tellerrad ein Untersetzungsgetriebe eingebaut.

double roller chain 0517

chaîne duplex

Chaîne de distribution à deux rangées de maillons.

Duplex-Kette, Zweifachrollenkette

Steuerkette mit zwei Rollenreihen.

double-slider coupling = Oldham coupling

double-starting relay 0518

relais de couplage des démarreurs

Relais qui commande deux démarreurs fonctionnant en parallèle. Dès que le second démarreur engrène après le premier, son contact mobile attaque le relais de couplage, en sorte que les deux démarreurs soient lancés ensemble.

Startdoppelrelais, Doppelstartrelais

Relais, das zwei parallel arbeitende Starter schaltet. Nach dem Einspuren des zweiten Starters steuert dessen Kontaktbrücke das Startdoppelrelais an, so daß beide Starter zusammen Hauptstrom bekommen.

double wishbone suspension = trapezoid-arm type suspension

doughnut joint 0519

joint à bloc de caoutchouc

Joint ne requérant aucun entretien et constitué d'un bloc de caoutchouc pris en sandwich entre deux flasques triangulaires, qui forment les extrémités de deux arbres.

Trockengelenk

Wartungsfreies Gelenk bestehend aus meist dreiarmigen Gabelstücken, die durch einen Gummikörper miteinander verbunden sind.

doughnut tire (US) = balloon tire

down-draft carburetor (US) 0520

carburateur inversé, carburateur à tirage par en bas

Dans ce type de carburateur, les gaz sont aspirés de haut en bas dans les cylindres et non pas de bas en haut ou horizontalement comme dans les carburateurs verticaux ou horizontaux. Le carburateur inversé se trouve dès lors fixé au-dessus de la tubulure d'admission des gaz. Grâce à cette disposition, l'aspiration des gaz dans le sens de la gravité est facilitée par le poids du mélange air-essence.

Fallstromvergaser

Bei dieser Bauart wird das Gemisch von oben nach unten in die Zylinder angesaugt und nicht umgekehrt oder waagerecht wie beim Steigstrom- bzw. Flachstromvergaser. Aus diesem Grund steht der Fallstromvergaser über dem Saugrohr und dank dieser Anordnung wird das Kraftstoff-Luft-Gemisch durch die eigene Schwerkraft leichter angesaugt.

down-draught carburettor (GB) = down-draft carburetor

downstroke *(See Ill. 18 p. 206)* 0521

course descendante
Mouvement d'un piston du point mort haut vers le point mort bas.

Abwärtshub, Abwärtsbewegung, Niedergang, Abwärtsgang
Kolbenbewegung vom oberen zum unteren Totpunkt.

downward motion = downstroke

downward stroke = downstroke

drag bar = tow bar

drag coefficient 0522

coefficient de pénétration dans l'air, coefficient de traînée, coefficient de résistance longitudinale, Cx,
Coefficient déterminé sur des maquettes en soufflerie ainsi que sur des prototypes selon divers procédés. Sa valeur dépend du profil et du carénage du véhicule.

Luftwiderstandszahl, Luftwiderstandsbeiwert, Cw-Wert
Zahl, die bei Versuchen von Modellen in einem Windkanal bzw. von Prototypen nach verschiedenen Verfahren zur Bestimmung der aerodynamischen Eigenschaften ermittelt wird. Sie ist von der Formgebung der Karosserie abhängig.

drain plug = oil sump plug

drain tap *(See Ill. 28 p. 362)* 0523

robinet de vidange
Robinet situé au niveau de la boîte à eau inférieure d'un radiateur et grâce auquel on peut vidanger le circuit de refroidissement.

Ablaßhahn
Hahn am unteren Wasserkasten eines Kühlers zum Entleeren des gesamten Kühlsystems.

drainage channel 0524

canal de drainage
Canal sculpté dans la bande de roulement d'un pneumatique et permettant l'évacuation de l'eau sur chaussée mouillée.

Profilrinne
Einschnitt rund um die Lauffläche des Reifens, durch den das Wasser auf nasser Fahrbahn ausweichen kann.

drained oil = used oil

drift 0525

dérive
Déviation de la trajectoire d'un véhicule principalement imputable à un vent oblique.

Abdrift, Abtrift, Drift
Abweichung eines Fahrzeugs vom gewünschten Kurs meist durch Seitenwind.

drift punch 0526

chasse-pointe(s)
Poinçon utilisé notamment pour faire sauter les rivets.

Durchschlag
Werkzeug, das u.a. zum Austreiben von Nieten dient.

drive belt = V-belt

drive line *(See Ill. 14 p. 162)* 0527

transmission
On entend par transmission tous les organes qui se situent entre la boîte de vitesses et les roues motrices. Elle comprend dès lors l'embrayage, la boîte de vitesses, le différentiel et, selon le cas, l'arbre à cardan longitudinal avec le pont arrière ou les arbres à cardans transversaux pour la traction avant.

Kraftübertragung
Die Kraftübertragung umfaßt alle Teile, die das Motordrehmoment auf die Antriebsräder übertragen. Diese sind die Kupplung, das Getriebe, das Differential und, je nach der Antriebsart, die Gelenkwelle mit der Hinterachsbrücke oder die Seitenwellen mit Kardangelenken.

drive pinion *(See Ill. 12 p. 144, Ill. 30 p. 398)* 0528

1. **pignon d'attaque du différentiel**
2. **pignon de démarreur, pignon de lanceur, pignon de lancement, pignon d'attaque du démarreur, pignon de commande**

1. Dans un renvoi d'angle, le pignon d'attaque se trouve à l'extrémité de l'arbre à cardan et engrène la grande couronne.
2. Pignon se trouvant sur l'arbre d'un démarreur. Dans le démarreur à solénoïde il est logé dans le nez du démarreur. Au moment du démarrage, le pignon de lancement s'avance jusqu'à ce qu'il engrène la couronne dentée du volant-moteur et il est désengagé dès que le moteur est lancé. Il faut obtenir un couple important pour faire démarrer le moteur et, à cet effet, le rapport de démultiplication entre le pignon et la couronne dentée du volant-moteur est de l'ordre de 15:1.

1. **Triebling, Antriebsritzel, Antriebskegelrad, Kegelrad**
2. **Starterritzel, Anlasserritzel**

1. In einem Winkelgetriebe greift das am Ende der Kardanwelle sitzende Antriebskregelrad am Tellerad an.
2. Ritzel, das auf der Welle eines Anlassers sitzt. In den Schubschraubtriebstartern ist es vom Antriebslager verdeckt. Beim Starten wird es vorgeschoben, bis es in die Schwungradverzahnung einspurt. Beim Anspringen des Motors wird das Anlasserritzel in seine Ruhelage zurückgeführt. Zur Erzielung des Losbrechmoments ist ein hohes Untersetzungsverhältnis zwischen Starterritzel und Schwungrad (ca. 15:1) erforderlich.

drive shaft housing = propeller shaft housing

drive shaft tube = propeller shaft housing

drive shaft tunnel = propeller shaft tunnel

drive-up ramp = access ramp

drive wheel **0529**

roue motrice, roue tractrice, roue de commande, roue couplée
Roue du véhicule sur laquelle s'exerce la force motrice.

Antriebsrad
Rad, auf welches die Motorleistung übertragen wird.

driven disc = driven plate assembly

driven plate assembly *(See Ill. 11 p. 140)* **0530**

plateau de friction, friction, disque garni, disque mobile
Disque en tôle d'acier revêtu d'une garniture de friction rivetée sur chacune de ses faces et pouvant coulisser sur le bout cannelé de l'arbre primaire de changement de vitesses, ces deux pièces constituant ensemble la partie menée de l'embrayage.

Kupplungsscheibe, Mitnehmerscheibe, Belagscheibe
Scheibe aus Stahlblech mit beidseitigen Kupplungsbelägen, die auf dem genuteten Kupplungswellenende längsverschiebbar angeordnet ist. Mitnehmerscheibe und Kupplungswelle gehören zum angetriebenen Teil der Kupplung.

driven member = turbine

driven plate lining = clutch lining

driven torus = turbine

driver amplifier = driver stage

driver's brake valve **0531**

robinet de commande
Robinet qui commande l'admission de l'air comprimé aux cylindres de frein. Il règle la pression de freinage proportionnellement à l'effort exercé par le conducteur sur la pédale.

Führerbremsventil, Fahrerbremsventil
Ventil zur Steuerung der Luftzufuhr zu den Bremszylindern. Es regelt den Bremsdruck in den Bremszylindern im Verhältnis zur aufgebrachten Pedalkraft des Fahrers.

driver stage **0532**

étage excitateur
Etage du bloc électronique d'un système d'allumage transistorisé sans rupteur. C'est à ce niveau que les impulsions rectangulaires de courant sont amplifiées avant de commander le transistor final.

Treiber, Treiberstufe, Steuerstromverstärker
Stufe im Schaltgerät einer kontaktlosen Transistorzündanlage, in der die rechteckigen Stromimpulse verstärkt werden, ehe sie den Endtransistor ansteuern.

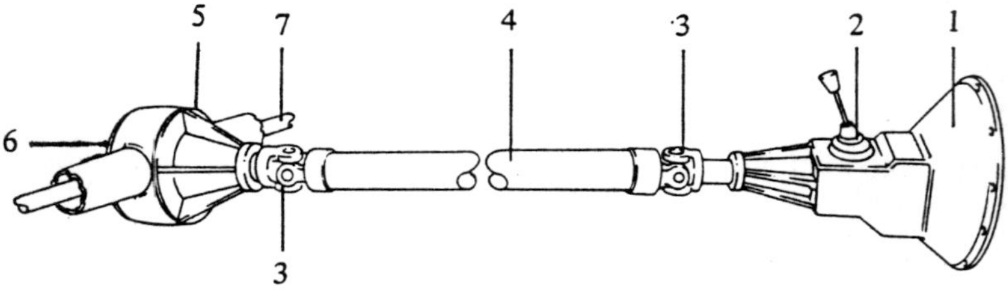

Ill. 14: drive line **(0527)**

1 bell housing
2 gearbox
3 cardan joint
4 propeller shaft
5 rear axle drive
6 rear axle cover
7 rear axle shaft

driving axle **0533**
essieu moteur
Essieu aux extrémités duquel sont fixées les roues motrices.
Antriebsachse
Achse,an der die Antriebsräder eines Fahrzeugs angebracht sind.

driving computer = econometer

driving gear **0534**
pignon menant
Pignon emmanché sur un arbre d'entraînement et qui transmet le couple de l'arbre au pignon mené.
Antriebsritzel
Ritzel einer Antriebswelle, welches das Drehmoment auf ein Gegenrad überträgt.

driving member = impeller

driving pulley = crankshaft pulley

driving torus = impeller

drop arm *(See Ill. 33 p. 440)* **0535**
bielle pendante, levier de direction, levier de commande de direction
Pièce de la direction s'articulant entre le boîtier et la bielle de direction.
Lenkstockhebel
Lenkungsteil zwischen Lenkgetriebe und Lenkstange.

drop forging **0536**
estampage, matriçage
Façonnage d'un lopin de métal au moyen de matrices. L'estampage est exécuté à froid, alors que le matriçage s'effectue à chaud.
Gesenkschmieden
Verarbeitung eines leicht formbaren Rohlings in Hohlformen (Gesenken).

drop frame trailer = low-bed trailer

drop steering lever = drop arm

drop valve *(See Ill. 28 p. 362)* **0537**
soupape en tête
Dans les moteurs dits à soupapes en tête, ces dernières sont fixées dans la culasse et s'ouvrent de haut en bas et non pas inversement comme c'est le cas dans les moteurs à soupapes latérales.
hängendes Ventil, obengesteuertes Ventil
Die Ventile sind im Zylinderkopf angeordnet und öffnen von oben nach unten im Gegensatz zu den seitengesteuerten Motoren.

drum brake *(See Ill. 15 p. 164)* **0538**
frein à tambour, frein à tambour et segments intérieurs
Le frein à segments est constitué d'un tambour en acier embouti
Trommelbremse, Innenbackenbremse, Innenbacken-Trommelbremse
Die Backenbremse besteht hauptsächlich aus einer Stahltrommel, die mit

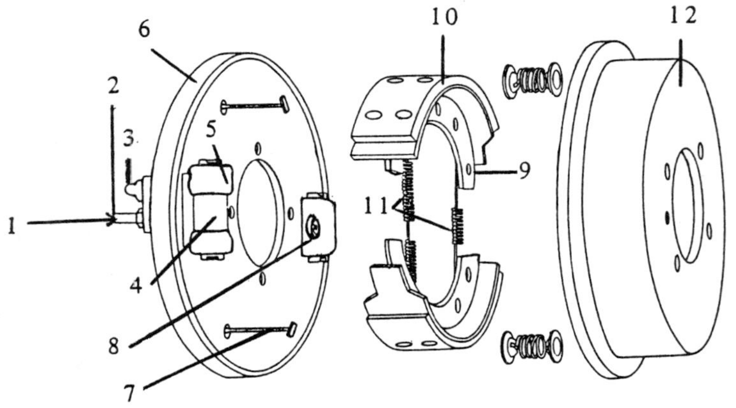

Ill. 15: drum brake **(0538)**

1 brake fluid
2 brake line – brake hose
3 bleeder screw
4 wheel cylinder
5 dust seal
6 brake anchor plate
7 shoe steady pin
8 brake adjustment
9 brake shoe
10 brake lining
11 shoe return spring
12 brake drum

(d'un tambour en acier embouti) solidaire du moyeu de la roue et de deux segments sur lesquels est fixée une semelle en matière amiantée et maintenue par collage ou par rivets à tête noyée. Les segments sont tenus écartés par des ressorts de rappel et, lors du freinage, ils sont appliqués sur le tambour.

(lich aus einer Stahltrommel, die mit) der Radnabe verbunden ist, und aus zwei Bremsbacken, auf welchen der Bremsbelag aufgeklebt bzw. aufgenietet ist. Die Backen werden mittels einer Rückzugsfeder von der Trommel ferngehalten und beim Bremsvorgang entgegen der Kraft dieser Feder auf die Trommel gedrückt.

drum brake adjustment = brake adjustment

dry charged battery **0539**

batterie chargée à sec

Batterie pré-chargée dans laquelle il n'y a plus qu'à verser l'acide avant de la mettre en place dans le véhicule.

trocken vorgeladene Batterie, ungefüllte geladene Batterie, vorformierte Batterie

Fertig geladene Batterie, die nur noch mit Säure gefüllt wird, bevor sie in das Fahrzeug eingebaut wird.

dry sump lubrication **0540**

graissage à carter sec

Mode de graissage sous pression grâce auquel l'huile moteur ne séjourne pas dans le carter, mais bien dans un réservoir, d'où une pompe de pression la refoule vers les points de graissage. L'huile en refluant est recueillie dans le carter, d'où une pompe de vidange la réachemine vers le réservoir.

Trockensumpfschmierung

Art der Druckumlaufschmierung, bei der der Ölvorrat nicht im Ölsumpf aufbewahrt, sondern aus einem Ölbehälter an die Schmierstellen durch eine Druckpumpe gefördert wird. Nach dem Sammeln des rücklaufenden Öls im Ölsumpf wird es in den Ölbehälter durch eine Saugpumpe zurückgefördert.

dry-type air cleaner **0541**

filtre à air sec

Type de filtre avec cartouche en papier en accordéon, en feutre, en coton ou en fibre synthétique retenant les poussières au passage.

Trockenluftfilter

Luftfilter mit Filtereinsatz aus gefaltetem Papier, Filz, Baumwollgewebe oder Kunststoffasern, an dem sich der Staub absetzt.

dual air pressure gage (US) **0542**

manomètre double

Manomètre à double lecture indiquant la pression de freinage dans les cylindres de frein et celle qui règne dans les réservoirs d'une installation de freins à air comprimé.

Doppeldruckmesser

Manometer mit einem Zeiger für den Bremsdruck in den Bremszylindern und einem weiteren Zeiger für den Vorratsdruck einer Druckluftbremsanlage.

dual air pressure gauge (GB) = dual air pressure gage

dual-barrel carburetor (US) = dual carburetor

dual carburettor (GB) = dual carburetor

dual carburetor (US) **0543**

carburateur double corps
Carburateur comportant deux chambres de mélange parallèles et deux papillons des gaz. Les carburateurs double corps sont soit à ouverture simultanée, soit à ouverture différentielle.

Doppelkörpervergaser, Doppelvergaser
Vergaser mit doppelten Mischkammern bzw. mit doppelten Drosselklappen. Doppelvergaser sind entweder Doppel-Fallstromvergaser oder Registervergaser (Stufenvergaser).

dual-circuit brake system = double-circuit braking system

dual-headlamp system **0544**

système à quatre phares
Système recourant à des projecteurs spéciaux pour feux de croisement et de route. Les deux phares extérieurs émettent un faisceau longue portée et s'éteignent lorsque le faisceau de croisement des phares centraux s'allume.

Vier-Scheinwerfersystem
System, bei dem Spezialscheinwerfer für Abblendlicht und Fernlicht vorhanden sind. Die außenliegenden Scheinwerfer strahlen das Fernlicht ab und erlöschen bei Einschaltung der mittleren Scheinwerfer für das Abblendlicht.

dual-line diagonally split system = diagonal twin circuit braking system

dual-line master cylinder = dual master cylinder

dual master cylinder **0545**

maître-cylindre tandem
Cylindre dans lequel deux pistons sont alignés l'un derrière l'autre, chacun d'eux étant branché sur un circuit de freins.

Tandem-Hauptbremszylinder
Zylinder mit zwei hintereinander liegenden Kolben, die je einen Bremskreis versorgen.

dual ratio final drive = two speed final drive

dual-throat downdraft carburetor **0546**

carburateur double corps à ouverture simultanée
Carburateur double corps n'ayant qu'une seule cuve à niveau constant, mais deux buses, deux papillons des gaz s'ouvrant en même temps et deux systèmes de gicleurs débouchant dans deux tubulures d'aspiration séparées.

Doppelfallstromvergaser
Doppelvergaser mit einer einzigen Schwimmerkammer, zwei Mischkammern, zwei Drosselklappen, die sich gleichzeitig öffnen, und zwei Düsensystemen, die in zwei separate Ansaugleitungen münden.

ductile iron = spheroidal iron

dump truck (US) 0547

benne basculante
Type de camion équipé d'une benne basculante pour le transport de matières en vrac. Le mouvement de la benne vers l'arrière ou vers l'un des côtés du véhicule est assuré par une manivelle, un vérin hydraulique ou un vérin pneumatique.

Kipper
Bauart von Lastfahrzeug mit kippbarer Ladepritsche. Zur Entladung von Schüttgut wird die Ladefläche mit einer Drehkurbel, einem Hydraulikzylinder oder einem Druckluftzylinder nach hinten oder der Seite gekippt.

duplex carburetor (US) = dual carburetor

duplex-brake 0548

frein duplex, frein à deux mâchoires comprimées, frein à deux cylindres de roue
Frein dans lequel un cylindre récepteur n'agissant que dans le sens de rotation est affecté à chaque segment. De cette manière les deux segments sont primaires, mais l'efficacité en marche arrière est très faible.

Duplexbremse
Bremse, in welcher ein Radzylinder, der nur in der Drehrichtung wirkt, jeder Bremsbacke zugeordnet ist. Daraus ergeben sich zwei auflaufende Bremsbacken, jedoch ist die Bremswirkung beim Rückwärtsfahren ziemlich gering.

duplex carburetor (US) = dual carburetor

duralumin 0549

Duralumin
Alliage de corroyage aluminium-cuivre-magnésium.

Duralumin
Aluminium-Kupfer-Magnesium-Knetlegierung.

duroplastic 0550

résine thermodurcissable
Résine qui se durcit définitivement après cuisson et qui est utilisée notamment comme agent filmogène dans les peintures synthétiques.

Duroplast
Durch Temperaturerhöhung härtbarer Kunststoff, der u.a. als Filmbildner in Kunstharzlacken Verwendung findet.

dust cap = dust seal

dust seal *(See Ill. 5 p. 65, Ill. 15 p. 164)* 0551

cache-poussière
Capuchon élastique coiffant une extrémité d'un cylindre récepteur de frein.

Staubkappe
Radbremszylinder werden an beiden Enden mit einer Staubkappe geschützt.

dwell angle 0552

angle de came, angle de fermeture
Durant une partie de la rotation

Unterbrecherschließwinkel, Schließwinkel

(Durant une partie de la rotation) de l'arbre d'allumage, les contacts restent fermés. Cette période de fermeture correspond à l'angle de came qui s'exprime soit en degrés, soit en dwells (%). Dans l'allumage transistorisé sans rupteur il s'agit de l'angle de rotation de l'impulseur magnétique en croix durant le temps de fermeture du circuit primaire par le transistor de commutation.
Lors de la fermeture des vis platinées, un courant traverse tout le circuit primaire depuis la borne positive de la batterie à accumulateurs jusqu'à la masse, auquel cas un champ magnétique prend naissance dans l'enroulement primaire de la bobine d'allumage. L'efficacité de l'induction dans le circuit secondaire ne dépend pas seulement de l'interruption brusque et ainsi de la chute rapide du flux magnétique, mais encore du temps de fermeture des vis platinées au cours duquel le champ primaire pourra se développer complètement avant d'être interrompu.
Dans un moteur à quatre cylindres, le cycle de came est de 360:4 = 90° et l'angle de came équivaut à 50–60% de cette valeur. L'angle de came et l'angle d'ouverture constituent ensemble le cycle de came.

(winkel)
Während einer Umdrehung der Unterbrechernockenwelle bleiben die Unterbrecherkontakte eine Zeitlang geschlossen. Der entsprechende Schließwinkel wird entweder in Grad oder in Prozent angegeben. Bei einer kontaktlosen Transistorzündanlage handelt es sich um den Drehwinkel des Rotors, während der Primärstrom vom Schalttransistor eingeschaltet ist.
Beim Schließen des Zündunterbrechers fließt nämlich ein Strom vom Pluspol der Batterie über die ganze Primärleitung bis zur Masse, wobei in der Primärwicklung der Zündspule ein Magnetfeld aufgebaut wird. Eine wirksame Induktion im Sekundärstromkreis ist nicht nur von dem schlagartigen Abbau dieses Magnetfeldes abhängig, sondern auch von der Schließzeit der Unterbrecherkontakte, in der sich das Magnetfeld in voller Stärke aufbaut.
Bei einem Vierzylindermotor beträgt der Zündwinkel 360:4 = 90° und der Schließwinkel 50 bis 60% dieses Gradwinkels.
Schließ- und Öffnungswinkel ergeben zusammen den Zündwinkel (Gesamtwinkel, Zündabstand, Unterbrechungsabstand).

dwell-angle control **0553**

commande de l'angle de fermeture
Etage du bloc électronique d'un système d'allumage transistorisé sans rupteur qui fait varier la durée de l'impulsion selon le régime moteur.

Schließwinkelsteuerung
Funktionsstufe im Schaltgerät einer kontaktlosen Transistorzündanlage, welche die Impulsdauer je nach der Motordrehzahl verändert.

dwell-angle meter = dwell-angle tester

dwell-angle tester **0554**

contrôleur d'angle de came, dwellmètre
Appareil servant à tester l'angle de came et à régler l'écartement des contacts lorsque l'allumeur est en fonctionnement. La plupart des dwellmètres sont équipés d'un compte-tours.

Schließwinkelmeßgerät, Schließwinkel-Drehzahltester, Drehzahl-Schließwinkelmeßgerät
Gerät zum Testen des Schließwinkels bzw. zur Einstellung des Unterbrechers bei laufendem Verteiler. Schließwinkelmeßgeräte sind meist mit einem Drehzahlmesser zu einem Gerät kombiniert.

dwell period **0555**

temps de fermeture
Période s'écoulant lors de la fermeture des grains de contact du rupteur.

Schließzeit
Zeitintervall, in dem die Unterbrecherkontakte geschlossen sind.

dwell section **0556**

phase de fermeture
Lors du contrôle d'un allumage à l'oscilloscope, la phase de fermeture d'un oscillogramme délimite la fermeture des grains de contact du rupteur.

Schließabschnitt
Abschnitt in einem Oszillogramm, der den Zeitraum umfaßt, in dem die Zündunterbrecherkontakte geschlossen sind.

dwell-tach tester = dwell-angle tester

dynamic brake analyzer = roller tester

dynamic timing = stroboscopic timing

dynamometer brake **0557**

frein dynamométrique d'absorption, frein d'essais
Dispositif conçu pour calculer la puissance produite par un machine ou un moteur. On distingue notamment le frein de Prony ou frein à frottement, le frein hydraulique ou frein de Froude et le frein magnétique.

Bremsdynamometer, Leistungsbremse
Meßvorrichtung zur Ermittlung der Leistung eines Motors bzw. einer Kraftmaschine. Es gibt mechanische, hydraulische und elektrische Leistungsbremsen.

earth . . . (GB) = ground . . . (US)

earth electrode = ground electrode

earth return = ground return

earth strap = ground strap

ebonite 0558

ébonite

Matière dure obtenue par traitement du caoutchouc avec une forte proportion de soufre (30–40%). L'ébonite, qui servait notamment à la confection de bacs de batterie et de volants de direction, a été de plus en plus remplacée par les matières synthétiques ou le caoutchouc artificiel.

Ebonit, Hartgummi

Gummi, der durch Vulkanisation mit einem hohen Prozentsatz von Schwefel (30–40%) aus Kautschuk hergestellt wird. Hartgummi, der früher zur Herstellung von Batteriekästen und Lenkrädern diente, wurde mehr und mehr durch Kunststoffe und Kunstkautschuk verdrängt.

ebullient cooling 0559

refroidissement par évaporation

Procédé de refroidissement par évaporation de l'eau dans laquelle baigne le cylindre d'un moteur et qui s'échauffe à son contact. L'eau évaporée cède dès lors sa chaleur à l'air ambiant. Dans ce système il n'y a pas de radiateur, l'eau étant simplement versée autour du cylindre au fur et à mesure.

Verdampfungskühlung

Kühlverfahren, wobei das den Motorzylinder umspülende Kühlwasser erwärmt wird und verdampft. Somit wird die Wärme an die Umgebungsluft abgegeben. Bei dieser Bauart ist kein Kühler vorhanden, es muß lediglich Kühlwasser nachgefüllt werden.

ECE test 0560

test CEE

Méthode d'essai appelée également „cycle européen“ et mise au point par la Commission Economique pour l'Europe.

Il s'agit d'un essai effectué en cycle urbain sur une distance de 4 km pendant 195 secondes à une vitesse moyenne de 18 km/h. Son but est de fixer les limites des émissions de CO, HC et NOx.

Europa-Test, ECE-Test

Von der europäischen Wirtschaftskommission verwendeter Test im Stadtzyklus auf einer 4 km-Strecke während 195 Sekunden bei einer mittleren Geschwindigkeit von 18 km/h.

Die Abgase dürfen die vorgeschriebenen Gewichtsmengen von CO, HC und NOx nicht überschreiten.

econometer 0561

économètre, ordinateur de bord

Mini-ordinateur monté sur le tableau de bord en position fixe ou pivotante. Il peut informer le conducteur sur la consommation momentanée en litres aux 100 km, la moyenne de consommation en litres aux 100 km pour le parcours accompli, la consommation d'essence en litres depuis le départ, la vitesse moyenne en km/h depuis le départ, le temps de parcours

Bordcomputer

Minicomputer, der am Armaturenbrett fest oder schwenkbar aufgestellt wird. Er gibt u.a. Aufschluß über den Momentanverbrauch in Litern pro 100 km, den Durchschnittsverbrauch in Litern pro 100 km für die gefahrene Strecke, den Benzinverbrauch in Litern seit Fahrtbeginn, die Durchschnittsgeschwindigkeit seit Fahrtbeginn in km/h, die Fahrzeit seit Fahrtbeginn in h/min und die Uhrzeit.

(le départ, le temps de parcours) depuis le départ en h/min ainsi que l'heure exacte.

(h/min und die Uhrzeit.)

econostat **0562**

éconostat, enrichisseur de pointe
Dispositif du carburateur servant à enrichir le mélange air-essence lorsque le véhicule roule à très vive allure.

Anreicherungssystem mit Anreicherungsrohr
Vergasereinrichtung zur Anreicherung des Kraftstoff-Luft-Gemisches bei hoher Fahrgeschwindigkeit.

eddy-current brake **0563**

frein Telma, ralentisseur électromagnétique
Des courants de Foucault sont induits dans un disque métallique solidaire de l'arbre de transmission et en rotation entre les deux pôles d'un électro-aimant. Ces courants induits provoquent dès lors le ralentissement du disque en s'opposant à la rotation de l'arbre de transmission.

Wirbelstrombremse, Telmabremse
Durch die zwei Pole eines Elektromagneten werden in einer rotierenden, auf der Kardanwelle sitzenden Bremsscheibe Wirbelströme induziert, welche die Scheibe abbremsen.

edge-type filter *(See Ill. 25 p. 315)* **0564**

aiguille-filtre, filtre-tige, filtre à tige cannelée, filtre de porte-injecteur
Filtre logé dans la tubulure raccord d'un porte-injecteur et permettant une dernière épuration du gas-oil par broyage des impuretés dans des cannelures avant qu'il ne parvienne à l'injecteur.

Stabfilter, stabförmiges Spaltfilter
Der Stabfilter ist im Druckrohrstutzen eines Düsenhalters untergebracht. Durch diesen letzten Filter werden die noch im Dieselkraftstoff enthaltenen Verunreinigungen durch die Filternuten zermahlen, ehe der Kraftstoff zur Einspritzdüse gelangt.

Edison accumulator = alkaline accumulator

Edison storage battery = alkaline accumulator

EFI-D = D-Jetronic

EFI-L = L-Jetronic

electric arc welding **0565**

soudure électrique à l'arc
Procédé de soudure par lequel un arc électrique est produit entre une électrode fournissant le métal d'apport et les éléments à assembler.

Lichtbogenschweißung, Elektrolichtbogenschweißung
Schweißverfahren, bei dem ein Lichtbogen zwischen dem von einer Elektrode gelieferten Zusatzwerkstoff und dem Grundwerkstoff gezogen wird.

electric car **0566**

automobile électrique
Véhicule dont la marche est assurée par des accumulateurs au plomb et des moteurs à courant continu. Les véhicules électriques sont dépourvus d'embrayage et de boîte de vitesses et l'énergie thermique qui se dégage lors du freinage est récupérée. Toutefois leur rayon d'action est limité à environ 70 km en raison de la faible capacité des accumulateurs qui doivent être rechargés par un chargeur stationnaire.

Elektrofahrzeug, Elektromobil
Durch Bleibatterien bzw. Gleichstrommotoren angetriebenes Fahrzeug. Elektrofahrzeuge besitzen keine Kupplung und kein Wechselgetriebe und nutzen die beim Bremsen entwickelte Wärme. Allerdings ist der Aktionsradius der Elektrofahrzeuge aufgrund der geringen Speicherkapazität der Bleiakkumulatoren auf ca. 70 km beschränkt. Die Akkumulatoren werden durch ein stationäres Ladegerät aufgeladen.

electric car antenna = power-operated car aerial

electric circuit **0567**

circuit électrique
Ensemble de conducteurs électriques formant un circuit fermé, alimenté par une source de tension et reliant des résistances ou autres consommateurs.

Stromkreis
Ein in sich geschlossenes Leitungssystem, das in seiner primitivsten Form aus Spannungsquelle, Widerständen und Stromverbrauchern sowie Leitungen besteht.

electric fan **0568**

moto-ventilateur, ventilateur électrique
Ventilateur entraîné par un moteur électrique. Ce dernier est lancé ou arrêté par un relais électrostatique soumis à un capteur de température se trouvant dans le moteur du véhicule ou dans le radiateur.

elektrisches Gebläse, Elektrolüfter
Von einem Elektromotor angetriebenes Gebläse. Der Elektromotor wird durch ein elektrostatisches Relais ein- und ausgeschaltet, das einem Temperaturfühler im Verbrennungsmotor oder im Kühler selbst untergeordnet ist.

electric fuel pump *(See Ill. 16 p. 180)* **0569**

pompe à essence électrique
Pompe à essence comportant un diaphragme à ressort de même qu'un clapet d'aspiration et un clapet de refoulement comme les pompes mécaniques.
Dès que le contact est mis, un solénoïde est excité. Il attire le diaphragme en vainquant l'action du ressort et le carburant est dès lors aspiré. Au terme de la course d'aspiration, deux contacts électriques s'ouvrent. Le solénoïde

elektrische Kraftstoffpumpe, Elektro-Kraftstoffpumpe
Kraftstoffpumpe mit einer federbelasteten Membran sowie einem Saug- und Druckventil wie die mechanisch angetriebenen Kraftstoffpumpen.
Nach Einschalten der Zündung wird ein Elektromagnet erregt, der gegen die Federkraft die Membran an sich zieht. Der Kraftstoff wird angesaugt. Am Ende des Saughubs werden zwei Kontakte getrennt. Der Erregerstrom wird unterbrochen, und die Rückzug-

(électriques s'ouvrent. Le solénoïde) est alors démagnétisé et le diaphragme, repoussé par le ressort en sens inverse, refoule l'essence. Les contacts se referment en fin de course de refoulement et le cycle recommence.

(wird unterbrochen, und die Rückzug-) feder drückt die Membran in die entgegengesetzte Richtung, so daß der Kraftstoff durch das Druckventil verdrängt wird. Gegen Ende dieses Druckhubs werden die Kontakte erneut geschlossen, und der Kreisprozeß fängt wieder an.

electric fuel-supply pump = electric fuel pump

electric lighter = cigar lighter

electric retarder = eddy-current brake

electric screen washer pump **0570**

pompe électrique de lave-glace
Pompe électrique qui puise un liquide de lavage dans un réservoir spécial pour en asperger le pare-brise via un tuyau de plastique et un paire de gicleurs.

elektrische Wascherpumpe
Elektrische Pumpe, die eine Scheibenwaschflüssigkeit aus einem Vorratsbehälter über einen Wascherschlauch und zwei Düsen auf die Windschutzscheibe spritzt.

electric storage battery = accumulator

electric vehicle = electric car

electrical circuit tester = voltage indicator

electrical dynamometer **0571**

frein magnétique
Dispositif conçu pour calculer la puissance d'un moteur par freinage de l'arbre moteur, l'effort retardateur étant obtenu par un électro-aimant.

elektrische Leistungsbremse
Meßvorrichtung zur Ermittlung der Leistung eines Motors nach dem Wirbelstromprinzip durch Abbremsen der Antriebswelle. Die Bremsverzögerung erfolgt mit Hilfe eines Elektromagneten.

electrically-operated cooling fan = electric fan

electrically-powered vehicle = electric car

electricians' screwdriver **0572**

tournevis d'électricien
Tournevis caractérisé par un manche plastique isolant et une lame gainée.

Elektriker-Schraubendreher
Schraubendreher mit Griff aus schlagfestem Kunststoff und Klingen-Isolierung nach VDE.

electrocoating **0573**

électrophorèse
Application par immersion d'un primaire d'une épaisseur de 0,02 à

Elektrophorese-Grundierung, Elektrophorese-Lackierung, Elektrotauchlackierung

(primaire d'une épaisseur de 0,02 à) 0,03 mm sur la coque. Ce primaire antirouille contient des particules de peinture diluées dans un solvant. Comme la coque se trouve insérée dans un circuit électrique par un système de câbles, elle est chargée de manière à attirer avec force toutes les particules de peinture, qui se déposent dès lors sur les surfaces métalliques même les plus inaccessibles. Cette application intervient généralement après la phosphatation et la passivation et elle est suivie par un rinçage et un séchage de la coque.
A noter que dans un bain anaphorétique, les particules de peinture ont une charge négative et la coque fait office d'anode, alors que dans un bain cataphorétique les particules de peinture ont une charge positive et c'est la coque qui sert de cathode.

(kierung)
Bei der Elektrophorese-Grundierung wird ein Rostprimer von 0,02 bis 0,03 mm Stärke durch Eintauchen der Rohkarosserie in ein Grundierbad aufgetragen. Dieser Rostprimer enthält Lackpartikeln, die in einem Lösungsmittel verdünnt sind. Nachdem die Rohkarosserie sich über Leitungen in einem elektrischen Stromkreis befindet, wird sie derart geladen, daß alle Lackpartikeln mit voller Kraft von den Metallteilen angezogen werden und sich auch in den schwer zugänglichen Hohlräumen abscheiden. Dieser Vorgang erfolgt im allgemeinen nach dem Phosphatieren bzw. Passivieren. Anschließend wird die Karosserie gespült und getrocknet. Bei der Anaphorese-Lackieung sind die Lackpartikeln negativ geladen und die Rohkarosserie liegt als Anode am Pluspol der Gleichstromanlage. Bei der Kataphorese-Lackierung ist es genau umgekehrt: die Lackpartikeln sind positiv geladen und die Rohkarosserie ist Kathode.

electrode burning **0574**

usure des électrodes
Augmentation de l'écartement des électrodes d'une bougie par suite d'usure provoquant des ratés d'allumage à haut régime.

Elektrodenabbrand
Vergrößerung des Elektrodenabstandes durch Abnutzung, die zu Zündaussetzern bei hohen Drehzahlen führt.

electrode erosion = electrode burning

electrode gap *(See Ill. 32 p. 425)* **0575**

écartement des électrodes, distance explosive, écart de pointes
Dans les moteurs courants à allumage delco, l'écartement des électrodes de bougie varie de 0,6 à 1,1 mm.
Les électrodes d'une bougie d'allumage sont fortement sollicitées tant sur le plan chimique par des gaz agressifs et des résidus de combustion que sur le plan

Elektrodenabstand, Funkenstrecke
Bei den üblichen Fahrzeugmotoren mit Batteriezündung beträgt der Elektrodenabstand einer Zündkerze 0,6 bis 1,1 mm. Die Zündkerzenelektroden werden chemisch durch Verbrennungsgase, elektrisch durch Funkenerosion und vor allen Dingen thermisch durch Abbrand sehr hoch beansprucht. Der Zündfunken ist nämlich auf eine winzige Stelle konzentriert, an der Elek-

(de combustion que sur le plan) électrique et thermique par suite d'usure due à l'action érosive de l'étincelle. Celle-ci est en effet concentrée sur un espace extrêmement réduit, ce qui provoque à la longue une perte de matière d'électrode par fusion. Ainsi la distance explosive entre les électrodes se creuse et peut aboutir à un affaiblissement très important de l'étincelle de même qu'à des ratés d'allumage surtout dans les accélérations brusques et dans les plages de haut régime-moteur.
En revanche, l'écartement des électrodes ne peut pas non plus être trop étroit, car il faut que puisse jaillir une étincelle longue et vigoureuse, capable d'enflammer complètement la veine gazeuse. Si l'écartement est insuffisant, le moteur ne tournera pas rond, sa puissance diminuera, des claquements pourront se produire de même que des ratés de combustion. En hiver, il est parfois recommandé de réduire l'écartement de 0,1 mm pour favoriser les départs à froid. Il est aussi conseillé de se servir d'une jauge en fil rond plutôt que d'un canif à lames pour contrôler l'écartement, car les électrodes se creusent. Cette vérification se fera selon les consignes données par le constructeur au moins tous les 5.000 km.

(zige Stelle konzentriert, an der Elek-) trodenwerkstoff durch Abschmelzen verlorengeht. Auf diese Weise vergrößert sich im Betrieb der Elektrodenabstand, was zu einer schwachen Funkenbildung und Zündaussetzern vor allem bei plötzlicher Beschleunigung und im Bereich hoher Drehzahlen führen kann. Zum andern soll der Elektrodenabstand auch nicht zu klein sein, damit ein langer und kräftiger Zündfunken an den Elektroden überschlägt und zur vollständigen Entzündung des brennfähigen Gemisches ausreicht.
Bei zu kleinem Elektrodenabstand läuft der Motor unruhig, seine Leistung läßt nach, und es kommt zu Verbrennungsaussetzern. Bei strenger Kälte im Winter empfiehlt es sich, eventuell den Abstand um 0,1 mm zu verengen, um den Kaltstart zu verbessern. Ebenso ist es ratsamer, den Elektrodenabstand mittels einer Zündkerzenlehre aus rundem Meßdraht als mit der Blattlehre nachzuprüfen bzw. nachzustellen. Dies soll nach Herstellervorschrift mindestens alle 5.000 km geschehen.

electrode separation = electrode gap

electrode spacing = electrode gap

electrogalvanizing **0576**

galvanisation électrolytique, electrozingage, zingage électrolytique
Dépôt électrolytique d'une couche de zinc sur les métaux, principalement l'acier, en guise de protection contre la corrosion.

elektrolytisches Verzinken, galvanisches Verzinken
Überziehen von Metall, besonders Stahl, mit einer Zinkschicht als Korrosionsschutz durch elektrolytische Abscheidung.

electrolysis 0577

électrolyse
Décomposition chimique d'un électrolyte parcouru par un courant électrique continu, ce qui a pour effet de transformer de l'énergie électrique en énergie chimique.

Elektrolyse
Zersetzung von Elektrolyt in seine Hauptbestandteile mit Hilfe von Gleichstrom, so daß elektrische Energie in chemische Energie umgewandelt wird.

electrolyte 0578

électrolyte
Corps qui, en solution aqueuse, devient conducteur de courant électrique.

Elektrolyt
Stoff, der nach seiner Auflösung in Wasser den elektrischen Strom leitet.

electrolyte cell = accumulator cell

electrolyte density = acid density

electrolyte level = acid level

electrolyte specific gravity = acid density

electrolyte strength = acid density

electrolytic copper 0579

cuivre électrolytique
Cuivre le plus pur obtenu par affinage électrolytique et qui est utilisé notamment pour la confection de câbles et fils électriques en raison de son excellente conductibilité.

Elektrolytkupfer
Elektrolytisch gewonnenes reinstes Kupfer, das aufgrund seines hohen elektrischen Leitvermögens für Stromleitungen verwendet wird.

electromagnet = solenoid

electro-magnetic valve = solenoid-operated valve

electromagnetically-coupled fan 0580

ventilateur à embrayage électromagnétique
Ventilateur embrayé par des électro-aimants, qui sont eux-mêmes enclenchés par des sondes de température du système de refroidissement à un température avoisinant les 85° C. Ils sont à nouveau déclenchés lorsque la température diminue d'environ 10° C.

Elektromagnet-Lüfter
Lüfter, der durch Elektromagnete zugeschaltet wird. Diese werden über Temperaturfühler im Kühlsystem bei einer Temperatur von ca. 85° C eingeschaltet und bei ca. 75° C wieder ausgeschaltet.

electromobile = electric car

electronic advance unit 0581

avance à l'allumage électronique
Dispositif électronique conçu pour faire varier le point d'allumage selon un programme établi pour chaque moteur.

elektronische Zündverstellung
Elektronische Anlage zur Verstellung des Zündzeitpunktes aufgrund eines für den jeweiligen Motor ausgearbeiteten Programms.

electronic antenna (US) 0582

antenne électronique
Antenne garantissant une très bonne réception et alimentée par le courant de batterie, car elle fonctionne avec un amplificateur. Elle s'adapte à presque tous les types de voiture et ne doit pas être déployée.

elektronische Antenne
Antenne mit hoher Empfangsleistung, die mit Batteriestrom gespeist wird; denn sie arbeitet mit einem Verstärker. Die elektronische Antenne paßt beinahe an jedes Auto und wird weder ein- noch ausgefahren.

electronic aerial (GB) = electronic antenna

electronic control unit *(See Ill. 16 p. 180)* 0583

unité de commande électronique, calculateur électronique, boîtier électronique, bloc électronique, module électronique
Unité de commande équipant les systèmes antiblocage de freins, les systèmes d'injection et d'allumage électroniques, etc. Elle reçoit des informations prélevées par des capteurs, les interprète et prend des décisions en émettant, à la sortie, des signaux de commande. L'alimentation se fait par la batterie et une mise à la masse est prévue.

elektronisches Steuergerät, elektronische Steuereinheit
Steuergerät bei Antiblockiereinrichtungen, Einspritzsystemen, Transistorzündungen usw. Es erhält Informationen über Sensoren, verarbeitet und wertet diese Sensorsignale aus und führt Entscheidungen sowie Befehle durch Steuersignale aus. Das Steuergerät wird von der Autobatterie gespeist und hat eine Masseverbindung.

electronic ignition system 0584

allumage électronique
L'allumage électronique fournit une tension d'allumage plus élevée et mieux répartie dans toutes les plages du régime moteur. De surcroît les grains de contact soumis à un courant de commande plus faible s'usent beaucoup moins vite.

elektronische Zündanlage, Halbleiterzündsystem, Halbleiterzündung
Das elektronische Zündsystem gewährleistet eine gleichmäßige und höhere Zündspannung über den gesamten Drehzahlbereich. Außerdem werden die Unterbrecherkontakte aufgrund des schwachen Steuerstroms weitgehend geschont.

electronic rotational-speed limiter 0585

limiteur de régime électronique
Dispositif électronique qui se branche entre le distributeur haute

elektronischer Drehzahlbegrenzer
Elektronikteil zwischen Zündverteiler und Zündspule, der den Motor vor

(branche entre le distributeur haute) tension et la bobine d'allumage; il a pour but de protéger le moteur des surrégimes accidentels. Ce système agit par suppression de la surtension primaire et, de ce fait, de la haute tension secondaire à l'approche du régime critique. A partir d'un régime déterminé, les étincelles cessent de se produire progressivement jusqu'à suppression totale de l'allumage.

(und Zündspule, der den Motor vor) überhöhten Drehzahlen schützt. Mit dieser Vorrichtung wird bei Annäherung der kritischen Drehzahl die primäre Überspannung und folglich die Zündspannung unterdrückt. Ab einer bestimmten Drehzahl unterbleiben die Zündfunken nach und nach, bis keine Zündung mehr erfolgt.

electronic rpm limiter = electronic rotational speed-limiter

electronic tachometer **0586**

compte-tours électronique

Compte-tours branché sur le circuit d'allumage et exploitant le nombre des impulsions de haute tension destinées aux bougies d'allumage.

elektronischer Drehzahlmesser

Drehzahlmesser, der die Steuerimpulse des Sekundärstromkreises in der Zündanlage zur Messung der Motordrehzahl verwendet.

electronic wiper-washer assembly **0587**

essuie-glace/lave-glace électronique, essuie-vitre/lave-vitre électronique

Dispositif électronique grâce auquel la pompe à eau du système essuie-glace/lave-glace est mise en branle par un générateur d'impulsions. Les séquences de lavage, d'essuyage et d'arrêt des essuie-glace se déroulent dès lors en cycle automatique.

Wisch-Wasch-Elektronik

Elektronische Anlage, bei der die Wasserpumpe mit Hilfe eines Impulsgebers betätigt wird. Die anschließenden Arbeitsgänge des Waschprogramms Waschen, Wischen, Trockenwischen und Abschalten der Scheibenwischer laufen automatisch ab.

electronically controlled carburetor (US) **0588**

carburateur à régulation électronique

Carburateur combiné avec une sonde lambda, qui évalue la teneur en oxygène des gaz d'échappement. Un régulateur électronique compare la valeur relevée avec le point de consigne, déchlenche des signaux pour maintenir le lambda aux environs de 1,00 et reçoit en outre des informations sur la position du papillon des gaz. Il peut ainsi agir sur la masse d'air traversant le carburateur en procédant aux corrections nécessaires.

elektronisch geregelter Vergaser

Bei dieser Vergaserbauart wird der Sauerstoffanteil im Abgas mittels einer Lambda-Sonde ermittelt. Ein elektronischer Regler (Steuergerät) vergleicht den gemessenen Wert mit dem Sollwert und löst Signale aus, die die Luftzahl beeinflussen. Er erhält außerdem Informationen über die Drosselklappenstellung, so daß er eine Korrektur des Luftverhältnisses bewirkt.

electronically controlled carburettor (GB) = electronically controlled carburetor electronically-controlled gasoline injection = electronically-controlled fuel injection

electronically-controlled fuel injection *(See Ill. 16 p. 180)* **0589**

injection d'essence à commande électronique
Système d'injection fonctionnant sans pompe d'injection, le carburant étant refoulé directement vers des injecteurs à commande électromagnétique sous une pression de 2 bars. C'est un calculateur électronique qui détermine le temps d'ouverture des injecteurs en fonction des conditions de travail qui lui sont signalées.

elektronisch gesteuerte Benzineinspritzung
Benzineinspritzanlage ohne Einspritzpumpe. Der Kraftstoff wird mittels einer elektrischen Förderpumpe unter einem Druck von 2 atü an die Elektroeinspritzventile gefördert. Die Öffnungszeit der Einspritzventile bestimmt ein elektronisches Steuergerät aufgrund der herrschenden Betriebsbedingungen.

electrophoresis = electro-coating

emergency brake = hand brake

emergency flasher system **0590**

centrale de clignotants pour signal de détresse
Dispositif grâce auquel les quatre feux clignotants du véhicule fonctionnent en même temps afin d'indiquer la position du véhicule accidentellement immobilisé et pouvant constituer un danger pour la circulation routière.

Warnblinkanlage, Rundumlicht
Mit dieser Vorrichtung leuchten die vier Blinklichter von liegengebliebenen Fahrzeugen auf, die den Verkehr gefährden können.

emergency four-way flasher system = emergency flasher system

emergency plastic windshield **0591**

pare-brise de secours
Pare-brise de fortune en matière plastique semi-rigide. Fixation par attache-tendeur sur traverses télescopiques permettant le fonctionnement des essuie-glace. D'autres modèles sont appliqués par collage autour de la baie de pare-brise.

Ersatz-Windschutzscheibe
Frontscheibe aus halbstarrem Kunststoff, die auf zusammenschiebbaren Querrohren bzw. mit Hilfe von Spannern befestigt wird und die Betätigung der Scheibenwischer ermöglicht. Andere Ausführungen werden aufgeklebt.

emission control carburetor = tamper-proof carburetor

empty weight **0592**

poids à vide en ordre de marche
Poids du véhicule à vide en ordre de marche, y compris l'outillage de bord et l'équipement embarqué complet.

Leergewicht
Gewicht des betriebsfertigen Fahrzeuges mit dem Bordwerkzeug einschließlich aller mitgeführten Ausrüstungsteile.

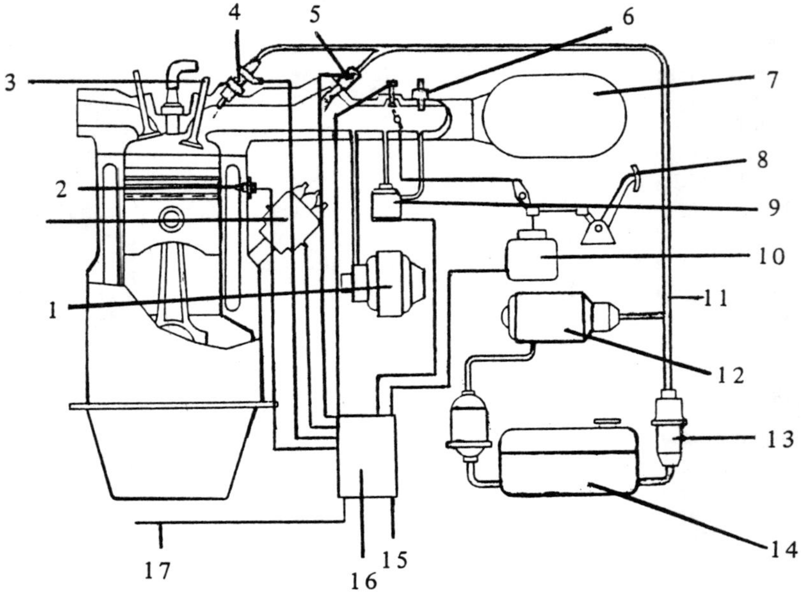

Ill. 16: electronically-controlled fuel injection **(0589)**

1 ignition distributor
2 thermo-time switch
3 inlet valve
4 solenoid-operated injector
5 start-valve
6 air-temperature sensor
7 air filter
8 gas pedal
9 auxiliary-air device
10 throttle valve switch
11 fuel line
12 electric fuel pump
13 fuel pressure regulator
14 fuel tank
15 ground return
16 electronic control unit
17 battery voltage

emulsion pipe = emulsion tube

emulsion tube 0593

tube d'émulsion
Pièce du bloc principal d'un carburateur plongée dans un puits de garde rempli d'essence. Elle est pourvue d'orifices d'émulsionnage qui sont dénoyés progressivement à mesure que le régime augmente et que le niveau de carburant baisse dans le puits.

Mischrohr
Teil des Hauptdüsensystems in einem Vergaser, der in einen Schacht eingetaucht ist. Er ist mit Bremsluftlöchern versehen, die bei zunehmender Motordrehzahl bzw. sinkendem Kraftstoffspiegel nach und nach frei werden.

end-point voltage = cutoff voltage

energized current = exciting current

energy-cell diesel engine = air-cell diesel engine

engaging lever *(See Ill. 30 p. 398)* 0594

fourchette de lanceur, fourchette de commande, levier d'engagement, levier de commande positive
Dans un démarreur à pré-engagement, la fourchette subit l'action d'un solénoïde et déplace le pignon vers la couronne dentée.
Dans le démarreur „Compact Power" de Ducellier, la fourchette classique est remplacée par une fourchette plate élastique.

Einrückhebel, Einspurhebel
In einem Schubschraubtriebanlasser wird der Einrückhebel vom Magnetschalter betätigt und verschiebt das Ritzel in den Zahnkranz.
Im Compact-Power-Starter von Ducellier ist der herkömmliche Einrückhebel durch einen flachen, elastischen Hebel ersetzt worden.

engine *(See Ill. 17 p. 182)* 0595

moteur
En règle générale, le moteur d'un véhicule se compose de parties fixes (carter, cylindre, culasse), d'un équipage mobile (piston, bielle, vilebrequin) et d'autres organes fonctionnels.
Les données du moteur sont la course, l'alésage, la cylindrée totale, la chambre de compression, le rapport volumétrique de compression, le travail, la puissance fiscale ou administrative, la puissance réelle ou effective, la mesure de puissance selon DIN, SAE, ISO, le couple et le rapport puissance-poids.

Motor, Kraftfahrzeugmotor
Im allgemeinen besteht der Motor eines Kraftfahrzeuges aus feststehenden Teilen (Gehäuse, Zylinder, Zylinderkopf), aus beweglichen Teilen (Kolben, Pleuelstange, Kurbelwelle) sowie aus weiteren Funktionsorganen.
Die Motorkennlinien sind der Kolbenhub, die Zylinderbohrung, der Gesamthubraum, der Verdichtungsraum, das Verdichtungsverhältnis, die Innenleistung (indizierte Leistung), die Steuerleistung, die Nutzleistung, die DIN-PS, die SAE-HP, die ISO-Messung, das Drehmoment und das Leistungsgewicht.
Die Innenleistung ist die durch den

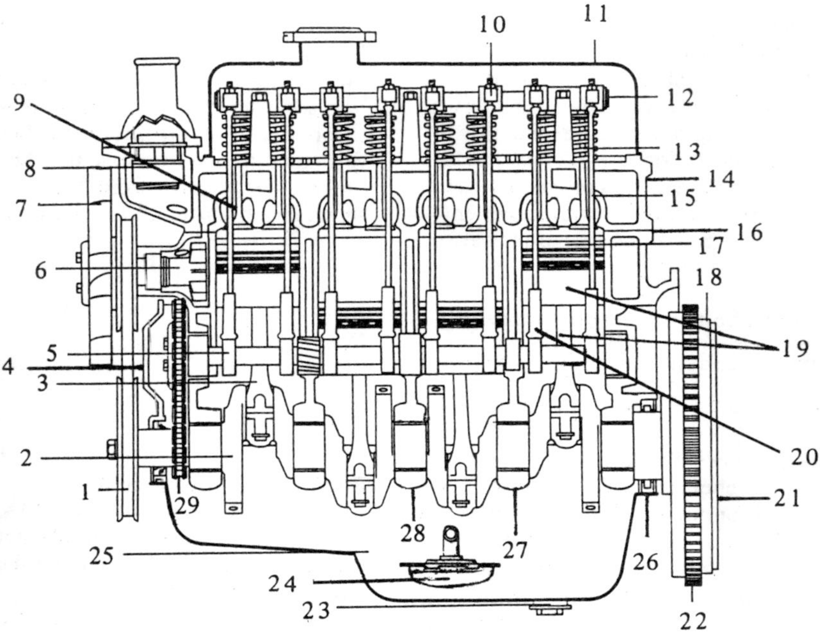

Ill. 17: engine **(0595)**

1 crankshaft pulley
2 crankshaft
3 connecting rod
4 timing gear case
5 camshaft
6 water pump
7 fan
8 thermostat
9 valve
10 rocker arm
11 rocker cover
12 rocker shaft
13 valve spring
14 cylinder head
15 valve push rod
16 cylinder head gasket
17 piston
18 flywheel
19 crankshaft drive
20 valve tappet
21 flywheel face
22 starter ring gear
23 oil sump plug
24 oil pump strainer
25 crankcase bottom half
26 crankshaft oil seal
27 crankshaft bearing
28 crankshaft central bearing
29 timing chain

(puissance-poids.)
Le travail est constitué par la force fournie par le piston subissant la pression des gaz.
La puissance fiscale est calculée d'après la formule $P = m\ (0{,}0458\ \frac{C}{K})$ 1.48 pour servir de base à l'imposition fiscale.
La puissance réelle est la puissance retransmise effectivement par le moteur à combustion à l'embrayage. Elle est toujours indiquée en relation avec le régime correspondant. Dans le cas de la mesure selon DIN, tous les dispositifs auxiliaires du moteur se trouvant en état de marche dans la circulation (radiateur, ventilateur, filtre à air et ligne d'échappement) doivent être en place, étant entendu que le carburateur et le point d'allumage soient réglés en vue du fonctionnement du moteur en circulation.
Contrairement à la mesure de puissance en ch DIN, on fait abstraction, dans la mesure selon SAE, des dispositifs auxiliaires qui absorbent une partie de la puissance du moteur. Attendu que la puissance absorbée par chacun des dispositifs auxiliaires est variable, il n'y a aucune formule de conversion de SAE-HP en ch DIN.
La mesure de puissance selon ISO est identique à la mesure selon DIN, à cela près que l'unité de mesure s'exprime en kW.
Dans la mesure de puissance selon CUNA, le moteur placé sur banc d'essai tourne sans filtre à air et sans échappement, la température de l'air étant de + 15° C. Les autres conditions sont semblables à celles de la mesure de puissance selon DIN.
Le couple est la force de rotation appliquée par le piston sur le vilebrequin par l'intermédiaire de

(Die Innenleistung ist die durch den) Verbrennungsdruck an die Kolben abgegebene Leistung. Die Steuerleistung wird nach deutscher Steuerformel aufgrund des Hubraumes errechnet. Die Nutzleistung ist die vom Verbrennungsmotor abgegebene nutzbare Dauerleistung an die Kupplung. Sie wird stets in Verbindung mit der zugehörigen Drehzahl in U/min angegeben.
Bei der DIN-Leistungsmessung werden alle Hilfseinrichtungen berücksichtigt, die zu einem serienmäßigen Verbrennungsmotor im betriebsfertigen Zustand gehören wie z.B. Kühlung, Gebläse, Luftfilter und Auspuffanlage, wobei Vergaser und Zündzeitpunkt entsprechend eingestellt sind.
Im Gegenteil zur DIN-Leistungsmessung werden bei den SAE-HP die Hilfseinrichtungen, die einen Teil der Motorleistung aufnehmen, abgezogen. Nachdem der Leistungsbedarf für jedes Aggregat veränderlich ist, können SAE-HP nicht in DIN-PS umgerechnet werden. Die SAE-HP liegen meist 10–25% über den DIN-PS. Die ISO-Leistungsmessung ist der DIN-Messung ähnlich. Lediglich wird die Meßeinheit in kW ausgedrückt.
Bei der CUNA-Leistung läuft der Motor auf dem Prüfstand ohne Luftfilter und Schalldämpfer bei einer Lufttemperatur von + 15° C. Sonst sind die Prüfbedingungen ähnlich denjenigen der DIN-Leistung.
Das Drehmoment ist die vom Kolben ausgeübte Drehkraft auf die Kurbelwelle über die Pleuelstange.
Der Quotient aus dem Gewicht des trockenen Motors und der Motorhöchstleistung, das meist in kg/kW angegeben wird, stellt das Leistungsgewicht dar.

(vilebrequin par l'intermédiaire de) la bielle.
Le rapport puissance/poids est celui existant entre le poids du moteur sec et la puissance maximale de ce moteur. Il s'exprime généralement en kg/kW.

engine block = cylinder block

engine brake 0596

frein-moteur ralentisseur
Grâce à la mise en place d'un clapet dans la tubulure d'échappement, le moteur peut dans les longues descentes servir de frein d'appoint en travaillant en compresseur d'air.

Motorbremse, Talfahrtbremse, Auspuffbremse, Motor-Staudruckbremse
Durch den Einbau einer Auspuffklappe in Motornähe kann der Motor bei einer längeren Talfahrt als Zusatzbremse dienen. Er arbeitet dann als Verdichter.

engine braking = overrun

engine case = crankcase

engine compartment 0597

compartiment moteur
Espace recouvert d'un capot et réservé au moteur de l'automobile.

Motorraum
Von einer Haube abgedeckter Raum zur Unterbringung des Fahrzeugmotors.

engine compression ratio = compression ratio

engine idling = idle running

engine lubricating oil = engine oil

engine oil 0598

huile moteur
L'huile moteur a pour but d'empêcher la friction sèche de pièces glissant l'une sur l'autre, de dissiper la chaleur résultant du frottement et d'évacuer les résidus de combustion.

Motor(en)öl, Motorenschmieröl
Aufgabe des Motorenöls ist es, die trokkene Reibung von aufeinander gleitenden Flächen zu verhüten sowie die bei der Reibung entstehende Wärme und die Verbrennungsrückstände abzuführen.

engine oil consumption = oil consumption

engine with opposed cylinders = flat engine

engine speed 0599

régime du moteur, fréquence de rotation
Nombre de tours d'un vilebrequin

Kurbelwellendrehzahl, Motordrehzahl, Drehfrequenz
Anzahl der Umdrehungen einer Kur-

(Nombre de tous d'un vilebrequin) (abre moteur) en une minute.

(Anzahl der Umdrehungen einer Kur-) belwelle (Antriebswelle) in einer Minute.

engine shaft = central power-engine shaft

engine sub-frame = sub-frame

engine timing mark = rotating timing mark/fixed timing mark

engine torque **0600**

couple moteur
Force déployée par le moteur dans un effort instantané.

Motordrehmoment
Die vom Motor zu einem bestimmten Zeitpunkt entwickelte Kraft.

engine underframe = sub-frame

engine water jacket = water galleries

enveloping worm **0601**

vis globique
Vis d'un engrenage à vis sans fin dont les filets disposés sur une portion de tore agissent simultanément sur le même nombre de dents d'un secteur denté.

Globoidschnecke
Endlose Schraube eines Schneckengetriebes, deren Schneckengänge so ausgebildet sind, daß sie über die ganze Länge der Schnecke mit der gleichen Anzahl Zähne eines Zahnsegments gleichzeitig im Eingriff stehen.

EP additive **0602**

additif extrême pression
Additif pour l'amélioration du pouvoir lubrifiant d'une huile dans les parties très sollicitées d'un moteur ainsi que dans la pignonnerie.

EP-Additiv, Hochdruckzusatz, Extreme-Pressure-Zusatz
Wirkstoff zur Verbesserung der Schmierfähigkeit eines Öls an hochbeanspruchten Motorenteilen sowie in Getrieben.

epicyclic gear = planetary transmission

epoxy resin **0603**

résine époxy
Résine résultant de la condensation d'épichlorhydrine avec des polyphénols. Elle sert notamment de matière première dans la fabrication de peintures pour carrosserie très résistantes.

Epoxidharz
Kunststoff, der durch Kondensation von Epichlorhydrin mit mehrwertigen Phenolen (Polyphenolen) hergestellt wird. Er dient als Lackrohstoff zur Herstellung von hochbeständigen Überzügen.

equilizing gear = differential

estate car (GB) = station wagon

ethanediol = ethylene glycol

ethylene glycol 0604

éthylèneglycol, glycol, éthanediol
Dialcool utilisé notamment comme antigel.

Äthylenglykol, Glykol
Zweiwertiger Alkohol, der u.a. als Gefrierschutzmittel verwendet wird.

ethyne = acetylene

evaporator 0605

évaporateur
Elément d'une installation d'air conditionné ou d'une installation similaire de fourgon frigorifique. Il contient le fluide frigorigène (fréon) comprimé et refoulé par le compresseur.

Verdampfer
Hauptteil in einer Klimaanlage bzw. in der Kühlanlage eines Kühlwagens. Im Verdampfer befindet sich das gasförmige Kältemittel (Freon), das durch den Kältekompressor verdichtet wird.

excess-air factor = air ratio

excess pressure 0606

surpression
Excès de pression par rapport à la pression atmosphérique.

Überdruck
Druck über dem Atmosphärendruck.

excitation winding = exciting winding

exciter coil = exciting winding

exciter diode = control diode

exciting current 0607

courant d'excitation
Courant continu qui, dans une dynamo ou un alternateur, parcourt les enroulements d'excitation d'une bobine et crée ainsi un champ magnétique.

Erregerstrom
Gleichstrom, der bei Gleichstrom- oder Drehstromlichtmaschinen die Erregerwicklungen einer Magnetspule durchfließt und somit ein magnetisches Feld erzeugt.

exciting winding 0608

enroulement d'excitation
Enroulement parcouru par un courant électrique qui donne naissance à un champ magnétique.

Erregerwicklung
Stromdurchflossene Wicklung, in der ein Magnetfeld erzeugt wird.

exhaust 0609

échappement
Expulsion cyclique, dans l'atmosphère, de gaz ou de vapeurs d'échappement provenant respectivement de moteurs à explosion ou de machines à vapeur.

Auspuff
Periodischer Ausstoß von Abgasen oder Abdämpfen aus Verbrennungsmotoren bzw. Dampfmaschinen in die Außenluft.

exhaust brake = engine brake

exhaust cam **0610**

came d'échappement
Came servant à la commande des soupapes d'échappement.

Auslaßnocken
Nocken zur Steuerung der Auslaßventile.

exhaust decarbonisation **0611**

décalaminage de l'échappement
Elimination du dépôt de calamine dans la ligne d'échappement qui s'impose tout particulièrement pour les moteurs deux temps.

Auspuffreinigung
Entfernung des Rußansatzes aus der Auspuffanlage vor allem bei Zweitaktmotoren.

exhaust fumes = exhaust gas

exhaust gas *(See Ill. 18 p. 206)* **0612**

gaz d'échappement, gaz brûlés
Gaz résultant de la combustion. Ils contiennent de l'oxyde de soufre, du dioxyde de carbone, de la vapeur d'eau, du monoxyde de carbone, des oxydes d'azote ainsi que des hydrocarbures imbrûlés et du plomb.
La coloration des gaz d'échappement peut révéler un fonctionnement erratique du moteur.
Des gaz d'échappement noirâtres, dégageant une odeur pénétrante et lacrymogène, sont l'indice d'une combustion incomplète d'un mélange carburé trop riche. Le défaut est dans ce cas à rechercher dans le filtre à air, dont la cartouche est colmatée et limite ainsi le passage de l'air vers le carburateur, ou dans le carburateur, dont la cuve pourrait être noyée.
Les gaz d'échappement à fumée bleuâtre sentent l'huile brûlée et révèlent une surconsommation d'huile due à des cylindres usés, à un manque d'étanchéité des pistons et des segments ou à un fonctionnement défectueux des soupapes.

Abgas, Auspuffgas, Motorauspuffgas
Gase, die sich aus der Verbrennung des Kraftstoffes ergeben. Abgase enthalten Schwefeloxide, Kohlendioxid, Wasserdampf, Kohlenmonoxid, Stickoxide sowie unverbrannte Kohlenwasserstoffe und Blei.
Die Beschaffenheit der Abgase kann über eventuelle Störungen im Motor Aufschluß geben.
Schwärzliche Gase, die stark riechen und etwa wie Tränengas wirken, lassen auf die unvollständige Verbrennung eines überfetteten Kraftstoff-Luftgemisches schließen. Der Fehler liegt dann im Luftfilter oder im Vergaser. Bei zugesetztem Filtereinsatz wird der Luftdurchsatz zum Vergaser gedrosselt, und der Kraftstoffanteil im Gemisch nimmt zu. Es kann aber auch einen Kraftstoffüberschuß in der Schwimmerkammer des Vergasers geben.
Bläuliche Gase dagegen riechen nach verbranntem Öl. Sie deuten auf einen übermäßigen Ölverbrauch, der auf verschlissene Zylinder, undichte Kolben oder Kolbenringe oder mangelhafte Ventile zurückzuführen ist.

exhaust-gas analyzer **0613**

contrôleur de gaz d'échappement, analyseur de gaz d'échappement
Appareil de mesure permettant de contrôler le réglage du carburateur. Les contrôleurs de gaz d'échappement sont soit des contrôleurs thermiques de CO, soit des analyseurs à rayons infrarouges. L'analyseur à rayons infrarouges est très précis, car il mesure uniquement la teneur réelle en CO. En revanche, le contrôleur thermique de CO ne mesure pas seulement la teneur en CO, car il peut être influencé par d'autres composants tels que l'hydrogène, l'oxygène, le bioxyde de carbone de même que les hydrocarbures non brûlés, ce qui peut fausser le résultat affiché.

Abgastester, Abgasanalysator
Meßgerät, das genau Aufschluß gibt über die Vergasereinstellung. Abgastester arbeiten nach dem Wärmeleitverfahren, dem Wärmetönungsverfahren oder dem Infrarotverfahren.
Der Infrarot-Abgasanalysator arbeitet äußerst genau; denn er erfaßt nur den wirklichen CO-Anteil. Die Abgastester nach dem Wärmeleit- bzw. Wärmetönungsverfahren erfassen nicht nur den CO-Gehalt der Abgase, sondern auch weitere Anteile wie Wasserstoff, Sauerstoff, Kohlendioxid und unverbrannte Kohlenwasserstoffe, so daß die Anzeige irreführend sein könnte.

exhaust gas-driven turbo-charger = exhaust turbo-charger

exhaust-gas purification = exhaust-pollution reduction

exhaust gas temperature **0614**

température des gaz d'échappement
Dans les moteurs à essence, la température des gaz d'échappement à la sortie de la ligne s'élève à 700–900° C à pleine charge, alors qu'au ralenti elle est de l'ordre de 300 à 500° C.
En revanche cette température n'est que de 500 à 600° C dans les moteurs diesel à pleine charge; au ralenti elle chute à 200–300° C.

Abgastemperatur
Benzinmotor: Bei Vollast stellt sich die Temperatur der aus der Auspuffanlage austretenden Abgase auf 700 bis 900° C, bei Leerlauf dagegen auf 300 bis 500° C.
Dieselmotor: Bei Vollast 500 bis 600° C; im Leerlauf 200–300° C.

exhaust gas turbine **0615**

turbine à gaz d'échappement
Turbine de turbocompresseur entraînée par les gaz d'échappement.

Abgasturbine
Turbine, die bei der Turboaufladung von den Abgasen angetrieben wird.

exhaust manifold **0616**

collecteur d'échappement, coude d'échappement, pipe d'échappement
Tuyauterie qui recueille les gaz brûlés à leur sortie des cylindres.

Auspuffkrümmer, Auspuffsammler, Auspuffkopf, Abgasrohrkrümmer
Sammelrohr zur Abführung der Abgase aus den Zylindern.

exhaust muffler (US) = exhaust silencer

exhaust passage *(See Ill. 18 p. 206)* **0617**

chapelle d'échappement
Evidement côté moteur relié au collecteur d'échappement.

Auslaßkanal
Aussparung auf Motorseite, die mit dem Auspuffkrümmer verbunden ist.

exhaust-pollution reduction **0618**

dépollution des gaz d'échappement
Réduction des substances nocives que recèlent les gaz d'échappement de véhicules automobiles. Celles-ci sont pour l'essentiel le monoxyde de carbone CO, les hydrocarbures HC, les oxydes d'azote NOx ainsi que les résidus du plomb tétraéthyle TEL utilisé comm antidétonant.
Pour combattre la pollution causée par les gaz d'échappement plusieurs mesures ont été envisagées.

1. Configuration de la chambre de combustion et du piston favorisant la combustion complète du mélange carburé, disposition judicieuse des bougies, charge stratifiée, etc.
2. Injection d'essence, amélioration du mélange carburé, recours aux carburateurs antipollution.
3. Réglage de l'allumage avec avance et retard.
4. Mise en place de dispositifs antipollution au niveau de l'échappement.

Abgasentgiftung, Abgasreinigung
Herabsetzung des Gehalts an schädlichen Abgasbestandteilen in den Kraftfahrzeugen. Diese Schadstoffe sind Kohlenmonoxid CO, Kohlenwasserstoffe HC, Stickoxide NOx sowie auch Rückstände des Antiklopfmittels Tetraäthylblei TEL.
Zur Abgasentgiftung wurden verschiedene Maßnahmen ergriffen.

1. Verbrennungsfördernde Gestaltung des Bremmraums und des Kolbens, günstige Anordnung der Zündkerzen, Schichtladung usw.
2. Benzineinspritzung, verbesserte Gemischaufbereitung, Einsatz von Abgasvergasern.
3. Zündungseinstellung mit Früh- und Spätzündung.
4. Einbau von entsprechenden Vorrichtungen im Auspuffsystem.

exhaust port **0619**

lumière d'échappement
Orifice d'échappement des gaz brûlés dans les moteurs sans soupapes.

Auspuffschlitz
Öffnung für den Austritt von verbrannten Gasen bei ventillosen Motoren.

exhaust silencer (GB) **0620**

pot d'échappement, pot de détente
Pièce de la ligne d'échappement dans laquelle les gaz brûlés se détendent.

Abgasschalldämpfer, Schalldämpfer, Auspufftopf
Teil der Auspuffanlage, in dem die Abgase entspannt werden.

exhaust stroke *(See Ill. 18 p. 206)* 0621

course d'expulsion, temps d'échappement

Quatrième phase du cycle à quatre temps. Le piston se trouvant au point mort bas, la soupape d'échappement s'ouvre et les gaz brûlés sont expulsés par le piston qui reprend sa course ascendante. Le vilebrequin accomplit quant à lui une demi-rotation.

Ausschiebetakt, Auslaßhub, Auspuffhub, Ausstoßtakt, Auspufftakt

Vierter Takt des Viertaktverfahrens. Der Kolben ist beim unteren Totpunkt angelangt. Das Auslaßventil öffnet, und die verbrannten Gase werden durch den sich aufwärts bewegenden Kolben ausgeschoben. Die Kurbelwelle dreht sich dabei um 180°.

exhaust system 0622

système d'échappement, ligne d'échappement

Dispositif dans lequel se détendent les gaz brûlés à leur sortie des cylindres avant d'être évacués dans l'atmosphère, ce qui contribue à rendre leur échappement moins bruyant. La ligne d'échappement comporte un collecteur d'échappement au départ des cylindres, le tuyau d'échappement ainsi que le ou les pots d'échappement s'intercalant dans la tuyauterie.

Auspuffanlage, Abgasanlage

Vorrichtung, in welcher der Druck der Abgase bei deren Austritt aus den Zylindern entspannt wird, bevor sie in die Atmosphäre gelangen und somit das Auspuffgeräusch vermindert wird. Die Auspuffanlage besteht aus einem sich an die Zylinder anschließenden Auspuffkrümmer, aus einer Auspuffleitung sowie aus einem oder mehreren in der Auspuffleitung eingefügten Auspufftöpfen (Vor- und Nachschalldämpfern).

exhaust turbocharger 0623

turbocompresseur à gaz d'échappement

Dans le turbocompresseur à gaz d'échappement, l'énergie que fournit le flux des gaz d'échappement est récupérée pour entraîner une turbine (roue turbine, roue chaude) et un compresseur centrifuge (roue compresseur, roue froide) disposés sur un même arbre. Le compresseur centrifuge aspire l'air comburant et refoule le mélange gazeux ou l'air vers les cylindres sous une pression accrue. Il contribue ainsi à l'amélioration du rendement volumétrique.

Abgasturbolader

Bei der Abgasturboaufladung wird die in den ausströmenden Abgasen enthaltene Energie ausgenutzt, um eine Abgasturbine (Turbinenrad) und einen Turbokompressor (Laderrad, Verdichterrad) anzutreiben, die auf einer gemeinsamen Welle sitzen. Der Turbokompressor saugt die Verbrennungsluft an und fördert das Frischgas oder die Luft mit Überdruck zu den Zylindern. Er verbessert somit den Zylinderfüllungsgrad.

exhaust valve *(See Ill. 18 p. 206)* 0624

soupape d'échappement

Obturateur mécanique de la

Auslaßventil, AV

Absperrorgan im Verbrennungsraum.

(Obturateur mécanique de la) chambre de combustion. A la quatrième phase du cycle à quatre temps, la soupape d'échappement s'ouvre pour laisser passer les gaz brûlés dans la ligne d'échappement.

(Absperrorgan im Verbrennungsraum.) Im vierten Takt des Viertaktverfahrens öffnet das Auslaßventil, damit die verbrannten Gase in die Auspuffleitung entweichen.

exhaust valve cam = exhaust cam

expander shoe brake = drum brake

expansion hole = expansion port

expansion port *(See Ill. 5 p. 65)* **0625**

orifice de compensation, orifice de dilatation
Petite ouverture pratiquée dans le maître-cylindre d'un frein hydraulique par laquelle le liquide de frein s'écoule dans la chambre de compression devant les pistons. En position relevée de la pédale de frein cet orifice doit demeurer démasqué afin que le liquide puisse refluer dans le réservoir compensateur lors de sa dilatation.

Ausgleichbohrung, Ausgleichloch
Kleine Bohrung im Hauptzylinder einer hydraulischen Bremse, aus der die Bremsflüssigkeit aus dem Ausgleichbehälter in den Druckraum vor den Kolben fließt. Sie muß bei gelöster Bremse immer offenbleiben, damit die Bremsflüssigkeit in den Ausgleichbehälter zurückströmen kann.

expansion stroke = ignition stroke

expansion tank **0626**

vase d'expansion, boîte de dégazage
Petit réservoir en matière plastique translucide ou en verre avec repères mini-maxi, relié au radiateur par une durit dans les circuits semi-pressurisés. Il est généralement rempli de liquide réfrigérant à un tiers de sa capacité. Par échauffement le trop-plein d'eau est acheminé vers le vase d'expansion, tandis que le refroidissement, créant un vide partiel, renvoie l'eau vers le radiateur et le moteur.

Ausgleichsbehälter
Kleiner Behälter aus durchscheinendem Kunststoff oder aus Glas mit Grenzmarkierungen, der allgemein zu einem Drittel mit Kühlflüssigkeit gefüllt und mit dem Kühler durch einen Schlauch verbunden ist. Er ist nur im Überdruckkühlsystem anzutreffen. Das überschüssige Wasser strömt durch die Erhitzung in den Ausgleichsbehälter und fließt nach dem Abkühlen in den Kühler und in den Motor zurück.

expansion valve **0627**

détendeur
Dans le circuit d'une installation d'air conditionné ou d'une installation similaire de fourgon

Expansionsventil
Ventil im Wärmekreislauf einer Klimaanlage bzw. in der Kühlanlage eines Kühlwagens. Seine Aufgabe ist es, das

(installation similaire de fourgon) frigorifique, cet organe sert à détendre le fluide frigorigène au terme de son cycle, avant son retour à l'évaporateur.

(Kühlwagens. Seine Aufgabe ist es, das) verflüssigte Kältemittel wieder auf seinen Ausgangszustand zu entspannen.

explosion chamber = combustion chamber

explosive mixture *(See Ill. 18 p. 206)* **0628**

mélange explosible, mélange explosif, mélange détonant
Autre désignation du mélange air-essence aspiré dans les cylindres d'un moteur à explosion.

Brenngemisch, explosives Gemisch, Explosionsgemisch, Brenngas, brennfähiges Gemisch, zündfähiges Gemisch
Andere Bezeichnung für das Kraftstoff-Luft-Gemisch, das in die Zylinder eines Verbrennungsmotors angesaugt wird.

external-tab washer **0629**

frein à tenon extérieur
Frein à sécurité absolue servant à s'opposer au desserrage d'une vis par suite de trépidations.

Sicherungsblech mit Nase, Sicherungsblech mit Außennase
Formschlüssige Sicherung, die das Lokkern einer Schraube durch Erschütterung verhindern soll.

extinguisher = fire extinguisher

extra lamp = auxiliary lamp

extreme pressure lubricant **0630**

huile extrême pression, huile EP
Huile lubrifiante contenant un additif lui permettant de résister aux pressions élevées et utilisée surtout dans les boîtes de vitesses et les ponts à vis.

Hochdruck-Schmiermittel, EP-Schmieröl
Schmieröl mit Hochdruckzusätzen, das meist als Getriebeöl Verwendung findet.

fabric body = carcass

fabric joint = rubber universal joint

facia = dashboard

facing wear = lining wear

fan *(See Ill. 17 p. 182)* **0631**

ventilateur
Dans les systèmes à refroidissement par eau, le ventilateur a pour but de forcer l'air à travers le radiateur et à le chasser vers les cylindres du

Ventilator, Lüfter
Bei wassergekühlten Motoren wird die Luft durch den Kühler mit Hilfe eines Ventilators angesaugt und den Zylindern zugeführt. Bei einigen Wagentypen wird

(et à le chasser vers les cylindres du) moteur. Dans certaines voitures, le ventilateur est automatiquement débrayé lorsque la température de l'eau diminue et il est à nouveau embrayé lorsqu'elle s'accroît.

(zugeführt. Bei einigen Wagentypen wird) der Ventilator bei sinkender Temperatur automatisch abgeschaltet bzw. steigender Wassertemperatur wieder eingeschaltet (zuschaltbarer Lüfter).

fan belt = V-belt

fan clutch **0632**

accouplement de ventilateur
Dispositif permettant de débrayer le ventilateur afin que celui-ci ne refroidisse pas trop le moteur inutilement.

Lüfterkupplung
Vorrichtung zum Abschalten des Ventilators, damit der Motor nicht übermäßig abgekühlt wird.

fan with fluid coupling = viscose radiator fan

fan wheel *(See Ill. 1 p. 26)* **0633**

soufflante
Dans un alternateur on trouve une soufflante juste à côté de la poulie et qui sert au refroidissement.

Lüfterrad
In der Lichtmaschine sitzt der Lüfter unmittelbar neben der Riemenscheibe und dient der Abkühlung.

fanfare horn = trumpet horn

fast charger **0634**

chargeur rapide
Appareil conçu pour une recharge rapide de batteries. Il existe des appareils équipés de lampes-témoin fournissant des indications sur l'état interne de la batterie.

Schnellader, Schnelladegerät
Gerät für die Schnelladung von Batterien. Es gibt Schnellader, die mit Anzeigelampen auf den innerlichen Zustand der Batterie hinweisen.

feed pipe = fuel line

feed pump = fuel pump

feed stroke = suction stroke

feeler gauges **0635**

calibre d'épaisseur
Ensemble de lamelles calibrées de 0,05 à 1,0 mm permettant de régler ou d'évaluer des écartements minimes. On l'utilise notamment pour le réglage des vis platinées et du jeu aux soupapes.

Fühlerlehrensatz
Satz von Stahlblechzungen zum Einstellen oder Ermitteln kleinster Zwischenräume (0,05–1,00 mm). Er wird u.a. zur Einstellung der Unterbrecherkontakte und des Ventilspiels benötigt.

fender (US) **0636**

aile
Revêtement en tôle disposé sur les

Kotflügel, Seitenteil
Äußere Blechverkleidung über den

(Revêtement en tôle disposé sur les) roues d'une automobile et réuni à la carrosserie par boulonnage ou par soudage.

(Äußere Blechverkleidung über den) Rädern eines Pkw. Sie ist mit der übrigen Karosserie verschraubt oder verschweißt.

fibre bush = insulating bushing

fibre heel = rubbing block

field winding *(See Ill. 30 p. 398)* **0637**

bobinages de champ
Enroulement parcouru par un courant électrique qui donne naissance à un champ magnétique.

Feldwicklung
Stromdurchflossene Wicklung, in der ein Magnetfeld erzeugt wird.

fifth wheel tractor = truck tractor

filament **0638**

filament
Fil très fin en tungstène scellé dans une ampoule électrique et porté à l'incandescence par le passage du courant.

Glühfaden, Glühwendel, Glühdrahtwendel
Sehr dünner Wolframdraht in einer Glühlampe, der durch die elektrische Stromwärme zur Weißglut erhitzt wird.

filler **0639**

matière de charge
Matière de faible pouvoir colorant incorporée aux peintures pour en augmenter le volume ou en diminuer le prix.

Füllstoff
Hilfsstoff mit schwacher Farbkraft, der dem Lack zwecks Volumenzunahme oder Preisreduzierung beigemengt wird.

filler cap **0640**

bouchon de remplissage
Bouchon de remplissage d'un réservoir de carburant percé d'un orifice minuscule qui maintient le carburant à la pression atmosphérique.

Einfüllverschluß, Tankdeckel
Deckel auf dem Einfüllstutzen des Kraftstoffbehälters. Er ist mit einer kleinen Bohrung versehen, damit der Kraftstoff immer unter Atmosphärendruck steht.

filling station = gasoline service station

filter cartridge **0641**

cartouche filtrante
Elément interchangeable d'un filtre qui, lorsqu'il est encrassé, peut être remplacé, nettoyé ou régénéré.

Filterpatrone, Filtereinsatz
Auswechselbarer Einsatz eines Filters, der bei Verschmutzung ausgetauscht, gereinigt oder regeneriert wird.

filter element = filter cartridge

filter paper 0642

papier filtre

Papier fabriqué avec de la cellulose, des fibres synthétiques ou de la fibre de verre et utilisé dans divers types de filtre.

Filterpapier

Papier aus Zellstoff, Kunststoff oder Glasfasern, das in verschiedenen Filterbauarten verwendet wird.

filtering paper = filter paper

final discharge voltage = cutoff voltage

final drive 0643

couple final

Le couple final classique est constitué d'un pignon conique engrenant une grand couronne.

Achsantrieb

Zum herkömmlichen Achsantrieb gehören Kegelrad und Tellerrad.

finger lever 0644

basculeur, doigt de poussée, linguet

Levier oscillant dont le point d'appui se situe à son extrémité et qui, comme le culbuteur, est placé au-dessus du cylindre pour assurer l'ouverture et la fermeture d'une soupape.

Schwinghebel, Schlepphebel

Hebel, dessen Drehpunkt am Hebelende liegt. Er ist über dem Zylinder angeordnet und dient zum Öffnen und Schließen eines Ventils.

finger nut = wing nut

finned radiator = ribbed radiator

finned-tubed radiator = tubular radiator

fire brigade truck (US) 0645

autopompe

Véhicule automobile portant une pompe à incendie et une carrosserie dans laquelle prennent place les sapeurs-pompiers avec leur matériel.

Feuerlöschfahrzeug, Kraftfahrspritze

Löschfahrzeug, das eine Feuerlöschpumpe mitführt. In seinem Aufbau werden die Feuerwehrmänner mit der Ausrüstung zur Feuerbekämpfung untergebracht.

fire extinguisher 0646

extincteur

Appareil homologué, faisant partie de l'équipement de bord et chargé de poudre polyvalente libérable sous forte pression.

Feuerlöscher, Pulverlöscher

In Kraftfahrzeugen mitgeführtes, zulassungspflichtiges Handgerät, das seine Trockenlöschpulverfüllung unter Druck ausstößt.

firing chamber = combustion chamber

firing order = ignition order

firing point = ignition point

firing sequence = ignition order

firing stroke = ignition stroke

firing voltage **0647**

tension d'allumage
Tension de 5000 à 15000 volts nécessaire pour produire une étincelle entre les électrodes d'une bougie d'allumage. Elle est encore plus élevée dans le cas d'un démarrage à froid ou si l'écartement des électrodes est très important.

Zündspannung, Überschlagsspannung, Sekundärspannung
Erforderliche Spannung von 5000 bis 15000 V, die an der Zündkerze anliegen soll, damit der Zündfunke zwischen beiden Elektroden überschlägt. Bei kaltem Motor oder größerem Elektrodenabstand liegt die Zündspannung noch viel höher.

first gear *(See Ill. 21 p. 224)* **0648**

première vitesse, premier rapport
En première vitesse, le plus grand pignon de l'arbre secondaire (arbre de sortie) est rendu solidaire du plus petit pignon du train fixe. Le rapport de démultiplication peut être de l'ordre de 3,5:1. Si on y ajoute un rapport final de 4:1 par exemple, on obtient pour la première vitesse une démultiplication totale de 14:1 (14 tours de vilebrequin correspondant à 1 tour de roue motrice).

erster Gang
Beim ersten Gang ist das größte Zahnrad auf der Hauptwelle vom kleinsten Vorgelegerad angetrieben. Die Übersetzung ins Langsame beträgt ca. 3,5:1. Rechnet man die Übersetzung des Achsantriebes hinzu (z.B. 4:1), so ergibt sich für den ersten Gang ein Untersetzungsverhältnis von insgesamt 14:1, d.h. 14 Kurbelwellenumdrehungen entsprechen einer Umdrehung des Antriebsrades.

first-motion shaft = primary shaft

first piston = front piston

first speed = first gear

fist-type caliper brake = floating caliper brake

five-cylinder engine **0649**

moteur à cinq cylindres
Moteur dont les manetons sont calés à 72°. L'ordre d'allumage des cylindres est 1–2–4–5–3.

Fünfzylindermotor
Motor mit einem Zündabstand von 72°. Die Zündfolge ist 1–2–4–5–3.

fixed caliper disc brake **0650**

frein à disque à étrier fixe
Dans ce système les plaquettes de frein sont comprimées en même temps par les pistons de part et d'autre du disque.

Festsattelscheibenbremse
Bei dieser Bauart werden die Bremsbeläge beiderseits der Scheibe durch die Kolben gleichzeitig angedrückt.

fixed contact = breaker fixed contact

fixed-jet carburetor *(See Ill. 8 p. 84)* **0651**

carburateur à gicleur fixe
Carburateur équipé d'un ou de deux gicleurs dont la section ne varie pas à l'opposé des carburateurs à pression constante.

Fixdüsenvergaser
Vergaser, der mit einer oder zwei unveränderlichen Düsen ausgerüstet ist im Gegensatz zum Gleichdruckvergaser, dessen Düsenquerschnitt veränderlich ist.

fixed pointer = fixed timing mark

fixed timing mark **0652**

repère fixe, repère statique, repère de calage
Repère figurant sur le carter-moteur et qui, lors du calage de l'allumage, doit coïncider avec le repère mobile du volant-moteur ou de la poulie.

Festmarke, Gehäusemarkierung, feste Markierung, Zündeinstellmarke
Markierung auf Motorgehäuse, die bei der Zündzeitpunkteinstellung mit der beweglichen Markierung (Umlaufmarke) auf der Schwungscheibe bzw. auf der Riemenscheibe fluchten soll.

flame cutting **0653**

oxycoupage
Découpage de pièces métalliques par oxydation à haute température au moyen d'un chalumeau appelé découpeur.

Brennschneiden
Trennen mit dem Schneidbrenner von Werkstücken aus Metall, die zu Oxid verbrannt werden.

flanged-tube radiator = tubular radiator

flasher unit **0654**

boîte clignotante
Thermorelais ou relais électronique qui commande les clignotants d'un véhicule.

Blinkgeber, Blinkrelais
Heizdrahtrelais oder elektronischer Blinkgeber zur Steuerung der Blinkleuchten.

flashing direction indicator = direction indicator

flashing trafficator = direction indicator

flashpoint **0655**

point d'inflammation, point d'éclair
Température à laquelle s'enflamment les vapeurs dégagées par une huile ou un combustible à l'approche d'une flamme sans qu'il y ait pour autant combustion totale.

Flammpunkt
Der Flammpunkt ist diejenige Temperatur, bei der die Dämpfe eines Brennstoffes oder eines Öls bei Annäherung einer Zündflamme zum ersten Mal kurz aufflammen.

flat-bed truck (US) = platform truck

flat-bottom tappet 0656

poussoir à plateau
Poussoir se terminant par un plateau sur lequel la came agit par frottement.

Tellerstößel
Stößel, der mit einem Teller endet, auf welchen der Nocken durch Reibung einwirkt.

flat engine 0657

moteur à cylindres opposés
Moteur comportant des cylindres opposés, disposés deux à deux de part et d'autre du vilebrequin. Ils se situent dans un même plan horizontal et agissent sur le même vilebrequin.

Boxermotor, Boxerreihenmotor
Verbrennungsmotor, bei dem Zylinder in Zweiergruppen auf gegenüberliegender Seite der Kurbelwelle bzw. in einer Ebene angeordnet sind. Sie arbeiten auf eine gemeinsame Kurbelwelle.

flat-head screw = countersunk screw

flat opposed piston engine = flat engine

flat-pin terminal = blade terminal

flat-plug connector = blade receptacle

flexible brake pipe = brake hose

flexible coupling 0658

accouplement de compensation
Accouplement assurant la liaison d'arbres qui ne sont pas dans un alignement parfait.

Ausgleichskupplung
Kupplungsart, die einen Ausgleich zwischen nicht genau fluchtenden Wellen ermöglicht.

flip-flop 0659

multivibrateur à transistors, basculeur, circuit bistable
Partie de l'allumage transistorisé. Le multivibrateur à transistors produit un courant alternatif à haute fréquence, dont la tension est élevée par un transformateur.

bistabiler Multivibrator, bistabile Kippschaltung, Transistorkippstufe, Kippgenerator, Kippstufe
Teil der Transistorzündanlage. Die Kippstufe erzeugt einen hochfrequenten Wechselstrom, dessen Spannung durch einen Transformator erhöht wird.

float *(See Ill. 8 p. 84)* 0660

flotteur
Corps creux cylindrique en laiton ou en matière synthétique flottant à la surface du carburant. Il indique le niveau du carburant dans un réservoir à essence ou il règle l'arrivée du carburant, comme c'est le cas dans un carburateur.

Schwimmer
Auf einem Kraftstoffspiegel schwimmender, zylindrischer Hohlkörper aus Messingblech oder aus Kunststoff, der den Stand des Kraftstoffes im Benzintank anzeigt oder, wie im Vergaser, den Kraftstoffzufluß regelt.

float bowl = float chamber

float chamber *(See Ill. 8 p. 84)* 0661

chambre à niveau constant, cuve, puits du carburateur
Partie du carburateur. C'est dans la chambre à niveau constant que débouche le carburant refoulé par la pompe à essence, en pénétrant par une soupape à pointeau. En s'élevant le niveau de carburant repousse vers le haut le flotteur en laiton creux dont le pointeau rebouche l'arrivée d'essence en venant reposer sur son siège.

Schwimmerkammer, Schwimmergehäuse
Teil des Vergasers. Das Benzin wird von der Kraftstoffpumpe durch das Schwimmernadelventil in die Schwimmerkammer gefördert. Der zunehmende Kraftstoffspiegel drückt den Schwimmer aus Messingblech nach oben und die Schwimmernadel auf ihren Sitz, die somit den Kraftstoffzufluß wieder drosselt.

float needle 0662

pointeau
Aiguille coulissant dans l'axe du flotteur d'un carburateur et grâce à laquelle le flotteur peut régler l'arrivée de l'essence en bouchant ou en débouchant la soupape à pointeau.

Schwimmernadel
In der Schwimmerachse gleitende Nadel aus Messing bzw. aus Nylon, womit der Schwimmer den Kraftstoffzufluß durch Öffnen und Schließen des Schwimmernadelventils regeln kann.

float needle valve *(See Ill. 8 p. 84)* 0663

soupape à pointeau
Pièce de la chambre à niveau constant. C'est par cette soupape que l'essence débouche dans le carburateur.

Nadelventil, Schwimmernadelventil, Kraftstoffnadelventil
Teil der Schwimmerkammer. Durch dieses Ventil fließt das Benzin in den Vergaser.

float pivot pin *(See Ill. 8 p. 84)* 0664

axe d'appui du flotteur
Axe permettant au flotteur de modifier légèrement sa position selon le niveau de carburant que contient le puits du carburateur.

Schwimmerhebelwelle, Schwimmer-Gelenkachse
Kleine Hebelwelle, um die sich der Schwimmer in der Schwimmerkammer eines Vergasers leicht bewegt.

floating caliper brake 0665

frein à disque à étrier flottant
Dans ce système, un seul cylindre hydraulique comprime la plaquette directement sur le disque. La plaquette opposée est à son tour appliquée sur le disque de par la force de réaction s'exerçant sur la partie flottante de l'étrier.

Schwimmsattelscheibenbremse, Schwimmrahmenscheibenbremse
Ein einziger hydraulischer Zylinder preßt den Bremsbelag direkt gegen die Bremsscheibe. Der gegenüberliegende Reibbelag wird durch die Reaktionskraft auf den verschiebbaren Sattel gegen die Bremsscheibe gedrückt.

floating piston pin 0666

axe de piston flottant
Axe de piston monté libre dans le piston et le pied de la bielle.

schwimmend gelagerter Kolbenbolzen
Kolbenbolzen, der sich im Kolben und im Pleuelauge frei dreht.

flood, to 0667

noyer (le moteur)
Au démarrage un mélange trop riche peut noyer les bougies d'allumage en sorte que l'étincelle ne peut jaillir dans de bonnes conditions entre les électrodes.

absaufen, ersaufen
Beim Starten können die Zündkerzen durch überfettes Gemisch naß werden, so daß der Zündfunke nicht richtig zwischen den Elektroden überschlägt.

floor-type gear shift 0668

changement de vitesses au plancher
Changement de vitesses dans lequel le levier au plancher actionne directement la boîte de vitesses.

Knüppelschaltung, Mittelschaltung, Kugelschaltung, Stockschaltung
Gangschaltung, bei der der Schaltknüppel unmittelbar in das Wechselgetriebe eingreift.

flow improver additive 0669

antigel diesel, additif antifigeant, additif antigélifant
Additif du gazole ou du fioul domestique qui, en hiver, s'oppose à la formation de cristaux de paraffine.

Fließverbesserer
Zusatz, der dem Dieselkraftstoff oder dem Heizöl EL beigemischt wird, um im Winter der Bildung von Paraffinkristallen entgegenzuwirken.

fluid bed cracking 0670

craquage à lit mobile
Procédé de craquage dans lequel on a recours à un catalyseur à grains fins circulant en turbulence entre le réacteur et le régénérateur.

Fließbett-Katalyse, Fließbett-Verfahren, Wirbelschichtverfahren
Crackverfahren, wobei ein feinkörniger Katalysator verwendet wird, der in wallender Bewegung zwischen Reaktor und Regenerator zirkuliert.

fluid brake 0671

frein hydraulique
Circuit de freins comprenant un maître-cylindre ou pompe de commande, des canalisations rigides et souples, un réservoir de compensation ainsi que des cylindres récepteurs.

Öldruckbremse, hydraulische Bremse, hydraulisches Fußbremssystem
Bremsanlage bestehend aus einem Hauptzylinder, einem Ausgleichbehälter, Bremsrohren und Bremsschläuchen sowie aus Radzylindern.

fluid clutch 0672

embrayage hydraulique, coupleur hydraulique
Embrayage automatique et

hydraulische Kupplung, Turbokupplung, Flüssigkeitskupplung, hydrodynamische Kupplung, Strömungskupp-

(Embrayage automatique et) progressif constitué d'un carter étanche rempli d'huile abritant deux rotors à aubes dont l'un (pompe) est solidaire du moteur et l'autre (turbine) de l'arbre d'entrée de la boîte de vitesses.

(namische Kupplung, Strömungskupp-) lung, Föttinger-Kupplung
Automatische bzw. ruckfreie Kupplung bestehend aus einem Pumpenrad (Treiber-Primärschale), das mit dem Motor verbunden ist, und aus einem auf der Getriebewelle befestigten Turbinenrad (Läufer-Sekundärschale). Beide Räder (Antrieb und Abtrieb) sind in einem mit Öl gefüllten Gehäuse untergebracht.

fluid container = fluid tank

fluid coupling = fluid clutch

fluid flywheel = fluid clutch

fluid for brakes = brake fluid

fluid line = brake line

fluid separating bell 0673

cloche de séparation
Cloche en tôle d'acier qui, dans la suspension hydrolastique, divise en deux chambres l'espace creux rempli de liquide hydraulique d'un élément hydrolastique.

Blechteller, Blechglocke
Glockenförmiger Blechteller, der bei der Hydrolastic-Verbundfederung den mit Hydrauliköl gefüllten Hohlraum eines Federaggregats in zwei Kammern unterteilt.

fluid tank 0674

réservoir de liquide de freins et/ou d'embrayage
Réservoir translucide en matière plastique comportant un repère maximum et un repère minimum. Il contient soit le liquide du circuit de freinage, soit le liquide du circuit d'embrayage, mais il peut aussi contenir le liquide destiné aux deux circuits à la fois. Dans ce dernier cas, les tuyaux de sortie sont disposés à des niveaux différents en sorte que, pour des raisons de sécurité, le circuit d'embrayage tombe en panne avant le circuit de freins s'il y a perte de liquide.

Ausgleichbehälter
Durchscheinender Kunststoffbehälter mit zwei Grenzmarkierungen, der entweder Bremsflüssigkeit oder Flüssigkeit für die hydraulisch betätigte Kupplung enthält. Er kann aber auch Flüssigkeit für beide Anlagen enthalten. In diesem Fall sind die abgehenden Schlauchverbindungen nicht auf gleicher Höhe. Bei Flüssigkeitsverlust fällt aus Sicherheitsgründen erst die Kupplung, dann die Bremsanlage aus.

fly nut = wing nut

flyover 0675

passage supérieur
Franchissement d'une route par une autre passant au-dessus.

Überführung
Überbrückung eines Verkehrsweges mit einem anderen.

flyweight 0676

masselotte d'avance centrifuge
Elément agissant par inertie ou par force centrifuge. Pièce de l'avance centrifuge. A mesure que le régime augmente, deux massolettes à ressort taré s'écartent et agissent sur le manchon à cames de l'arbre d'allumeur pour donner plus d'avance.
On trouve également des masselottes dans les régulateurs centrifuges des pompes d'injection et qui servent à régler le ralenti et la vitesse de rotation maximale.

Fliehgewicht
Durch Fliehkraft oder Trägheit einwirkendes Betätigungselement. Teil des Fliehkraft-Zündverstellers. Bei steigender Drehzahl wirken zwei federbelastete Fliehgewichte auf die Nokkenbuchse der Verteilerwelle ein und verstellen den Zündzeitpunkt in Richtung „früh".
Fliehgewichte gibt es auch bei Fliehkraftreglern von Einspritzpumpen für die Regelung des Leerlaufs und der Enddrehzahl.

flyweight governor = centrifugal governor

flywheel *(See Ill. 11 p. 140, Ill. 17 p. 182)* 0677

volant-moteur
Roue de forte masse fixée sur le vilebrequin et servant à emmagasiner l'énergie mécanique. Au cours du troisième temps du cycle à quatre temps, le volant moteur emmagasine partiellement l'énergie produite pour la restituer de par son inertie. En poursuivant son mouvement de rotation, il entraîne le vilebrequin qui, à son tour, agit sur le piston par le truchement de la bielle afin de lui faire effectuer les trois autres phases résistantes du cycle jusqu'à l'allumage suivant. Le volant transmet aussi le couple moteur à l'embrayage.

Schwungrad, Schwungscheibe
Schweres Rad an der Kurbelwelle zur Speicherung mechanischer Energie. Im dritten Takt (Arbeitstakt) des Viertaktverfahrens nimmt das Schwungrad einen Teil der erzeugten Energie auf und gibt sie aufgrund seiner großen Massenträgheit wieder ab. Das Schwungrad dreht sich weiter und treibt die Kurbelwelle an, die wiederum die Kolben über die Pleuelstangen in Bewegung setzt, damit die Totpunkte und Leertakte bis zur nächsten Zündung überwunden werden. Außerdem überträgt das Schwungrad das Motordrehmoment auf die Kupplung.

flywheel face *(See Ill. 17 p. 182)* 0678

glace de volant-moteur, face d'appui du disque sur le volant-moteur, face de friction du volant-moteur
Face du volant-moteur sur laquelle est comprimé le disque d'embrayage (friction) à l'état embrayé.

Reibfläche der Schwungscheibe
Innen plangedrehte Fläche der Schwungscheibe, gegen die die Kupplungsscheibe im eingekuppelten Zustand gepreßt wird.

flywheel flange *(See Ill. 9 p. 122)* 0679

plateau d'attente, plateau de volant
Plateau sur lequel est fixé le volant-moteur en bout de vilebrequin.

Schwungradflansch
Flansch zur Aufnahme des Schwungrades am Ende einer Kurbelwelle.

flywheel housing = bell housing

flywheel marking = rotating timing mark

flywheel ring gear = starter ring gear

flywheel timing mark = rotating timing mark

foam inhibitor = foaming inhibitor

foam suppressor = foaming inhibitor

foaming 0680

moussage
Phénomène que l'on peut observer dans l'huile moteur ou l'huile de la boîte de vitesses, lorsque le niveau d'huile est excessif ou quand il y a échauffement anormal (dilatation thermique). Le moussage occasionne des pertes de pression d'huile et porte préjudice à la lubrification des pièces.

Schaumbildung, Ölschäumen
Besonders im Motorenschmieröl bzw. im Getriebeöl kann es bei zu hohem Ölstand wegen Überfüllung oder durch Überhitzung zu einer Schaumbildung kommen, die zu Öldruckverlust und Mangelschmierung führt.

foaming inhibitor 0681

additif anti-mousse
Additif d'huile lubrifiante ayant pour objet de freiner la formation de mousse.

Antischäummittel, Schaumhemmungsmittel, Schaumdämpfungsmittel, Schaumdämpfungszusatz, Entschäumer, Defoamant
Schmierölzusatz zur Dämpfung der Schaumbildung.

focal distance 0682

distance focale
Distance du foyer par rapport au plan principal correspondant.

Brennweite
Abstand des Brennpunkts von der zugehörigen Hauptebene.

focal length = focal distance

fog headlight = fog lamp

fog lamp 0683

projecteur anti-brouillard, phare anti-brouillard, perce-brouillard
Phare dont le faisceau est dirigé sur le sol et qui éclaire les bas-côtés de la chaussée. Consommation 35 watts par projecteur.
Il est recommandé de monter les projecteurs anti-brouillard sur le pare-chocs ou en dessous de celui-ci pour en accroître l'efficacité.

Nebelscheinwerfer
Scheinwerfer, dessen Lichtstrahl nach unten gerichtet ist und die Fahrbahnränder ausleuchtet. Leistungsbedarf je 35 W.
Auf oder unter der Stoßstange montierte Scheinwerfer haben eine bessere Wirkung, weil sie den Nebel unterstrahlen. Nach § 52 StVZO dürfen die Nebelscheinwerfer nicht höher als die

(pour en accroître l'efficacité.) En France, ces projecteurs doivent être placés à une hauteur minimum de 250 mm au-dessus du sol et ne pas être montés à plus de 40 cm du bord du véhicule.

(belscheinwerfer nicht höher als die) Hauptscheinwerfer angebracht sein. Auch darf der äußere Rand der Lichtaustrittfläche nicht mehr als 400 mm von der breitesten Stelle des Fahrzeugumrisses entfernt sein.

fog light = fog lamp

fog tail lamp 0684

feu arrière antibrouillard

Feu rouge arrière très puissant (21 watts) qui signale la présence d'un véhicule par temps de brouillard et en cas de chute de neige. Lorsque le feu arrière antibrouillard est allumé, son fonctionnement doit être signalé par lampe témoin.

Nebelschlußleuchte, Nebelrückleuchte

Rote Rückleuchte mit großer Lichtstärke (21 Watt), die das Fahrzeug bei dichtem Nebel und Schneetreiben nach hinten absichert. Das Einschalten der Nebelschlußleuchte muß durch eine Kontrollampe an der Instrumententafel angezeigt werden.

fog warning light = fog tail lamp

foot pump 0685

pompe à pied

Pompe à un seul ou à deux cylindres avec manomètre, raccord flexible et embout rapide pour le contrôle de la pression des pneus ou pour leur gonflage. On trouve également des pompes à pied se branchant sur deux roues à la fois afin d'égaliser les pressions et d'obtenir un gonflage égal sur un même train. Parfois un jeu d'embouts pour gonflage de matelas et de canots pneumatiques ainsi que de pneus de bicyclette est fourni en dotation.

Fußluftpumpe

Einzylinder- bzw. Zweizylinderluftpumpe mit Manometer, Schlauch und Düse zur Kontrolle des Reifenluftdrukkes und zur Reifenfüllung. Sonderausführung zum gleichzeitigen Aufpumpen von zwei Reifen, damit der Reifenfülldruck einer Achse ausgeglichen wird. Zuweilen werden Zusatzdüsen für Luftmatratzen, Schlauchboote und Fahrradreifen mitgeliefert.

foot throttle = gas pedal

footbrake pedal = brake pedal

forced-feed lubrication 0686

graissage forcé, graissage sous pression

L'huile moteur est puisée dans la partie la plus basse du carter de vilebrequin au moyen d'une pompe et acheminée par des conduites et des lumières de graissage en

Druckumlaufschmierung, Druckschmierung, Druckölung, Preßschmierung

Das Motorenöl wird aus der Ölwanne des Kurbelgehäuses mit Hilfe einer Ölpumpe über Rohrleitungen und Bohrungen den Kurbelwellenlagern, der Kurbelwelle, den Pleuelstangen und (des lumières de graissage en) direction des paliers, du vilebrequin, des bielles et finalement des cylindres. L'huile excédentaire retombe dans le carter à travers un filtre.

(Kurbelwelle, den Pleuelstangen und) schließlich den Zylindern zugeführt. Das überschüssige Öl fließt über ein Ölfilter in die Ölwanne zurück.

Ford variable-venturi carburetor (US) = variable-venturi carburetor

fork axle **0687**

essieu à chapes ouvertes
Essieu se terminant par une fourche dans laquelle s'engage le pivot d'articulation de fusée.

Gabelachse
Achse, die mit einer Gabel endet, in der der Achsschenkelbolzen drehbar eingesteckt ist.

fork joint **0688**

chape
Articulation en fourche que l'on trouve à la jonction de la fusée et de l'essieu.

Gabelgelenk
Gelenk zur Verbindung der Achse mit dem Achsschenkel.

fork rod = shifter rod

four-barrel carburetor (US) **0689**

carburateur à quatre corps, carburateur à quatre fûts
Carburateur comportant quatre chambres de carburation et deux pipes d'air.

Vierfachvergaser, Doppelregistervergaser
Vergaser mit vier Mischkammern und zwei Ansaugrohren.

four-barrel carburettor (GB) = four barrel carburetor

four cycle system = four-stroke process

four-door saloon = four-door sedan

four-door sedan (US) **0690**

berline à quatre portes
Conduite intérieure à quatre portes et à quatre ou six places, dont quatre places de côté.

viertürige Limousine
Viertüriger, allseitig geschlossener Pkw mit vier oder sechs Sitzplätzen, davon vier Seitensitzen.

four-stroke process *(See Ill. 18 p. 206)* **0691**

cycle à quatre temps, cycle de Beau de Rochas
Dans le cycle à quatre temps, la succession des opérations s'effectue en quatre phases dans l'ordre suivant:
1. aspiration

Viertaktverfahren, Viertakt-Arbeitsverfahren
Beim Viertaktverfahren gliedert sich das Arbeitsspiel des Verbrennungsmotors in vier Phasen:
1. Ansaugen
2. Verdichten

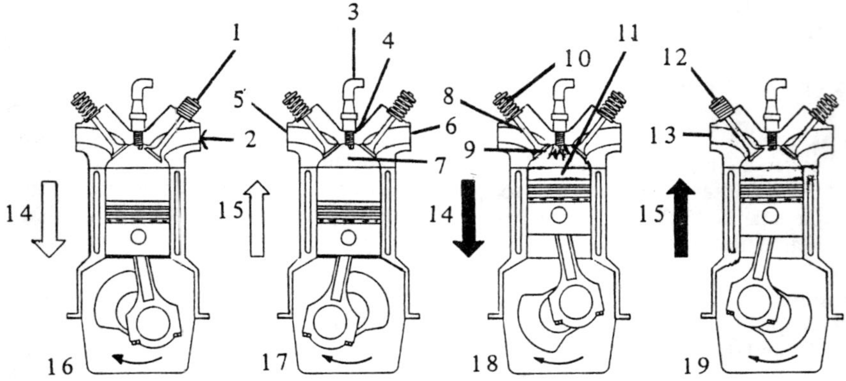

Ill. 18: four-stroke process **(0691)**

1 inlet valve
2 explosive mixture
3 spark-plug connector
4 spark-plug seat
5 exhaust passage
6 inlet passage
7 compression chamber
8 valve shaft
9 valve head
10 valve spring
11 combustion chamber
12 exhaust valve
13 exhaust gas
14 downstroke
15 upstroke
16 suction stroke
17 compression stroke
18 ignition stroke
19 exhaust stroke

(1. aspiration)
2. compression
3. explosion-détente (moteur essence); combustion-détente (moteur diesel)
4. échappement

Les premier, deuxième et quatrième temps sont des phases résistantes. Seul le troisième temps est une phase de travail.
Dans la première phase du cycle, le moteur à essence aspire un mélange air-carburant préparé dans le carburateur, alors que le moteur diesel n'aspire que de l'air.
Au cours de la 2ème phase, le mélange du moteur à essence est comprimé à 8–18 bars, d'où résulte un échauffement à 400° C environ. En fin de compression, il y a allumage par étincelle électrique à la bougie d'allumage. Pour ce qui touche le moteur diesel, l'air est comprimé à 20–50 bars, la température d'échauffement pouvant atteindre 900° C. En fin de compression, le combustible est injecté sous une pression de 100–200 bars et s'enflamme spontanément au contact de l'air surchauffé.
Dans la troisième phase, la pression maximale de combustion est plus élevée dans le moteur diesel que dans le moteur à essence. Au cours de la quatrième phase, les gaz brûlés sont évacués, la teneur en CO des gaz d'échappement du moteur diesel étant bien moindre que celle du moteur à essence.

(2. Verdichten)
3. Arbeiten (Einspritzen, Verbrennen)
4. Ausschieben (Auspuffen)

Der erste, der zweite und der vierte Takt sind sogenannte Leertakte, nur der dritte Takt ist ein Arbeitstakt.
Im ersten Takt saugt der Viertakt-Ottomotor ein im Vergaser hergestelltes Kraftstoff-Luft-Gemisch an, der Viertakt-Dieselmotor dagegen nur reine Luft. Im zweiten Takt wird beim Ottomotor das Gemisch auf 8 bis 18 bar bei einer Verdichtungstemperatur von ca. 400° C verdichtet. Am Ende des Verdichtungshubs erfolgt die Zündung durch Fremdzündung. Beim Dieselmotor wird die Luft auf 20 bis 50 bar unter starker Erhitzung bis 900° C verdichtet. Am Ende des Verdichtungshubes wird der Dieselkraftstoff unter einem Druck von 100 bis 200 bar eingespritzt. Die Selbstzündung erfolgt an der heißen Luft.
Beim dritten Takt ist der Verbrennungshöchstdruck beim Dieselmotor höher als beim Ottomotor.
Beim vierten Takt entweichen die Abgase ins Freie, wobei der CO-Gehalt beim Dieselmotor viel niedriger ist als beim Ottomotor.

four-wheel drift 0692

dérapage contrôlé
Glissement latéral contrôlé des quatre roues d'un véhicule dans un virage négocié à vive allure.

Driften, kontrolliertes Schleudern
Kontrolliertes Querrutschen eines Fahrzeuges bei schnell befahrener Kurve.

fractional distillation 0693

topping, distillation fractionnée
Opération ayant pour objet de

destillative Abtrennung, Top-Destillation, fraktionierte Destillation

(Opération ayant pour objet de) séparer des liquides inégalement volatils, qui sont recueillis successivement dans un fractionnateur.

(tion, fraktionierte Destillation)
Vorgang, bei dem Destillate von Flüssigkeiten mit weit auseinanderliegenden Siedepunkten in einem Fraktionierturm nacheinander aufgefangen werden.

fractionater = fractionating column

fractionating column **0694**
colonne à distiller, colonne de fractionnement à plateaux, fractionnateur
Appareil utilisé dans les raffineries de pétrole pour la distillation fractionnée continue.

Fraktionierturm, Destillations-Turm, Destillationskolonne
Turm einer Raffinerie, in dem das Rohöl einer fraktionierten Destillation unterworfen wird.

frame **0695**
châssis
Le châssis est constitué du cadre, des roues, du moteur, des freins, de la transmission, des essieux, de la direction et de la suspension d'un véhicule. Actuellement nombre de voitures automobiles sont construites en version monocoque ou autoportante, c'est-à-dire que le châssis et la carrosserie ne font qu'un.

Fahrgestell
Das Fahrgestell eines Pkw besteht aus dem Rahmen, den Rädern, dem Triebwerk, den Bremsen, der Kraftübertragung, den Achsen, der Lenkung und der Aufhängung. Heute überwiegt die selbsttragende Ausführung, d.h. Fahrgestell und Karosserie (Aufbau) sind zusammengebaut.

free-cutting steel **0696**
acier de décolletage
Acier additionné de plomb, de soufre et de phosphore, qui facilitent l'usinage ainsi que la fragmentation des copeaux.

Automatenstahl
Stahl mit Zusätzen von Blei, Schwefel und Phosphor, die eine gute Zerspanbarkeit und Spanbrüchigkeit bewirken.

free engine clutch **0697**
accouplement à roue libre
Dispositif se trouvant dans certaines boîtes de vitesses et grâce auquel les roues motrices peuvent se désolidariser du moteur lorsqu'on relâche la pédale d'accélérateur. Il ne transmet le couple que dans un sens, tandis qu'il tourne librement dans l'autre.

Freilaufkupplung, Einwegkupplung, Richtgesperre
Vorrichtung in einem Getriebe, mit der die Antriebsräder vom Motor getrennt werden können, wenn das Gaspedal losgelassen wird. Das Drehmoment wird also nur in einer Richtung übertragen. In der entgegengesetzten Richtung dreht die Kupplung frei durch.

free-through capacitor **0698**

condensateur de passage, condensateur de traversée
Composant utilisé surtout pour le déparasitage des ondes ultracourtes (modulation de fréquence) dans la partie basse tension (en dehors de la bobine d'induction) de l'installation électrique d'un véhicule.

Durchführungskondensator
Kondensator, der vor allem bei der FM-Entstörung (UKW-Bereich) im Niederspannungsteil der Kfz-Elektroanlage, außer an der Zündspule, eingesetzt wird.

free travel of clutch pedal = clutch pedal clearance

free-wheel clutch = free engine clutch

fresh-air heating system *(See Ill. 28 p. 362)* **0699**

chauffage à air extérieur
Système de chauffage de l'habitacle d'un véhicule procédant par prélèvement d'air frais à l'extérieur, généralement à la base du pare-brise. Cet air frais est alors réchauffé par le radiateur de chauffage avant d'être introduit dans l'habitacle.

Frischluftheizung
Einrichtung zur Erwärmung der Luft im Fahrzeuginnenraum durch Entnahme von Außenluft unter der Windschutzscheibe. Diese Luft wird dann aufgeheizt und dem Fahrgastraum zugeführt.

friction clutch *(See Ill. 11 p. 140)* **0700**

embrayage à friction
Les embrayages à friction englobent l'embrayage monodisque, l'embrayage multidisque ainsi que l'embrayage à cônes.

Reibkupplung, Reibungskupplung, Friktionskupplung
Einscheiben-, Mehrscheiben- und Kegelkupplung sind Reibkupplungen.

friction-lined driven plate = driven plate assembly

friction-lined pad = disc brake pad

friction lining = clutch lining

friction pad = disc brake pad

friction shoe = brake shoe

frictional resistance to rolling motion = rolling resistance

front axle **0701**

essieu avant
L'essieu avant est à la fois porteur et directeur. Généralement il présente une section de poutrelle en double T, car il est soumis à la flexion.

Vorderachse
dient zum Tragen und zum Lenken. Im allgemeinen ist sie als I-Träger ausgeführt, weil sie auf Biegung beansprucht ist.

front drive = front wheel drive

front end drive = front wheel drive

front engine 0702

moteur à l'avant

Moteur monté sur châssis à l'avant d'un véhicule. Il est disposé derrière l'essieu avant, au-dessus ou en avant de celui-ci (moteur en porte-à-faux).

Frontmotor

Motor, der im Fahrgestell vorn verankert ist. Er liegt hinter, über oder vor der Vorderachse (Front-Überhangmotor).

front overhang 0703

porte-à-faux avant

Distance en mm du porte-à-faux avant par rapport au centre de l'essieu avant, compte non tenu du pare-chocs ni de la plaque minéralogique.

vordere Überhanglänge

Abstand in mm des äußersten vorderen Überhanges von der Mitte der Vorderachse, wobei Stoßfänger und Kennzeichenschild nicht eingerechnet werden.

front overhang angle 0704

angle d'approche

Angle formé par le plan de la chaussée et le point le plus bas situé devant l'essieu avant du véhicule.

vorderer Überhangwinkel

Winkel zwischen der Standebene eines Fahrzeuges und dem tiefsten Punkt vor der Vorderachse.

front parking light = side-marker lamp

front piston 0705

piston primaire

Piston du maître-cylindre tandem subissant l'action de la pédale de frein. En s'enfonçant, il refoule le liquide de frein dans un des deux circuits de freins.

vorderer Kolben

Kolben im Tandemhauptzylinder. Er wird vom Bremspedal verschoben und verdrängt die Bremsflüssigkeit in einen der beiden Bremskreise.

front side lamp = side-marker lamp

front wall 0706

tablier avant

Cloison de séparation entre le compartiment avant d'un véhicule et l'habitacle.

Bugschürze

Trennwand zwischen Bugraum und Fahrgastraum.

front wheel drive 0707

traction avant, groupe propulseur avant

Disposition des organes moteurs comprenant le moteur lui-même, l'embrayage et la boîte-pont placés

Vorderradantrieb, Vorderachsantrieb, Vorderantrieb, Frontantrieb

Antriebsordnung, bei welcher der Front-Triebsatz, d.h. der Motor, die Kupplung, das Schalt- und Achsge-

(l'embrayage et la boîte-pont placés) sur le cadre à l'avant du véhicule et entraînant les roues avant.

(Kupplung, das Schalt- und Achsge-) triebe vorn im Rahmen eingebaut sind und die Vorderräder antreiben.

Froude brake 0708

frein hydraulique, frein de Froude
Dispositif conçu pour calculer la puissance d'un moteur par freinage de l'arbre moteur et fonctionnant selon le principe d'un embrayage hydraulique.

hydraulische Leistungsbremse, Wasserwirbelbremse, Froudescher Zaum, Froudesche Bremse
Meßvorrichtung zur Ermittlung der Leistung eines Motors durch Abbremsen der Antriebswelle und die nach dem Prinzip einer Flüssigkeitskupplung arbeitet.

fuel 0709

carburant
Les carburants sont des hydrocarbures dont l'énergie thermique se transforme en pression et en énergie cinétique (travail) dans les moteurs à combustion.

Kraftstoff, Treibstoff, Motorenkraftstoff
Brennbare Kohlenwasserstoffe, deren Wärmeenergie bei Verbrennungsmotoren in Druck bzw. Bewegungsenergie (Arbeit) umgewandelt wird.

fuel accumulator 0710

accumulateur de pression de carburant, bac à carburant comprimé
Dans l'injection continue d'essence K-Jetronic, le carburant pompé dans le réservoir est maintenu sous pression dans un accumulateur de carburant avant d'être refoulé vers le doseur-distributeur de carburant.

Kraftstoffspeicher
Bei der kontinuierlichen Benzineinspritzanlage K-Jetronic wird das aus dem Kraftstoffbehälter angesaugte Benzin in einem Kraftstoffspeicher unter Druck gehalten, ehe es zum Kraftstoffmengenteiler gefördert wird.

fuel-air mixture = explosive mixture

fuel bowl = float chamber

fuel distributor 0711

doseur-distributeur de carburant, doseur de carburant
Organe du système d'injection continue d'essence (Bosch K(E)-Jetronic, injection Zenith CL, DL), qui distribue à chacun des cylindres du moteur la quantité d'essence soigneusement dosée selon le débit d'air évalué par la sonde de débit.

Mengenteiler, Kraftstoffmengenteiler
Gerät der kontinuierlichen Benzineinspritzanlage (Bosch K(E)-Jetronic, Zenith CL- bzw. DL-Einspritzung), das den einzelnen Motorzylindern die erforderliche Kraftstoffmenge entsprechend dem vom Luftmengenmesser gemessenen Luftdurchsatz gleichmäßig zuteilt.

fuel-feed line = fuel line

fuel-feed pump = fuel pump

fuel filler cap = filler cap

fuel filter **0712**

filtre à combustible, filtre-nourrice
En raison des impuretés drainées par le combustible qui, à brève échéance, détruiraient la pompe d'injection et les injecteurs réalisés avec des tolérances d'usinage extrêmement serrées, un filtre principal a été prévu dans les moteurs diesel entre le réservoir à combustible et la pompe d'injection. Ce filtre comporte un purgeur d'eau pour l'évacuation des eaux accumulées dans le combustible.

Kraftstoffhauptfilter
Aufgrund der im Dieselkraftstoff mitgeführten Verunreinigungen, welche die Einspritzpumpe sowie die Einspritzdüsen, die mit den engsten Toleranzen hergestellt sind, zerstören würden, wird bei Dieselmotoren ein Hauptfilter zwischen Kraftstoffbehälter und Einspritzpumpe eingeschaltet. Er enthält ebenfalls einen Wasserabscheider. Eine Wasserablaßschraube dient zum Ablassen des im Kraftstoff angesammelten Wassers.

fuel gage (US) **0713**

jauge de carburant
Dispositif servant à la mesure et à l'indication de la quantité de carburant disponible dans le réservoir. Dans les systèmes électriques, qui sont les plus répandus, la jauge disposée sur le tableau de bord est parcourue par un courant électrique dès que le contact est mis. Elle est reliée par un fil électrique à un capteur se trouvant dans le réservoir d'essence et qui se compose d'un flotteur et d'un rhéostat (résistance variable). Par suite des variations du niveau de carburant, le flotteur reposant sur la surface du liquide fait à son tour varier la résistance du rhéostat par l'intermédiaire de son levier et d'un bras mobile. Ainsi se modifie l'intensité du courant qui parvient à la jauge, où il fait varier la position d'une aiguille indicatrice.

Kraftstoffanzeiger, Kraftstoffmesser, Kraftstoffvorratsanzeiger, Benzinuhr
Einrichtung zum Anzeigen der im Kraftstoffbehälter enthaltenen Kraftstoffmenge. Bei den meistverwendeten elektrisch betriebenen Kraftstoffanzeigen erhält eine Meßuhr in der Instrumententafel Strom bei eingeschalteter Zündung. Die Benzinuhr ist über eine elektrische Leitung mit einem Geber im Kraftstofftank verbunden. Dieser Geber besteht aus einem Schwimmer und aus einem Potentiometer, dessen Schleifkontakt je nach dem Kraftstoffspiegel im Schwimmer über einen Hebel bewegt wird. Somit ändert sich die Stärke des durchfließenden Stromes, die sich dann auf die Zeigerstellung in der Meßuhr auswirkt.

fuel gauge (GB) = fuel gage

fuel grade = octane number

fuel-injection engine **0714**

moteur à carburation interne
Moteur à combustion avec mélange carburé préparé dans les cylindres, l'air étant introduit par

Einspritzmotor
Verbrennungsmotor, bei dem die Gemischbildung in den Zylindern erfolgt mit Lufteinlaß durch Ventile und

(cylindres, l'air étant introduit par) des soupapes et le carburant ou le combustible par des injecteurs.

(mit Lufteinlaß durch Ventile und) Kraftstoffeinspritzung durch Düsen.

fuel injection nozzle = injection nozzle

fuel injection pump = injection pump

fuel injection tubing = delivery pipe

fuel injector pump = injection pump

fuel inlet pipe *(See Ill. 8 p. 84, Ill. 19 p. 216)* **0715**

arrivée de l'essence, orifice d'admission
Tubulure disposée à l'entrée d'une pompe à essence ou d'un carburateur.

Eintritt des Kraftstoffes
Anschlußstutzen für Kraftstoffzufluß an einer Kraftstoffpumpe oder einem Vergaser.

fuel jet bush **0716**

tube de gicleur
Les carburateurs à diffuseur variable ne possèdent qu'un seul gicleur dans lequel plonge une aiguille conique de dosage. La section du tube du gicleur varie selon l'ouverture du papillon des gaz et le régime-moteur.

Nadeldüse
Einzige Düse in einem Vergaser mit veränderlichem Lufttrichterquerschnitt, in die eine kegelige Dosiernadel eintaucht. Der Nadeldüsenquerschnitt ändert sich je nach der Drosselklappenöffnung und der Motordrehzahl.

fuel level gage (US) = fuel gage

fuel line *(See Ill. 16 p. 180)* **0717**

tuyauterie d'alimentation
Canalisation rigide en cuivre ou en acier protégé contre la corrosion ou tuyau souple armé ou non en matière plastique et en caoutchouc. La tuyauterie d'alimentation se place en pente entre le réservoir d'essence et le carburateur ou le système d'injection, de façon que l'on évite la formation de bulles d'air à l'intérieur de la tuyauterie.

Kraftstoffleitung, Benzinleitung
Starre Leitung aus Kupfer bzw. korrosionsgeschütztem Stahl oder Schlauch aus Gummi und Kunststoff mit und ohne Armierung. Benzinleitungen werden ansteigend zwischen Kraftstoffbehälter und Vergaser bzw. Einspritzanlage verlegt, um Luftblasen in der Leitung zu verhüten.

fuel line filter = line-fitting fuel filter

fuel nozzle = injection nozzle

fuel oil = diesel fuel

fuel outlet pipe *(See Ill. 19 p. 216)* 0718

sortie d'essence, orifice de sortie
Tubulure disposée côté sortie d'une pompe à essence.

Austritt des Kraftstoffes
Anschlußstutzen für Kraftstoffausfluß aus einer Kraftstoffpumpe.

fuel pipe = fuel line

fuel-pressure pipe = delivery pipe

fuel-pressure regulator *(See Ill. 16 p. 180)* 0719

régulateur de pression de carburant
Régulateur qui, dans un système d'injection électronique d'essence D-Jetronic, maintient la pression du carburant à une valeur constante de 2 bars. Dans le système L-Jetronic, ce régulateur maintient une surpression de 2,5 à 3 bars dans la conduite de carburant. Il n'est dans ce cas plus relié à l'air libre mais bien à la pipe d'aspiration du moteur.

Kraftstoff-Druckregler
Einstellbarer Regler im Kraftstoffsystem der elektronisch gesteuerten Benzineinspritzanlage D-Jetronic, der den Kraftstoffdruck in der Leitung auf dem konstanten Wert von 2 bar hält. Bei der L-Jetronic hält der Druckregler den Kraftstoffdruck in der Druckleitung auf 2,5 bzw. 3 bar Überdruck. Dieser Druckregler ist nicht mehr mit der Außenluft, sondern mit dem Ansaugrohr verbunden.

fuel pump *(See Ill. 19 p. 216)* 0720

pompe d'alimentation, pompe de carburant
Dispositif destiné à pomper le carburant de son réservoir en direction du carburateur ou de la pompe à injection. La plupart des pompes à essence sont des pompes à membrane mécanique actionnées par un excentrique de l'arbre à cames. Les pompes à essence électromagnétiques sont plus rarement utilisées.

Kraftstoffpumpe, Kraftstofförderpumpe
Pumpe zur Förderung des Kraftstoffes aus dem Kraftstofftank zum Vergaser bzw. zur Einspritzpumpe. Die meisten Benzinpumpen sind mechanische Membranpumpen, die von der Nockenwelle über einen Exzenter angetrieben sind. Elektromagnetische Membranpumpen werden seltener gebraucht.

fuel pump diaphragm *(See Ill. 19 p. 216)* 0721

membrane de la pompe d'alimentation
Membrane dont les mouvements pulsatoires aspirent le carburant dans la pompe et le refoule vers le carburateur à travers des clapets.

Kraftstoffpumpenmembran
Membran, deren Schwingungen den Kraftstoff über Ventile in die Kraftstoffpumpe ansaugen und dann zum Vergaser verdrängen.

fuel pump tappet 0722

poussoir de la pompe d'alimentation
Poussoir actionné par un excentrique de l'arbre à cames et

Kraftstoffpumpenstößel
Stößel, der von einem Exzenter der Nockenwelle betätigt wird und dessen

(excentrique de l'arbre à cames et) dont le mouvement agit sur la membrane de la pompe d'alimentation.

(Nockenwelle betätigt wird und dessen) Bewegungen auf die Membran der Kraftstoffpumpe übertragen werden.

fuel pump test bench **0723**

banc d'essai de pompes d'injection

Banc d'essai avec compte-tours sur lequel sont contrôlés le dêbit et le point d'injection de pompes d'injection en conditions de service. Lors du contrôle de débit, le gas-oil est refoulé à haute pression dans des injecteurs étalonnés avant de s'égoutter dans des éprouvettes graduées, la quantité débitée correspondant à un nombre de coups de pompe réglé sur le banc d'essai. On peut dès lors comparer le niveau du combustible dans chacune des éprouvettes se rapportant à chacun des éléments de pompe.
Le phasage des éléments ou le début d'injection de chacun des éléments peuvent être contrôlés sur un rapporteur comme dans un banc d'essai pour allumeurs.

Einspritzpumpen-Prüfgerät, Einspritzpumpen-Prüfstand

Gerät mit Tourenzähler zur Prüfung der Förderleistung und des Förderbeginns von Einspritzpumpen, die unter Betriebsbedingungen angetrieben werden. Bei der Prüfung der Fördermenge wird Dieselkraftstoff in kalibrierte Einspritzdüsen unter hohem Druck gefördert, der nach Einstellen einer bestimmten Pumpenhubzahl in Meßgläser abtropft. Die Anzahl der Meßgläser entspricht derjenigen der Pumpenelemente, so daß deren Förderleistung untereinander verglichen werden kann.
Der Förderbeginn jedes einzelnen Elements oder aller Pumpenelemente zusammen kann ebenfalls auf einer Gradscheibe ähnlich wie bei einem Verteilerprüfgerät kontrolliert werden.

fuel return pipe **0724**

canalisation de retour

Canalisation que l'on trouve parfois entre le carburateur et le réservoir d'essence. C'est par ce tuyau que l'excès de carburant se trouvant dans le carburateur et pouvant engorger celui-ci reflue vers le réservoir.

Rücklaufleitung

Bei einigen Vergaserbauarten liegt eine Rücklaufleitung zwischen Vergaser und Kraftstoffbehälter. Über diese Leitung fließt das überschüssige Benzin im Vergaser zum Benzintank zurück, damit der Vergaser nicht überschwemmt wird.

fuel-supply pump = fuel pump

fuel system **0725**

circuit d'alimentation

Dans un moteur diesel, le combustible est acheminé du reservoir au préfiltre et à la pompe nourrice ou pompe d'alimentation pour aboutir au filtre à combustible principal et à la pompe d'injection

Kraftstoffanlage, Kraftstoffsystem

In einem Dieselmotor fließt der Kraftstoff aus dem Behälter zum Vorreiniger zur Kraftstofförderpumpe, zum Kraftstoffhauptfilter, von dort zur Einspritzpumpe, über die Einspritzleitungen zu den Einspritzdüsen und

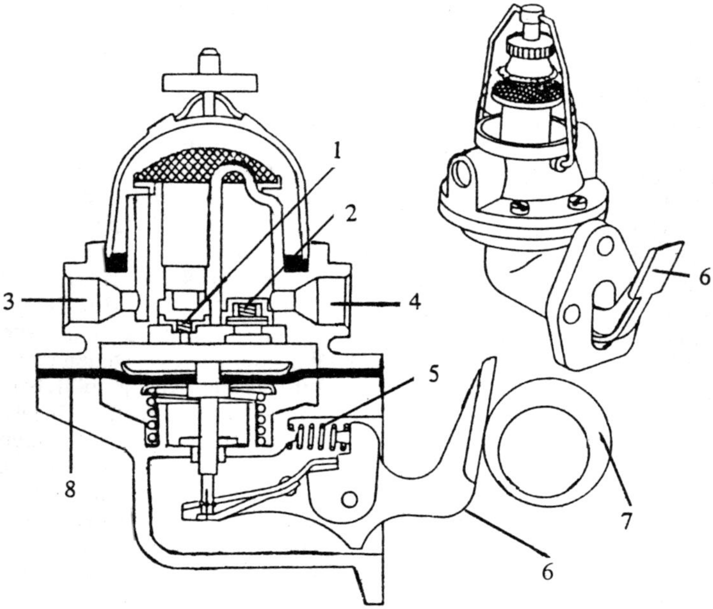

Ill. 19: fuel pump **(0720)**

1 suction valve
2 pressure valve
3 fuel inlet pipe
4 fuel outlet pipe
5 return spring
6 pump lever
7 camshaft
8 fuel pump diaphragm

(principal et à la pompe d'injection) où se termine le circuit à basse pression. Le circuit à haute pression part de la pompe d'injection, emprunte la tuyauterie à haute pression et s'achève aux injecteurs et à la chambre de combustion. A noter toutefois que l'excédent de combustible pompé reflue au départ du filtre à combustible principal vers le réservoir par l'intermédiaire d'une soupape de décharge et d'une tuyauterie de retour. Dans les moteurs à essence, le circuit d'alimentation en carburant comprend le réservoir avec les canalisations, la pompe et le filtre à essence, le filtre à air et il aboutit au carburateur ou au système d'injection.

(gen zu den Einspritzdüsen und) schließlich in den Verbrennungsraum. Vom Kraftstoffhauptfilter aus fließt der zuviel geförderte Kraftstoff über ein Überströmventil bzw. eine Überströmleitung zum Tank zurück. Bei Ottomotoren besteht die Kraftstoffanlage aus Kraftstoffbehälter nebst Leitungen, Kraftstoffpumpe, Kraftstoff- und Luftfilter sowie Vergaser bzw. Einspritzanlage.

fuel tank *(See Ill. 16 p. 180)* 0726

réservoir de carburant

Réservoir destiné à recevoir le carburant pour l'alimentation du moteur. Les réservoirs de carburant sont en tôle d'acier ou en laiton et traités contre la corrosion par étamage, galvanisation ou plombage. On trouve aussi des réservoirs en matière plastique. La carburant puisé est acheminé vers le carburateur par gravité, sous pression ou au moyen d'une pompe.

Kraftstoffbehälter, Kraftstofftank, Tank

Tank zur Aufnahme des Kraftstoffes eines Fahrzeuges. Kraftstoffbehälter sind aus Stahlblech bzw. aus Messing hergestellt und werden gegen Korrosion durch Verzinnen, Verzinken oder Verbleien geschützt. Es gibt ebenfalls Kunststoffbehälter. Der entnommene Kraftstoff wird durch Gefälle, unter Druck oder mittels einer Pumpe dem Vergaser zugeführt.

fulcrum ring *(See Ill. 11 p. 140)* 0727

cercle d'appui

Dans l'embrayage à diaphragme, le diaphragme (ressort conique en acier) est emprisonné entre deux cercles d'appui. Lors du débrayage, le bord extérieur du diaphragme bascule autour de ces deux cercles.

Kippring

Bei der Membranfederkupplung ist die Membranfeder zwischen zwei Kippringen gespannt. Beim Loskuppeln kippt der Außenrand der Membranfeder um diese Ringe.

full-flow oil filter 0728

filtre à huile en série, filtre à huile à passage total, filtre à huile de courant principal

Filtre mis en place dans le circuit principal de graissage sous pression afin de débarrasser l'huile de

Hauptstromfilter, Hauptstromölfilter

Bei der Druckumlaufschmierung sitzt ein Ölfilter im Hauptstrom, damit Teer und Schmutzteilchen sowie Verbrennungsrückstände aus dem umlaufenden Öl entfernt werden.

(afin de débarrasser l'huile de) goudrons, de résidus de combustion, de poussières et d'impuretés.

(Öl entfernt werden.)

full load 0729

pleine charge
Il y a pleine charge dans la marche d'un moteur à explosion, lorsque le papillon des gaz est ouvert complètement, quel que soit le régime du moteur.

Vollast
Bei den Betriebsbedingungen eines Verbrennungsmotors liegt Vollast vor, wenn die Drosselklappe ganz geöffnet ist, und zwar unabhängig von der Motordrehzahl.

full-throttle running = full load

fuller's earth 0730

argile décolorante
Argile utilisée pour la décoloration et l'épuration d'huiles de vidange.

Bleicherde, Fullererde
Bleichton zum Entfärben und Klären von Altölen.

fully floating axle 0731

essieu full floating, pont porteur
Dans cette disposition du pont arrière, la trompette pénètre dans le moyeu de la roue. Celui-ci s'appuie sur l'essieu par l'intermédiaire de deux roulements. Dans ce cas, le moyeu ne transmet plus aucun effort de flexion à l'arbre.

vollfliegende Achse, Steckachse
Bei dieser Anordnung der Hinterachse wird der Hinterachstrichter durch die Radnabe geführt, die sich auf der Achse mittels zweier Lager abstützt. In diesem Fall wird die Radwelle nicht mehr durch die Radnabe auf Verbiegung beansprucht.

fur deposits = scale

fuse 0732

fusible
Composant protégeant les circuits électriques d'un véhicule contre les surcharges. En cas de surintensité de courant, l'élément fusible fond et coupe le circuit sur lequel il est branché. Les fusibles sont calibrés pour un courant nominal bien déterminé et repérés en conséquence. Ils sont réunis dans un boîtier à fusibles. Les fusibles indépendants peuvent s'insérer à n'importe quel endroit du câblage électrique d'un véhicule en cas de modification des circuits, lorsque par exemple des appareils

Sicherung, Abschmelzsicherung, Schmelzeinsatz
Elektrischer Bauteil, der in einem Fahrzeug einen Stromkreis vor Überlastung schützt. Bei überhöhter Stromstärke schmilzt die Sicherung ab und unterbricht die elektrische Leitung. Sicherungen sind für einen bestimmten Nennstrom ausgelegt und entsprechend gekennzeichnet. Sie werden in einer Sicherungsdose zusammengefaßt. Bei nachträglicher Änderung des Leitungsnetzes z.B. durch Einbau zusätzlicher Stromverbraucher können fliegende Sicherungen innerhalb der Verkabelung eingeschaltet werden.

(par exemple des appareils) supplémentaires consommateurs de courant sont mis en place.

(eingeschaltet werden.)

fusion welding 0733

soudage par fusion
Assemblage de matières (métaux matières plastiques) sous l'effet de la chaleur par fusion locale avec ou sans fondant.

Schmelzschweißung
Unlösbare Verbindung von Metallen oder Kunststoffen unter Einfluß von Wärme durch örtliche Verschmelzung mit oder ohne Einschmelzen von Zusatzwerkstoff.

galvanic cell 0734

couple voltaïque
Ensemble de deux électrodes de conductivité différente et qui, immergées dans un électrolyte, peuvent produire un courant électrique continu.

galvanisches Element
Ein galvanisches Element besteht aus zwei Elektroden aus verschiedenen elektrischen Leitern, die in einem Elektrolyt eingetaucht sind und durch chemische Umwandlung einen elektrischen Gleichstrom abgeben können.

gap between electrodes = electrode gap

gapping tool = spark plug gap tool

garage 0735

garage
Endroit couvert servant de remise pour véhicules automobiles, motocyclettes et bicyclettes.

Garage
Bauliche Anlage zum Abstellen von Kraftfahrzeugen, Motorrädern und Fahrrädern.

gas black 0736

noir de carbone, noir de fumée
Pigment noir constitué de fines particules de carbone. C'est la principale matière de charge du caoutchouc avec lequel sont fabriqués notamment les pneumatiques. La présence de noir de carbone améliore l'élasticité et la résistance à l'usure du pneumatique.

Gasruß
Tiefschwarzes Pulver aus reinem Kohlenstoff und Hauptfüllstoff im Reifengummi. Durch Zugabe von Gasruß werden die Elastizität und die Abriebfestigkeit des Reifengummis erhöht.

gas can = jerry-can

gas engine 0737

moteur à gaz de gazogène
Moteur à pistons alimenté par un combustible gazeux fourni par un groupe gazogène.

Gasmotor
Kolbenkraftmaschine, die mit in einem Gasgenerator erzeugtem, gasförmigem Kraftstoff betrieben wird.

gas filling station = gasoline service station

gas line = fuel line

gas pedal (US) *(See Ill. 16 p. 180)* 0738

pédale d'accélérateur, accélérateur, pédale des gaz

La pédale des gaz commande le papillon des gaz dans la buse du carburateur par le truchement de la tringlerie des gaz ou d'un câble sous gaîne.

Gaspedal, Gashebel, Fahrpedal, Fahrfußhebel, Gasfußhebel, Beschleunigerfußhebel, Beschleunigerhebel, Beschleunigerpedal

Mit dem Gaspedal wird die Drosselklappe im Vergaserdurchlaß über ein Gestänge bzw. einen Bowdenzug gesteuert.

gas pump = fuel pump

gas tank = fuel tank

gaseous-fuel engine = gas engine

gasing voltage 0739

tension de début de dégagement gazeux

Tension de charge à partir de laquelle le dégagement gazeux s'amorce dans un accumulateur. L'eau contenue dans l'électrolyte se décompose en hydrogène et en oxygène et s'échappe par les trous de ventilation des bouchons.

Gasungsspannung

Ladespannung, ab welcher die Gasentwicklung in einem Akkumulator einsetzt. Der Wassergehalt des Elektrolyts wird in Wasserstoff und Sauerstoff zerlegt und entweicht durch die Gasbohrungen der Zellenstopfen.

gasoline (US) 0740

essence

Terme générique s'appliquant à divers produits de la distillation fractionnée du pétrole et distillant entre 40° et 210° C.

Benzin

Sammelbezeichnung für verschiedene, leichtverdunstende Erdölfraktionen mit einem Siedebereich von 40° bis 210° C.

gasoline can = jerry-can

gasoline container = jerry-can

gasoline injection 0741

injection de carburant, injection d'essence

Injection de carburant dans les moteurs à essence au moyen d'injecteurs soit directement dans les cylindres (procédé rarement utilisé), soit dans la tubulure d'aspiration devant les soupapes d'admission.

Benzineinspritzung, Kraftstoffeinspritzung

Einspritzung des Ottokraftstoffes mittels Einspritzdüsen entweder unmittelbar in die Zylinder (selten) oder in das Saugrohr vor die Einlaßventile (Saugrohreinspritzung).

gasoline meter = fuel gage

gasoline pump = fuel pump

gasoline separator 0742

séparateur d'essence
Dispositif obligatoirement aménagé dans un station-service ou dans un garage, ayant pour fonction de récupérer les huiles et les carburants et de les séparer des eaux usées.

Benzinabscheider, Benzinfang, Benzintraps
Einrichtung zum Auffangen und Abtrennen von Kraftstoffen und Ölen aus den Abwässern, die bei Autoreparaturwerkstätten und Tankstellen obligatorisch ist.

gasoline service station 0743

station-service, station d'essence, essencerie (Afrique du Nord)
Poste distributeur situé le long des grands axes routiers et débitant principalement du carburant aux automobilistes. Les divers carburants, stockés en citernes enfouies sous terre, sont acheminés vers les distributeurs au moyen de pompes.

Tankstelle, Zapfstelle
Anlage an verkehrsreichen Straßen, hauptsächlich zur Versorgung von Kraftfahrzeugen mit Kraftstoff. Dieser wird mit Hilfe von Pumpen aus unterirdischen Tanks zu den Tanksäulen (Zapfsäulen) gefördert.

gasoline station = gasoline service station

gate = gear shifting gate

gear change lever = gearshift lever

gear control fork = shift fork

gear lever = gearshift lever

gear oil 0744

huile pour boîtes de vitesses
Huile dont la viscosité couvre les catégories s'échelonnant du grade SAE 80 au grade SAE 250.

Getriebeöl
Öl mit Viskositätsabstufungen von SAE 80 bis SAE 250.

gear pump *(See Ill. 20 p. 223)* 0745

pompe à engrenages
La pompe à engrenages se compose d'un corps de pompe et de deux pignons de diamètre identique dont les dentures engrènent l'une dans l'autre. L'un de ces pignons est mû par l'intermédiaire de l'arbre à cames. L'huile pénètre par une tubulure inférieure, elle est dès lors entraînée par les dents et longe

Außenzahnradpumpe, Zahnradpumpe
Die Zahnradpumpe besteht aus einem Pumpengehäuse mit zwei ineinander kämmenden Zahnrädern, von denen eins durch die Nockenwelle angetrieben wird. Das Öl fließt durch die Eintrittsleitung ein, wird von den Zahnrädern mitgerissen bzw. entlang der Gehäusewand gefördert und schließlich in die Austrittsleitung gedrückt.

(lors entraînée par les dents et longe) (die Austrittsleitung gedrückt.)
les parois intérieures avant d'être refoulée vers la tubulure de sortie.

gear ratio = transmission ratio

gear reduction = transmission reduction

gear segment 0746

secteur denté
Portion de roue dentée limitée par deux rayons. Dans une pompe d'injection, on trouve un secteur denté autour de la douille de réglage, qui est elle-même emmanchée sur le cylindre. C'est sur ce secteur denté qu'engrène la crémaillère provoquant ainsi la rotation du piston à gauche ou à droite en agissant sur le doigt de commande du piston. La direction à secteur comporte également un secteur denté sur lequel engrène une vis sans fin.

Zahnsegment
Von zwei Radien begrenzter Kreisabschnitt eines Zahnrades. In einer Einspritzpumpe liegt ein Zahnsegment rings um die Regelhülse, die über den Pumpenzylinder geschoben ist. In dieses Zahnsegment greift die Regelstange (Zahnstange) ein, die den Kolben über die Kolbenfahne nach links oder nach rechts verdreht. In der Schneckenlenkung gibt es ebenfalls ein Zahnsegment, in welches eine Schnekke eingreift.

gear selector bar = shifter rod

gear selector fork = shift fork

gear selector lever = gearshift lever

gear selector rod = shifter rod

gear-shift rod = shift fork

gear shift system = gearbox

gear shifting fork = shift fork

gear shifting gate 0747

grille de guidage
Grille dans laquelle coulisse le levier de changement de vitesses garantissant un positionnement exact de ce dernier.

Schaltkulisse
Schlitze, in denen der Schalthebel geführt wird, damit ein sauberer Gangwechsel gewährleistet ist.

gear stick = gearshift lever

gearbox (GB) *(See Ill. 14 p. 162, Ill. 21 p. 224)* 0748

boîte de changement de vitesse, boîte de vitesses
La boîte de vitesses se situe immédiatement derrière

Getriebe, Wechselgetriebe, Kraftfahrzeuggetriebe
Das Getriebe steht gleich hinter der Kupplung. Es sorgt dafür, daß die An-

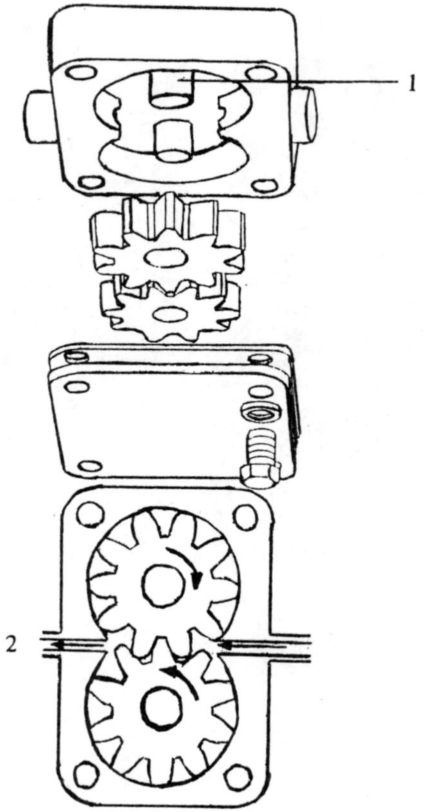

Ill. 20: gear pump **(0745)**

1 oil pump spindle
2 lube oil

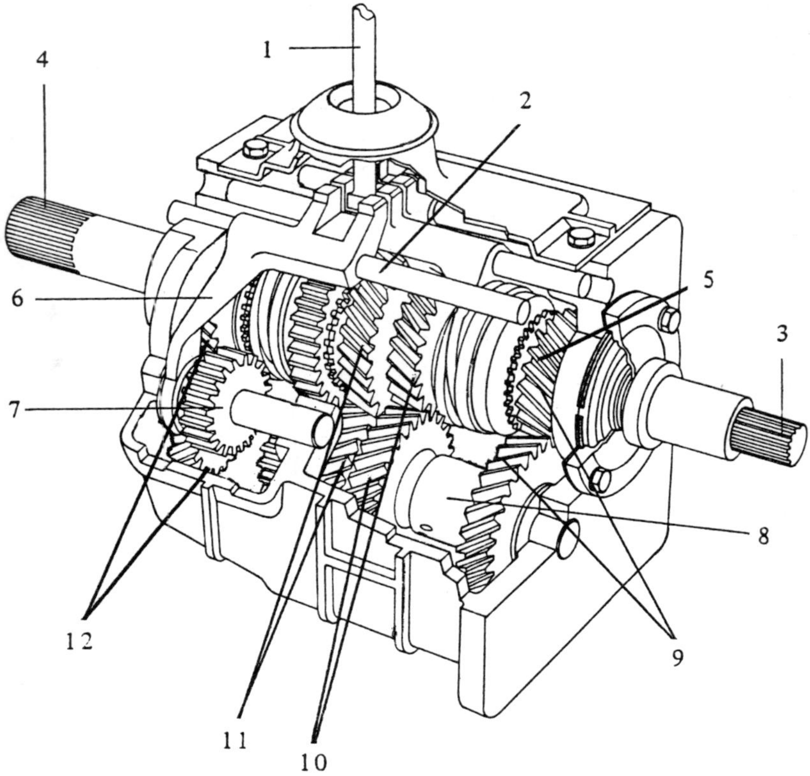

Ill. 21: gearbox **(0748)**

1 gearshift lever
2 shifter rod
3 primary shaft
4 third motion shaft
5 clutch gear
6 shift fork
7 reverse idler gear shaft
8 countershaft
9 constant mesh – cylindrical gear pair
10 third gear – cylindrical gear pair
11 second gear – cylindrical gear pair
12 first gear – cylindrical gear pair

(immédiatement derrière) l'embrayage et s'intercale entre le moteur et les roues motrices afin que le rapport entre la vitesse de rotation du moteur et celle des roues puisse se modifier lorsque l'effort résistant l'exige. Elle permet également l'interruption permanente de la liaison moteur-transmission. La boîte de vitesses comprend quatre arbres: l'arbre primaire, l'arbre secondaire, l'arbre intermédiaire ou train fixe et l'arbre auxiliaire ou axe de marche arrière.

(Kupplung. Es sorgt dafür, daß die An-)triebsleistung zwischen Motor und Antriebsrädern entsprechend dem schwankenden Leistungsbedarf geändert werden kann. Es kann ebenfalls die Verbindung zwischen Motor und Übertragung dauernd unterbrechen. Das Wechselgetriebe setzt sich aus vier Wellen zusammen: der Antriebswelle, der Hauptwelle, der Vorgelegewelle und der Rücklaufwelle.

gearbox bell housing = bell housing

gearbox input shaft = primary shaft

gearbox main shaft = third motion shaft

gearbox output shaft = third motion shaft

gearbox tailshaft = third motion shaft

gearshift bar = shifter rod

gearshift fork = shift fork

gearshift lever *(See Ill. 21 p. 224)* **0749**

levier de changement de vitesse, levier sélectif

Levier permettant d'enclencher les vitesses. Il peut se trouver au volant, sous le tableau de bord ou au sol.

Getriebeschalthebel, Schalthebel, Schaltknüppel, Gangschalthebel, Gangwähler, Handschalthebel, Handschaltung

Hebel zum Schalten der einzelnen Gänge. Er befindet sich an der Lenksäule, unter der Instrumententafel oder am Bodenblech.

Gemmer steering **0750**

direction à doigt et rouleau, direction Gemmer

Ce type de direction est très proche de la direction à secteur, à cela près que le secteur denté est ici remplacé par un galet denté monté sur roulement à aiguilles.

Rollenzahnlenkung, Gemmerlenkung, Schneckenlenkung mit Lenkrolle, Schnecken-Rollen-Lenkgetriebe

Lenkungsart, die der Schneckenlenkung sehr ähnlich ist. Das Schneckenradsegment entfällt, und an dessen Stelle tritt eine Zahnrolle, die sich auf Nadellagern stützt.

generator indicator lamp = charging control lamp

generator regulator 0751

régulateur de tension

Etant donné que l'alternateur entraîné par le moteur du véhicule tourne à des vitesses variables, la tension fournie doit être maintenue à un niveau déterminé par un régulateur de tension. De surcroît, le régulateur établit la liaison entre l'alternateur et la batterie, lorsque cette dernière doit être chargée. Les régulateurs de tension sont soit des régulateurs à ancre vibrante, qui sont montés à l'écart de l'alternateur, soit des régulateurs à transistors qui font corps avec l'alternateur.

Generatorregler, Reglerschalter, Generatorenreglerschalter

Nachdem die vom Motor angetriebene Lichtmaschine Drehzahländerungen unterliegt, muß die abgegebene Spannung durch einen Regler auf einer bestimmten Höhe gehalten werden. Zum andern stellt der Spannungsregler die Verbindung zwischen Lichtmaschine und Batterie her, wenn diese geladen werden soll.
Die zwei Reglerbauarten sind die Kontaktregler, die außerhalb der Lichtmaschine angebracht sind und die Transistorregler, die in der Lichtmaschine eingebaut sind.

generator warning lamp = charging control lamp

gilled radiator = ribbed radiator

gilled-tube radiator = tubular radiator

glass-fibre-reinforced plastic 0752

matière plastique armée aux fibres de verre

Matière plastique constituée de fils ou de tissu de verre enrobés de résine synthétique, qui en augmentent la résistance et la rigidité. Cette matière composite est insensible à la corrosion, isolante et insonorisante, indéformable et facile à réparer. On la rencontre parfois dans certaines pièces de carrosserie.

glasfaserbewehrter Kunststoff, glasfaserverstärkter Kunststoff, GFK

Verbundwerkstoff aus in Kunstharz eingebetteten Glasfäden und -geweben zur Erhöhung von Festigkeit und Steifheit. Dieser Werkstoff ist korrosionsfest, geräusch- und wärmedämmend, beulfest und reparaturfreundlich. Verwendung bei Karosserieteilen.

Gleason-type gear teeth 0753

denture hélicoïdale à taille Gleason

Dans ce type de denture, le profil de la dent correspond à la portion d'un arc de cercle. Les dents s'élargissent de l'intérieur vers l'extérieur.

Gleason-Kreisbogenverzahnung, Gleason-Verzahnung

Bei der Gleason-Verzahnung entspricht die Zahnform dem Stück eines Kreisbogens. Die Zähne verjüngen sich von außen nach innen.

glow indicator = heater plug control

glow plug (US) **0754**

bougie à incandescence, bougie de réchauffage, bougie de préchauffage
Dans un moteur diesel à froid, l'air comprimé doit pouvoir déclencher l'auto-inflammation du combustible grâce à une élévation de température. Aussi a-t-on recours à des bougies dites de réchauffage ou de préchauffage. Celles-ci sont alimentées par le courant de la batterie et atteignent au bout d'une minute une température de l'ordre de 1000° C, ce qui facilite le démarrage, après quoi les bougies sont éteintes. Elles se maintiennent toutefois à une température très élevée par suite de la chaleur dégagée par la combustion et contribuent ainsi à l'inflammation rapide du combustible. Les bougies de préchauffage sont soit des bougies bipolaires, soit des bougies monopolaires. Il est indispensable qu'elles soient étanches aux gaz. Elles sont utilisées dans les moteurs diesel à injection indirecte.

Glühkerze
In einem kalten Dieselmotor muß die vorverdichtete Luft durch zusätzliche Temperaturerhöhung die Selbstzündung des Kraftstoffes bewirken. Dies ist die Aufgabe der Glühkerze. Sie wird mit Batteriestrom gespeist und ca. eine Minute lang auf eine Temperatur von 1000° C gebracht. Dadurch kann der Motor besser anspringen, und die Glühkerze wird abgeschaltet. Aufgrund der Verbrennungstemperatur bleibt sie jedoch heiß und unterstützt somit die Entzündung des Kraftstoffes. Glühkerzen müssen unbedingt gasdicht sein. Die üblichen Glühkerzentypen sind die zweipoligen Drahtglühkerzen und die einpoligen Stabglühkerzen (Glühstiftkerzen). Sie werden in Dieselmotoren mit indirekter Einspritzung eingesetzt.

glow plug indicator = heater plug control

glow wire = filament

glycerol **0755**

glycérine, glycérol
Trialcool entrant notamment dans la composition de liquides de freins et d'antigels.

Glyzerin
Dreiwertiger Alkohol, der u.a. bei der Herstellung von Bremsflüssigkeiten und Gefrierschutzmitteln verwendet wird.

glycol = ethylene glycol

governor weight = flyweight

grabbing of clutch **0756**

broutement de l'embrayage
Les principales causes du broutage de l'embrayage sont l'usure de la friction, la pression irrégulière des ressorts ou un diaphragme en mauvais état.

Kupplungsrupfen, Rupfen
Das Rupfen der Kupplung ist vor allem auf Verschleiß der Reibbeläge, auf ungleichmäßigen Druck der Federn oder auf eine defekte Tellerfeder zurückzuführen.

gradeability 0757

pente maxi

Pente en pour cent qu'un véhicule peut gravir à la limite suivant le rapport de vitesse engagé à l'état de pleine charge ou non.

Steigfähigkeit, Steigvermögen

Gefälle in %, das ein Fahrzeug für jeden einzelnen Gang im belasteten Zustand oder nicht überwinden kann.

graphic information module 0758

module graphique d'information

Instrument indicateur éclairé, monté sur le tableau de bord et figurant la silhouette de la voiture. Il fournit au conducteur des informations p. ex. sur une défectuosité d'éclairage, une portière mal fermée ou une température extérieure très basse (risque de verglas).

Wagensilhouette, Silhouettenanzeige

Graphisches, beleuchtetes Instrument am Armaturenbrett z.B. zur genauen Anzeige von ausgefallenen Lichtern, von nicht geschlossenen Türen und zur Warnung bei Glatteisgefahr.

graphic symbol 0759

symbole graphique

Les symboles graphiques représentent des instruments ou de simples éléments dans un schéma électrique tels que des interrupteurs, des ampoules, des câbles, des résistances, etc.

Schaltzeichen

Schaltzeichen sind Symbole für Aggregate, Instrumente und einfache Elemente wie Schalter, Glühlampen, Leitungen, Widerstände usw. in einem Schaltplan.

graphite release bearing 0760

butée à bague graphitée

Pièce de l'embrayage monodisque. Au débrayage la butée à bague graphitée est actionnée par la fourchette et agit sur la bague de débrayage (contre-butée) ou le diaphragme.

Schleifringausrücker, Graphitringausrücker

Teil der Einscheibenkupplung. Beim Auskuppeln wird der Graphitringausrücker von der Ausrückgabel gegen den Ausrückring bzw. die Telleferder gedrückt.

gravity gasoline tank 0761

réservoir en charge

Au cours des premières décennies de la construction automobile, le réservoir d'essence était placé au-dessus du compartiment moteur, l'alimentation de ce dernier se faisant par gravité, comme c'est encore le cas pour les motocyclettes.

Fallbenzintank, Falltank, Fallbehälter

In den Anfangszeiten des Kraftfahrzeugbaus lag der Kraftstoffbehälter über dem Motor, und die Kraftstoffzufuhr erfolgte durch Gefälle, wie es bei den Krafträdern noch üblich ist.

gravity-system water cooling = natural circulation water cooling

gravity tank = gravity gasoline tank

gray cast iron (US) 0762

fonte grise
Fonte dont la cassure présente un aspect gris clair ou foncé. Teneur en carbone de l'ordre de 2 à 3%

Graugußß
Gußeisen, dessen Bruchfläche hell- bis dunkelgrau aussieht. Der Kohlenstoffgehalt liegt bei 2 bis 3%.

grease fitting = grease nipple

grease gun 0763

pompe de graissage, pompe à graisse
Appareil à main servant à injecter la graisse de châssis dans les graisseurs.

Fettpresse, Handpresse, Schmierpresse, Handschmierpresse, Druckschmierpistole
Handgerät zum Einspritzen von Schmierfett in die Schmiernippel.

grease nipple 0764

graisseur
Obturateur de point de graissage en forme de têton. La graisse injectée sous pression repousse une bille à ressort et ne peut de ce fait plus ressortir.

Schmiernippel, Druckschmierkopf, Einwegnippel
Metallstück mit warzenförmiger Öffnung an einer Schmierstelle. Das unter Druck eingespritzte Schmierfett verdrängt eine federbelastete Kugel, so daß es nicht mehr austreten kann.

grey cast iron (GB) = gray cast iron

grinding paste 0765

pâte à roder, potée d'émeri
Pâte contenant une poudre de corindon très fine dont on enduit la portée de la soupape pour obtenir une assise étanche sur le siège. A cette fin, on imprime un mouvement de rotation à la soupape sur son siège à l'aide d'une ventouse.

Schleifpaste
Feinkörnige Paste zum Einschleifen des Ventilkegels, damit ein gasdichter Ventilsitz erreicht wird. Nach dem Auftragen des Schleifpastenfilms wird das Ventil mit Hilfe eines Saugers auf seinem Sitz gedreht.

grooved ball bearing 0766

roulement à billes avec gorge
Roulement le plus largement utilisé. Il est à charge radiale et axiale et permet des vitesses de rotation élevées.

Rillenkugellager, Radial-Rillenkugellager, Ring-Rillenlager
Das am meisten verwendete Wälzlager. Es kann Lagerkräfte sowohl in radialer als auch in axialer Richtung aufnehmen und eignet sich für hohe Drehzahlen.

ground clearance 0767

hateur de coque, garde au sol, hauteur libre sous la voiture, hauteur de caisse
Ecart minimal du sol d'un véhicule en charge maximale admise.

Bodenabstand, Bodenfreiheit
Minimalabstand vom Boden eines voll belasteten Kraftfahrzeuges.

ground clearance compensator 0768

correcteur de hauteur, régulateur de hauteur
Dans la suspension hydropneumatique, on trouve une correction d'assiette automatique affectée à chaque essieu. Il s'agit en fait d'une vanne à trois voies reliée par levier à une barre anti-roulis. Lorsque la charge augmente, la caisse en s'affaissant agit sur la barre anti-roulis dont le mouvement déplace le tiroir cylindrique du correcteur, ce qui entraîne l'admission du liquide au départ d'un accumulateur de pression dans les cylindres via le correcteur de hauteur. Dès lors le volume de liquide augmentera dans les cylindres et la caisse se soulèvera. Cette remontée de la caisse agira à nouveau sur la barre anti-roulis, dont le mouvement ramènera cette fois le tiroir en position neutre. L'écoulement du liquide vers les cylindres s'interrompt et la garde au sol est rétablie.

Niveauregler, Höhenkorrektor, Höhenkorrekturventil
Bei der hydropneumatischen Federung ist jeder Achse ein Niveauregler zugeordnet. Es handelt sich um ein Dreiwegeventil, das über einen Hebel mit einem Drehstabstabilisator verbunden ist. Durch die Verdrehungen des Stabilisators verschiebt sich bei erhöhter Belastung der Verteilerschieber des Niveaureglers, der somit Spezialöl aus einem Druckspeicher über den Niveauregler in die beiden Federelemente der Achse einströmen läßt. Die Flüssigkeitsmenge in den Zylindern nimmt zu, und das Fahrgestell wird folglich angehoben. Durch diese Anhebung verdreht sich erneut der Stabilisator, der den Verteilerschieber in die neutrale Stellung zurückbringt. Dem Flüssigkeitsstrom ist damit der Weg zu den Federelementen wieder gesperrt, und die ursprüngliche Bodenfreiheit des Wagens ist wiederhergestellt.

ground contact (US) = short circuit to ground

ground electrode (US) *(See Ill. 32 p. 425)* 0769

électrode périphérique, électrode de masse
Electrode d'une bougie d'allumage en contact à la masse par le filetage de la bougie. C'est par cette électrode que l'étincelle d'allumage passe à la masse.

Masseelektrode, Seitenelektrode
Elektrode, die über das Kerzengewinde mit der Karosseriemasse verbunden ist. Bei der Zündung springt der Zündfunke über diese Elektrode an Masse.

ground leakage (US) = short circuit to ground

ground return (US) *(See Ill. 3 p. 50, Ill. 16 p. 180)* 0770

retour à la masse
Dans les véhicules automobiles c'est la tôle de la carrosserie ou le châssis qui se charge du retour du courant à la batterie et qui constitue la masse reliant la borne négative de chaque récepteur à la borne négative

Masserückleitung
Bei Kraftfahrzeugen übernimmt die Blechkarosserie oder das Fahrgestell die Rückleitung des Stromes und bildet somit die Masse, die den Minuspol jedes Verbrauchers mit demjenigen der Batterie verbindet. Auf diese Weise er-

(chaque récepteur à la borne négative) de la batterie. De cette manière un câblage de retour n'est pas nécessaire.

(Batterie verbindet. Auf diese Weise erübrigen sich Rückleitungen zur Batterie.

ground short (US) = short circuit to ground

ground strap (US) 0771

tresse de masse

Tresse en fils de cuivre servant à réaliser des liaisons avec la masse, par exemple entre la batterie à accumulateurs et la carrosserie ou entre la carrosserie et le moteur.

Masseband, Masseverbindung

Geflochtenes, blankes Kupferband zur Herstellung von Masseverbindungen wie z.B. zwischen Batterie und Karosserie oder zwischen Karosserie und Motor.

GRP = glass-fibre-reinforced plastic

grub screw = headless screw

gudgeon pin (GB) = piston pin

gudgeon pin retainer = piston pin retainer

half-floating axle = semi-floating axle

half-shaft 0772

demi-arbre de roue

Arbre entraîné par le différentiel et qui, à son tour, entraîne une roue.

Halbwelle, Antriebshalbwelle

Vom Differential angetriebene Welle, die mit dem Antriebsrad verbunden ist.

half-shaft pinion = differential side gear

Hall-effect sensor = Hall generator

Hall generator 0773

capteur à effet Hall, déclencheur à effet Hall

Dans l'allumage transistorisé sans rupteur, un déclencheur à effet Hall peut se substituer au rupteur et provoquer l'allumage. Le déclencheur à effet Hall est composé d'une barrière magnétique et d'un tambour à écrans.

Hallgenerator, Hallgeber

Bei der kontaktlosen Transistorzündung kann ein Hallgeber an die Stelle der Unterbrecherkontakte treten und die Zündvorgänge auslösen. Der Hallgeber setzt sich aus einer Magnetschranke und einem Blendenrotor zusammen.

Hall IC 0774

circuit intégré Hall

Commutateur électronique dans l'allumage transistorisé sans rupteur avec déclencheur à effet Hall.

Hall-IC

Elektronischer Schalter in der kontaktlosen Transistorzündanlage mit Hallgeber.

Hall sensor = Hall generator

Hall layer 0775

plaquette détecteur de Hall
Plaquette semiconductrice faisant partie d'un circuit intégré Hall dans un allumage transistorisé sans rupteur avec déclenchement à effet Hall.

Hallschicht
Halbleiterschicht, die bei einer kontaktlosen Transistorzündanlage mit Hallgeber im Hall-IC enthalten ist.

halogen headlight 0776

phare halogène
Phare comportant des ampoules en quartz ou en verre trempé. L'ampoule contient un gaz de remplissage auquel est ajoutée une quantité finement dosée d'halogène. L'iode précédemment utilisé est de plus en plus remplacé par le brome. Grâce à la combinaison du tungstène du filament et de l'halogène, la paroi interne de l'ampoule ne se noircit plus à l'usage par suite de l'évaporation des particules de tungstène et le composé de tungstène et d'halogène permet au filament de se régénérer constamment mais non pas indéfiniment, Puissance 55 watts.

H1: Ampoule à un seul filament longitudinal pour phares antibrouillard, vitesse et grande portée et code dans le système à quatre projecteurs. Puissance consommée: 55 ou 70 watts.

H2: Ampoule à un seul filament longitudinal pour feux de route et code. Puissance consommée: 55 ou 70 watts.

H3: Ampoule à un seul filament transversal pour phares antibrouillard, vitesse et longue portée. Puissance consommée: 55 ou 70 watts.

H4: Ampoule bifil pour feux de route et code. Puissance consommée: 60 watts (route) et 55 watts (code) ou 75/70.

Halogenscheinwerfer
Scheinwerfer mit Halogenlampen. Der Kolben einer Halogenlampe ist aus reinem Quarz oder Hartglas und enthält eine Edelgasfüllung, der eine genau dosierte Menge eines Halogens zugesetzt ist. Als Halogen wurde Jod durch Brom verdrängt. Aufgrund einer Wolfram-Halogen-Verbindung (die Glühwendel ist ja aus Wolfram) wird die Kolbeninnenwand nicht mehr durch die verdampfenden Wolframteilchen geschwärzt, und der Wolfram-Halogen-Kreisprozeß regeneriert die Glühwendel. Leistungsbedarf 55 W.

H1: Einfadenlampe mit Glühwendel in Längsrichtung für Nebellicht, Zusatzfernlicht und Abblendlicht im 4-SW. Leistungsaufnahme: 55 bis 70 W.

H2: Einfadenlampe mit Glühwendel in Längsrichtung für Fernlicht (auch Abblendlicht in Frankreich). Leistungsaufnahme: 55 bzw. 70 W.

H3: Einfadenlampe mit Glühwendel in Querrichtung für Nebellicht und Zusatzfernlicht. Leistungsaufnahme: 55 bzw. 70 W.

H4: Zweifadenlampe für Fern- und Abblendlicht. Leistungsaufnahme: 60 W (Fernlicht) und 55 W (Abblendlicht) bzw. 75/70.

hand brake 0777

frein à main, frein de sécurité, frein de secours et d'immobilisation, frein de parking
Frein mécanique qui par un système de leviers et de câbles agit, dans la plupart des cas, sur les roues d'un seul essieu. Lors du réglage, l'effet de freinage doit commencer à se manifester au troisième cran du levier de frein à main.

Handbremse, Feststellbremse, Seilzugbremse
Mechanische Bremse, die über Hebel und Bremsseile meistens nur auf die Räder einer Achse wirkt. Bei der Einstellung der Handbremse soll die Bremswirkung ab der dritten Rastenstellung des Handbremshebels bereits fühlbar sein.

hand crank = starting crank

hand impact screwdriver 0778

tournevis à impact, tournevis à choc
Tournevis avec mouvement à gauche ou à droite, fourni habituellement avec quatre lames interchangeables. On l'utilise pour débloquer des vis récalcitrantes ou rouillées.

Schlagschraubendreher, Schlagschrauber, Handschlagschrauber
Werkzeug mit Links- und Rechtsgang sowie vier Einsatz-Klingen. Es eignet sich besonders zum Lösen sehr festsitzender oder angerosteter Schrauben.

hand primer 0779

pompe d'amorçage
Certaines pompes d'injection sont équipées d'une pompe d'amorçage permettant de purger le circuit basse pression après que l'on a desserré les vis de purge sur le filtre et sur la pompe d'injection.

Handpumpe, Handförderpumpe
Bei einer Einspritzpumpe kann eine Handpumpe vorhanden sein, die nach dem Lösen der entsprechenden Entlüftungsschrauben das Entlüften der Dieselkraftstoffanlage bis zur Druckleitung ermöglicht.

hand pump = hand primer

hard-faced valve 0780

soupape blindée, soupape stellitée
Un métal dur tel que le Stellite se trouvant sur la tête de la soupape et à l'extrémité de sa tige renforce sa résistance à l'usure.

Panzerventil
Hartmetalle wie Stellit erhöhen die Festigkeit eines Ventils auf dem Ventilteller und am Ventilschaftende.

hard soldering = brazing

hard top 0781

hard top
Pavillon rigide et amovible en métal ou en matière plastique pour voitures découvertes.

Hardtop
Steifes Aufsatzdach aus Metall oder Kunststoff für offene Wagen.

hardy disc = rubber universal joint

hat shelf = rear parcel shell

hazard warning lights = emergency flasher system

hazard warning triangle = warning triangle

HD engine oil 0782

huile HD

Huile contenant des additifs et répondant à de sévères critères d'utilisation.

HD-Öl

Legiertes Öl für schwere Beanspruchung.

head gasket = cylinder head gasket

head retaining bolt = cylinder head bolt

header tank = radiator top tank

headlamp 0783

phare, projecteur

Projecteur disposé à l'avant d'un véhicule et servant à lancer un faisceau lumineux puissant.

Puissance consommée 40 watts (code) et 45 watts (route).

Scheinwerfer, Kraftfahrzeugscheinwerfer, Frontscheinwerfer

Vorn am Fahrzeug angebrachtes Gerät zum Ausstrahlen eines kräftigen Lichtbündels. Leistungsbedarf 40 W (Abblendlicht) und 45 W (Fernlicht).

headlamp adjustment 0784

réglage des phares, réglage des projecteurs

Placer le véhicule normalement chargé et reposant sur un plan horizontal à une distance de 5 mètres d'un mur blanc ou d'un panneau. Tracer une croix au centre de chaque cône de lumière. Les deux croix sont au même niveau que les centres de phares, mais elles sont écartées de 10 cm de plus que la distance d'un centre de phare à l'autre. Lorsqu'on passe en code, la ligne de démarcation clair-obscur doit se situer 5 cm plus bas que les deux croix tracées sur le panneau.

Scheinwerfereinstellung

Das Fahrzeug muß im normal belasteten Zustand 5 Meter vor einer weißen Wand bzw. einer Prüftafel genau eben stehen. Die Mitte jedes Scheinwerferlichtkegels wird mit einem Kreuz markiert, wobei beide Kreuze auf der gleichen Ebene stehen wie die Scheinwerfermitten, jedoch sind sie 10 cm weiter auseinander als die Entfernung von Mitte Scheinwerfer zu Mitte Scheinwerfer. Beim Abblenden soll die Hell-Dunkel-Grenze 5 cm tiefer als die Kreuzmarken liegen.

headlamp aim = headlamp adjustment

headlamp beam adjustment = headlamp adjustment

headlamp beam alignment = headlamp adjustment

headlamp bulb *(See Ill. 22 p. 236)* 0785

lampe de phare, ampoule de phare
Organe de l'ensemble optique se trouvant au foyer du réflecteur.

Scheinwerferglühlampe
Teil des Scheinwerfers im Brennpunkt des Reflektors.

headlamp dipper relay = dimmer relay

headlamp insert = headlamp unit

headlamp leveler 0786

correcteur d'assiette de projecteurs, correcteur d'angle de site
Dispositif permettant de corriger l'assiette des phares et de régler ainsi le faisceau lumineux en hauteur.

Leuchtweitenregler, Leuchtweitenversteller
Vorrichtung, mit der der Neigungswinkel der Scheinwerfer und folglich der austretende Lichtstrahl in die Höhe verstellt werden.

headlamp setter = beamsetter

headlamp setting = headlamp adjustment

headlamp unit *(See Ill. 22 p. 236)* 0787

bloc optique
Ensemble amovible composé d'un projecteur parabolique, d'un verre moulé et d'un support de lampe.

Scheinwerfereinsatz
Austauschbare Scheinwerferoptik bestehend aus Parabolspiegel, Streuscheibe und Lampenfassung.

headless screw 0788

vis sans tête à tige lisse
Vis dont la tige n'est que partiellement filetée. Elle est pourvue d'une fente ou d'un six-pans creux pour le serrage.

Schaftschraube
Schraube, bei der das Gewinde nur über einen Teil des Schaftes geschnitten ist. Zum Anziehen ist ein Schlitz oder ein Innensechskant vorgesehen.

headless setscrew 0789

vis pointeau
Vis cylindrique sans tête fendue à une extrémité. Elle est utilisée comme vis de réglage et comme vis de sûreté (vis de blocage).

Madenschraube
Zylindrische Schraube mit geschlitztem Kopfende. Sie wird als Stell- und Sicherungsschraube verwendet.

headlight = headlamp

headlight aimer = beamsetter

headlight aiming = headlamp adjustment

headlight alignment = headlamp adjustment

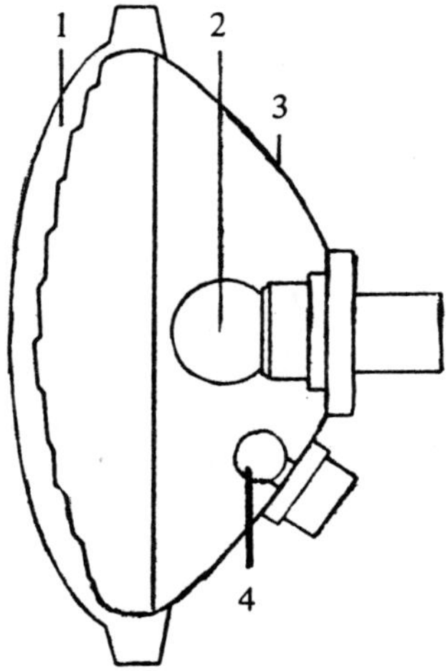

Ill. 22: headlamp unit **(0787)**

1 headlight lens
2 headlamp bulb
3 reflector
4 side-marker lamp

headlight flasher 0790

appel optique, apppel de phares
Avertissement lumineux à l'aide des feux de route.
Pour la commande de l'appel de phares, on actionne un relais qui doit se trouver le plus près possible des phares sur la plus courte distance entre la batterie et les ampoules de projecteur. En effet le courant utile ne devra de ce fait surmonter qu'une faible résistance dans le circuit de puissance et la lumière de l'appel de phares n'en sera que plus intense.

Lichthupe
Betätigung des Fernlichtes zu Warnzwecken.
Zur Betätigung der Lichthupe wird ein Relais eingeschaltet, das möglichst nahe bei den Scheinwerfern auf dem kürzesten Weg zwischen Batterie und Scheinwerferlampen angebracht wird. Nachdem der Arbeitsstrom nur einen geringen Widerstand im Arbeitsstromkreis zu überwinden hat, kommt ein grelles Aufleuchten der Scheinwerferlampen zustande.

headlight housing 0791

corps de projecteur, cuvelage
Cuvette en tôle servant à la mise en place du projecteur sur le véhicule.

Scheinwerfergehäuse
Schale aus Stahlblech zum Einbau des Scheinwerfers ins Fahrzeug.

headlight lens *(See Ill. 22 p. 236)* 0792

verre moulé, glace, glace diffusante, lentille frontale
Plaque de verre recouvrant l'ensemble optique et qui grâce à ses stries venues de moulage permet de bien répartir le faisceau lumineux.

Scheinwerferglas, Streuscheibe
Lichtstreuende Glasscheibe eines Scheinwerfers, die aufgrund ihres Oberflächenprofils (Rillen oder Rippen) die Lichtstrahlen verteilt.

headlight setter = beamsetter

headlight vertical aim control = headlamp leveler

heat engine 0793

machine thermique
Dispositif transformant l'énergie calorifique en énergie mécanique. Les moteurs à explosion, les machines et les turbines à vapeur, les turbines à gaz, les moteurs à air chaud, etc. sont des machines thermiques.

Wärmekraftmaschine
Kraftmaschine, in der Wärmeenergie in mechanische Energie umgewandelt wird. Kolbenverbrennungsmotoren, Dampfmaschinen, Dampfturbinen, Gasturbinen, Heißluftmotoren usw. sind Wärmekraftmaschinen.

heat exchanger = heater radiator

heat range = heat rating

heat rating 0794

indice thermique, gamme thermique, degré thermique, coefficient thermique, valeur thermique, gradation thermique
Plage de température dans les limites de laquelle une bougie fonctionne dans des conditions normales. La gamme thermique est une unité de temps de contrainte thermique avant que ne se produise l'auto-allumage. Les bougies dont le degré thermique est élevé (bougies froides) ont à peine tendance à l'auto-allumage, mais elles s'encrassent plus facilement. En revanche c'est l'inverse pour les bougies dont le degré thermique est bas (bougies chaudes).

Wärmewert, Glühwert
Temperaturbereich, innerhalb dessen eine Zündkerze unter normalen Bedingungen zündet. Der Wärmewert ist ein Maß für die Zeit der Wärmebelastbarkeit der Kerzen, bevor es zu Glühzündungen kommt. Kerzen mit hohem Wärmewert (kalte Kerzen) neigen kaum zu Glühzündungen, sondern eher zur Verrußung. Bei Kerzen mit niedrigem Wärmewert (warmen Kerzen) ist es umgekehrt.

heat value = heat rating

heated back window = heated rear window

heated rear window 0795

lunette arrière chauffante, lunette arrière dégivrante
Lunette arrière avec résistance chauffante collée ou insérée.

Heizscheibe, heizbare Heckscheibe, Klarsicht-Rückenfenster
Heckscheibe mit eingebautem oder aufgedrucktem Heizleiter.

heater plug (GB) = glow plug

heater plug control 0796

résistance témoin pour bougie de préchauffage
Résistance branchée en série avec les bougies de réchauffage et la résistance de bougie. Elle a pour but de maintenir avec la résistance de bougie la tension appliquée aux bougies de réchauffage à sa valeur nominale prévue et elle s'allume dans le poste de conduite après la mise sous tension des bougies de réchauffage.

Glühüberwacher
Widerstand, der zu den Glühkerzen bzw. zum Glühkerzenwiderstand in Reihe geschaltet ist. Er hat die Aufgabe, zusammen mit dem Glühkerzenwiderstand die an die Glühkerzen angelegte Spannung auf den festgelegten Nennwert zu halten und leuchtet im Führerhaus nach dem Einschalten der Glühkerzen.

heater plug resistor 0797

résistance de bougie de préchauffage
Résistance utilisée dans le câblage des bougies de préchauffage afin que

Glühkerzenwiderstand
Vorwiderstand in einer Glühanlage, der dafür sorgt, daß der fließende Strom

(des bougies de préchauffage afin que) le courant nominal corresponde au type de bougie prévu.

(dafür sorgt, daß der fließende Strom) dem für den Kerzentyp festgelegten Nennwert entspricht.

heater-plug starting switch 0798

commutateur de préchauffage
Commutateur qui branche le courant de batterie sur l'élément chauffant de la bougie de préchauffage lors du démarrage à froid d'un moteur diesel.

Glühanlaßschalter, Glühstartschalter, Glühkerzenschalter
Schalter, der den Batteriestrom zur Erhitzung des Glühelements einer Glühkerze beim Kaltstart eines Dieselmotors einschaltet.

heater radiator 0799

radiateur de chauffage
Petit radiateur que l'on rencontre dans les moteurs refroidis par eau et alimenté par le circuit de refroidissement. C'est à son contact que l'air aspiré se réchauffe avant de pénétrer dans l'habitacle.

Wärmetauscher
Vorrichtung, die bei wassergekühlten Motoren mit dem Wasser aus dem Kühlkreislauf versorgt wird und an der sich die angesaugte Luft erwärmt, ehe sie in den Fahrgastraum gelangt.

heating flange 0800

manchon de réchauffage, corps de chauffe
Dispositif de réchauffage comportant une spirale chauffante disposée en double cône dans une enveloppe en tôle accumulatrice de chaleur et servant à réchauffer l'air dans la conduite d'admission de certains moteurs diesel. La spirale chauffante est portée à une température de 1000° C et consomme environ 600 watts.

Heizflansch
Vorrichtung mit einer Heizwendel in Doppelkegelanordnung zum Erhitzen der Ansaugluft von Dieselmotoren. Die Heizwendel ist in einem wärmespeichernden Blechgehäuse untergebracht und wird auf 1000° C erhitzt. Sie verbraucht ca. 600 Watt.

heating plug = glow plug

heating resistor 0801

résistance chauffante
Conducteur à résistance électrique élevée qui s'échauffe au passage du courant.

Heizwiderstand, Heizleiter
Leiter mit hohem elektrischem Widerstand, der sich bei Stromdurchgang erhitzt.

height of chassis above ground 0802

hauteur de châssis
Ecart relevé au centre de la roue de l'essieu avant et arrière d'un véhicule entre le bord supérieur du châssis et le sol. Dans le cas d'un essieu

Rahmenhöhe
Abstand der Oberkanten des Rahmens zur Standebene des Fahrzeugs, gemessen in der Radmitte der Vorder- und Hinterachse. Bei Doppelachsen wird

(le sol. Dans le cas d'un essieu) tandem, l'écart est mesuré au point médian situé entre les deux essieux jumelés.

(Hinterachse. Bei Doppelachsen wird) über der Mitte der Doppelachsen gemessen.

helical gear transmission 0803

boîte de vitesses silencieuse
Boîte de vitesses composée d'engrenages à denture hélicoïdale et de manchons à griffes.

Aphongetriebe
Getriebe mit geräuscharmer Schaltung durch schrägverzahnte Schieberäder und Klauenmuffen.

helical groove 0804

rampe hélicoïdale
Entaille hélicoïdale saignée dans le piston d'une pompe d'injection. Elle règle la quantité de combustible refoulé. Le début d'injection est constant, mais la fin est variable.

Steuerkante
Schraubenförmige Nut im Kolben einer Einspritzpumpe. Mit der Steuerkante wird die Fördermenge geregelt. Der Förderbeginn ist immer der gleiche, nur das Förderende ändert sich.

helical spring *(See Ill. 35 p. 489)* 0805

ressort hélicoïdal, ressort à boudin
Barre d'acier enroulée en spirale qui travaille à la torsion en absorbant la charge.

Schraubenfeder
Spiralförmiger Torsionsfederstab, der bei der Aufnahme von Kräften auf Verdrehung (Torsion) beansprucht wird.

helical spring lock washer 0806

rondelle Grower normale
Frein à sécurité relative agissant par friction et s'opposant au desserrage d'une vis par suite de trépidations.

aufgebogener Federring
Kraftschlüssige Schraubensicherung, die das Lockern einer Schraube durch Erschütterung verhindern soll.

helical-toothed gearbox = helical gear transmission

helix = helical groove

helix angle = thread lead angle

hemispherical combustion chamber 0807

chambre de combustion hémisphérique
Chambre de combustion en forme de dôme dans laquelle la soupape d'admission et la soupape d'échappement forment un angle de 90° de part et d'autre de la bougie centrale. Cette disposition permet notamment d'obtenir un rendement volumétrique accru par la présence de lumières d'admission plus larges ménagées dans la culasse. En outre, grâce à la position angulaire des

halbkugelförmiger Brennraum
Kuppelförmiger Brennraum, bei dem das Einlaß- und das Auslaßventil um 90° auseinanderstehen. Die Zündkerze sitzt in der Mitte zwischen beiden Ventilen. Dank dieser Anordnung kann eine breitere Einlaßöffnung für eine bessere Zylinderfüllung in den Zylinderkopf gebohrt werden. Aufgrund ihrer günstigen Winkellage können Ventile mit breiterem Tellerdurchmesser eingebaut werden, so daß größere Gasmengen bewältigt werden. Diese um 90°

(grâce à la position angulaire des) soupapes, on peut recourir à des versions à large tulipe permettant de traiter une plus grande quantité de gaz. Toutefois c'est à cause de cet écart angulaire de 90° qu'on est obligé de prévoir deux arbres à cames en tête.

(gen bewältigt werden. Diese um 90°) geneigten Ventile machen jedoch den Einsatz zweier obenliegenden Nockenwellen erforderlich.

herringbone gearing 0808

engrenage à chevrons
Engrenage dont la denture prend la forme de chevrons emboîtés.

Pfeilverzahnung, doppelte Schrägverzahnung
Getriebe mit winkelförmiger Verzahnung.

hexagon-socket-screw key 0809

clé mâle coudée à six pans, clé Allen
Clé mâle de serrage pour vis à six pans creux.

Innensechskantschlüssel, Sechskantstiftschlüssel, Inbusschlüssel
Winkelschraubendreher für Innensechskantschrauben.

high beam 0810

éclairage de route, faisceau route
Le filament de l'éclairage de route se trouve au foyer de la parabole. On doit pouvoir mesurer un éclairement minimal d'un lux à une distance de 100 mètres du véhicule à hauteur du centre des phares. L'éclairage de route est signalé au tableau de bord par un témoin à lumière bleue.

Fernlicht
Die Glühwendel des Fernlichtes liegt im Brennpunkt des Parabolspiegels. Eine Mindestbeleuchtungsstärke von 1 Lux soll 100 Meter vor dem Fahrzeug in Höhe der Scheinwerfermitte zu messen sein. Das eingeschaltete Fernlicht wird am Armaturenbrett durch eine blaue Kontrollampe angezeigt.

high gear = direct gear

high-octane gasoline 0811

supercarburant, essence super
L'indice d'octane de l'essence super varie de 94 à 98. Sa teneur en aromates est plus élevée que celle de l'ordinaire.

Superbenzin, Super-Ottokraftstoff
Superbenzin hat eine Oktanzahl von 94 bis 98. Sein Anteil an Aromaten ist bedeutend höher als beim Normalbenzin.

high-pressure delivery line = delivery pipe

high-pressure grease gun = grease gun

high-pressure injector pipe = delivery pipe

high pressure oil pump 0812

pompe à huile à haute pression
Pompe hydraulique à palettes entraînée par le moteur du

Hochdruckölpumpe, Hochdruckpumpe, Lenkungsölpumpe, Lenkhelfpumpe
Vom Motor über Keilriemen angetrie-

(entraînée par le moteur du) véhicule par l'intermédiaire d'une courroie trapézoïdale et qui alimente en huile la servo-direction.

(Vom Motor über Keilriemen angetrie-) bene Hochdruck-Flügelzellenpumpe zur Ölversorgung von Servolenkungen.

high-pressure pipe = delivery pipe

high quality steel 0813

acier spécial
Acier allié ou non allié qui, en raison de ses caractéristiques particulières, se distingue des aciers d'usage général.

Edelstahl
Unlegierter oder legierter Stahl, der sich durch seine besonderen Gebrauchseigenschaften von den Massenstählen und den Qualitätsstählen unterscheidet.

high speed motorway = superhighway

high speed nozzle = main jet

high-tension circuit = secondary circuit

high-tension ignition cable = spark plug lead

high-tension ignition circuit = secondary circuit

high-tension winding = secondary winding

high-voltage lead = spark-plug lead

high-voltage winding = secondary winding

highway code 0814

code de la route
Ensemble des réglementations auquel les usagers de la route sont tenus de se conformer sur la voie publique.

Straßenverkehrsordnung, StVO
Die StVO regelt das Verhalten der Verkehrsteilnehmer im öffentlichen Straßenverkehr.

highway commission 0815

service des ponts et chaussées, service de construction des routes, grande voirie
Service public chargé de la construction et de l'entretien (travaux de viabilité) des routes.

Straßenbauamt
Behörde, die für die Planung und den Bau von Bundes- und Landesstraßen zuständig ist.

hold-in coil 0816

enroulement de maintien
Enroulement en fil mince qui, dans un relais à solénoïde, maintient le noyau plongeur dans sa position au terme de la phase d'attraction.

Haltewicklung
Wicklung aus dünnerem Draht, die in einem Einrück-Relais den Anker beim Startvorgang nach der Einzugsphase in seiner Lage festhält.

hold-in winding = hold-in coil

holding coil = hold-in coil

holding winding = hold-in coil

hole-type nozzle = orifice nozzle

hollow cavity insulation 0817

protection des cavités
Pulvérisation sous pression d'un produit anticorrosion ou de cire afin que les parties traitées ne rouillent de l'intérieur. Le produit s'infiltre sous l'humidité et parvient jusqu'au métal sain à travers les plaques de rouille. On a également recours à des sondes d'observation pour repérer les traces de rouille.

Hohlraumkonservierung, Hohlraumversiegelung
Einsprühen von Rostschutzmittel bzw. Sprühwachs unter hohem Arbeitsdruck mittels Sprühsonden, damit die betreffenden Teile nicht von innen durchrosten. Das eingesprühte Rostschutzmittel unterwandert die Feuchtigkeit und vernichtet die vorhandenen Roststellen bis auf das gesunde Metall. Zum Auffinden von Roststellen werden zuweilen Leucht- und Beobachtungssonden eingesetzt.

homokinetic joint = constant-velocity joint

honeycomb radiator 0818

radiateur à nid d'abeilles
Radiateur composé d'un grand nombre de tubes horizontaux dont les extrémités avant et arrière sont soudées. L'air circule à l'intérieur des tubes et l'eau dans les espaces ménagés entre les faces extérieures des tubes.

Luftröhrenkühler, Bienenkorbkühler
Dieser Kühler besteht aus einer großen Anzahl wabenartig angeordneter Röhren. Die Luft strömt in diese Röhren, deren Außenflächen von Wasser umspült werden.

honing 0819

honing, pierrage
Technique de finition de surfaces métalliques par rodage au moyen d'une matière abrasive très fine agglomérée par un liant.

Honen, Ziehschleifen
Feinbearbeitung von Metalloberflächen mit Hilfe von Honsteinen. Diese sind keramisch oder elastisch gebundene Schleifkörper großer Feinheit.

hood (US) 0820

capot de moteur
Pièce de carrosserie pouvant être relevée et abritant le groupe propulseur d'un véhicule.

Motorhaube, Motordeckel
Aufklappbares Karosserieblech, unter dem sich das Triebwerk befindet.

Hooke joint = cardan joint

hooked tire lever (US) = tire mounting lever

horizontal draft carburetor (US) 0821

carburateur horizontal
Carburateur avec chambre de mélange disposée sur un plan horizontal.

Flachstromvergaser
Vergaserbauart mit waagerechtem Vergaserdurchlaß.

horizontal draught carburettor (GB) = horizontal draft carburetor

horizontally opposed engine = flat engine

horn 0822

klaxon, trompe
Avertisseur sonore émettant des signaux acoustiques produits par les vibrations périodiques d'une membrane. A cet effet, un courant électrique intermittent tributaire d'un rupteur circule dans le bobinage d'un electro-aimant.

Horn, Hupe, Aufschlaghorn
Akustische Warnanlage, die Lautsignale durch periodische Schwingungen einer Membrane erzeugt, wobei elektrischer Strom mit Hilfe eines Unterbrechers in der Wicklung eines Elektromagneten ein- und ausgeschaltet wird.

horn button 0823

bouton d'avertisseur sonore
Bouton disposé au centre du volant de direction. C'est en l'enfonçant que l'on ferme le circuit électrique de l'avertisseur sonore.

Horndruckknopf
Druckknopf in der Mitte des Lenkrades. Beim Drücken des Horndruckknopfes wird der Stromkreis des Horns geschlossen.

hot bulb 0824

boule chaude
Chambre de combustion ménagée dans la culasse d'un moteur auquel elle a donné son nom.

Glühkopf
Brennkammer im Zylinderkopf eines Glühkopfmotors.

hot bulb engine 0825

moteur à boule chaude
Moteur semi-diesel ayant un taux de compression se situant entre 10 et 13 et dans lequel le combustible injecté s'enflamme au contact de la paroi non refroidie et chauffée de l'extérieur d'une chambre de combustion en forme de boule creuse.

Glühkopfmotor
Halbdieselmotor mit einem Verdichtungsverhältnis zwischen 10 und 13, in dem sich der eingespritzte Kraftstoff an der Wandung eines ungekühlten, von außen beheizten Glühkopfes entzündet.

hot-dip galvanizing 0826

galvanisation à chaud au trempé
Procédé consistant à revêtir des pièces métalliques, principalement en acier, par immersion dans un

Feuerverzinken, Schmelztauchverzinkung
Überzugsverfahren durch Eintauchen von Metallen, besonders Stahl, in eine

(en acier, par immersion dans un) bain de zinc porté à une température de 450 à 500° C, en vue de protéger ces pièces contre la corrosion.

(von Metallen, besonders Stahl, in eine) Zinkschmelze von 450 bis 500° C zum Schutz gegen Korrosion.

hot plug **0827**

bougie chaude
Bougie d'allumage à indice thermique bas. Les bougies chaudes sont peu sujettes à l'encrassement, mais plus sensibles à l'auto-allumage. Elles possèdent un pied d'isolant allongé et mince, ce qui engendre une dissipation de chaleur assez lente.

warme Zündkerze
Zündkerze mit niedrigem Wärmewert. Sie zeigt kaum Neigung zur Verschmutzung, dagegen eine größere Neigung zu Glühzündungen. Sie besitzt einen schlanken Isolatorfuß, wodurch die Wärmeabfuhr nur langsam erfolgt.

hot vulcanizing **0828**

vulcanisation à chaud
Traitement du caoutchouc naturel ou synthétique par ajout de soufre et d'accélérateurs à des températures avoisinant 140° C.

Heißvulkanisation
Behandlung von Naturkautschuk bzw. Synthesekautschuk durch Beimischung von Schwefel und Vulkanisationsbeschleunigern bei Temperaturen um ca. 140° C.

Hotchkiss drive **0829**

suspension arrière „tout par les ressorts", Hotchkiss drive
Dispositif le plus simple de suspension arrière et de guidage du pont. Le pont arrière avec le carter de différentiel est attaché à un couple de ressorts à lames freinés par des amortisseurs télescopiques ou à levier.

Hinterachse mit Längsblattfedern, Blattfederstarrachse
Hinterachsensystem einfachster Bauart, bei denen die Federelemente die Achse abfedern und führen. Das Achsgehäuse nebst Differential ist auf zwei Blattfedern mittels Bügelschrauben befestigt, und die Federbewegung wird durch zwei Teleskop- oder Hebelstoßdämpfer abgebremst.

house trailer = caravan

HT lead = spark plug lead

hub *(See Ill. 13 p. 150)* **0830**

moyeu
Pièce médiane d'une roue. Dans un véhicule automobile c'est sur le moyeu que la roue et éventuellement le tambour de frein prennent appui.

Nabe, Radnabe
Mittelstück eines Rades. In einem Kraftfahrzeug trägt die Nabe das Rad sowie eventuell die Bremstrommel.

hub cap = axle cap

hub-securing nut *(See Ill. 13 p. 150)* 0831

écrou de fusée, écrou de moyeu
Ecrou se vissant sur la fusée et permettant le réglage du jeu latéral des roulements à rouleaux coniques.

Nabenmutter
Die Nabenmutter ist auf dem Achszapfen aufgeschraubt und dient zur Einstellung des Axialspiels der Kegelrollenlager (Vorderradnabenlager).

hump 0832

hump, bossage
Renflement annulaire sur l'épaulement d'une jante qui empêche tout glissement du talon du pneumatique dans la base de la jante. Les pneux radiaux tubeless doivent être montés sur une jante étanche.

Hump
Ringförmige Erhebung auf der Felgenschulter, die den Reifenwulst gegen Abgleiten in das Felgenbett sichert. Schlauchlose Radialreifen dürfen nur auf einer Humpfelge montiert werden.

Hydragas suspension 0833

suspension Hydragas
Suspension dérivée de la suspension hydrolastique, dans laquelle le ressort annulaire en caoutchouc a été remplacé par une chambre sphérique à gaz comprimé.

Hydragasfederung
Weiterentwicklung der Hydrolasticfederung, in der die Gummischubfedern durch Druckgaskammern ersetzt wurden.

hydraulic-actuated brake = fluid brake

hydraulic bottle jack = bottle jack

hydraulic brake = fluid brake

hydraulic brake fluid = brake fluid

hydraulic brake servo 0834

servofrein hydraulique
Servofrein que l'on rencontre parfois dans les véhicules à direction assistée avec pompe HP et qui utilise la réserve de pression ainsi disponible.
Le servofrein est accolé à un maître-cylindre tandem et est relié à un accumulateur de pression à diaphragme contenant de l'azote et du liquide hydraulique.
La haute pression qui règne dans les réserves est dosée et dirigée vers les récepteurs par l'intermédiaire de tiroirs distributeurs.

hydraulischer Bremskraftverstärker
Bremskraftverstärker, der zuweilen bei Fahrzeugen mit Hilfskraftlenkung anzutreffen ist. Er nützt den Druck der Hydraulikflüssigkeit zur Bremskraftverstärkung aus.
Zum Bremskraftverstärker, der an einen Tandem-Hauptzylinder angeflanscht ist, gehört ein mit Stickstoff und Drucköl gefüllter Kugeldruckspeicher (Membrandruckspeicher).
Mit Hilfe von Steuerschiebern wird der Öldruck dosiert und den jeweiligen Bremszylindern zugeführt.

hydraulic coupling = fluid clutch

hydraulic fluid = brake fluid

hydraulic line = brake line

hydraulic pipework = brake line

hydraulic reservoir = brake-fluid reservoir

hydraulic shock absorber *(See Ill. 10 p. 132)* **0835**

amortisseur hydraulique
L'amortisseur hydraulique est essentiellement constitué d'un cylindre dans lequel un piston, lors du bandage du système de ressorts, refoule de l'huile à travers des ajutages calibrés.

hydraulischer Stoßdämpfer
Der hydraulische Stoßdämpfer besteht hauptsächlich aus einem Arbeitszylinder, in dem beim Einfedern des Rades ein Kolben Hydrauliköl durch Bohrungen verdrängt.

hydraulic torque converter = torque converter

hydraulic trolley jack **0836**

cric rouleur hydraulique
Cric puissant et stable, capable de soulever l'extrémité entière d'une voiture en un seul point central. Les plus petits modèles sont conçus pour une charge maximale de 1500 kg environ. Pour des raisons de sécurité évidentes, le véhicule soulevé devra reposer sur des chandelles et les roues en contact avec le sol seront bloquées par des cales de bois.

Hydraulik-Rangierwagenheber, Garagenheber, Rangierheber, Werkstatt-Wagenheber
Stabiles und kräftiges, fahrbares Gerät zum Aufbocken eines Wagens in Achsmitte, vorn oder hinten durch Hydraulikkraft. Die kleinsten Ausführungen haben eine Tragkraft von ca. 1500 kg. Sicherheitshalber muß der Wagen nach dem Anheben auf höhenverstellbaren Unterstellböcken ruhen. Die Räder auf dem Boden werden gegen Abrollen durch Holzkeile gesichert.

hydraulic-type coupling = fluid clutch

hydraulic valve tappet **0837**

poussoir hydraulique
Poussoir branché sur le circuit d'huile du moteur. Il est à rattrapage automatique de jeu.

hydraulischer Stößel, Hydro-Stößel
Stößel, der am Ölkreislauf des Motors angeschlossen ist. Hydro-Stößel benötigen kein Ventilspiel.

hydraulically-operated clutch **0838**

embrayage à commande hydraulique
Dans ce type d'embrayage, la force musculaire exercée par le conducteur sur la pédale de débrayage est transmise à la fourchette par un circuit hydraulique. Celui-ci comprend un maître-cylindre relié par un flexible à un cylindre récepteur. Cette commande est

hydraulisch betätigte Kupplung
Bei dieser Betätigung wird die vom Fahrer ausgeübte Muskelkraft auf dem Kupplungspedal durch eine mit Hydrauliköl gefüllte Anlage mit Geber- und Nehmerzylinder auf die Kupplungsgabel übertragen. Diese Anlage ähnelt derjenigen einer Flüssigkeitsbremse. Die hydraulisch betätigte

(récepteur. Cette commande est) quant à son fonctionnement analogue à celle d'un frein hydraulique. L'embrayage à commande hydraulique ne peut être confondu avec l'embrayage hydraulique.

(bremse. Die hydraulisch betätigte) Kupplung darf mit der hydraulischen Kupplung nicht verwechselt werden.

hydrocarbon **0839**

hydrocarbure, carbure d'hydrogène
Combinaison chimique de carbone et d'hydrogène seulement.

Kohlenwasserstoff
Chemische Verbindung allein aus Kohlenstoff und Wasserstoff.

hydro-cracking **0840**

cracking hydrogénant, hydrocracking
Opération de craquage d'hydrocarbures en présence d'hydrogène.

Hydrocracken
Spaltung von Kohlenwasserstoffen in Gegenwart von Wasserstoff.

hydrodynamic lubrication **0841**

lubrification hydrodynamique
Dans la lubrification hydrodynamique la pression capable de supporter l'arbre en rotation dans son appui est obtenue par une vitesse de glissement élevée.

hydrodynamische Schmierung, Vollschmierung
Schmierungsart, wobei der Druck zum Tragen der rotierenden Welle in der Lagerschale durch entsprechend hohe Gleitgeschwindigkeit erreicht wird.

hydrodynamic transmission = automatic transmission

hydroforming **0842**

hydroforming
Procédé de reforming sous pression (15–25 bars) et à hautes températures (460–510° C) permettant d'obtenir par déshydrogénation des essences à indice d'octane amélioré hors de cyclanes et de paraffines. Le catalyseur utilisé est à base d'oxydes d'aluminium et de molybdène.

Hydroforming, Hyperforming
Reforming-Prozeß, der zwischen 460 und 510° C und Drücken von 15–25 bar abläuft, bei dem klopffeste Benzine durch Dehydrierung aus Naphtenen und Paraffinen gewonnen werden. Der Katalysator besteht aus Molybdän- und Aluminiumoxidteilchen.

hydrogenation **0843**

hydrogénation
Fixation d'hydrogène sur des hydrocarbures non saturés, afin de les transformer en hydrocarbures saturés.

Hydrierung
Anlagerung von Wasserstoff an ungesättigten Kohlenwasserstoffen, um diese in gesättigte Kohlenwasserstoffe umzuwandeln.

Hydrolastic suspension 0844

suspension hydrolastique

Type de suspension comportant des éléments hydrolastiques affectés aux roues d'un véhicule, lesquels sont reliés deux à deux de chaque côté de celui-ci par un canalisation de liquide hydraulique. Cette suspension a pour effet de neutraliser le tangage auquel les petites voitures sont particulièrement sensibles en raison de leur empattement court.

Lorsque la roue avant surmonte un obstacle, le ressort annulaire en caoutchouc de l'élément hydrolastique sollicité refoule le liquide hydraulique dans la canalisation sous l'effet d'un piston conique solidaire de la suspension de la roue.

La suspension hydrolastique amortit également les trépidations de la roue dans le sens vertical grâce à une soupape d'amortissement à deux voies ainsi qu'à un orifice de compensation se trouvant dans la cloche de séparation.

Hydrolasticfederung, Hydrolastic-Verbundfederung, hydroelastische Radaufhängung

Verbundfederung mit Federelementen an jedem Rad, die paarweise an jeder Wagenseite über eine Hydraulikleitung miteinander verbunden sind. Diese Federungsart wirkt der Nickneigung entgegen, die vor allem bei Kleinwagen mit kurzem Radstand spürbar ist.

Beim Überfahren einer Bodenunebenheit durch das Vorderrad drückt das Gummifederkissen des Federaggregats das Hydrauliköl durch die Verbindungsleitung zum hinteren Federaggregat hin, und zwar unter der Einwirkung eines mit der Radaufhängung gekoppelten konischen Kolbens.

Die Hydrolasticfederung wirkt ebenfalls stoßdämpfend; denn die Radschwingungen in senkrechter Richtung werden durch das Zweiwegdämpferventil sowie die Ausgleichsbohrung im Blechteller gedämpft.

Hydrolastic unit 0845

élément hydrolastique, compensateur de suspension

Elément d'une roue de véhicule dans la suspension hydrolastique.

Hydrolastic-Federelement, Federaggregat

Federaggregat eines Fahrzeugrads bei der Hydrolastic-Verbundfederung.

hydro-mechanical gearbox = automatic transmission

hydrometer 0846

pèse-acide, acidimètre

Appareil destiné au prélèvement d'acide d'une batterie. La lecture de la densité de l'électrolyte se fait sur un flotteur gradué appelé aréomètre.

Säureprüfer, Säureheber, Dichtemesser, Meßspindel, Senkspindel, Hebersäuremesser, Senkwaage, Akku-Säureprüfer, Säuredichtemesser

Gerät für die Säureentnahme aus einer Batterie. Die Dichte der Batteriesäure kann am Schwimmer mit Meßskala, dem Araeometer, abgelesen werden.

hydrometer float = calibrated float

hydroplaning = aquaplaning

hydropneumatic self-levelling suspension **0847**

suspension hydropneumatique, suspension oléo-pneumatique
Type de suspension dont l'élément olé-pneumatique est constitué d'une sphère creuse cloisonnée par une membrane en deux chambres. L'une contient de l'azote sous pression, l'autre se prolongeant en un cylindre de suspension est remplie d'une huile spéciale.
Les débattements verticaux de chaque roue à suspension indépendante sont répercutés par l'intermédiaire d'un bras porte-fusée articulé à la caisse sur un piston de suspension coulissant dans le cylindre, qui débouche dans la sphère de suspension.
L'amortissement est obtenu par le mouvement de l'huile résultant des oscillations de la caisse. A cet effet une rondelle percée d'orifices calibrés ainsi qu'un clapet de conjonction et un clapet de disjonction sont mis en place entre le cylindre et la sphère de suspension.
Suivant la charge de la voiture, une barre anti-roulis solidaire des deux arbres porte-fusée d'un essieu commande un régulateur de hauteur. Lorsque la caisse a tendance à s'affaisser, un tiroir se dégage du régulateur: le liquide s'écoule d'un accumulateur de pression (conjoncteur-disjoncteur hydraulique) dans les cylindres de suspension via le régulateur de hauteur. En revanche, lorsque la caisse se relève, le tiroir s'engage dans le régulateur de hauteur: le liquide des cylindres repoussé par la pression qu'exerce le gaz sur les membranes, reflue dans un réservoir hydraulique.
La pompe HP, qui débite dans le correcteur de hauteur via le conjoncteur-disjoncteur hydraulique, est alimentée par le

hydropneumatische Aufhängung
Federungsart, deren Federelement aus einer in zwei Kammern geteilten Hohlkugel besteht, die mit Stickstoff unter Druck bzw. Spezialöl gefüllt ist.
Die senkrechten Bewegungen der einzeln aufgehängten Räder werden über einen mit der Karosserie gelenkig verbundenen Schwingarm auf einen Kolben übertragen, der sich in einem Federungszylinder auf und ab bewegt.
Der ebenfalls mit Spezialöl gefüllte Zylinder endet in die Hohlkugel. Durch die Strömung der Flüssigkeit aufgrund der Schwingungen des Fahrgestells wird die Stoßdämpfung erreicht. Dazu sind eine Scheibe mit Bohrungen sowie zwei federbelastete Ventile zwischen Zylinder und Kugel eingebaut.
Je nach der Belastung des Fahrzeuges verdreht sich ein mit den beiden Schwingarmen einer Achse verbundener Drehstabstabilisator, der einen Höhenkorrektor steuert. Senkt sich der Wagenaufbau zu Boden, zieht sich ein runder Verteilerschieber aus dem Höhenkorrektor: das Öl fließt aus einem Druckspeicher über den Höhenkorrektor in die Zylinder. Beim Anheben des Wagenaufbaus dagegen wird der Schieber in den Höhenkorrektor eingezogen: die durch den Gasdruck verdrängte Flüssigkeit entweicht in einen Ölbehälter. Beim Citroën DX, Baujahr 1989, wurde erstmals die hydropneumatische Federung mit einer elektronischen Steuereinheit verbunden (hydraktive Federung).

(hydraulique, est alimentée par le) réservoir hydraulique et entraînée par le moteur du véhicule.
Entre le correcteur de hauteur d'une part et l'accumulateur de pression ainsi que le réservoir d'autre part, on trouve un verrou de hauteur s'opposant à toute fuite importante lors d'une immobilisation prolongée.
La Citroën DX, millésime 1989, s'est vue dotée d'une suspension hydropneumatique à gestion électronique (suspension hydractive).

(Federung).)

Hydro-pneumatic unit 0848

sphère de suspension hydropneumatique, bloc oléo-pneumatique
Sphère creuse utilisée dans la suspension oléo-pneumatique et cloisonnée en deux chambres par une membrane en caoutchouc. La chambre supérieure contient un gaz inerte, en l'occurrence de l'azote sous pression, alors que la chambre inférieure communiquant avec le cylindre de suspension est remplie d'une huile spéciale.

Federelement, Federkugel
Federelement der hydropneumatischen Federung, das durch eine Gummimembran in zwei Kammern geteilt ist. Die obere Kammer ist mit Stickstoff unter Druck, die untere sowie der darunter stehende Zylinder mit Spezialöl gefüllt.

hypoid final drive = hypoid-gear pair

hypoid-gear pair 0849

couple hypoïde, engrenage hypoïde, engrenage à denture hélicoïdale décalée
L'engrenage hypoïde est le couple final le plus usité en tant que renvoi d'angle. Dans ce type d'engrenage, l'axe du pignon d'attaque et celui de la couronne ne se rencontrent pas en sorte que plusieurs dents engrènent à la fois. Ce décalage des axes permet d'obtenir une marche peu bruyante et une transmission de force accrue. De surcroît, la couronne présente un diamètre plus réduit et le tunnel de l'arbre de transmission longitudinal peut être abaissé. En raison des pressions très

Hypoidgetriebe, Hypoid-Kegelräder-Antrieb, hypoidverzahnter Kegelradantrieb, versetzter Achsantrieb, Achsantrieb mit versetzten Achsen, Schraubkegelgetriebe, Kegelschraubgetriebe
Das Hypoidgetriebe ist der meistverwendete Achsantrieb. Bei dieser Bauart liegt die Ritzelachse nicht auf der gleichen Höhe wie die Tellerradmitte, so daß mehrere Zähne gleichzeitig im Eingriff sind. Diese Achsenversetzung ergibt eine große Laufruhe, auch läßt sich eine größere Kraftübertragung erzielen. Außerdem ist das Tellerrad kleiner ausgeführt, und der Gelenkwellentunnel liegt niedriger. Wegen der hohen Zahnflankenbelastung müssen be-

(abaissé. En raison des pressions très) fortes s'exerçant sur les flancs de la denture, il convient d'utiliser une huile spéciale pour ce genre de couple.

(hen Zahnflankenbelastung müssen be-) sondere Öle (Hypoidöle) verwendet werden.

hypoid oil 0850

huile pour engrenages hypoïdes
Huile minérale principalement utilisée dans les ponts à engrenage hypoïde. Elle se distingue par sa résistance aux pressions élevées et dépose une couche protectrice sur les flancs des dents.

Hypoidgetriebeöl
Mineralöl, das zur Füllung von Hypoidachsantrieben Verwendung findet. Es zeichnet sich durch ein besonderes Druckaufnahmevermögen aus und baut auf den Zahnflanken einen schützenden Schmierfilm.

identification plate 0851

plaque constructeur
Plaquette signalétique se trouvant habituellement à l'avant du véhicule automobile, à droite sous le capot-moteur.
Elle comporte généralement des indications relatives au constructeur, à l'année modèle, au type du véhicule, au numéro de châssis, au poids total en charge et au poids total roulant.

Fabrikschild, Typschild
Bei jedem Kraftfahrzeug muß ein Fabrikschild vorn an der rechten Seite unter der Motorhaube vorhanden sein. Es gibt Aufschluß über den Fahrzeughersteller, das Baujahr, den Fahrzeugtyp, die Fahrgestellnummer, das zulässige Gesamtgewicht und die zulässigen Achslasten.

idle = idle running

idle air adjusting screw 0852

vis de réglage d'air
Vis pointeau contrôlant la section de passage d'air de ralenti dans un carburateur. En serrant cette vis, on réduit le passage d'air, ce qui enrichit le mélange; en la desserrant, on augmente le débit d'air, ce qui à l'inverse a pour effet d'appauvrir le mélange.

Leerlaufluftschraube
Schraube zum Einregulieren der Leerlaufluft in einem Vergaser. Durch Hineindrehen wird der Luftstrom gedrosselt und das Leerlaufgemisch kraftstoffreicher. Durch Herausdrehen ergibt sich im Gegenteil ein stärkerer Luftstrom und folglich ein kraftstoffärmeres Gemisch.

idle cutoff valve 0853

soupape d'arrêt de ralenti, étouffoir de ralenti
Soupape d'arrêt électromagnétique qui coupe l'arrivée d'essence au gicleur de ralenti dès que le contact est éteint.

Leerlaufabschaltventil, elektromagnetisches Leerlaufventil, elektromagnetisches Abschaltventil
Elektromagnetisches Absperrventil, das die Kraftstoffzufuhr zur Leerlaufdüse beim Ausschalten der Zündung unterbricht.

idle fuel system 0854

circuit de ralenti

Dans un carburateur, le circuit de ralenti permet au mélange de déboucher derrière le papillon des gaz par le conduit de ralenti, car le débit d'air traversant le diffuseur ne suffit pas, en régime de ralenti, pour soutirer du carburant au gicleur principal.

Leerlaufsystem

In einem Vergaser ermöglicht das Leerlaufsystem das Ansaugen des Leerlaufgemisches aus einem kurz hinter der Drosselklappe mündenden Leerlaufkanal, weil bei Leerlaufdrehzahl die Luftgeschwindigkeit im Lufttrichter nicht ausreicht, um Kraftstoff aus der Hauptdüse anzusaugen.

idle jet 0855

gicleur de ralenti

Gicleur qui débite dans le circuit de ralenti une quantité de carburant toujours égale et destinée au mélange de ralenti.

Leerlaufdüse

Düse, die dem Leerlaufsystem im Vergaser eine stets gleichbleibende Kraftstoffmenge zur Aufbereitung des Leerlaufgemisches zuführt.

idle metering jet = idle jet

idle mixture control screw 0856

vis de richesse du ralenti, vis de qualité, vis de dosage du mélange au ralenti

C'est avec cette vis que l'on règle le dosage du mélange gazeux au ralenti dans un carburateur. En serrant, on obtient un mélange plus pauvre et en desserrant un mélange plus riche.

Leerlaufgemisch-Regulierschraube, Gemischregulierschraube, Gemischeinstellschraube

Mit dieser Schraube wird das Kraftstoff-Luft-Gemisch beim Leerlauf in einem Vergaser reguliert. Wird die Schraube hineingedreht, ergibt sich ein mageres Gemisch. Durch Herausdrehen wird das Leerlaufgemisch fetter.

idle mixture screw = idle mixture control screw

idle running 0857

ralenti

Régime le plus faible du moteur.

Leerlauf, Motorleerlauf

Niedrigste Motordrehzahl.

idle speed screw = throttle stop screw

idle stop screw = throttle stop screw

idler arm *(See Ill. 33 p. 440)* 0858

relais de direction, levier-relais, levier de renvoi

Levier disposé symétriquement à la bielle pendante dans la timonerie de direction.

Lenkzwischenhebel, Zwischenhebel, Umlenkhebel

Symmetrisch zum Lenkstockhebel angeordneter Zwischenhebel im Lenkgestänge.

idler pulley = jockey pulley

idling = idle running

idling adjustment **0859**

réglage du ralenti
Le réglage de ralenti d'un carburateur de type courant s'effectue sur un moteur à température de fonctionnement à l'aide d'un contrôleur de CO et d'un compte-tours par manipulation de la vis de réglage de l'entrebâillement du papillon (réglage quantitatif) et de la vis pointeau de richesse de ralenti (réglage qualitatif).
Dans les carburateurs anti-pollution, qui tendent à s'imposer de plus en plus, il est plus rare de pouvoir intervenir sur la richesse du mélange et, par conséquent, sur la teneur en CO. Dans la plupart des cas, on se borne à corriger le régime du moteur si nécessaire. Toutefois, au terme d'une révision du carburateur, il conviendra de procéder à un réglage de base du ralenti, notamment à l'aide d'un dépressiomètre.

Leerlaufeinstellung
Das Einregulieren des Leerlaufs in einem Vergaser üblicher Bauart erfolgt bei warmem Motor mit einem Abgastester und einem Drehzahlmesser durch Einwirken auf die Drosselklappenanschlagschraube bzw. die Leerlaufgemisch-Regulierschraube.
Bei den Vergasern nach neuem System, den sogenannten Abgasvergasern, ist das Einwirken auf die Gemischzusammensetzung bzw. den CO-Gehalt weitgehend eingeschränkt worden. Vielfach wird lediglich die Drehzahl korrigiert. Nach einer Vergaserüberholung muß allerdings eine Leerlaufgrundeinstellung unter Zuhilfenahme eines Unterdruckmessers vorgenommen werden.

idling mixture adjusting screw = idle mixture control screw

idling pinion = differential pinion

idling setting = idling adjustment

idling volume control screw = idle mixture control screw

ignitable mixture = explosive mixture

ignition *(See Ill. 24 p. 260)* **0860**

allumage
Le mélange gazeux s'enflamme sous l'action du courant de la batterie porté à haute tension par la bobine d'allumage et qui est ensuite acheminé par l'allumeur vers chacune des bougies pour jaillir sous forme d'étincelle entre deux électrodes. Le terme d'allumage désigne également tout le système d'allumage depuis la batterie jusqu'aux bougies

Zündung, Entzündung
Das Luft-Benzin-Gemisch wird durch den von der Zündspule hochgespannten Batteriestrom entzündet, der mit Hilfe eines Zündverteilers den jeweiligen Zündkerzen zugeführt wird und dort als Funken zwischen zwei Elektroden überschlägt. Der Begriff Zündung bezeichnet ebenfalls das ganze Zündsystem von der Batterie bis zu den Zündkerzen.

ignition advance = advance ignition

ignition bolt = spark-plug terminal pin

ignition cable = spark-plug lead

ignition cable set **0861**

faisceau de câbles haute tension
Ensemble de câbles comprenant le câble haute tension de la bobine d'allumage et les fils de bougie.

Zündkabelsatz
Der Zündkabelsatz umfaßt das Hauptzündkabel mit den Zündkerzenleitungen.

ignition cam = contact breaker cam

ignition capacitor *(See Ill. 3 p. 50, Ill. 24 p. 260)* **0862**

condensateur d'allumage
Dans le circuit d'allumage classique on trouve un condensateur branché en dérivation sur les vis platinées. Il sert à absorber l'extra-courant de rupture et à étouffer les étincelles jaillissant aux grains de contact au moment de l'ouverture.
A cet instant le condensateur se charge et se décharge à nouveau dans le circuit primaire dès la fermeture des grains de contact. De cette façon le condensateur contribue à freiner l'usure des vis platinées et à faire disparaître le champ magnétique qui a pris naissance dans le circuit primaire de la bobine d'allumage. Plus vite ce champ disparaîtra, plus élevées seront la tension dans le circuit secondaire et les performances d'allumage aux bougies. Un condensateur défectueux (court-circuit, mauvais contact, perte d'isolation, capacité insuffisante) accélère l'usure des vis platinées et diminue les performances d'allumage. Parfois il aboutit à la panne complète du circuit d'allumage.
Le condensateur est accolé à l'allumeur ou il se trouve à l'intérieur de ce dernier. Il s'agit fréquement d'un condensateur bobiné. Les plus modernes sont du type en papier métallisé ou à feuille plastique métallisée. La capacité d'un condensateur d'allumage varie de 0,23 à 0,32 μF.

Zündkondensator, Primärkondensator, Funkenlöschkondensator, Kondensator
In der herkömmlichen Zündanlage ist den Unterbrecherkontakten ein Kondensator parallelgeschaltet. Er dient der Aufnahme des Unterbrechungsextrastroms sowie der Funkenlöschung beim Öffnen der Unterbrecherkontakte. In diesem Augenblick wird nämlich der Kondensator aufgeladen, und er entladet sich dann wieder über die Primärleitung beim Schließen der Unterbrecherkontakte. Auf diese Weise hemmt er den Abbrand der Unberrecherkontakte und fördert den schlagartigen Abbau des primären Magnetfeldes in der Zündspule. Je schneller das Magnetfeld abgebaut wird, um so höher ist die Spannung im Sekundärstromkreis und die Zündleistung an den Kerzen.
Ein defekter Zündkondensator (Kurzschluß, Wackelkontakt, Isolationsverlust oder ungenügende Kapazität) führt zu einem stärkeren Verschleiß der Unterbrecherkontakte und zu einer schlechteren Zündleistung, zuweilen auch zum totalen Ausfall der Zündanlage. Der Zündkondensator befindet sich am oder im Zündverteiler. Meist handelt es sich um einen Folienkondensator (Wickelblock). Neuerdings werden auch Metallpapier- oder Metall-Kunststoff-Kondensatoren verwendet. Die Kapazität eines Zündkondensators beträgt 0,23–0,32 μF.

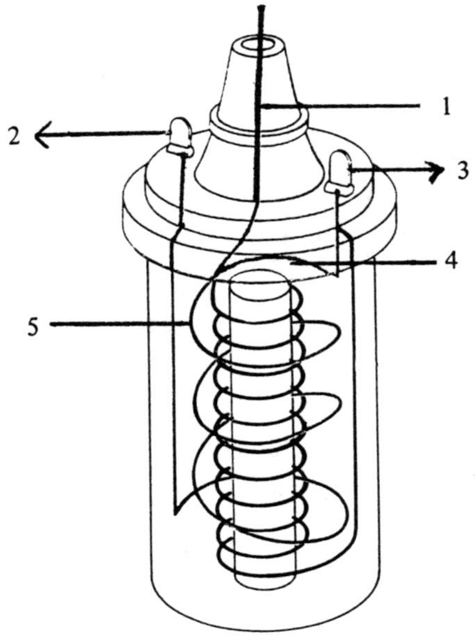

Ill. 23: ignition coil **(0863)**

1 king lead
2 distributor side terminal
3 ignition switch
4 primary winding
5 secondary winding

ignition coil *(See Ill. 3 p. 50, Ill. 6 p. 71, Ill. 23 p. 256)* 0863

bobine d'allumage, bobine d'induction

Transformateur constitué d'un noyau feuilleté ainsi que d'un enroulement primaire et secondaire. Il transforme le courant basse tension de la batterie ou de l'alternateur en courant haute tension nécessaire pour faire jaillir l'étincelle entre les électrodes de la bougie d'allumage. On trouve trois connexions sur le couvercle de la bobine d'allumage. L'une relie le circuit primaire de la bobine à l'allumeur (basse tension), la deuxième relie le circuit secondaire de la bobine à l'allumeur également (haute tension) et la troisième relie la bobine à la batterie par l'intermédiaire du contact. La bobine d'allumage de type courant fonctionne telle une bobine de Ruhmkorff.

La bobine électronique avec bloc électronique est quant à elle d'un rendement bien supérieur à celui de la bobine d'allumage de type classique. Elle permet en effet d'obtenir un démarrage à froid immédiat même lorsque la batterie à accumulateurs est insuffisamment chargée et d'améliorer les performances de l'allumage au niveau des bougies. Au moment où le moteur est lancé par le démarreur, on n'enregistre plus de chute de tension du courant primaire ni de sous-voltage du courant secondaire haute tension. De surcroît, lorsque le moteur tourne à très haut régime, il ne se produit plus de phénomène de chute de tension dans le circuit secondaire. En effet dans les bobines de type courant, la haute tension d'allumage a tendance à diminuer dans les plages de haut régime moteur, car le temps nécessaire à la production d'une étincelle aux bougies s'écourte de plus en plus.

Zündspule, Kraftfahrzeugzündspule

Transformator bestehend aus einem Eisenblechkern sowie aus einer Primär- und Sekundärwicklung. Er wandelt den niedergespannten Strom der Batterie oder der Lichtmaschine in Hochspannungsstrom um und liefert somit die elektrische Hochspannung, die zur Auslösung des Zündfunkens zwischen den Elektroden der Zündkerze erforderlich ist. Auf dem Deckel der Zündspule befinden sich drei Anschlußklemmen: Klemme 1 (Primärstromkreis zum Zündverteiler), Klemme 4 (Hochspannung zum Zündverteiler) und Klemme 15 (zum Pluspol der Batterie über das Zündschloß). Die Wirkungsweise einer normalen Zündspule ist die eines Ruhmkorffschen Funkeninduktors.

Die Hochleistungszündspule (Transistor-Zündspule) ist der Zündspule üblicher Bauart sehr überlegen. Sie bietet eine größere Kaltstartsicherheit auch bei ungenügend geladener Batterie und eine höhere Zündleistung an den Zündkerzen. Beim Anwerfen des Motors durch den Anlasser gibt es keinen Spannungsabfall mehr im Primärstromkreis und auch keine Unterspannung im Sekundärstromkreis. Außerdem wird bei hohen Drehzahlen kein Absinken der Zündspannung mehr beobachtet. Bei normalen Zündspulen nämlich nimmt die Zündspannung bei höherer Motordrehzahl ab, weil zur Erzeugung jedes einzelnen Zündfunkens weniger Zeit zur Verfügung steht.

ignition coil tester 0864

contrôleur de bobines d'allumage
Appareil utilisé en atelier et permettant de mesurer la résistance du circuit primaire et du circuit secondaire, le rendement de la bobine en fonction des pertes dues à l'isolement ainsi que de contrôler le chauffage des enroulements. On peut ainsi procéder à des essais dans des conditions normales de fonctionnement, contrôler le circuit secondaire de la tête de bobine aux bougies de même que l'isolement du primaire par rapport à la masse.

Zündspulenprüfgerät
Werkstattgerät, mit dem folgende Messungen und Prüfungen vorgenommen werden können: Widerstand des Primär- und Sekundärstromkreises, Leistung der Zündspule je nach den Isolationsverlusten, Erwärmung der Windungen zur Erprobung unter normalen Betriebsbedingungen, Isolationsprüfung des Sekundärstromkreises vom Zündspulendeckel aus bis zu den Zündkerzen, Prüfung der Primärwicklung auf Masseschluß.

ignition condenser = ignition capacitor

ignition-controlled feed 0865

alimentation après contact
Alimentation en courant électrique obtenue sur un câble, qui n'est sous tension que lorsque la clé de contact est actionnée.

Pluszuführung hinter dem Zündschloß
Stromzuführung durch eine Leitung, die erst durch Betätigen des Zündschlüssels Strom erhält.

ignition delay 0866

délai d'allumage, délai d'inflammation
Intervalle de temps s'écoulant depuis le début de l'injection (point d'injection) jusqu'au début de l'allumage (point d'inflammation).

Zündverzug
Die Zeit vom Augenblick des Einspritzens bis zum Zündbeginn.

ignition distributor *(See Ill. 3 p. 50, Ill. 6 p. 71, Ill. 7 p. 80, Ill. 16 p. 180, Ill. 24 p. 260)* 0867

allumeur, distributeur d'allumage, delco
Dispositif du circuit d'allumage comportant dans sa partie supérieure un doigt rotatif muni d'une électrode et fixé sur un arbre de commande entraîné par le moteur. Selon la cadence de l'ordre d'allumage, il transmet le courant secondaire haute tension fourni par la bobine à chacune des bougies. Dans sa partie inférieure, l'allumeur abrite les vis platinées ainsi que l'avance centrifuge et l'avance à dépression. Dans les

Zündverteiler, Verteiler, Überschlag-Verteiler
Zündvorrichtung, deren Oberteil hauptsächlich aus einem auf einer Welle rotierenden Finger mit einer Elektrode besteht. Er überträgt den von der Zündspule hochgespannten Batteriestrom an die jeweiligen Zündkerzen im Rhythmus der Zündfolge. In der unteren Stufe des Zündverteilers befinden sich der Unterbrecher sowie die Fliehkraft- und Unterdruckversteller.
Bei elektronischen Benzineinspritzanlagen werden Zündverteiler mit Ein-

(et l'avance à dépression. Dans les) systèmes d'injection électronique, on rencontre des allumeurs-déclencheurs qui comportent un jeu de contacts commandés par une came de l'arbre d'allumage. Ainsi le calculateur électronique reçoit des informations par signaux sur la fréquence de rotation de l'arbre du distributeur.

(gen werden Zündverteiler mit Ein-) spritzauslöser (Auslösekontakten) eingebaut. Diese Auslösekontakte werden von der Verteilerwelle über einen Nokken betätigt. Das mit dem Verteiler verbundene elektronische Steuergerät erhält somit Signale über die Drehfrequenz der Verteilerwelle.

ignition distributor cam = contact breaker cam

ignition failure = misfire

ignition key 0868

clé de contact

Clé servant à mettre et à couper le contact du circuit d'allumage.

Lenkschloßschlüssel, Zündschlüssel

Schlüssel zum Ein- und Ausschalten der Zündanlage.

ignition lead = spark-plug lead

ignition light = charging control lamp

ignition LT circuit = primary circuit

ignition order 0869

ordre d'allumage des cylindres

Ordre de levée des soupapes d'admission ou d'échappement fixé par le constructeur.

Zündzeitfolge, Zündfolge, Einstell-Reihenfolge

Die Einlaß- bzw. Auslaßventile öffnen in einer vom Hersteller festgelegten Reihenfolge.

ignition plug = spark plug

ignition point 0870

point d'allumage

Point de jaillissement de l'étincelle entre les électrodes de la bougie d'allumage. Le point d'allumage est déterminé par la position du vilebrequin au point mort haut, lorsque les conditions d'inflammation du mélange gazeux comprimé sont optimales et il s'exprime en degrés d'avance ou de retard à l'allumage. Il correspond à l'ouverture des vis platinées.

Zündzeitpunkt, Zündpunkt

Augenblick des Funkenüberschlags zwischen den beiden Elektroden einer Zündkerze. Der Zündzeitpunkt bezieht sich auf die Stellung der Kurbelwelle im oberen Totpunkt beim optimalen Verbrennungsdruck und wird in Grad KW ausgedrückt. Er entspricht dem Öffnungszeitpunkt der Unterbrecherkontakte.

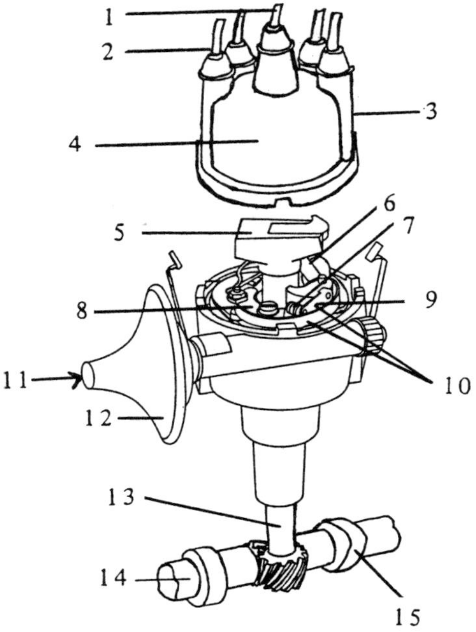

Ill. 24: ignition distributor **(0867)**

1 king lead
2 spark-plug lead
3 distributor cap
4 central carbon brush
5 distributor rotor
6 ignition capacitor
7 contact brealer point – contact gap
8 breaker fixed contact
9 breaker lever
10 contact breaker
11 vacuum hose
12 vacuum advance
13 distributor shaft
14 camshaft
15 cam

ignition setting **0871**

calage de l'allumage, calage de l'avance à l'allumage, réglage de l'avance à l'allumage, mise au point de l'allumage, calage de l'allumeur, calage du distributeur, calage de l'avance initiale

Le calage de l'allumage s'effectue après vérification du réglage des vis platinées. La méthode statique (moteur arrêté) nécessite l'utilisation d'une lampe-témoin ou d'un voltmètre branché en paralléle sur les vis platinées. On fait alors pivoter le corps de l'allumeur jusqu'à ce que la lampe s'allume ou que l'aiguille du voltmètre dévie. Dans le cas de la méthode dynamique, on a recours à une lampe stroboscopique, le moteur tournant à un régime donné.
Lors du calage de l'allumage, il est recommandé de procéder dans l'ordre suivant:

- Réglage des vis platinées
- Contrôle de l'angle de cama
- Calage statique de l'allumage
- Calage dynamique de l'allumage

Zündzeitpunkteinstellung, Zündeinstellung, Zündpunkteinstellung

Die Zündzeitpunkteinstellung erfolgt erst nach Überprüfung der Unterbrecherkontakte auf richtigen Abstand. Bei der statischen Zündeinstellung wird bei stillstehendem Motor eine Prüflampe oder ein Voltmeter parallel zu den Unterbrecherkontakten geschaltet, und man verdreht das Verteilergehäuse bis die Prüflampe aufleuchtet bzw. der Zeiger des Voltmeters ausschlägt. Bei laufendem Motor wird zur dynamischen Zündeinstellung eine Stroboskoplampe benutzt.

Zur Einstellung des Zündzeitpunktes ist es zweckmäßig, nachstehende Reihenfolge einzuhalten:

- Kontaktabstand einstellen
- Schließwinkel kontrollieren
- Zündzeitpunkt am stehenden Motor einstellen
- Zündzeitpunkt am laufenden Motor kontrollieren

ignition spray = damp-proofing sealant

ignition/starter switch = ignition switch

ignition stroke *(See Ill. 18 p. 206)* **0872**

détente, explosion-détente (essence), combustion-détente (diesel), travail, temps énergétique, course d'explosion et de détente, temps moteur

Troisième phase du cycle à quatre temps. C'est à ce stade que débute la combustion. Les soupapes étant fermées, les gaz comprimés s'enflamment lorsque jaillit l'étincelle électrique et la pression des gaz résultant de la combustion chasse le piston vers le point mort bas. Ce faisant, le vilebrequin (arbre moteur) accomplit une demi-rotation. Dans les moteurs diesel,

Expansionstakt, Verbrennen und Ausdehnen, Arbeitstakt, Arbeitshub, Verbrennungshub, Zündhub, Einspritzen-Selbstzünden-Arbeiten (Dieselmotor)

Dritter Takt im Viertaktverfahren. Das verdichtete Gemisch wird bei geschlossenen Ventilen gezündet, und der bei der Verbrennung entstehende Druck treibt den Kolben abwärts bis zum unteren Totpunkt. Die Kurbelwelle (Antriebswelle) dreht sich dabei um 180°. Beim Dieselmotor wird Dieselkraftstoff direkt in den Verbrennungsraum eingespritzt. Er entzündet sich an der dort heißverdichteten Frischluft.

(rotation. Dans les moteurs diesel,) le combustible est injecté directement dans les cylindres où il s'allume par autocombustion à cause de la forte température de l'air comprimé dans la chambre de combustion.

(heißverdichteten Frischluft.)

ignition switch *(See Ill. 3 p. 50, Ill. 6 p. 71, Ill. 23 p. 256)* **0873**

interrupteur d'allumage
Interrupteur servant à ouvrir et à fermer le circuit d'allumage.

Zündschloß-Zündanlaßschalter, Zündschalter, Fahrtschalter
Mit Hilfe des Zündschalters wird die Zündanlage ein- und ausgeschaltet.

ignition timing = ignition setting

ignition-timing adjustment = ignition setting

ignition-timing characteristic = advance characteristic

ignition timing light = timing lamp

ignition transformer *(See Ill. 7 p. 80)* **0874**

transformateur d'allumage
Pièce de l'allumage capacitif dans laquelle se décharge le condensateur. La haute tension recueillie dans l'enroulement secondaire est dès lors acheminée vers les bougies d'allumage.

Zündtransformator, Zündtrafo
Teil der Hochspannungs-Kondensator-Zündung. Der Speicherkondensator entlädt sich über die Primärwicklung dieses Transformators. Die in der Sekundärwicklung erzeugte Hochspannung wird den Zündkerzen zugeführt.

ignition vane switch **0875**

barrière magnétique
Partie fixe d'un déclencheur à effet Hall dans un allumage transistorisé sans rupteur. La barrière magnétique est constitutée d'un aimant permanent avec pièces conductrices et d'un circuit intégré Hall (C.I. Hall).

Magnetschranke
Fester Teil eines Hallgebers in einer kontaktlosen Transistorzündanlage. Die Magnetschranke besteht aus einem Dauermagneten mit Leitstücken und aus einer integrierten Halbleiterschaltung (Hall-IC).

ignition voltage = firing voltage

ignition warning light = charging control lamp

I-head engine = overhead-type engine

illumination **0876**

éclairement
Quotient du flux lumineux reçu par

Beleuchtungsstärke
Verhältnis des auf eine Fläche auftref-

(Quotient du flux lumineux reçu par) une surface par la valeur de cette surface. L'unité d'éclairement est le lux.

(Verhältnis des auf eine Fläche auftref-) fenden Lichtstromes zur Größe der Fläche. Einheit der Beleuchtungsstärke ist das Lux.

impeller *(See Ill. 34 p. 481)* 0877

impulseur, pompe
Elément essentiel d'un convertisseur hydraulique de couple (convertisseur hydrocinétique). Il est entraîné en permanence par l'arbre moteur.

Pumpenrad
Hauptbestandteil eines Drehmomentwandlers. Das Pumpenrad wird dauernd von der Motorwelle angetrieben.

imperial sedan = limousine

independent wheel suspension 0878

suspension à roues indépendantes
Dans ce type de suspension, on a affaire à un essieu brisé et non plus rigide, en sorte que chacune des roues a sa propre suspension et s'adapte aux inégalités du sol indépendamment de la roue opposée.

Einzelradaufhängung
Bei der Einzelradaufhängung ist die Achse geteilt im Gegensatz zur Starrachse, so daß jedes einzelne Rad getrennt abgefedert ist und unabhängig vom anderen den Fahrbahnunebenheiten folgen kann.

indirect braking 0879

freinage indirect
Lors du freinage indirect, de l'air comprimé s'échappe de la canalisation sous pression reliant le véhicule tracteur à la remorque. De ce fait, de l'air comprimé provenant du réservoir auxiliaire de la remorque est envoyé dans les cylindres de frein.

indirekte Bremsung
Aus der ständig unter Druck stehenden Leitung vom Zugwagen zum Anhänger wird beim Bremsen Luft entlassen. Im Anhänger strömt dadurch Druckluft aus dem Hilfsbehälter in die Bremszylinder.

indirect injection 0880

injection indirecte, injection dans le canal d'admission
Il n'y a pas de mélange intime air-essence dans un carburateur. Le carburant est pulvérisé sous pression dans la tubulure d'admission du moteur au moyen d'injecteurs. (moteur à essence)

indirekte Einspritzung, Saugrohreinspritzung, Benzin-Saugrohreinspritzung
Der Kraftstoff wird hierbei nicht in einem Vergaser mit Luft innig vermischt, sondern in das Saugrohr des Motors mittels Einspritzdüsen unter Druck eingespritzt. (Otto-Motor).

indirect overhead camshaft 0881

arbre à cames en tête à attaque indirecte
Arbre à cames agissant indirectement sur les soupapes par

indirektwirkende obenliegende Nockenwelle
Nockenwelle, welche die Ventile über Kipp- oder Schwinghebel betätigt.

(indirectement sur les soupapes par) l'intermédiaire de culbuteurs ou de doigts de poussée.

(Kipp- oder Schwinghebel betätigt.)

induction = suction stroke

induction 0882

induction
Génération de tension électrique à l'aide de champs magnétiques variables.

Induktion, Elektro-Induktion
Erzeugung von elektrischer Spannung mit veränderlichen magnetischen Feldern.

induction coil = ignition coil

induction engine = unsupercharged engine

induction manifold = inlet manifold

induction stroke = suction stroke

induction-type pulse generator = pulse generator

induction valve = inlet valve

inductive pulse generator = pulse generator

inductive semiconductor ignition = transistorized ignition system

inductive semiconductor ignition with Hall generator 0883

allumage transistorisé par bobine avec déclencheur à effet Hall
Allumage transistorisé dans lequel un déclencheur à effet Hall remplace le rupteur de l'allumage classique.
Le fonctionnement de ce déclencheur repose sur le phénomène de Hall. Un courant passe par un conducteur électrique (plaquette détecteur de Hall), qui est lui-même traversé verticalement par un champ magnétique. De part et d'autre de la plaquette une tension électrique prend naissance (tension de Hall). Si l'intensité du courant demeure constante, cette tension ne sera tributaire que de l'intensité du champ magnétique auquel le déclencheur est soumis. La tension de Hall ne dépend donc pas du régime-moteur. Comme l'intensité du champ magnétique varie au rythme de l'allumage, la tension se modifiera elle aussi au même rythme

Transistorspulenzündung mit Hallgeber, TSZ-h
Transistorzündanlage, bei der ein Hallgeber an die Stelle der Unterbrecherkontakte tritt. Die Wirkung dieses Gebers beruht auf dem Hall-Effekt. Ein Strom durchfließt einen Leiter (Halbleiterplättchen, Hallschicht), der senkrecht von einem Magnetfeld durchdrungen wird. An beiden Seiten des Halbleiterplättchens entsteht eine Spannung, Hall-Spannung genannt, die bei gleichbleibendem Strom von der Stärke des den Hallgeber durchflutenden Magnetfeldes abhängig ist. Die Hall-Spannung ist also nicht von der Motordrehzahl abhängig. Ändert sich die Stärke des Magnetfeldes im Zündtakt, so ändert sich ebenfalls die Hallspannung zum Auslösen der Zündfunken. Eine Zündanlage üblicher Bauart kann ohne weiteres in eine TSZ-h-Anlage umgerüstet werden. Zu diesem Zweck müssen für den Zündverteiler passende

(modifiera elle aussi au même rythme) et elle déclenchera le jaillissement de l'étincelle aux bougies. Un allumage conventionnel peu très bien être converti en allumage transistorisé par bobine avec déclencheur à effet Hall. A cet effet, un déclencheur adapté à l'allumeur remplacera le rupteur mécanique classique.
Le déclencheur à effet Hall est constitué d'un montage à semiconducteurs avec barrière magnétique et tambour à écrans. C'est ce tambour à écrans qui commande le flux magnétique. Il constitue une seule unité de montage avec le rotor du distributeur. Le nombre des écrans du tambour équivaut à celui des cylindres du moteur et la largeur de chaque écran correspond à l'angle de fermeture de cet allumage. Lorsqu'un écran est amené dans l'entrefer de la barrière magnétique, le flux magnétique est dévié par le déclencheur à effet Hall et la tension devient nulle. Lorsque l'écran sort de l'entrefer, la tension renaît et est envoyée au circuit intégré, qui est en fait un étage préamplificateur et qui attaque la base du transistor de commande. (Allumage système Bosch).

(müssen für den Zündverteiler passende) Hallgeber anstelle der Zündunterbrecher eingebaut werden.
Der Hallgeber besteht aus einer integrierten Halbleiterschaltung mit Magnetschranke und Blendenrotor. Der magnetische Fluß wird durch den Blendenrotor gesteuert, der mit dem Verteilerläufer zu einem Bauteil vereint ist. Die Anzahl der Blenden entspricht der Anzahl der Motorzylinder, und die Breite jeder einzelnen Blende bestimmt den Schließwinkel der TSZ-h-Anlage.
Taucht eine Blende des Rotors in den Luftspalt der Magnetschranke ein, wird der Magnetfluß durch den Hallgeber abgelenkt, und die Hall-Spannung wird gleich O. Wenn die Blende aus dem Luftspalt austritt, wird die Hallspannung wieder wirksam. Sie wird dann an die integrierte Schaltung weitergeleitet, die als Vorverstärkerstufe arbeitet, und von dort an die Basis des Zündtransistors. (Bosch-Zündanlage)

inductive semiconductor ignition with induction-type pulse generator **0884**

allumage transistorisé par bobine avec générateur d'impulsions à induction
Système d'allumage transistorisé dans lequel le rupteur mécanique est remplacé par un générateur d'impulsions. A l'instar d'un alternateur, celui-ci fournit une tension alternative monophasée pour la commande de l'allumage. Un générateur d'impulsions à rotation symétrique est logé dans le boîtier de l'allumeur à l'endroit habituellement occupé par le rupteur mécanique. Sa tâche

Transistor-Spulenzündung mit Induktionsgeber, induktiv gesteuerte Transistor-Zündung, TSZ-i
Transistorzündanlage, bei der der Unterbrecher durch einen magnetischen Geber (Induktionsgeber) ersetzt ist. Dieser erzeugt ähnlich einem Generator eine einphasige Wechselspannung für die Zündsteuerung. Ein rotationssymmetrischer Induktionsgeber sitzt im Gehäuse des Zündverteilers, dort wo der Zündunterbrecher sonst zu finden ist. Er erzeugt Impulse und überträgt diese auf den Impulsformer im Schaltgerät (Steuergerät). Es handelt

(rupteur mécanique. Sa tâche) consiste à produire des impulsions et à les transmettre à un conformateur d'impulsions se trouvant dans le bloc électronique de commande. Ce dispositif est en fait une bascule bistable qui convertit la tension de commande alternative que fournit le générateur d'impulsions en impulsions rectangulaires unidirectionnelles. Ensuite la durée de l'impulsion est adaptée au régime du moteur par la commande de l'angle de fermeture. Dans l'étage de stabilisation, les impulsions sont stabilisées de telle manière que la tension d'alimentation demeure constante dans la mesure du possible. Etant donné que le nombre de pôles du générateur d'impulsions correspond au nombre de cylindres du moteur, une impulsion d'allumage est destinée à chacun des cylindres lors de chaque rotation de l'arbre d'allumage.
En cas de conversion d'un allumage classique en allumage transistorisé par bobine avec générateur d'impulsions, il y a lieu de prévoir le montage d'un nouvel allumeur spécialement adapté au moteur. Toutefois d'autres systèmes de générateurs d'impulsions on été mis au point qui permettent la reconversion de l'allumeur classique à l'allumage transistorisé sans rupteur. (Allumage système Bosch).

(Schaltgerät (Steuergerät). Es handelt) sich hierbei um einen bistabilen Multivibrator, der die Steuerwechselspannung des Gebers in gleichgerichtete Rechteckimpulse verwandelt. Anschließend wird die Impulsdauer durch die Schließwinkelsteuerung der Motordrehzahl angepaßt. In der Stabilisierungsstufe werden die Impulse so stabilisiert, daß die Versorgungsspannung für den Zündtransistor möglichst konstant bleibt.
Nachdem die Polzahl des Impulsgebers gleich der Zylinderzahl des Motors ist, wird bei jeder Umdrehung der Verteilerwelle für jeden Zylinder ein Zündimpuls erzeugt. Beim nachträglichen Umbau müßte ein entsprechender, für den Motor passender, neuer Zündverteiler eingebaut werden. Es wurden jedoch Impulsgebersysteme entwickelt, die das Umfunktionieren eines normalen Zündverteilers zur induktiven Steuerung der Impulse ermöglichen. (Bosch-Zündanlage)

inertia-drive starting motor = Bendix-type starter

inertia-engaged starter = Bendix-type starter

inertia pinion starter = Bendix-type starter

inertia reel belt 0885

ceinture de sécurité à enrouleur
Ceinture de sécurité s'adaptant automatiquement à toutes les tailles et à toutes les positions de siège. La ceinture lâchement tendue se bloque

Automatikgurt
Sicherheitsgurt, der sich allen Körpergrößen und Sitzeinstellungen automatisch anpaßt. Durch plötzliches Bremsen wird der locker sitzende Automa-

(ceinture lâchement tendue se bloque) en cas de freinage brusque, le mécanisme de blocage se trouvant dans le boîtier d'enrouleur.

(sen wird der locker sitzende Automa-) tikgurt gesperrt. Der Sperrmechanismus befindet sich in der automatischen Auf- rollvorrichtung.

inertia starter = Bendix-type starter

inertia valve = pressure reducing valve

inflation pressure = tire inflating pressure

inflation pressure gage = tire gage

infra-red exhaust gas analyzer 0886

analyseur de gaz d'échappement à rayons infrarouges
L'analyseur de gaz d'échappement permet de contrôler le réglage du carburateur.
Dans la version à rayons infrarouges, une plaque de céramique chauffée à environ 700° C émet un faisceau de rayons infrarouges qu'un tube diviseur fait bifurquer. Un rayon traverse un canal de mesure contenant des gaz d'échappement, alors que le second passe par un canal comparateur contenant de l'azote.
Dans le canal de mesure les rayons infrarouges sont absorbés selon la teneur en CO. La différence d'absorption des rayons infrarouges entre les deux canaux est évaluée électroniquement dans une chambre de mesure et affichée sur l'appareil indicateur en pourcentage volumétrique de CO.

Infrarot-Abgasanalysator
Der Abgastester (Abgasanalysator) gibt genau Aufschluß über die Vergasereinstellung.
Bei dem Infrarot-Abgasanalysator wird der von einer auf 700° C aufgeheizten Keramikplatte abgegebene Infrarotstrahl aufgespalten. Ein Strahl wandert durch einen Meßkanal, der Abgase enthält, der andere durch einen mit Stickstoff gefüllten Vergleichskanal.
Im Meßkanal werden die Infrarotstrahlen je nach dem CO-Anteil absorbiert. Die Differenz der Infrarotabsorption zwischen beiden Kanälen wird in einer Meßkammer elektronisch gemessen und auf dem Anzeigegerät in CO-Vol.-% angezeigt.

initial ignition timing adjustment = ignition setting

injection 0887

injection
Pulvérisation de carburant ou de combustible au moyen de systèmes d'injection.

Einspritzung
Einsprühen von Kraftstoff mit Hilfe von Einspritzsystemen.

injection advance = injection timing mechanism

injection advance mechanism = injection timing mechanism

injection engine = fuel-injection engine

injection jet test stand 0888

banc d'essai d'injecteurs, appareil de controle d'injecteurs, pompe de tarage.

Appareil permettant de contrôler le fonctionnement des injecteurs et de régler la pression d'ouverture de même que la forme du jet. Il s'agit en fait d'une pompe d'injection équipée d'un manomètre, manipulée par un levier à main ou un volant et alimentée par un réservoir en charge.
Contrôle de la pression d'ouverture: Mettre le porte-injecteur en place après l'avoir rincé dans un bain de gas-oil. Après que l'on a fermé la vanne pour isoler le manomètre, on donne quelques coups de levier pour purger. On ouvre ensuite la vanne et on laisse monter la pression doucement jusqu'à ouverture de l'injecteur.
Contrôle de fonctionnement: Laisser augmenter la pression doucement jusqu'à une valeur se situant à 20 bars au-dessous de la pression d'ouverture de l'injecteur. S'il y a manque d'étanchéité, on notera la présence d'une goutte, alors qu'avec un injecteur étanche on n'observera que des traces humides.
Contrôle du jet: Si l'on actionne le levier rapidement, un ronronnement très fort se fera entendre si l'injecteur est en parfait état. Le jet sera dès lors bien compact et ne présentera aucune projection latérale.

Düsen-Prüfvorrichtung, Einspritzdüsen-Prüfgerät, Düsenprüfgerät

Gerät für die Funktionsprüfung von Einspritzdüsen sowie für die Einstellung des Düsenöffnungsdruckes und des Strahlkegels. Es handelt sich um eine Einspritzpumpe mit einem Manometer, die mit einem Handhebel bzw. einem Handrad betätigt und aus einem Fallbehälter mit Kraftstoff versorgt wird. Prüfung des Öffnungsdruckes: Zuerst wird der Düsenhalter in Dieselöl gereinigt, bevor er eingesetzt wird. Das Sperrventil des Manometers wird geschlossen und der Handhebel mehrmals betätigt. Nach dem Öffnen des Sperrventils läßt man den Druck langsam ansteigen bis zur Öffnung der Einspritzdüse.
Funktionsprüfung: Man läßt den Druck langsam ansteigen bis zu einem Wert von 20 bar unter dem Düsenöffnungsdruck. Ist die Einspritzdüse dicht, weist die Düsennadel nur feuchte Spuren auf. Ist dagegen die Einspritzdüse undicht, kommt es zu einer Tropfenbildung.
Prüfung auf Strahlform: Wird der Hebel schnell betätigt, muß bei guten Einspritzdüsen ein deutlicher Schnarrton hörbar sein. Der Strahlkegel ist dann gleichmäßig und wird ohne seitliche Strahlen abgespritzt.

injection line = delivery pipe

injection nozzle *(See Ill. 25 p. 315)* 0889

injecteur, pulvérisateur

Appareil servant à introduire et à répartir, en le pulvérisant, un carburant sous pression dans la tubulure d'aspiration d'un moteur à essence ou un combustible dans la chambre de combustion d'un moteur diesel. Dans les moteurs

Einspritzdüse, Spritzdüse

Bauteil zum Zerstäuben und Verteilen von unter Druck gefördertem Kraftstoff entweder in die Ansaugleitung von Otto-Motoren oder in den Brennraum von Dieselmotoren. Bei Dieselmotoren besteht die Einspritzdüse aus dem Düsenkörper und der Düsennadel und ist in (moteur diesel. Dans les moteurs) diesel, l'injecteur est constitué d'une buse et d'une aiguille d'injection; il est fixé dans un porte-injecteur. L'aiguille subit la pression exercée par le gas-oil sur son cône d'attaque et se soulève en sorte que le gas-oil soit injecté dans l'air de combustion.

(körper und der Düsennadel und ist in) einen Düsenhalter eingebaut. Durch den vom Kraftstoff ausgeübten Öffnungsdruck auf die Druckschulter der Nadel wird diese abgehoben, und das Einspritzen in die Verbrennungsluft beginnt.

injection oil engine = diesel engine

injection pump **0890**

pompe d'injection, pompe à haute pression
Pompe à pistons de petit gabarit dont sont équipés tous les moteurs diesel ainsi que les moteurs à essence à injection. La pompe à injection a pour but d'injecter à point nommé et à haute pression une quantité soigneusement dosée de gazole au d'essence dans chacun des cylindres pendant un laps de temps bien déterminé.

Einspritzpumpe
Kolbenpumpe kleinerer Bauart, mit der alle Dieselmotoren sowie Ottomotoren mit Einspritzmündung ausgerüstet sind. Aufgabe der Einspritzpumpe ist es, im richtigen Zeitpunkt eine nach dem Verbrennungsverfahren genau bemessene Kraftstoffmenge während einer präzis festgelegten Zeitspanne unter hohem Druck in die jeweiligen Zylinder einzuspritzen.

injection-pump calibrating test stand = fuel pump test bench

injection pump governor **0891**

régulateur de pompe d'injection
Régulateur centrifuge ou à dépression qui stabilise la vitesse de ralenti déterminée et limite le régime maximum.

Einspritzpumpenregler
Fliehkraft- oder Unterdruckregler, der eine festgelegte Leerlaufdrehzahl einhält und die Höchstdrehzahl beschränkt.

injection-pump test bench = fuel pump test bench

injection timer = injection timing mechanism

injection timing collar = injection timing sleeve

injection timing mechanism **0892**

variateur d'avance, commande d'avance à l'injection
Commande manuelle, automatique ou pneumatique du réglage de l'avance à l'injection dans les moteurs Diesel.

Spritzversteller
Vorrichtung zur Verstellung des Einspritzbeginns bei Dieselmotoren. Es gibt Handversteller sowie automatische und pneumatische Versteller.

injection timing sleeve 0893

manchon d'accouplement de variateur à commande manuelle
Manchon qui, dans un dispositif d'avance à main, relie l'arbre d'entraînement à celui de la pompe d'injection. Ces arbres sont décalés l'un par rapport à l'autre de par la forme de leurs cannelures respectives.

Spritzverstellermuffe
Muffe, die in einem Handversteller die Antriebswelle (Motorwelle) mit der Einspritzpumpenwelle verbindet. Beide Wellen sind aufgrund ihrer unterschiedlichen Nutenform gegeneinander versetzt.

injector = injection nozzle

injector nozzle = injection nozzle

inlet cam 0894

came d'admission, came d'aspiration
Came servant à la commande des soupapes d'aspiration.

Einlaßnocken
Nocken zur Steuerung der Einlaßventile.

inlet camshaft 0895

arbre à cames d'admission
Arbre à cames qui ne commande que les soupapes d'admission.

Einlaßnockenwelle
Nockenwelle zur Steuerung der Einlaßventile.

inlet connector = pressure pipe tube

inlet manifold 0896

collecteur d'admission, tubulure d'entrée, tubulure d'admission
Tubulure généralement fabriquée en alliage léger qui établit la jonction entre le carburateur et les entrées d'admission de la culasse.

Ansaugkrümmer, Ansaugleitung, Einlaßkrümmer, Ansaugrohr, Saugrohr, Sammelsaugrohr
Sammelrohr im allgemeinen aus Leichtmetall, das den Vergaser mit den Einlaßöffnungen im Zylinderkopf verbindet.

inlet manifold branches = inlet manifold

inlet port 0897

lumière d'aspiration
Ouverture ménagée dans le cylindre d'un moteur deux temps que débouche le piston lors de sa course ascendante permettant au mélange de se répandre dans le carter étanche.

Ansaugschlitz, Einlaßschlitz
Öffnung im Zylinder eines Zweitaktmotors, die bei Aufwärtsgang des Kolbens zur Füllung des Kurbelgehäuses mit Zweitaktgemisch freigegeben wird.

inlet stroke = suction stroke

inlet valve *(See Ill. 16 p. 180, Ill. 18 p. 206)* 0898

soupape d'admission
Obturateur mécanique de la chambre de combustion. Au premier temps du cycle à quatre temps, la soupape d'aspiration s'ouvre pour l'admission du mélange explosif (moteur essence) ou de l'air seul (moteur diesel) dans le cylindre.

Einlaßventil, EV
Absperrorgan im Verbrennungsraum. Beim ersten Takt im Viertaktverfahren öffnet das Einlaßventil und läßt das Kraftstoff-Luft-Gemisch (Ottomotor) oder nur Luft (Dieselmotor) in den Zylinder einströmen.

in-line engine 0899

moteur à cylindres en ligne, moteur en ligne
Moteur à explosion dont les cylindres sont disposés dans le même plan que l'axe du vilebrequin ou parallèlement à cet axe.

Reihenmotor, Einreihenmotor, Reihenstandmotor
Verbrennungsmotor, dessen Zylinder in einer Ebene mit der Kurbelwellenachse oder parallel zu ihr stehen.

in-line fuse holder = line fuse

in-line pump = multi-cylinder injection pump

inner rotor *(See Ill. 29 p. 391)* 0900

rotor intérieur
Rotor à lobes mâles d'une pompe à rotor excentré (pompe à huile), entraîné par le moteur et tournant dans un rotor extérieur à lobes femelles.

Innenrotor
Vom Motor angetriebener, außenverzahnter Rotor in einer Rotorpumpe (Ölpumpe), der sich in einem innenverzahnten Außenrotor dreht.

inner synchro hub = synchronizing assembly

inner tube 0901

chambre à air
Tube de caoutchouc circulaire, gonflé d'air, fermé par une valve et mis en place autour de la jante à l'intérieur du pneumatique.

Luftschlauch, Schlauch
Endloser Schlauch aus Gummi, der durch ein Reifenventil mit Luft gefüllt wird. Er liegt rund um die Felge im Innern des Reifens.

inner wheel 0902

roue intérieure
Roue d'un véhicule qui, dans un virage, décrit une courbe plus courte que la roue opposée du même train.

kurveninneres Rad
Das Rad eines Fahrzeuges, das beim Befahren einer Kurve einen kürzeren Weg zurücklegt als das gegenüberstehende Rad der gleichen Achse.

input shaft = primary shaft

inside shoe brake = drum brake

inside wheel = inner wheel

inspection pit 0903

fosse

Cavité aménagée dans le sol d'un garage et permettant d'avoir accès au dessous d'un véhicule.

Reparaturgrube, Arbeitsgrube

Bodenschacht in einer Reparaturwerkstatt, der den Zugang zu der Fahrzeugunterseite erleichtert.

instantaneous braking power 0904

puissance au frein

Puissance d'un moteur évaluée au moyen d'un frein d'essais.
La puissance au frein est le produit du couple de rotation par la vitesse de rotation.

Bremsleistung

Nutzleistung eines Motors, die anhand eines Bremsdynamometers ermittelt wird.
Die Bremsleistung ist das Produkt aus Drehmoment und Drehgeschwindigkeit.

instantaneous center of rotation 0905

centre instantané de rotation

Point situé à la fois sur l'essieu avant et sur l'essieu arrière et autour duquel la coque s'incline sous l'effet d'une poussée latérale.

Momentanzentrum, Momentanpol

Drehpunkt der Vorder- und Hinterachse, um den sich der Aufbau unter der Einwirkung einer Seitenkraft neigt.

instrument board = dashboard

instrument panel = dashboard

insulated tube = insulation tubing

insulated tubing = insulation tubing

insulating bushing 0906

douille isolante

Douille se trouvant dans l'axe de pivotement du linguet de rupteur et qui isole le linguet de la masse.

Isolierstoffbuchse, Isolierbuchse, Hebellagerbuchse

Buchse in der Drehachse des Unterbrecherhebels, die diesen gegen Masse isoliert.

insulating screw joint 0907

domino, serre-fils à vis

Appareil servant à joindre des fils électriques et à les fixer par vis.

Lüsterklemme

Schraubklemme für elektrische Leitungen.

insulating sleeving = insulation tubing

insulating strip = insulating tape

insulating tape 0908

chatterton

Ruban isolant en matière plastique ou en toile gommée servant à protéger les conducteurs ou les connexions électriques.

Isolierband

Band aus Kunststoff oder aus Textilgewebe mit Gummiimprägnierung zum Schutz von elektrischen Leitungen bzw. Anschlüssen.

insulating tubing = insulation tubing

insulation tubing 0909

souplisseau
Tuyau souple dans lequel sont enfilés plusieurs fils électriques suivant un même trajet.

Isolierschlauch, Bougierrohr
Schlauch, in den mehrere, gemeinsam zu verlegende Leitungen eingezogen werden.

insulator nose *(See Ill. 32 p. 425)* 0910

bec d'isolant, pied d'isolant
Partie de l'isolant de la bougie d'allumage qui pénètre dans la chambre de combustion.

Isolatorfuß, Steinfuß
Der in den Verbrennungsraum hereinragende Teil einer Zündkerze.

intake manifold = inlet manifold

intake muffler = silencer filter

intake passage 0911

chapelle d'admission
Evidement côté moteur faisant face à la tubulure d'admission. La partie supérieure de cette cavité est percée d'un orifice obturé par la soupape d'admission.

Einlaßkanal, Ansaugkanal, Saugkanal
Sich an die Ansaugleitung anschließende Aussparung auf Motorseite. Der obere Teil des Einlaßkanals wird vom Einlaßventil abgesperrt.

intake port 0912

orifice d'arrivée
Orifice pratiqué dans le cylindre d'une pompe d'injection et par lequel le combustible pénètre dans la chambre de refoulement lorsque le piston est au point mort bas.

Zulaufbohrung
Bohrung im Pumpenzylinder einer Einspritzpumpe, durch welche bei unterster Kolbenstellung der Kraftstoff in den Druckraum fließt.

intake silencer = silencer filter

intake stroke = suction stroke

intake valve = inlet valve

integral body 0913

carrosserie autoporteuse, carrosserie monocoque, caisse monocoque, coque, caisse intégrale
Carrosserie pratiquement monobloc, formée d'une coque rigide, elle-même constituée par les longerons, le plancher, les traverses portantes, les passages de roue, les montants (portières et glaces) et finalement le pavillon.

selbsttragende Karosserie, selbsttragender Aufbau
Karosserie, die als tragende Struktur ausgelegt ist. Sie besteht aus dem Haupt-Traggerüst, das von den Längsholmen, dem Boden der Karosserie, den mittragenden Querverbindungen, aus den Radhäusern, Tür- und Fensterpfosten und schließlich dem Dach gebildet wird.

integral power steering gear 0914

direction assistée, servo-direction
Direction assistée à dispositif hydraulique intégré dans le boîtier de direction à circulation de billes et permettant d'agir sur la direction avec le minimum d'effort.

Blockservolenkung, Servolenkung in Blockbauweise
Servolenkung mit hydraulischer Einrichtung zur Unterstützung der Lenkkräfte. Der komplette Hydraulikteil ist im Lenkgetriebe untergebracht. Als Lenkgetriebe dient eine Kugelumlauflenkung.

integral servo steering gear = integral power steering gear

intensified interference suppression 0915

déparasitage rapproché
Déparasitage visant à améliorer la réception d'un autoradio à bord du véhicule même. Le déploiement d'éléments d'antiparasitage varie fortement d'un véhicule à l'autre et il dépend essentiellement des facteurs suivants: type de véhicule (moteur essence ou diesel, structure mécanique (carrosserie), état de l'installation électrique, type d'autoradio (gammes d'ondes), choix et endroit de fixation de l'antenne.
La partie haute tension du circuit d'allumage pose le plus de problèmes à une réception satisfaisante et il convient d'apporter un soin particulier à son déparasitage. Les éléments antiparasites nécessaires à cet effet ne comportent en principe que des résistances d'amortissement, qui atténuent les ondes pertubatrices provenant de la source de brouillage.
En revanche, dans la partie basse tension, on a principalement recours à des condensateurs ainsi qu'à des filtres pour le déparasitage de l'alternateur, du régulateur de tension et du moteur d'essuie-glace.

Nahentstörung
Entstörung für den eigenen Empfang vom Autoradio im Fahrzeug selbst. Der erforderliche Aufwand an Entstörmitteln ist bei den verschiedenen Fahrzeugtypen recht unterschiedlich und im wesentlichen von folgenden Faktoren abhängig: Art des Kraftfahrzeuges (Otto- oder Dieselmotor), mechanischer Aufbau (Karosserie), Zustand der elektrischen Anlage, Art des Autoradios (Wellenbereiche), Wahl und Montageort der Fahrzeugantenne.
Der Hochspannungsteil der Zündanlage wirkt ganz besonders empfangsstörend und muß deshalb gründlich entstört werden. Die dafür erforderlichen Entstörmittel enthalten grundsätzlich nur Dämpfungswiderstände. Dabei werden die von der Störquelle ausgehenden Störwellen in ihrer Energie mit dem Widerstand gedämpft.
Im Niederspannungsteil dagegen werden hauptsächlich Entstörkondensatoren für die Ableitung gegen Masse sowie Entstörer (Entstörfilter) für die Entstörung von Lichtmaschine, Spannungsregler und Scheibenwischermotor eingebaut.

interchange 0916

échangeur routier
Carrefour aménagé pour permettre des échanges entre les provenances

Autobahnkreuz
Planfreier Knotenpunkt für die Verteilung des auf- und abfahrenden Verkehrs

(des échanges entre les provenances) et les directions desservies par deux ou plusieurs voies routières ou auto-routières sans aucun croisement à niveau.

(lung des auf- und abfahrenden Verkehrs) zu oder von zwei bzw. mehreren Autobahnen.

intercrystalline corrosion 0917

corrosion intercristalline, corrosion intergranulaire, corrosion fissurante
Dans ce type de corrosion, l'attaque de la rouille épouse les coupures de grains des métaux. Ce phénomène est surtout observé dans les alliages lorsqu'un électrolyte s'insinue entre les différents cristaux. Dès lors une tension électrique prend naissance et déclenche un phénomène de corrosion électrochimique.

interkristalline Korrosion, Korngrenzenkorrosion
Korrosion, bei der der Angriff den Korngrenzen des Metalls folgt, und zwar vor allem bei Legierungen in Anwesenheit eines Elektrolyten zwischen den verschiedenen Kristallen dieser Stoffe. Es entsteht eine elektrische Spannung, die eine galvanische Korrosion auslöst.

interference-suppression choke 0918

bobine antiparasite
Bobine de choc avec petite capacité couplée à la masse. Elle offre une très grande résistance aux tensions alternatives perturbatrices de haute fréquence et est utilisée comme élément antiparasite dans la partie basse tension de l'installation électrique d'un véhicule, et plus précisément dans le circuit d'excitation entre l'alternateur et le régulateur de tension.

Entstördrossel
Die Entstördrossel enthält eine Drosselspule mit einer kleinen gegen Masse geschalteten Kapazität. Sie setzt der hochfrequenten Stör-Wechselspannung einen sehr großen Widerstand entgegen und wird deshalb als Entstörmittel für den Niederspannungsteil einer Kfz-Elektroanlage zwischen Generatorerregerwicklung und Spannungsregler eingebaut.

interference-suppression condenser 0919

condensateur d'antiparasitage
Composant utilisé dans la partie basse tension de l'installation électrique d'un véhicule et grâce auquel les parasites sont déviés vers la masse.

Entstörkondensator, Funk-Entstörkondensator
Entstörungsmittel im Niederspannungsteil einer Kfz-Elektroanlage für die Ableitung der Störwellen gegen Masse.

interference-suppression filter 0920

filtre d'antiparasitage
Combinaison d'un condensateur de passage et d'un condensateur en parallèle avec une bobine d'arrêt. Ce type de filtre est particulièrement propre au déparasitage des alternateurs, des régulateurs de tension et des moteurs d'essuie-glace.

Entstörer, Entstörfilter, Siebglied
Kombination eines Durchführungs- und eines Parallelkondensators mit einer Drosselspule. Entstörer sind besonders für eine hochwertige Entstörung von Lichtmaschinen, Spannungsreglern und Scheibenwischermotoren geeignet.

interference-suppression ignition cable 0921

câble d'allumage antiparasité

Câble antiparasité à haute résistance (8–20 kΩ/m) avec une âme en fibres graphitées ou à faible résistance (80–800 Ω/m) avec une âme torsadée en métal.

Widerstandszündkabel, Widerstandszündleitung

Hochohmige Widerstandszündleitung (8–20 kΩ/m) mit einer Seele aus graphitgetränkten Faserstoffen bzw. niederohmiges Widerstandszündkabel (80–800 Ω/m) mit einer Seele aus Metallwendel.

interference-suppression kit 0922

kit d'antiparasitage, équipement d'antiparasitage

Panoplie de pièces destinées à l'antiparasitage rapproché. Ces pièces sont adaptées à chaque type de véhicule et peuvent être obtenues pour autoradios avec ou sans modulation de fréquence.

Entstörsatz

Zusammengefaßte Entstörmittel, die zur Nahentstörung von Kraftfahrzeugen benötigt werden. Sie entsprechen dem jeweiligen Fahrzeugtyp und sind wahlweise für Autoradios mit oder ohne UKW-Bereich erhältlich.

intergranular corrosion = intercrystalline corrosion

intermediate shaft = countershaft

intermittent wiper control switch 0923

commutateur à minuterie pour essuie-glace

Minuterie transistorisée qui s'intercale entre le moteur et le commutateur d'essuie-glace. Les battements des essuie-glace peuvent varier progressivement de 2 à 20 par minute grâce à un potentiomètre.

Wischer-Intervallschalter, Intervall-Schalter

Mit Transistoren bestücktes Zeitschaltwerk, das sich zwischen Wischermotor und Wischerschalter einschalten läßt. Mit Hilfe eines Potentiometers werden die Ausschläge der Scheibenwischer auf 2–20 je Minute stufenlos eingestellt.

intermittent wiping 0924

balayage intermittent

Fonctionnement des essuie-glace à intervalles réguliers.

Intervall-Wischen

Arbeiten der Wischer in regelmäßigen Zeitabständen.

internal combustion engine 0925

moteur à explosion, moteur à combustion

Moteur qui transforme l'énergie produite par la combustion d'un mélange explosif carburé en énergie mécanique. Suivant le mode de fonctionnement, on distingue les moteurs deux temps et les moteurs quatre temps. Le terme "moteur à combustion interne" désigne le moteur diesel.

Verbrennungsmotor

Kraftmaschine, bei der die durch Zündung bzw. Verbrennung eines verdichteten Kraftstoff-Luft-Gemisches erzeugte Energie in mechanische Arbeit umgewandelt wird. Nach der Arbeitsweise unterscheidet man Zweitakt- und Viertaktmotoren.

internal expanding clutch-type disc brake 0926

frein à disques enfermés
Dans ce type de frein, deux disques de freinage sont appliqués sur les deux faces d'un carter tournant dans lequel ils sont logés. L'écartement des disques est obtenu par des billes se déplaçant dans des rampes.

Vollscheibenbremse
Bei dieser Bremse werden zwei Bremsscheiben auf beide Seiten eines rotierenden Bremsgehäuses gedrückt, in dem sie untergebracht sind. Die Spreizung der Scheiben wird durch Metallkugeln erzielt, die auf schrägen Kugelpfannen auflaufen.

internal-expanding shoe brake = drum brake

internal limit gauge = cylindrical limit gauge

internal shoe brake = drum brake

internal-tab washer 0927

frein à tenon intérieur
Frein à sécurité absolue servant à s'opposer au desserrage d'une vis par suite de trépidations.

Sicherungsblech mit Innennase
Formschlüssige Sicherung, die das Lokkern einer Schraube durch Erschütterung verhindern soll.

interruptor contact = contact breaker point

interruptor cam = contact breaker cam

intersection (US) 0928

noeud routier, carrefour, croisement, intersection
Lieu de rencontre de deux ou plusieurs voies de communications.

Knotenpunkt, Kreuzung
Jene Stelle, an der sich zwei oder mehrere Verkehrswege überschneiden.

interturn-short-circuit tester = shorted-turn tester

invar 0929

Invar
Acier à 36%de nickel, caractérisé par une dilatation thermique très faible.

Invar
Stahl mit 36% Nickel, der sich durch sehr geringe Wärmedehnung auszeichnet.

inverted-type carburetor (US) = down-draft carburetor

inverted valve = drop valve

inverting stage 0930

étage inverseur
Etage faisant partie du bloc électronique de l'allumage transistorisé par bobine et qui peut à la fois servir d'étage excitateur.

Umkehrstufe
Schaltstufe im Schaltgerät der Transistorspulenzündung, die ebenfalls als Treiber dienen kann.

involute 0931

développante

Courbe décrite par l'extrémité d'un fil d'abord enroulé sur un cercle et que l'on déroule de façon qu'il soit toujours tendu. La développante de cercle est utilisée comme profil des dents d'engrenage (engrenage en développante).

Evolvente

Kurve, die durch Abwälzen eines straff gespannten Fadens oder einer Geraden auf einem Kreis entsteht. Die Kreis-Evolvente dient als Zahnprofil von Zahnrädern (Evolventenverzahnung).

iron-nickel accumulator = alkaline accumulator

isomerization 0932

isomérisation

Opération effectuée en présence d'un catalyseur permettant de transformer des hydrocarbures paraffiniques à chaîne droite en formant des branches latérales (isoparaffines).

Isomerisierung

Umwandlung der geradkettigen Paraffine in Isoparaffine (kurze Ketten mit Verzweigungen) mit Hilfe eines Katalysators.

isooctane 0933

isooctane

Hydrocarbure de symbole C_8H_{18}, fabriqué à partir des gaz de cracking et servant à définir l'indice d'octane des carburants.

Isooktan

Kohlenwasserstoff der Formel C_8H_{18}, der aus Krackgasen hergestellt wird. Er dient als Bezugskraftstoff für die Messung der Klopffestigkeit.

isopropanol 0934

alcool isopropylique

Alcool utilisé parfois comme dégivrant ou antigel.

Isopropylalkohol, Isopropanol

Alkohol, der zuweilen als Anti-Icing verwendet wird.

jack stand = axle stand

jacking point 0935

logement pour cric, ferrure de plancher, point de levage

Renforcement sous le plancher permettant la mise en place et la manoeuvre du cric.

Wagenheberaufnahme

Verstärkung unter dem Wagenboden zum Ansetzen des Wagenhebers.

jaw clutch = dog clutch

jerry-can 0936

nourrice de secours

Réservoir de carburant transportable en matière plastique ou en tôle avec bouchon et goulot verseur. Contenance 5, 10 et 20 litres.

Benzinkanister

Kraftstoffbehälter aus Kunststoff oder Stahlblech mit 5, 10 oder 20 l Fassungsvermögen, der als Reservekanister im Fahrzeug mitgeführt wird.

jet *(See Ill. 8 p. 84)* 0937

gicleur, orifice calibré, ajutage
Orifice calibré de forme conique servant à limiter le débit d'un fluide dans un canalisation.

Düse
Kalibriertes, meist konisch zulaufendes Rohrstück, das der Durchflußbegrenzung eines Mediums in einer Rohrleitung dient.

jet adjusting nut 0938

écrou de réglage du gicleur
Ecrou hexagonal fixé à la base d'un carburateur S.U. Si l'on serre l'écrou, le mélange de ralenti s'appauvrit, car le gicleur et l'aiguille-pointeau se rapprochent et la section du gicleur se rétrécit. Lorsqu'on desserre l'écrou, le gicleur descend, sa section s'élargit et le mélange de ralenti s'enrichit.

Düseneinstellmutter
Sechskantmutter am unteren Ende eines SU-Vergasers. Beim Anziehen dieser Mutter wird das Leerlaufgemisch kraftstoffärmer, denn Nadeldüse und Düsennadel nähern sich, und der Nadeldüsenquerschnitt verengt sich. Wird die Mutter gelockert, senkt sich die Nadeldüse. Ihr Querschnitt wird größer und das Leerlaufgemisch kraftstoffreicher.

jet cone 0939

jet en nappe conique
Forme du jet de combustible à sa sortie de l'injecteur.

Strahlkegel
Strahlform des abgespritzten Dieselkraftstoffes beim Austritt aus der Düsenöffnung.

jet lever 0940

levier de départ à froid
Levier de départ à froid d'un carburateur S.U. Il est actionné par tirette, ce qui fait descendre le tube porte-gicleur d'environ 15 mm. De ce fait, l'enrichissement est obtenu grâce à la section maximale du gicleur.

Düsenhebel
Kaltstarthebel an einem SU-Vergaser. Er wird über Seilzug betätigt, wobei sich die Nadeldüse um ca. 15 mm senkt. Dadurch erweitert sich der Nadeldüsenquerschnitt ganz, und das Gemisch wird entsprechend kraftstoffreicher.

jet needle = tapered needle

jockey pulley 0941

poulie tendeuse, poulie de tension
Poulie folle exerçant une pression sur la face extérieure et lisse d'une courroie afin d'accroître sa tension.

Spannscheibe, Spannrolle
Leerscheibe, die auf die glatte Außenfläche eines Riemens drückt, um ihr Spannkraft zu geben.

jumper cable = battery booster cable

K-Jetronic fuel injection 0942

système d'injection K-Jetronic
Système d'injection mécanique. Le carburant est injecté de manière

K-Jetronic-Einspritzanlage, kontinuierliche Kraftstoffeinspritzung
Mechanische Einspritzanlage nach dem

(carburant est injecté de manière) continue à l'aide d'injecteurs dans les conduits d'aspiration de chaque cylindre et les variations du débit d'air se répercutent directement sur le débit de carburant.

(Mechanische Einspritzanlage nach dem) Prinzip der Luftmengenmessung und der Kraftstoffmengenzuteilung. Der Kraftstoff wird mit Hilfe von Einspritzdüsen fortlaufend in die Ansaugleitungen der einzelnen Zylinder eingespritzt. Der veränderliche Luftdurchsatz wirkt unmittelbar auf den Kraftstoffdurchfluß ein.

kerosene 0943

kérosène, kérosine, carburéacteur
Fraction pétrolière distillant approximativement entre 150 et 300° C.

Kerosin
Erdölfraktion mit einem Siedebereich von ca. 150 bis 300° C.

kick-down 0944

kickdown, rétrogradation forcée
Dans une boîte de vitesses automatique, on peut rétrograder au rapport inférieur en enfonçant la pédale d'accélérateur au delà du point de plein gaz. Le seul fait de relâcher la pression sur la pédale des gaz provoque à nouveau l'engagement du rapport supérieur. La commande du kickdown est électrique ou mécanique.

Kick-down
Wird das Gaspedal über den Vollgas-Druckpunkt hinaus niedergetreten, so kann ein automatisches Getriebe in einen niedrigeren Gang zurückschalten. Das Zurücknehmen des Gaspedals bewirkt wieder eine Hochschaltung. Die Steuerung erfolgt elektrisch oder mechanisch.

king lead *(See Ill. 23 p. 256, Ill. 24 p. 260)* 0945

câble secondaire, câble haute tension de la bobine
Câble du circuit secondaire reliant le centre de la bobine d'allumage à celui du distributeur.

Hauptzündkabel, Zündkabel 4
Hochspannungsleitung zwischen Zündspule und Zündverteiler.

king pin *(See Ill. 36 p. 528)* 0946

axe de fusée, pivot d'articulation de fusée, axe-pivot de la fusée d'essieu avant, pivot de fusée, pivot de direction
La fusée est reliée à l'essieu avant par l'intermédiaire d'un pivot de fusée.

Achsschenkelbolzen, Lenkzapfen
Der Achsschenkel ist mittels eines Achsschenkelbolzens mit der Vorderachse drehbar verbunden.

king pin angle = steering axis inclination

king pin bushing 0947

douille de pivot de fusée
Douille se situant à l'extrémité de la fusée et sur laquelle s'articule la chape de l'essieu.

Achsschenkelbuchse
Buchse, mit der das Gabelgelenk der Achse drehbar verbunden ist.

king-pin inclination = steering axis inclination

knock = pinking

knock rating = anti-knock quality

knock resistance = anti-knock quality

knocking = pinking

knocking resistance = anti-knock quality

knurled-head screw 0948

vis à tête moletée
Vis à tête plate ou haute pourvue de dentelures sur son pourtour, ce qui permet d'avoir une meilleure prise pour la visser ou la dévisser.

Rändelschraube
Flache oder hohe Schraube mit leichten Einkerbungen rund um den Kopf, um den Fingern einen sicheren Halt zu geben.

knurled thumb screw = knurled-head screw

L-Jetronic 0949

L-Jetronic
Le système L-Jetronic est une version perfectionnée du dispositif électronique d'injection d'essence D-Jetronic, dans laquelle la sonde de pression a été remplaçée par une sonde de débit d'air.

L-Jetronic
Die L-Jetronic ist eine Weiterentwicklung der elektronisch druckfühlergesteuerten Benzineinspritzung. Bei der L-Jetronic ist der Druckfühler durch einen Luftmengenmesser ersetzt worden. Sie ist luftmengengesteuert und heißt deshalb L-Jetronic.

L-split system 0950

circuit de freinage en double L, double circuit de freinage en triangle
Double circuit de freinage dont les canalisations relient chacune les deux roues avant et une roue arrière.

Dreirad-Zweikreisbremsanlage, Bremskreisaufteilung LL
Zweikreis-Bremssystem mit zwei Bremsleitungen, die je beide Vorderräder und ein Hinterrad miteinander verbinden.

lacquer preservative 0951

produit d'entretien pour carrosserie
Produit destiné au nettoyage et à la protection des peintures de carrosserie.

Lackpflegemittel
Pflegemittel für die Reinigung und die Konservierung des Autolacks. Auto-Shampoos sind Pflegemittel mit

(carrosserie.)

Les auto-shampooings sont des produits d'entretien contenant des détersifs qui, en cas d'utilisation abusive, risquent de lixivier la peinture.
Quant aux nettoyeurs synthétiques, ils déposent sur le revêtement de la carrosserie une pellicule protectrice dont l'efficacité est parfois garantie quelques semaines selon les conditions atmosphériques. Ils sont ajoutés à l'eau de lavage ou appliqués sur la peinture avec un tampon d'ouate à lustrer au terme d'un lavage à l'eau claire.
Les polish sont appliqués sur les peintures saines et en parfait état et y déposent une couche protectrice durable et lustrante, qui les tiennent à l'abri des intempéries. Leur efficacité est sensiblement accrue par l'ajout de silicones.
Enfin les rénovateurs contiennent un peu plus de substances abrasives que les polish courants. Ils confèrent un nouvel éclat aux peintures ternies et piquées dont ils épluchent très légèrement la couche supérieure.

(Auto-Shampoos sind Pflegemittel mit) fettlösenden Bestandteilen. Diese bergen die Gefahr, bei regelmäßiger Benutzung den Autolack auszulaugen.
Waschkonservierer oder Waschpolituren überziehen den Autolack mit einer Schutzschicht, die mehrere Wochen anhält. Sie werden entweder dem Waschwasser beigegeben oder nach dem Waschen mit klarem Wasser mittels Polierwatte aufgetragen.
Lackkonservierungsmittel überziehen den neuen und gesunden Lack mit einer dauerhaften und zugleich glänzenden Schutzschicht und schützen ihn vor Witterungseinflüssen. Die Konservierungswirkung wird durch Zugabe von Zusätzen wie Silikon erheblich erhöht.
Lackreiniger enthalten etwas mehr Schleifmittelanteile als die üblichen Lackkonservierungsmittel. Sie dienen der Auffrischung von verwitterten Lackoberflächen unter sparsamster Lackabnahme.

lambda probe **0952**

sonde lambda

Sonde utilisée pour l'analyse des gaz d'échappement dans les systèmes d'injection électronique et qui corrige la proportion d'air dans le conduit d'admission par l'intermédiaire du calculateur électronique suivant les valeurs relevées. La sonde lambda est aussi utilisée dans les moteurs à carburateur.

Lambda-Sonde, Abgas-Sensor

Sonde, die bei der elektronisch gesteuerten Benzineinspritzung die Abgase untersucht und den Luftanteil im Saugrohr über das elektronische Steuergerät entsprechend korrigiert. Die Lambdaregelung wird auch bei Vergasermotoren verwendet.

laminated safety glass **0953**

verre feuilleté

Verre composé de deux ou plusieurs glaces transparentes entre lesquelles s'intercale une feuille de matière plastique (plexigum, polyvinylacétate, polybutyral de

Verbundglas, Verbund-Sicherheitsglas, Mehrschichtenglas

Verbundglas besteht aus zwei oder mehreren Spiegelglasscheiben, die mit einer Kunststoffolie (Plexigum, Polyvinylacetat, Polyvinylbutyral, Silicon-

(polyvinylacétate, polybutyral de) vinyle, caoutchouc silicone). En cas de bris, les éclats de verre sont maintenus par cette feuille élastique de manière à éviter des blessures par coupure.

(vinylacetat, Polyvinylbutyral, Silicon-) gummi) miteinander verbunden sind. Bei Bruch hält diese elastische Zwischenschicht die Glassplitter zusammen, damit Schnittwunden vermieden werden.

landaulet 0954

landaulet
Voiture de grand luxe à compartiment arrière décapotable.

Landaulett
Kabriolimousine mit über die Fondsitze zurückklappbarem Faltverdeck.

lane = traffic lane

lap belt 0955

ceinture abdominale
Ceinture qui ne sangle que la partie ventrale d'un occupant de voiture. La ceinture abdominale et le baudrier constituent ensemble la ceinture trois points.

Beckengurt, Leibgurt, Hüftgurt
Sicherheitsgurt, der nur das Becken eines Wageninsassen umspannt. Beckengurt und Schrägschultergurt ergeben zusammen den Dreipunktgurt.

lap-ended piston ring 0956

segment de piston à section à recouvrement.
Segment de piston dont les deux extrémités se chevauchent.

Kolbenring mit überlapptem Stoß
Kolbenring, dessen beide Enden sich überlappen.

lap strap = lap belt

lapping compound 0957

pâte à roder
Pâte utilisée pour obtenir un état de surface haut-brillant de pièces ayant été rectifiées. Il s'agit généralement d'un abrasif pulvérulent tel que le rouge à polir (rouge d'Angleterre), l'oxyde de chrome, l'abrasif au corindon, la poussière de verre, de rubis ou de diamant délayé dans du pétrole, de l'huile de térébenthine, de colza ou d'olive pour former une pâte fine et lisse.

Läppmittel, Läppmasse
Paste zum Genauigkeits-Hochglanzpolieren vorgeschliffener Teile. Polierrot, Chromoxyd, Korund-, Glas-, Rubin- oder Diamantstaub werden als Läppmittel verwendet und mit Petroleum, Terpentin-, Rüb- oder Olivenöl zu einem dünnen Brei angerührt.

lapping paste = lapping compound

lateral electrode = side electrode

lateral out-of-true = side runout

lateral runout = side runout

lateral stability 0958

stabilité transversale, stabilité latérale, stabilité au roulis
Stabilité directionnelle d'un véhicule subissant des poussées latérales.

Seitenführung, Querstabilität, Seitenstabilität
Richtungsstabilität des Kfz gegenüber seitlich einwirkenden Kräften.

lead = wire

lead 0959

plomb
Métal gris brillant, très mou et facilement malléable.

Blei
Grau glänzendes, sehr weiches und gut formbares Metall.

lead-acid battery = battery

lead-cell battery = battery

lead deposit = lead sludge

lead dioxide 0960

bioxyde de plomb
Matière active des plaques positives chargées d'une batterie au plomb.

Bleidioxid
Aktive Masse der geladenen positiven Platten in einer Bleibatterie.

lead peroxide plate = positive plate

lead sludge 0961

dépôt de boue de plomb
Dépôt composé de particules d'électrodes provenant surtout des plaques positives d'une batterie au plomb et qui s'accumule dans les chambres de décantation. Un dépôt trop important de boue de plomb peut relier les plaques de batterie entre elles par le bas et provoquer ainsi un court-circuit.

Bleischlamm
Ausgefälltes Elektrodenmaterial, das vor allem von den Plusplatten einer Bleibatterie abgesondert wird und sich im Schlammraum ansammelt. Eine zu große Bleischlammenge im Schlammraum kann die Batterieplatten von unten miteinander verbinden und zu einem Kurzschluß führen.

lead storage battery = battery

lead-through capacitor = free-through capacitor

leading brake shoe 0962

segment comprimé, segment primaire, mâchoire comprimée, mâchoire primaire, secteur comprimé
Segment de frein comprimé contre le tambour dans le sens de la marche du véhicule.

auflaufende Backe, Auflaufbacke, Primärbacke
Die beim Bremsvorgang in der Fahrtrichtung angepreßte Bremsbacke.

leading-and-trailing-shoe brake = simplex brake

leaf spring **0963**

ressort à lames
Ressort en acier au manganèse ou au silicium trempé et comportant une ou plusieurs lames cintrées superposées par ordre de longueur décroissant. Elles sont assemblées et maintenues par un boulon central.

Blattfeder
Feder aus Mangan- bzw. Siliziumstahl. Sie setzt sich aus einer Lage oder mehreren Lagen gebogener Federblätter unterschiedlicher Länge zusammen. In der Mitte werden die Federblätter durch eine Herzschraube zusammengehalten.

leak-off adaptor = overflow oil line connection

leakage current = surface leakage current

lean mixture **0964**

mélange pauvre, gaz pauvre
Le rapport de mélange d'essence et d'air pouvant donner naissance à un gaz explosible est d'environ 1:14,8. (Pour le gas-oil, ce rapport est de 1:16). Si ce rapport s'établit à 1:16, le mélange s'appauvrit et à 1:17 il n'est plus explosible. Un mélange trop pauvre aboutit à un échauffement intense. Les gaz d'échappement sont brûlants.

gasarmes Gemisch, armes Gemisch, mageres Gemisch
Das zünd- und verbrennungsfähige Mischungsverhältnis von Kraftstoff und Luft stellt sich auf ca. 1:14,8 (1:16 bei Dieselkraftstoff). Bei einem Mischungsverhältnis von 1:16 ist das Gemisch zu arm. Bei 1:17 ist es nicht mehr zündfähig. Ein mageres Gemisch führt zu einer starken Erhitzung. Die Abgase sind dann zu heiß.

leaned air-fuel mixture = lean mixture

left-handed thread **0965**

filet à gauche
Filet en hélice d'une vis se déroulant de bas en haut et de droite à gauche. En tournant dans le sens contraire des aiguilles d'une montre, la vis s'enfonce dans l'écrou.

Linksgewinde
Gewinde eines Bolzens, dessen Schraubenlinie von rechts unten nach links oben steigt. Beim Drehen entgegen dem Uhrzeigersinn schraubt sich der Bolzen in die Mutter hinein.

length of brake path = braking distance

lens-reflector assembly = headlamp unit

level crossing **0966**

passage à niveau
Croisement à niveau d'une voie ferrée et d'une route, d'un chemin ou d'une place.

Bahnübergang
Plangleiche Kreuzung einer Eisenbahnlinie mit Straßen, Wegen oder Plätzen.

lever arm damper = lever damper

lever damper 0967

amortisseur à levier, amortisseur à bras

Les amortisseurs à levier sont des amortisseurs hydrauliques reliés à la suspension par un système à levier. Par ses déplacements, le levier commande la course d'un piston qui refoule l'huile à travers une soupape de pression à ressort taré. Bien que présentant l'avantage d'un faible encombrement, ce type d'amortisseur est peu rencontré, car il a une faible course élastique et il requiert de plus fortes pressions d'huile que le modèle télescopique.

Hebelstoßdämpfer

Hebelstoßdämpfer sind Flüssigkeitsdämpfer, deren Verbindung mit der Radaufhängung durch ein Hebelsystem hergestellt ist. Die Hebelbewegungen werden von einem Arbeitskolben mitgemacht, der Hydrauliköl durch ein federbelastetes Ventil verdrängt. Diese Bauart wird trotz Platzersparnis wenig verwendet; denn Teleskopstoßdämpfer ermöglichen im Gegensatz zu Hebelstoßdämpfern größere Federwege bei kleinen Öldrücken.

licence plate lamp (GB) = license plate lamp

license plate lamp (US) 0968

feu d'éclairage de la plaque d'immatriculation arrière, éclaireur de plaque de police arrière

Dispositif d'éclairage de la plaque minéralogique de véhicules et de remorques. Ce feu s'allume en même temps que les lanternes arrière. Puissance 10 watts.

Kennzeichenleuchte, Nummern-Leuchte

Einrichtung zur Beleuchtung des Kennzeichens von Kraftfahrzeugen bzw. Anhängern. Die Kennzeichenleuchte wird zusammen mit dem Rücklicht eingeschaltet. Leistungsbedarf 10 W.

lift 0969

1. **portance**
2. **leveé de roue**

1. Force perpendiculaire à la direction de la vitesse, résultant du mouvement d'un corps dans un fluide.
   Les carrosseries au profil particulièrement aérodynamique sont plus sensibles à la portance aux grandes vitesses, ce qui diminue l'adhérence au sol (délestage).
   Les déflecteurs aérodynamiques sont des correcteurs de portance.
2. Ecart maximum du sol que peut atteindre la roue avant soulevée d'un véhicule à pleine charge, sans que l'une des autres roues décolle.

1. **Auftrieb, positiver Auftrieb**
2. **Verschränkungsfähigkeit**

1. Jene Kraft, die auf einen in einer Flüssigkeit oder einem Gas sich bewegenden Körper einwirkt, und zwar senkrecht zur Richtung der relativen Bewegung.
   Die strömungsgünstige Fromgebung der Autokarosserie erzeugt bei hohen Geschwindigkeiten Auftrieb, der die Bodenhaftung verringert.
   Entsprechende Fahrzeugformen wie Keilform, Frontspoiler usw. wirken dem Auftrieb entgegen.
2. Maß, um welches ein Vorderrad des voll belasteten Fahrzeugs angehoben werden kann, ohne daß eines der übrigen Räder die Standebene verläßt.

lifted axle 0970

essieu relevable

Essieu arrière dont sont équipés certains camions à grande charge utile. En marche à vide, l'essieu peut être relevé par un système pneumatique, ce qui permet de réduire la résistance au roulement de même que l'usure des pneumatiques.

Liftachse

Anhebbare Hinterachse bei Lastkraftwagen mit hoher Zuladung. Bei Leerfahrt kann die Liftachse durch ein Druckluftsystem hochgehoben werden, damit der Rollwiderstand und die Reifenabnutzung verringert werden.

lifter = valve tappet

light gasoline 0971

essence légère

Fraction pétrolière distillant entre 70 et 110° C.

Leichtbenzin

Erdölfraktion mit einem Siedebereich von 70 bis 110° C.

light metal alloy 0972

métal léger, alliage léger

Métal dont le poids spécifique se situe en dessous de 5. Sur le plan technique, les principaux alliages légers sont l'aluminium, le magnésium et le titane.

Leichtmetall, Leichtmetall-Legierung

Metall, dessen spezifisches Gewicht unter 5 liegt. Die technisch wichtigsten Leichtmetalle sind Aluminium, Magnesium und Titan.

light metal pison 0973

piston en alliage léger

Piston en alliage d'aluminium-silicium, d'aluminium-cuivre ou d'aluminium-cuivre-nickel qui se distingue par son faible poids et ses qualités de dissipation thermique et qui, de ce fait, est le plus utilisé.

Leichtmetallkolben

Kolben aus Aluminium-Silizium-Legierung (oder Aluminium-Kupfer bzw. Aluminium-Kupfer-Nickel), der sich durch geringes Gewicht sowie schnelle Wärmeabfuhr auszeichnet und deshalb heute bevorzugt wird.

light unit = headlamp unit

lime stone base grease 0974

graisse consistante au calcium

Lubrifiant pâteux et hydrophobe utilisé dans les points de graissage exposés aux infiltrations d'eau et dans des plages de températures de l'ordre de –35° à + 50° C.

Kalkseifen-Schmierfett, Kalkseifenfett, kalkverseiftes Fett

Wasserabstoßender, plastisch verformbarer Schmierstoff, der für einen Temperaturbereich von – 35° bis + 50° C bzw. für Schmierstellen mit Wasserzutritt verwendet wird.

limit gage (US) 0975

calibre à limites

Le calibre à limites permet de vérifier que le diamètre d'une pièce

Grenzlehre

Mit der Grenzlehre wird geprüft, ob das Durchmessermaß eines Werkstücks (vérifier que le diamètre d'une pièce) se situe dans les tolérances. On distingue les calibres à limites pour mesures extérieures et les calibres à limites pour mesures intérieures de même que les calibres fixes à limites et les calibres indicateurs à limites.

(das Durchmessermaß eines Werkstücks) innerhalb der zulässigen Grenzen liegt. Man unterscheidet Grenzlehren für Außenmessungen (Wellen) und Grenzlehren für Innenmessungen (Bohrungen), feste Grenzlehren und anzeigende Grenzlehren.

limit gauge (GB) = limit gage

limit snap gage (US) 0976

calibre à limites à mâchoires, calibre-mâchoire
Calibre utilisé pour vérifier l'exactitude de la cote d'un arbre. Il a deux mâchoires, dont l'une pour la cote maximale et l'autre pour la cote minimale (côté „accepté" ou „entre" et côté „refusé" ou „n'entre pas").

Grenzrachenlehre
Feste Grenzlehre zum Prüfen der Maßgenauigkeit von Wellen. Sie hat zwei Meßstellen, eine mit dem Größt-, eine mit dem Kleinstmaß, also eine Gutseite und eine Ausschußseite.

limit snap gauge (GB) = limit snap gage

limited-slip differential 0977

différentiel à verrouillage, blocage de différentiel, différentiel à glissement limité
Manchon à griffes pouvant rendre le boîtier de différentiel solidaire de l'un des demi-arbres.

Differentialsperre, Ausgleichsperre, Sperrausgleichgetriebe, Sperrdifferential
Klauenmuffe, die das Ausgleichsgehäuse mit einer der beiden Achswellen fest verbinden kann.

limousine 0978

limousine
Voiture automobile comptant au moins cinq places et parfois deux strapontins devant les sièges arrière. Les sièges avant et arrière sont séparés par une cloison vitrée.

Pullman-Limousine
Personenkraftwagen mit mindestens fünf Sitzen, zuweilen auch zwei Klappsitzen vor den Rücksitzen. Vorder- und Rücksitze sind durch eine Glaswand getrennt.

line-fitting fuel filter 0979

filtre à essence en ligne
Filtre à boîtier transparent qui s'intercale dans la canalisation d'essence en amont du carburateur. Il doit être remplacé lorsque l'élément en papier orange vire au sombre ou au terme de 10.000 km. Lors de sa mise en place, on veillera à bien orienter le filtre, la flèche-

Kraftstoff-Leitungsfilter, Wegwerf-Filter, Kraftstoff-Filter
Papier-Filter mit durchsichtigem Gehäuse, der bei Vergasermotoren in die Kraftstoffleitung vor dem Vergaser eingebaut wird. Nach Dunkelwerden des Filterelements bzw. nach 10.000 km muß der Wegwerf-Filter gegen einen neuen ausgetauscht werden. Beim Ein-

(à bien orienter le filtre, la flèche-) repère indiquant le sens d'écoulement de l'essence. Dans les circuits à injection, où les pressions d'alimentation sont plus importantes, on a recours à des filtres avec cuve en aluminium.

(neuen ausgetauscht werden. Beim Ein-) bau ist auf die Durchflußrichtung (Pfeilmarkierung) zu achten. In die Benzineinspritzanlagen, in denen höhere Kraftstoffdrücke auftreten, werden bevorzugt Filter mit Aluminiumgehäuse eingesetzt.

line fuse 0980

fusible volant, fusible indépendant
Fusible inséré entre les deux bouts d'un fil électrique préalablement sectionné et destiné à protéger isolément un organe consommateur de courant. Il s'agit en fait de deux demi-pièces en matière plastique dans lesquelles se loge le fusible lui-même.

fliegende Sicherung, fliegender Sicherungshalter
Sicherung, die zwischen die beiden Trennstellen einer aufgeschnittenen Stromleitung eingeschaltet wird, um einen bestimmten Verbraucher einzeln abzusichern. Die fliegende Sicherung besteht aus zwei Kunststoffgehäusehälften, in denen der Schmelzeinsatz untergebracht ist.

lineman's plier = combination plier

lines of force 0981

lignes de force
Faisceau de lignes magnétiques joignant les deux pôles d'un aimant.

Kraftlinien
Schar von Feldlinien zwischen den beiden Polen eines Magneten.

lining wear 0982

usure des garnitures
Dans un embrayage à friction, l'usure des garnitures est, dans une large mesure, tributaire du réglage de la garde à la pédale d'embrayage. En revanche, dans les garnitures de frein, l'usure est surtout imputable à l'échauffement intervenant lors du freinage où l'on atteint des températures jusqu'à 500° C pour les freins à tambour et 700° C pour les freins à disque. De même les garnitures de frein en matériau tendre permettent d'obtenir un meilleur effet de freinage, mais elles s'usent d'autant plus vite.

Belagverschleiß
Bei der Kupplungsscheibe ist der Belagverschleiß weitgehend von der Einstellung des Kupplungsspiels abhängig. Bei den Bremsbelägen dagegen ist der Verschleiß vor allem den beim Bremsvorgang auftretenden hohen Temperaturen zuzuschreiben (bis 500° C bei Trommelbremsen bzw. bis 700° C bei Scheibenbremsen). Bremsbeläge aus weichem Belagmaterial erzielen eine bessere Bremswirkung, werden aber auch schneller abgenutzt.

linked suspension system 0983

suspension à trains de roues conjugués
Suspension reliant les trains de

Verbundfederung
Verbindung der Vorderrad- und Hinterradaufhängung auf jeder Wagenseite

(Suspension reliant les trains de) roues de chaque côté du véhicule pour faire échec aux oscillations de galop (d'avant en arrière) et de roulis (de gauche à droite). La liaison peut être mécanique (Citroën 2CV) ou hydraulique (Mini Austin).

(radaufhängung auf jeder Wagenseite) zur Vermeidung der Nick- und Rollneigung des Aufbaus. Die Verbindung kann mechanisch (2 CV Citroën) oder hydraulisch (Mini Austin) sein.

linking road 0984

bretelle
Voie de raccordement entre deux itinéraires routiers qui se croisent sur deux niveaux.

Verbindungsrampe
Eine getrennt geführte Fahrbahn, die sich kreuzende Straßen in zwei Ebenen verbindet.

Liqui Moly® = molybdenum bisulfide

liquid cooling = water cooling

liter output 0985

puissance volumétrique, puissance par litre
Puissance calculée sur 1000 cm^3 de cylindrée. Elle est indiquée en CV ou en kW.

spezifische Leistung, Literleistung, Hubraumleistung
Leistung, die auf 1000 cm^3 Motorhubraum bezogen ist. Sie wird in PS oder kW ausgedrückt.

lithium-based grease 0986

graisse au lithium
Lubrifiant pâteux, hydrophobe et résistant à de très fortes températures. Il est utilisé comme graisse pour tous usages et pour pompes à eau.

Lithium-Seifenschmierfett, Lithiumseifenfett, lithiumverseiftes Fett
Wasserabstoßender und wärmefester, plastisch verformbarer Schmierstoff, der als Mehrzweck- und Wasserpumpenfett verwendet wird.

little end bearing = connecting rod small end

live axle shaft = axle shaft

living van = caravan

load sensing valve 0987

limiteur asservi à la charge, répartiteur de pression sensible à la charge
Clapet qui commande la pression hydraulique dans le circuit de freinage arrière selon la charge qui pèse sur l'essieu arrière et le déplacement des charges lors du freinage.

lastabhängiger Bremskraftregler
Ventil, das den Hinterradbremsdruck je nach der Hinterachsbelastung und der dynamischen Achslastverlagerung beim Abbremsen steuert.

loading space 0988

compartiment marchandises, plateau de charge
Espace réservé au transport de marchandises dans les véhicules utilitaires.

Laderaum, Ladefläche, Nutzraum
Der dem Transport von Gütern vorbehaltene Raum in den Nutzfahrzeugen.

loadroom = loading space

lockable differential gear = limited-slip differential

lock nut *(See Ill. 25 p. 315)* 0989

écrou de sûreté
Frein à sécurité relative agissant par friction et s'opposant au desserrage d'une vis par suite de trépidations.

Sicherungsmutter
Kraftschlüssige Sicherung, die das Lokkern einer Schraube durch Erschütterung verhindern soll.

long distance beam 0990

projecteur de vitesse et de grande portée
Phare dont la portée lumineuse est prolongée en raison de la vitesse de certains véhicules très rapides. Le prolongement de la portée est obtenu par un moulage spécial de la glace.

Zusatzfernscheinwerfer, Weitstrahler, Weitstrahlscheinwerfer
Scheinwerfer, dessen Lichtweite auf die Geschwindigkeit schnellfahrender Kraftfahrzeuge abgestimmt ist. Die größere Lichtweite wird durch das Oberflächenprofil der Streuscheibe erzielt.

long-range driving lamp = long distance beam

long-reach plug 0991

bougie à culot long
Bougie d'allumage utilisée surtout dans les culasses de forte épaisseur en alliage léger. Avec cette bougie, il est essentiel de laisser refroidir le moteur avant de la desserrer.

Langgewindekerze
Zündkerze, die vor allem in starkwandige Zylinderköpfe, meist aus Leichtmetall, eingeschraubt wird. Bei dieser Bauart ist es besonders wichtig, den Motor etwas abkühlen zu lassen, bevor die Kerze gelöst wird.

long residue 0992

résidu de première distillation
Résidu pétrolier extrait en fond de tour de distillation atmosphérique. Il ne peut plus être fractionné sous pression normale et il doit, de ce fait, subir une distillation sous vide ou un cracking.

Sumpfprodukt, atmosphärischer Rückstand, Toprückstand
Rückstand der Normaldruck-Destillation von Erdöl, der unter atmosphärischem Druck nicht mehr zerlegbar ist. Er wird deshalb durch Crackung oder Vakuumdestillation weiter zerlegt.

longitudinal frame 0993

cadre à longerons
Cadre formé de deux longerons reliés entre eux par des entretoises profilées.

Leiterrahmen
Rahmen mit zwei Längsträgern, die mit Quertraversen verbunden sind.

loop scavenging 0994

balayage en boucle
Mode de balayage dans les moteurs deux temps. Le flux de gaz frais pénètre dans le cylindre par deux lumières ménagées des deux côtés du conduit d'échappement, il inverse le sens de sa progression sur la paroi opposée du cylindre et repousse les gaz brûlés vers le conduit d'échappement.

Umkehrspülung
Spülverfahren bei Zweitaktern. Das Frischgas tritt beiderseits des Auslaßschlitzes in den Zylinder, kehrt sich an der gegenüberliegenden Wand um und vertreibt die Altgase zum Auslaßschlitz hin.

loose contact 0995

mauvais contact, contact intermittent
Défaut dans un circuit électrique dû à une liaison lâche du câblage ou d'une soudure et ne permettant qu'une alimentation intermittente en courant électrique.

Wackelkontakt
Fehler in der Verdrahtung einer elektrischen Anlage durch lockere Draht- oder Lötverbindungen, die die Stromzufuhr zeitweise unterbrechen.

low beam 0996

éclairage de croisement, éclairage code, faisceau croisement, feu de croisement
Le filament de l'éclairage de croisement se trouve en avant du foyer de la parabole. L'éclairement maximal mesuré à une distance de 30 mètres devant chacun des projecteurs ne peut excéder 1 lux.

Abblendlicht, Fahrlicht
Die Glühwendel für das Abblendlicht sitzt vor dem Brennpunkt des Parabolspiegels. Vor jedem der beiden Scheinwerfer darf die maximale Beleuchtungsstärke in 25 Meter Entfernung 1 Lux betragen.

low beam filament shield *(See Ill. 4 p. 54)* 0997

coupelle de filament de code, écran de filament de code
Coupelle placée en dessous du filament de code. Elle dirige le faisceau lumineux vers la moitié supérieure du réflecteur d'où il est réfléchi vers le bas.

Abblendkappe, Blendlöffel, Abdeckschirm
Abdeckschirm unter dem Abblendfaden. Er lenkt die Lichtstrahlen zur oberen Hälfte des Reflektors um, die dann nach unten reflektiert werden.

low-bed trailer 0998

remorque surbaissée
Remorque dont le plateau est surbaissé entre les essieux, cette disposition permettant de réduire la garde au sol en vue du chargement de matériel encombrant.

Tiefladeanhänger
Anhänger mit abgesenkter Ladefläche zwischen beiden Achsen, der für die Beförderung von großen Lasten ausgelegt ist.

low-body trailer = low-bed trailer

low gear = first gear

low-load trailer = low-bed trailer

low-octane petrol (GB) = regular grade

low-profile tire (US) = low-section tire

low-section tire 0999

pneu à profil surbaissé, pneu large, pneu à taille basse, pneu à basse section

Pneumatique dont le coefficient d'aspect est 70 ou 60, c'est-à-dire que la hauteur du pneu équivaut à 70% ou 60% de la largeur. Les pneus taille basse ont des avantages indéniables. Leur course de freinage est plus courte, leur tenue à la direction est plus précise et ils se déforment à peine dans la négociation de virages, ce qui améliore leur tenue de route. Toutefois, en raison de leur plus large surface de contact avec le sol, leur tendance à l'aquaplanage est plus marquée. On est parvenu à remédier en partie à cet inconvénient grâce à des sculptures spéciales et à la composition de la gomme. De surcroît, leur tenue sur routes difficiles en hiver est loin d'être satisfaisante. Les pneus taille basse sont aussi grands consommateurs de puissance, ce qui équivaut à augmenter la consommation de carburant.

Breitreifen, Niederquerschnittsreifen

Autoreifen der 70er oder 60er Serie, d.h. die Höhe des Reifens beträgt 70% oder 60% der Breite. Breitreifen haben unbestreitbare Vorteile. Ihr Bremsweg ist kürzer, ihr Lenkverhalten genauer, sie verformen sich kaum bei Kurvenfahrt, wodurch die Straßenlage verbessert wird. Jedoch ist ihre Neigung zum Aquaplaning aufgrund der breiteren Aufstandsfläche größer, so daß besondere Profile und Gummimischungen entwickelt werden mußten. Außerdem sind sie nicht besonders wintertauglich, und ihr Leistungsbedarf ist auch größer, was sich im Kraftstoffverbrauch negativ auswirkt.

low tension winding = primary winding

low-viscosity oil 1000

huile fluide

Huile d'hiver de grade SAE 10 W, recommandée tout particulièrement en période de gel persistant. Un moteur très froid tournera mieux au départ avec une huile fluide et celle-ci atteindra plus facilement les points de graissage.

dünnflüssiges Öl

Winteröl der Viskosität SAE 10 W, das besonders bei anhaltendem Frost empfohlen wird. Durch dünnflüssiges Öl wird im Winter der kältestarre Motor besser durchgedreht, auch gelangt das dünnflüssige Öl leichter an die Schmierstellen.

low-voltage cable 1001

fil basse tension
Fil électrique par lequel s'achemine le courant normal de la batterie qui est de 12 ou 24 volts.

Niederspannungsleitung
Leitung, die den normalen Batteriestrom von 12 bzw. 24 V führt.

low-voltage circuit = primary circuit

low voltage winding = primary winding

lower ball joint *(See Ill. 35 p. 489)* 1002

rotule de direction inférieure
Rotule grâce à laquelle le bras triangulé inférieur d'une suspension avant s'articule au porte-fusée.

unteres Kugelgelenk
Kugelgelenk, mit dem der untere Dreieckslenker einer Vorderachsaufhängung mit dem Achsschenkel dreh- und schwenkbar verbunden ist.

lower beam relay = dimmer relay

lower calorific value 1003

pouvoir calorifique inférieur, pouvoir calorifique utile
Quantité de chaleur dégagée par la combustion d'un gaz ou d'un combustible, compte tenu de la vaporisation de l'eau formée au terme de la combustion.

unterer Heizwert, H_u
Wärmemenge, die bei der Verbrennung eines Gases bzw. eines Brennstoffs freigesetzt wird, wobei das nach der Verbrennung aus Kraftstoff und Luft gebildete Wasser sich im dampfförmigen Zustand befindet.

lower crankcase = crankcase bottom half

lower dead center (US) 1004

point mort bas, PMB
Fin de la course descendante du piston dans la partie inférieure du cylindre. Le point mort bas est dès lors le point le plus rapproché du vilebrequin que le piston puisse atteindre.

unterer Totpunkt, untere Totlage, UT
Endlage des Kolbenhubs im unteren Zylinderteil.
Der Kolben ist am unteren Totpunkt angelangt, wenn er der Kurbelwelle am nächsten liegt.

lower wishbone *(See Ill. 35 p. 489)* 1005

bras triangulaire inférieur, levier triangulé inférieur
Elément inférieur de la suspension par quadrilatères. Il s'articule au moyen d'une rotule sur le porte-fusée et pivote sur la coque.

unterer Dreieckslenker
Unterer Teil der Doppel-Querlenkerradaufhängung. Er ist einerseits mit der Karosserie oder dem Fahrgestell drehbar verbunden und andererseits am Achsschenkelträger über ein Kugelgelenk angeschlossen.

LPG (liquefied petroleum gas) 1006

GPL, gaz de pétrole liquéfié
Hydrocarbures à trois ou quatre atomes de carbone (propane pur C_3H_8 ou mélange de butane C_4H_{10} et de propane) liquéfiables à température ambiante et sous faible pression. Le GPL peut être utilisé dans les moteurs à essence, qui doivent alors être équipés pour la bi-carburation (essence ou gaz au choix).

Flüssiggas, Autogas
Kohlenwasserstoffe mit drei oder vier Kohlenstoffatomen (reines Propan C_3H_8 oder eine Mischung von Butan C_4H_{10} und Propan), die sich bei Raumtemperatur unter geringem Druck verflüssigen lassen. Flüssiggase werden als Brenngase zum Betrieb von Ottomoren verwendet, die dann auf bivalenten Betrieb (Benzin oder Autogas) umgerüstet werden müssen.

LT circuit = primary circuit

LT current = primary current

LT wire = low-voltage cable

lube oil *(See Ill. 20 p. 223, Ill. 29 p. 391)* 1007

huile de graissage
Huile utilisée pour prévenir le grippage de pièces de friction. Elle doit répondre à plusieurs critères de qualité: ne pas se décomposer à des températures inférieures à 300° C, ne contenir aucun acide ou résine, présenter une viscosité suffisante, etc.

Schmieröl
Öl, das zur Erleichterung von Gleitbewegungen Verwendung findet. Ein solches Öl muß gewisse Anforderungen erfüllen: es soll bei Temperaturen unter 300° C alterungsbeständig sein, keine Säure und kein Harz enthalten, eine ausreichende Viskosität aufweisen usw.

lubricant 1008

lubrifiant
Composé ou mélange de composés solide, pâteux ou liquide, organique ou non, tel que l'huile, la graisse, le graphite ou les silicones, destiné à réduire la friction et l'usure de surfaces de glissement. Les lubrifiants doivent avoir un frottement interne très faible, être insensibles à l'action de l'air (oxydation) ainsi qu'aux variations de pression et de température et exempts d'acide, d'eau et de composants solides.

Schmierstoff, Schmiermittel
Fester, halbfester oder flüssiger organischer oder anorganischer Stoff wie Öl, Fett, Graphit und Silicone, der die Reibung und den Verschleiß zwischen Gleitflächen vermindert. Schmierstoffe sollen eine möglichst geringe innere Reibung haben, unveränderlich gegenüber Einwirkung der Luft (Oxydation) und den Druck- und Temperaturänderungen, völlig säurefrei und frei von festen Bestandteilen sowie Wasser sein.

lubricating felt 1009

feutre, mèche de graissage
Mèche se trouvant au centre de l'arbre d'allumage. Lors du remplacement des vis platinées on

Schmierfilz
Docht in der Mitte der Verteilerwelle. Beim Auswechseln der Unterbrecherkontakte sollen einige Tropfen Motoren-

(remplacement des vis platinées on) veillera à l'imbiber de quelques gouttes d'huile moteur.

(kontakte sollen einige Tropfen Motorenöl auf den Schmierfilz geträufelt werden.

lubricating gun = grease gun

lubricating nipple = grease nipple

lubricating oil = lube oil

lubrication **1010**

lubrification, graissage
Application de corps appelés lubrifiants entre les parties frottantes d'organes en mouvement. La lubrification réduit le coefficient de frottement, l'échauffement résultant de ce frottement ainsi que l'usure des pièces.

Schmierung
Zuführen von reibungsmindernden Stoffen zwischen zwei aufeinander gleitenden Flächen. Die Schmierung vermindert die Reibung, die Erwärmung, die durch Reibung entsteht, und den Verschleiß.

lubrication chart **1011**

schéma de graissage
Représentation schématique de tous les points à lubrifier à l'huile ou à la graisse selon la périodicité des entretiens.

Schmierplan
Schematische Darstellung aller Stellen, die in regelmäßigen Zeitabständen mit Öl und Fett zu versorgen sind.

lubcrication diagram = lubrication chart

lubrication fitting = grease nipple

lubrication nipple = grease nipple

lubrication table = lubrication chart

lubricity = oiliness

lug nut = wheel fixing nut

luggage boot = luggage compartment

luggage compartment **1012**

coffre à bagages, malle
Espace réservé aux bagages et fermé par un couvercle. Lorsque le moteur est à l'avant, le coffre est généralement à l'arrière et inversement. On peut trouver toutefois un coffre de faible volume à l'arrière avec un moteur à l'arrière lui aussi.

Kofferraum, Gepäckraum
Raum für Gepäckablage mit Deckelabschluß. Bei Fronttrieblern befindet sich der Kofferraum normalerweise im Heck des Fahrzeugs, bei Fahrzeugen mit Heckmotor dagegen vorn. Ein kleiner Kofferraum hinten bei Heckantrieben kommt selten vor.

lumen 1013
lumen
Unité de mesure du flux lumineux.
Lumen
Einheit des Lichtstroms.

lux 1014
lux
Unité d'éclairement.
Lux
Einheit der Beleuchtungsstärke.

magnet filter 1015
bouchon magnétique
Aimant placé dans le bouchon de vidange et qui attire les limailles.
Magnetfilter, Magnetabscheider
Filter, der in der Ölablaßschraube eingebaut ist und Metallabrieb anzieht.

magnetic field 1016
champ magnétique
Espace dans lequel s'exerce l'influence d'un aimant ou d'un courant électrique.
Magnetfeld, magnetisches Feld
Feld im Wirkungsbereich eines Magneten oder eines elektrischen Stromes.

magnetic-particle coupling = magnetic powder clutch

magnetic powder clutch 1017
embrayage à poudre magnétique
Embrayage constitué de deux plateaux encastrés l'un dans l'autre (plateau volant et plateau intérieur) et entre lesquels est ménagé un interstice rempli de poudre d'acier magnétisable. Dans le plateau volant côté moteur se trouve un électro-aimant qui, lorsqu'il est alimenté par le courant de la batterie, provoque la solidification progressive de la poudre d'acier qui solidarise dès lors les deux plateaux.
Magnetpulverkupplung
Die Magnetpulverkupplung besteht aus zwei ineinandergeschachtelten Scheiben, die voneinander durch einen kleinen Zwischenraum getrennt sind, der mit magnetisierbarem Eisenpulver gefüllt ist. Hinter der Antriebsscheibe sitzt ein Elektromagnet, der bei Einschaltung des Batteriestromes das Eisenpulver schrittweise fest werden läßt. Die Mitnehmerscheibe dreht also mit.

magnetizing current = exciting current

magneto ignition 1018
allumage par magnéto
Dans l'allumage par magnéto, le courant primaire, tributaire du régime du moteur, est produit par la magnéto. Cet allumage comprend principalemnt la magnéto, le rupteur, le distributeur et les bougies d'allumage.
Magnetzündung
Bei der Magnetzündung wird der von der Motordrehzahl abhängige Primärstrom durch den Magnetzünder erzeugt. Zur Magnetzündung gehören hauptsächlich der Magnetzünder, der Unterbrecher, der Verteiler und die Zündkerzen.

main beam = high beam

main beam filament *(See Ill. 4 p. 54)* 1019

filament de route, filament principal
Filament du faisceau principal (faisceau de route) se trouvant au foyer de la parabole.

Fernlicht-Glühfaden, Glühfaden für Fernlicht, Fernleuchtkörper
Glühdrahtwendel, die im Brennpunkt des Parabolspiegels liegt.

main brake cylinder = brake master cylinder

main discharge nozzle assembly 1020

circuit principal du carburateur
Le circuit principal du carburateur comprend le gicleur principal, le diffuseur, l'ajutage d'automaticité et la sortie d'essence principale.

Hauptdüsensystem, Hauptvergaser-system
Zum Hauptdüsensystem eines Vergasers gehören die Hauptdüse, der Lufttrichter, die Ausgleichluftdüse und das Mischrohr.

main feed cable = battery cable

main frame = frame

main jet *(See Ill. 8 p. 84)* 1021

gicleur d'alimentation, gicleur principal, gicleur de marche
Gicleur disposé dans le tube de giclage d'un carburateur.

Hauptdüse, Zerstäuberdüse
Düse im Mischrohr eines Vergasers.

main metering jet = main jet

main muffler 1022

silencieux principal d'échappement
Dans une ligne d'échappement, le silencieux principal vient après le pot primaire dont il est séparé par une portion du tuyau d'échappement.

Auspuff-Hauptschalldämpfer
In einer Auspuffanlage liegt der Auspuff-Hauptschalldämpfer hinter dem Vorschalldämpfer, von dem er durch ein Auspuffrohr getrennt ist.

main oil gallery = main oil supply line

main oil supply line 1023

canalisation d'huile principale, galerie d'huile
Canalisation s'insérant dans un circuit de graissage juste après le filtre à huile. L'huile moteur qui afflue dans cette canalisation est acheminée sous pression vers le vilebrequin par l'intermédiaire de canalisations secondaires et de lumières de graissage.

Hauptölleitung
Leitung im Schmierölkreislauf. Durch diese Leitung fließt das aus dem Ölfilter zuströmende Motoröl, das unter Druck über Bohrungen und Stichleitungen zur Kurbelwelle befördert wird.

main pressure oil passage = main oil supply line

main shaft = third motion shaft

main supply lead = battery cable

main tank 1024

réservoir principal
Réservoir d'air dans un dispositif de freinage à air comprimé, qui est rempli d'air par le compresseur grâce à l'ouverture d'une soupape de sécurité dès qu'une pression d'environ quatre bars est atteinte dans le réservoir auxiliaire de dimensions plus réduites.

Hauptbehälter, Hauptluftbehälter
Luftbehälter in einer Druckluftbremsanlage, der über ein Überströmventil vom Luftpresser mit Druckluft gefüllt wird, sobald ein Druck von ca. 4 bar im kleineren Vorbehälter erreicht wird.

main well = mixing chamber

maintenance-free battery 1025

batterie sans entretien, batterie à énergie scellée
Divers systèmes permettant de supprimer l'entretien d'une batterie à accumulateurs ont été mis au point.
Dans la plupart des cas, la teneur en antimoine des plaques positives est ramenée à 2% environ, mais elle est compensée par une très faible teneur en argent ou en arsenic. De cette manière, on obtient une perte d'eau par évaporation plus réduite, ce qui permet d'especer, voire de supprimer, les contrôles du niveau d'électrolyte.
Dans le procédé Aqua-Gen, on a recours à de petits soufflets en matière plastique, qui remplacent la rampe de bouchons et contiennet un catalyseur. L'hydrogène et l'oxygène, qui se dégagent au moment du dégazage lorsque la tension de charge augmente, lèchent le catalyseur, se refroidissent et sont reconstitués en eau qui retourne à la batterie et maintient ainsi le niveau de l'électrolyte.
D'autres procédés ont recours à des plaques de batterie en alliages de calcium. Ces alliages ont la vertu de

wartungsfreie Batterie
Verschiedene Systeme wurden entwickelt, um die Autobatterie wartungsfrei zu machen.
Meistens ist der Antimongehalt der Plusplatten auf ca. 2% herabgesetzt worden. Dies wird durch einen geringfügigen Silber- bzw. Arsengehalt ausgeglichen.
Auf diese Weise ist die Wasserzersetzung so weit verzögert, daß der Elektrolytvorrat für die Lebensdauer der Autobatterie ausreicht. Der Säurestand braucht dann nicht mehr oder nur ganz selten überprüft zu werden.
Beim Aqua-Gen-System werden statt Batterieverschlüsse Aggregate aus Kunststoff aufgesetzt, die einen Katalysator enthalten. Die bei zunehmender Ladespannung freiwerdenden Gase Wasserstoff und Sauerstoff streifen den Katalysator, kühlen ab und werden erneut zu Wasser zusammengefügt. Das Wasser läuft zurück in die Batterie und hält den Säurestand auf der richtigen Höhe.
Bei anderen Verfahren wurden Batterieplatten aus Kalziumlegierungen entwickelt. Kalziumlegierungen erhöhen die Lebensdauer von unbenutzten Batterien erheblich und hemmen die Bildung von freiwerdenden Gasen.

(calcium. Ces alliages ont la vertu de) prolonger la vie des batteries en stockage de manière très sensible et, de surcroît, ils font obstacle aux dégagements de gaz.

(dung von freiwerdenden Gasen.)

make-and-break ignition 1026

allumage par rupteur
Allumage déclenché par l'ouverture et la fermeture d'un rupteur mécanique.

Abreißzündung
Zündung, die durch Öffnen und Schließen eines mechanischen Unterbrechers ausgelöst wird.

make contact 1027

relais à contact de travail
Relais dont les contacts se ferment lorsque le courant circule dans la bobine magnétique. Ce type de relais est surtout utilisé dans les montages de phares antibrouillard, de klaxons, d'avertisseurs à plusieurs tons et de tous les organes grands consommateurs de puissance.

Arbeitsstromrelais, Schließer, Einschaltglied, Arbeitskontakt, Schließkontakt
Relais, bei dem sich die Kontakte schließen, wenn ein Strom durch die Magnetspuele fließt. Arbeitsstromrelais werden vor allem beim Anbau von Nebelscheinwerfern, Hörnern, Fanfaren und bei allen großen Stromverbrauchern verwendet.

make-up mirror 1028

miroir de courtoisie
Miroir fixé au dos du pare-soleil côté passager.

Make-up-Spiegel
Spiegel, der in die Rückseite der Beifahrer-Sonnenblende eingelassen ist.

malleable cast iron = malleable iron

malleable iron 1029

fonte malléable
Fonte à grande capacité de déformation obtenue par traitement thermique de pièces coulées en fonte blanche.

Temperguß, Weichguß
Zäher und bearbeitbarer Guß, der aus weißem Gußeisen durch Glühbehandlung gewonnen wird.

mandrel = clutch centering pin

manifold pressure sensor 1030

sonde de pression
Sonde d'un système d'injection d'essence électronique, qui transmet au calculateur électronique la valeur de la pression régnant dans le conduit d'admission et qui sert de grandeur mesurée de la charge du moteur.

Druckfühler
Fühler einer elektronisch gesteuerten Benzineinspritzanlage, der den Saugrohrdruck als Maß für die Motorbelastung beim elektronischen Steuergerät übermittelt.

manual choke = choke flap

manual gearbox (GB) = manual transmission *(See Ill. 14 p. 162)*

manual shift lever = gearshift lever

manual transmission (US) *(See Ill. 14 p. 162)* **1031**

boîte de vitesses manuelle, boîte manuelle
Boîte de vitesses dont les divers rapports sont enclenchés manuellement à l'aide d'un levier de changement de vitesse.

Schaltgetriebe, Handschaltgetriebe
Getriebeart, bei der die verschiedenen Gänge mit Hilfe eines Schalthebels von Hand geschaltet werden.

manually operated brake = hand brake

manually-shifted transmission = manual gearbox

marking lamp = side-marker lamp

masking tape **1032**

ruban à masquer
Ruban adhésif en rouleau qui sert à délimiter les surfaces à peindre et dont les parties avoisinantes sont protégées par du papier journal.

Abdeckband
Band in Rollen zum Abkleben von zu lackierenden Flächen, deren Umgebung mit Zeitungspapier geschützt wird.

master brake cylinder = brake master cylinder

master cylinder cup = primary cup

master seal = primary cup

McPherson strut **1033**

jambe de force MacPherson, béquille MacPherson, jambe de suspension MacPherson
Amortisseur combiné avec un ressort à boudin et servant de support à la fusée d'essieu orientable. La jambe de force Mac Pherson se rencontre parfois aussi sur les trains arrière.

McPherson-Bein, Achsschenkelfederbein
Sonderbauart des Stoßdämpfers. Dieser ist mit einer Schraubenfeder verbunden und dient als Stütze des lenkbaren Achsschenkels. Mac-Pherson-Federbeine werden zuweilen auch an der Hinterachse eingesetzt.

measuring projector **1034**

projecteur
Projecteur fixe d'un appareil de contrôle des trains. Il est équipé d'un ensemble optique composé de lentilles permettant la projection d'un faisceau lumineux sur un miroir de roue.

Meßprojektor
Fester Projektionsapparat für die optische Achsvermessung. Mit Hilfe eines sammelnden Linsensystems wird ein Lichtstrahl auf einen Radspiegel projiziert.

mechanic high-tension distributor 1035

distributeur mécanique de haute tension
Distributeur d'un système Motronic dépourvu de masselottes d'avance centrifuge et de correcteur d'avance à dépression. Sa fonction réside uniquement dans la distribution de la haute tension.

Hochspannungsverteiler
Zündverteiler ohne mechanische Fliehkraft- und Unterdruckverstellung, der in einem Motronic-System nur noch die Hochspannung verteilt.

mechanical advance system = centrifugal advance mechanism

mechanical contact breaker = contact breaker

mechanical fuel pump = fuel pump

mechanical governor = centrifugal governor

Mechanically-operated handbrake = handbrake

meeting beam = low beam

melamine resin 1036

résine de mélamine
Résine obtenue par condensation de la mélamine avec le formaldéhyde et qui entre dans la fabrication de certaines peintures pour carrosserie.

Melaminharz
Kunststoff, der durch Kondensation von Melamin mit Formaldehyd hergestellt wird. Er wird in Melaminlacken für Autokarosserien verwendet.

meshing spring *(See Ill. 30 p. 398)* 1037

ressort d'engrènement
Ressort d'un démarreur à pré-engagement qui, via une bague d'entraînement à déplacement axial, est comprimé par la fourche d'engrènement jusqu'à une butée, même si la denture du pignon lanceur se heurte à une dent de la couronne dentée du volant.

Einspurfeder
Feder in einem Schubschraubtriebstarter, die über einen Führungsring vom Einrückhebel bis zu dessen Anschlag zusammengedrückt wird, auch wenn die Ritzelzähne zuerst nicht richtig in die Schwungradverzahnung eingreifen.

metal-asbestos gasket 1038

joint métal-amiante
Joint de culasse formé d'une plaque d'amiante enrobée sur ses deux faces d'une feuille de clinquant.

Metall-Asbest-Dichtung
Zylinderkopfdichtung gebildet aus einer Asbestplatte, die mit einer dünnen Metallfolie umhüllt ist.

metallic finish 1039

peinture métallisée
Peinture dont le reflet métallisé est obtenu par l'addition de pigments d'aluminium. Dans le procédé d'application en une seule couche,

Metallic-Lack, Metalleffekt-Lack
Lack, dessen Metalleffekt durch schuppenartige Aluminiumpigmente erreicht wird. Bei der Einschicht-Metalliceffekt-Lackierung treten die Aluminiumteil-

(d'application en une seule couche,) les paillettes d'aluminium percent la couche de peinture et se ternissent. Dans le procédé en deux couches, qui est le plus utilisé, on applique d'abord une couche de teinte métallisée contenant les pigments, ensuite un vernis brillant incolore qui neutralise les paillettes métalliques saillantes. Avec ce procédé en deux couches on obtient un éclat saturé très brillant.

(Lackierung treten die Aluminiumteil-)chen zum Vorschein und werden matt. Beim Zweischicht-Verfahren wird zuerst ein den Farbton bestimmender Vorlack aufgetragen, dann eine Klarlackschicht, die die herausragenden Metallteilchen versiegelt. Durch diese Klarlackschicht wird ein hoher Glanzgrad erzielt, der besser ist als bei der Einschichtlackierung.

metering needle = tapered needle

methane 1040

méthane, formène, gaz des marais
Hydrocarbure saturé de symbole CH_4. Il est le premier de la serie des paraffines.

Methan
Gesättigter Kohlenwasserstoff der Formel CH_4. Er ist der erste aus der Gruppe der Alkane.

methanol 1041

méthanol, alcool méthylique
Le méthanol peut être utilisé comme antigel et carburant pour moteurs. Il est très antidétonant, toutefois son pouvoir calorifique est assez bas et il contient de l'eau.

Methanol, Methylalkohol
Methanol kann als Treibstoff und Frostschutzmittel für Motoren verwendet werden. Methanol ist sehr klopffest, hat jedoch einen niederen Heizwert und ist wasserhaltig.

methyl alcohol = methanol

mica spark plug 1042

bougie d'allumage au mica
Bougie d'allumage dont l'isolant est réalisé en rondelles de mica comprimées et que l'on rencontre surtout dans les avions et les voitures de compétition.

Glimmerzündkerze, Glimmerkerze
Zündkerze mit einem Isolator aus gepreßten Glimmerscheiben, die hauptsächlich bei Rennwagen oder Flugzeugen verwendet wird.

microcomputer = digital control box

micrometer screw 1043

micromètre, palmer, calibre micrométrique
Instrument de mesure d'une extrême précision permettant une lecture au centième, voire au millième de millimètre. Il est principalement constitué d'un étrier (cé), d'une

Bügelmeßschraube, Meßschraube
Hochpräzises Meßgerät, das eine Ablesung von 1/100 und sogar 1/1000 mm gestattet. Es besteht hauptsächlich aus einem Bügel, einer Meßspindel meist mit einer Steigung von 0,5 mm, und einem Amboß. Zur Messung wird das

(constitué d'un étrier (cé), d'une) touche de mesure généralement avec un pas de 0,5 mm et d'une touche fixe (enclume). La pièce à mesurer s'intercale entre les deux touches.

(nem Amboß. Zur Messung wird das) Werkstück zwischen Amboß und Meßspindel eingespannt.

mineral oil 1044

huile minérale
Huile extraite du pétrole. Suivant leur viscosité les huiles minérales sont classées en huiles légères, moyennes et épaisses.

Mineralöl
Destillationsprodukt aus Erdöl. Aufgrund ihrer Viskosität werden Mineralöle in Leicht-, Mittel- und Schweröl eingestuft.

minium tread depth = minimum tread thickness

minimum tread thickness 1045

épaisseur minimale de la bande de roulement
En général, la profondeur minimale prescrite des sculptures de la bande de roulement est de 1 mm sur toute la largeur et le pourtour du pneumatique.

Abfahrgrenze, Mindestprofiltiefe
Im allgemeinen liegt die Abfahrgrenze über die Breite und den Umfang der Bereifung bei 1 mm.

minimum turning circle diameter = turning lock

minitester 1046

minitester
Contrôleur de petites dimensions permettant de relever la vitesse de rotation du moteur (compte-tours), l'angle de came, le voltage et la résistance en ohms dans les divers circuits en basse et haute tension.

Minitester
Kleines Meßgerät, mit dem die Motordrehzahl, der Schließwinkel sowie die elektrische Spannung und der Widerstand im Nieder- und Hochspannungsteil ermittelt werden können.

misfire 1047

défaut d'allumage, raté
Allumage intempestif du mélange explosif dans un moteur à combustion. Par exemple l'étincelle ne jaillit pas au terme du temps de compression dans le moteur à quatre temps. Le raté d'allumage peut aussi provenir d'une absence d'étincelle par suite d'une tension d'allumage insuffisante.

Zündungsaussetzer, Fehlzündung, Aussetzer
Bei Verbrennungsmotoren wird das Kraftstoff-Luft-Gemisch nicht zum richtigen Zeitpunkt entzündet (am Ende des Verdichtungshubs beim Viertaktverfahren). Zündaussetzer kommen ebenfalls vor, wenn der Zündfunke infolge unausreichender Zündspannung nicht überschlägt.

mixed friction 1048

frottement mixte, frottement onctueux

Le frottement mixte résulte à la fois du frottement à sec et du frottement fluide de deux surfaces de glissement, ce qui provoque de l'usure.

Mischreibung, Grenzschmierung, halbflüssige Reibung

Bei der Mischreibung herrscht teils Trockenreibung und Flüssigkeitsreibung zwischen zwei Gleitflächen, so daß Verschleiß auftritt.

mixing chamber *(See Ill. 8 p. 84)* 1049

chambre de mélange, chambre de carburation

Partie du carburateur. La soupape d'admission étant ouverte, le piston crée, en descendant dans le cylindre, une dépression dans la chambre de mélange provoquant ainsi un jet d'essence au tube de giclage. Ce jet d'essence se vaporisera dans le courant d'air du diffuseur et le mélange explosif ainsi formé aboutit dans le cylindre.

Mischkammer, Saugkanal, Vergaserdurchlaß, Luftansaugkanal

Teil des Vergasers. Wenn der Kolben bei geöffnetem Einlaßventil im Zylinder sich abwärts bewegt, entsteht in der Mischkammer ein Unterdruck, der Kraftstoff aus der Hauptdüse austreten läßt. Die Zerstäubung des Kraftstoffes im Lufttrichter wird durch den dort vorhandenen kräftigen Luftzug erzielt, und die Kraftstoff-Luft-Emulsion gelangt in den Zylinder.

mixing proportion = mixture ratio

mixing ratio = mixture ratio

mixing tube = emulsion tube

mixture-adjusting nut = jet-adjusting nut

mixture-control unit 1050

régulateur de mélange

Dans le système d'injection continue d'essence K-Jetronic, le régulateur de mélange comprend le débitmètre d'air et le doseur-distributeur de carburant.

Gemischregler

Bei der kontinuierlichen Benzineinspritzung K-Jetronic sind Luftmengenmesser und Kraftstoffmengenteiler zu einer Baueinheit zusammengefaßt.

mixture method lubrication 1051

graissage par mélange essence-huile

Dans les moteurs deux temps, il n'y a pas d'huile de graissage dans le carter qui sert à la compression du mélange air-essence. Aussi, dans presque tous les moteurs deux temps, l'huile de graissage est ajoutée à l'essence. On compte en général une partie d'huile pour 20 ou 50 parties de carburant.

Mischungsschmierung, Gemischschmierung, Frischölschmierung

Bei den Zweitaktmotoren gibt es keine Ölwanne in der Kurbelkammer, weil dort das Kraftstoff-Luft-Gemisch vorverdichtet wird. Deshalb ist bei den meisten Zweitaktmotoren das Schmieröl dem Kraftstoff beigemischt. Auf 50 bzw. 20 Teile Kraftstoff entfällt ein Teil Schmieröl.

mixture ratio 1052

proportion d'air et d'essence, proportion du mélange, rapport stoechiométrique
La proportion théorique exprimée en grammes d'air et de carburant intervenant dans le mélange de ces deux éléments est de 14,8:1 environ. Toutefois, dans la pratique, le dosage que fournira le carburateur dépendra de plusieurs facteurs tels que la température, le régime et la charge du moteur.

Kraftstoff-Luft-Verhältnis, Mischungsverhältnis
Das theoretische Gewichtsverhältnis der Luft- und Kraftstoffanteile im Gemisch stellt sich auf ca. 14,8:1. Praktisch hängt jedoch das Mischungsverhältnis von verschiedenen Faktoren ab wie z.B. von der Temperatur, der Drehzahl und der Belastung des Motors.

mixture screw = idle mixture control screw

module 1053

module, pas diamétral
Quotient du diamètre primitif d'un engrenage par le nombre de dents. Le module est un nombre concret et est indiqué en mm.

Modul, Zahnradmodul
Bei Zahnrädern ergibt sich der Modul aus dem Teilkreisdurchmesser dividiert durch die Zähnezahl. Der Modul ist eine benannte Zahl und wird in mm angegeben.

Mole wrench = self-grip wrench

molybdenum disulphide 1054

bisulfure de molybdène
Composé de molybdène et de soufre formant des lamelles hexagonales rappelant le graphite. Il est utilisé comme additif dans les lubrifiants pâteux et l'huile moteur et on le trouve aussi en bombe aérosol.

Molybdändisulfid
Verbindung des Molybdäns mit Schwefel, die sechseckige, graphitähnliche Blättchen bildet. Molybdändisulfid wird als Zusatzmittel im Abschmierfett, im Motoröl sowie als Sprühmittel verwendet.

Molykote® = molybdenum disulphide

moment of ignition = ignition point

moment of sparking = ignition point

momentary switch 1055

commutateur à action fugitive
Commutateur retournant en position de repos dès qu'il n'est plus actionné.

Tastschalter
Schalter, der in seine Ausgangsstellung zurückkehrt, sobald er nicht mehr betätigt wird.

monocoque bodywork = integral body

motor-assisted bicycle = autocycle

motor crane 1056

camion-grue de dépannage

Camion de dépannage équipé d'une grue propre à dégager, à remorquer ou même à emporter un véhicule accidenté incapable de rouler.

Fahrzeugrettungskran, Kranwagen, Abschleppkran, Abschleppwagen mit Kran

Abschleppwagen mit Kran zum Heben, Abschleppen oder Mitnehmen von verunglückten, nicht rollfähigen Kraftfahrzeugen.

motor-engine = engine

motor octane number 1057

indice d'octane méthode moteur

Indice d'octane calculé avec un moteur CFR tournant à 900 tr/min, la température du mélange carburé étant de 149° C. Ce faisant l'avance à l'allumage oscille automatiquement entre 26 et 14° selon le taux de compression.

Motoroktanzahl, Oktanzahl nach der Motormethode, MOZ

Oktanzahl, die mit einem CFR-Prüfmotor bei 900 U/Min und 149° C Gemischtemperatur ermittelt wird, wobei die Zündung je nach der Verdichtung zwischen 26 und 14° KW v. OT automatisch verstellt wird (F-2-Methode).

motor petrol = gasoline

motor scooter 1058

scooter

Véhicule à deux roues, à moteur sous capot et à cadre ouvert.

Motorroller

Zweirädiges, durch verkleideten Verbrennungsmotor angetriebenes Einspurfahrzeug ohne Knieschluß.

motor tank truck = tank truck

motor truck = truck

motorbike = motorcycle

motorcar repair shop 1059

garage

Atelier où sont effectués les entretiens et les réparations de véhicules automobiles.

Kraftfahrzeugwerkstatt, Reparaturwerkstatt, Autoreparaturwerkstatt

Gewerbebetrieb für die Instandhaltung und die Reparatur von Kraftfahrzeugen.

motorcycle 1060

motocyclette

Véhicule à deux roues, mû par un moteur à explosion sur lequel le conducteur est assis à califourchon. Il peut être équipé d'un side-car. Le moteur est généralement refroidi par air et comporte un, deux ou

Motorrad, Kraftrad, Krad

Zweirädriges, durch Verbrennungsmotor angetriebenes Einspurfahrzeug mit Knieschluß. Es kann mit einem Seitenwagen (Beiwagen) ausgerüstet werden. Als Motor werden überwiegend luftgekühlte ein-, zwei- oder vierzylindrige (par air et comporte un, deux ou) quatre cylindres fonctionnant selon le cycle à deux ou quatre temps.

(kühlte ein-, zwei- oder vierzylindrige) Zwei- oder Viertakt-Motoren verwendet.

motorway = superhighway

Motronic system 1061

système Motronic
Système de commande digitale de moteur englobant l'injection d'essence et l'allumage.

Motronic-System
Digitale Motorsteuerungsanlage für Benzineinspritzung und Zündung.

moving caliper disc brake = floating caliper brake

moving contact = contact bridge / breaker lever

mud and snow tire 1062

pneu neige et boue, pneu M+S
Pneumatique qui en raison de ses sculptures spéciales, de la lamellisation de la bande de roulement et de sa gomme tendre offre, sur terrain glissant, un compromis acceptable entre le pneu ordinaire et le pneu cramponné.
Certaines versions présentent des alvéoles pour cramponnage.

M+S-Reifen, Matsch- und Schneereifen
Reifen mit besonderen Profilstollen, lamellenartigen Einschnitten in der Lauffläche und weicher Gummimischung, der auf glatter Fahrbahn eine zufriedenstellende Kompromißlösung zwischen Normalreifen und Nagelreifen bietet.
Einige Ausführungen haben vorvulkanisierte Löcher zum Einsetzen von Spikes.

mudguard (GB) = fender

muffler (US) = exhaust silencer

multiblade screwdriver 1063

tournevis à lames interchangeables
Tournevis à lames adaptées aux différentes empreintes de têtes de vis. Chaque lame se fixe dans une gorge spéciale fermée par une goupille à ressort ou une bague à vis. Généralement les lames se rangent dans le manche creux tu tournevis.

Umsteck-Schraubendreher
Schraubendreher mit einem Satz Flach- und Kreuzschlitzklingen. Jede Klinge wird durch eine im Griff eingeformte Klammer oder mit einem Schraubenring festgehalten. Meist als Magazin-Schraubendreher anzutreffen.

multi-cylinder injection pump 1064

pompe d'injection à éléments en ligne, pompe en ligne
Pompe d'injection possédant autant d'éléments que le moteur a de cylindres, et ce à l'opposé de la pompe distributrice ou rotative.

Reiheneinspritzpumpe, Reihenpumpe
Bei der Reiheneinspritzpumpe ist die Zahl der Pumpenelemente gleich der Zylinderzahl des Motors. Gegenbegriff: Verteilereinspritzpumpe.

multidisc clutch = multiplate clutch

multi-fuel engine 1065
moteur polycarburants, moteur à carburants multiples
Moteur diesel pouvant être alimenté en divers combustibles (essence, pétrole, gas-oil, huile légère de lubrification), sans qu'il soit pour autant nécessaire de modifier le moteur lui-même ni le système d'injection.
Vielstoffmotor, Mehrstoffmotor, Mehrstoff-Dieselmotor
Dieselmotor, der mit verschiedenen Kraftstoffen (Benzin, Petroleum, Dieselöl, leichtem Schmieröl) ohne Änderung des Motors selbst bzw. der Einspritzanlage betrieben werden kann.

multi-grade oil 1066
huile multigrade, huile toutes saisons
Huile moteur dont la viscosité couvre la gamme de plusieurs grades de la classification SAE grâce à des additifs de synthèse qui abaissent le point de congélation et augmentent l'indice de viscosité. Elle peut de ce fait être utilisée hiver comme été.
Mehrbereichsöl, Ganzjahresöl
Motorenöl, dessen Viskosität mehrere SAE-Klassen überdeckt aufgrund von Zusätzen, die den Stockpunkt mindern und den Viskositätsindex erhöhen. Somit kann es im Sommer wie im Winter verwendet werden.

multi-hole nozzle *(See Ill. 25 p. 315)* 1067
injecteur à plusieurs trous
Injecteur utilisé dans les moteurs diesel à injection directe et dont les orifices sont fréquemment à disposition symétrique.
Mehrlocheinspritzdüse, Mehrlochdüse
Düse, die bei Dieselmotoren mit direkter Strahleinspritzung verwendet wird. Die Spritzlöcher sind meist symmetrisch angeordnet.

multilayer glass = laminated safety glass

multi-orifice nozzle = multihole nozzle

multi-plate clutch 1068
embrayage multidisque
Dans l'embrayage multidisque, une série de plusieurs disques moteurs garnis, solidaires d'un tambour faisant corps avec le volant est comprimée contre une autre série de disques récepteurs intercalés et solidaires de l'arbre primaire de la boîte de vitesses par l'intermédiaire d'un tambour récepteur.
Actuellement la plupart des embrayages multidisques sont à bain d'huile et surtout utilisés dans les motocyclettes et les boîtes automatiques.
Mehrscheibenkupplung, Lamellenkupplung
Bei der Mehrscheibenkupplung werden mit Reibbelägen versehene Antriebsscheiben (Antriebslamellen, Außenlamellen), die über einen Kupplungskorb mit dem Schwungrad verbunden sind, und auf der Getriebewelle befestigte Abtriebsscheiben (Abtriebslamellen) gegeneinander gepreßt. Heute arbeiten die meisten Lamellenkupplungen mit Ölbenetzung und sind wegen ihrer kleineren Abmessung vor allem bei Krafträdern und automatischen Getrieben anzutreffen.

multiple-disc clutch = multiplate clutch

multiple-plate clutch = multiplate clutch

multiple-viscositiy oil = multi-grade oil

multi-pulse charging **1069**

charge par impulsions multiples
Technique de charge du condensateur par la génératrice dans un allumage électrostatique. La fréquence des impulsions est d'environ 3000 Hz.

Mehrimpulsaufladung
Aufladetechnik des Speicherkondensators durch den Ladeteil in einer Hochspannungs-Kondensatorzündung. Die Impulsfrequenz beträgt ca. 3000 Hz.

multi-purpose grease **1070**

graisse pour tous usages
Graisse à base de savons de lithium, hydrophobe et résistante à la chaleur. Elle contient fréquemment comme additif du bisulfure de molybdène.

Mehrzweckfett
Mehrzweckfett ist ein lithiumverseiftes, wasserabstoßendes und hitzebeständiges Fett, das meist einen Molybdändisulfidzusatz enthält.

multi-tone horn = trumpet horn

mushroom tappet **1071**

poussoir à sabot
Poussoir dont l'extrémité se termine par un sabot sur lequel la came agit par frottement.

Pilzstößel
Stößel mit pilzförmigem Ende, auf das der Nocken durch Reibung einwirkt.

natural circulation water colling **1072**

refroidissement par thermosiphon
Dans les moteurs à refroidissement par eau, la circulation par thermosiphon s'effectue par suite de la différence de densité entre l'eau chaude et l'eau froide.

Thermosiphon-Kühlung, Selbstumlaufkühlung, Wärmeumlaufkühlung
Bei wassergekühlten Motoren erfolgt die Selbstumlaufkühlung aufgrund des Temperaturunterschiedes zwischen Warm- und Kaltwasser.

natural gas **1073**

gaz naturel
Mélange d'hydrocarbures facilement inflammables et chargé surtout de méthane (CH_4) ainsi que d'éthane, de propane et de butane. Le gaz naturel devant servir de carburant dans un véhicule doit tout d'abord être liquéfié.

Erdgas, Naturgas
Vorwiegend aus Methan (CH_4) und geringen Mengen Aethan, Propan und Butan bestehendes Gemisch von leichtentzündlichen Kohlenwasserstoffen. Um genügend Erdgas im Fahrzeug mitführen zu können, muß es vorher verflüssigt werden.

naturally-aspirated engine = unsupercharged engine

nave plate = axle cap

NC-contact = break contact

N.C.V. = lower calorific value

needle bearing 1074

roulement à aiguilles
Roulement dans lequel les pièces de roulement s'intercalant entre les deux bagues sont constituées d'aiguilles de 3 à 4 mm de diamètre, disposées parallèlement à l'axe du roulement. Les roulements à aiguilles sont peu encombrants et permettent des vitesses de rotation élevées.

Nadellager, Radial-Nadellager
Wälzlager, in dem der Wälzkörper zwischen Außen- und Innenring aus 3–4 mm starken Nadeln besteht, die parallel zur Achse des Nadellagers liegen. Nadellager sind raumsparend und ermöglichen hohe Drehzahlen.

needle-roller bearing = needle bearing

needle valve ticker 1075

titillateur
Axe qui, lors du démarrage, répousse le flotteur d'un carburateur vers le bas pour faire remonter le niveau de l'essence.

Tupfer
Stift, der in einem Vergaser den Schwimmer beim Starten nach unten drückt, um den Kraftstoffspiegel steigen zu lassen.

negative camber 1076

carrossage négatif
Lorsque le sommet d'une roue est incliné vers l'intérieur, le carrossage est négatif.

negativer Sturz, negativer Radsturz
Wenn ein Rad oben nach innen geneigt ist, spricht man von negativem Sturz.

negative diode *(See Ill. 1 p. 26)* 1077

diode négative
Diode à semiconducteur qui, par exemple dans un alternateur triphasé, ne laisse passer que le courant négatif.

Minusdiode
Halbleiterdiode, die z.B. in einem Drehstromgenerator nur die negativen Halbwellen durchlassen.

negative plate *(See Ill. 2 p. 44)* 1078

plaque négative
Composant en plomb spongieux d'un faisceau de plaques dans un accumulateur au plomb. Dans les batteries alcalines, les plaques négatives sont en fer ou en cadmium.

negative Gitterplatte, Minusplatte, negative Platte
Teil aus Bleischwamm eines Plattensatzes in einer Bleibatterie. Bei der alkalischen Batterie sind die Minusplatten aus Eisen oder Cadmium.

neutral position 1079

point mort

Position du levier de changement de vitesse, telle que l'arbre secondaire n'est pas entraîné par l'arbre primaire.

Leerlaufstellung

Stellung des Getriebeschalthebels, wobei die Hauptwelle von der Antriebswelle nicht mitgenommen wird.

nife-accumulator = alkaline accumulator

nitride steel 1080

acier de nitruration

Acier ayant subi un traitement de durcissement superficiel par l'azote et additionné de chrome, de molybdène et d'aluminium. Ces éléments sont des formateurs de nitrures, qui confèrent une grande dureté à la surface de l'acier.

Nitrierstahl

An der Oberfläche durch Nitrieren gehärteter Sonderstahl mit Zusätzen wie Chrom, Molybdän und Aluminium (Nitridbildner). Die in der Randschicht gebildeten Nitride verleihen dem Nitrierstahl eine große Oberflächenhärte.

nitriding 1081

nitruration

Cémentation d'une pièce dans un milieu cédant de l'azote. Ainsi se forme une couche en surface très dure pouvant atteindre un millimètre d'épaisseur.

Nitrieren, Aufsticken, Nitrierhärtung, Stickstoffhärtung

Glühen eines Werkstücks in stickstoffabgebenden Mitteln, wobei sich eine sehr harte Oberflächenschicht bis 1 mm Dicke bildet.

nitrile rubber 1082

caoutchouc nitrile

Elastomère de synthèse obtenu par copolymérisation du butadiène avec le nitrile acrylonitrile.

Nitrilkautschuk

Synthesekautschuk, der durch Kopolymerisation von Butadien mit Acrylnitril erzeugt wird.

nitrocellulose lacquer 1083

laque cellulosique

Peinture à séchage rapide donnant un beau poli. Elle perd toutefois rapidement son éclat.

Nitrolack, Nitrozelluloselack

Schnelltrocknender und polierfähiger Lack, der seinen Glanz jedoch rasch verliert.

nitrogen hardening = nitriding

nitrous oxides 1084

oxydes d'azote

Composés d'azote et d'oxygène. Les gaz d'échappement contiennent des oxydes nitriques résultant d'une combustion à des températures très élevées. Les oxydes nitriques sont inodores mais toxiques.

Stickoxide, NO_x

Verbindungen des Stickstoffs mit Sauerstoff. Motorauspuffgase enthalten Stickoxide, die bei sehr hohen Verbrennungstemperaturen anfallen. Stickoxide sind geruchlos und giftig.

N.O. contact = make contact

no delivery 1085

débit nul

Lorsque la rainure verticale d'un piston de pompe d'injection se trouve en regard de l'orifice d'amenée de combustible, il n'y a pas de compression dans la chambre de refoulement qui est, dans ce cas, en communication avec la chambre d'aspiration. Le débit est donc nul.

Nullförderung

Wenn die Längsnut eines Einspritzpumpenkolbens sowie die Steuerbohrung sich gegenüberstehen, gibt es keinen Druck im Druckraum, denn in diesem Fall sind Ansaugraum und Druckraum miteinander verbunden. Deswegen wird kein Kraftstoff gefördert.

no-load running = idle running

noise filter = silencer filter

nominal voltage = rated voltage

non-return valve 1086

clapet de retenue

Dans un frein à air comprimé, le clapet de retenue s'intercale entre le compresseur et le réservoir et il s'oppose au reflux de l'air comprimé vers le compresseur lorsque ce dernier est à l'arrêt.

Rückschlagventil

In einer Druckluftbremse steht das Rückschlagventil zwischen Luftpresser und Luftbehälter. Mit diesem Ventil kann die Druckluft zum stillstehenden Luftpresser nicht zurückströmen.

normal pattern 1087

oscillogramme normal

Oscillogramme avec courbes de tension côtés primaire et secondaire d'un circuit d'allumage parfaitement au point. L'oscillogramme comporte trois phases: la durée de l'étincelle, la phase oscillatoire amortie et la phase de fermeture.

Normaloszillogramm

Oszillogramm des primär- und sekundärseitigen Spannungsverlaufs einer einwandfreien Zündanlage. Ein Oszillogramm umfaßt drei Abschnitte: die Funkendauer, den Ausschwingvorgang und den Schließabschnitt.

normally-closed contact = break contact

normally-open contact = make contact

nozzle body *(See Ill. 25 p. 315)* 1088

corps d'injecteur, buse, nez d'injecteur

Pièce renfermant l'aiguille d'injection et fixée au porte-injecteur à l'aide d'un écrou raccord.

Düsenkörper

In der Einspritzanlage ist der Düsenkörper, der die Düsennadel enthält, mittels einer Überwurfmutter mit dem Düsenhalter verschraubt.

nozzle holder *(See Ill. 25 p. 315)* 1089

porte-injecteur
Le porte-injecteur fixe l'injecteur sur la culasse du moteur et sert en même temps à régler la pression d'ouverture.

Düsenhalter
Der Düsenhalter verankert die Düse im Zylinderkopf des Motors und regelt außerdem den Düsenöffnungsdruck.

nozzle holder spindle *(See Ill. 25 p. 315)* 1090

tige-poussoir
Dans un porte-injecteur, la tige-poussoir appuie l'aiguille de l'injecteur sur son siège à l'aide du ressort de tarage.

Druckbolzen
In einem Düsenhalter hält der Druckbolzen die Düsennadel mit Hilfe der Druckfeder auf ihrem Sitz fest.

nozzle holder spring = nozzle spring

nozzle needle *(See Ill. 25 p. 315)* 1091

aiguille d'injecteur
Aiguille mobile fixée dans une buse et formant avec celle-ci un injecteur ou pulvérisateur.

Einspritzdüsennadel, Düsennadel
Bewegliche Nadel in einem Düsenkörper. Beide Teile zusammen bilden eine Einspritzdüse.

nozzle opening pressure 1092

pression d'ouverture de l'injecteur, pression d'injection
Dans un porte-injecteur, la pression d'ouverture de l'injecteur est d'environ 100 bars pour les injecteurs à téton et de 200 bars pour les injecteurs à trous. Elle est réglée au moyen d'un ressort de tarage sur lequel peut agir une vis de réglage fixée par contre-écrou ou des rondelles d'épaisseurs calibrées.

Düsenöffnungsdruck, Einspritzdruck, Öffnungsdruck, Düseneinstelldruck, Abspritzdruck der Einspritzdüsen
In einem Düsenhalter beträgt der Düsenöffnungsdruck ca. 100 bar für Zapfendüsen und 200 bar für Lochdüsen. Der Düsenöffnungsdruck wird durch eine Druckfeder und eine gekonterte Einstellschraube geregelt. Bei einigen Ausführungen wird die Druckfeder mittels Stahlplättchen anstatt einer Einstellschraube vorgespannt.

nozzle spring *(See Ill. 25 p. 315)* 1093

ressort d'injecteur, ressort de tarage, ressort de pression
Ressort logé dans un porte-injecteur et qui, à l'aide de la tige-poussoir, appuie l'aiguille d'injection sur son siège. Au terme de chaque contrôle du porte-injecteur, au bout de 50.000 km environ, ce ressort doit être remplacé.

Düsenfeder, Druckfeder
Druckfeder in einem Düsenhalter, die mit Hilfe eines Druckbolzens die Düsennadel auf ihren Sitz drückt. Nach ca. 50.000 km wird der Düsenhalter geprüft und die Druckfeder ausgetauscht.

nozzle-valve opening pressure = nozzle opening pressure

nozzle valve spring = nozzle spring

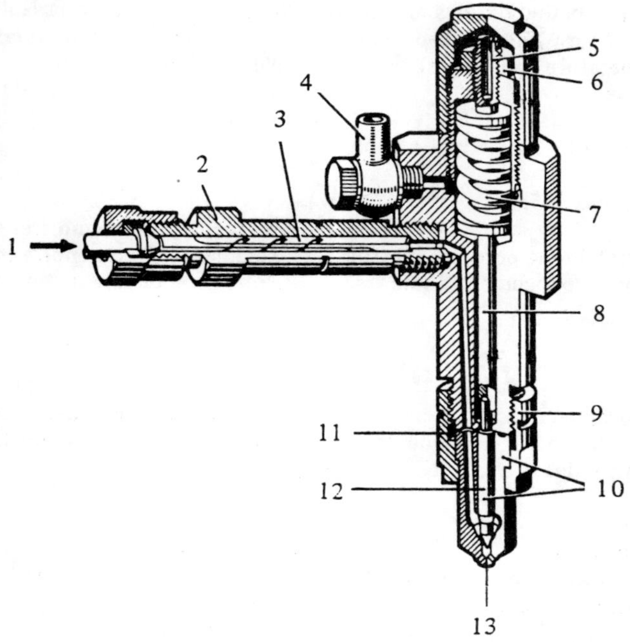

Ill. 25: nozzle holder **(1089)**

1 delivery pipe
2 pressure pipe tube
3 edge-type filter
4 overflow oil line connection
5 setscrew
6 lock nut
7 nozzle spring
8 nozzle holder spindle
9 nut
10 injection nozzle – multi-hole nozzle
11 nozzle body
12 nozzle needle
13 spray hole

NTC-resistor 1094

thermistance CTN
Résistance composée de semiconducteurs à base d'oxydes métalliques. Sa valeur varie en sens inverse de la température dans laquelle elle se trouve.

NTC-Widerstand, Heißleiter, Thermistor, NTC-Perle, Wärmefühlerwiderstand
Temperaturabhängiger Halbleiterwiderstand aus gesinterten Metalloxiden. Sein Wert ändert sich je nach der Umgebungstemperatur, in der er sich befindet.

number plate light = license plate lamp

nut *(See Ill. 25 p. 315)* 1095

écrou
Pièce métallique percée d'un trou fileté pour le logement d'une vis.

Mutter, Schraubenmutter
Zu einem Schraubenbolzen gehörende Hohlschraube mit Innengewinde.

O-ring 1096

joint torique
Joint d'étanchéité élastique de section ronde.

O-Ring, Rundschnurring, Runddichtung
Elastischer Dichtring mit Kreisquerschnitt.

octane number 1097

indice d'octane
La résistance d'un carburant à la détonation est repérée par l'indice d'octane. L'indice d'octane est défini par le mélange d'heptane normal très détonant (indice 0) et d'isooctane très antidétonant (indice 100), ce mélange étant comparé au carburant à analyser.

Oktanzahl, OZ
Maß für die Klopffestigkeit eines Kraftstoffes. Bestimmt wird die Oktanzahl durch Mischung von zwei Vergleichskraftstoffen, nämlich von dem klopffreudigen Normalheptan (OZ = 0) und dem klopffesten Iso-Oktan (OZ = 100). Diese Mischung wird dann mit dem geprüften Kraftstoff verglichen.

octane rating = octane number

octane reference fuel 1098

carburant de référence
Carburant utilisé à des fins de comparaison avec un autre carburant pour déterminer par exemple la résistance à la détonation de ce dernier.

Bezugskraftstoff
Kraftstoff, der zu Vergleichszwecken herangezogen wird, damit z.B. die Klopffestigkeit eines anderen Kraftstoffes ermittelt werden kann.

off-set radius 1099

déport au sol
Distance comprise entre le point de contact du pneumatique au sol et le prolongement du pivot de fusée au sol également. Plus elle est courte,

Lenkrollhalbmesser, Rollradius
Abstand zwischen dem Berührungspunkt des Rades auf der Fahrbahn und der verlängerten Mittellinie der Schwenkachse auf der Bodenlinie

(sol également. Plus elle est courte,) plus la direction du véhicule sera aisée.
Si le prolongement du pivot de fusée rencontre le sol du côté extérieur de la roue, le déport au sol est dit négatif. Inversement il est positif, lorsque le même point de rencontre se trouve du côté intérieur de la roue.

(Schwenkachse auf der Bodenlinie) (Spreizachse). Je kleiner er ist, um so leichter ist die Lenkung während der Fahrt.
Liegt der Durchstoßpunkt der Spreizachse nach der Radaußenseite, spricht man von einem negativen Lenkrollhalbmesser. Umgekehrt ist der Lenkrollhalbmesser positiv, wenn die verlängerte Mittellinie der Schwenkachse die Fahrbahn vor der Radinnenseite trifft.

ohm **1100**

ohm
Unité de résistance électrique. 1 Ω = 1 volt/1 ampère.

Ohm
Einheit des elektrischen Widerstandes. 1 Ω = 1 Volt/1 Ampère.

ohmmeter **1101**

ohmmètre
Appareil de mesure de résistance électrique équipé d'un galvanomètre à cadre mobile.

Ohmmeter, Widerstandsmesser, Leitungsprüfer
Gerät mit Drehspulgalvanometer zum Messen von elektrischen Widerständen.

OHV engine = overhead-type engine

oil-bath air cleaner **1102**

filtre à air à bain d'huile
Dans ce type de filtre, le flux d'air arrache des gouttelettes d'huile à un bain d'huile qu'il lèche pour en tapisser la cartouche filtrante qui, de cette façon, retient les poussières.

Ölbadluftfilter
Bei dieser Filterart reißt der Luftstrom Öltröpfchen aus einem Ölbad mit. Der auf diese Weise getränkte Filtereinsatz hält dann den Staub fest.

oil brake = fluid brake

oil-carbon deposit **1103**

dépôt charbonneux, dépôt de carbone, résidu charbonneux, calamine
Particules de carbone résultant d'une combustion incomplète ou de la décomposition de l'huile moteur et qui s'incrustent sur le fond des pistons, les soupapes, les parois de la chambre de combustion et sur les électrodes des bougies d'allumage.
La croûte de résidus charbonneux, qui tapisse la chambre d'explosion,

Ölkohle, Ölruß, Ölkohlebelag
Kohlenstoffteilchen, die durch unvollständige Ölverbrennung oder durch Ölalterung sich auf den Kolbenböden, an den Ventilen, den Brennraumwänden und den Zündkerzenelektroden festsetzen. Durch den Ölkohlebelag wird der Verbrennungsraum kleiner und das Verdichtungsverhältnis größer, was zum Motorklopfen führt. Heiße Stellen entstehen ebenfalls durch glühenden Ölruß und verursachen Glühzündung.

(qui tapisse la chambre d'explosion,) en réduit le volume et augmente le taux de compression, ce qui provoque des détonations à la combustion. Les dépôts charbonneux constituent également des points chauds pouvant provoquer l'auto-allumage.

(Ölruß und verursachen Glühzündung.)

oil change 1104

vidange d'huile

Renouvellement de l'huile moteur usée ou dont les propriétés lubrifiantes se sont altérées. La vidange d'huile moteur s'effectue à intervalles réguliers selon les instructions du fabricant. La première vidange a lieu au bout de 500 ou 1000 km. Il est recommandé par la suite de renouveler l'huile tous les 3000 km.

Ölwechsel

Erneuerung des im Motorbetrieb verbrauchten bzw. in seinen Schmiereigenschaften schlechter gewordenen Motoröls. Ölwechsel erfolgt in regelmäßigen Zeitabständen nach Betriebsanleitung, am besten jedoch nach etwa 3.000 km, erstmals nach 500 bzw. 1000 km.

oil consumption 1105

consommation d'huile

La consommation d'huile moteur est due à la combustion d'une partie de cette huile dans la chambre d'explosion, à son évaporation par le reniflard du carter et à de faibles pertes par fuites. Une consommation d'huile de plus de 1,5 l aux 1000 km est suspecte et peut provenir d'organes de moteur usés.

Ölverbrauch

Motorschmieröl wird durch Verbrennen im Brennraum, durch Verdampfen über die Kurbelwannenentlüftung und durch geringe Leckverluste verbraucht. Ein Verbrauch von über 1,5 l/1000 km gilt als verdächtig und kann auf verschlissene Motorteile zurückzuführen sein.

oil-control ring = oil scraper ring

oil cooler 1106

réfrigérateur

Dans les moteurs à refroidissement par air ou très puissants, l'huile moteur doit être refroidie dans un réfrigérateur, car une huile surchauffée se liquéfie et perd son pouvoir lubrifiant.

Ölkühler

Bei luftgekühlten oder leistungsstarken Motoren wird das Motorenöl in einem Ölkühler abgekühlt, denn erhitztes Öl verliert seine Schmierfähigkeit.

oil dilution 1107

dilution de l'huile

Par suite de fréquents démarrages à froid ou d'une conduite avec un moteur trop froid, l'huile refluant

Ölverdünnung

Durch häufigen Kaltstart bzw. unterkühltes Fahren führt das zur Ölwanne zurückfließende Motorenöl schwersie-

(moteur trop froid, l'huile refluant) vers le carter draine des particules de carburant et de l'eau de condensation qui diluent cette huile et altèrent ses propriétés lubrifiantes.

(zurückfließende Motorenöl schwersie-) dende Kraftstoffteilchen und Kondensate mit sich, die dieses Öl verdünnen und dessen Schmierfähigkeit beeinträchtigen.

oil dipper rod = crankcase oil dipstick

oil dipstick = crankcase oil dipstick

oil drain plug = oil sump plug

oil drilling *(See Ill. 9 p. 122)* **1108**

lumière de graissage

Ouverture minuscule à travers laquelle l'huile-moteur circule sous pression.

Ölbohrung

Bohrung, durch welche das Motoröl unter Druck gefördert wird.

oil filter **1109**

filtre à huile

Filtre mis en place dans le circuit fermé de graissage sous pression soit en dérivation, soit en série dans le circuit principal afin de débarrasser l'huile moteur de goudrons, de résidus de combustion, de poussières et de produits charbonneux. Si le filtre est placé en série dans le circuit principal, l'huile de graissage refoulée par la pompe le traversera tout d'abord avant de parvenir aux points de graissage. Ces filtres sont pour la plupart équipés d'un clapet de décharge qui permet, en cas de colmatage du filtre, à l'huile non filtrée d'arriver aux points de graissage. Les filtres en dérivation sont plus serrés et ils ne sont traversés que par une partie de l'huile qu'ils nettoient cependant plus efficacement, alors que la quantité d'huile restante non filtrée s'achemine vers les points de graissage.
Le filtre centrifuge quant à lui possède une poulie et il est entraîné par le vilebrequin à l'aide d'une courroie trapézoïdale. Il peut aussi être monté en bout de vilebrequin

Ölfilter, Schmierölfilter

Bei der Druckumlaufschmierung sitzen Ölfilter im Hauptstrom oder auch im Nebenstromkreis, damit Teer- und Schmutzteilchen sowie Verbrennungsrückstände und Ölkohle aus dem umlaufenden Öl entfernt werden. Sitzt der Filter im Hauptstrom, so fließt das Schmieröl von der Pumpe zuerst durch den Filter, bevor es zu den Schmierstellen gelangt. Hauptstromfilter haben fast immer ein Kurzschlußventil (Überströmventil, Umgehungsventil), das im Falle einer Verstopfung das ungefilterte Öl zu den Schmierstellen fließen läßt. Im Nebenstrom sitzt ein Feinfilter, der nur einen Teil des Ölstroms allerdings mit größerer Reinigungskraft filtert, während die übrige Ölmenge ungefiltert zu den Schmierstellen fließt.
Der Schleuderfilter (Fliehkraftreiniger) besitzt eine Riemenscheibe und dreht sich über einen Keilriemen mit der Kurbelwelle. Er kann aber auch am Kurbelwellenende befestigt sein (Fiat-Motoren). Das Motoröl wird nach außen geschleudert, wobei die schweren Schmutzpartikel ausgeschieden werden und durch die Fliehkraft verkrusten. Das gereinigte Öl wird durch eine Umlenkscheibe nach innen zur Mitte ge-

(être monté en bout de vilebrequin) (moteurs Fiat). L'huile moteur est projetée vers l'extérieur, ce qui permet aux impuretés qu'elle contient de se dégager et, sous l'effet de la force centrifuge, de se comprimer en formant une croûte. Un déflecteur annulaire laisse refluer l'huile débarrassée de ses impuretés vers le centre d'où elle quitte le filtre. Le filtre centrifuge ne requiert pas d'entretien spécial. Il est toutefois recommandé de le nettoyer à l'essence tous les 30 à 50.000 km.

(lenkscheibe nach innen zur Mitte ge-) geführt und verläßt die Schleuder. Der Fliehkraftreiniger ist wartungsfrei. Lediglich alle 30 bis 50.000 km wird er mit Benzin ausgewaschen.

oil filter gasket 1110

joint de filtre à huile
Joint annulaire servant à l'échantéité du filtre à huile sur le carter. Il doit être graissé lors de la mise en place du filtre.

Ölfilterdichtungsring
Gummiring zum Abdichten des Ölfilters auf dem Motorgehäuse. Er muß beim Einbau des Filters über den ganzen Umfang leicht geschmiert werden.

oil filter gauze = oil pump strainer

oil gun = oil suction gun

oil-in gasoline lubrication = mixture method lubrication

oil level dipstick = crankcase oil dipstick

oil level gage (US) = crankcase oil dipstick

oil level plug 1111

bouchon de remplissage et niveau du carter de la boîte de vitesses
Bouchon vissé sur le carter d'une boîte de vitesses, dont l'ouverture permet de surveiller et de compléter au besoin le niveau d'huile. Dans certains véhicules la boîte de vitesses et le différentiel on un bain d'huile commun.

Ölstandskontrollschraube des Getriebes, Einfüllschraube des Getriebes
Schraube am Getriebegehäuse zur Kontrolle des Ölstandes im Getriebe bzw. zum Nachfüllen von Getriebeöl. Es gibt Wagen, in denen das Wechselgetriebe und das Ausgleichsgetriebe eine gemeinsame Ölfüllung besitzen.

oil level rod = crankcase oil dipstick

oil light = oil pressure indicator lamp

oil pan = crankcase bottom half

oil pistol = oil suction gun

oil pressure gage (US) **1112**

manomètre d'huile

Instrument indicateur du tableau de bord signalant la pression de l'huile moteur. En vitesse de croisière, la pression de l'huile varie entre 4 et 6 kg/cm^2. Il existe des manomètres d'huile mécaniques et électriques.

Ölmanometer

Anzeigeinstrument am Armaturenbrett, das über den Motoröldruck Aufschluß gibt. Bei Normalfahrt schwankt der Öldruck zwischen 4 und 6 atü. Ölmanometer gibt es in mechanischer und elektrischer Ausführung.

oil pressure gauge (GB) = oil pressure gage

oil pressure indicator lamp **1113**

témoin de pression d'huile, voyant de pression d'huile

Voyant lumineux fixé sur le tableau de bord pour le contrôle de la pression de l'huile refoulée par la pompe à huile. Il s'allume lorsqu'il n'y a pas de pression et doit s'éteindre dès le moteur lancé.

Öldruckkontrolleuchte, Öldruckkontrollicht

Leuchtanzeige in der Instrumententafel zur Überwachung des Förderdrucks der Ölpumpe. Sie leuchtet auf, solange kein Öldruck vorhanden ist. Beim Anlassen muß sie sofort erlöschen.

oil pressure pump **1114**

pompe haute pression

Dans la suspension hydropneumatique, la pompe haute pression est alimentée par le réservoir hydraulique et entraînée par le moteur du véhicule. Elle débite dans le correcteur de hauteur via un conjoncteur-disjoncteur-accumulateur.

Druckölpumpe

In der hydropneumatischen Federung wird die Druckölpumpe vom Ölbehälter mit Flüssigkeit versorgt und vom Fahrzeugmotor angetrieben. Sie fördert das Spezialöl in den Höhenkorrektor über einen Druckspeicher.

oil-pressure relief valve **1115**

clapet de sûreté

Dans le système de graissage sous pression il peut se produire une surpression accidentelle au-delà de 2–6 bars. Dès lors un clapet de sûreté intercalé entre la pompe à huile et le filtre s'ouvrira pour permettre à l'huile excédentaire de refluer dans le carter.

Überdruckventil, Ölüberdruckventil, Druckregelventil

Bei der Druckumlaufschmierung kann der Umlaufdruck von 2–6 bar überschritten werden. Dabei öffnet sich das zwischen Ölpumpe und Ölfilter angeordnete Ölüberdruckventil, das den Ölüberschuß in die Ölwanne zurückfließen läßt.

oil pressure sensor = oil pressure switch

oil pressure switch **1116**

manocontact d'huile

Manocontact qui allume un voyant

Öldruckschalter

Druckschalter, der bei absinkendem

(Manocontact qui allume un voyant) lorsque la pression de l'huile moteur diminue ou en cas de perte d'huile.

(Druckschalter, der bei absinkendem) Öldruck oder fehlendem Schmieröl eine Ölkontrollampe aufleuchten läßt.

oil pressure warning lamp = oil pressure indicator lamp

oil pump = gear pump/rotor-type pump

oil pump filter = oil pump strainer

oil pump screen = oil pump strainer

oil pump spindle *(See Ill. 20 p. 223, Ill. 29 p. 391)* **1117**

arbre de commande de la pompe à huile
Arbre commandé par l'arbre à cames et qui entraîne l'un des deux pignons de la pompe (pompe à engrenages). Dans la pompe à rotors, l'arbre de commande entraîne le rotor intérieur.

Ölpumpenwelle
Welle, die von der Nockenwelle mitgenommen wird und eines der beiden Zahnräder der Pumpe (Zahnradpumpe) antreibt. In der Exzenterpumpe wird der Innenrotor von der Ölpumpenwelle angetrieben.

oil pump strainer *(See Ill. 17 p. 182)* **1118**

crépine d'huile, tamis métallique, crépine d'aspiration
Tamis disposé dans le carter sur l'aspiration à l'entrée de la pompe à huile.

Ölgrobfilter, Sieb, Ölpumpensieb
Sieb in der Ölwanne auf der Saugseite der Zahnradölpumpe.

oil refinery **1119**

raffinerie de produits pétroliers
Usine chimique où s'effectue la transformation du pétrole brut.

Erdölraffinerie
Chemische Fabrik, in der Erdöl verarbeitet wird.

oil refining **1120**

raffinage de produits pétroliers
Le raffinage englobe les diverses étapes de la fabrication des produits pétroliers.
Les opérations fondamentales auxquelles recourt le raffinage de produits pétroliers peuvent se résumer schématiquement en opérations de distillation, de transformation moléculaire (craquage, reformage) et d'épuration.

Erdölraffination
Alle verfahrenstechnischen Schritte zur Verarbeitung von Erdöl.
Zu den Hauptverfahren der Erdölraffination gehören schematisch die Destillation, die Konversionsverfahren (Cracken, Reformieren) sowie die Reinigungsverfahren.

oil reservoir 1121

réservoir hydraulique

1. Réservoir d'huile spéciale qui, dans la suspension oléo-pneumatique, alimente la pompe HP. Lorsque la caisse se relève, l'huile repoussée par la pression de l'azote reflue dans le réservoir hydraulique.
2. Réservoir d'huile-moteur sur lequel sont branchées und pompe de pression et une pompe de vidange dans le système de graissage à carter sec.

Ölbehälter, Vorratsbehälter

1. Behälter, der bei der hydropneumatischen Federung die Druckölpumpe mit Flüssigkeit versorgt. Beim Anheben des Wagenaufbaus fließt das vom Gasdruck verdrängte Spezialöl in den Ölbehälter zurück.
2. Behälter mit Motorölfüllung, an dem eine Druck- und eine Saugpumpe bei der Trockensumpfschmierung angeschlossen sind.

oil scraper ring *(See Ill. 26 p. 338)* 1122

segment racleur

Segment ou cercle élastique le plus bas empêchant l'huile de pénétrer dans la chambre de compression. Il fait ainsi obstacle à la formation de calamine et, par conséquent, à l'encrassement des bougies. L'huile excédentaire est raclée sur la paroi du cylindre et reflue dans le carter moteur par l'intérieur du piston. Dans les versions diesel on rencontre fréquemment deux segments racleurs.

Ölabstreifring, Ölabstreifer

Unterster Kolbenring, der das Eindringen des Öls in den Verdichtungsraum verhindert. Somit vermindert er die Bildung von Verbrennungsrückständen sowie die Verschmutzung der Zündkerzen. Das überschüssige Öl wird abgestreift und fließt über das Kolbeninnere in die Ölwanne zurück. Bei Dieselmotoren sind meistens zwei Ölabstreifringe vorhanden.

oil sender = oil pressure switch

oil sludge 1123

cambouis

Résidus boueux de dépôts charbonneux et de particules métalliques provenant de l'usure de pièces mécaniques et se trouvant dans le fond du carter moteur. Ils sont éliminés par filtrage.

Ölschlamm

Rückstände aus Ölruß und Metallabrieb im Ölsumpf. Sie werden durch Ölfilter zurückgehalten.

oil strainer = oil pump strainer

oil suction gun 1124

seringue

Seringue servant à aspirer et à injecter de l'huile fraîche dans les parties difficiles d'accès (boîte de vitesses, pont arrière).

Öleinfüllpistole, Ölspritzpistole

Gerät zum Absaugen bzw. zum Einspritzen von Frischöl an schwer zugänglichen Stellen (Getriebe, Hinterachse).

oil sump = crankcase bottom half

oil sump drain plug = oil sump plug

oil sump plug *(See Ill. 17 p. 182)* 1125

bouchon de vidange du carter
Bouchon avec joint métallique d'étanchéité vissé sur le demi-carter inférieur du vilebrequin.

Ölablaßschraube, Ölablaßstopfen
Schraube mit Metalldichtung am Kurbelgehäuseunterteil (Ölwanne).

oil tanker = tank truck

oil thermometer 1126

thermomètre d'huile
Thermomètre permettant de faire la lecture de la température de l'huile moteur.

Ölthermometer
Thermometer, an dem die Temperatur des Motorschmieröls abgelesen werden kann.

oil thrower 1127

anneau pare-fluide
Anneau d'un vilebrequin empêchant l'huile d'être projetée le long de l'axe du vilebrequin.

Ölspritzring
Ring auf der Kurbelwelle, der eine Ölströmung entlang der Welle verhindert.

oil trap 1128

déshuileur, séparateur d'huile
Cylindre vertical disposé entre le compresseur et le réservoir. Il est prévu pour le dépôt de l'huile et des vapeurs d'eau drainés par l'air comprimé refoulé par le compresseur. Il est pourvu à sa partie inférieure d'un robinet de vidange.

Entöler
Senkrecht angeordneter Zylinder zwischen Luftpresser und Luftbehälter. Dort setzen sich Öl und Wasserdampf aus der Druckluft ab, die aus dem Luftpresser strömt. Er ist unten mit einem Ablaßhahn versehen.

oil warning light = oil pressure indicator lamp

oiliness 1129

onctuosité
Pouvoir d'un lubrifiant d'adhérer sur les surfaces métalliques. Cette aptitude dépend de sa structure moléculaire et de sa viscosité.

Schmierfähigkeit, Schlüpfrigkeit, Lubrizität
Fähigkeit eines Schmiermittels, auf Metallflächen zu haften. Die Schmierfähigkeit ist weitgehend vom Molekulargefüge und von der Viskosität des Schmiermittels abhängig.

oilless bearing = self-lubricating bearing

Oldham coupling 1130

joint d'Oldham, accouplement d'Oldham

Mode d'articulation proche du joint de Cardan, appliqué au cas où les arbres à relier ne sont pas parfaitement alignés, mais bien légèrement parallèles l'un à l'autre. Il est constitué par deux plateaux, chacun solidaire de l'un des arbres, et d'un disque intermédiaire. Chaque plateau possède une rainure diamétrale de section rectangulaire dans laquelle s'engage chacune des glissières du disque intermédiaire. Ces deux glissières, disposées de part et d'autre du disque, sont décalées de 90°.

Oldham-Kupplung, Kreuzscheibenkupplung

Dem Kardangelenk nahestehende Kupplungsart, die jedoch nur dann verwendet wird, wenn die zwei zu verbindenden Wellen nicht genau in einer Flucht, sondern leicht parallel zueinander liegen.
An jedem Wellenende sitzt eine Kupplungsscheibe mit einer rechteckigen Nut über den ganzen Durchmesser. In jeder Nut gleitet ein Zwischenstück, Kreuzscheibe genannt, die beiderseits je eine Gleitfeder aufweist. Beide Gleitfedern sind gegeneinander um 90° versetzt.

one-hole nozzle = single-hole nozzle

one-way clutch = free engine clutch

one-way road 1131

route à voie unique de circulation

Route à un seul sens de trafic.

Einbahnstraße

Straße, auf der sich der Verkehr nur in einer Richtung abwickelt.

open-chamber diesel engine = solid injection diesel engine

open-end double-head wrench 1132

clé à double fourche

Clé de serrage à double fourche dont les ouvertures sont différentes.

Doppelmaulschlüssel, Doppelgabelschlüssel

Schraubenschlüssel mit zwei verschiedenen Maulweiten.

open-end slugging wrench 1133

clé à fourche à frapper

Clé à fourche pour travaux d'assemblage particulièrement difficiles. Ouvertures échelonnées de 30 à 175 mm.

Schlag-Maulschlüssel, Schlag-Gabelschlüssel

Schraubenschlüssel für besonders schwere Montagearbeiten. Maulweiten von 30 bis zu175 mm.

operating lever = gearshift lever

opposed-cylinder engine = flat engine

optical overtake signal = headlight flasher

optical wheel-alignment analyzer 1134

appareil à projection lumineuse pour le contrôle des trains avant et arrière
Appareil de contrôle dont le système optique comprend un projecteur fixe et un miroir de roue mobile.

optisches Achsmeßgerät
Gerät für die Achsvermessung. Das optische System umfaßt einen festen Meßprojektor sowie einen verstellbaren Radspiegel.

orifice nozzle 1135

injecteur à trou(s)
Injecteur à un seul trou ou à plusieurs trous utilisé dans les moteurs diesel.

Lochdüse
Düse mit einem einzigen Spritzloch oder mehreren Spritzlöchern bei Dieselmotoren.

oscilloscope 1136

oscilloscope cathodique
Appareil de contrôle électronique permettant d'obtenir des oscillogrammes des circuits primaire et secondaire d'un allumage. L'oscilloscope comporte principalement un tube à rayons cathodiques et une série d'éléments servant à produire, à diriger et à faire apparaître un faisceau d'électrons sur l'écran du tube cathodique. Les modèles les plus simples ont trois cordons, le premier pour le circuit primaire, le second pour le circuit secondaire et le troisième pour la mise à la masse.

Oszilloskop, Zündungsoszillograf, Katodenstrahloszillograph
Elektronisches Gerät zur Prüfung des Primär- bzw. Sekundärstromkreises einer Zündanlage. Das Oszilloskop enthält eine Katodenstrahlröhre sowie eine Anzahl von Bauteilen zur Erzeugung, zur Ablenkung und zum Sichtbarmachen eines Elektronenstrahls auf dem Schirm. Bei der einfachen Bauart gibt es zwei Meßschnuren, je eine für den Primär- und den Sekundärstromkreis und ein Massekabel.

Otto cycle = four-stroke process

Otto engine = internal combustion engine

outer dead centre = top dead center

outer gasket = spark plug gasket

outer rotor *(See Ill. 29 p. 391)* 1137

rotor extérieur
Rotor à lobes femelles d'une pompe à rotor excentré (pompe à huile), dans lequel tourne le rotor intérieur.

Außenrotor
Innenverzahnter Rotor einer Rotorpumpe (Ölpumpe), in dem sich der außenverzahnte Innenrotor dreht.

outer synchromesh sleeve = synchronizer sleeve

outer wheel 1138

roue extérieure
Roue d'un véhicule qui, dans un virage, décrit une plus grande courbe que la roue opposée du même train.

kurvenäußeres Rad, außenliegendes Rad
Das Rad eines Fahrzeuges, das beim Befahren einer Kurve einen größeren Weg zurücklegt als das gegenüberstehende Rad der gleichen Achse.

outlet port 1139

lumière d'échappement
Ouverture ménagée dans le cylindre d'un moteur deux temps et que débouche le piston lors de sa course descendante permettant aux gaz brûlés de s'échapper.

Auslaßschlitz
Öffnung im Zylinder eines Zweitaktmotors, die beim Abwärtsgang des Kolbens freigegeben wird, so daß die verbrannten Gase in den Auspuff entweichen können.

outlet valve = exhaust valve

output cylinder = clutch output cylinder

output per unit of displacement = liter output

output shaft = third motion shaft

outside diameter of minimum turning circle = turning clearance circle

outside wheel = outer wheel

overcar aerial = roof antenna

overcar antenna = roof antenna

overdrive transmission 1140

surmultiplicateur, overdrive, boîte de vitesses avec vitesse surmultipliée
Boîte de vitesses complémentaire donnant une vitesse de l'arbre de transmission supérieure à celle de l'arbre moteur.

Overdrivegetriebe, Ferngang, Spargang, Schnellgang, Schongang
Zuschaltbares Schnellganggetriebe, mit dem eine größere Abtriebsdrehzahl als die Motordrehzahl erreicht werden kann.

overflow oil line connection *(See Ill. 25 p. 315)* 1141

raccord de retour
La faible quantité de combustible s'infiltrant entre l'aiguille de l'injecteur et sa buse reflue au réservoir par un raccord de retour fixé sur le porte-injecteur.

Leckölanschluß
Die geringfügige Dieselkraftstoffmenge, die zwischen Düsenkörper und Düsennadel durchleckt, fließt über eine Leckölleitung in den Kraftstoffbehälter zurück.

overflow pipe 1142

conduite de décharge, tuyauterie de trop-plein

1. Dans un circuit d'alimentation en combustible, la canalisation de trop-plein relie la soupape de décharge au réservoir de gas-oil.
2. Tube maintenant le réservoir supérieur d'un radiateur à la pression atmosphérique.

Überströmleitung

1. In einer Dieselkraftstoffanlage verbindet die Überströmleitung das Überströmventil mit dem Kraftstoffbehälter.
2. Rohr, das den oberen Wasserkasten eines Kühlers unter atmosphärischem Druck hält.

overflow valve 1143

soupape de décharge

Soupape accolée au filtre à combustible ou montée sur la chambre d'aspiration d'une pompe à injection. Son rôle est de maintenir une pression d'environ 1 bar dans le circuit d'alimentation en combustible et de faire refluer dans le réservoir l'excédent de gas-oil pompé. On trouve également une soupape de surpression dans les filtres à huile à passage total.

Überströmventil

Ventil am Kraftstoffilter bzw. am Saugraum einer Einspritzpumpe. Aufgabe des Überströmventils ist es, einen Vordruck von ca. 1 bar in der Anlage beizubehalten und den Kraftstoffüberschuß zum Behälter zurückfließen zu lassen. Ein Überströmventil gibt es auch bei den meisten Hauptstromfiltern.

overhead camshaft engine 1144

moteur à arbre à cames en tête, moteur ACT

Moteur à arbre à cames en tête à attaque directe ou indirecte.

ohc-Motor, obengesteuerter Motor mit obenliegender Nockenwelle

Obengesteuerter Motor mit direktwirkender oder indirektwirkender obenliegender Nockenwelle.

overhead earth electrode 1145

électrode frontale, électrode en bout

Electrode de masse qui, dans une bougie d'allumage, se place en dessous de l'électrode centrale. Elle se distingue par une usure relativement faible.

Stirnelektrode

Masseelektrode, die bei Zündkerzen unter der Mittelelektrode liegt. Sie zeichnet sich durch einen geringfügigen Abbrand aus.

overhead line 1146

ligne aérienne

Ligne tendue au-dessus de la voie publique pour l'alimentation de véhicules électriques. Dans le cas de trolleybus, la ligne aérienne est bifilaire en vue de l'acheminement aller-retour d'une tension continue de 500 à 800 volts.

Oberleitung, Fahrleitung

Über der Fahrbahn aufgehängte Leitung, die elektrische Triebfahrzeuge mit Betriebsstrom versorgt. Für Obusse sind zwei Fahrdrähte (zweipolige Fahrleitung) für Hin- und Rückleitung von 500–800 V Gleichspannung notwendig.

overhead-type engine 1147

moteur à soupapes en tête
Dans le moteur à soupapes en tête, les soupapes s'ouvrant de haut en bas sont commandées par une tige de poussée et un culbuteur lorsque l'arbre à cames est logé dans le carter. S'il se trouve placé au-dessus des cylindres (arbre à cames en tête), les soupapes sont actionnées soit par les culbuteurs, soit directement par les cames.

obengesteuerter Motor, OHV-Motor
Beim obengesteuerten Motor werden die hängenden Ventile über Stößelstangen und Kipphebel betätigt, wenn die Nockenwelle unten im Kurbelgehäuse liegt. Bei obenliegender Nockenwelle werden die Ventile unmittelbar durch die Nocken oder durch Kipphebel gesteuert.

overhead valve = drop valve

overhead valve engine = overhead-type engine

overhead wires = overhead line

over-inflation 1148

surgonflage
En cas de surgonflage des pneumatiques, ceux-ci ne sont plus en contact avec la chaussée que par leur centre où l'usure se marquera le plus. De surcroît les pneumatiques surgonflés perdent leur élasticité et ne sont plus en mesure d'amortir les chocs, qui se transmettent au véhicule.

Reifenüberdruck
Bei zu hohem Reifenfülldruck hat der Reifen nur in der Mitte Kontakt mit der Fahrbahn, so daß Mittenverschleiß zu befürchten ist. Außerdem ist die Elastizität des Reifens nicht mehr einwandfrei. Die Bodenunebenheiten werden nicht mehr gedämpft, und Stöße übertragen sich auf den Wagen.

overrun 1149

phase de frein moteur
Phase de roulement au cours de laquelle le moteur est entraîné par le véhicule, comme c'est le cas dans les longues descentes.

Schiebebetrieb, Schiebeleerlauf
Im Schiebebetrieb wie z.B. bei Bergabfahrt, wird der Motor vom Fahrzeug angetrieben.

overrun brake 1150

frein à inertie
Frein de remorque qui agit de lui-même lors du ralentissement du véhicule tracteur en raison de la force d'inertie qui s'exerce sur la remorque.

Auflaufbremse
Bremse eines Anhängers, die erst beim Verlangsamen des Zugwagens durch die auf den Anhänger ausgeübte Auflaufkraft wirksam wird.

overrunning clutch *(See Ill. 30 p. 398)* 1151

roue libre, débrayage à galet
Pièce qui dans un démarreur à solénoïde débraye le pignon de

Rollenfreilauf, Klemmenrollenfreilauf
In einem Schubschraubtriebanlasser wird das Ritzel mit Hilfe eines Rollen-

(solénoïde débraye le pignon de) l'arbre d'induit et le ramène à sa position initiale dès le démarrage du moteur.

(wird das Ritzel mit Hilfe eines Rollen-) freilaufs von der Ankerwelle gelöst und nach Anspringen des Motors in seine Ausgangsstellung zurückgebracht.

oversquare engine 1152

moteur super-carré
Moteur dont l'alésage est supérieur à la course.

Kurzhubmotor, Kurzhuber
Motor mit einem Hubverhältnis Hub: Bohrung kleiner als 1.

overspeed drive = overdrive transmission

oversteer, to 1153

survirer
Le véhicule décrit un cercle plus petit que celui correspondant au braquage des roues et l'arrière du véhicule déboîte. En effet, l'angle de dérive est plus important à l'arrière qu'à l'avant. Phénomène généralement propre au groupe propulseur arrière.

übersteuern
Das Fahrzeug fährt einen kleineren Kreis, als es dem Lenkeinschlag der Räder entspricht, und es drängt mit dem Heck nach außen, weil der Schräglaufwinkel hinten größer ist als vorn. Dies ist oft bei Hecktriebsätzen der Fall.

over-wide tire = super-low-section tire

oxidation inhibitor 1154

additif antioxydant, inhibiteur d'oxydation
Additif servant à combattre la corrosion et le vieillissement d'une huile lubrifiante.

Antioxydant, Oxydationsverzögerer, Oxydationsinhibitor, Alterungsschutzstoff
Zusatzstoff gegen die Korrosion und die Alterung des Schmieröls.

pad carrier *(See Ill. 13 p. 150)* 1155

support en acier
Support métallique sur lequel est fixée la garniture en matière amiantée ou en métal fritté destinée au freinage par friction.

Belagträger, Bremssegment
Metallplatte, worauf der Bremsbelag aus Asbestgewebe bzw. Sintermetall befestigt ist.

pad retaining pin *(See Ill. 13 p. 150)* 1156

clavette
Clavette servant à la fixation des plaquettes de frein dans l'étrier.

Haltestift
Stift zum Festhalten von Scheibenbremsbelägen im Bremssattel.

pad thickness = thickness of lining

pad wear = lining wear

paint spray can 1157

bombe aérosol de peinture

Récipient avec lequel de la peinture peut être pulvérisée sous pression grâce au gaz propulseur qu'il contient.

Lacksprühdose

Behälter, womit Autolack mit Hilfe eines mitführenden Treibgases durch eine Düse versprüht wird.

Palmer scan = micrometer screw

palloid tooth system 1158

denture spirale

Dans ce type de denture, le profil de la dent correspond à la portion d'une spirale. La hauteur de la dent est identique sur toute la largeur de celle-ci de même que la face en dépouille présente une largeur constante.

Palloid-Verzahnung, Klingelnbergverzahnung

Bei der Palloid-Verzahnung entspricht die Zahnform dem Abschnitt einer Spirale. Die Zahnhöhe ist über die ganze Zahnbreite gleich hoch, und der Zahnrücken ist überall gleich breit.

pancake engine = flat engine

Panhard rod 1159

barre Panhard

Barre reliant un côté de la coque à l'extrémité opposée de l'essieu et s'opposant à tout mouvement latéral parasite.

Panhardstab

Stab mit einem Anlenkpunkt an der Karosserie und einem weiteren am gegenüberliegenden Achsenende. Er überträgt die Seitenkräfte von der Achse auf das Fahrzeug.

paraffin extraction = dewaxing

parallel-arm type suspension 1160

suspension à deux bras transversaux parallèles

Suspension comportant deux bras triangulés parallèles et d'égale longueur. Ce système donne lieu, sous charge, à des variations de voie.

Parallel-Querlenkerradaufhängung

Doppel-Querlenkerradaufhängung in Parallelogrammform mit zwei gleich langen Dreieckslenkern, die parallel zueinander angeordnet sind. Diese Anordnung bringt bei Belastung des Fahrzeuges Spurweitenänderung mit sich.

parallel capacitor 1161

condensateur en parallèle, condensateur en dérivation

Composant utilisé surtout pour le déparasitage des ondes moyennes et longues dans la partie basse tension de l'installation électrique d'un véhicule.

Parallelkondensator

Kondensator, der vor allem bei der AM-Entstörung (Mittel- und Langwelle) im Niederspannungsteil einer Kfz-Elektroanlage eingebaut wird.

parallel connection *(See Ill. 3 p. 50)* 1162

branchement en parallèle, montage en parallèle, couplage en parallèle
Branchement de plusieurs consommateurs de courant électrique reliés par une borne au pôle positif de la source de tension et par l'autre borne au pôle négatif de cette même source.

Parallelschaltung, Nebeneinanderschaltung
Schaltung, bei der mehrere Stromverbraucher mit dem einen Anschluß mit dem Pluspol der Spannungsquelle und mit dem anderen Anschluß mit dem Minuspol verbunden sind.

paralleling = parallel connection

parcel shelf = rear parcel shelf

parcel tray = rear parcel shelf

park braking system = hand brake

parking brake = hand brake

parking-light = side-marker lamp

parking lock 1163

frein de parking
Dans une boîte automatique, position de levier sélecteur par laquelle les roues motrices du véhicule sont mécaniquement bloquées.

Parksperre
Wählhebelstellung in einem automatischen Getriebe, bei der die Antriebsräder des Fahrzeugs mechanisch blokkiert sind.

parking meter 1164

parcomètre, parcmètre
Appareil automatique se trouvant sur les places publiques, dans les rues fréquentées et les parkings. Il mesure la durée du stationnement autorisé à raison de la redevance acquittée.

Parkuhr, Parkometer
An öffentlichen Plätzen, verkehrsreichen Straßen und Parkplätzen aufgestellter Automat, der je nach dem Geldeinwurf eine mehr oder weniger kurz befristete Parkzeit gewährt.

parking strip 1165

bande d'arrêt d'urgence
Bande de circulation le long d'une autostrade ou d'une route, aménagée pour les véhicules immobilisés.

Standspur, Standstreifen
Fahrspur entlang einer Autobahn oder einer Straße, die nur für den Nothalt bestimmt ist.

parkway = superhighway

part load 1166

charge partielle
Il y a charge partielle dans la marche d'un moteur lorsque le papillon des

Teillast, Straßenlast
Bei den Betriebsbedingungen eines Verbrennungsmotors liegt Teillast vor,

(d'un moteur lorsque le papillon des) gaz n'est que partiellement ouvert, quel que soit le régime du moteur.

(brennungsotors liegt Teillast vor,) wenn die Drosselklappe zum Teil geöffnet ist, wobei die Motordrehzahlen unterschiedlich sein können.

partially-screened spark-plug connector 1167

embout de bougie d'antiparasitage partiellement blindé
Embout d'antiparasitage droit ou coudé, destiné à la partie haute tension de l'allumage et qui contient une résistance d'amortissement d'environ 1–5 kΩ.

teilgeschirmter Zündkerzenentstörstecker
Entstörmittel in gerader oder abgewinkelter Ausführung für den Hochspannungsteil einer Zündanlage. Es enthält einen Dämpfungswiderstand von ca. 1–5 kΩ.

passing beam = low beam

passing signal light = headlight flasher

passive security 1168

sécurité passive
Ensemble de mesures prises par le constructeur automobile et qui concourent à la sécurité des passagers en cas d'accident. On peut citer notamment l'habitacle, la ceinture, la colonne de direction et les arceaux de sécurité de même que l'appui-tête, le siège pour enfants, le volant absorbeur d'énergie, etc.

passive Sicherheit
Passive Sicherheit wird durch Konstruktionsmerkmale am Fahrzeug gewährleistet, damit bei Unfällen alle Insassen vor schweren Körperverletzungen geschützt werden. Dazu gehören u.a. die Sicherheits-Fahrgastzelle, der Sicherheitsgurt, die Nackenstütze, der Kindersitz, das Sicherheitslenkrad, die Sicherheitslenksäule, die Überrollbügel usw.

payload space = loading space

pedal *(See Ill. 16 p. 180, Ill. 5 p. 65)* 1169

pédale
Levier servant à déclencher ou à transmettre un mouvement à l'aide du pied.

Fußpedal, Fußhebel, Fußtritt
Hebel zur Übertragung oder Auslösung einer Bewegung mit dem Fuß.

pedal-type brake valve = treadle brake valve

pedestrian crossing 1170

passage pour piétons, passage zébré
Passage prioritaire pour piétons repéré par des zébrures parallèles à l'axe de la chaussée.

Fußgängerüberweg
Übergang, der durch quer zur Fahrbahn liegende Zebrastreifen gekennzeichnet ist, auf dem der Fußgänger Vorrang hat.

pencil-type glow plug (US) = sheathed-element glow plug

penetrating oil 1171

huile pénétrante, huile dégrippante
Solvant en aérosol utilisé contre la rouille et pour dégripper les boulons récalcitrants.

Kriechöl
Lösungsmittel in Sprühdosen für starken Rost und festsitzende Schrauben.

peripheral speed = circumferential speed

petrol (GB) = gasoline

petrol-air mixture = explosive mixture

petrol can = jerry-can

petrol container = jerry-can

petrol filler cap = filler cap

petrol gauge (GB) = fuel gage

petrol injection = gasoline injection

petrol pump = fuel pump

petrol tank = fuel tank

petrol tank breather (GB) 1172

orifice de ventilation, trou de ventilation
Orifice ménagé dans le bouchon du réservoir de carburant ou dans le réservoir lui-même et qui maintient le carburant à la pression atmosphérique. Sans cet orifice, une depression se créerait lors du pompage du carburant dont l'écoulement serait dès lors freiné.

Entlüftungsloch, Belüftungsloch
Öffnung am Tankdeckel bzw. am Kraftstoffbehälter, die den Kraftstoff unter Atmosphärendruck hält. Beim Abpumpen des Kraftstoffes aus dem Behälter entstünde sonst Unterdruck, der die Kraftstoffzufuhr hemmen würde.

petroleum 1173

pétrole brut, brut
Mélange liquide de divers hydrocarbures. Il contient 84 à 87% de carbone, 11 à 14% d'hydrogène, 3% d'oxygène, 1% de soufre et 0,5% d'azote.

Erdöl, Rohöl, Petroleum, Steinöl, Bergöl
Flüssiges Gemisch verschiedener Kohlenwasserstoffe. Erdöl enthält in etwa 84 bis 87% Kohlenstoff, 11 bis 14% Wasserstoff, 3% Sauerstoff, 1% Schwefel und 0,5% Stickstoff.

petroleum jelly = battery-terminal grease

phenolic resin 1174

résine phénolique
Résine synthétique obtenue par condensation du phénol ou de ses dérivés avec le formaldéhyde.

Phenolharz, Phenoplast
Kunstharz, das durch Kondensation von Phenol oder dessen Derivaten mit Formaldehyd hergestellt wird.

Phillips screw = recessed-head screw

Phillips screwdriver 1175

tournevis à lame cruciforme
Tournevis utilisé pour vis à tête cruciforme.

Kreuzschlitzschraubendreher, Schraubendreher für Kreuzschlitzschrauben
Schraubendreher für Schraubenköpfe mit Kreuzschlitz.

phosphatizing 1176

phosphatation
Au terme de l'opération de dégraissage, la coque nue est immergée dans un bain de phosphate de zinc contenant des additifs. Celui-ci dépose une couche protectrice anti-corrosion sur le métal nu, garantissant un accrochage parfait des couches de peinture qui y seront appliquées par la suite.

Phosphatierung
Nach dem Entfetten wird das blanke Karosserieblech in eine Zinkphosphatlösung mit Zusätzen getaucht. An der Oberfläche entsteht eine Korrosionsschutzschicht, die eine Grundlage für nachfolgende Anstriche abgibt.

photoelectric tachometer 1177

compte-tours photo-électrique
Compte-tours fonctionnant sur pile et équipé d'une tête avec lampe et cellule photo-électrique, ne requérant aucune connexion électrique ou mécanique. Un commutateur permet de sélectionner plusieurs plages de vitesses.
La tête avec la lampe est braquée sur le corps en rotation portant une marque radiale (trait de craie) et la lumière réfléchie est dès lors détectée par la cellule. Ces impulsions sont finalement converties en tr/min par l'appareil indicateur. (Système Bosch EFAW 257).

photoelektrischer Drehzahlmesser
Batteriebetriebener Drehzahlmesser mit Lampe und Fotozelle, der keinen mechanischen oder elektrischen Anschluß erforderlich macht. Mit Hilfe eines Schalters können mehrere Drehzahlbereiche gewählt werden.
Der mit einer Markierung (Kreidestrich) versehene Drehkörper wird angestrahlt und das von der Markierung reflektierte Licht von der Fotozelle aufgenommen. Durch das Anzeigegerät werden diese Impulse in U/min umgerechnet. (Fabrikat Bosch EFAW 257).

pigment 1178

pigment
Substance colorée en poudre fine, insoluble dans son milieu de suspension. Grâce à son pouvoir colorant, elle entre dans la préparation de peintures et d'enduits de protection.

Pigment
Fein disperses Farbmittel, das im Anwendungsmittel unlöslich ist. Aufgrund seiner Farbkraft wird es in der Lackherstellung verwendet.

pin insulation 1179

isolement de la tige de connexion
Ciment spécial servant à l'isolation de la tige de connexion d'une bougie d'allumage.

Zündbolzenisolierung
Spezialkitt zur Isolierung des Zündkerzenmittelbolzens.

pin punch 1180

chasse-goupilles
Outil proche du chasse-pointes, utilisé cependant pour les goupilles minces.

Splintentreiber
Werkzeug, das dem Durchschlag nahesteht. Es wird jedoch nur für dünne Splinte verwendet.

pin terminal 1181

manchon de raccordement isolé
Connexion rapide avec éléments mâle et femelle enrobée d'un manchon en matière plastique.

Rundstecker
Leitungsverbinder (Stecker und Hülse) mit Kunststoffisolierung.

pinging (US) = pinking

pinion 1182

pignon
La plus petite des roues dentées d'un couple d'engrenages permettant d'obtenir une démultiplication.

Ritzel
Das kleinere Rad eines untersetzenden Zahnradpaares.

pinking 1183

cliquetage du moteur, cliquetis du moteur
Bruit anormal se produisant dans la chambre de combustion d'un moteur à essence et imputable à l'auto-allumage du mélange carburé non encore atteint par le front de flamme, ce qui aboutit à une combustion heurtée.
Les pressions et les températures excessives qui en résultent diminuent la puissance du moteur et sont de nature à endommager ce dernier.
On peut remédier au cliquetis en utilisant du supercarburant ou en corrigeant l'avance à l'allumage.

Klopfen, Klingeln
Hämmerndes oder klingelndes Geräusch in Ottomotoren, das auf Selbstentzündung des von der fortschreitenden Flammenfront noch nicht erreichten Gemischteils zurückzuführen ist, was eine schlagartige Verbrennung zur Folge hat.
Wegen der dabei entstehenden Druckspitzen und unzulässig hohen Temperaturen wird die Motorleistung vermindert, und Motorschäden sind zu befürchten.
Abhilfe: Kraftstoff mit höherer Oktanzahl verwenden oder den Zündzeitpunkt verlegen.

pintle nozzle 1184

injecteur à téton
Injecteur utilisé surtout dans les moteurs diesel à antichambre et à chambre de turbulence. Dans ce

Zapfendüse, Einspritzzapfendüse
Düse, die meist bei Vorkammer- und Wirbelkammermotoren Verwendung findet. Bei diesem Bauteil tritt das zap-

(chambre de turbulence. Dans ce) type d'injecteur, l'extrémité de l'aiguille en forme de téton ressort de l'orifice, ce qui permet à cet injecteur d'assurer lui-même son nettoyage. Il ne convient toutefois pas pour l'injection directe.

(findet. Bei diesem Bauteil tritt das zap-) fenförmige Düsenende aus dem Düsenmund, so daß eine selbstreinigende Wirkung erzielt werden kann. Sie ist für die Direkteinspritzung nicht geeignet.

pip **1185**

perlage
Au terme d'un long service il s'opère un transfert de métal sur les faces des vis platinées d'un rupteur donnant naissance à un perlage côté enclume. De ce fait il devient plus malaisé de relever l'entre-pointes.

Höcker
Nach längerer Betriebszeit entsteht durch Metallwanderung ein Höcker am Amboßkontakt eines Zündunterbrechers, so daß das Nachmessen des Kontaktabstandes durch diese Anhäufung von Kontaktmetall erschwert wird.

pipe still **1186**

four tubulaire
Four dans lequel le pétrole brut est chauffé quelques minutes avant de pénétrer dans la tour de distillation.

Röhrenofen
Ofen, in dem das Rohöl kurze Zeit erhitzt wird, bevor es in den Destillations-Turm gelangt.

piston *(See Ill. 26 p. 338)* **1187**

piston
Organe mécanique mobile, animé d'un mouvement rotatif ou de va-et-vient et qui transmet ou reçoit la pression exercée par des fluides sur l'une de ses faces.

1. Les pistons sont les organes qui animés d'un mouvement de va-et-vient, transmettent à l'embiellage l'effort moteur provoqué par l'explosion. Ils doivent assurer une étanchéité mobile entre la chambre de combustion et le carter du vilebrequin; ils aspirent le flux gazeux, le compriment et transmettent en outre l'excès de chaleur accumulée sur leur calotte lors de la combustion aux parois refroidies des cylindres.
2. Pièce du cylindre de commande d'un frein hydraulique qui, lors du freinage, refoule le liquide de frein dans les canalisations à travers la soupape à double effet.

Kolben
Sich drehendes oder hin- und herbewegendes Maschinenteil, das von flüssigen bzw. gasförmigen Medien unter Druck gesetzt wird oder umgekehrt.

1. Die sich hin- und herbewegenden Kolben übertragen auf die Kurbelwelle die durch die Verbrennungsgase erzeugte Energie über eine Pleuelstange. Aufgabe der Kolben ist es auch, den Verbrennungsraum gegen das Kurbelgehäuse beweglich abzudichten, das Kraftstoff-Luft-Gemisch anzusaugen und zu verdichten sowie die bei der Verbrennung am Kolbenboden aufgenommene Wärme an die gekühlten Zylinderwandungen weiterzuleiten.
2. Teil im Hauptzylinder einer hydraulischen Bremse, das beim Bremsvorgang die Bremsflüssigkeit im geschlossenen Leitungssystem durch das Bodenventil verdrängt.
3. Federbelastetes bzw. unterdruckgesteuertes Teil eines Gleichdruckver-

(travers la soupape à double effet.)
3. Pièce d'un carburateur à pression constante, soumise à la fois à l'action d'un ressort et à la dépression et qui commande le mouvement de l'aiguille conique servant à doser le débit d'essence.

(steuertes Teil eines Gleichdruckvergasers, das die kegelige Düsennadel zur Dosierung des Kraftstoffes führt.

piston accelerator pump 1188
pompe de reprise à piston
Pompe de reprise dont le fonctionnement est en tous points semblable à celui de la pompe à membrane, que l'on rencontre plus fréquemment.

mechanisch betätigte Kolben-Beschleunigungspumpe
Beschleunigungspumpe, deren Wirkungsweise genau dieselbe ist wie bei der mechanisch betätigten Membran-Beschleunigungspumpe.

piston body *(See Ill. 26 p. 338)* 1189
jupe de piston
Partie inférieure du piston qui se situe sous les logements de segments et qui absorbe les efforts latéraux. La jupe est légèrement plus large que la tête du piston, car la dilatation est plus importante dans la partie supérieure. Sa température peut atteindre les 130° C.

Kolbenmantel, Kolbenhemd, Kolbenschaft
Unterteil des Kolbens, der bis zum Kolbenringtragkörper reicht und die Seitenkräfte aufnimmt. Der Kolbenschaft ist etwas breiter als der Kolbenkopf, denn die Metallausdehnung ist im oberen Kolbenteil stärker. Er wird im Betrieb auf ca. 130° C erwärmt.

piston boss 1190
bossage de piston, bossage du palier d'axe de piston
Renforcement intérieur de la jupe du piston dans lequel est percé le trou recevant l'axe du piston.

Kolbenauge, Kolbenbolzenauge, Kolbenbolzennabe, Kolbenbolzenlager, Bolzennabe, Bolzenauge
Verstärkung im Kolbenschaft, in der eine Bohrung zur Aufnahme des Kolbenbolzens vorgesehen ist.

piston clearance = piston play

piston crown = piston top

piston damper 1191
amortisseur hydraulique
Amortisseur à huile fluide disposé dans la cloche d'un carburateur SU et destiné à atténuer les mouvements de pulsation du piston.

Kolbendämpfer
Ölgefüllter Dämpfer in der Vergaserglocke eines SU-Vergasers. Seine Aufgabe ist es, die Schwingungen des Kolbens abzuschwächen.

piston depressor = piston retracting tool

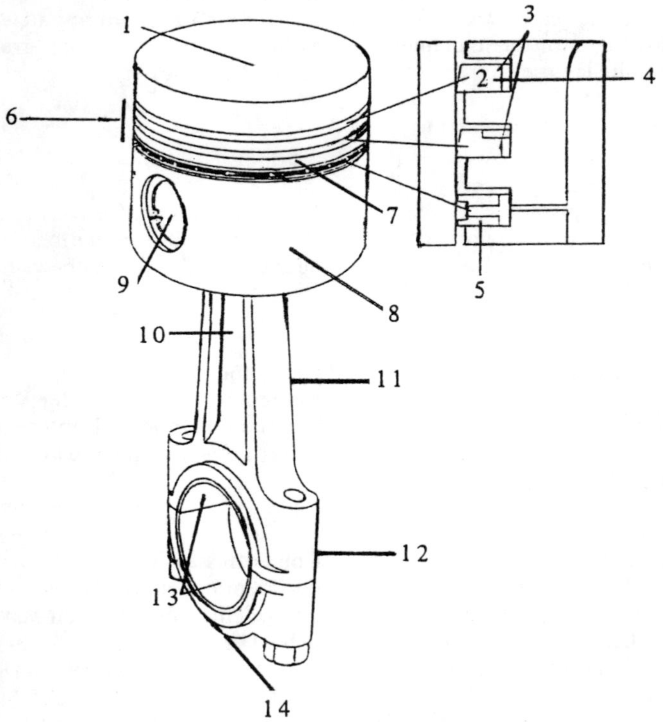

Ill. 26: piston **(1187)**

1 piston top
2 piston ring
3 compression ring
4 top piston ring
5 oil scraper ring
6 piston ring zone
7 piston land
8 piston body
9 piston pin
10 connecting rod shank
11 connecting rod
12 connecting rod big end
13 connecting rod bearing
14 connecting rod cap

piston diameter 1192

diamètre de piston
Le diamètre du piston indiqué sur la calotte du piston est le diamètre maximum de la jupe.

Kolbendurchmesser
Der auf dem Kolbenkopf angegebene Kolbendurchmesser ist der größte Schaftdurchmesser.

piston displacement = displacement

piston displacement compressor 1193

compresseur à piston
Compresseur à mouvement de piston rectiligne alternatif ou à mouvement de rotation.

Kolbenverdichter
Verdichter mit hin- und hergehender oder drehender Kolbenbewegung.

piston engine 1194

moteur à piston
Moteur dans lequel le piston accomplit un mouvement de va-et-vient entre le point mort haut et le point mort bas.

Hubkolbenmotor
Kolbenmotor, bei dem der Kolben sich zwischen oberem und unterem Totpunkt aufwärts und abwärts bewegt.

piston freezing 1195

grippage de piston
Le piston finit par se coincer à la suite d'une usure par friction du cylindre. Les causes qui sont à l'origine d'un grippage de piston sont multiples: surchauffe, manque d'huile, défectuosité de la pompe à huile, huile moteur usée ou encrassée, jeu trop serré, manque d'étanchéité des segments de compression, etc.

Kolbenfresser
Festklemmen des Kolbens im Zylinder infolge eines übermäßigen Materialabriebs. Die wichtigsten Ursachen für das Festsitzen eines Kolbens sind Überhitzung, Ölmangel bzw. defekte Ölpumpe oder verbrauchtes Öl, zu enges Einbauspiel, undichte Kompressionsringe usw.

piston groove 1196

gorge, rainure circulaire, cannelure
Rainures circulaires parallèles, de section rectangulaire, ménagées dans la partie supérieure du piston et dans lesquelles viennent s'encastrer des cercles élastiques ou segments garantissant l'étanchéité. La rainure de piston dans laquelle se loge le segment racleur est percée de petits trous permettant à l'huile de repasser dans le carter inférieur par l'intérieur du piston.

Kolbenringnut, Ringnut
Parallele Ringnuten mit rechteckigem Querschnitt im oberen Kolbenteil, in denen Kolbenringe sitzen, die den Motor abdichten. In der Ringnut zur Aufnahme des Ölabstreifers sind Ölrücklaufbohrungen vorgesehen. Das Öl fließt durch das Kolbeninnere in das Motorgehäuse zurück.

piston head = piston top

piston land *(See Ill. 26 p. 338)* 1197

cordon
Portion du piston comprise entre deux gorges du porte-segments.

Kolbenringsteg
Kolbenpartie zwischen zwei Ringnuten in der Ringzone.

piston material 1198

matériau de piston
Les pistons d'un bloc-cylindres sont réalisés en fonte grise ou en alliage léger. L'alliage léger le plus utilisé est l'alliage d'aluminium avec teneur en silicium, cuivre, nickel et magnésium. Le matériau du piston doit être léger, facilement moulable, avoir un bon frottement avec la paroi du cylindre et être bon conducteur de chaleur afin que le culot du piston ne s'échauffe pas outre mesure en provoquant ainsi de l'auto-allumage.

Kolbenwerkstoff
Kolben werden aus Grauguß oder Leichtmetall hergestellt. Die meistverwendete Leichtmetallegierung ist die Aluminiumlegierung mit Silizium, Kupfer, Nickel und Magnesium. Kolbenwerkstoffe sollen kein großes Gewicht haben, sich leicht gießen lassen, eine gute Laufeigenschaft und eine gute Wärmeleitfähigkeit besitzen, damit der Kolbenoberteil sich nicht übermäßig erhitzt und Glühzündungen auslöst.

piston pin (US) *(See Ill. 26 p. 338)* 1199

axe de piston, tourillon de pied de bielle, axe de pied de bielle
Tube an acier trempé assurant la liaison articulée entre le piston et la bielle. Il peut être monté libre dans le piston ou libre dans la bielle. Il peut être à la fois libre dans le piston et dans la bielle: c'est le montage flottant.

Kolbenbolzen
Hohlzylinder aus gehärtetem Stahl, der die gelenkige Verbindung zwischen Kolben und Pleuelstange herstellt. Er ist im Kolben bzw. in der Pleuelstange drehbar oder einfach nur schwimmend gelagert.

piston pin bushing 1200

bague de pied de bielle, buselure d'axe de piston
Bague en bronze ou en laiton se trouvant dans le pied de bielle et dans laquelle tourillonne l'axe de piston.

Pleuelbuchse
Buchse aus Bronze oder Messing. Sie sitzt im Pleuelauge und dient der Aufnahme des schwimmend gelagerten Kolbenbolzens.

piston pin retainer 1201

frein d'axe de piston
Des circlips ou des joncs d'arrêt sont utilisés pour empêcher que l'axe de piston, en se déplaçant longitudinalement, ne vienne endommager la paroi du cylindre.

Kolbenbolzensicherung
Sicherungsringe oder Drahtsprengringe sollen verhüten, daß sich der Kolbenbolzen in seiner Längsachse verschiebt und die Zylinderwand zerkratzt.

piston play 1202

jeu de piston

Comme le piston et le cylindre se dilatent par échauffement, il doit exister un jeu entre ces deux pièces. Dans les moteurs à quatre temps le jeu du piston est de l'ordre de 0,02 à 0,04 mm. Un jeu trop serré aboutit au coincement et au grippage du piston; un jeu trop important entraîne des battements du piston, ce qui provoque des cognements et du cliquetis, accélère l'usure et peut se traduire par une consommation d'huile plus forte.

Kolbenspiel, Kolbenluft

Nachdem Kolben und Zylinder sich im Betrieb durch Erwärmung ausdehnen, muß zwischen beiden Teilen etwas Spielraum sein. Bei Viertaktmotoren beträgt das Einbauspiel 0,02 bis 0,04 mm. Ist das Einbauspiel zu eng gewählt, führt dies zum Festsitzen des Kolbens (Kolbenfresser). Ist es dagegen zu groß, führt es zum Kolbenkippen, das sich durch Kolbengeräusche, Verschleiß und einen übermäßigen Ölverbrauch bemerkbar macht.

piston pump 1203

pompe à piston

Pompe à combustible utilisée plus particulièrement dans les moteurs diesel. Suivant leur mode de fonctionnement, on distingue la pompe à piston à simple effet et la pompe à piston à double effet. La pompe à piston est commandée par l'arbre à cames de la pompe d'injection sur laquelle elle est directement montée. Un excentrique agit sur une tige-poussoir, un piston et un ressort qui se comprime. Après que l'excentrique a effectué sa plus grande course, le piston est repoussé par le ressort. De ce fait, une quantité de combustible est refoulée de la chambre de compression de la pompe à piston vers la pompe d'injection. En même temps du gas-oil est aspiré du réservoir dans le compartiment d'aspiration de la pompe à piston.

Kolbenpumpe

Kraftstoffpumpe, die vor allem bei Dieselmotoren Verwendung findet. Je nach der Wirkungsweise gibt es einfach- und doppelwirkende Kolbenpumpen. Die Kolbenpumpe ist unmittelbar an der Einspritzpumpe angebaut und wird von deren Nockenwelle angetrieben. Eine Kolbenfeder wird durch einen Exzenter über Druckbolzen und Kolben zusammengedrückt. Nachdem der Exzenter seinen größten Hub durchlaufen hat, wird der Kolben durch die Kolbenfeder zurückgedrückt, wobei eine Kraftstoffmenge aus dem Druckraum der Kolbenpumpe zur Einspritzpumpe gefördert wird. Gleichzeitig wird Kraftstoff aus dem Kraftstoffbehälter in den Saugraum der Kolbenpumpe angesaugt.

piston resetting tool = piston retracting tool

piston retracting tool 1204

outil à repousser les pistons

Outil spécial utilisé pour repousser les pistons d'un frein à disque lors de l'inspection ou du renouvellement des plaquettes.

Kolbenrücksetzzange

Sonderwerkzeug zum Wegdrücken der Kolben beim Austausch der Scheibenbremsbeläge.

piston ring *(See Ill. 26 p. 338)* 1205

segment de piston, cercle élastique
Bague en fonte de section rectangulaire, parfois en acier à haute teneur en carbone et sectionnée en biais, ce qui lui confère une certaine élasticité. On distingue les segments de compression et les segments racleurs. Les segments de compression empêchent le mélange gazeux de passer vers le bas et les vapeurs d'huile de monter dans les chambres d'explosion. Ils transmettent également la chaleur absorbée par le culot du piston aux parois refroidies des cylindres. Les segments racleurs servent surtout à racler l'huile excédentaire sur la paroi du cylindre et à la faire refluer dans le carter inférieur du moteur.

Kolbenring
Elastischer Ring aus Guß, manchmal auch aus Stahl mit rechteckigem Querschnitt. Er ist schräg aufgeschlitzt und federt dadurch leicht auf. Es gibt Ölabstreifringe und Verdichtungsringe. Verdichtungsringe dichten den Zylinderraum ab, um einen Gasdurchtritt nach unten und das Eindringen von Öldünsten in den Verbrennungsraum zu verhindern. Sie leiten ebenfalls die vom Kolbenboden aufgenommene Wärme an die gekühlten Zylinderwandungen weiter. Die Ölabstreifringe dienen zum Abstreifen und zum Rückführen des überschüssigen Schmieröls von den Zylinderwandungen in die Ölwanne.

piston ring clamp = piston ring compressor

piston ring compressor 1206

collier à segments
Outil spécial servant à maintenir les segments de piston dans leurs gorges avant l'introduction du piston dans le cylindre.

Kolbenringspannband, Kolbenringspanner
Sonderwerkzeug zum Spannen der Kolbenringe in den Kolbenringnuten vor der Einführung des Kolbens in den Zylinder.

piston ring flutter 1207

vibration des segments de piston
Vibrations axiales et radiales du segment de piston particulières aux régimes élevés. L'étanchéité du segment n'est plus assurée et il se rompt irrémédiablement.

Kolbenringflattern, Ringflattern
Axiale bzw. radiale Schwingungen des Kolbenrings, besonders bei hohen Drehzahlen, die zur unvollkommenen Abdichtung und sogar zum Bruch des Kolbenrings führen.

piston ring gap 1208

fente de segment, coupe de segment
Les segments de piston sont fendus afin qu'ils puissent être encastrés dans les gorges du culot et présenter une certaine élasticité leur permettant d'épouser le contour du cylindre. Pour éviter une fuite des

Kolbenringstoß, Ringstoß, Stoßfuge
Kolbenringe sind radial geschlitzt, damit sie in die Kolbenringnuten eingesetzt werden können und eine gewisse Federung erhalten. Um einen Gasdurchtritt zu verhüten, werden die Ringstöße über den ganzen Kolbenumfang versetzt angeordnet.

(cylindre. Pour éviter une fuite des) gaz, on répartit les coupes sur la périphérie du piston (tierçage).

(fang versetzt angeordnet.)

piston ring groove = piston groove

piston ring pliers 1209

pince à segments, expandeur
Outil spécial servant à saisir et à ouvrir les segments pour les engager dans les gorges du piston.

Kolbenringzange, Spreizzange
Sonderwerkzeug, mit dem Kolbenringe erfaßt und gespreizt werden, bevor sie in die Kolbenringnuten eingelassen werden.

piston ring zone *(See Ill. 26 p. 338)* 1210

porte-segments, culot de piston
Partie supérieure du piston creusée de gorges circulaires dans lesquelles sont logés les segments.

Kolbenringzone, Ringzone, Kolbenringtragkörper
Oberer Teil des Kolbens, der mit Ringnuten versehen ist, in welchem die Kolbenringe liegen.

piston rod = connecting rod

piston skirt = piston body

piston slap 1211

battement de piston
Si le piston a trop de jeu, il balance d'un côté à l'autre aux points morts haut et bas, ce qui donne lieu à des cognements ou du cliquetis.

Kolbenkippen
Ist das Einbauspiel des Kolbens zu groß gewählt, kippt er beim oberen und unteren Totpunkt von einer Anlageseite zur anderen, was zu einem hörbaren Klopfen oder Klappern führt.

piston stroke = stroke travel

piston top *(See Ill. 26 p. 338)* 1212

calotte de piston, plateau de piston, fond de piston, dessus de piston
Plateau supérieur plat, bombé ou concave faisant face à la chambre de combustion et soumis à la pression de l'explosion. Dans les moteurs diesel il peut comporter une chambre de combustion et des fraisages pour le logement des soupapes. Il subit des températures de l'ordre de 300° C.

Kolbenboden
Ebene, gewölbte oder hohle Kolbenoberfläche, die dem Verbrennungsraum zugewendet und dem Brennstrahl ausgesetzt ist. Der Kolbenboden wird bis auf 300° C erhitzt. Bei Dieselmotoren findet man Kolbenböden mit einem Brennraum in der Mitte und Aussparungen für die Ventile.

pit = inspection pit

pitch 1213

tangage
Le tangage est un mouvement oscillatoire de la caisse d'un véhicule autour de son axe transversal. Il provoque un déplacement alterné des charges d'un essieu à l'autre. La fréquence des oscillations (galop) dépend de la distance séparant les deux essieux (empattement).

Nicken, Längsneigung, Stampfen
Schwingbewegung des gefederten Wagenaufbaus um seine Querachse. Dadurch ändert sich die Achslastverteilung.
Die Frequenz der Nickschwingungen ist vom Radstand abhängig.

pitch diameter 1214

diamètre primitif moyen
Diamètre d'un filet se situant entre le diamètre extérieur et le diamètre à fond de filet.

Flankendurchmesser
Durchmesser eines Gewindes, der zwischen Außen- und Kerndurchmesser gemessen wird.

pitching motion 1215

oscillation de galop
Oscillation d'avant en arrière autour de l'axe transversal d'un véhicule.

Nickschwingung, Nickbewegung
Drehbewegung um die Fahrzeugquerachse.

pitman arm (US) = drop arm

pitting 1216

piqûre de rouille
Phénomène de corrosion électrochimique locale qui se manifeste par des piqûres isolées et profondes.

Lochfraß
Örtlich begrenzte galvanische Korrosionserscheinung, die sich durch einzelne, nadelfeine tiefe Löcher bemerkbar macht.

pivot pin = king pin

pivot pin bush = king pin bush

pivoted shackle = spring shackle

plain bearing 1217

palier lisse
Palier servant d'appui à un arbre en rotation, la charge étant absorbée par des coussinets. Il est sujet à une important usure par frottement de glissement.

Gleitlager
Lager zum Stützen einer rotierenden Welle, wobei der Druck von den Lagerschalen aufgenommen wird. Aufgrund der gleitenden Reibung ist mit hohen Reibungsverlusten zu rechnen.

plain compression ring 1218

segment de piston à section rectangulaire
Segment compresseur le plus communément utilisé.

Rechteckring
Verdichtungsring mit rechteckigem Querschnitt.

plain-skirt piston = solid-skirt piston

planet carrier 1219

porte-satellites

Pièce du train epicycloïdal sur laquelle reposent les satellites tournant fous et fixés par des axes.

Planetenradträger, Steg

Teil des Planetenradsatzes, auf dem die Planetenräder mittels Achsen frei drehbar gelagert sind.

planetary transmission *(See Ill. 27 p. 347)* 1220

train épicycloïdal, engrenage planétaire, train d'engrenages épicycloïdaux

Le train d'engrenages épicycloïdaux comporte un arbre avec pignon planétaire, une couronne à denture intérieure, des pignons satellites engrenant avec le pignon planétaire et avec la couronne et un porte-satellites sur lequel reposent les satellites.

Planetengetriebe, Planetenradsatz, Umlaufgetriebe

Zum Planetengetriebe gehören die Welle mit dem Sonnenrad, das Hohlrad, die Planetenräder, die in das Sonnenrad und in das Hohlrad eingreifen und der Planetenradträger (Steg), in dem die Planetenräder gelagert sind.

plastic adhesive = synthetic-resin glue

plastic bush = insulating bushing

plastic heel = rubbing block

plasticizer 1221

plastifiant

Produit liquide ou solide (ester phtalique ou phosphorique) ajouté à une matière telle que la peinture pour en accroître la plasticité. Toutefois le plastifiant se volatilise avec le temps de telle sorte que les granules de peinture s'altèrent, cette peinture prenant dès lors un aspect terne.

Weichmacher, Plastifikator

Flüssiger oder fester Zusatz (Phtalsäureester, Phosphorsäureester) in einem Stoff wie z.B. Autolack, der eine höhere Elastizität bewirkt. Mit der Zeit verflüchtigt sich der Weichmacher, die Farbkörnchen stehen spröde ab, was sich am stumpfen Aussehen des Autolacks bemerkbar macht.

plastigage 1222

jauge plastique, fil plastigage, fil calibré

Pour contrôler le jeu radial des tourillons et des manetons du vilebrequin, on écrase un fil plastique posé dans le sens axial en serrant les vis de chapeau au couple prescrit. La largeur du fil écrasé est alors comparée avec une échelle graduée servant d'emballage.

Plastigage-Kunststoffaden

Zur Nachprüfung des radialen Lagerspiels am Kurbelwellenlager bzw. am Kurbelzapfen wird ein Plastikfaden nach dem Anziehen der Lagerdeckel mit dem Drehmomentschlüssel gequetscht und dessen Breite mit einem Skalenwert verglichen.

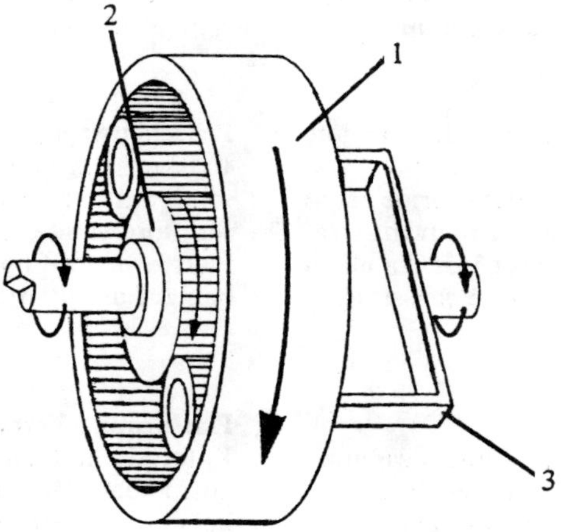

Ill. 27: planetary transmission **(1220)**

1 annulus
2 sun gear
3 planet carrier

plate-bearing thrust = release lever plate

plate shears 1223

cisaille à tôle
Outil en forme de ciseaux servant à découper de la tôle mince.

Blechschere
Stabile, scharfe Schere zum Schneiden dünner Bleche.

platform truck (US) 1224

camion-plateau à ridelles, camion plate-forme
Camion dont la plate-forme est encadrée de ridelles pouvant être rabbatues de trois côtés. La plate-forme est fixée sur le châssis du véhicule.

Pritschenwagen
Lastkraftwagen, dessen Plattform (Pritsche) mit nach drei Seiten abklappbaren Bordwänden umrahmt ist. Die Plattform wird mit einem Zwischenbau auf den Rahmen aufgesetzt.

platforming 1225

platforming
Reformage catalytique d'essences, le catalyseur étant constitué de platine, ce qui permet de réduire fortement la teneur en soufre.

Platforming-Verfahren, Platformieren
Katalytische Nachbehandlung von Benzinen über Platin als Katalysator, wobei der Schwefelanteil stark reduziert wird.

platinum electrode 1226

électrode en platine
Electrode en platine d'une bougie d'allumage. Elle résiste très bien aux sollicitations thermiques extrêmes, car elle est dans une large mesure insensible à l'action corrosive des gaz de combustion.

Platinelektrode
Zündkerzenelektrode aus Platin. Sie zeichnet sich durch ihre hohe Wärmebelastbarkeit aus, weil sie weitgehend gegen die korrodierende Wirkung von Verbrennungsgasen unempfindlich ist.

platinum reforming process = platforming

plier 1227

pince
Outil constitué par deux mâchoires à levier et servant à saisir, maintenir, serrer, couper, extraire, etc.

Zange
Werkzeug, bestehend aus zwei Backen, die unter zweifacher Hebelwirkung durch Hebelgriff gegeneinander bewegt werden. Es dient zum Greifen, Festhalten, Spannen, Schneiden, Herausziehen usw.

plug 1228

fiche, prise mâle
Pièce mobile d'une connexion électrique, qui n'est pas reliée la source de courant.

Stecker
Bewegliches Teil einer Steckverbindung, die nicht mit der Stromquelle verbunden ist.

plug box = socket outlet

plug gap = electrode gap

plug lead = spark-plug lead

plug lead connector = spark-plug connector

plug outer electrode = ground electrode

plug receptacle = socket outlet

plug and socket 1229

connecteur rapide
Pièce de connexion rapide se présentant sous la forme d'une fiche à languette ou d'un manchon de raccordement isolé.

Steckverbinder, Steckverbindung
Lösbare Leitungsverbindung in Form von Flachstecker oder Rundstecker.

plug spanner (GB) = spark-plug socket wrench

plug wrench = spark-plug socket wrench

plug-in fuse 1230

fusible à fiches
Fusible à deux languettes de contact.

Flachsteck-Sicherung, Euro-Sicherung
Sicherung mit zwei Kontaktzungen.

plunger control arm = plunger flange

plunger flange 1231

doigt de commande de piston, méplat de piston
Méplat se trouvant à l'extrémité inférieure d'un piston de pompe d'injection. C'est sur ce doigt de commande qu'agit la douille de réglage, elle-même actionnée par la crémaillère.

Kolbenfahne, Kolben-Lenkarm
Unteres Ende des Kolbens eines Pumpenelements in einer Einspritzpumpe. An der Kolbenfahne greift die Regelhülse an, die selbst von der Regelstange verdreht wird.

plunger vane = plunger flange

Plus Gas oil® = penetrating oil

ply-rating 1232

ply-rating, nombre de nappes, nombre de plis
Le ply-rating, en abrégé PR, est l'unité de résistance de la carcasse d'un pneumatique.

PR-Zahl, Ply-Rating, Tragfähigkeits-Kennzahl
Die PR-Zahl (abgekürzt PR) ist die Maßeinheit für die Belastbarkeit des Reifenunterbaus.

pneumatic governor = suction governor

point of ignition = ignition point

polishing paste 1233

pâte à polir
Pâte servant à éliminer les éraflures, le brouillard ou à repolir les peintures ternies. Elle ponce et fait briller en une seule opération.

Polierpaste
Paste zum Wegpolieren kleiner Lackoberflächenkratzer, von Sprühnebel oder zum Aufpolieren verwitterter Lackflächen. Sie schleift und poliert in einem Arbeitsgang.

polyester putty 1234

enduit polyester
Résine polyester qui se mélange à la spatule avec un durcisseur et destinée à colmater les bosses, fissures, crevasses, etc. dans le métal aussi bien que dans le bois. Après séchage et prise complète, la partie traitée peut être poncée au papier abrasif à l'eau. Lorsqu'on a affaire à un trou large, on pose sur celui-ci un morceau de tissu en fibre de verre imbibé de résine pour le coller. Pour le colmatage de petits trous, on utilise un enduit polyester armé aux fibres de verre.

Polyester-Spachtelmasse
Polyesterharz, das mittels eines Rührspatels mit einem Härter vermischt wird. Diese Harzmischung dient zum gleichmäßigen Ausfüllen von Beulen, Nähten und Fugen an Metall und Holz. Nach Ablauf der Trockenzeit bzw. Durchhärtung wird die gespachtelte Stelle mit Wasserschleifpapier feingeschliffen. Bei großen Löchern wird ein mit der Harzmischung durchtränkter Flicken Glasvlies auf die Schadenstelle gelegt, und bei kleinen Löchern genügt eine faserverstärkte Spachtelmasse.

polymerization 1235

polymérisation
Opération consistant à souder plusieurs molécules identiques d'hydrocarbures gazeux et aboutissant à des produits d'un poids moléculaire plus élevé. L'essence de polymérisation se distingue par son grand pouvoir antidétonant.

Polymerisation
Vereinigung mehrerer gleichartiger Moleküle von gasförmigen Kohlenwasserstoffen zu Makromolekülen, die ein sehr klopffestes Polymerbenzin ergibt.

polystyrene 1236

polystyrène, polystyrolène
Haut polymère thermoplastique obtenu par polymérisation du styrène. Il est utilisé pour la fabrication de nombreux accessoires pour voitures automobiles et constitue un excellent isolant électrique.

Polystyrol
Aus Styrol durch Polymerisation hergestelltes thermoplastisches Hochpolymer. Autozubehörteile werden aus Polystyrol gefertigt. Es ist ein sehr guter elektrischer Isolator.

poor mixture = lean mixture

poppet valve = valve

positive camber *(See Ill. 36 p. 528)* 1237

carrossage positif
Lorsque le sommet d'une roue est incliné vers l'extérieur, le carrossage est dit positif.

positiver Sturz, positiver Radsturz
Wenn ein Rad oben nach außen geneigt ist, spricht man von positivem Sturz.

positive diode *(See Ill. 1 p. 26)* 1238

diode positive
Diode à semi-conducteur qui, par exemple dans un alternateur triphasé, ne laisse passer que le courant positif.

Plusdiode
Halbleiterdiode, die z.B. in einem Drehstromgenerator nur die positiven Halbwellen durchlassen.

positive plate *(See Ill. 2 p. 44)* 1239

plaque positive
Composant en peroxyde de plomb (PbO_2) d'un faisceau de plaques dans un accumulateur au plomb. Dans les batteries alcalines, les plaques positives sont en hydroxyde de nickel $Ni(OH)_3$.

Plusplatte, positive Platte, positive Gitterplatte, Bleioxidplatte
Teil aus Bleiperoxyd (PbO_2) eines Plattensatzes in einer Bleibatterie. Bei alkalischen Batterien bestehen die Plusplatten aus Nickelhydroxid $Ni(OH)_3$.

potential drop = voltage drop

pour point 1240

point de congélation
Température à laquelle une huile devient à ce point visqueuse qu'un écoulement dans des conditions données ne se fait plus.

Stockpunkt
Temperatur, bei der eine Ölsorte so viskos wird, daß sie unter bestimmten Bedingungen nicht mehr fließt.

pour-point depressor 1241

abaisseur de point de congélation
Additif des huiles de graissage permettant leur utilisation même à de très basses températures.

Stockpunkterniedriger
Zusatz, der dem Schmieröl beigemischt wird, um dessen Verwendung auch bei anhaltendem Frostwetter zu ermöglichen.

power = ignition stroke

power-assisted brake system = servo-brake

power-assisted braking system = servo-brake

power-assisted steering 1242

servo-direction, direction assistée
Dispositif hydraulique ou pneumatique permettant au conducteur d'agir sur la direction avec le minimum d'effort.

Servolenkung, Hilfskraftlenkung, Kraftlenkung, Lenkhilfe
Hydraulische oder pneumatische Vorrichtung zur Unterstützung der Lenkkräfte.

power axle = driving axle

power diaphragm 1243

piston moteur, membrane de servo
Membrane faisant office de piston moteur dans un servofrein à dépression et qui se place entre les deux carters de servo.

Arbeitskolben, Arbeitsmembran
Membran, die als Vakuumkolben den Vakuumteil eines Unterdruckbremskraftverstärkers in zwei Räume trennt. Sie ist zwischen Verstärkergehäuse und Verstärkerdeckel untergebracht.

power jet 1244

gicleur d'enrichisseur
Gicleur d'un enrichisseur de pointe qui, sous forte charge, fournit un appoint d'essence.

Anreicherungsdüse, Anreicherungskraftstoffdüse
Düse im Anreicherungssystem eines Vergasers, die bei Vollast mit hoher Drehzahl zusätzlichen Kraftstoff liefert.

power-operated car aerial 1245

antenne à commande électrique
Antenne télescopique escamotable dont les éléments se déploient et s'emboîtent au moyen d'un moteur électrique lorsqu'on agit sur un interrupteur à bascule.

Motorantenne
Versenk-Stabantenne, die durch Betätigung eines Wippenschalters und mit Hilfe eines Elektromotors ein- und ausgefahren wird.

power output per liter = liter output

power point = socket outlet

power steering = power-assisted steering

power stroke = ignition stroke

power unit 1246

groupe motopropulseur
Le groupe motopropulseur englobe le moteur, l'embrayage, la boîte de vitesses et le différentiel.

Triebwerk
Das Triebwerk umfaßt den Motor, die Kupplung, das Getriebe und das Differential.

power valve 1247

soupape de puissance
Soupape d'un enrichisseur de pleine puissance actionnée par un piston ou une membrane sous l'effet de la dépression.

Anreicherungsventil
Ventil im Anreicherungssystem eines Vergasers. Die Ventilsteuerung erfolgt durch einen Unterdruckkolben bzw. eine Unterdruckmembran.

prechamber = antechamber

prechamber engine = antechamber compression ignition engine

precleaner = pre-filter

pre-combustion chamber = antechamber

pre-combustion chamber engine = antechamber compression ignition engine

pre-engaged-drive starting motor = screw-push starter

pre-filter 1248

préfiltre, filtre auxiliaire, avant-filtre, décanteur
Dans les moteurs diesel on trouve un préfiltre monté sur l'aspiration de la pompe d'alimentation et retenant la majeure partie des impuretés en suspension dans le gas-oil. Il comporte également un purgeur d'eau. On trouve également des ensembles constitués d'un préfiltre et d'un filtre principal comme c'est le cas du double filtre Bosch.

Vorreiniger, Vorfilter
Beim Dieselmotor ist ein Vorreiniger auf der Kraftstoffpumpe vorgesehen, der bereits die meisten im Dieselkraftstoff enthaltenen Verunreinigungen ausfiltert. Ein Wasserabscheider ist ebenfalls vorhanden. Vorreiniger und Hauptfilter können gekoppelt werden wie z.B. beim Bosch-Doppelfilter.

preheater starter switch = heater-plug starting switch

pre-heating indicator = heater plug control

premature ignition 1249

allumage par point chaud, préallumage, allumage spontané, explosion prématurée, allumage prématuré, auto-allumage
Explosion prématurée du mélange air-essence avant que le piston n'atteigne le point mort haut et qui est imputable au contact du mélange avec des pièces surchauffées (soupape, bougie d'allumage).

Frühzündung, Glühzündung, Selbstzündung, Oberflächenzündung
Selbstzündung des Kraftstoff-Luft-Gemisches, bevor der Kolben den oberen Totpunkt erreicht und die auf erhitzte Teile (Zündkerze, Ventil) zurückzuführen ist.

premium gasoline = high-octane gasoline

premium-grade gasoline = high-octane gasoline

pre-muffler 1250

pot primaire
Premier pot placé directement après le collecteur d'échappement dans une ligne d'échappement.

Vorschalldämpfer, Auspuff-Vorschalldämpfer
Erster Auspufftopf nach dem Auspuffkrümmer in einer Auspuffanlage.

pressure 1251

pression
Force agissant sur une surface dans un plan perpendiculaire et de façon homogène.

Druck
Kraft, die senkrecht und gleichmäßig auf eine Fläche einwirkt.

pressure above the atmosphere = excess pressure

pressure below atmosphere = vacuum

pressure-feed lubrication = forced-feed lubrication

pressure gage (US) 1252

manomètre
Appareil de mesure de la pression des fluides.

Manometer
Gerät für die Druckmessung bei Gasen und Flüssigkeiten.

pressure gauge (GB) = pressure gage

pressure governor 1253

régulateur d'aspiration
Dans un frein à air comprimé, le régulateur d'aspiration a pour but de contrôler le débit du compresseur. Il obture l'orifice d'aspiration du compresseur dès que la pression nécessaire est atteinte dans le réservoir. L'air comprimé que le compresseur continue à refouler s'échappe dès lors à l'air libre (marche à vide).

Druckregler, Bremsdruckregler
In einer Druckluftbremsanlage regelt der Bremsdruckregler die vom Luftpresser gefördert Druckluft. Wenn der erforderliche Höchstdruck im Behälter erreicht ist, wird die Druckluftleitung gesperrt. Die aus dem Luftpresser weiterströmende Luft entweicht dann ins Freie (Leerlauf).

pressure grease fitting = grease nipple

pressure-limiting valve 1254

limiteur non asservi
Le limiteur non asservi représente la forme la plus simple d'un correcteur de freinage. Il s'agit d'un clapet recelant un piston avec un ressort taré et se trouvant entre le maître-cylindre et le circuit de freinage arrière. Son rôle consiste à s'opposer au blocage des roues arrière lors du freinage. En effet, dès que la pression hydraulique dépasse un certain seuil, le limiteur isole le circuit arrière et l'excès de pression ne s'applique dès lors plus qu'aux freins avant moins susceptibles de bloquer les roues.

Bremskraftbegrenzer, Druckbegrenzungsventil, Druckbegrenzer
Der Bremskraftbegrenzer stellt einen Bremskraftverteiler in seiner primitivsten Form dar. Es handelt sich um ein Ventil mit federbelastetem Stufenkolben, das sich in der Bremsleitung zwischen Hauptzylinder und den hinteren Radzylindern befindet. Es soll ein Blockieren der Hinterräder beim Bremsvorgang verhindern. Beim Erreichen eines bestimmten hydraulischen Drucks wird nämlich die Bremsleitung zu den Hinterrädern abgesperrt, so daß nur noch der Druck in der Vorderachse weiter gesteigert wird.

pressure loss tester 1255

contrôleur de perte de pression
Appareil branché sur une installation à air comprimé et dont un embout

Kompressionsdruckverlust-Tester, Druckverlust-Tester
Gerät, das an einer Druckluftanlage

(à air comprimé et dont un embout) est vissé dans le trou de bougie du cylindre à vérifier. L'essai se fait avec moteur chaud, le piston étant amené très précisément au point mort haut fin compression. Le cylindre sera soumis à une pression d'air comprimé d'environ 10 bars et la perte de pression sera dès lors indiquée en pour-cent sur le cadran de l'instrument.
Plusieurs indices pouvant se manifester en cours d'essai permettront de localiser le défaut d'étanchéité. Des segments de piston endommagés par exemple provoqueront des fuites d'air dans le carter, que l'on décèlera par le reniflard ou le bouchon de remplissage d'huile. En revanche la fuite se situera à la prise d'air du carburateur en cas de défaut d'étanchéité à la soupape d'admission. Si c'est la soupape d'échappement qui est incriminée, la fuite sera décelée au tuyau d'échappement. Enfin des bulles d'air et une odeur de gaz se dégageant à la surface de l'eau de radiateur seront l'indice d'un joint de culasse défectueux.

(Gerät, das an einer Druckluftanlage) angeschlossen ist. Ein Anschlußstück wird in die Kerzenbohrung des zu prüfenden Zylinders eingeschraubt. Der Versuch wird bei betriebswarmem Motor mit dem Kolben sehr genau im oberen Totpunkt des Verdichtungshubes durchgeführt, wobei der Kolben mit Druckluft von ca. 10 bar abgedrückt wird. Der entstehende Druckverlust wird auf dem Meßinstrument in Prozent angegeben.
Aufgrund einiger Anzeichen kann beim Versuch die Undichtheit lokalisiert werden. Bei Kolbenringkleben oder Kolbenringbruch z.B. entsteht Druckverlust im Motorgehäuse, der sich über den Entlüfter oder den Öleinfüllstutzen bemerkbar macht. Ist das Ein- oder Auslaßventil undicht, kann der Druckverlust bei abgenommenem Luftfilter an der Ansaugleitung des Vergasers bzw. am Auspuffrohr festgestellt werden. Zum Schluß weisen Luftblasen und Gasgeruch an der Oberfläche des Kühlwassers im Kühler auf Undichtheit des Zylinderkopfes oder der Zylinderkopfdichtung hin.

pressure lubrication = forced-feed lubrication

pressure pipe tube *(See Ill. 25 p. 315)* 1256

tubulure raccord de refoulement
Pièce d'un porte-injecteur. C'est sur ce raccord d'arrivée du gas-oil qu'est branchée la tuyauterie haute pression en provenance de la pompe d'injection.

Druckrohrstutzen
Teil eines Düsenhalters. Am Druckrohrstutzen ist die Kraftstoffleitung angeschlossen, über die der Dieselkraftstoff aus der Einspritzpumpe der Düse zufließt.

pressure plate *(See Ill. 11 p. 140)* 1257

plateau de pression, contre-plateau, plateau d'embrayage
Dans l'embrayage monodisque, le plateau de pression comprime le disque d'embrayage (friction) contre la glace du volant en sorte

Kupplungsdruckplatte, Druckscheibe, Druckplatte, treibende Kupplungsscheibe, Anpreßplatte
In der Einscheibenkupplung preßt die Druckplatte die Kupplungsscheibe gegen das Schwungrad, so daß das Motor-

(contre la glace du volant en sorte) qu'il y ait transmission du couple moteur par friction. Lors du débrayage, le plateau de pression se détache du disque d'embrayage.

(gen das Schwungrad, so daß das Motor-) drehmoment durch Reibung übertragen wird. Beim Loskuppeln wird sie von der Kupplungsscheibe (Mitnehmerscheibe) gelöst.

pressure-reducing valve 1258

correcteur-réducteur

Type de correcteur de freinage ne permettant qu'une élévation de pression hydraulique moindre dans le circuit de freinage arrière que dans le circuit avant, dès que cette pression augmente au-delà d'une certaine valeur.

Bremskraftminderer, Bremskraftregler mit Umschaltdruck, Druckminderer mit Umschaltpunkt

Mit dem Bremskraftminderer wird beim Erreichen eines bestimmten hydraulischen Drucks in der Bremsleitung ein geringerer Druck in die Hinterachs- als in die Vorderachsleitung durchgelassen.

pressure relief valve 1259

soupape de pression

Soupape de sécurité logée dans le bouchon de remplissage d'un radiateur ou sur un vase d'expansion (boîte de dégazage). Elle ne s'ouvre qu'à une pression d'environ 0,3 bar, auquel cas la température de l'eau du circuit peut dépasser légèrement les 100° C. Dès lors la température d'ébullition sera de l'ordre de 117° C et l'on évitera de cette façon une perte d'eau par évaporation. Cette soupape de pression est combinée avec une soupape de dépression qui s'ouvre lors du refroidissement du liquide pour admettre de l'air dans le circuit. En effet, la dépression provoquée par le refroidissement pourrait endommager le radiateur.

Überdruckventil, Sicherheitsventil

Sicherheitsventil im Kühlerverschlußstopfen oder auf einem Ausgleichsbehälter. Es öffnet erst bei einem Überdruck von ca. 0,3 bar, wobei die Kühlwassertemperatur etwas über 100° C ansteigen kann. In diesem Fall stellt sich der Siedepunkt des Kühlwassers auf ca. 117° C. Auf diese Weise wird das Verdampfen des Kühlwassers vermieden. Dieses Sicherheitsventil ist mit einem Unterdruckventil gekoppelt, das bei Abkühlung der Kühlwassertemperatur öffnet, um Luft in den Wasserkreislauf einzulassen. Der bei der Abkühlung entstehende Unterdruck könnte nämlich den Kühler beschädigen.

pressure sensor = manifold pressure sensor

pressure spindle = nozzle holder spindle

pressure valve *(See Ill. 19 p. 216)* 1260

clapet de refoulement

Lors de la phase de refoulement d'une pompe à essence, la membrane s'incurve vers le haut sous l'effet d'un ressort et le carburant s'écoule à travers le

Druckventil, Auslaßventil

Beim Druckhub werden in einer Kraftstoffpumpe die Membran durch eine Feder nach oben und der Kraftstoff durch das Auslaßventil zum Vergaser gedrückt.

(carburant s'écoule à travers le) clapet de refoulement en direction du carburateur.

(gedrückt.)

pressure welding **1261**

soudage par pression
Assemblage de matières (métaux ou matières plastiques) sous pression avec échauffement local limité.

Preßschweißung
Unlösbare Vereinigung unter Druck von Metallen oder Kunststoffen bei örtlich begrenzter Erwärmung.

prestressing force **1262**

précontrainte
Contrainte effective obtenue lors du serrage d'une vis.

Vorspannung, Vorspannkraft
Wirksame Spannung durch Anziehen einer Schraube.

primary barrel **1263**

corps primaire
Premier corps d'un carburateur à double corps dont le venturi a parfois une section plus étroite que celle du second corps.

erste Stufe
Erster Lufttrichter in einem Registervergaser mit zuweilen kleinerem Querschnitt als die zweite Stufe.

primary circuit *(See Ill. 3 p. 50, Ill. 6 p. 71, Ill. 7 p. 80)* **1264**

circuit primaire, circuit basse tension
Dans uns système d'allumage classique, le courant provenant de la batterie ou de l'alternateur part du pôle positif de la batterie et passe successivement par l'interrupteur d'allumage, l'enroulement primaire de la bobine d'induction et finalement le rupteur avant le retour à la masse, lorsque le rupteur est fermé.
Les connexions du circuit primaire sont dès lors, dans l'ordre, les suivantes:
Borne positive de la batterie
Contacteur d'allumage
Borne positive de la bobine
Borne négative de la bobine
Borne d'arrivée au rupteur
Ressort du levier de rupteur
Grain de contact mobile du rupteur
Grain de contact fixe du rupteur
Masse de l'allumeur-distributeur
Masse du véhicule
Borne négative de la batterie

Primärstromkreis, Primärkreis
In der herkömmlichen Zündanlage fließt der Strom aus der Batterie bzw. Lichtmaschine vom Pluspol der Batterie über den Zündschalter zur Primärwicklung der Zündspule. Von dort aus fließt der Zündstrom weiter zum Unterbrecher, der ihn zur Masse weiterleitet, solange er geschlossen ist.
Es ergibt sich demnach nachstehende Reihenfolge der Anschlüsse:
Batterie +
Zündschalter
Zündspulenklemme 15
Zündspulenklemme 1
Verteileranschluß für Klemme 1
Unterbrecherfeder
Kontaktstift Hammer
Kontaktstift Amboß
Verteiler an Masse
Fahrzeugmasse
Batterie –

primary cup 1265

coupelle primaire
Joint en caoutchouc serti avec une rondelle métallique sur le piston du maître-cylindre. Il a pour but d'étanchéifier la chambre de compression du maître-cylindre et, lors du freinage, il interrompt la liaison avec le réservoir compensateur.

Primärmanschette
Gummidichtung, die mit einer Füllscheibe auf dem Kolben im Hauptzylinder sitzt. Mit ihr wird der Druckraum des Hauptzylinders abgedichtet. Beim Bremsvorgang unterbricht sie die Verbindung zwischen Hauptzylinder und Flüssigkeitsbehälter.

primary current 1266

courant primaire, courant basse tension
Courant qui parcourt le circuit primaire d'un allumage et dont la coupure soudaine induit une tension dans le circuit secondaire.

Primärstrom
Strom, der in der Zündanlage den Primärstromkreis durchfließt und dessen schlagartige Unterbrechung eine Spannung in dem Sekundärstromkreis induziert.

primary filter = pre-filter

primary pattern 1267

oscillogramme primaire
Représentation de la courbe de tension primaire sur l'écran d'un oscilloscope de contrôle d'allumage.

Primäroszillogramm, Primärbild
Darstellung des primärseitigen Zündspannungsverlaufs auf dem Bildschirm eines Zündungsoszillografen.

primary piston = front piston

primary pump 1268

pompe primaire
Pompe à huile normale que l'on rencontre dans toutes les boîtes de vitesses automatiques et qui est entraînée par le moteur à l'opposé de la pompe secondaire, qui elle est actionnée par l'arbre de sortie.

Primärpumpe
Öldruckpumpe, die in jedem vollautomatischen Getriebe anzutreffen ist. Sie wird vom Motor angetrieben im Gegensatz zur Sekundärpumpe, die die Abtriebswelle mitnimmt.

primary shaft 1269

arbre primaire, arbre d'entrée
Arbre de la boîte de vitesses solidaire du disque d'embrayage et dont le pignon menant est en prise constante avec le premier pignon du train fixe.

Getriebeeingangswelle, Getriebe-Antriebswelle, Antriebswelle
Antriebswelle des Wechselgetriebes, die mit der Kupplungsscheibe verbunden und dessen Antriebsrad mit dem vordersten Vorgelegerad in Dauereingriff ist.

primary shoe = leading brake shoe

primary waveform = primary pattern

primary winding *(See Ill. 23 p. 256)* 1270

enroulement primaire, primaire
Enroulement en fil de cuivre isolé d'une bobine d'allumage traversé par le courant basse tension de la batterie.

Zündspulen-Primärwicklung, Primärwicklung, primäre Spule
Niederspannungswicklung aus isoliertem Kupferdraht einer Zündspule, die vom Batteriestrom durchflossen wird.

prime coat = primer

primer 1271

apprêt, primaire
Première couche de revêtement déposée sur la matière brute.

Grundierung, Grundanstrich, Haftgrund
Erster Anstrich auf das Rohmaterial.

primer paint = primer

program tester 1272

programmtester
Banc de contrôle qui se branche sur deux prises de contact électronique disposées à proximité du bloc-moteur et servant à tester divers points du système d'allumage, de démarrage et de l'alternateur. Font partie de l'équipement de ce banc de contrôle un oscilloscope cathodique, un contrôleur de tension, de capacité et de résistance, un compte-tours, un dwellmètre ainsi qu'un indicateur de CO qui peut être connecté avec un analyseur de gaz d'échappement (programmtester BMW-Bosch).

Programmtester
Prüfgerät, das an zwei Diagnoseanschlüsse im Motorraum angeschlossen wird und zur Überprüfung der Zündanlage, des Anlassers und der Lichtmaschine dient. Zur Ausstattung des Programmtesters gehören ein Oszillograph- ein Spannungsprüfer, ein Kapazitätsmesser, ein Widerstands-Meßgerät, ein Drehzahlmesser, ein Schließwinkelmeßgerät sowie ein CO-Anzeigegerät zum Anschluß an einen Abgastester (BMW-Bosch-Programmtester).

Prony's brake 1273

frein à frottement, frein de Prony
Dispositif permettant d'évaluer la puissance d'un moteur en opposant au couple moteur un couple résistant (couple récepteur) agissant sur l'arbre emprisonné entre deux mâchoires. L'énergie absorbée par le frein dynamométrique est directement transformée en chaleur.

Pronyscher Zaum
Meßvorrichtung zur Ermittlung der Leistung eines Motors, wobei dem abgegebenen Drehmoment ein von zwei auf der Motorwelle angepreßten Bremsbacken erzeugtes Lastmoment entgegenwirkt. Die vom Bremsdynamometer aufgenommene Energie wird unmittelbar in Wärme verwandelt.

propeller shaft *(See Ill. 14 p. 162)* 1274

arbre à cardan longitudinal, arbre de transmission longitudinal, arbre de couche

Kardanwelle, Gelenkwelle
Welle, die an beiden Enden mit Kardangelenken versehen ist und das Ge-

(de couche)

Arbre dont les extrémités sont articulées et qui relie la boîte de vitesses au différentiel sans le pont arrière.

(dangelenken versehen ist und das Ge-) triebe mit dem Differential im Hinterachsensystem verbindet.

propeller shaft housing **1275**

carter de l'arbre de transmission, tube de l'arbre de transmission

Carter de forme cylindrique dans lequel se trouve logé l'arbre de transmission longitudinal.

Kardanrohr, Gelenkwellenrohr, Kardanstützrohr

Rohrförmiges Gehäuse zum Schutz der Gelenkwelle.

propeller shaft tube = propeller shaft housing

propeller shaft tunnel **1276**

tunnel de l'arbre de transmission

Tunnel ménagé dans l'axe d'un véhicule avec roues arrière motrices et dans lequel se loge l'arbre de transmission longitudinal.

Kardantunnel

Hohlraum in der Fahrzeugachse, in dem die Kardanwelle untergebracht ist (Hinterradantrieb).

protractor **1277**

rapporteur d'angles

Instrument de mesure en forme de demi-cercle gradué et servant à mesurer ou à reporter des angles.

Winkelmesser

Winkelmeßzeug bestehend aus einer halbkreisförmigen Skala mit Gradeinteilung zum Messen und Übertragen von Winkeln.

pull-off spring = return spring

pull winding **1278**

enroulement d'attraction

Enroulement en fil gros se trouvant dans un relais à solénoïde. Au démarrage, l'enroulement d'attraction est parcouru par un courant électrique et provoque le déplacement du plongeur du solénoïde. Au cours de la phase suivante, le noyau plongeur est maintenu dans sa position par l'enroulement de maintien en fil plus mince.

Einzugswicklung

Wicklung aus dickem Draht in einem Einrück-Relais. Beim Startvorgang wird zuerst die dickere Einzugswicklung von Strom durchflossen, die das Verschieben des Ankers bewirkt. In der nächsten Phase wird der Anker durch die dünnere Haltewicklung in seiner Lage festgehalten.

pulley *(See Ill. 1 p. 26)* **1279**

poulie

Pièce circulaire munie d'une gorge sur son pourtour et permettant d'entraîner une courroie.

Riemenscheibe

Kreisscheibe mit einer Lauffläche zum Antrieb eines Riemens.

pulley timing mark = rotating timing mark

pull-in winding = pull winding

pullman saloon = limousine

pulse generator 1280

générateur d'impulsions, déclencheur inductif, déclencheur magnétique
Dans le système d'allumage transistorisé sans rupteur à effet magnétique, un impulseur en croix monté sur l'arbre d'allumage tourne entre les pôles d'un aimant permanent et y induit une tension alternative monophasée pour la commande de l'allumage. De cette manière, le générateur d'impulsions remplace le rupteur de l'allumage classique.

Zündimpulsgeber, magnetischer Geber, Induktionsgeber, Steuergenerator
In der kontaktlosen Transistorzündung mit Induktionsgeber dreht sich ein auf der Verteilerwelle sitzendes Impulsgeberrad (Rotor) zwischen den Polen eines Dauermagneten und induziert eine einphasige Wechselspannung für die Zündsteuerung. Somit tritt der magnetische Geber an die Stelle der Unterbrecherkontakte.

pulse-shaping circuit 1281

conformateur d'impulsions
Etage du bloc électronique d'un système d'allumage transistorisé sans rupteur. Il s'agit d'une bascule bistable prévue pour transformer la tension de commande alternative débitée par le générateur d'impulsions en impulsions rectangulaires unidirectionnelles.

Impulsformer
Funktionsstufe im Schaltgerät einer kontaktlosen Transistorzündanlage. Es handelt sich um eine Triggerschaltung, die die Steuerwechselspannung des magnetischen Gebers in gleichgerichtete Rechteckimpulse verwandelt.

pump circulated cooling *(See Ill. 28 p. 362)* 1282

refroidissement par circulation par pompe
Avec ce type de refroidissement, l'eau est pompée à l'aide d'une pompe centrifuge dans le bloc-cylindres et reflue dans le radiateur par une durit. La pompe est entraînée soit par le vilebrequin avec une courroie en V, soit par l'arbre à cames.

Zwangsumlaufkühlung, Pumpenumlaufkühlung
Das Wasser wird bei diesem Kühlsystem durch eine Schleuderpumpe in den Zylinderblock gefördert und fließt über einen Schlauch in den Kühler zurück. Die Pumpe wird entweder durch die Kurbelwelle über Keilriemen oder durch die Nockenwelle angetrieben.

pump cylinder 1283

cylindre de pompe
Pièce d'un élément de pompe d'injection dans laquelle coulisse et tourne le piston de pompe. Le

Pumpenzylinder
Teil eines Einspritzpumpenelements, in dem der Pumpenkolben sich auf- und abwärts bewegt bzw. verdreht wird.

(tourne le piston de pompe. Le) cylindre comporte en général deux orifices d'arrivée qui se font face.

(abwärts bewegt bzw. verdreht wird.) Meist hat der Pumpenzylinder zwei Zulaufbohrungen, die sich gegenüberliegen.

pump jet = acceleration jet

pump lever *(See Ill. 19 p. 216)* 1284

levier de pompe
Levier d'une pompe à essence mécanique, actionné par un excentrique de l'arbre à cames et agissant sur la membrane de la pompe.

Pumpenhebel, Antriebshebel
Hebel einer mechanisch angetriebenen Kraftstoffpumpe, der durch einen Exzenter der Nockenwelle betätigt wird und somit auf die Pumpenmembran einwirkt.

pump plunger 1285

piston de pompe
Dans le cylindre d'une pompe d'injection se trouve un piston réalisé avec un ajustement extrêmement serré, animé d'un mouvement alternatif vertical et pouvant accomplir un mouvement de rotation simultané. Il présente une rainure verticale, une entaille en spirale appelée rampe ou arête hélicoïdale ainsi qu'une gorge circulaire.

Pumpenkolben
Im Zylinder einer Einspritzpumpe befindet sich ein mit hochfeiner Passung hergestellter Kolben, der sich aufwärts und abwärts bewegt und gleichzeitig verdreht werden kann. Er hat eine Längsnut, eine wendelförmige Ausfräsung, die sogenannte Steuerkante und eine Ringnut.

puncture indicator 1286

avertisseur de crevaison
Témoin lumineux du tableau de bord, qui signale au conducteur une perte d'air partielle ou totale dans un pneumatique. De par la diminution de pression se produisant dans le pneu, la jante s'affaisse et un capteur, effleurant la chaussée, ferme un contact, qui allume le témoin.

Reifenwächter
Kontrollampe am Armaturenbrett, die dem Fahrer größeren oder totalen Luftmangel in einem Reifen anzeigt. Durch den Druckabfall sinkt die Felge ab, wobei ein Fühler mit der Fahrbahn in Berührung kommt und einen Kontakt auslöst, der die Kontrollampe aufleuchten läßt.

push rod = valve push rod

Pyranit® 1287

pyranite
Céramique spéciale élaborée à base d'oxyde d'aluminium et servant à la fabrication d'isolants pour bougies d'allumage.

Pyranit
Spezialkeramik auf der Basis von Aluminiumoxid, die als Werkstoff für Zündkerzenisolatoren verwendet wird.

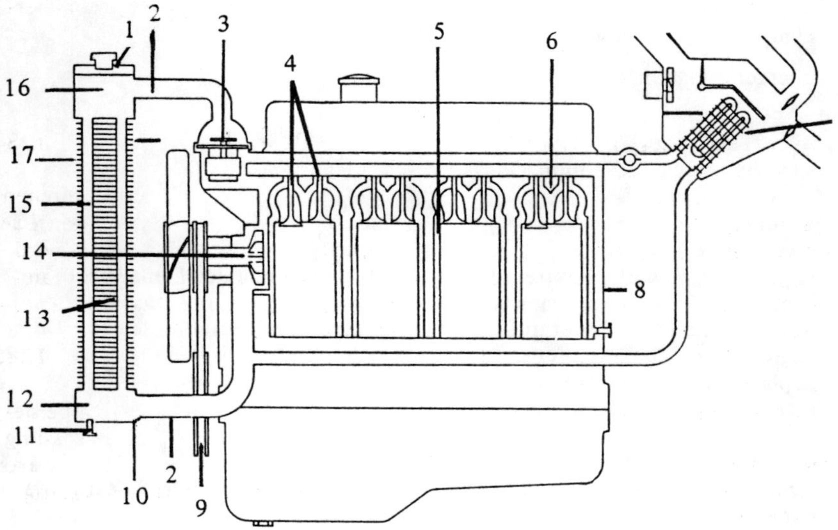

Ill. 28: pump circulated cooling **(1282)**

1 radiator inlet connection
2 radiator hose
3 thermostat
4 drop valve
5 cylinder
6 water galleries
7 fresh-air heating system
8 cylinder block
9 V-belt
10 radiator outlet connection
11 drain tap
12 radiator tank
13 water tube
14 water pump
15 radiator core
16 radiator top tank
17 radiator

quadrijet (US) = four-barrel carburetor

quartz-halogen headlight = halogen headlight

quick charge = boost charge

quick charger = fast charger

rack assembly = rack-and-pinion steering

rack pinion *(See Ill. 33 p. 440)* 1288

pignon de direction
Pignon se trouvant à l'extrémité de la colonne de direction dans une direction à crémaillère et qui engrène la crémaillère. Celle-ci se déplace selon les mouvements de rotation du volant de direction.

Lenkritzel
Ritzel am Ende der Lenksäule in der Zahnstangenlenkung, das in die Zahnstange eingreift und diese beim Drehen der Lenkung verschiebt.

rack-and-pinion steering *(See Ill. 33 p. 440)* 1289

direction à crémaillère, commande par crémaillère
La colonne de direction se termine par un pignon attaquant directement une crémaillère. Ainsi le mouvement de rotation de l'arbre de direction est converti en mouvement rectiligne de la crémaillère et des arbres qui s'y rattachent. Chaque extrémité de la crémaillère, protégée par un soufflet de direction contre l'encrassement, se termine par une rotule sur laquelle s'articule la demi-barre d'accouplement (biellette de connexion) aboutissant à la roue. Cette organisation présente l'avantage de diminuer le nombre des leviers, ce qui contribue à sa précision et son absence de jeu.

Zahnstangenlenkgetriebe, Zahnstangenlenkung
Die Steuersäule endet mit einem Ritzel, das in die Verzahnung einer Zahnstange eingreift. Die drehende Bewegung der Lenkwelle wird somit in die geradlinige Bewegung der Zahnstange und der mit ihr verbundenen Spurstangenhälften umgewandelt. An jedem Ende der Zahnstange, die durch einen Faltenbalg gegen Verschmutzung geschützt ist, schließt sich jeweils eine Spurstangenhälfte über ein Kugelgelenk an. Dank dieser Anordnung wird die Hebelzahl verringert und eine größere Genauigkeit und Spielfreiheit erzielt.

radial engine 1290

moteur en étoile
Moteur à explosion dont les cylindres sont disposés en étoile autour du vilebrequin.

Sternmotor
Verbrennungsmotor, bei dem die Zylinder sternförmig um die Kurbelwelle angeordnet sind.

radial-ply tire = radial tire

radial run-out 1291

faux-rond

Déformation de la circonférence d'un pneumatique ou de la jante, qui entraîne des vibrations en marche. Pour les voitures de tourisme, le faux-rond d'une roue ne peut excéder 0,5 mm.

Höhenschlag

Abweichung der Reifenkontur oder der Felge von der absoluten Kreisform, die beim Fahren zu Vibrationen führt. Bei Pkw darf der Höhenschlag maximal 0,5 mm betragen.

radial tire (US) 1292

pneu à carcasse radiale

Les nappes de fils textiles constituant la carcasse de ce pneumatique sont disposées dans le sens radial, allant d'un talon à l'autre. C'est sur ces nappes que s'applique la ceinture garantissant une meilleure rigidité de la bande de roulement.

Gürtelreifen, Radialreifen

Im Unterbau des Radialreifens verlaufen die Fäden der Korgewebelagen radial von einem Wulst zum andern. Über diesen Lagen liegt der sogenannte Gürtel, der eine bessere Steifigkeit der Lauffläche gewährleistet.

radial tyre (GB) = radial tire

radiating fin 1293

ailette de refroidissement, ailette radiante

Ailette faisant corps avec le bloc-cylindres d'un moteur refroidi par air.

Kühlrippe

Rippe am Zylinderblock eines luftgekühlten Motors.

radiator *(See Ill. 28 p. 362)* 1294

radiateur, radiateur à eau

Le radiateur est l'appareil dans lequel se refroidit l'eau de circulation. On trouve plusieurs types de radiateur: les radiateurs à nid d'abeilles, les radiateurs à ailettes et les radiateurs tubulaires. Le radiateur se compose d'un réservoir supérieur et inférieur, d'un faisceau tubulaire, d'un bouchon de remplissage, d'un tuyau de sortie d'eau des cylindres, d'un tube de trop-plein, d'un tuyau inférieur et d'un robinet de vidange.
Actuellement la majorité des radiateurs ont un système de refroidissement hermétique avec boîte de dégazage (vase d'expansion). Ce vase comporte des repères mini-maxi permettant de surveiller le

Kühler, Wasserkühler

Im Kühler wird das vom Motor erwärmte Wasser abgekühlt. Die drei Hauptbauformen sind der Luftröhrenkühler, der Lamellenkühler sowie der Wasserröhrenkühler. Der Kühler besteht aus dem oberen und dem unteren Wasserkasten, dem Kühlerkern, dem Einfüllstutzen, dem Zulaufrohr, dem Überlaufrohr, dem Kühlerauslauf und dem Wasserablaßhahn.
Die meisten Kühlsysteme arbeiten heute mit versiegeltem Kühlwasserkreislauf, bei dem ein Ausgleichsbehälter vorhanden ist. Der Kühlmittelspiegel kann in diesem Fall an zwei Grenzmarkierungen auf dem Ausgleichsbehälter beobachtet werden. Kühlmittel muß nachgefüllt werden, bevor der Spiegel unter die untere Marke sinkt. Fehlt ein

(maxi permettant de surveiller le) niveau du liquide de refroidissement et il convient de compléter ce dernier avant qu'il ne descende jusqu'au repère inférieur.
Dans les systèmes qui ne sont pas équipés d'un vase d'expansion, il faut surveiller le niveau à travers le bouchon du radiateur. Il doit se situer à 5–6 cm de l'orifice de remplissage. Si le moteur est chaud, il faudra ouvrir le radiateur avec beaucoup de précautions, car l'eau qui se met à bouillir peut s'échapper en jets brûlants.

(unter die untere Marke sinkt. Fehlt ein) solcher Ausgleichsbehälter, wird der Kühlwasserspiegel durch den Kühlfüllstutzen überprüft, wobei er 5–6 cm unter der Oberkante des Kühlfüllstutzens stehen soll. Bei warmem Motor darf man den Kühler nur mit der größten Vorsicht öffnen.

radiator block = radiator core

radiator bonnet = radiator hood

radiator core *(See Ill. 28 p. 362)* 1295

faisceau tubulaire

Faisceau de tubes en cuivre, en aluminium ou en lation reliant les deux réservoirs du radiateur.

Kühlerblock, Kühlerkern, Kühlnetz

Rohrenbündel aus Kupfer, Aluminium oder Messing zwischen oberem und unterem bzw. linkem und rechtem Wasserkasten eines Kühlers.

radiator hood 1296

écran de calandre

Ecran en matière plastique qui, en période froide, se fixe sur la calandre au moyen de boutons-pression ou de crochets.

Kühlerhaube, Kühlerschutzhaube

Schutzhaube meist aus Kunststoff, die bei tiefen Temperaturen vor dem Kühlergrill mittels Knöpfe oder Haken befestigt wird.

radiator hose *(See Ill. 28 p. 362)* 1297

durit de radiateur

Durit utilisée dans les moteurs refroidis par eau. La durit supérieure, contenant le thermostat, relie le radiateur aux chemises d'eau du bloc-cylindres, alors que la durit inférieure partant du radiateur également aboutit à la pompe à eau.

Kühlerschlauch, Kühlwasserschlauch

Schlauchverbindung bei wassergekühlten Motoren. Der obere Kühlwasserschlauch, der das Thermostat enthält, verbindet den Kühler mit dem Zylinderwassermantel, der untere führt vom Kühler zur Wasserpumpe.

radiator inlet connection *(See Ill. 28 p. 362)* 1298

tubulure d'entrée d'eau, goulotte supérieure

C'est par la tubulure supérieure que l'eau refluant du bloc-cylindres

Kühlereinlaufstutzen

Durch den Kühlereinlaufstutzen strömt das aus dem Zylinderblock austretende Wasser über einen Kühlwasserschlauch (l'eau refluant du bloc-cylindres) pénètre dans le réservoir supérieur du radiateur via un raccord en caoutchouc (durit).

(Wasser über einen Kühlwasserschlauch) in den oberen Wassersammelkasten des Kühlers zurück.

radiator louver = radiator shutter

radiator muff = radiator hood

radiator outlet connection *(See Ill. 28 p. 362)* **1299**

tubulure de sortie d'eau, goulotte inférieure

Tubulure se trouvant dans le réservoir inférieur d'un radiateur. C'est de cette tubulure que l'eau s'écoule vers la pompe à eau.

Kühlerauslaufstutzen, Kühlwasserausfluß

Stutzen am unteren Wassersammelkasten eines Kühlers. Von dort fließt das Wasser zur Wasserpumpe.

radiator overflow = overflow pipe

radiator protective cover = radiator hood

radiator shield = radiator hood

radiator shutter **1300**

persienne de radiateur, volet de radiateur

Persienne à commande mécanique ou électrique disposée devant le radiateur. Selon les conditions atmosphériques et la température extérieure, le courant d'air frais qui frappe le véhicule de plein fouet peut être plus ou moins freiné par la fermeture partielle ou totale de la persienne.

Kühlerjalousie

Von Hand oder elektrisch gesteuerte Jalousie vor dem Kühler des Motors. Je nach der Witterung und der Außentemperatur wird der Kühlluftstrom durch teilweises oder völliges Schließen der Jalousie mehr oder weniger gedrosselt.

radiator tank *(See Ill. 28 p. 362)* **1301**

réservoir d'eau, chambre à eau, boîte à eau

Dans un radiateur on trouve un réservoir inférieur et un réservoir supérieur (ou bien gauche et droit) reliés entre eux par un faisceau tubulaire.

Wasserkasten, Wassersammelkasten

In einem Kühler befinden sich oben und unten bzw. links und rechts jeweils ein Wasserkasten. Beide Wasserkästen sind durch den Kühlerblock verbunden.

radiator top tank *(See Ill. 28 p. 362)* **1302**

réservoir supérieur, chambre à eau supérieure

Partie supérieure du radiateur comportant un bouchon de

oberer Wasserkasten, Kühleroberkasten

Oberer Teil des Kühlers, an dem der Einfüllstutzen, das Zulaufrohr und das Überlaufrohr angebracht sind.

(comportant un bouchon de) remplissage et dans laquelle débouchent la tuyauterie de sortie d'eau des cylindres et le tube de trop-plein.

(Überlaufrohr angebracht sind.)

radio interference suppression kit = interference-suppression kit

radio speaker = speaker

radio suppression capacitor = interference-suppression condenser

radio suppression choke = interference-suppression choke

radius rod = anti-roll bar

raffinate 1303

raffinat
Produit pétrolier débarrassé de corps indésirables par raffinage.

Raffinat
Erdöldestillat, dem durch Raffination unerwünschte Anteile entzogen sind.

railway crossing = level crossing

ramp = access ramp

ranch wagon = station wagon

range 1304

autonomie
Trajet que peut accomplir un véhicule automobile avec un seul plein de carburant sans aucun réservoir d'appoint.

Aktionsradius
Mögliche Fahrstrecke eines Fahrzeugs mit einer Füllung des festeingebauten Kraftstoffbehälters, d.h. ohne Ergänzung des Kraftstoffvorrats.

rapid charge = boost charge

rapid glow plug (US) 1305

bougie de préchauffage rapide
Bougie de préchauffage dont l'élément chauffant réalisé en alliage spécial permet le démarrage d'un moteur diesel au bout d'un très bref laps de temps.

R-Glühkerze
Glühkerze, deren Heizelement aus einer Sonderlegierung ein besonders schnelles Starten des Dieselmotors bewirkt.

rare mixture = lean mixture

ratchet handle 1306

levier d'entraînement à cliquet pour DD, manche à cliquet deux sens
Clé de serrage constituée d'un levier à poignée en matière plastique, à l'extrémité duquel se trouve un cliquet avec carré d'entraînement

Umschaltknarre, Knarre, Ratsche, Knarrenschlüssel
Schraubenschlüssel mit Schalthebel, Griffstück aus Kunststoff und umschaltbarem Verbindungsvierkant für Steckschlüssel-Einsätze.

(cliquet avec carré d'entraînement) pour le montage de douilles démontables (DD).

(Steckschlüssel-Einsätze.)

rate of combustion 1307

vitesse de combustion

Vitesse à laquelle se propage la flamme dans la chambre de combustion d'un moteur à explosion.

Brenngeschwindigkeit, Verbrennungsgeschwindigkeit

Geschwindigkeit, mit der sich die Flammenfront im Brennraum eines Verbrennungsmotors ausbreitet.

rated voltage 1308

tension nominale

Dans les batteries au plomb, la tension nominale est fixée à deux volts par élément. En multipliant cette tension par le nombre d'éléments branchés en série, on obtient la tension nominale de la batterie.

Nennspannung

Bei den Bleibatterien ist die Nennspannung auf 2 V pro Zelle festgelegt. Multipliziert man die Anzahl der in Reihe geschalteten Zellen mit der Nennspannung einer Zelle, so erhält man die Nennspannung der Batterie.

ratio of the windings = turns ratio

reaction time 1309

temps de réflexe

Laps de temps s'écoulant à compter du moment où le conducteur aperçoit l'obstacle jusqu'à celui où il prend la mesure qui s'impose. On se base généralement sur une seconde.

Reaktionszeit

Reaktionszeit des Fahrers von der Wahrnehmung einer Gefahr bis zur Durchführung der erforderlichen Maßnahme. Meistens wird eine Sekunde zugrundegelegt.

reactor *(See Ill. 34 p. 481)* 1310

1. réacteur, stator, déflecteur
2. réacteur, chambre de réaction

1. Pièce d'un convertisseur hydraulique de couple fixé sur une roue libre. C'est sur le réacteur qu'est renvoyé le flux liquide par la turbine réceptrice.
2. Réservoir sous pression contenant un catalyseur et dans lequel s'opère une réaction de craquage, d'alkylation, etc. Dans le reformage on trouve trois réacteurs disposés en série.

1. Leitrad, Stator
2. Reaktor

1. Teil eines Drehmomentwandlers, das auf einem Freilauf sitzt. Der vom dem Turbinenrad zurückgeschleuderte Ölstrom trifft auf dieses Leitrad.
2. Druckbehälter, der einen Katalysator enthält und in dem eine Reaktion abläuft (Cracken, Alkylierung usw.).
   Beim Reformieren sind drei Reaktoren hintereinander geschaltet.

rear axle assembly *(See Ill. 14 p. 162)* 1311

corps de pont arrière, pont arrière

Le pont arrière des véhicules à

Hinterachskörper, Hinterachsbrücke

Das Hinterachsensystem von Kraftfahr-

(Le pont arrière des véhicules à) traction arrière comprend le renvoi d'angle, le différentiel, les deux arbres de différentiel, la fixation et la suspension des roues. Généralement on distingue le pont arrière à trompettes et le pont banjo.

(Das Hinterachsensystem von Kraftfahr-) zeugen mit Hinterradantrieb umfaßt das Winkelgetriebe, das Differential, die beiden Seitenwellen (Hinterachswellen), die Radbefestigungen und die Radaufhängungen. Beim Hinterachsantrieb unterscheidet man zwischen Trichterachse (Flanschachse) und Banjoachse als Starrachsen.

rear axle cover *(See Ill. 14 p. 162)* 1312

couvercle de carter de pont arrière

Couvercle de fermeture boulonné au centre d'un pont banjo.

Hinterachsgehäusedeckel, Hinterachsbrückendeckel

Verschlußdeckel in der Mitte einer Banjoachse.

rear axle drive *(See Ill. 14 p. 162)* 1313

traction arrière, système de traction par l'arrière, commande à l'arrière, propulsion arrière

Disposition classique des organes moteurs dans laquelle on trouve le moteur lui-même ainsi que l'embrayage et la boîte de vitesses fixée sur le cadre à l'avant du véhicule, tandis que le différentiel et les roues motrices sont à l'arrière. La transmission s'effectue par l'intermédiaire d'un arbre à cardans.

Hinterradantrieb, Hinterachsantrieb

Konventionelle Antriebsanordnung, bei der der Motor nebst Kupplung und Schaltgetriebe vorn im Rahmen, das Differential und die Antriebsräder sich hinten befinden. Die Kraftübertragung erfolgt über eine Gelenkwelle.

rear axle flared tube 1314

trompette de pont arrière

Les deux trompettes d'un pont arrière sont réunies chacune à un demi-carter du pont par emmanchement dur et boulonnage. Ce sont ces trompettes qui abritent les deux arbres de roue motrice.

Hinterachstrichter

In den beiden Hinterachstrichtern, die je in eine Hinterachsgehäusehälfte eingepreßt bzw. mit ihr verschraubt sind, drehen sich die Hinterachswellen.

rear axle gear ratio = rear axle ratio

rear axle radius rod 1315

bielle de poussée du pont arrière

Les bielles de poussée sont montées sur rotule à chacune de leurs extrémités et s'articulent sur le châssis d'une part et sur le pont arrière d'autre part. Elles

Hinterachsschubstange

Hinterachsschubstangen verbinden den Rahmen mit der Hinterachse über Kugelgelenke. Sie übertragen auf das Fahrgestell die von den Antriebsrädern ausgehende Schubkraft.

(arrière d'autre part. Elles) transmettent au châssis la poussée exercée par les roues motrices.

(ausgehende Schubkraft.)

rear axle ratio 1316

rapport de pont arrière, démultiplication de pont arrière

Le rapport de démultiplication du pont arrière est de l'ordre de 3:1 à 5:1 pour les voitures de tourisme. Il oscille autour de 7:1 pour les poids lourds.

Hinterachsübersetzung, Achsuntersetzung

Bei Personenkraftwagen beträgt die Hinterachsübersetzung 3:1 bis 5:1, bei Lastkraftwagen ca. 7:1.

rear axle shaft *(See Ill. 14 p. 162)* 1317

arbre de différentiel, axe de roue

Arbre moteur qui, dans un essieu rigide, relie le différentiel à la roue motrice.

Hinterachswelle

Antriebswelle in der Starrachse eines Fahrzeuges, welche das Differentialgetriebe mit dem Antriebsrad verbindet.

rear engine 1318

moteur à l'arrière, groupe propulseur arrière

Moteur disposé à l'arrière du véhicule au-dessus ou derrière l'essieu arrière. Il entraîne les deux roues arrière. Le moteur placé devant l'essieu arrière est appelé moteur central et se rencontre surtout dans les voitures sport et de compétition.

Heckmotor

Motor zum Antrieb der Hinterräder. Er ist über oder hinter der Hinterachse angeordnet. Beim Mittelmotor-Antrieb liegt der Motor vor der Hinterachse (Sport- und Rennwagen).

rear hat shelf = rear parcel shelf

rear lamp cluster = single tail lamp assembly

rear license illuminator = license plate lamp

rear light *(See Ill. 31 p. 414)* 1319

lanternes arrière, feux rouges

Les véhicules automobiles doivent obligatoirement être équipés de deux lanternes arrière disposées à hauteur égale et fonctionnant en même temps que les feux de position ainsi que les feux de croisement ou de route. Très souvent les feux rouges sont réunis avec les stops et les feux clignotants sous une même garniture. Puissance par ampoule 5 watts.

Schlußlicht, Rücklicht, Schlußleuchte, Rückleuchte

Kraftfahrzeuge müssen mit zwei roten Schlußleuchten in gleicher Höhe ausgerüstet sein, die zusammen mit dem Standlicht und dem Abblend- bzw. Fernlicht benützt werden. Meist sind die Schlußleuchten mit den Brems- und den Blinkleuchten zu einer Baueinheit zusammengefaßt. Leistungsbedarf je 5 W.

rear overhang 1320

porte-à-faux arrière
Distance en mm de la partie arrière extrême d'un véhicule par rapport au centre de l'essieu arrière, compte non tenu du crochet d'attelage, du dispositif d'attache de la remorque et du pare-chocs.

hintere Überhanglänge
Abstand in mm des äußersten hinteren Punktes des Fahrzeuges von der Mitte der Hinterachse, wobei Zughaken, Anhängerkupplung und Stoßfänger nicht eingerechnet sind.

rear overhang angle 1321

angle de dégagement
Angle formé par le plan de la chaussée et le point le plus bas situé derrière l'essieu AR d'un véhicule.

hinterer Überhangwinkel
Winkel zwischen der Standebene des Fahrzeuges und dem tiefsten Punkt hinter der Hinterachse.

rear parcel shelf 1322

plage arrière, tablette arrière
Tablette se trouvant entre l'habitacle et le coffre arrière. Dans nombre de véhicules, il y a moyen d'augmenter le volume du coffre en rabattant la tablette AR derrière le dossier de la banquette AR. D'autres tablettes sont amovibles.

Hutablage
Ablage zwischen Fahrgast- und Kofferraum. Zur Vergrößerung des Kofferraums können einige Ausführungen hinter die Rückenlehne der hinteren Sitzbank zurückgeklappt oder einfach abgenommen werden.

rear piston 1323

piston secondaire
Second piston du maître-cylindre tandem. Lors du freinage, il est déplacé par le liquide de frein emprisonné entre les deux pistons et refoule le liquide dans un des deux circuits de freinage.

hinterer Kolben, schwimmender Kolben
Zweiter Kolben im Tandemhauptzylinder. Beim Bremsen wird er von der zwischen beiden Kolben eingeschlossenen Bremsflüssigkeit verschoben. Dadurch wird die Flüssigkeit in einem der beiden Bremskreise unter Druck gesetzt.

rear position light = rear light

rear reflector = bull's eye

rear-view mirror 1324

rétroviseur
Petit miroir réglable fixé à l'extérieur et à l'intérieur d'un véhicule automobile, grâce auquel le conducteur peut observer ce qui se passe derrière lui sur la chaussée.

Rückspiegel
Verstellbarer Außen- oder Innenspiegel, der dem Fahrer eines Fahrzeugs die Beobachtung des nachfolgenden Verkehrs ermöglicht.

rear window demister unit = rear window heater

rear window heater **1325**

dégivreur de lunette
Dans une lunette arrière en verre feuilleté, une fine résistance chauffante alimentée en courant de batterie est insérée entre deux plaques de verre collées ensemble pour désembuer la lunette arrière. Dans le cas de verre trempé, un circuit résistant est imprimé sur la face interne de la lunette. Des dégivreurs vendus en kit peuvent également être collés et branchés sur les lunettes non équipées.

Heckscheibenbeheizung
In einer Heckscheibe aus Verbundglas befindet sich ein mit Batteriestrom gespeister, dünner Heizdraht zwischen zwei verklebten Glasscheiben, damit das Heckfenster beschlagfrei bleibt. Bei Einscheibenglas ist ein Metallstreifen auf der Innenseite des Heckfensters aufgedruckt. Heckscheibenbeheizungsanlagen können auch nachträglich aufgeklebt bzw. angeschlossen werden.

rear window shelf = rear parcel shelf

reboiler **1326**

rebouilleur
Appareil servant à réchauffer et vaporiser en partie le résidu de distillation dans le fond d'une colonne à plateaux.

Reboiler
Apparat für das nochmalige Aufheizen und teilweise Verdampfen des Destillationsrückstandes im unteren Teil einer Fraktionierkolonne.

rebore, to **1327**

réaléser
Elargir les cylindres et les pistons d'un moteur pour en accroître le rendement.

nachbohren
Der Durchmesser der Zylinder und der Kolben wird nachträglich erweitert, damit die Leistung des Motors gesteigert wird.

rebuilding **1328**

rechapage, recaoutchoutage
Regommage d'un pneumatique usé. Une nouvelle bande de roulement est rapportée sur une carcasse récupérée. Il est également possible de regommer d'un flanc à l'autre ou de talon à talon.

Runderneuerung, Neugummierung
Erneuerung eines abgefahrenen Reifens. Eine neue Lauffläche wird auf einen wiederverwendeten Reifenunterbau aufgebracht. Abgenutzte Reifen können auch von Schulter zu Schulter bzw. von Wulst zu Wulst erneuert werden.

recapping = rebuilding

receiver-drier **1329**

réservoir déshydrateur
Réservoir avec filtre et voyant inséré dans le circuit d'une installation d'air conditionné ou dans une installation similaire de fourgon frigorifique. Il est traversé par le fluide frigorigène liquéfié dans le condenseur.

Trockner
Flüssigkeitsbehälter mit Filtertrockner und Schauglas im Wärmekreislauf einer Klimaanlage bzw. in der Kühlanlage eines Kühlwagens. Er wird vom im Kondensator verflüssigten Kältemittel durchströmt.

recessed-head screw 1330

vis cruciforme, vis à tête cruciforme
Vis dont la tête présente deux fentes disposées en croix. On distingue la vis à tête cruciforme bombée, ronde, fraisée et fraisée bombée.

Kreuzschlitzschraube
Schraube mit kreuzförmigem Schlitz im Kopf. Man unterscheidet die Linsenschraube, die Halbrundschraube, die Senkschraube und die Linsenschraube mit Kreuzschlitz.

recirculating ball steering 1331

direction à circuit de billes, direction à circulation de billes, direction à chemin de billes
Ce type de direction est dérivé de la direction à vis et écrou. Des billes métalliques sont insérées moitié dans la vis, moitié dans l'écrou et se déplacent en circuit fermé. Grâce à cette friction roulante, on obtient une direction plus douce.

Kugelumlauflenkung, Kugelumlauflenkgetriebe, Kugelmutter-Lenkgetriebe
Die Kugelumlauflenkung ist aus der Schraubenlenkung abgeleitet. Bei dieser Lenkungsart sind in der Lenkmutter und in der Lenkschraube Metallkugeln eingefügt, die sich in einer geschlossenen Laufbahn bewegen. Aufgrund dieser rollenden Reibung wird eine bessere Leichtgängigkeit in der Lenkung erzielt.

recording speedometer = trip recorder

recuperating chamber *(See Ill. 10 p. 132)* 1332

chambre de récupération
Second cylindre dans un amortisseur bitube. Il entoure le cylindre de travail et permet au liquide hydraulique excédentaire de s'échapper par un clapet inférieur lorsque l'amortisseur est entièrement comprimé.

Vorratsraum, Vorratsbehälter
Zweiter Zylinder in einem Zweirohrstoßdämpfer, der den Arbeitszylinder umgibt und als Vorratsraum für das durch einen Bodenventil entweichende Stoßdämpferöl dient, wenn der Stoßdämpfer ganz zusammengedrückt wird.

red lead 1333

minium de plomb
Oxyde de plomb qui entre dans la préparation d'apprêts antirouille pour carrosseries.

Bleimennige, rotes Bleioxid
Bleioxid, das in der Herstellung von Rostschutzgrundierung für Fahrzeugkarosserien verwendet wird.

reduction gearing 1334

démultiplicateur
Engrenage utilisé pour la réduction de vitesses de rotation.

Untersetzungsgetriebe
Getriebe für die Herabsetzung von Drehzahlen.

reference diameter 1335

diamètre primitif
Dans un engrenage le diamètre primitif est le produit du module et du nombre de dents.

Teilkreisdurchmesser
Produkt aus Modul und Zähnezahl bei Zahnrädern.

reference notch = rotating timing mark

reference sensor 1336

détecteur de repère, capteur de repère
Capteur inductif qui, dans un système Motronic, évalue la position du vilebrequin grâce à un repère de la couronne dentée du volant-moteur.

Bezugsmarkengeber, Bezugsmarkensensor
Induktiver Geber im Motronic-System, der die Kurbenwellenstellung über eine Bezugsmarke an der Schwungscheibenverzahnung ermittelt.

refinery gas 1337

gaz de raffinerie
Mélange composé principalement d'éthane, de méthane et d'hydrogène, libéré lors des opérations de distillation, de craquage ou de reformage. Il est surtout utilisé comme gaz combustible.

Raffineriegas
Gasgemisch meist aus Äthan, Methan und Wasserstoff, das bei der Destillation, beim Cracken oder Reformieren anfällt. Es wird überwiegend als Brenngas verwendet.

reflector *(See Ill. 22 p. 236)* 1338

réflecteur, miroir parabolique
Pièce de l'ensemble optique en métal brillant au foyer duquel se trouve la source lumineuse.

Reflektor, Spiegelreflektor, Spiegel, Scheinwerferspiegel, Parabolspiegel
Teil des Scheinwerfers aus hochglanzpoliertem Metall, in dessen Brennpunkt die Lichtquelle angeordnet ist.

reforming 1339

reformage, reforming, reforming catalytique
Procédé permettant d'obtenir des essences à indice d'octane amélioré sous l'effet de la température et de la pression ainsi qu'à l'aide de catalyseurs.

Reformieren, Reformingverfahren
Verfahren zur Gewinnung von hochklopffesten Benzinen durch Druck und Wärme bzw. mit Hilfe von Katalysatoren.

refrigerant compressor 1340

compresseur frigorifique
Machine entraînée par le moteur d'un véhicule au moyen d'une courroie trapézoïdale et qui est au coeur d'une installation d'air conditionné ou d'une installation similaire équipant les fourgons frigorifiques. Son rôle est d'aspirer le fluide frigorigène (fréon) contenu dans un évaporateur et, en le comprimant, de le refouler vers un condenseur. Le compresseur est

Kältemittelverdichter, Kälteverdichter, Kältekompressor
Vom Fahrzeugmotor über Keilriemen angetriebene Maschine in einer Klimaanlage bzw. in der Kühlanlage eines Kühlwagens. Ihre Aufgabe ist es, das gasförmige Kältemittel aus einem Verdampfer anzusaugen und dieses unter hohem Druck zum Verflüssiger zu verdrängen. Der Kälteverdichter wird über eine Magnetkupplung zu- und abgeschaltet.

(condenseur. Le compresseur est) commandé par un embrayage électromagnétique.

(schaltet.)

refrigerated truck (US) 1341

fourgon frigorifique
Fourgon à isolation thermique, revêtu d'une peinture spéciale et servant au transport de marchandises réfrigérées ou surgelées. En général il s'agit de denrées alimentaires périssables. Les basses températures sont obtenues au moyen d'une installation de production du froid ou par un agent réfrigérant (glace carbonique, gaz liquéfié, etc.).

Kühlwagen
Wärmeisolierter Lastkraftwagen mit Speziallackierung des Aufbaus zum Transport von Kühlgut (meist leicht verderbliche Lebensmittel). Die Kühlung des Laderaums erfolgt durch eine Kälteanlage oder durch Kühlmittel (Trockeneis, verflüssigtes Gas usw.).

refrigeration compressor = refrigerant compressor

regenerator 1342

régénérateur, chambre de brûlage
Appareil pour la régénération du catalyseur usé, qui y est réchauffé (craquage catalytique).

Regenerator
Apparat für die Regenerierung des verbrauchten Katalysators, der dort wieder aufgeheizt wird (katal. Cracken).

regular gasoline (US) = regular grade

regular grade 1343

essence ordinaire, essence normale
L'essence ordinaire a un indice d'octane se situant entre 92 et 94. Sa teneur en aromates est moins élevée que celle du supercarburant.

Normalbenzin, Fahrbenzin
Normalbenzin hat eine Oktanzahl von 92 bis 94. Sein Anteil an Aromaten ist niedriger als beim Superbenzin.

relative dwell angle 1344

angle dwell, rapport en dwells
Pourcentage de l'angle de came calculé sur le cycle de came:

$$\text{angle dwell} = \frac{\text{angle de came x nombre de cylindres}}{3{,}6}$$

relativer Schließwinkel, Schließwinkel in Prozent
Auf den Gesamtwinkel bezogener Anteil des Schließwinkels, der in Prozent ausgedrückt wird.

$$\text{Relativer Schließwinkel} = \frac{\text{Schließwinkel in Grad x Zylinderzahl}}{3{,}6}$$

relay 1345

relais
Interrupteur à commande à distance dont les contacts peuvent enclencher et déclencher des

Relais
Elektromagnetischer Fernschalter, mit dessen Kontakten stärkere Ströme zur Versorgung von Verbrauchern mit ho-

(enclencher et déclencher des) courants forts destinés à alimenter des organes gros consommateurs d'électricité. Le relais se compose d'une bobine magnétique à noyau en fer doux ainsi que d'une palette servant à la fermeture ou à l'ouverture de contacts.

(Versorgung von Verbrauchern mit hoher Stromaufnahme ein- und ausgeschaltet werden. Das Relais besteht aus einem Weicheisenkern mit einer Magnetwicklung und aus einem Schaltanker mit versilbertem Kontakt und Gegenkontakt.

relay arm = idler arm

release bearing = release bearing cup

release bearing cup *(See Ill. 11 p. 140)* **1346**

butee de débrayage, roulement-butée

Dans l'embrayage monodisque à sec, la fourchette de débrayage agit sur la butée qui, à son tour, attaque la bague de débrayage (contre-butée) ou le diaphragme selon le type d'embrayage. On distingue les butées à billes et les butées à bague graphite.

Kupplungsdrucklager, Ausrücklager, Ausrücker, Kupplungsausrücklager

In der Einscheibentrockenkupplung greift die Ausrückgabel an dem Ausrücklager an, das auf den Ausrückring bzw. auf die Tellerfeder einwirkt. Es gibt Kugeldrucklager und Graphitringausrücker (Schleifringausrücker).

release fork = clutch fork

release lever = clutch release lever

release lever plate **1347**

bague de débrayage, plateau de poussée des doigts, contre-butée

Rondelle maintenue par des ressorts sur les linguets d'un mécanisme d'embrayage. Lors du débrayage, elle subit la pression de la butée.

Ausrückring, Auflagering

Der Ausrückring wird mittels Federn auf den Ausrückhebeln des Kupplungsausrückmechanismus festgehalten. Beim Auskuppeln wird er vom Ausrücklager gedrückt.

release pad = clutch release lever

release yoke = clutch fork

relief piston **1348**

piston de détente

Piston minuscule que recèle la soupape d'injection et qui a pour effet de provoquer une détente dans le circuit haute pression et, de ce fait, une fermeture rapide de l'injecteur.

Entlastungskölbchen

Kölbchen im Druckventil einer Einspritzpumpe, das eine schnelle Druckentlastung im Druckrohr (Einspritzleitung) und damit eine schnelle Schließung der Einspritzdüse bewirkt.

relief valve = oil-pressure relief valve

remote starter switch 1349

contacteur à distance

Contacteur à deux câbles permettant de lancer un moteur de l'extérieur d'un véhicule. L'un des câbles est branché sur le pôle positif de la batterie et l'autre sur la borne de commande du démarreur.

Fern-Start-Schalter

Schalter mit zwei Leitungen, der das Anlassen des Motors außerhalb des Fahrzeugs ermöglicht. Eine Leitung wird mit Batterie Plus (+) verbunden, die andere mit dem Steuerstromanschluß des Anlasserrelais (Klemme 50).

repair garage = motorcar repair shop

repair pit = inspection pit

required voltage = firing voltage

research octane number 1350

RON

Indice d'octane calculé avec un moteur-étalon CFR (CFR = Cooperative Fuel Research), qui tourne à 600 tr/min avec une avance à l'allumage constante (13°), la température de l'air aspiré étant de 52° C.

Research-Oktan-Zahl, Oktanzahl nach der Researchmethode, ROZ

Oktanzahl, die mit einem CFR-Prüfmotor ermittelt wird (CFR = Cooperative Fuel Research). Der Prüfmotor läuft mit 600 U/min und einem konstanten Zündzeitpunkt (13° KW vor OT), wobei die Ansauglufttemperatur 52° C beträgt (F-1-Methode).

reservoir port *(See Ill. 5 p. 65)* 1351

orifice d'alimentation, orifice de remplissage

Ouverture ménagée dans le maître-cylindre d'un frein hydraulique à travers laquelle le liquide de frein provenant du réservoir s'écoule dans l'espace compris entre la partie avant et arrière du piston.

Nachlaufbohrung

Bohrung im Hauptzylinder einer hydraulischen Bremse, durch die der Raum zwischen vorderem und hinterem Kolbenteil mit Bremsflüssigkeit aus dem Ausgleichsbehälter gefüllt wird.

resonance damper 1352

amortisseur de vibrations

Volant de petite taille rapporté sur la poulie de vilebrequin dont il est séparé par une épaisseur de caoutchouc. Celle-ci amortit les vibrations torsionnelles intervenant dans chacun des cylindres.

Drehschwingungsdämpfer, Schwingungsdämpfer

Kleineres Schwungrad, das auf der Riemenscheibe der Kurbelwelle aufgesetzt ist. Das dazwischenliegende Gummi dämpft die in den Zylindern auftretenden Drehschwingungen.

retractable rod antenna (US) 1353

antenne télescopique

Antenne dont les éléments

Teleskopantenne

Zusammenschiebbare und auseinander-

(Antenne dont les éléments) s'emboîtent et se déboîtent et que l'on trouve en version escamotable ou latérale. L'antenne télescopique escamotable disparaît complètement dans la carrosserie et peut être verrouillée. L'antenne latérale se fixe en général sur un montant de glace et ses éléments peuvent s'emboîter jusqu'à la pièce de fixation.

(Zusammenschiebbare und auseinander-) ziehbare Antenne, die als Versenk- bzw. Anbauantenne anzutreffen ist. Die Versenk-Teleskopantenne läßt sich ganz in der Karosserie versenken und kann mit einem Schlüsselchen oder einem Springschloß abgesperrt werden. Anbauantennen dagegen werden vor allem an einem Fensterholm angebracht und lassen sich bis auf das kurze Anbaustück zusammenschieben.

retractable rod aerial (GB) = retractable rod antenna

retracted axle = lifted axle

retracting headlight 1354

phare escamotable
Phare invisible en cas de non-utilisation. Les phares escamotables sont à commande mécanique ou électrique.

versenkbarer Scheinwerfer, Klappscheinwerfer, Schlafaugen
Scheinwerfer, der bei Nichtbenutzung unsichtbar ist. Für den Betrieb werden Klappscheinwerfer mechanisch oder elektrisch betätigt.

retracting-type belt = inertia-reel belt

retreading = rebuilding

return current = reverse current

return spring *(See Ill. 19 p. 216)* 1355

ressort de rappel
Organe élastique qui ramène à sa position de départ une pièce mise en mouvement.

Rückzugfeder, Rückstellfeder, Rückholfeder
Elastisches Glied, das ein bewegliches Teil in seine Ausgangslage zurückbringt.

rev counter = revolution counter

reverse current 1356

courant de retour, courant de batterie
Lorsque la tension d'une dynamo devient inférieure à celle de la batterie, le courant de retour reflue de la batterie à la masse en passant par l'enroulement en fil gros du conjoncteur-disjoncteur et l'induit de la dynamo. Son action a pour effet de séparer les grains de contact et de couper le circuit de charge.

Rückstrom
Sinkt die Spannung einer Gleichstromlichtmaschine unter die Batteriespannung, so fließt der Rückstrom von der Batterie aus über die Stromwicklung des Ladeschalters und den Anker der Lichtmaschine zur Masse. Dies hat die Öffnung des Kontaktpaares zur Folge, und der Ladestromkreis wird unterbrochen.

reverse current cutout = cutout relay

reverse gear spindle = reverse idler gear shaft

reverse idler gear shaft *(See Ill. 21 p. 224)* 1357

arbre auxiliaire, axe de marche arrière, arbre de marche arrière, renvoi de marche arrière
Arbre à pignon de la boîte de vitesses qui s'intercale entre l'arbre secondaire et le train fixe. Il sert à l'enclenchement de la marche arrière.

Rückwärtsgangzwischenwelle, Rücklaufwelle, Rücklaufachse
Welle im Wechselgetriebe, die zwischen Hauptwelle und Vorgelegewelle angeordnet ist. Sie dient der Einschaltung des Rückwärtsganges.

reverse idler shaft = reverse idler gear shaft

reverse scavenging = loop scavenging

reversible ratchet = ratchet handle

reversing light *(See Ill. 31 p. 414)* 1358

phare de recul
Projecteur additionnel pour l'éclairage en marche arrière.

Rückfahrscheinwerfer, Rückfahrleuchte
Zusätzlicher Scheinwerfer für rückwärtige Beleuchtung.

revmeter = revolution counter

revolution counter 1359

compte-tours
Instrument permettant l'affichage du régime du moteur ou de la vitesse de rotation de toute autre pièce.

Drehzähler, Umdrehungszähler, Drehzahlmesser, Tourenzähler
Gerät zur Anzeige der Drehzahlen eines Motors oder weiterer drehender Teile.

revolutions per minute 1360

régime de rotation
Nombre de rotations par minute d'un vilebrequin dans un moteur à explosion ou à combustion interne.

Drehzahl
Bei Verbrennungsmotoren Zahl der Umdrehungen der Kurbelwelle je Minute.

ribbed radiator 1361

radiateur à ailettes
Radiateur comportant des tubes à section rectangulaire sur lesquels sont fixées des ailettes radiantes augmentant ainsi la surface de refroidissement. L'eau circule dans les tubes et l'air à l'extérieur de ceux-ci.

Lamellen-Kühler
Dieser Kühler besteht aus verlöteten Röhren mit rechteckigem Querschnitt, die somit Lamellen und eine größere Kühlfläche ergeben. Das Wasser fließt durch die Röhren, die außen von Luft umspült sind.

rich mixture 1362

mélange riche

Un mélange carburé trop riche se manifeste par une fumée noire à l'échappement, par des dépôts noirâtres sur les bougies d'allumage ainsi que par un surconsommation d'essence. Un rapport de mélange essence-air de l'ordre de 1:13 révèle un gaz trop riche.

reiches Gemisch, kraftstoffreiches Gemisch

Schwarze Rauchschwaden aus dem Auspuff, verrußte Zündkerzen und übermäßiger Benzinverbrauch lassen auf ein reiches Kraftstoff-Luft-Gemisch schließen. Bei einem Mischungsverhältnis von 1:13 gilt das Kraftstoff-Luft-Gemisch als zu fett.

right-handed thread 1363

filet à droite

Filet en hélice d'une vis se déroulant de bas en haut et de gauche à droite.
En tournant dans le sens des aiguilles d'une montre, la vis s'enfonce dans l'écrou.

Rechtsgewinde

Gewinde eines Bolzens, dessen Schraubenlinie von links unten nach rechts oben steigt.
Beim Drehen im Uhrzeigersinn schraubt sich der Bolzen in die Mutter hinein.

rigid axle *(See Ill. 14 p. 162)* 1364

essieur rigide

Pièce transversale dont les extrémités passent par les moyeux des deux roues sur lesquelles elle prend appui.
Dans la construction de voitures automobiles, l'essieu rigide avant a été abandonné et remplacé par la suspension à roues indépendantes en raison de l'importance des masses non suspendues et des modifications que subissait le carrossage lors du débattement de la suspension d'une roue. Aussi l'essieu rigide ne se rencontre-t-il plus qu'en tant qu'essieu moteur arrière. En revanche, on le retrouve aussi bien comme essieu avant directeur que comme essieu moteur arrière dans les camions et les poids lourds. Le pont ou essieu arrière comprend le différentiel avec le renvoi d'angle réducteur de même que les arbres de roue.
L'essieu rigide est simple dans son mode de construction et réalisable à relativement peu de frais. Grâce à lui la position des roues ne change

Starrachse

Querträger, dessen Enden sich auf der Nabe beider Räder abstützen.
In der Automobilindustrie ist die Starrachse als Vorderachse durch die Einzelradaufhängung aufgrund der großen ungefederten Massen und der Sturzänderung beim Ein- und Ausfedern eines Rades zurückgedrängt worden und nur noch als Hinterachse anzutreffen. In den Lastwagen dagegen findet die Starrachse als Lenk- und Hinterachse Verwendung. Zur starren Hinterachse gehören das Winkel- und das Ausgleichsgetriebe sowie die Achs- oder Seitenwellen zum Antrieb der Hinterräder.
Die Starrachse ist einfach in ihrem Aufbau und billig in der Herstellung. Die Radstellung bleibt unverändert. Beim Einfedern bleiben ebenfalls Radsturz, Spurweite, Vorspur und Nachlauf konstant. Lediglich beim Ein- und Ausfedern eines Rades ändert sich der Sturz des gegenüberliegenden Rades. Jedoch ist die Starrachse ziemlich schwer und nimmt viel Raum in Anspruch. Außerdem wird sie beim Überwinden einer einseitigen Bodenun-

(à lui la position des roues ne change) pas, pas plus que le carrossage, la voie, le pinçage et la chasse lors du débattement simultané des deux roues. Seul le débattement de la suspension d'une roue modifiera le carrossage de la roue opposée. Toutefois l'essieu rigide représente un poids important et il est encombrant. De surcroît, si une des roues doit surmonter une inégalité de la chaussée, l'essieu rigide se mettra en biais. A noter également que l'adhérence au sol laisse à désirer. Dans nombre de cas, la suspension la plus économique de l'essieu rigide à la carrosserie sera assurée par des ressorts à lames disposés longitudinalement.

(winden einer einseitigen Bodenun-)ebenheit schräg gestellt. Auf unebenem Boden ist der Fahrbahnkontakt schlechter. Meist erfolgt die Aufhängung der Starrachse am Fahrgestell mittels längsliegender Blattfedern.

rigid coupling 1365

accouplement rigide
Accouplement ne pouvant compenser les défauts d'alignement des arbres, ni les variations de dimensions dues aux dilatations.

Starrkupplung
Kupplung, die weder Wellenachsfehlern noch Maßänderungen infolge Ausdehnung folgen kann.

rim 1366

jante
Partie de la roue sur le pourtour de laquelle vient se placer le pneumatique. La jante comprend trois parties principales: La base, l'épaulement et le rebord.

Felge
Teil des Rades, auf dessen Umfang der Gummireifen aufgenommen wird. Dazu gehören das Felgenbett, die Felgenschulter und das Felgenhorn.

rim base 1367

base de la jante
Partie la plus basse de la jante.

Felgenbett
Tiefste Stelle der Felge.

ring sticking 1368

gommage des segments de piston
Défaut du piston imputable à un échauffement du culot pouvant aboutir à une carbonisation de l'huile moteur dans les rainures circulaires. Dès lors les segments sont collés dans leur gorge et la pression des gaz ne suffit plus pour les appliquer sur la paroi du

Kolbenringkleben, Kolbenringstecken
Kolbenschaden, bei dem die Kolbenringe infolge einer Überhitzung der Kolgenringzone in den Ringnuten haften bleiben, weil das Öl dort verkokt. Die Kolbenringe können durch den Gasdruck nicht mehr von den Ringnuten abgehoben und gegen die Zylinderwandung gedrückt werden. Sie dichten

(les appliquer sur la paroi du) cylindre. Ils perdent ainsi leur pouvoir d'étanchéité.

(dung gedrückt werden. Sie dichten) nicht mehr.

ring terminal 1369

cosse ronde, cosse à oeillet
Cosse annulaire amovible qui se fixe au moyen d'un écrou sur une borne filetée.

Ringzunge
Ringförmiger Kabelschuh mit lösbarem Anschluß. Er wird mittels einer Mutter befestigt.

ring tongue = ring terminal

rivet 1370

rivet
Elément cylindrique non démontable en acier, cuivre ou aluminium pour l'assemblage de pièces minces (tôles). La tige se terminant par une tête de pose est introduite dans les trous percés dans les pièces à unir, puis la partie saillante est refoulée et martelée en forme de tête appelée fermante. Jusqu'à un diamètre de tige de 10 mm, la rivure se fait à froid. Pour les plus grands diamètres (10 à 30 mm), les rivets en acier sont d'abord portés au rouge (rivure à chaud).

Niet
Metallbolzen aus Stahl, Kupfer oder Aluminium zur festen mechanischen Verbindung zweier dünner Werkstücke (Bleche). Der mit einem sogenannten Setzkopf versehene Schaft wird durch die vorgebohrten Löcher der zu verbindenden Teile gesteckt und der überstehende Teil durch Schlageinwirkung zu einem zweiten Kopf (Schließkopf) angestaucht und plastisch geformt. Bei einem Schaftdurchmesser bis 10 mm erfolgt die Nietung im kalten Zustand (Kaltnietung). Stahlniete mit Schaftdurchmesser von 10 bis 30 mm werden vorerst auf Rotglut gebracht (Warmnietung).

road adhesion 1371

adhérence au sol
Qualité de roulement nécessaire entre le véhicule et la chaussée. Elle est le résultat du frottement entre le pneumatique et le revêtement du sol. La vitesse du véhicule, l'état de la route (verglas, neige, pluie, graviers) ainsi que la gomme et les sculptures du pneumatique peuvent modifier l'adhérence au sol.

Bodenhaftung
Haftverbindung zwischen Fahrzeug und Boden, die durch Reibung zwischen Reifen und Fahrbahnoberfläche entsteht. Die Fahrtgeschwindigkeit, der Fahrbahnzustand (Glatteis, Schnee, Regen, Kies usw.) sowie die Profilgestaltung und die Gummimischung der Autoreifen können sich auf die Bodenhaftung auswirken.

road clearance = ground clearance

road grip = road adhesion

road holding = roadability

road holding characteristics = roadability

road octane number 1372

indice d'octane route
Indice d'octane réellement atteint par un carburant en circulation routière.

Straßenoktanzahl
Oktanzahl, die auf der Straße von einem Kraftstoff tatsächlich erreicht wird.

road resistance = traction resistance

road tanker = tank truck

road train = truck-tractor train

road user 1373

usager de la route
Toute personne (piéton, automobiliste, cyclomotoriste, cavalier, etc.) circulant sur la voie publique.

Straßenbenutzer, Verkehrsteilnehmer
Benutzer von öffentlichen Straßen wie z.B. Fußgänger, Kraftfahrer, Mopedfahrer, Reiter usw.

road wheel = wheel

roadability 1374

tenue de route
La tenue de route se définit par l'ensemble des facteurs qui déterminent le maintien de la trajectoire suivie par un véhicule roulant par rapport aux forces et aux couples auxquels il est soumis.

Straßenlage, Straßenhaltung
Summe aller Faktoren, die die Fahrtrichtungshaltung eines Kfz gegenüber den während der Fahrt auftretenden Kräften und Momenten bestimmen.

roadway 1375

chaussée
Partie d'une route aménagée pour la circulation des véhicules.

Fahrbahn
Teil von Straßen und Straßenbrücken, der für den Fahrzeugverkehr bestimmt ist.

rocker = rocker arm

rocker arm *(See Ill. 17 p. 182)* 1376

culbuteur
Levier oscillant placé au-dessus des cylindres, servant à ouvrir et fermer les soupapes. Le point d'appui du culbuteur se trouve au centre du levier. Dans le basculeur ou doigt de poussée, le point d'appui est à l'extrémité du levier.

Ventilkipphebel, Kipphebel
Kipphebel, der über dem Zylinder angeordnet ist und zum Öffnen und Schließen der Ventile dient. Beim Kipphebel liegt der Drehpunkt in der Mitte, beim Schwinghebel dagegen am Hebelende.

rocker box = rocker cover

rocker clearance = valve clearance

rocker cover *(See Ill. 17 p. 182)* 1377

cache-soupapes, couvre-culasse
Couvercle généralement étanche à l'air vissé au-dessus de la rampe des culbuteurs.

Zylinderkopfhaube, Ventilkammerdekkel, Kipphebelabdeckung, Zylinderkopfdeckel, Schwinghebelabdeckung
Meist luftdichter Deckel über dem Ventiltrieb.

rocker cover gasket 1378

joint de cache-soupapes, joint de couvre-culasse
Joint épais en liège ou en caoutchouc, relativement peu serré et qui assure l'étanchéité du cache-soupapes sur la culasse.

Zylinderkopfhaubendichtung
Starke Dichtung aus Gummi oder aus Kork, die zwischen Zylinderkopf und Zylinderkopfhaube leicht zusammengepreßt wird.

rocker shaft *(See Ill. 17 p. 182)* 1379

axe de culbuteur
Axe autour duquel pivote le culbuteur.

Kipphebelachse
Achse, um die sich der Kipphebel dreht.

rod-operated clutch 1380

embrayage à commande par tringles
Dans ce type d'embrayage, la force musculaire du conducteur agissant sur la pédale de débrayage est transmise à la butée par une tringlerie reliant la pédale à la fourchette de débrayage.

mechanische Kupplung mit Gestänge
Die Pedalkraft wird bei dieser Betätigung durch ein Gestänge zwischen Kupplungspedal und Ausrückgabel auf den Ausrücker übertragen.

roll 1381

roulis
Mouvement oscillatoire d'un côté du véhicule à l'autre autour d'un axe longitudinal ayant pour origine le centre de gravité du véhicule, et ce sous l'influence d'efforts perturbateurs. Il est atténué par des barres anti-roulis assurant une liaison plus rigide entre les roues et la carrosserie.

Rollen, Schlingern, Wankschwingung, Wanken
Schlingerbewegung von einer Wagenseite zur anderen um eine Längsachse, die vom Schwerpunkt des Fahrzeugs ausgeht, und zwar unter dem Einfluß von Störkräften. Zur Verringerung der Wankschwingungen werden Stabilisatoren zwischen Rädern und Wagenaufbau eingebaut.

roller bearing 1382

roulement à rouleaux
Roulement qui contient comme pièces de roulement des rouleaux cylindriques, coniques ou en forme de tonneau logés dans les chemins de roulement entre les deux bagues.

Rollenlager
Wälzlager mit Zylinder-, Kegel- oder Tonnenrollen als Wälzkörper in den Führungsbahnen von Außen- und Innenring.

roller tester 1383

banc d'essai de freinage à rouleaux
Le banc d'essai de freinage à rouleaux est le plus utilisé en atelier. Il comprend un châssis dans lequel sont montées à même le sol deux paires de rouleaux séparées, chaque paire étant entraînée par un moteur électrique d'une puissance approximative de 3 kW. Celui-ci tourne à une vitesse déterminée, qui sera maintenue constante lors de l'opération de freinage tout entière. Généralement la vitesse de contrôle est de 5 km/h pour les voitures de tourisme et de 2,5 km/h pour les camions.
Les valeurs relevées sont retransmises des rouleaux à l'afficheur par voie mécanique, hydraulique, pneumatique ou électrique. Il existe également des bancs d'essai de freinage à microprocesseur avec imprimante.

Rollenbremsprüfstand, Rollenprüfstand
Der Rollenprüfstand ist der im Werkstatteinsatz am meisten verwendete Bremsenprüfstand. Die Fahrzeugräder werden mit zwei getrennten Bremsrollenpaaren angetrieben, die in einem Profilrahmen ebenerdig eingebettet sind, wobei jedem Rollensatz ein Elektromotor mit einer Leistung von ca. 3 kW zugeordnet ist. Dieser läuft mit einer bestimmten Drehzahl, die auch während des ganzen Abbremsvorganges konstant gehalten wird. Bei Pkw beträgt die Prüfgeschwindigkeit ca. 5 km/h, bei Lkw 2,5 km/h.
Die Übertragung der Meßwerte von den Prüfrollen zum Meßschrank kann mechanisch, hydraulisch, pneumatisch oder elektrisch erfolgen. Rollenprüfstände gibt es auch mit Mikroprozessor-Einheit und Druckerausgabe.

roller tappet 1384

poussoir à galet
Poussoir dont l'extrémité se termine par un galet sur lequel agit la came, ce qui permet de supprimer l'usure par frottement.

Rollenstößel
Stößel, der mit einer Rolle endet, auf welche der Nocken einwirkt, wodurch der Verschleiß durch Reibung vermieden wird.

roller-type overrunning clutch = overrunning clutch

rolling resistance 1385

résistance au roulement
La résistance au roulement d'une roue à pneumatique est, la charge qui pèse sur la roue mise à part, tributaire des dimensions de la roue, de la pression de gonflage du pneumatique, du type de pneumatique utilisé, des sculptures de la bande de roulement, de la vitesse du véhicule et enfin de la nature du sol.

Rollwiderstand, Radwiderstand
Der Rollwiderstand des luftbereiften Rades ist abgesehen von der Radbelastung abhängig von Reifengröße, Reifenfülldruck, Reifenkonstruktion, Profilierung, Fahrgeschwindigkeit und Fahrbahnbeschaffenheit.

rollover bar 1386

arceau de sécurité
Arceau en acier se trouvant au-dessus de la tête des passagers et

Überrollbügel, Umsturzbügel
Über den Kopf der Wageninsassen verlaufender Stahlbügel zur Versteifung

(dessus de la tête des passagers et) faisant office de raidisseur de pavillon. Il offre une sécurité supplémentaire en cas de tonneaux.

(laufender Stahlbügel zur Versteifung) der Dachkonstruktion, der bei Überschlägen größeren Schutz bietet.

roof aerial (GB) = roof antenna

roof antenna (US) 1387

antenne de pavillon
Antenne de faible longueur fixée sur le pavillon d'un véhicule. Grâce à sa position bien dégagée, l'antenne de pavillon garantit une très bonne puissance de réception et elle est surtout utilisée en radiotéléphonie.

Dachantenne
Kurzer Antennenstab auf dem Dach eines Fahrzeuges. Dachantennen garantieren aufgrund ihrer ungestörten Lage eine gute Empfangsleistung und werden vor allem für den Sprechfunkverkehr eingesetzt.

roof luggage carrier = roof luggage rack

roof luggage rack 1388

galerie
Entourage à éléments en tube d'acier profilé se fixant sur les gouttières d'une voiture pour permettre le transport de bagages. Les galeries sont réglables en largeur (de 105 à 133 cm environ) comme en hauteur et fréquemment protégées contre la corrosion par électrozingage, passivation et revêtement en matière plastique.

Dachgepäckträger
Rahmen aus Stahlprofil zur Befestigung an der festen Dachrinne eines Pkw. Dachgepäckträger sind höhenverstellbar und für Dachspannweiten von ca. 105 bis 133 cm ausgelegt. Ausführungen mit Korrosionsschutz durch galvanische Verzinkung, Passivierung und Kunststoffbeschichtung.

roof rack = roof luggage rack

roof reinforcing crosspiece = roof stiffener

roof stiffener 1389

raidisseur de pavillon
Traverse fixée sur l'encadrement du pavillon.

Dachversteifung
Traverse, die am Dachrahmen befestigt ist.

root circle 1390

cercle des pieds
Cercle tracé sur la base de chacune des dents d'un engrenage.

Fußkreis
In einem Zahnrad bildet der Fußkreis die Begrenzungslinie, die durch den Lückengrund geht.

Roots blower 1391

compresseur Roots
Compresseur à entraînement mécanique dans lequel deux rotors à palettes commandés par le moteur

Roots-Gebläse, Drehkolbengebläse
Lader mit mechanischem Antrieb, in dem zwei vom Motor angetriebene Läufer in entgegengesetzter Richtung ro-

(à palettes commandés par le moteur) tournent en sens inverse. Son rendement varie avec la vitesse.

(fer in entgegengesetzter Richtung ro-) tieren. Seine Leistung ist drehzahlabhängig.

rotary flashing beacon = rotating identification lamp

rotary piston 1392

piston rotatif

Piston triangulaire utilisé dans les moteurs à piston rotatif (moteurs Wankel).

Drehkolben, Kreiskolben, Läufer, Dreiecksläufer

Dreieckiger Kolben eines Wankelmotors.

rotary piston engine 1393

moteur à piston rotatif, moteur Wankel

Moteur à combustion à quatre temps sans soupapes, dans lequel un piston présentant le contour d'un triangle équilatéral aux côtés arrondis tourne dans un carter créant trois volumes étanches périodiquement variables et appelés chambres de travail.

Rotationskolbenmotor, Drehkolbenmotor, Kreiskolbenmotor, Wankelmotor

Ventilloser Verbrennungsviertakt-Ottomotor mit Schlitzsteuerung, in dem ein Kolben mit der Form eines gleichseitigen Bogendreiecks sich in einem Gehäuse dreht, wobei drei periodisch kleiner und größer werdende, allseitig abgeschlossene Kammern (Arbeitsräume) entstehen.

rotary wire brush 1394

brosse métallique rotative, polybrosse

Brosse circulaire ou en forme de coupelle, garnie de fils d'acier ou de nylon ondulés et rigides, qui s'adapte sur toutes les perceuses et servant principalement à éliminer la rouille.

rotierende Drahtbürste

Bürste in Hut- oder Scheibenform. Sie paßt in jede Bohrmaschine und wird hauptsächlich zum Entfernen von Rost verwendet.

rotating beacon = rotating identification lamp

rotating identification lamp 1395

gyrophare

Projecteur tournant de signalisation fixé sur le pavillon d'un véhicule et équipé d'une ampoule d'une puissance maximale de 55 watts. Cette ampoule se trouve au foyer d'un réflecteur animé d'un mouvement de rotation par un moteur électrique. Elle émet ainsi un faisceau lumineux tournant traversant un globe teinté bleu ou orange.

Rundum-Scheinwerfer, Rundum-Kennleuchte

Optische Warnvorrichtung, die auf dem Fahrzeugdach montiert und mit einer Glühlampe bis maximal 55 Watt Leistungsaufnahme ausgerüstet ist. Die Lampe steht im Brennpunkt eines Reflektors, der von einem Elektromotor angetrieben wird. Der Reflektor dreht sich um die Glühlampe, so daß er ein umlaufendes Lichtbündel erzeugt, das durch eine blau- bzw. gelbgefärbte Glashaube abgestrahlt wird.

rotating shaft = shaft

rotating timing mark 1396

repère de réglage sur le volant, repère de réglage sur la poulie, repère de calage
Repère mobile du point d'allumage sur la poulie ou sur le volant d'un moteur qui, lors du calage de l'allumage par méthode dynamique, doit se trouver en regard du repère fixe du carter. Dans les moteurs diesel on trouve également sur le volant un repère pour le début d'injection.

Schwungradmarkierung, Umlaufmarke, Einstellmarke, umlaufende Sichtmarke, Zündzeitpunkt-Marke, Zündeinstellmarkierung, Zündmarkierung
Markierung des Zündzeitpunktes auf der Riemenscheibe oder Schwungscheibe, die bei der Zündzeitpunkteinstellung mit der Stroboskoplampe mit der Markierung am Motorgehäuse übereinstimmen soll. Bei Dieselmotoren findet man ebenfalls eine Schwungradmarkierung für den Förderbeginn.

rotational-speed limiter 1397

limiteur de régime
Dispositif logé dans la tête d'un rotor de distributeur et comprenant une masselotte ainsi qu'une lame de contact. En cas de surrégime, la masselotte est projetée sur la lame de contact, qui met la haute tension en court-circuit de manière à l'empêcher de parvenir aux bougies.

Drehzahlbegrenzer
Vorrichtung im Kopf eines Verteilerläufers, die aus einem Fliehgewicht und einer Kontaktzunge besteht. Bei zu hohen Drehzahlen bewegt sich das Fliehgewicht gegen die Kontaktzunge, so daß die Zündspannung kurzgeschlossen wird und der Weg zu den Zündkerzen versperrt ist.

rotational-speed sensor 1398

capteur de régime
Capteur inductif disposé face à la couronne du volant-moteur et grâce auquel l'appareil de commande électronique d'un système Motronic évalue le régime du moteur par comptage des dents.

Drehzahlgeber, Drehzahlsensor
Induktiver Geber an der Schwungscheibenverzahnung, über welchen das digitale Steuergerät der Motronic die Motordrehzahl durch die vorbeilaufenden Zähne ermittelt.

rotor (US) = brake disc

rotor *(See Ill. 1 p. 26)* 1399

rotor
Pièce rotative d'un générateur. Dans l'alternateur triphasé il s'agit fréquemment d'un inducteur à crabots (rotor à griffes, rotor à doigts) constitué d'un enroulement inducteur et de pièces polaires imbriquées.

Läufer, Erregerläufer
Umlaufender Teil eines Generators. Bei der Drehstrom-Lichtmaschine handelt es sich meist um einen Klauenpolläufer, bestehend aus einer Drahtwicklung und zwei ineinandergreifenden Polhälften.

rotor arm = distributor rotor

rotor-type pump *(See Ill. 29 p. 391)* **1400**

pompe à rotor excentré
Pompe à huile dans laquelle un rotor intérieur excentré tourne dans un rotor extérieur en rotation lui aussi. Le rotor extérieur compte un lobe de plus que le rotor intérieur en sorte que l'espace entre les lobes augmente et diminue successivement. Ainsi l'huile est aspirée et ensuite refoulée vers les pièces à lubrifier.

Rotorpumpe, Sternkolbenpumpe, Kapselpumpe, Eatonpumpe, Zahnringpumpe
Ölpumpe, in der ein angetriebener Innenrotor und ein ihn umgebender Außenrotor sich drehen. Der Außenrotor hat einen Zahn mehr als der exzentrisch sitzende Innenrotor, so daß die Pumpenräume zwischen den Zähnen nacheinander größer und kleiner werden. Auf diese Weise wird das Öl angesaugt und weggedrückt.

rotor winding *(See Ill. 1 p. 26)* **1401**

enroulement de rotor, bobine de rotor
Dans un alternateur triphasé, la bobine de rotor est fixée sur l'arbre du rotor. Elle reçoit le courant d'excitation par l'intermédiaire de deux balais qui sont appuyés par ressort sur les bagues collectrices.

Rotorwicklung
In einem Drehstromgenerator sitzt die Rotorwicklung (Erregerwicklung) auf der Läuferwelle. Sie erhält Strom über die Kohlebürsten, die durch Federn gegen die Schleifringe drücken.

round nose plier **1402**

pince ronde
Pince servant à recourber du fil métallique ou des pièces de tôle.

Rundzange
Zange zum Rundbiegen von Draht und Blech.

rpm limiter = rotational-speed limiter

rubber compound **1403**

composition de la gomme
Composition du caoutchouc d'un pneumatique, qui lui confère notamment ses caractéristiques (pneus d'hiver, pneus d'été).
Les principaux composants de la gomme sont les élastomères, le noir de carbone, les matières de charge minérales et autres.

Gummimischung, Reifenmischung
Zusammensetzung des Reifengummis, die sich auf die Eigenschaften des Reifens auswirkt (Sommer- bzw. Wintereigenschaften).
Die Hauptbestandteile der Reifenmischung sind Elastomere, Gasruß, mineralische Füllstoffe und weitere Hilfsstoffe.

rubber doughnut joint = doughnut joint

rubber gaiter = convoluted rubber gaiter

rubber grommet **1404**

passe-fil
Bague ou manchon en caoutchouc sertis dans des orifices percés dans

Scheuerschutzring, Durchführungstülle, Kabeltülle, Drahtdurchführung, Gummitülle

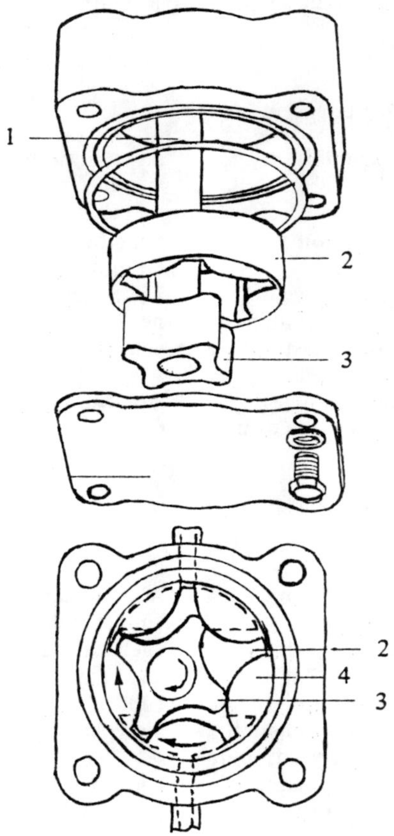

Ill. 29: rotor-type pump **(1400)**

1 oil pump spindle
2 outer rotor
3 inner rotor
4 lube oil

(sertis dans des orifices percés dans) le métal et à travers lesquels passent des fils électriques.

(Gummitülle)
Ring oder Tülle aus Gummi zum Durchziehen von elektrischen Leitungen, die in Bohrungen eingezwängt werden.

rubber sealing ring = oil filter gasket

rubber sleeve = rubber grommet

rubber universal joint 1405

flector, joint élastique, joint flector
Le flector est un assemblage de rondelles de toile caoutchoutée. Il est utilisé comme joint élastique de transmission de mouvement. Toutefois son débattement angulaire est plus faible que celui d'un joint de cardan.

Scheibengelenk, Hardyscheibe, Gummikreuzgelenk
Die Scheiben dieser Gelenkart bestehen aus gummiüberzogenen Gewebelagen. Hardyscheiben werden bei Gelenkwellen verwendet. Ihre Winkelbewegung ist jedoch kleiner als die der Kardangelenke.

rubber valve-stem oil seal = valve shaft seal

rubbing block 1406

bossage de linguet, toucheau de linguet, touchot de linguet, frotteur, toucheau isolant, talon de linguet
Touchot en matière synthétique ou en fibre fixé au milieu du linguet d'un rupteur. A chaque rotation de l'arbre d'allumage, les bossages de la came de rupture viennent s'y frotter et écartent le marteau de l'enclume. Lorsqu'on place un nouveau jeu de vis platinées, ce touchot doit être très légèrement huilé afin de prévenir une usure prématurée.

Ablenkstück, Gleitstück, Schleifklotz, Unterbrecherschleifklotz
Gleitstück aus Kunststoff bzw. Kunstfasern am Unterbrecherhebel. Bei jeder Umdrehung der Verteilerwelle drücken die Höcker des Nockenstücks auf dieses Gleitstück und heben somit den Unterbrecherhammer vom Amboß ab. Beim Einbau neuer Unterbrecherkontakte muß dieses Ablenkstück einen Tropfen Öl erhalten, damit es gegen einen frühzeitigen Verschleiß geschützt wird.

run bearing 1407

bielle coulée, bielle fondue
Une bielle coulée est principalement imputable à une défaillance du graissage. L'antifriction a fondu par échauffement et la panne se manifeste par des cognements caractéristiques et un bruit de ferraille lorsque le moteur est sollicité au-delà d'un certain régime.

ausgelaufenes Pleuellager
Ausgelaufene Pleuellager sind meist auf das Versagen der Schmierung zurückzuführen und machen sich durch Klopfen bzw. durch Klirren bei Überschreitung einer bestimmten Drehzahl bemerkbar.

run-in oil 1408

huile de rodage
Huile surtout utilisée dans les ponts à couple hypoïde qui sont particulièrement sensibles en période de rodage.

Einlauföl
Spezialöl, das vor allem bei der Erstfüllung von Hypoidgetrieben verwendet wird, weil diese in der Einlaufzeit empfindlich sind.

runner = turbine

rust 1409

rouille
Produit de corrosion d'apparence rougeâtre ou brunâtre, qui s'effrite facilement et principalement constitué d'hydroxyde ferrique. Il se forme sur les surfaces métalliques au contact de l'air humide ou sous l'action de substances chimiques agressives.

Rost
Gelb- bis rotbraunes, poröses und leicht abbröckelndes Korrosionsprodukt aus Eisenoxid, das sich auf Stahl- und Eisenoberflächen vor allem durch Einwirkung von feuchter Luft, aber auch durch aggressive Chemikalien bildet.

rust converter 1410

convertisseur de rouille,
Produit contenant de l'acide phosphorique, des agents mouillants et autres additifs. Il a pour effet de transformer l'hydroxyde ferrique (rouille) en phosphate de fer.
On obtient toutefois de meilleurs résultats avec les stabilisateurs de rouille. Grâce à ces produits, on parvient à fixer la rouille à la faveur d'une réaction chimique, qui peut durer plusieurs mois et qui se déroule à l'abri d'une pellicule de matière plastique faisant office de bouche-pores.

Rostumwandler
Schutzmittel, das Phosphorsäure, Netzmittel und weitere Zusätze enthält und die Umwandlung von Eisenoxid (Rost) in Eisenphosphat bewirkt. Es entsteht eine Phosphatschicht, deren Schutzwirkung jedoch umstritten ist.
Eine bessere Wirkung erzielen die Roststabilisatoren. Bei diesen Mitteln wird nämlich der Rost manchmal in monatelanger Reaktion unter einem porendicht abschließenden Kunststoffilm stabilisiert.

rust killer = rust converter

rust prevention 1411

protection contre la rouille
Protection de pièces ou parties métalliques contre l'oxydation:
1. Par lubrification, graissage ou application d'une pellicule qui s'élimine facilement.
2. Par application d'une couche de peinture imperméable telle que

Rostschutz
Schutz von Metallteilen gegen Oxidation.
1. Durch Einölen, Einfetten oder Überziehen mit einem leicht entfernbaren Film.
2. Durch Anstreichen mit feuchtigkeitsbeständiger Farbe (Bleimen-

(peinture imperméable telle que) le minium de plomb.
3. Par enduction de produits à base de laque, de matières synthétiques, de bitume et de cire.
4. Par revêtement de métaux inoxydables soit en bain, soit par pistolage.
5. Par la passivation du métal au moyen d'un stabilisateur (convertisseur) de rouille. Les convertisseurs de rouille les plus efficaces sont élaborés à base d'acide tannique.

Il est bien entendu qu'avant l'application des couches protectrices, la surface du métal doit être préalablement traitée (nettoyage, dérouillage, décalaminage, dégraissage, décapage, sablage, etc.).

(keitsbeständiger Farbe (Bleimennige).
3. Durch Aufbringung von Lack-, Kunststoff-, Bitumen- und Wachsüberzügen.
4. Durch Überziehen mit nichtrostenden Metallen im Tauchbad oder durch Versprühen mit der Spritzpistole.
5. Durch die chemische Passivierung des Metalls mit Hilfe eines Rostumwandlers. Am besten bewährt haben sich die Rostumwandler auf Tanninsäurebasis.

Vor der Aufbringung der Schutzschichten muß die Metalloberfläche vorbehandelt werden (Reinigen, Entrosten, Entzundern, Entfetten, Beizen, Sandstrahlen usw.).

rust-preventive primer 1412

primaire antirouille, apprêt antirouille

Primaire contenant un convertisseur de rouille ainsi que des pigments. Une fois poncée, la couche de primaire antirouille peut recevoir directement la première couche de peinture.

Rostprimer, Rostschutzgrundierung

Grundanstrich, der rostumwandelnde Bestandteile sowie Grundierungspigmente enthält. Nach dem Glattschleifen der Rostprimerschicht kann der Lack ohne Zwischenschicht versprüht werden.

rust protection = rust prevention

SAE-grade 1413

classification SAE

Classification des huiles pour moteurs et boîtes de vitesses établie par la Society of Automotive Engineers. Les huiles sont classées selon leur viscosité en une catégorie ou "grade" affectée d'un numéro SAE. Les huiles pour moteurs s'échelonnent de SAE 10 à 50 et les huiles pour boîtes de vitesses de SAE 80 à 140.

SAE-Viskositätsklasse

Viskositätsabstufungen für Motor- und Getriebeöle, die von der Society of Automotive Engineers ausgearbeitet wurden. Die Ölsorten erhalten aufgrund ihrer Viskosität eine SAE-Klassen-Zahl. Motoröle staffeln sich zwischen SAE 10 und 50, Getriebeöle zwischen SAE 80 und 140.

SAE oil rating = SAE-grade

safety passenger cell 1414

habitacle de sécurité

Habitacle agencé de telle sorte qu'il reste indéformable même en cas de collision violente.

Sicherheits-Fahrgastzelle, Sicherheitskabine

Fahrgastzelle, die auch bei einem schweren Zusammenstoß ihre Form behält.

sand-blasting machine 1415

sableuse

Machine servant à projeter, à l'air comprimé, un jet de grains de sable sur une surface dure pour la décaper ou la nettoyer.

Sandstrahlgebläse

Gebläse zum Aufschleudern von feinen Sandkörnern auf eine harte Werkstückoberfläche mittels Druckluft, um die Oberfläche zu beizen bzw. zu reinigen.

scale 1416

tartre

Croûte tenace provenant des sels calcaires que contient l'eau du radiateur et qui freine la circulation du liquide ainsi que son refroidissement. Pour remédier à ce phénomène d'entartrage, on a recours à un détartrant, à une lessive de soude ou à de l'acide chlorhydrique dilué, après quoi le radiateur subira un rinçage complet à l'eau pure.

Kesselstein

Belag aus Erdalkalisalzen, der bei wassergekühlten Motoren den Wasserumlauf hemmt und den Wärmeübergang beeinträchtigt. Zum Entfernen des Kesselsteins aus den Wasserrohren des Kühlers bedient man sich eines Kesselsteinlösemittels, einer Sodalösung oder verdünnter Salzsäure, wonach der Kühler mit reinem Wasser gründlich durchzuspülen ist.

scavenging area *(See Ill. 32 p. 425)* 1417

chambre de respiration

Espace creux ménagé entre la douille de la bougie d'allumage et le bec de l'isolant. Le degré thermique d'une bougie d'allumage se définit par l'ampleur de cet espace et du bec de l'isolant.

Atmungsraum

Hohlraum zwischen Zündkerzengehäuse und Isolatorfuß. Der Wärmewert einer Zündkerze wird durch den Umfang dieses Hohlraums sowie des Isolatorfußes mitbestimmt.

scavenging period 1418

période de balayage

Dans les moteurs deux temps, les gaz frais repoussent les gaz brûlés devant eux pour occuper leur place dans le cylindre.

Spülperiode

In den Zweitaktern werden beim Gaswechsel die verbrannten Gase vom Frischgas verdrängt.

scissor-jack = articulated jack

scooter = motor scooter

Scotchlok connector = snap-lock connector

screen (GB) = windshield

screened distributor cap 1419

tête d'allumeur avec couche métallique

Tête d'allumeur déparasitée au moyen d'une couche métallique qui s'oppose aux parasites provenant des étincelles de rupture engendrées par la rotation du doigt de liaison. La mise à la masse est assurée par le ressorts de fixation de l'allumeur.

metallbeschichtete Zündverteilerkappe

Die Metallbeschichtung einer Zündverteilerkappe dient als Entstörmittel gegen störende Abreißfunken, die durch den umlaufenden Verteilerfinger entstehen und deren Abstrahlung somit verhindert wird. Die Masseverbindung wird mit den Klemmfedern des Zündverteilers hergestellt.

screened ignition cable 1420

câble blindé de haute tension

Les câbles du faisceau haute tension sont blindés au moyen d'une tresse métallique. De ce fait la capacité du câble haute tension augmente considérablement, ce qui a pour effet d'accélérer l'usure des électrodes aux bougies d'allumage. Aussi, pour garantir une usure normale, les câbles blindés HT sont-ils fabriqués avec une résistance incorporée.

geschirmte Zündleitung

Zündkabel werden mit Metallgeflecht abgeschirmt. Damit erhöht sich die Kapazität des Zündkabels erheblich, die jedoch den Elektrodenabbrand an den Zündkerzen fördert. Deshalb werden geschirmte Zündkabel mit eingebautem Widerstand hergestellt, der einen normalen Elektrodenabbrand gewährleistet.

screening = shielding

screenwash fluid reservoir = washer bottle

screw lock 1421

frein, dispositif de freinage, frein d'écrou

Dispositif à sécurité relative agissant par friction ou à sécurité absolue qui empêche les vis et les boulons de se desserrer par suite de trépidations. Le frein s'enfile sur la tête de la vis ou sur l'écrou d'un boulon.

Schraubensicherung

Kraftschlüssige oder formschlüssige Sicherungen sollen das Lockern von Schrauben durch Erschütterung verhindern. Einziehschrauben werden am Schraubenkopf, Durchsteckschrauben an der Mutter gesichert.

screw locking device = screw lock

screw pitch 1422

pas de filetage, pas de vis

Distance parcourue par une vis dans le sens axial lors d'un tour complet. Dans un filet à pas simple, le pas de vis équivaut à l'écart d'une spire à l'autre.

Gewindesteigung, Steigung, Ganghöhe

Das Maß, um das sich eine Schraube in axialer Richtung bei einer Umdrehung verschiebt. Beim eingängigen Gewinde wird als Steigung der Abstand von Gang zu Gang gemessen.

screw-push starter *(See Ill. 30 p. 398)* 1423

démarreur à solénoïde, démarreur à commande positive, démarreur à pré-engagement, démarreur à mise en position électromagnétique

Dans ce type de démarreur, il y a lors du démarrage attraction d'un noyau plongeur logé dans un solénoïde, ce qui a pour effet de faire basculer la fourchette du lanceur. Dès lors le pignon coulissant sur le filetage à pas rapide de l'arbre de l'induit s'avance tout d'abord en direction de la couronne de lancement. Lorsque le courant de démarrage circule, le pignon se visse dans la couronne jusqu'à une butée et lance le moteur. Il se dégagera alors au moyen d'un ressort de rappel pour revenir à sa position d'équilibre.

Schubschraubtriebanlasse, Schubschraubtriebstarter

Bei dieser Starterbauart wird der Anker des Einrück-Relais angezogen, der Einspurhebel um seine Achse geschwenkt und das Ritzel entlang der Ankerwelle auf einem Steilgewinde zunächst etwas vorgeschoben. Nach Einschaltung des Startstromes schraubt sich das Ritzel in die Schwungradverzahnung bis zu einem Anschlag, und der Motor wird angeworfen. Nach dem Anspringen des Motors wird das Ritzel mittels einer Rückzugsfeder in seine Ruhelage zurückgebracht.

sealed beam headlamp 1424

phare sealed beam

Dans ce projecteur, l'ampoule, le miroir et le verre moulé sont scellés en sorte qu'un dérèglage de l'ampoule soit exclu. En cas de défectuosité de l'ampoule, tout le système est à remplacer.

Sealed-Beam-Scheinwerfer

In diesem Scheinwerfer sind die Lampe, der Reflektor und die Streuscheibe in einer Baueinheit zusammengefaßt, so daß die Scheinwerfereinstellung unverändert bleibt. Ist die Lampe jedoch durchgebrannt, muß das ganze Bauelement ausgetauscht werden.

sealed cooling system 1425

circuit semi-pressurisé, système de refroidissement hermétique, système de refroidissement scellé

Dans un circuit de refroidissement, le volume d'eau varie avec la température. C'est pour cette raison que, dans les circuits semi-pressurisés, on trouve une boîte de dégazage ou vase d'expansion relié au radiateur et rempli de liquide réfrigérant jusqu'à un tiers de sa contenance environ. Lorsqu'il y a échauffement, le trop-plein d'eau afflue vers la boîte de dégazage, tandis qu'en cas de refroidissement l'eau reflue vers le radiateur et le moteur.

versiegelter Kühlkreislauf, Überdruck-Kühlkreislauf

In einem Kühlkreislauf ändert sich das Kühlwasservolumen aufgrund der Temperaturunterschiede. Aus diesem Grund ist der Kühler mit einem Ausgleichsbehälter verbunden, so daß kein Wasser mehr in den Kühler nachgefüllt wird. Der Ausgleichsbehälter ist etwa zu einem Drittel mit Kühlmittel gefüllt. Durch die Erwärmung fließt der Kühlwasserüberschuß in den Ausgleichsbehälter und bei der Abkühlung strömt es zum Kühler bzw. zum Motor zurück.

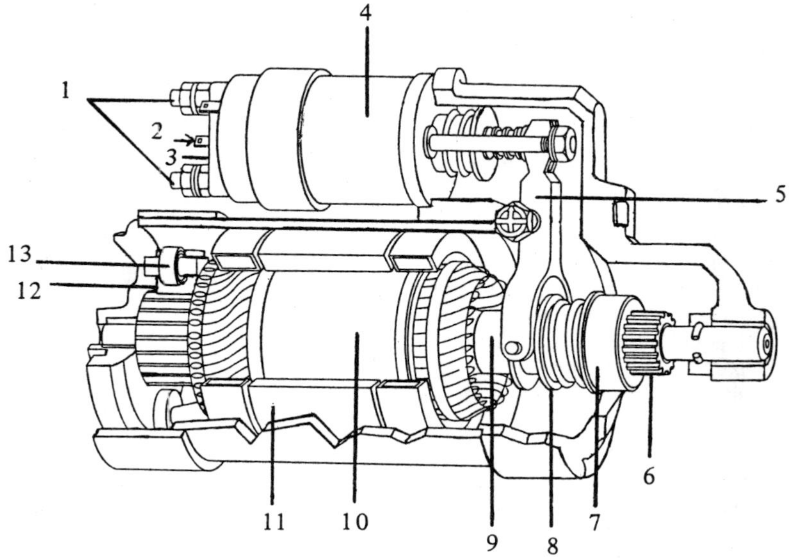

Ill: 30: screw-push starter **(1423)**

1 terminal
2 control lead
3 bridge contact
4 solenoid unit
5 engaging lever
6 drive pinion
7 overrunning clutch
8 meshing spring
9 starter shaft
10 armature
11 field winding
12 brush
13 brush spring

sealed system = sealed cooling system

sealing compound 1426

masse de scellement
Matière utilisée dans les batteries au plomb et qui sert à l'étanchéité des éléments prévenant ainsi toute fuite d'électrolyte.

Vergußmasse
Masse, die in Bleibatterien zum Abdichten der Zellen gegen Verlust von Füllsäure dient.

searchlight 1427

projecteur orientable
Projecteur fixé généralement sur le pare-brise et servant à éclairer des objets se trouvant en dehors de la chaussée.

Suchscheinwerfer
Schwenkbarer Scheinwerfer, der meist an der Windschutzscheibe angebracht ist und zur Beleuchtung außerhalb der Fahrbahn liegender Objekte dient.

seat 1428

siège de voiture
Les sièges aménagés dans l'habitacle d'un véhicule automobile sont réservés au conducteur (siège du conducteur) et aux autres occupants éventuels (siège du passager avant et sièges arrière/banquette arrière). Un profil anatomique bien étudié en fonction de tailles moyennes, un rembourrage pas trop moelleux et une ventilation suffisante du coussin sont les principaux critères de qualité imposés au siège d'une voiture.
Les sièges avant sont réglables en hauteur ainsi que dans les coulisses dans le sens de l'axe du véhicule, ce qui permet au siège de s'adapter à la taille du conducteur ou du passager avant. De même l'inclinaison du dossier est généralement réglable elle aussi. Les appuis-tête quant à eux sont intégrés au dossier ou y sont fixés sur des glissières.

Sitz, Wagensitz
Die Sitze im Fahrzeuginnenraum dienen zur Aufnahme des Fahrers (Fahrersitz) und der weiteren Wageninsassen (Beifahrersitz und Fondsitze, Rücksitze). Eine anatomisch richtige Formgebung (bezogen auf durchschnittliche Körpermaße), keine zu weichen Sitzpolster sowie eine ausreichende Durchlüftung der Sitzfläche sind die Eigenschaften guter Wagensitze.
Die vorderen Wagensitze sind in den Laufschienen in der Fahrzeuglängsrichtung verschiebbar und in der Höhe verstellbar, so daß eine individuelle Sitzeinstellung möglich ist. Ebenso ist bei den vorderen Sitzen die Schrägstellung der Rückenlehne im allgemeinen einstellbar.
Die Kopfstützen sind entweder in die Rückenlehne integriert oder sie werden über Führungsschienen aufgenommen.

seat belt = three-point safety belt/inertia reel belt

seat belt anchorage point 1429

point d'ancrage des ceintures de sécurité
Endroit de la carrosserie auquel

Verankerungspunkt für Sicherheitsgurte
Stelle der Fahrzeugkarosserie, an der

(Endroit de la carrosserie auquel) est fixée une ceinture de sécurité généralement au moyen d'une vis.

(Stelle der Fahrzeugkarosserie, an der) der Sicherheitsgurt durch Verschraubung verankert ist.

second gear *(See Ill. 21 p. 224)* **1430**

deuxième vitesse, deuxième rapport
En seconde vitesse, le rapport de démultiplication de la pignonnerie peut être en moyenne de l'ordre de 2:1. Si l'on y ajoute un rapport final de 4:1 par exemple, on obtiendra pour la seconde vitesse une démultiplication totale de 8:1, huit tours de vilebrequin correspondant à un tour de roue motrice.

zweiter Gang
Beim zweiten Gang liegt das Untersetzungsverhältnis eines mittleren Pkw bei ca. 2:1. Rechnet man die Übersetzung des Achsantriebes hinzu, z.B. 4:1, so ergibt sich für den zweiten Gang ein Untersetzungsverhältnis von insgesamt 8:1, d.h. acht Kurbelwellenumdrehungen entsprechen einer Umdrehung des Antriebsrades.

second-motion shaft = layshaft

secondary battery = battery

secondary barrel **1431**

corps secondaire
Second corps d'un carburateur à étages dont le venturi a une section parfois plus large que celle du corps primaire.

zweite Stufe
Zweiter Lufttrichter in einem Registervergaser mit zuweilen größerem Querschnitt als die erste Stufe.

secondary brake shoe = trailing brake shoe

secondary circuit *(See Ill. 3 p. 50, Ill. 6 p. 71, Ill. 7 p. 80)* **1432**

circuit secondaire
Dans le circuit secondaire, le courant de haute tension induit dans l'enroulement secondaire de la bobine d'allumage passe par l'allumeur et s'achemine vers les électrodes des bougies d'allumage. C'est là qu'il jaillira sous forme d'étincelles avant son retour à la masse.
Dans l'allumage conventionnel, les fils et connexions du circuit secondaire sont dès lors, dans l'ordre, les suivants:
Enroulement secondaire de la bobine
Câble HT bobine-distributeur
Douille centrale du chapeau de distributeur
Balai frotteur central

Sekundärstromkreis, Zündstromkreis, Zündkreis, Sekundärkreis
Im Sekundärstromkreis fließt der in der Sekundärwicklung der Zündspule induzierte, hochgespannte Zündstrom über den Zündverteiler zu den Zündkerzen-Elektroden, wo er als Zündfunken überschlägt. Dort springt er an Masse über.
In der herkömmlichen Zündanlage ergibt sich demnach nachstehende Reihenfolge der Anschlüsse bzw. Leitungen:
Sekundärwicklung der Zündspule
Hauptzündkabel (Zündkabel 4)
Mittelanschluß des Verteilers
Verteilerschleifkohle
Verteilerrotor
Verteilersegment
Zündleitung
Mittelelektrode der Zündkerze

(Balai frotteur central)
Rotor du distributeur
Plot périphérique du distributeur
Fil de bougie
Electrode centrale de la bougie
Electrode de masse de la bougie
Masse du véhicule par le moteur

(Mittelelektrode der Zündkerze)
Masseelektrode der Zündkerze
Fahrzeugmasse über den Motor

secondary cup **1433**

coupelle secondaire, coupelle de retenue
Joint en caoutchouc serti à l'arrière du piston du maître-cylindre et assurant l'étanchéité de celui-ci.

Sekundärmanschette
Gummidichtung, die hinten auf dem Kolben im Hauptzylinder sitzt und diesen nach außen abdichtet.

secondary ignition display = secondary pattern

secondary pattern **1434**

oscillogramme secondaire
Représentation de la courbe de tension secondaire en fonction du temps sur l'écran d'un oscilloscope de contrôle d'allumage.

Sekundäroszillogramm, Sekundärbild
Darstellung des zeitbezogenen Zündspannungsverlaufs auf der Sekundärseite auf dem Bildschirm eines Zündungsoszillografen.

secondary piston = rear piston

secondary shoe = trailing brake shoe

secondary venturi **1435**

venturi étagé
Diffuseur secondaire se trouvant au centre du diffuseur principal. Il sert à augmenter la vitesse de l'air aspiré dans le diffuseur pour donner un émulsionnage plus fin.

Nebenlufttrichter, Vorzerstäuber
Nebenlufttrichter mitten im Hauptlufttrichter bzw. im Bereich des Kraftstoffaustritts, durch den der Luftsog verstärkt und das Kraftstoff-Luft-Gemisch fein vernebelt wird.

secondary waveform = secondary pattern

secondary winding *(See Ill. 23 p. 256)* **1436**

enroulement secondaire, secondaire
Enroulement en fil de cuivre isolé d'une bobine d'allumage dans lequel la haute tension prend naissance par le phénomène d'induction. Cette haute tension est acheminée vers l'allumeur par le câble central de haute tension.

Sekundärwicklung, sekundäre Spule
Wicklung einer Zündspule aus isoliertem Kupferdraht, in der eine hohe Spannung induziert wird. Sie ist über das Hochspannungskabel (Hauptzündkabel) mit dem Zündverteiler verbunden.

sediment chamber *(See Ill. 2 p. 44)* **1437**

chambre de décantation, chambre de dépôt, chambre de sédimentation
Partie inférieure du bac de batterie se situant sous les plaques et dans laquelle est recueilli le dépôt de boue de plomb provenant surtout des plaques positives par suite du travail chimique qu'elles accomplissent. Si les chambres de décantation sont pleines, cela signifie qu'il n'y a presque plus de matière active dans les plaques.

Schlammraum
Unterster Teil des Batteriegehäuses unterhalb der Elektroden, in dem abgesondertes Elektrodenmaterial (Bleischlamm), das vor allem aus den Plusplatten kommt, sich ansammelt. Ist der Schlammraum voll, so bedeutet es, daß die Batterieplatten nicht mehr viel aktive Masse enthalten.

sediment space = sediment chamber

segment of gear teeth = gear segment

seizure **1438**

grippage
Destruction de deux surfaces de glissement ou de friction qui se soudent l'une à l'autre par suite d'un graissage insuffisant ou d'une trop forte pression provoquant un échauffement excessif.

Fressen
Beschädigung zweier Gleit- bzw. Reibflächen, die infolge einer mangelhaften Schmierung oder einer übermäßigen Pressung durch Überhitzung sozusagen miteinander verschweißt werden.

selector fork = shiftfork

selector rod = shifter rod

self-adjusting brake **1439**

frein à rattrapage automatique de jeu
Frein à tambour équipé d'un dispositif qui permet de rattraper aux mâchoires le jeu résultant de l'usure des garnitures, ce rattrapage s'effectuant par degrés ou au fur et à mesure. Pareil dispositif n'existe pas dans le cas des freins à disque, qui sont tous à rattrapage automatique de jeu.

selbstnachstellende Bremse, selbstnachstellbare Bremse
Trommelbremse mit Spielausgleichvorrichtung, die bei fortschreitender Belagabnutzung für selbsttätige Nachstellung der Bremsbacken sorgt. Diese Nachstellung erfolgt stufenweise oder stufenlos. Solche Vorrichtung entfällt bei Scheibenbremsen; denn diese stellen sich alle selbsttätig ein.

self-cleaning temperature **1440**

température d'autodécrassement
Température à laquelle une bougie d'allumage se débarrasse de dépôts charbonneux présents sur l'isolant par autodécrassement. Elle est de l'ordre de 500° C.

Selbstreinigungstemperatur, Freibrenngrenze
Temperatur, bei der der Isolator einer Zündkerze sich vom ansetzenden Ölkohlebelag freibrennt. Diese Temperatur liegt bei ca. 500° C.

self-cutting screw = self-tapping screw

self-discharge 1441

auto-décharge
Décharge d'une batterie inutilisée pendant un certain laps de temps. Elle peut s'accélérer lorsque les conditions de stockage sont défavorables (basse température).

Selbstentladung
Entladung einer für längere Zeit abgestellten Batterie. Die Selbstentladung kann bei ungünstigen Temperaturverhältnissen beschleunigt werden.

self-grip wrench 1442

clé à pince réglable, pince-étau
Pince à mâchoires dentées et réglable par vis à l'ouverture désirée. Le déblocage se fait par une poignée de rappel.

Gripzange
Zange mit gezähnten Backen, Einstell-Schraube und Schnellösehebel.

self-induction 1443

auto-induction, self-induction, induction propre
Induction dans un circuit électrique imputable aux variations du courant parcourant ce circuit.

Selbstinduktion, Eigeninduktion
Induktion in einem Stromkreis, die durch den sich ändernden elektrischen Strom in diesem Stromkreis erzeugt wird.

self-lubricating bearing 1444

palier autolubrifiant, palier autograisseur
Palier en matières frittées poreuses et imprégnées d'huile, assurant sa propre lubrification sans intervention de lubrifiant externe.

selbstschmierendes Lager, Selbstschmierlager, Ölloslager
Lager aus porösen, ölgetränkten Sinterwerkstoffen, dem nur wenig oder gar kein Schmierstoff zugesetzt zu werden braucht.

self-tapping screw 1445

vis à tôle
Vis qui creuse elle-même son filetage dans l'avant-trou percé dans une tôle.

Blechschraube
Schraube, die sich in einem vorgebohrten Loch eines Bleches das Muttergewinde selbst schneidet.

semiconductor ignition = electronic ignition system

semi-diesel engine = hot bulb engine

semi-floating axle 1446

essieu demi-flottant, essieu semi-porteur, essieu semi-floating, pont semi-porteur
Dans ce montage du pont arrière, le demi-arbre tourne librement dans la trompette. Il est soutenu côté coquille et côté roue par des roulements à billes ou à rouleaux.

halbfliegende Achse, halbtragende Achse, halbentlastete Achse, Halbschwingachse, Halbschwebeachse
Bei dieser Hinterachsausführung dreht die Radwelle im Hinterachstrichter frei durch und wird an beiden Enden, d.h. am Rad und am Korb durch Kugel- oder Rollenlager abgestützt. Sie ist

(roulements à billes ou à rouleaux.) Il travaille à la torsion et en même temps à la flexion du côté de la roue.

(gel- oder Rollenlager abgestützt. Sie ist) auf Verdrehung und in Radnähe auf Verbiegung beansprucht.

semi-trailer 1447

semi-remorque, remorque à deux roues
Remorque sans essieu avant pouvant s'atteler à un véhicule tracteur par une sellette. Après dételage, la partie avant de la semi-remorque repose sur des béquilles à roue escamotables.

Sattelanhänger, Sattelauflieger
Unselbständiges Fahrzeug ohne Vorderachse, das auf einen Sattelschlepper über einen Drehschemel aufgesattelt wird. Ist der Sattelanhänger nicht mit dem Sattelschlepper gekoppelt, ruht der vordere Teil auf Stützrädern, die nur für den Standbetrieb ausgefahren bzw. ausgeklappt werden.

semitrailer prime mover = truck tractor

semitrailer tractor = truck tractor

semitrailer train = truck-tractor train

semitrailer truck = truck tractor

semitrailer unit = truck-tractor train

semi-trailing arm 1448

bras incliné, bras oblique
Levier triangulé dont l'axe de pivotement forme un angle avec l'axe du véhicule.

Schräglenker, Diagonallenker
Dreieckslenker, bei dem die Drehachse im Winkel zur Längsachse des Fahrzeuges steht.

sensor 1449

capteur
Organe qui convertit des grandeurs physiques (température, différences de pression ou de vitesse de rotation) en signaux électriques.

Sensor, Meßfühler, Meßwertgeber, Meßgeber
Elektrisches Bauteil, das physikalische Größen (Temperatur, Druck- bzw. Drehzahlunterschiede usw.) in elektrische Signale verwandelt.

sensor for brake lining wear indicator 1450

palpeur de contrôle de l'usure des garnitures de frein
Palpeur qui sert à déterminer l'épaisseur de la garniture de frein. L'indication de l'usure s'effectue par un voyant lumineux au tableau de bord.

Fühler für Bremsbelagverschleißanzeige
Fühler zur Ermittlung der Bremsbelagdicke. Die Warnung erfolgt über eine Kontroll-Leuchte in der Instrumententafel.

sensor plate = air-flow sensor plate

separable connector = plug and socket

separator plate *(See Ill. 2 p. 44)* 1451

séparateur

Les séparateurs sont des feuilles en matière synthétique microporeuse disposées entre les plaques d'une batterie.

Separator, Scheider, Trennwand

Separatoren sind Trennwände aus mikroporösem Kunststoff, die zwischen den einzelnen Platten einer Batterie angeordnet sind.

series connection 1452

branchement en série, montage en série, couplage en série

Branchement de plusieurs consommateurs de courant électrique disposés l'un derrière l'autre et reliés entre eux par leurs connexions. Le premier est relié par une connexion au pôle positif de la source de tension, le dernier au pôle négatif.

Reihenschaltung, Serienschaltung, Hintereinanderschaltung

Schaltung, bei der die Stromverbraucher hintereinander mit ihren Anschlüssen verbunden sind. Der erste Verbraucher liegt mit einem Anschluß am Pluspol, der letzte am Minuspol der Spannungsquelle.

series-parallel relay = battery change-over relay

series-parallel switch = battery change-over relay

serrated lock washer 1453

rondelle plate à crans extérieurs

Frein à sécurité relative agissant par friction et s'opposant au desserrage d'une vis par suite de trépidations.

Fächerscheibe

Kraftschlüssige Schraubensicherung, die das Lockern einer Schraube durch Erschütterung verhindern soll.

service pit = inspection pit

servo-brake 1454

servo-frein

Frein à dispostif servant à renforcer l'effort de freinage. Il peut être à commande hydraulique, pneumatique ou à dépression. Le servo-frein mécanique est un frein à tambour dans lequel un des segments comprime l'autre contre le tambour.

Servobremse, Vollbremse, Hilfskraftbremse

Bremsanlage, bei der die Bremskraft hydraulisch, pneumatisch oder durch Unterdruck verstärkt wird. Servobremse bezeichnet auch eine Innenbackenbremse, bei der eine Bremsbacke die andere gegen die Trommel anpreßt.

servo-steering = power-assisted steering

set = steering axis inclination

set of breaker points = contact set

set of screw taps 1455

jeu de tarauds

Jeu d'outils à tailler les filets

Gewindebohrersatz

Satz Gewindeschneidwerkzeuge für In-

(Jeu d'outils à tailler les filets) intérieurs ou femelles et réalisé en acier à outils ou en acier à coupe rapide. On a fréquemment recours à des jeux de tarauds de deux, trois ou même plusieurs pièces (taraud ébaucheur ou de première passe, taraud intermédiaire ou de passe moyenne et taraud finisseur ou de passe finale).

(Satz Gewindeschneidwerkzeuge für In-) nengewinde aus Werkzeugstahl oder Schnellarbeitsstahl.
Sehr häufig verwendet man Gewindebohrersätze zu zwei, drei, mitunter auch mehr Stück (Vor-, Mittel- und Fertigschneider). Das Gewinde entsteht dementsprechend also in zwei, drei oder mehr Durchgängen.

setscrew *(See Ill. 25 p. 315)* 1456

vis de réglage
Vis servant à fixer la position de deux pièces l'une par rapport à l'autre.

Stellschraube
Schraube zur Festlegung einer bestimmten Stellung zweier Teile gegeneinander.

seven-pin-trailer-lighting socket = trailer-lighting socket

shackle link = spring shackle

shaft 1457

arbre
Pièce cylindrique de mécanique tourillonnant dans des paliers et servant à la transmission de mouvements de rotation.

Welle
Zylindrisches Maschinenelement, das in Lagern läuft und zur Übertragung von Drehbewegungen dient.

shaft tunnel = propeller shaft tunnel

sheathed-element glow plug 1458

bougie à crayon, bougie de préchauffage monopolaire
Les bougies monopolaires du type à crayon sont des bougies à incandescence qui dans un moteur diesel sont montées en parallèle.

Glühstiftkerze, einpolige Stabglühkerze
Glühstiftkerzen sind einpolige Stabglühkerzen, die in der Glühanlage eines Dieselmotors parallel zueinander geschaltet sind.

sherardizing 1459

shérardisation
Procédé thermique de diffusion par lequel des pièces d'acier sont maintenues à des températures se situant entre 330 et 400° C au contact d'une fine poudre de zinc et de sable, ce qui permet la formation d'un revêtement protecteur.

Sherardisieren
Glühen von Stahl in einem Gemisch von Zinkstaub und Sand bei Temperaturen zwischen 330 und 400° C zur Erzielung eines Schutzüberzuges.

shielded ignition cable = screened ignition cable

shielding 1460

blindage
Enveloppe métallique autour d'une source de perturbation.

Abschirmung, Schirmung
Metallhülle rund um eine Störquelle.

shift, to 1461

passer les vitesses
Choisir un rapport de vitesse afin de modifier la vitesse de l'arbre de sortie de la boîte.

schalten
Einen Gang einlegen oder wechseln zur Veränderung der Abtriebsdrehzahl des Wechselgetriebes.

shift fork *(See Ill. 21 p. 224)* 1462

fourchette de baladeur, fourchette de la boîte de vitesses, fourchette de sélection
Les fourchettes de la boîte de vitesses sont commandées par le levier de sélection et agissent sur les manchons baladeurs qui, à leur tour, provoquent l'engrènement des pignons.

Schaltgabel
Die Schaltgabeln werden vom Schalthebel betätigt und greifen an den Schiebemuffen an, welche die Zahnräder in Eingriff bringen.

shift lever = gearshift lever

shifter rod *(See Ill. 21 p. 224)* 1463

axe des fourchettes, réglette, axe de sélection et passage
Dans les boîtes de vitesses, les réglettes sont des coulisseaux sur lesquels sont fixées les fourchettes de changement de vitesse. Elles possèdent des gorges qui permettent leur verrouillage par billes à ressort.

Schaltstange, Schaltschiene, Schaltlineal
An den Schaltstangen sind die Schaltgabeln zum Gangwechsel befestigt. Sie sind mit Aussparungen versehen, die als Arretierung durch federbelastete Riegelkugeln dienen.

shim 1464

rondelle d'ajustage, rondelle d'épaisseur
Rondelle d'une épaisseur bien déterminée servant à ajuster des pièces mécaniques ou à reprendre leur jeu dans le sens axial.

Paßscheibe, Beilagscheibe, Distanzscheibe, Einstellscheibe
Scheibe mit genau definierter Dicke, die zur präzisen Lagebestimmung bzw. zum Spielausgleich einzelner Maschinenteile in axialer Richtung dient.

shim ring = shim

shimmy 1465

shimmy
Tremblement ou flottement des roues et du train avant d'une voiture automobile en cas de suspension défectueuse ou de mauvais

Flattern
Wackeln bzw. Flattern der Vorderräder und der Vorderachse wegen defekter Radaufhängung oder bei Unwuchten. Das Flattern tritt bei bestimmten

(défectueuse ou de mauvais) équilibrage des roues. Le shimmy n'apparaît que pour une valeur déterminée de la vitesse et est ressenti au volant même du véhicule.

(ten. Das Flattern tritt bei bestimmten) Fahrgeschwindigkeiten zum Vorschein und macht sich am Lenkrad bemerkbar.

shock absorber = damper

shoe = brake shoe

shoe-retracting spring = shoe-return spring

shoe-return spring *(See Ill. 15 p. 164)* 1466

ressort de rappel des segments de frein
Lorsqu'on relâche la pédale de freins après l'avoir enfoncée, les segments du frein à tambour sont ramenés à leur position de départ par des ressorts de rappel.

Bremsbackenrückzugfeder
Wird nach einem Bremsvorgang das Bremspedal entlastet, so werden bei der Trommelbremse die Backen durch Rückzugfedern in ihre Ausgangsstellung zurückgebracht.

shoe steady pin *(See Ill. 15 p. 164)* 1467

goupille de maintien latéral, axe de fixation de segment
Goupillle maintenant la mâchoire d'un frein à tambour contre le flasque de frein.

Bremsbackenlagerbolzen
Bolzen zum Festhalten der Bremsbakke einer Trommelbremse gegen die Bremsträgerplatte.

short circuit to chassis = short circuit to ground

short circuit to frame = short circuit to ground

short circuit to ground 1468

court-circuit à la masse
Court-circuit par contact avec la masse.

Masseschluß
Kurzschluß durch Massekontakt.

short-distance interference suppression = intensified interference suppression

short-reach plug 1469

bougie à culot court
Bougie d'allumage utilisée dans les culasses de faible épaisseur.

Kurzgewindekerze
Zündkerze, die in dünnwandige Zylinderköpfe eingeschraubt wird.

short-stroke engine = oversquare engine

shorted-turn tester 1470

grognard, grognaimant
Appareil parfois équipé d'écouteurs

Windungsschlußprüfer
Gerät mit Kopfhörern zur Feststellung

(Appareil parfois équipé d'écouteurs) et servant à déceler les courts-circuits entre spires dans le bobinage de l'induit d'un démarreur.

(Gerät mit Kopfhörern zur Feststellung) von Windungsschlüssen in der Ankerwicklung eines Anlassers.

shoulder strap belt 1471

baudrier
Ceinture de sécurité qui sangle en diagonale le haut du corps d'un occupant de voiture. Le baudrier et la ceinture abdominale constituent ensemble la ceinture trois points.

Schrägschultergurt, Diagonalgurt, Zweipunktgurt
Sicherheitsgurt, der den Oberkörper eines Wageninsassen quer umspannt. Schrägschultergurt und Beckengurt ergeben zusammen den Dreipunktgurt.

side beam headlamp 1472

projecteur de virage
Les projecteurs de virage sont des phares d'appoint à longue portée, disposés par deux et reliés mécaniquement ou électriquement à la direction du véhicule. Dans la négociation d'un virage, ils pivotent en suivant l'angle de braquage des roues avant et leur faisceau lumineux balayent parfaitement le contour de la courbe.

Kurvenscheinwerfer
Paarweise angeordnete Zusatzscheinwerfer für Fernlicht, die elektrisch oder mechanisch mit der Lenkung des Fahrzeugs verbunden sind und mit dem Lenkeinschlag der Vorderräder mitgehen, so daß sie bei Kurvenfahrt der Krümmung entlang leuchten.

side cut 1473

fraction latérale, coupe latérale
Produit intermédiaire soutiré latéralement de la colonne à plateaux lors de la distillation du pétrole. Les principales fractions soutirées sont de haut en bas l'essence lourde (naphta), le kérosène, le gas-oil léger et le gas-oil lourd.

Seitenstrom, Seitenschnitt
Flüssige Erdölfraktion, die seitlich aus dem Fraktionierturm bei der Erdöldestillation abgezogen wird. Darunter fallen von oben nach unten Schwerbenzin, Petroleum sowie leichtes und schweres Gasöl an.

side-cutter = side-cutting pliers

side-cutting nippers = side-cutting pliers

side-cutting pliers 1474

pince coupante de côté
Pince dont les branches sont généralement isolées et qui sert à couper les fils métalliques.

Seitenschneider
Schneidzange meist mit PVC-ummanteltem Griff zum Schneiden von Stahldraht und einfachem Draht.

side-draft carburetor (US) = horizontal draft carburetor

side electrode = ground electrode

sidelamp (GB) = side-marker lamp

sidelight = side-marker lamp

side-light bulb = side-marker lamp

side-marker lamp (US) *(See Ill. 22 p. 236)* **1475**

lanterne avant, feu de position, veilleuse
Lampes de faible puissance diffusant une lumière jaune ou blanche et branchées en parallèle avec lex feux rouges. Puissance 3 à 5 watts.

Begrenzungsleuchte, Seitenmarkierungslicht, Standlicht
Lampen geringerer Leuchtkraft mit weißem oder gelbem Licht. Sie sind mit dem Rücklicht gekoppelt. Leistungsbedarf 3 bis 5 W.

side-member frame = longitudinal frame

side-rails frame = longitudinal frame

side runout **1476**

voile latéral
Déformation axiale du pneu en dehors du plan de la roue. La tolérance maximale est de 0,5 mm.

Seitenschlag
Axiale Auslenkung des Reifens aus der Radebene. Die zulässige Abweichung darf höchstens 0,5 mm betragen.

side stream = side cut

side-valve engine **1477**

moteur à soupapes latérales
Moteur équipé de soupapes disposées sur le côté des cylindres et d'un arbre à cames dans le carter.

seitengesteuerter Motor, sv-Motor
Motor mit seitlich stehenden Ventilen und untenliegender Nockenwelle.

side wind **1478**

vent latéral
Force qui s'exerce sur le flanc de la carrosserie et qui se combine avec la force agissant sur l'avant du véhicule. Ces deux forces conjuguées s'appliquent à un centre de poussée ou métacentre, dont la position dépend de la forme de la carrosserie. Les véhicules équipés d'un moteur à l'arrière sont plus sensibles au vent latéral que les véhicules à groupe propulseur avant ou conventionnel.

Seitenwind
Quer zur Fahrzeugachse einwirkende Luftkraft, die mit dem Fahrtwind in der Fahrbewegung ein Schräganblasen des Fahrzeugs verursacht. Beide Kräfte wirken im Windangriffspunkt, dessen Lage von der Karosserieform abhängig ist. Heckmotor-Kraftfahrzeuge sind seitenwindempfindlicher als Fronttriebler oder Kraftfahrzeuge mit konventionellem Antrieb.

sided lorry (GB) = platform truck

sidewall *(See Ill. 33 p. 440)* **1479**

gomme de flanc
La gomme de flanc protège la

Seitengummi, Reifenwand
Der Seitengummi schützt den Reifen-

(La gomme de flanc protège la) carcasse du pneu des intempéries et des déchirures accidentelles. Elle est fréquemment étoffée par des renforcements.

(Der Seitengummi schützt den Reifen-) unterbau vor Unwetter und Verletzungen. Er ist meist mit Ringleisten verstärkt.

silencer filter 1480

silencieux d'admission, silencieux d'aspiration
Dispositif branché sur le filtre à air et servant à atténuer les bruits d'aspiration du moteur. Son mode de fonctionnement s'inspire de celui du silencieux d'échappement.

Ansaugdämpfer, Ansauggeräuschdämpfer
Vorrichtung, die dem Luftfilter vorgeschaltet ist und der Dämpfung des Ansauggeräusches des Motors dient. Sie ist dem Abgasschalldämpfer nachgebaut.

silicon grease 1481

graisse de silicones
Additif hydrofuge parfois utilisé dans les produits d'entretien de carrosserie.

Silikonfett
Wasserabstoßender Zusatz in Autopflegemitteln.

silicon resin 1482

résine de silicones
Résine utilisée notamment comme agent filmogène dans les peintures synthétiques.

Silikonharz
Harz auf der Basis von Silikonen, das u.a. als Filmbildner in Kunstharzlakken Verwendung findet.

silicones 1483

silicones
Famille de matières synthétiques à base de silicium et d'oxygène.

Silikone
Gruppe von Kunststoffen, die als Hauptbestandteile Silicium und Sauerstoff enthalten.

simplex brake *(See Ill. 15 p. 164)* 1484

frein simplex, frein à deux points fixes
Dans le frein simplex il n'y a qu'un seul cylindre récepteur affecté à chaque roue et qui comprime les deux segments contre le tambour lors du freinage.

Simplexbremse
Bei der Simplex-Bremse ist jedem Rad nur ein Radbremszylinder zugeordnet, der beim Bremsen beide Bremsbacken gegen die Bremstrommel drückt.

single-acting shock absorber 1485

amortisseur à simple effet
Amortisseur ne freinant que la détente des ressorts.

einfachwirkender Stoßdämpfer
Mit diesem Stoßdämpfer erfolgt die Dämpfwirkung nur beim Ausfedern.

single-acting wheel brake cylinder 1486

cylindre de frein à simple effet
Cylindre de frein ne comportant qu'un seul piston.

einfachwirkender Radbremszylinder, einseitig wirkender Radzylinder
Radbremszylinder, in dem sich nur ein einziger Kolben befindet.

single-coil spring lock washer 1487

rondelle Grower à becs plats
Frein à sécurité relative agissant par friction et s'opposant au desserrage d'une vis par suite de trépidations.

glatter Federring
Kraftschlüssige Schraubensicherung, die das Lockern einer Schraube durch Erschütterung verhindern soll.

single-disc dry clutch *(See Ill. 11 p. 140)* 1488

embrayage à disque unique, embrayage monodisque à sec
Embrayage composé d'un disque mobile à garniture de composition amiantée, entraînant l'arbre primaire de la boîte de vitesses. Sous l'action des ressorts de l'embrayage, ce disque est pris en sandwich entre la glace du volant et le contre-plateau, comprimé plus ou moins fort et entraîné par frottement. Le disque étant lui-même solidaire en rotation de l'arbre de prise directe, il l'entraîne à son tour.

Einscheibentrockenkupplung
Die Einscheibentrockenkupplung besteht aus einer mit abriebfesten Kupplungsbelägen versehenen Mitnehmerscheibe, die auf der Getriebeeingangswelle (Kupplungswelle) drehfest, jedoch längsverschiebbar angeordnet ist. Diese Mitnehmerscheibe wird durch Druckfedern mehr oder weniger stark zwischen Schwungscheibe und Druckscheibe gedrückt und durch Reibung mitgenommen. Die Kupplungswelle wird somit angetrieben.

single dry-plate friction clutch = single-disc dry clutch

single-grade oil 1489

huile monograde
Huile dont la viscosité ne couvre qu'un grade de la classification SAE.

Einbereichsöl
Öl, das eine einzige Viskositätsklasse überdeckt.

single-hole nozzle 1490

injecteur à un trou
Injecteur à un seul trou que l'on rencontre dans les moteurs diesel.

Einlochdüse
Düse mit einem einzigen Spritzloch, die bei Dieselmotoren anzutreffen ist.

single-line braking system = single-pipe air brake

single-pipe air brake 1491

freins à air comprimé à une seule conduite
Ce type de freins ne comporte qu'une seule conduite d'air reliant le véhicule tracteur à la remorque.

Einleitungs-Bremsanlage
Die Einleitungsbremse hat nur eine Luftverbindung, die sogenannte Steuerleitung, zwischen Triebfahrzeug und Anhänger.

single-piston wheel cylinder = single-acting wheel brake cylinder

single-plate clutch = single-disc dry clutch

single-plate dry clutch = single-disc cry clutch

single-pulse charging 1492

charge par impulsion unique
Technique de charge du condensateur par la génératrice dans l'allumage électrostatique. Elle permet une charge plus rapide du condensateur que la charge par impulsions multiples.

Einzelpulsaufladung
Aufladetechnik des Speicherkondensators durch den Ladeteil in der Hochspannungs-Kondensatorzündung. Sie ermöglicht eine schnellere Aufladung des Kondensators als die Mehrimpulssteuerung.

single tail lamp assembly *(See Ill. 31 p. 414)* 1493

bloc optique arrière
Les indicateurs de direction, les feux stop et de position de même que les feux de recul sont fréquemment regroupés dans un ensemble appelé bloc optique arrière.

Heckleuchteneinheit, Heckleuchtenkombination
Blink-, Stop-, Stand- und Rückfahrlicht werden des öfteren in einer Heckleuchteneinheit zusammengefaßt (Mehrkammerbeleuchtung).

single tube shock absorber 1494

amortisseur monotube
Amortisseur comportant une chambre de travail remplie d'huile et une autre chambre remplie de gaz.

Einrohrstoßdämpfer, Einrohr-Gasdruckstoßdämpfer, Gasdruckstoßdämpfer
Stoßdämpfer mit einem ölgefüllten und einem gasgefüllten Arbeitsraum.

sintered material 1495

matière frittée
Poudre métallique ou matières céramiques comprimées et chauffées à une température se situant très près de leur point de fusion.

Sinterwerkstoff
Metallpulver oder keramische Stoffe, die durch Erhitzen unter Druck zusammengebacken werden, bevor ihr Schmelzpunkt erreicht wird.

six-cylinder engine 1496

moteur à six cylindres
Moteur à cylindres en ligne ou en V dont les manetons sont calés à 120°. Dans la version en V, on trouve fréquemment deux bielles s'articulant sur un maneton commun. Les ordres d'allumage de cylindres les plus répandus sont 1-5-3-6-2-4 et 1-2-3-6-5-4 pour le moteur en ligne et 1-4-3-6-5-2 pour le moteur en V.

Sechszylindermotor
V-Motor oder Reihenmotor mit einem Zündabstand von 120°. Beim V-Motor wirken vielfach zwei Pleuelstangen auf einen Kurbelzapfen. Meist ist die Zündfolge 1-5-3-6-2-4 oder 1-2-3-6-5-4 für den Reihenmotor und 1-4-3-6-5-2 für den V-Motor.

skid-control system = ABS braking device

skid plate **1497**
sellette
Sellette disposée à l'arrière d'un tracteur semi-porteur et sur laquelle s'articule la semi-remorque.
Drehschemel
Sattelplatte auf dem hinteren Teil eines Sattelschleppers, auf der der Sattelanhänger drehbar gelagert ist.

slave piston **1498**
piston hydraulique
Petit piston logé dans le maître-cylindre d'un servo-frein à dépression. Lorsque la pédale est enfoncée, il subit le mouvement d'une tige de poussée et refoule le liquide de freins dans la canalisation hydraulique.
Hauptzylinderkolben
Kolben im Hauptzylinder eines Saugluft-Bremskraftverstärkers. Er wird beim Betätigen des Bremspedals von einer Druckstange verschoben und baut dann den Flüssigkeitsdruck in der Bremsleitung auf.

slide bearing = plain bearing

slide caliper **1499**
pied à coulisse
Instrument de mesure de précision pour déterminer les longueurs et les diamètres, comportant deux becs droits, une règle graduée et un vernier. Graduation du vernier au 1/10, 1/20 ou 1/50 mm. La plupart des pieds à coulisse possèdent une tige de calibrage en profondeur.
Schieblehre, Schublehre, Noniusschieblehre, Meßschieber
Längenmeßinstrument mit zwei Meßschnäbeln, einem Strichmaßstab und einem Nonius. Ablesegenauigkeit 1/10, 1/20 oder 1/50 mm. Schieblehren sind vielfach zusätzlich mit einer Tiefmeßstange ausgerüstet (Universalschieblehren).

sliding-armature starter **1500**
démarreur à induit coulissant
Démarreur dont le fonctionnement s'effectue en deux phases. Tout d'abord l'induit s'avance longitudinalement jusqu'à ce que le pignon tournant lentement engrène la couronne de lancement en douceur. Au cours de la seconde phase qui se déclenche automatiquement dans le relais, l'enroulement principal est alimenté en tension et le moteur est dès lors lancé complètement. Ce type de démarreur équipe surtout les camions à moteur diesel.
Schubankeranlasser, Schubankerstarter
Anlasser mit zwei Schaltstufen. In der ersten Schaltstufe wird der Anker axial vorgeschoben, wobei das sich langsam drehende Ritzel weich in den Zahnkranz einspurt. Nach Einspuren des Ritzels wird automatisch durch die zweite Schaltstufe im Steuerrelais die Hauptwicklung eingeschaltet, und der Motor dreht durch. Den Schubankerstarter findet man hauptsächlich bei mittleren Lastkraftwagen-Dieselmotoren.

sliding caliper = slide caliper

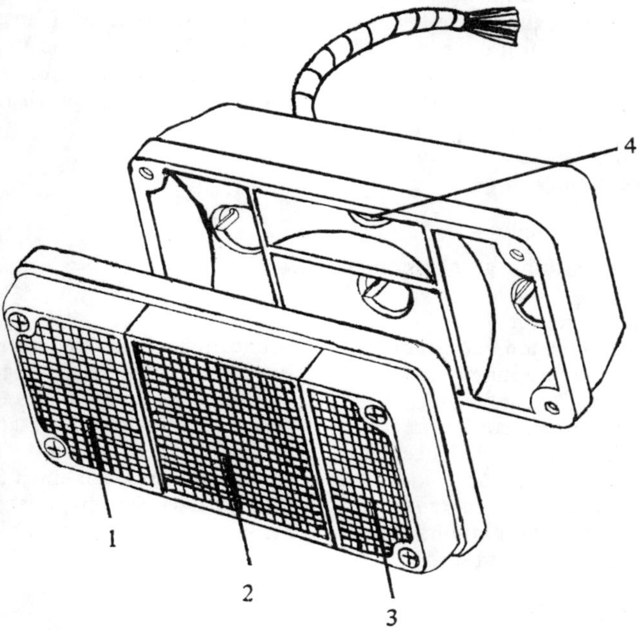

Ill.: 31: single tail lamp assembly **(1493)**

1 direction indicator
2 stop-light
3 reversing light
4 rear light

sliding door 1501

porte coulissante

Porte coulissant sur roulements à billes ou à rouleaux et dont sont équipés certains fourgons intégrés. Elle permet d'éviter un encombrement trop important pouvant gêner la circulation lors d'un chargement ou d'un déchargement.

Schiebetür

In Kugel- oder Rollenlagern geführte Tür, die vor allem bei Transportern anzutreffen ist, damit eine Verkehrsbehinderung beim Laden oder Entladen von Gütern vermieden wird.

sliding gage = slide caliper

sliding gear drive = sliding gear transmission

sliding gear starter motor 1502

démarreur à pignon coulissant

Dans ce type de démarreur, le pignon se déplaçant longitudinalement sur l'arbre engrène la couronne de lancement grâce à un levier à fourche qui agit alors sur un contact. On trouve ce démarreur dans les moteurs diesel de gabarits moyen et lourd.

Schubtriebanlasser, Schubtriebstarter

Bei dieser Bauart wird das auf der Ankerwelle verschieblich angeordnete Ritzel in die Schwungradverzahnung durch einen Gabelhebel geschoben, der nach erfolgtem Einspuren einen Schalter betätigt. Dieser Startertyp ist vor allem bei mittleren und größeren Dieselmotoren anzutreffen.

sliding gear transmission 1503

boîte de vitesses à train baladeur, boîte de vitesses à pignons droits

Boîte de vitesses anciennement utilisée, dans laquelle un pignon denté fixé à demeure sur l'arbre primaire, solidaire de l'embrayage, entraîne l'arbre intermédiaire. Lorsqu'on passe les vitesses, une fourchette commandée par le levier de changement de vitesse déplace un engrenage à denture droite sur l'arbre secondaire jusqu'à ce qu'il vienne en prise avec le pignon correspondant de l'arbre intermédiaire.

Schieberadgetriebe, Zahnradwechselgetriebe, Schubwechselgetriebe

Veraltete Getriebeart, bei der ein Antriebszahnrad auf der mit der Kupplung verbundenen Antriebswelle sitzt. Es treibt die Vorgelegewelle an. Zur Änderung der Übersetzung wird durch eine Schaltgabel ein geradeverzahntes Schaltrad auf der Hauptwelle bewegt, bis es in das Gegenrad auf der Vorgelegewelle eingreift.

sliding roof 1504

toit ouvrant

Dispositif d'ouverture aménagé dans le pavillon d'un voiture automobile. Il s'agit fréquemment d'un toit ouvrant rigide en acier que l'on amène et que l'on bloque dans

Schiebedach

Öffnungsvorrichtung im Dach eines Pkw. Meist handelt es sich um ein Stahlschiebedach, das sich nach dem Lösen eines Verschlußhebels in die gewünschte Stellung bringen läßt. Mit (l'on amène et que l'on bloque dans) la position souhaitée au moyen d'une manette de fermeture.

(wünschte Stellung bringen läßt. Mit) diesem Hebel wird dann das Schiebedach festgeklemmt.

sliding selector shaft = shifter rod

sliding selector shaft locking mechanism 1505

verrouillage des réglettes, verrouillage des axes de fourchette
Système de verrouillage par gorges et billes à ressort empêchant tout mouvement involontaire des réglettes et maintenant les pignons baladeurs dans la position assignée.

Schaltstangenarretierung
Verriegelung der Schaltstangen durch Riegelkugeln, die in Aussparungen einrasten. Auf diese Weise werden die unbetätigten Schaltstangen gesperrt und die Schieberäder in ihrer Position festgehalten.

sliding splined joint = slip joint

sliding tee bar 1506

tige d'entraînement
Tige servant à manoeuvrer une clé à douille. Certaines de ces tiges sont à section étagée, ce qui leur permet de s'adapter à divers calibres de clé.

Drehstift
Stift zum Antreiben eines Steckschlüssels. Es gibt Drehstifte mit abgesetztem Schaft, die in Steckschlüssel unterschiedlicher Größe passen.

sliding window 1507

glace coulissante
Glace de porte coulissant horizontalement vers l'avant et vers l'arrière à l'opposé d'une glace actionnée par manivelle.

Schiebefenster
Fenster, das sich nur horizontal nach vorn und hinten verschieben läßt im Gegensatz zum Kurbelfenster.

slip angle 1508

angle de dérive
Sous l'effet de forces latérales, intervient une déformation de l'aire de contact du pneu au sol, qui le contraint à suivre une trajectoire différente de celle de la roue, formant ainsi l'angle de dérive.

Schräglaufwinkel, Schwimmwinkel
Durch einwirkende Seitenkräfte verformt sich die Kontaktfläche des Reifens auf der Fahrbahn. Der Reifen ändert seine Fahrtrichtung und bildet mit der Radebene einen Schräglaufwinkel.

slip gage (US) = block gage

slip joint 1509

joint coulissant
Le joint coulissant d'un arbre de transmission est constitué de cannelures mâles et femelles permettant à deux bouts d'arbre de tourner ensemble et de glisser l'un sur l'autre. Ainsi parvient-on à

Schiebestück, Längenausgleich, Schiebegelenk, Gleitgelenk
Das Schiebestück einer Gelenkwelle besteht aus zwei Keilwellenenden, die ineinandergeschoben sind und miteinander rotieren. Es gleicht die Längenänderungen der Gelenkwelle aus, die

(sur l'autre. Ainsi parvient-on à) compenser les variations de longueur de l'arbre de transmission longitudinal lorsque le pont arrière bascule légèrement.

(änderungen der Gelenkwelle aus, die) sich beim Schwenken der Hinterachsbrücke ergeben.

slip ring *(See Ill. 1 p. 26)* 1510

bague d'inducteur, bague collectrice
Dans un alternateur triphasé le courant d'excitation nécessaire (courant continu) est acheminé vers l'enroulement d'excitation par l'intermédiaire de deux bagues collectrices isolées de l'arbre du rotor.

Schleifring
In einem Drehstromgenerator fließt der erforderliche Erregerstrom (Gleichstrom) über zwei von der Läuferwelle isolierte Schleifringe zu der Erregerwicklung.

slotted nut = castle nut

slow-acting relay = time-lag relay

slow idling jet = idle jet

slow-operating relay = time-lag relay

slow-release relay = time-lag relay

slow running adjustment = idling adjustment

slow running jet = idle jet

slow speed = first gear

small end bushing = piston pin bushing

snap-lock connector 1511

cosse à épissure, connecteur de dérivation, cosse de raccordement automatique, connecteur instantané
Connecteur permettant de greffer un fil électrique sur un autre fil déjà câblé et utilisé surtout lors du montage de récepteurs supplémentaires. Les deux fils à réunir s'insérent dans des logements prévus à cet effet et l'agrafage s'opère par écrasement à l'aide d'une pince, auquel cas une pointe de métal se trouvant à l'intérieur du connecteur écorche la gaine isolante des deux fils et établit ainsi un contact franc entre l'âme de ces derniers. Les connecteurs de dérivation ne

Abzweigverbinder, Abzweig-Leitungsverbinder, Einschneidverbinder, Schneidverbinder
Verbinder, der zum Anzapfen einer elektrischen Leitung, vor allem beim nachträglichen Einbau von Zusatzgeräten verwendet wird. Die zwei zu verbindenden Kabel werden in die Aussparungen des Abzweigverbinders eingelegt, und zum Schließen wird der Arretierungslappen mit einer Zange aufgedrückt. Der Kontaktsteg im Verbinder schneidet die Kunststoffisolierung und stellt somit den Kontakt zwischen den bloßgelegten Leitungslitzen her. Einschneidverbinder sind für dickere Kunststoffisolierungen sowie für Kabel mit großer Stromstärke ungeeignet.

(connecteurs de dérivation ne) conviennent toutefois pas pour les fils à gaine trop épaisse ni pour les câbles à grand débit de courant électrique.

(mit großer Stromstärke ungeeignet.)

sneak current = surface leakage current

snow chains 1512

chaînes anti-neige
Chaînes à larges mailles en acier trempé dont sont chaussés les pneumatiques afin qu'ils aient une meilleure adhérence sur les routes enneigées. Les voitures équipées de pneus à chaînes ne peuvent dépasser la vitesse de 60 km/h.

Schneeketten, Gleitschutzketten
Grobmaschige Kettennetze aus gehärtetem Stahl, die auf die Reifen montiert werden, um eine bessere Haftung der Räder auf verschneiten Straßen zu gewährleisten. Beim Fahren mit Schneeketten ist die Höchstgeschwindigkeit auf 60 km/h begrenzt.

socket 1513

douille démontable pour clés, DD
Douille pour le serrage et le desserrage d'écrous hexagonaux, percée d'un carré femelle et s'adaptant par exemple sur un clé dynamométrique ou un levier d'entraînement à cliquet. Il existe cinq calibres de carré femelle en 1/4", 3/8", 1/2", 3/4" et 1" pour ces douilles convenant pour toutes les tailles courantes d'écrou.

Steckschlüsseleinsatz, Nuß
Einsatz für Sechskantmuttern mit Innenvierkant-Antrieb, passend z.B. für Drehmomentschlüssel oder Ratsche. Diese Einsätze gibt es in den Innenvierkant-Größen von 1/4", 3/8", 1/2", 3/4" und 1" für alle gängigen Muttergrößen.

socket outlet 1514

prise de courant, prise femelle, fiche femelle
Boîtier isolant en matière synthétique, comportant plusieurs bornes et qui est relié à la source de courant électrique.

Steckdose
Isolierende Kunststoffdose mit Kontaktbuchsen, die mit der Stromquelle verbunden ist.

sodium-based grease 1515

graisse consistante au sodium
Lubrifiant pâteux, sensible à l'eau et utilisé surtout comme graisse pour roulements dans des plages de températures de l'ordre de $-30°$ à $+110°$ C.

Natronseifen-Schmierfett, Natronseifenfett, natronverseiftes Fett, Natriumseifenfett
Wasserempfindlicher, plastisch verformbarer Schmierstoff, der als Wälzlagerfett (Heißlagerfett) verwendet wird. Er ist für Temperaturbereiche von $-30°$ bis $+110°$ C einsetzbar.

soft rubber 1516

caoutchouc tendre, caoutchouc mou
Caoutchouc dont la teneur en soufre peut atteindre 10%.

Weichgummi
Gummi mit einem Schwefelgehalt bis 10%.

soft soldering 1517

brasage tendre
Assemblage de pièces métalliques au moyen d'un métal d'apport de brasage tendre à des températures inférieures à 450° C. Les métaux d'apport les plus usités sont les alliages de plomb et d'étain.

Weichlöten
Löten von metallischen Werkstücken mit Weichlot (Schnellot, Weißlot, Zinnlot) bei Arbeitstemperaturen unterhalb 450° C. Die wichtigsten Weichlote sind Legierungen aus Blei und Zinn.

soldering 1518

brasage, brasement
Réalisation d'un assemblage de deux pièces métalliques de matière identique ou non par interposition d'un métal ou alliage d'apport fusible dont le point de fusion est inférieur à celui des pièces à joindre.

Lötung
Das Herstellen einer unlösbaren Verbindung zwischen zwei Werkstücken aus gleichem oder verschiedenem Metall mit Hilfe eines geschmolzenen Zusatzmetalls (Lot), dessen Schmelztemperatur unterhalb der der zu verbindenden Teile liegt.

soldering iron 1519

fer à souder électrique
Outil à souder dont la panne est amenée à température par une spirale chauffante.

elektrischer Lötkolben
Elektrisches Gerät, dessen Kupferstab durch eine Heizspirale erwärmt wird.

solenoid 1520

électro-aimant
Bobinage à l'intérieur duquel se trouve un noyau en fer doux. Lorsque l'enroulement de la bobine est parcouru par un courant électrique (excitation), le noyau produit un champ magnétique qui agit sur des corps métalliques.

Elektromagnet
Gewickelte Spule, in die meist ein Weicheisenkern geschoben wird. Wenn ein elektrischer Strom durch die Spule fließt, wird der Kern magnetisiert und übt magnetische Kräfte auf Metallkörper aus.

solenoid-controlled starter motor = screw-push starter

solenoid cutoff valve = idle cutoff valve

solenoid-operated cold-start valve = start-valve

solenoid-operated injection valve = solenoid-operated injector

solenoid-operated injector *(See Ill. 16 p. 180)* 1521

injecteur à valve électro-magnétique
Injecteur d'un système d'injection électronique, qui reçoit le carburant

Elektroeinspritzventil, elektromagnetisches Einspritzventil
Einspritzventil einer elektronisch ge-

(électronique, qui reçoit le carburant) aspiré par une pompe électrique à une pression de 2 kg/cm^2. Le moment et la durée d'ouverture des injecteurs à valve électro-magnétique sont déterminés par un calculateur électronique.

(Einspritzventil einer elektronisch gesteuerten Benzineinspritzanlage, dem Kraftstoff unter einem Druck von 2 atü über eine Elektroförderpumpe zugeführt wird. Öffnungszeitpunkt und Öffnungsdauer des Elektroeinspritzventils werden von einem elektronischen Steuergerät errechnet.

solenoid-operated valve 1522

électrovanne
Vanne dont les mouvements sont commandés directement ou indirectement par un électro-aimant et qui règle le débit d'un liquide ou d'un gaz.

Magnetventil
Durch einen Elektromagneten unmittelbar oder mittelbar betätigtes Ventil zur Steuerung strömender Gase oder Flüssigkeiten.

solenoid switch = solenoid unit

solenoid unit *(See Ill. 30 p. 398)* 1523

solénoïde, contacteur de démarreur, relais à solénoïde, contacteur à solénoïde
Interrupteur électro-magnétique qui s'intercale entre la batterie et le démarreur à pré-engagement. Au moment du démarrage, le fil de contact aboutissant à l'une de ses bornes envoie du courant dans les enroulements du solénoïde. Le champ magnétique, qui prend ainsi naissance, attire un noyau plongeur qui ferme un pont de contact, lequel livre passage au puissant courant de démarrage. Dès que la clé de contact est relâchée, le noyau plongeur est repoussé par un ressort et le pont de contact est à nouveau ouvert: le courant de démarrage ne passe plus.
A noter que le noyau plongeur fait également basculer le levier de commande positive, qui déplace ainsi le pignon de lancement vers la couronne dentée.

Magnetschalter, Magnetanlaßschalter, elektromagnetischer Anlaßschalter, Einrückrelais, Einrückmagnetschalter
Elektromagnetischer Schalter zwischen Batterie und Schubschraubtriebanlasser. Beim Startvorgang erhalten die Magnetschalterwicklungen Strom über die Leitung vom Zündschloß zu Klemme 50 (Startersteuerung). Das sich hierbei aufbauende Magnetfeld zieht einen Anker an, der eine Kontaktbrücke schließt, worüber der Anlasserstrom fließt. Beim Loslassen des Zündschlüssels wird der Anker durch Federkraft weggedrückt. Die Kontaktbrücke öffnet und versperrt dem Anlasserstrom den Weg.
Der Anker des Magnetschalters wirkt ebenfalls auf den Einrückhebel, der das Starterritzel in den Zahnkranz verschiebt.

solenoid valve = solenoid-operated valve

Solex carburetor® 1524

carburateur Solex

Carburateur à gicleur noyé équipé d'un ajutage d'automaticité à apport d'air progressif. A mesure que le régime augmente, le niveau de l'essence baisse dans le puits de garde et les orifices d'émulsionnage ménagés dans le tube d'émulsion se dégagent les uns après les autres.

Solex-Vergaser

Vergaser mit überschwemmter Hauptdüse und Luftkorrekturdüse für die Ausgleichsluft. Bei zunehmender Motordrehzahl sinkt der Kraftstoffspiegel im Mischrohrschacht, und die Bremsluftlöcher (Emulgierlöcher) im Mischrohr werden der Reihe nach frei.

solid injection diesel engine 1525

moteur diesel à injection directe

Dans les versions diesel à injection directe, le combustible est injecté à très grande pression (150 à 300 bars) à travers des injecteurs à trous dans la chambre de combustion de petite dimension et qui peut être en partie constituée par un creux de forme sphérique ménagé dans la tête du piston (procédé M). Dans ce type de moteur, il ne faut pas de bougies de préchauffage.

Dieselmotor mit Strahleinspritzung, Direkteinspritzmotor, Direkteinspritzer

Bei Direkteinspritzmotoren wird der Kraftstoff unter sehr hohem Druck in den kleindimensionierten Verbrennungsraum durch Lochdüsen eingespritzt. Der Verbrennungsraum liegt teilweise im kugelförmig ausgehöhlten Kolbenboden (M-Verfahren). Bei dieser Bauart werden Glühkerzen nicht gebraucht.

solid-skirt piston *(See Ill. 26 p. 338)* 1526

piston à jupe pleine

Piston dont la jupe n'est pas creusée de fentes et ne possède pas de plaquettes d'acier pour freiner la dilatation.

Vollschaftkolben, Glattschaftkolben

Kolben, dessen Schaft keine Schlitze und keine Stahleinlagen besitzt.

solution level = acid level

spacer washer = shim

spaghetti insulation = insulation tubing

spanner (GB) = wrench

spare wheel 1527

roue de secours

Roue complète avec pneu gonflé, prête à l'usage, que le conducteur doit obligatoirement emporter. Elle se place habituellement dans la malle, et il faut éviter de la mettre au-dessus du moteur ou à proximité du pot d'échappement, car le caoutchouc du pneumatique

Reserverad, Ersatzrad,

Mitgeführtes komplettes Rad mit aufgepumptem Reifen. Das Reserverad wird normalerweise im Kofferraum aufgehoben. Die Unterbringung im Motorraum oder in der Nähe des Auspufftopfes soll möglichst vermieden werden, weil der Reifengummi mit der Zeit unter der starken Hitze leidet.

(car le caoutchouc du pneumatique) peut à la longue quelque peu s'altérer sous l'effet d'une chaleur trop forte.

(Zeit unter der starken Hitze leidet.)

spark advance = advance ignition

spark-advance curve = advance characteristic

spark discharge **1528**

jaillissement du train d'étincelles
Le jaillissement du train d'étincelles aux électrodes d'une bougie survient exactemant au point d'allumage.

Funkenüberschlag
Überspringen des Zündfunken an den Elektroden einer Zündkerze im Zündzeitpunkt.

spark duration **1529**

durée de l'étincelle
Temps de jaillissement du train d'étincelles entre les électrodes d'une bougie d'allumage. Il est de l'ordre de la milliseconde.

Funkendauer
Dauer eines Zündfunkens zwischen den Elektroden einer Zündkerze. Sie schwankt um eine Millisekunde.

spark failure = misfire

spark gap = electrode gap

spark-ignition engine **1530**

moteur à allumage par bougie
Moteur à taux de compression assez faible et carburant à point de combustion élevé.

Motor mit Kerzenzündung, Fremdzündungsmotor
Motor mit relativ niedrigem Verdichtungsverhältnis, in dem Kraftstoff mit hohem Selbstentzündungspunkt verbrannt wird.

spark-ignition engine with carburetor (US) = carburetor engine

spark line **1531**

courbe de tension de combustion
Courbe apparaissant dans un oscillogramme secondaire et dont la longueur indique la durée totale de l'étincelle d'allumage.

Brennspannungslinie, Zündfunken-Brennspannungslinie
Kurve im Sekundärbild eines Oszillogramms, deren Länge die Gesamtzeit des Zündfunkens darstellt.

spark plug *(See Ill. 3 p. 50, Ill. 32 p. 425)* **1532**

bougie d'allumage
Organe destiné à amener le courant à haute tension dans le cylindre du moteur et à enflammer par une étincelle électrique le mélange gazeux emprisonné dans la chambre

Zündkerze, Hochspannungskerze, Kerze
Die Zündkerze bringt den Zündstrom in den Motorzylinder und entzündet das im Verbrennungsraum eingeschlossene Kraftstoff-Luft-Gemisch. Sie besteht hauptsächlich aus einem Gehäuse

(gazeux emprisonné dans la chambre) de combustion. La bougie comporte un culot, une électrode centrale, un isolant en céramique et une électrode de masse. L'étincelle jaillit en passant de l'électrode centrale à l'électrode de masse. L'isolant doit non seulement présenter une résistance électrique très élevée mais aussi une excellente résistance mécanique et chimique. Dans nombre de bougies d'allumage, l'électrode de masse vient se placer sous l'électrode centrale de façon à améliorer le décrassement de la bougie. On rencontre également des bougies d'allumage à plusieurs électrodes de masse, comme c'est le cas par exemple pour certaines voitures de sport ou de compétition ou pour les moteurs deux temps. La forme et la position occupée par l'électrode de masse permettent à la bougie d'allumage de s'adapter aux conditions thermiques ambiantes. Les montages les plus courants sont la bougie à électrode latérale proéminente d'un très bon rendement au ralenti et dans les accélérations, la bougie à électrode frontale garantissant une longue durée de vie grâce à une faible usure ainsi que la bougie à électrode annulaire latérale présentant de très bonnes qualités de conductibilité thermique et utilisée dans les moteurs deux temps de motocyclettes.

(steht hauptsächlich aus einem Gehäuse) mit einer Mittelelektrode, einem keramischen Isolator und einer Masseelektrode. Der Zündfunke springt zwischen Mittel- und Masseelektrode.
Der Isolator soll nicht nur einen hohen elektrischen Widerstand aufweisen, sondern auch große mechanische Festigkeit und chemische Beständigkeit.
Bei den meisten Kerzentypen liegt die Masseelektrode unter der Mittelelektrode, damit eine bessere Reinigungswirkung erzielt wird. Allerdings gibt es auch Zündkerzen mit mehreren Masseelektroden für ganz spezielle Fälle (Sport- und Rennwagen oder Zweitakter). Durch die Lage und die Formgebung der Masseelektrode kann die Zündkerze den Wärmeverhältnissen angepaßt werden. Die geläufigsten Kerzentypen sind diejenigen mit Seitenelektrode, die sich bei Leerlauf und Beschleunigung gut verhalten, mit Stirnelektrode, die eine hohe Lebensdauer durch wenig Elektrodenabbrand aufweisen und mit Ringseitenelektrode, die sich durch ihre gute Wärmeleitfähigkeit auszeichnen und bei Zweitaktmotorradmotoren eingesetzt werden.

spark-plug body *(See Ill. 32 p. 425)* **1533**

culot de bougie
Pièce support de la bougie dont la partie inférieure est filetée pour le vissage dans la culasse. La partie supérieure est usinée en six-pans pour serrage à la clé.

Zündkerzengehäuse
Trageelement einer Zündkerze mit dem Gewinde unten zum Einschrauben in den Zylinderkopf und dem Sechskant oben zum Anziehen mit dem Kerzenschlüssel.

spark-plug cap = spark-plug connector

spark-plug cleaner and tester = spark-plug testing and cleaning unit

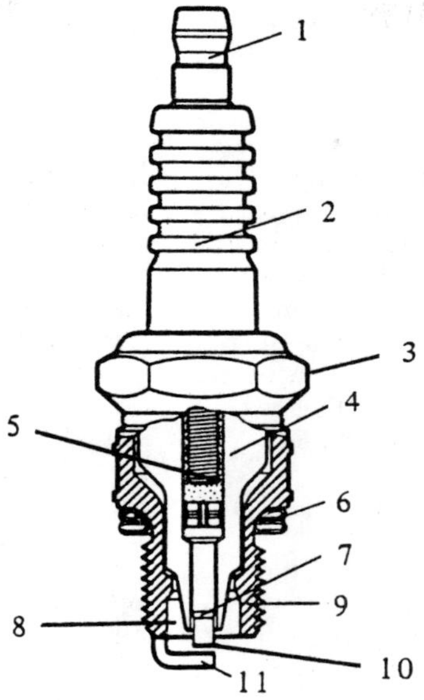

Ill. 32: spark-plug **(1532)**

1 terminal nut
2 spark-plug insulator
3 spark-plug body
4 insulator nose
5 spark-plug terminal pin
6 spark-plug gasket
7 center electrode
8 scavenging area
9 spark-plug thread
10 electrode gap
11 ground electrode

spark-plug connector *(See Ill. 18 p. 206)* 1534

embout de fil de bougie, capuchon de fil de bougie
Embout reliant un câble du faisceau haute tension à une bougie d'allumage.

Zündkerzenstecker
Steckverbindung zwischen Hochspannungskabel und Zündkerze.

spark-plug face 1535

aspect de la base de la bougie
Aspect de la partie de la bougie exposée à la chambre de combustion au bout d'un certain kilométrage. Cet aspect indique si la gamme thermique est bien la bonne, si la bougie fonctionne parfaitement, si le carburateur est correctement réglé et si le moteur est en bon état.
La couleur café au lait de l'isolant avec l'aspect gris-blanc des électrodes révèle que tout est en ordre pour ce qui concerne la bougie elle-même, le graissage, l'état du moteur et le réglage du carburateur. La gamme thermique correspond.
Si l'isolant est noir ou poisseux, la gamme thermique est trop élevée, ou le mélange carburé est réglé trop riche ou bien encore il y a trop d'huile qui pénètre dans la chambre de combustion (usure des segments, des pistons ou des soupapes).
Si en revanche l'isolant a un aspect blanc argenté avec surface perlée et que le corps de bougie soit bleuté et qu'il y ait un dépôt vitreux sur l'isolant et les électrodes, ou bien la gamme thermique est trop basse, ou bien le mélange carburé est trop pauvre.

Zündkerzengesicht, Kerzengesicht, Kerzenbild
Aussehen des brennraumseitigen Teiles einer Zündkerze nach längerem Gebrauch. Das Zündkerzengesicht gibt Aufschluß darüber, ob der Wärmewert stimmt, ob die Kerze einwandfrei arbeitet, ob der Vergaser richtig eingestellt ist und ob der Motor in Ordnung ist.
Ein hellbraun aussehender Isolierkörper mit grauweißen Elektroden besagt, daß die Zündkerze, die Schmierung, der Motor und die Vergasereinstellung in Ordnung sind. Der Wärmewert stimmt.
Ist der Isolierkörper schwarz oder ölig, so ist entweder der Wärmewert zu hoch, oder der Vergaser ist zu fett eingestellt, oder zuviel Öl gelangt in den Verbrennungsraum (undichte Ventile, verschlissene Kolben bzw. Kolbenringe).
Bei silbrigweißem Isolierkörper mit perliger Oberfläche, blau angelaufenem Kerzengehäuse und glasähnlichem Belag an Isolator und Elektroden ist entweder der Wärmewert zu niedrig oder der Vergaser zu mager eingestellt.

spark-plug gap = electrode gap

spark-plug gap gage = spark plug gap tool

spark-plug gap tool 1536

calibre de bougies d'allumage
Calibre utilisé pour le contrôle et le réglage de l'écartement des électrodes de bougies d'allumage.

Zündkerzeneinstellvorrichtung, Zündkerzenlehre
Lehre zum Prüfen und zum Nachstellen des Elektrodenabstandes einer

(électrodes de bougies d'allumage.)

(len des Elektrodenabstandes einer) Zündkerze auf den vorgeschriebenen Wert.

spark-plug gasket *(See Ill. 32 p. 425)* 1537

joint de bougie, joint extérieur captif

Joint assurant l'étanchéité du siège de la bougie. Il transmet également une partie de la chaleur de la bougie à la culasse.

Zündkerzendichtung, unverlierbarer Dichtring, äußerer Dichtring

Dieser Ring dient der Abdichtung des Kerzensitzes und leitet die Kerzenwärme teilweise an den Zylinderkopf ab.

spark-plug heat range = heat rating

spark-plug hole 1538

trou de bougie

Trou fileté dans la culasse d'un moteur, dans lequel se visse la bougie d'allumage. Il est recommandé, avant de visser la bougie dans son orifice, de passer la mine d'un crayon sur son filetage ou d'enduire ce dernier de graphite, afin de prévenir un grippage de la bougie dans la culasse.

Kerzenloch

Gewindeloch im Zylinderkopf, in welches die Zündkerze eingeschraubt wird. Es empfiehlt sich, das Kerzengewinde vor dem Einschrauben mit einem weichen Bleistift oder auch mit Graphitpuder zu bestreichen, um ein Festfressen des Kerzengewindes im Zylinderkopf zu verhüten.

spark-plug HT cable = spark-plug lead

spark-plug insulator *(See Ill. 32 p. 425)* 1539

isolant de bougie d'allumage

Partie de la bougie d'allumage réalisée en céramique spéciale (corindon de concrétion, sillimanite, pyranite) ou bien même en rondelles de mica comprimées, comme c'est le cas pour les bougies de voitures de compétition ou d'avions. La tête de l'isolant présente des barrières de fuite électriques, tandis que le pied est mince et plus ou moins pointu. Il est serti dans le culot de la bougie et c'est à l'intérieur de cet isolant qu'est scellée l'électrode centrale. L'isolant doit pour bien faire être très mauvais conducteur de courant et présenter une très forte résistance électrique afin de pouvoir protéger des conducteurs électriques de

Zündkerzenisolator, Isolator, Isolierkörper, Isolierstein

Teil der Zündkerze aus keramischer Masse (Sinterkorund, Sillimanit, Pyranit) oder gepreßten Glimmerscheiben (hauptsächlich bei Rennwagen oder Flugzeugen). Der Isolatorkopf ist mit Kriechstrombarrieren versehen, und der Isolatorfuß ist dünnwandig und mehr oder weniger spitz. Im Isolierkörper ist die Mittelelektrode verankert. Er ist im Kerzengehäuse eingebördelt.

Isoliersteine sollen den elektrischen Strom sehr schlecht leiten und eine hohe elektrische Durchschlagfestigkeit sowie Kriechstromfestigkeit aufweisen, um hochspannungsführende Leiter gegen das Überspringen elektrischer Funken zu schützen.

(des conducteurs électriques de) haute tension contre le jaillissement inopportun d'étincelles.
Il est soumis à de grandes variations de pression et, de ce fait, sa résistance mécanique sera très élevée.
Les critères d'une bonne résistance à la chaleur et d'une conductibilité thermique suffisante sont également importants, car l'isolant ne peut être soumis à un échauffement excessif. La conductibilité thermique ne peut toutefois pas être trop importante, sans quoi la bougie d'allumage risquerait de ne pouvoir atteindre sa température d'autodécrassement.
Citons enfin la résistance chimique de l'isolant exposé aux attaques des gaz et autres résidus de combustion.
La fabrication d'isolants en stéatite et en porcelaine est de plus en plus abandonnée par les grandes marques en faveur du corindon de concrétion qui a un meilleur pouvoir isolant et une résistance thermique plus élevée.
La conductibilité thermique de même que la forme du bec de l'isolant déterminent le degré thermique de la bougie d'allumage.

(Funken zu schützen.)
Sie sind ebenfalls hohen Druckschwankungen ausgesetzt und müssen deshalb auch eine genügend große mechanische Festigkeit haben.
Damit sie im Betrieb nicht zu heiß werden, sind die Isoliersteine besonders wärmefest und ausreichend wärmeleitend. Bei einer zu stark bemessenen Wärmeableitung wird jedoch die Selbstreinigungstemperatur der Zündkerze nicht erreicht.
Die chemische Beständigkeit spielt auch eine Rolle, denn Isolatoren müssen gegen Verbrennungsgase bzw. Verbrennungsrückstände geschützt werden.
Anstelle der früheren Porzellan- und Steatitisolatoren werden heute Isolierkörper mit größerem Isoliervermögen aus Sinterkorund hergestellt. Ihre Wärmeleitfähigkeit sowie die Form des Isolatorfußes bestimmen den Wärmewert einer Zündkerze.

spark-plug lead *(See Ill. 24 p. 260)* **1540**

fil de bougie, fil haute tension
Câble du faisceau haute tension reliant la bougie d'allumage à la tête du distributeur.
Ce câble comporte une âme en cuivre ou en rayonne recouverte de graphite et enrobée d'un isolant très épais en matière plastique ou en caoutchouc.
Le fil de bougie à âme de rayonne graphitée est un câble déparasité, qui ne nécessite de ce fait aucun embout d'antiparasitage. Toutefois, à l'instar des anciens câbles à âme de graphite, il a tendance à s'allonger, voire à se briser lorsqu'on le retire avec force.

Zündkerzenkabel, Zündleitung, Hochspannungskabel, Sekundärkabel
Hochspannungsleitung zwischen Zündkerze und Verteilerkappe. Sie besteht aus einer Kupferlitze oder einer graphierten Nylonseele mit einer dicken Gummi- oder Kunststoffisolierung.
Das Hochspannungskabel mit graphierter Nylonseele ist eine entstörte Zündleitung (Widerstands-Leitung), die wegen der Funkentstörung verwendet wird und keinen Entstörstecker braucht.
Beim Abziehen der Leitungen kann sich jedoch die Nylonseele längen oder gar brechen, wie es bei den alten Ausführungen mit Graphitseele oft der Fall war.

spark plug with sealing cone = tapered seat plug

spark-plug seat *(See Ill. 18 p. 206)* **1541**

siège de bougie

Portée de la bougie d'allumage qui repose sur la culasse par l'intermédiaire d'un joint.

Zündkerzensitz, Kerzensitz

Teil der Zündkerze, der über einen Dichtring auf dem Zylinderkopf aufsitzt.

spark-plug shell = spark-plug body

spark-plug socket wrench **1542**

clé à tube pour bougies

Clé à tube avec tige d'entraînement pour bougies d'allumage.

Kerzenschlüssel, Zündkerzenschlüssel

Steckschlüssel mit Drehstift für Zündkerzen.

spark-plug suppressor **1543**

embout de bougie d'antiparasitage

Embout d'antiparasitage droit ou coudé, destiné à la partie haute tension de l'allumage et qui contient une résistance d'amortissement d'environ 1–10 kΩ.

Kerzenentstörstecker

Entstörmittel in gerader oder abgewinkelter Ausführung für den Hochspannungsteil einer Zündanlage. Es enthält einen Dämpfungswiderstand von ca. 1–10 kΩ.

spark-plug terminal pin *(See Ill. 32 p. 425)* **1544**

tige de connexion, tige centrale de bougie d'allumage

Tige se trouvant à l'intérieur de l'isolant de la bougie d'allumage et s'intercalant entre l'écrou de raccordement et l'électrode centrale.

Zündbolzen, Anschlußbolzen, Zündkerzenmittelbolzen, Mittelbolzen, Mittelelektroden-Zuleitung

Bolzen im Isolierkörper einer Zündkerze zwischen Anschlußmutter und Mittelelektrode.

spark-plug testing and cleaning unit **1545**

appareil de contrôle et de sablage de bougies d'allumage

Appareil de contrôle comportant une chambre de pression et dans lequel se vissent les bougies d'allumage à filetage courant (14, 18 et 10 mm) qui doivent être bien sèches et que l'on peut observer à travers un viseur. Au cours de l'essai d'une bougie, l'étincelle doit jaillir lorsqu'on atteint une valeur de pression déterminée en fonction de l'écartement des électrodes. Si la bougie est jugée bonne, elle sera sablée dans le compartiment de nettoyage en accomplissant un lent mouvement de rotation.

Zündkerzen-Prüf- und Reinigungsgerät

Das Zündkerzenprüfgerät besteht aus einer Druckkammer, in die die Zündkerzen mit den üblichen Zündkerzengewinden (M 14 x 1,25, M 18 x 1,5, M 10 x 1) im trockenen Zustand eingeschraubt werden, so daß sie durch ein Schauglas einzeln beobachtet werden können. Bei der Prüfung muß ab einem bestimmten Druckwert der Funke an den Elektroden überschlagen, wobei der vorgeschriebene Elektrodenabstand beachtet wird. Ist die Zündkerze noch brauchbar, wird sie anschließend im Sandstrahl-Zündkerzenreinigungsgerät unter langsamem Drehen geblasen.

spark-plug thread *(See Ill. 32 p. 425)* 1546

filetage de bougie

Filetage servant à visser la bougie dans la culasse du moteur. Les filetages de bougie les plus courants sont:
18 mm filet de vis métrique, pas de 1,5
14 mm filet de vis métrique, pas de 1,25
12 mm filet de vis métrique, pas de 1,25
10 mm filet de vis métrique, pas de 1,0
La longueur normale de filetage est de 1/2" (12,7 mm) ou de 18 mm pour les culasses en aluminium, le diamètre le plus courant étant de 14 mm.

Zündkerzengewinde, Kerzengewinde

Gewinde zum Einschrauben der Zündkerze in den Zylinderkopf des Motors. Die üblichen Zündkerzengewinde sind:
M 18 x 1,5
M 14 x 1,25
M 12 x 1,25
M 10 x 1,0
Die Gewindelänge beträgt normalerweise 1/2" (12,7 mm) bzw. 18 mm bei Zylinderköpfen aus Aluminium und der Gewindedurchmesser 14 mm.

spark-plug washer = spark-plug gasket

spark-plug wire = spark-plug lead

spark-plug wire set = ignition cable set

spark-plug wrench with swivel end 1547

clé à bougie articulée

Clé pour bougies M 14 dont la douille articulée permet d'avoir une meilleure prise sur les bougies difficiles d'accès.

Zündkerzenschlüssel mit Kardangelenk

Zündkerzenschlüssel für Kerzengewinde M 14, dessen Gelenk die Handhabung bei schwer zugänglichen Kerzen vereinfacht.

spark timing = ignition setting

spark welding = electric arc welding

sparking of brushes = brush sparking

sparking coil = ignition coil

sparking plug (GB) = spark plug

speaker 1548

haut-parleur

Les autoradios de même que les lecteurs de cassettes en version stéréo nécessitent l'installation de deux haut-parleurs, l'un à droite, l'autre à gauche. En règle générale, ces haut-parleurs se placent sur la plage arrière ou derrière les garnitures de porte. Dans ce dernier cas, il y a lieu de protéger le haut-parleur contre les infiltrations d'eau.

Lautsprecher

Autoradios und Cassetten-Abspielgeräte in Stereoausführung werden in Verbindung mit zwei Lautsprechern, der eine links, der andere rechts, eingebaut. Diese Lautsprecher werden entweder auf der Kofferraumabdeckung oder hinter der Türverkleidung befestigt. Der Einbau hinter der Türverkleidung erfordert jedoch besondere Schutzmaßnahmen gegen eindringendes Wasser.

special steel = high quality steel

specific fuel consumption 1549

consommation spécifique de carburant
Consommation de carburant évaluée sur banc d'essai et indiquant la quantité de carburant en grammes nécessaire pour développer une puissance d'un kW pendant une heure.

spezifischer Kraftstoffverbrauch
Auf dem Motorprüfstand ermittelter Kraftstoffverbrauch, wonach die Kraftstoffmenge in Gramm für eine Leistung von 1 kW während einer Stunde angegeben wird.

speed ratio = transmission ratio

speed reducer = reduction gearing

speed-reducing ratio = transmission reduction

speed reduction = transmission reduction

speed reduction gear = reduction gearing

speedometer 1550

tachymètre, indicateur de vitesse
Les indicateurs de vitesse sont soit des tachymètres centrifuges à action mécanique, soit des génératrices tachymétriques électriques dont la rotation est commandée par la boîte de vitesses via un flexible de tachymètre. Ils indiquent en général une vitesse un peu plus élevée que la vitesse réelle du véhicule.

Geschwindigkeitsmesser, Tachometer
Kraftfahrzeug-Tachometer sind entweder als mechanisch arbeitende Fliehkrafttachometer oder als elektrische Generatoren gebaut und werden vom Wechselgetriebe über die Tachometerwelle in Drehung versetzt. Sie zeigen im allgemeinen eine höhere Geschwindigkeit an als der Wagen wirklich fährt.

spelter galvanizing = hot-dip galvanizing

spherical combustion chamber 1551

chambre de combustion sphérique
Chambre de combustion creusée au centre de la tête d'un piston dans les moteurs diesel conçus selon le procédé MAN. Dans ce type de moteur, le porte-injecteur est incliné par rapport à l'axe du cylindre. L'air pénètre en tourbillonnant énergiquement dans le cylindre à travers la volute d'admission. Un film mince de combustible se dépose alors sur la paroi brûlante de la sphère et se mélange intimement

Kugelbrennraum, sphärischer Brennraum
Kugelförmiger Hohlraum in der Mitte des Kolbenbodens bei Dieselmotoren mit dem M-Verfahren (Mittenkugel-Verfahren). Bei dieser Bauart steht der Düsenhalter schräg zur Zylinderachse. Die Luft strömt unter kräftiger Durchwirbelung in den Zylinder durch einen Dralleinlaßkanal, und ein Kraftstofffilm schlägt sich an der heißen Kugelwandung nieder, wo der ebenfalls heiße Luftwirbel sich mit ihm ver-

(sphère et se mélange intimement) avec le tourbillon d'air très chaud. Dès lors la combustion s'effectue progressivement.

(heiße Luftwirbel sich mit ihm ver-) mischt. Die Verbrennung erfolgt dann schichtweise.

spheroidal graphite cast iron = spheroidal iron

spheroidal iron 1552

fonte à graphite sphéroïdal, fonte sphéroïdale, fonte ductile
Fonte dont le graphite se présente sous forme de sphérules.

Gußeisen mit Kugelgraphit, Kugelgraphitguß
Gußeisen, in dem der Graphit sich in Kugelform ausscheidet.

spherulitic iron = spheroidal iron

spider = differential pinion spider/cardan spider

spike-tire = studded tire

spiked tire = studded tire

spiral-ratchet screwdriver 1553

tournevis va-et-vient, tournevis à pompe
Tournevis va-et-vient à rappel automatique, avec mouvement de rotation à droite ou à gauche. Son système d'encliquetage permet de le rendre fixe et de tourner dans les deux sens.

Drillschrauber, Drillschraubendreher
Drillschrauber mit automatischem Rücklauf für Rechts- und Linksgang. Er kann starr oder als Knarren-Schraubendreher verwendet werden.

spirit level 1554

niveau à bulle
Instrument permettant d'évaluer de légers écarts de l'horizontalité ou de la verticalité d'un plan. Généralement on distingue les niveaux à bulle à proprement parler et les niveaux à cadre.

Richtwaage, Wasserwaage
Mit der Richtwaage können kleinere Abweichungen von der waagerechten oder senkrechten Lage gemessen werden. Im allgemeinen unterscheidet man Richtwaagen und Rahmenrichtwaagen.

splash lubrication 1555

graissage par barbotage
Graissage par circulation au cours duquel les têtes de bielle munies de cuillers et les manetons plongent dans l'huile moteur lors de leur mouvement de rotation et la projettent dans le carter tout entier. Actuellement le graissage par barbotage ne s'applique plus qu'aux boîtes de vitesses principalement.

Tauchschmierung
Umlaufschmierung, bei der die mit kleinen Schöpfern versehenen Pleuelfüße sowie die Kurbelzapfen infolge ihrer Drehbewegung in das Motoröl eintauchen und dieses im Kurbelgehäuse herumschleudern. Zur Zeit gilt die Tauchschmierung nur noch hauptsächlich für Wechselgetriebe.

splash oiling = splash lubrication

splice connector = snap-lock connector

splined input shaft = primary shaft

split-circuit system = double-circuit braking system

split hydraulic circuit = double-circuit braking system

split pin 1556

goupille fendue
Cheville en fil métallique de section semi-circulaire. Elle est enfichée dans un orifice et sert à empêcher le déblocage de vis, d'écrous et d'axes.

Splint
Zusammengebogener Stift aus Draht mit halbkreisförmigem Querschnitt. Der Splint wird durch eine Bohrung gesteckt und dient zur Sicherung von Schrauben, Muttern und Bolzen.

split pulley = adjustable pulley

split-skirt piston 1557

piston à juge fendue
Piston dont la jupe est fendue dans le sens de la hauteur et qui en s'échauffant se dilate avec une certaine élasticité sans serrer contre la paroi du cylindre.

Kolben mit geschlitztem Schaft, Schlitzmantelkolben
Kolben, der der Höhe nach aufgeschlitzt ist, so daß er bei Erwärmung mit einer gewissen Federung an der Zylinderwandung zum Anliegen kommt.

spoiler 1558

lame spoiler, déflecteur aérodynamique
Lame déflectrice de la carrosserie. Les lames spoiler améliorent le coefficient de pénétration dans l'air. Elles diminuent les turbulences qui se créent sous le véhicule, permettant ainsi de réaliser une économie de carburant.

Spoiler
Luftleitfläche der Karosserie zur Verbesserung des Cw-Werts. Die Spoiler vermindern die Durchwirbelung der Luft unter dem Fahrzeug und somit den Kraftstoffverbrauch.

sponge lead 1559

plomb spongieux, plomb poreux
Plomb pur de couleur grise, présent sous forme spongieuse dans les plaques négatives chargées d'un accumulateur au plomb.

Bleischwamm
Graufarbiges Blei in schwammiger Form, die als aktive Substanz in den geladenen Minusplatten einer Bleibatterie enthalten ist.

spongy lead = sponge lead

spot welding 1560

soudure par points

Soudure électrique par résistance, où les éléments à assembler, en général des tôles minces, sont comprimés entre deux électrodes de faible section, par lesquelles le courant est acheminé. Dès lors la matière des éléments s'échauffe localement à un point tel que seul un assemblage ponctuel est réalisé.

Punktschweißung

Elektrische Widerstandsschweißung, bei der stiftförmige Druckelektroden, über die der Strom zugeführt wird, die zu verschweißenden Werkstücke, meist dünne Bleche, zusammenpressen. Der Werkstoff wird örtlich so stark erwärmt, daß nur eine punktförmige Verbindung entsteht.

spray gun 1561

pistolet à peinture

Appareil électrique ou à air comprimé et à pression réglable, permattant l'application de peintures en couches finement réparties.

Spritzpistole, Lackierpistole, Spritzapparat, Farbenzerstäuber

Druckluftbetriebenes bzw. elektrisches Gerät mit einstellbarem Druck, mit dem Lacke versprüht werden.

spray hole *(See Ill. 25 p. 315)* 1562

trou de l'injecteur, orifice de sortie

Orifice d'un injecteur au travers duquel le combustible est pulvérisé lorsque l'aiguille se soulève de son siège.

Düsenöffnung, Düsenmund

Bohrung in einer Einspritzdüse. Beim Abheben der Düsennadel wird der Kraftstoff durch diese Öffnung abgespritzt.

spraying pistol = spray gun

spring contact plug = banana plug

spring eye 1563

oeil de ressort

Extrémité enroulée en forme de douille de la lame maîtresse d'un ressort à lames et servant à l'articulation du ressort sur le châssis. L'oeil recèle une bague de caoutchouc lui assurant un fonctionnement silencieux.

Federauge

Aufgerolltes Ende des Hauptblattes einer Blattfeder zur Anlenkung an den Fahrzeugaufbau. Im Federauge sitzt ein Gummilager, das für größere Laufruhe sorgt.

spring-loaded brush = brush

spring-loaded flyweight = flyweight

spring shackle 1564

jumelle de ressort

Articulation oscillante à l'extrémité d'un ressort de suspension à lames, qui compense l'allongement de ce

Federlasche

Blattfedern können am Fahrzeugaufbau durch eine Federlasche angelenkt werden, die beim Durchfedern den er-

(qui compense l'allongement de ce) ressort dans ses mouvements de flexion sous charge.

(werden, die beim Durchfedern den er-) forderlichen Längenausgleich bewirkt.

spring steel 1565

acier à ressort

Acier particulièrement élastique et à charge de rupture très élevée, additionné de silicium, chrome, manganèse, molybdène et vanadium.

Federstahl

Besonders elastischer und bruchfreier Stahl mit Beimischungen von Silizium, Chrom, Mangan, Molybdän und Vanadium.

sprung mass 1566

masse suspendue

La masse suspendue d'un véhicule est constituée par la caisse avec son chargement et dont le poids est transmis aux roues par l'intermédiaire des ressorts de suspension.

gefederte Masse

Die gefederten Massen eines Kfz stellt der Wagenkasten mit Beladung dar, dessen Last über die Federung auf die Räder verteilt wird.

stabilization stage 1567

étage de stabilisation

Etage du bloc électronique d'un système d'allumage transistorisé sans rupteur servant à stabiliser au mieux la tension d'alimentation.

Stabilisierungsstufe

Funktionsstufe im Schaltgerät einer kontaktlosen Transistorzündanlage für die Konstanthaltung der Versorgungsspannung.

stainless steel 1568

acier inoxydable

Acier spécial résistant aux agents de corrosion. Il s'agit d'acier allié au chrome-nickel.

nichtrostender Stahl, Nirosta

Vorwiegend mit Chrom und Nickel legierter Sonderstahl, der besonders gegenüber chemisch angreifenden Substanzen beständig ist.

standing lamp = side-marker lamp

star connection 1569

couplage en étoile, montage en étoile

Dans un alternateur triphasé, les trois enroulements du stator peuvent être disposés de telle sorte que l'une de leurs extrémités aboutisse au point neutre.

Sternschaltung, Y-Schaltung, Drehstrom-Sternschaltung

In einer Drehstromlichtmaschine können die drei Wicklungsstränge der Ständerwicklung mit ihrem einen Ende in einem Mittelpunkt untereinander verbunden sein.

star-rating = octane number

star wheel = differential pinion

start-locking relay 1570

relais de blocage du démarreur
Relais destiné à bloquer le démarreur lorsque le moteur tourne encore.

Start-Sperr-Relais
Relais, das ein Starten bei noch laufendem Motor verhindert.

Start-Pilot 1571

Start-Pilote
Dispositif de vaporisation de carburant de démarrage en saison froide.

Start-Pilot
Einrichtung zum Einsprühen von Anlaßkraftstoff bei strenger Kälte.

start-valve *(See Ill. 16 p. 180)* 1572

enrichisseur pour départ à froid, injecteur de départ à froid
Injecteur à commande électromagnétique pulvérisant un appoint de carburant dans le conduit d'admission lorsque le moteur est froid. Il est utilisé dans les systèmes d'injection électronique. Il est commandé par un thermo-contact temporisé ou non.

Elektrostartventil, Kaltstartventil, Startventil, elektromagnetisches Startventil
Elektomagnetische Einspritzdüse, die bei elektronischen Benzineinspritzanlagen zusätzlichen Kraftstoff in vernebelter Form in das Saugrohr einspritzt. Es wird von einem Thermoschalter oder Thermozeitschalter gesteuert.

starter *(See Ill. 30 p. 398)* 1573

démarreur
Moteur électrique auxiliaire à excitation série, alimenté par la batterie d'accumulateurs et servant à lancer un moteur à explosion. Sur l'arbre du démarreur est calé un petit pignon qui engrène avec une grande couronne dentée montée sur le volant du vilebrequin. Lorsque le moteur est lancé, le pignon se dégage. Puissance consommée: 0,8 à 3 kW pour les voitures de tourisme, 2,2 à 12 kW pour les camions et poids lourds.

Anlasser, Starter, Anlaßmotor
Gleichstrom-Reihenschlußmotor, der aus der Batterie gespeist wird und den Verbrennungsmotor in Gang setzt. Ein auf der Ankerwelle sitzendes kleines Ritzel spurt in einen großen Zahnkranz ein, der auf dem Schwungrad der Kurbelwelle angebracht ist. Springt der Motor an, wird das Ritzel zurückgeführt. Leistungsbedarf für Pkw 0,8 bis 3 kW und 2,2 bis 12 kW für Lkw.

starter caburetor 1574

starter
Petit carburateur auxiliaire qui, à l'aide d'un disque appelé glace de starter, débite une grande quantité de mélange riche au démarrage.

Anlaßvergaser, Startvergaser
Hilfsvergaser kleineren Ausmaßes, der mit Hilfe eines Starterdrehschiebers das Gemisch beim Starten überfettet.

starter-generator ignition unit = combined lighting and starting generator starter motor = starter

starter pinion = drive pinion

starter ring = starter ring gear

starter ring gear *(See Ill. 17 p. 182)* 1575

couronne de démarreur, couronne de lancement, couronne dentée de démarrage, couronne de volant-moteur
Couronne dentée solidaire du volant-moteur et engrenée par le pignon du démarreur.

Anlaßzahnkranz, Schwungradzahnkranz, Zahnkranz der Schwungscheibe, Schwungscheibenverzahnung, Starterzahnkranz, Anlaßverzahnung
Zahnkranz auf dem Schwungrad, in welchen das Anlasserritzel einspurt.

starter shaft *(See Ill. 30 p. 398)* 1576

arbre d'induit, arbre de démarreur
Arbre de l'induit d'un démarreur sur lequel est calé le pignon de lancement.

Anlasserwelle
Welle im Anlasseranker, auf der das Anlasserritzel sitzt.

starter test bench 1577

banc de contrôle de démarreurs
Banc de contrôle sur lequel le démarreur est encastré de telle sorte que son pignon de lancement engrène une denture correspondante de couronne de lancement. Lors du freinage de la couronne, il est possible de procéder à la mesure de l'intensité du courant, de la tension et de la vitesse de rotation. Les principaux organes de ce banc de contrôle sont l'ampèremètre, le voltmètre, le compte-tours, le levier de frein et l'interrupteur.
Pour procéder à l'essai à vide, le démarreur est monté en série avec la batterie, le levier de frein étant enlevé. Après la mise en marche au moyen de l'interrupteur, la tension sera réglée sur le rhéostat. Dès lors l'ampèremètre doit afficher le courant prescrit, soit par exemple 6 V–50 A–3000 tr/min.
L'essai en charge en revanche ne constitue qu'un test de performance sans valeurs de référence.
Il est recommandé de procéder rapidement et dans l'ordre aux essais, sans quoi les valeurs

Anlasserprüfstand, Starterprüfstand
Prüfstand, in dem der Starter so aufgespannt wird, daß das Ritzel in die Verzahnung eines Schwungrades einspuren kann. Beim Abbremsen des Schwungrades können Strom, Spannung und Drehzahl des Anlassers gemessen werden. Zum Starterprüfstand gehören ein Ampèremeter, ein Voltmeter, ein Drehzahlmesser, ein Bremsbetätigungshebel und ein Anlasserschalter.
Bei der Leerlaufprüfung wird der Starter bei abgenommenem Bremsbetätigungshebel mit der Batterie in Reihe geschaltet. Nach Betätigung des Anlasschalters wird die Spannung mit dem Regelwiderstand eingestellt. Das Ampèremeter zeigt dann die vorgeschriebene Leerlaufstromaufnahme an wie z.B. 6 V–50 A–3000 U/min.
Die Belastungsprüfung dagegen wird lediglich als Funktionsprüfung ohne Prüfwerte durchgeführt.
Es wird empfohlen, die Prüfungen in schneller Reihenfolge durchzuführen, sonst können sich nämlich die Meßwerte durch die Entladung der Batterie und die Erwärmung des Starters verändern.

(essais, sans quoi les valeurs) pourraient être influencées par la décharge de la batterie et l'échauffement du démarreur. Il convient en outre de comparer les valeurs relevées avec celles fournies par le constructeur. Si ces dernières ne sont pas connues, on devra s'accomoder de valeurs empiriques.

(ändern.) Die gemessenen Werte werden mit den Sollwerten des Herstellers verglichen. Sind diese nicht bekannt, so muß man sich mit Erfahrungswerten behelfen.

starting crank 1578

manivelle de mise en marche
Manivelle qui entraîne l'extrémité du vilebrequin d'un moteur pour assurer la mise en marche en cas de défaillance du démarreur ou de la batterie.

Andrehkurbel
Kurbel, die an das Kurbelwellenende des Motors angesetzt wird, um den Motor bei Ausfall des Anlassers oder der Batterie anspringen zu lassen.

starting current 1579

courant de démarrage, courant de lancement de démarreur
Courant de forte intensité qui s'achemine directement de la batterie vers le démarreur par le câble de batterie dès que l'on actionne la clé de contact.

Anlaßstrom
Starkstrom, der beim Anlaßvorgang durch Betätigung des Fahrtschalters unmittelbar von der Batterie zum Anlasser über das Batterie-Pluskabel freigegeben wird.

starting device jet 1580

gicleur de départ, gicleur de starter
Gicleur noyé d'un dispositif de départ à froid dans un carburateur. Lorsque l'on tire à fond la tirette de starter, le gicleur de départ puise une quantité d'appoint de carburant dans la cuve. Cet appoint d'essence se mélange alors avec un peu d'air et il est aspiré dans la chambre de mélange à travers le disque de starter.

Starterdüse
Überschwemmte Düse in der Kaltstartvorrichtung eines Vergasers. Beim Ziehen des Drahtzuges für die Kaltstartvorrichtung schöpft die Starterdüse Zusatz-Kraftstoff aus der Schwimmerkammer, der mit etwas Luft vermischt wird und in das Saugrohr durch den Starterdrehschieber gelangt.

starting gear = first gear

starting torque 1581

couple initial de démarrage, couple de lancement, couple de démarrage
Couple développé par le démarreur pour obtenir la mise en marche du moteur. Il est multiplié dans le rapport 1:15 environ au moyen

Anwerfdrehmoment, Durchdrehmoment, Anzugsdrehmoment, Anfahrdrehmoment, Anlaßmoment, Losbrechmoment
Drehmoment, das vom Anlasser zum Durchdrehen des Motors erzeugt wird.

(rapport 1:15 environ au moyen) d'un train d'engrenages.

(Durchdrehen des Motors erzeugt wird.) Es wird im Verhältnis 1:15 durch das Anlassergetriebe multipliziert.

state of charge 1582

état de charge

L'état de charge d'une batterie au plomb montre dans quelle mesure cette batterie est chargée, et c'est la densité de l'électrolyte qui indique le niveau de cet état de charge. La densité s'exprime généralement en kg/l et plus rarement en degrés Baumé.

Ladezustand

Der Ladezustand einer Bleibatterie zeigt an, in welchem Maße diese Batterie geladen ist, und hierüber gibt die Säuredichte Aufschluß. Die Säuredichte wird in kg/l, selten in Baumégraden ausgedrückt.

static ignition timing 1583

calage de l'allumage par méthode statique

Réglage de l'allumage s'effectuant avec moteur à l'arrêt. Après avoir mis le contact, une lampe-témoin ou un voltmètre est branché en parallèle entre la borne d'entrée du courant primaire sur l'allumeur et la masse.

statische Zündeinstellung, Grundeinstellung der Zündung

Einstellung des Zündzeitpunktes mit stehendem Motor, wobei eine Prüflampe oder ein Voltmeter bei eingeschalteter Zündung zwischen Klemme 1 der Zündspule oder des Zündverteilers und Masse parallel geschaltet wird.

station car = station wagon

station wagon (US) 1584

break, familiale, limousine commerciale

Limousine dont l'aménagement est prévu pour le transport de personnes et de marchandises. Elle possède trois ou cinq portes, dont un hayon, des sièges arrière rabattables ou amovibles ainsi qu'un plancher plat.

Kombinationskraftwagen, Kombiwagen, Kombi

Limousine, die für die wahlweise oder gleichzeitige Beförderung von Personen und Gütern eingerichtet ist. Der Kombiwagen hat drei oder fünf Türen, davon eine Hecktür, umklappbare oder herausnehmbare Rücksitze und einen flachen Boden.

stator *(See Ill. 1 p. 26)* 1585

1. stator, 2. déclencheur fixe

1. Partie fixe d'un moteur ou générateur électrique. Dans les alternateurs triphasés, elle comporte les conducteurs statoriques dans lesquels sont induites trois tensions alternatives sinusoïdales. Les enroulements peuvent être à couplage en triangle ou en étoile.
2. Partie fixe d'un générateur

1. Ständer, Stator, 2. Stator

1. Feststehender Teil eines Generators bzw. eines Elektromotors. Im Ständer eines Drehstromgenerators ist die dreiphasige Ständerwicklung (Drehstromwicklung) eingelassen, in denen drei Wechselspannungen induziert werden. Die Wicklungen sind in Stern- oder in Dreieckschaltung miteinander verbunden.

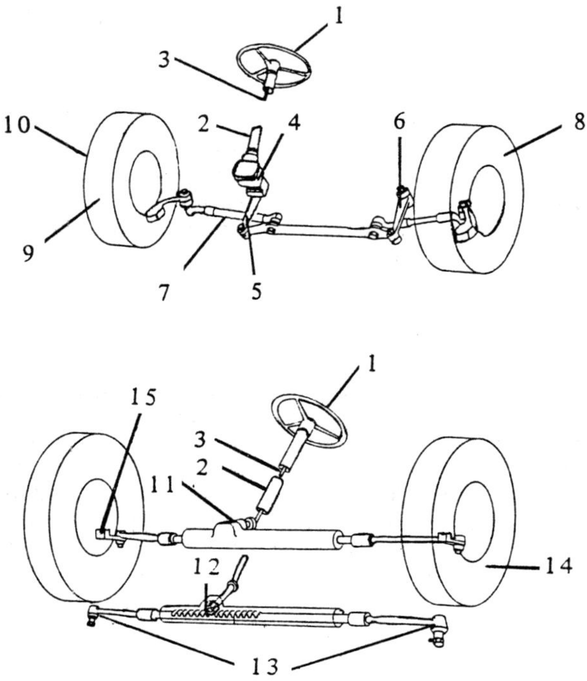

Ill. 33: steering **(1590)**

1 steering wheel
2 steering column
3 steering shaft
4 steering gear
5 drop arm
6 idler arm
7 steering linkage
8 tire
9 tread
10 wheel
11 rack-and-pinion steering
12 rack pinion
13 tie bar
14 sidewall
15 steering lever

(2. Partie fixe d'un générateur) d'impulsions à effet magnétique dans un allumage transistorisé.

(den.)
2. Feste Baueinheit des Induktionsgebers in einer Transistorzündanlage.

stator winding *(See Ill. 1 p. 26)* 1586

enroulement statorique, enroulement de stator, bobine de stator
Enroulement de la partie fixe d'un moteur électrique ou d'un générateur. Le stator d'un alternateur triphasé comporte trois enroulements dans lesquels trois tensions sont induites par un champ magnétique alternatif. Ces trois bobines, indépendantes l'une de l'autre, sont décalées de 120° l'une par rapport à l'autre, en sorte qu'elles produisent un courant alternatif triphasé.

Ständerwicklung, Statorwicklung
Drahtwicklung des feststehenden Teils eines Elektromotors bzw. eines Generators. Die Statorwicklung eines Drehstrom-Generators besteht aus drei Wicklungssträngen, in den drei Wechselspannungen durch ein magnetisches Wechselfeld induziert werden. Diese drei voneinander unabhängigen Wicklungssträngen sind so angeordnet, daß die Phasen um 120° zueinander verschoben sind, so daß sie einen dreiphasigen Wechselstrom) liefern.

steel 1587

acier
Fer allié au carbone, qui se prête au façonnage à chaud, et dont la teneur en carbone se situe en dessous de 1,8%. La classification des aciers s'opère selon le mode de fabrication, la composition et la structure ainsi que les emplois ou la destination.

Stahl
Eisen, das sich für Warmverformung eignet und dessen Kohlenstoffgehalt unter 1,8% liegt. Stahlsorten werden nach der Herstellungsart, nach der Zusammensetzung und dem Gefüge sowie nach dem Verwendungszweck eingeteilt.

steel backing plate = pad carrier

steel-belted radial tire (US) 1588

pneu radial à ceinture métallique
Pneumatique à carcasse radiale pourvu d'une ceinture comportant au moins deux nappes. Celles-ci sont constituées de fils d'acier qui peuvent être torsadés.

Stahl-Gürtelreifen
Radialreifen mit einem zwei- oder mehrlagigen Gürtel aus sehr feinen Stahlfäden, die miteinander zu dünnen Stahlseilen verdrillt werden bzw. aus Stahlkord gebildet (Stahlkordreifen) sind.

steel-braced radial tire = steel-belted radial tire

steel-studded tire = studded tire

steered wheel 1589

roue directrice
Roue qui, par son mouvement, permet au véhicule de suivre le trajet imposé par le conducteur.

gelenktes Rad
Rad, dessen Bewegung sich auf die Fahrtrichtung einstellt.

steering *(See Ill. 33 p. 440)* 1590

direction
La direction englobe tous les organes d'un véhicule concourant à modifier l'orientation de ce dernier et à garantir une parfaite tenue des roues dans la négociation de virages.
Elle comprend un volant monté sur une colonne de direction agissant sur un mécanisme de direction ainsi que des barres de timonerie qui transmettent le mouvement du mécanisme aux pivots des roues avant. Les directions les plus courantes sont la direction à crémaillère, la direction à vis et secteur denté, la direction à vis et écrou, la direction à chemin de billes et la direction à doigt.

Lenkung
Bei Fahrzeugen umfaßt die Lenkung alle Vorrichtungen, die die Änderung der Fahrtrichtung bewirken und das einwandfreie Abrollen der Räder in der Kurvenfahrt gewährleisten. Zur Lenkung gehören das Lenkrad, die Lenksäule, die auf das Lenkgetriebe einwirkt, und das Lenkgestänge, das die Drehbewegung vom Lenkgetriebe auf die Achsschenkelbolzen der Vorderräder überträgt. Die üblichen Lenkungsarten sind die Zahnstangenlenkung, die Schneckenlenkung, die Schraubenlenkung, die Kugelumlauflenkung und die Roßlenkung.

steering arm = steering lever

steering axis inclination (US) *(See Ill. 36 p. 528)* 1591

inclinaison du pivot de fusée, inclinaison latérale
L'axe du pivot de fusée est incliné de plus ou moins 5° par rapport au plan de la roue. Le carrossage et l'inclinaison de pivot vont de pair. C'est grâce à l'inclinaison des pivots de fusée que le point de contact de la roue avec le sol se rapproche du point de rencontre de l'axe de pivotement avec le sol également. Cette disposition a pour effet de réduire le déport au sol et d'alléger la direction.
De surcroît, c'est par l'inclinaison latérale que se manifestent des réactions qui ramènent les roues sur une trajectoire rectiligne au sortir d'un virage.
L'inclinaison des pivots de fusée n'est pas réglable.

Achsschenkelbolzenspreizung, Spreizung, Lenkzapfensturz
Neigung des Achsschenkelbolzens bzw. der Lenkungsdrehachse um ca. 5° in bezug auf die Radebene. Radsturz und Spreizung sind aufeinander abgestimmt.
Durch die Spreizung wird die Mittellinie der Reifenaufstandsfläche an den Schnittpunkt herangebracht, den die verlängerte Achszapfenmittellinie mit der Fahrbahn bildet. Diese Anordnung verkürzt den Lenkrollhalbmesser und erleichtert die Lenkung.
Außerdem machen sich Rückstellkräfte bemerkbar, die die Räder nach einer Kurvenfahrt zum Geradeauslauf bringen wollen. Der Spreizwinkel kann nicht nachgestellt werden.

steering axle 1592

essieu directeur
Essieu aux extrémités duquel se trouvent les roues directrices.

Lenkachse
Achse, an der die gelenkten Räder eines Fahrzeuges angebracht sind.

steering box = steering gear

steering column *(See Ill. 33 p. 440)* 1593

colonne de direction
Organe de direction sur lequel est monté le volant et qui, aboutit au boîtier de direction.

Lenksäule
Lenkungsteil, auf dem das Lenkrad drehbar sitzt. Die Lenksäule ist mit dem Lenkgetriebe verbunden.

steering column change = steering-column gear change

steering column gear change 1594

changement de vitesse au volant
Dans ce type de changement de vitesse, le levier sélectif est disposé sous le volant de direction et sur la colonne de direction, bien à portée de main du conducteur. La commande du levier de changement de vitesse est transmise à la boîte manuelle par l'intermédiaire d'une timonerie accomplissant un mouvement de va-et-vient et de rotation. Cette disposition a été toutefois largement abandonnée en raison de la commande trop compliquée de la timonerie.

Lenkradschaltung
Bei der Lenkradschaltung ist der Gangschalthebel günstig unter dem Lenkrad an der Lenksäule angebracht. Die verschiedenen Gänge im Getriebe werden durch die Auf- und Abbewegung bzw. die Drehbewegung eines Gestänges eingelegt. Aufgrund der umständlichen Gestängesteuerung ist jedoch die Lenkradschaltung aufgegeben worden.

steering-column gearshift = steering-column gear change

steering column jacket 1595

tube enjoliveur, tube de direction, tube de colonne de direction
Tube abritant la colonne de direction entre le volant et le mécanisme de direction.

Lenkstützrohr, Lenksäulenrohr, Lenkrohr
Außenrohr, in dem die Lenkspindel zwischen Steuerrad und Lenkgetriebe untergebracht ist.

steering column mounted switch 1596

commutateur de colonne de direction, combinateur de phares
Commutateur à deux positions (feux code-route) ou à plusieurs positions. Les codes, les feux de route, les indicateurs de direction, l'appel de phares, l'essuie-glace à une ou deux vitesses avec marche par intermittence peuvent être commandés par le commutateur de colonne de direction.

Lenkstockschalter, Lenksäulenschalter, Kombinationsschalter
Schalter mit zwei (meist Abblendlicht) oder mehreren Schaltstellungen. Das Abblend- und Fernlicht, die Blinker, die Lichthupe, der Scheibenwischer mit einer oder zwei Geschwindigkeiten nebst Intervall können vom Lenkstockschalter aus geschaltet werden.

steering column shift = steering column gear change

steering control linkage = steering linkage

steering drop arm = drop arm

steering free travel **1597**
jeu de direction
Angle décrit par le volant sans que les roues avant suivent le mouvement.

Totgang, toter Gang
Der Totgang ist der vom Steuerrad beschriebene Winkel, ohne das sich die Vorderräder mitdrehen.

steering gear **1598**
mécanisme de direction
Le mécanisme de direction auquel aboutit l'arbre de direction transforme le mouvement de rotation du volant en mouvement de va-et-vient exécuté par la barre de connexion et la timonerie annexe. Le rapport de démultiplication du mouvement de rotation au niveau du mécanisme de direction varie de 10:1 à 20:1.

Lenkgetriebe
Das mit der Lenkspindel verbundene Lenkgetriebe verwandelt die Drehbewegung des Lenkrades in die hin- und hergehende Bewegung der Spurstange und deren angeschlossener Teile. Das Untersetzungsverhältnis der Drehbewegung im Lenkgetriebe schwankt zwischen 10:1 und 20:1.

steering gear arm = drop arm

steering gearbox = steering gear

steering housing = steering gear

steering idler = idler arm

steering knuckle (US) **1599**
fusée d'essieu
Pièce mobile d'un essieu permettant à la roue de pivoter. La fusée tourne elle-même autour d'un pivot de fusée et elle est, de ce fait, reliée à l'essieu. On trouve des fusées munies d'une chape et, dans ce cas, l'essieu se termine par une douille (essieu à chapes fermées) ou inversement des essieux se terminant par une chape, l'extrémité de la fusée ayant la forme d'une douille (essieu à chapes ouvertes).

Achsschenkel
Schwenkbares Bauteil einer Achse, das die Schwenkbewegung des Rades ermöglicht. Der Achsschenkel schwenkt um einen Achsschenkelbolzen und ist über diesen mit der Vorderachse verbunden. Es gibt Achsschenkel mit einem Gabelgelenk, dann endet die Achse mit einer Buchse (Faustachse) oder umgekehrt ist eine Achsschenkelbuchse mit dem Gabelgelenk am Ende der Achse (Gabelachse) verbunden.

steering knuckler arm = steering lever

steering knuckle axle *(See Ill. 13 p. 150, Ill. 35 p. 489)* **1600**

pivot de fusée
Partie de la fusée sur laquelle s'articule la roue directrice au moyen de roulements.

Achszapfen, Radzapfen, Vorderachszapfen
Teil des Achsschenkels, auf dem das gelenkte Rad mit Radlagern drehbar befestigt ist.

steering knuckle bush = king pin bush

steering knuckle inclination = steering axis inclination

steering knuckle pivot = king pin

steering knuckle spindle = steering knuckle axle

steering lever *(See Ill. 33 p. 440)* **1601**

levier de commande de roue, levier d'attaque
Levier sur lequel agit la bielle de direction afin que la fusée puisse pivoter.

Lenkhebel
Hebel, auf den die Lenkstange einwirkt, damit der Achsschenkel schwenken kann.

steering linkage *(See Ill. 33 p. 440)* **1602**

timonerie de direction, tringlerie de direction
Timonerie qui transmet le mouvement du mécanisme de direction aux pivots des roues avant. Elle comprend généralement la bielle pendante, la barre de direction, le levier de commande de fusée, les deux leviers et la barre d'accouplement.

Lenkgestänge
Gestänge zur Übertragung der Drehbewegung vom Lenkgetriebe auf die Achsschenkelbolzen der Vorderräder. Dazu gehören der Lenkstockhebel, die Lenkstange, der Achsschenkelarm, die beiden Spurstangenhebel und die Spurstange selbst.

steering lock key = ignition key

steering lock with ignition/starter switch = combined ignition and steering lock

steering mechanism = steering gear

steering pin = king pin

steering play = steering free travel

steering post = steering column

steering post gearshift = steering-column gear change

steering rack gaiter **1603**

protecteur de crémaillère, soufflet de direction
Manchon plissé en accordéon fermant les extrémités de la direction à crémaillère. Il la protège

Faltenbalg der Zahnstangenlenkung
Ziehharmonikaartige Dichtung, die den aus dem Lenkgehäuse austretenden Teil der Zahnstange sowie die Kugelgelenke vor Staub und Wasser

(direction à crémaillère. Il la protège) contre les pénétrations de poussière et d'eau et il empêche en même temps l'huile de s'échapper.

(gelgelenke vor Staub und Wasser) schützt und den Schmiermittelaustritt verhindert.

steering reduction ratio 1604

rapport de démultiplication de la direction
Rapport entre le mouvement de rotation du volant de direction et le braquage de la roue. Par exemple une rotation de 10° du volant de direction correspondant à un braquage de roue de 1° donne un rapport de démultiplication de direction de 10:1.

Lenkübersetzungsverhältnis
Verhältnis einer Lenkradumdrehung zum Radeinschlag. Eine Verdrehung von 10° am Steuer z.B. entspricht einem Radeinschlag von 1° bei einem Lenkradübersetzungsverhältnis von 10:1.

steering shaft *(See Ill. 33 p. 440)* 1605

arbre de direction, arbre du volant
Arbre qui transmet le mouvement de rotation du volant de direction au mécanisme de direction.

Lenkwelle, Lenkspindel
Welle, die die Drehbewegung des Lenkrades auf das Lenkgetriebe überträgt.

steering spindle = steering shaft

steering stub = steering knuckle

steering stub axle = steering knuckle

steering swivel = steering knuckle

steering swivel arm = track rod arm

steering swivel bolt = king pin

steering swivel bush = king pin bush

steering swivel pin = king pin

steering system = steering

steering tie rod (US) = tie bar

steering track rod (GB) = tie bar

steering unit = steering gear

steering wheel *(See Ill. 33 p. 440)* 1606

volant de direction
Organe de direction monté sur la colonne de direction et manipulé par le conducteur. Actuellement

Lenkrad, Steuerrad, Lenker, Volant
Das vom Fahrer betätigte Lenkrad ist über die Lenkradnabe mit der Lenksäule drehbar verbunden. Heute werden

(par le conducteur. Actuellement) presque tous les volants de direction sont des volants absorbeurs d'énergie.

(le drehbar verbunden. Heute werden) fast ausschließlich Sicherheitslenkräder verwendet.

steering wheel spindle = steering shaft

steering wheel shaft = steering shaft

stellite 1607

stellite

Alliage dur dont la composition est approximativement la suivante: 40 à 55% de cobalt, 25% à 35% de chrome, 12 à 20% de tungstène, 15% de molybdène et parfois 4% de fer, de nickel et de titane. Cet alliage est quelquefois utilisé pour renforcer les soupapes ou les sièges de soupape d'un moteur à explosion.

Stellit

Hartmetall für Ventile und Ventilsitze eines Verbrennungsmotors mit folgender durchschnittlicher Zusammensetzung: 40–55% Kobalt, 25–35% Chrom, 12–20% Wolfram, 15% Molybdän und eventuell bis zu 4% Eisen, Nickel und Titan.

step-down gearing = reduction gearing

stepped wheel brake cylinder 1608

cylindre de roue étagé, cylindre récepteur étagé

Cylindre de frein comportant deux pistons de diamètre différent et qui compense relativement l'effet produit par le segment primaire et le segment secondaire. En effet, le piston de grand diamètre exerce une pression plus forte et agit sur le segment secondaire.

Stufenradzylinder

Radbremszylinder, der mit zwei verschieden großen Kolben die Wirkung der auf- und ablaufenden Bremsbakken einigermaßen ausgleicht. Der Kolben mit dem größeren Durchmesser erzeugt eine stärkere Anpreßkraft und arbeitet auf die ablaufende Bremsbakke.

stethoscope 1609

stéthoscope, autoscope

Appareil destiné à déceler les bruits dans un moteur qui tourne.

Stethoskop

Gerät zum Abhorchen des Motorlaufs.

stiff bolt adjuster 1610

vis de réglage autobloquante

Vis sans contre-écrou telle qu'on en trouve pour le réglage des jeux aux soupapes.

selbstsichernde Einstellschraube

Einstellschraube ohne Gegenmutter, die z.B. bei der Ventilspieleinstellung Verwendung findet.

stock shift = floor-type gear shift

stoichiometric air/fuel ratio = mixture ratio

stop lamp = stop light

stop-lamp switch = brake light switch

stop light *(See Ill. 31 p. 414)* **1611**

feu stop, signal de freinage
Les véhicules automobiles doivent obligatoirement être équipés de deux feux stop à lumière rouge ou orange et qui s'allument lorsqu'on agit sur les freins. Puissance par ampoule: 21 watts.

Bremslicht, Bremsleuchte, Stopplicht
Kraftfahrzeuge müssen vorschriftsmäßig mit zwei Bremsleuchten ausgerüstet sein, die bei Betätigung der Betriebsbremse mit rotem oder gelbem Licht aufleuchten. Leistungsbedarf je 21 W.

stop-light switch = brake light switch

stop signal switch = brake light switch

stopper = polyester putty

stopping distance = braking distance

storage battery = battery

straight-bladed screwdriver **1612**

tournevis à lame plate
Tournevis utilisé pour têtes de vis fendues.

Schraubendreher für Schlitzschrauben
Schraubendreher mit Flachklinge für geschlitzte Schraubenköpfe.

straight-toothed gearbox = sliding gear transmission

straight-through silencer **1613**

silencieux tubulaire
Silencieux traversé par un tube perforé rectiligne, entouré d'un isolant sonore tel que l'amiante, la laine de verre ou de basalte. Ce système permet à l'énergie acoustique de se transformer en chaleur par frottement sur l'isolant.

Absorptionsschalldämpfer, Absorptionsdämpfer
Schalldämpfer mit einer durchgehenden gelochten Rohrleitung, die mit einem porösen Schallschluckstoff aus Asbest, Glas-, Basalt- oder Metallwolle ummantelt ist. Die Schallenergie wird durch Reibung am schallschluckenden Stoff in Wärme verwandelt.

strangler = choke flap

strap wrench **1614**

collier à poignée
Outil spécialement utilisé pour desserrer les filtres à cartouche jetables.

Bandschlüssel
Spezialwerkzeug zum Lösen von Ölfilterpatronen.

stratified charge

charge stratifiée
La charge stratifiée introduite dans la chambre de combustion d'un moteur est constituée de plusieurs

Schichtladung, Ladungsschichtung
Bei der Schichtladung werden im Brennraum eines Motors mehrere Schichten von Kraftstoff-Luft-Ge-

(moteur est constituée de plusieurs) couches ou „strates“ de mélange air-essence dont le dosage varie.

(Schichten von Kraftstoff-Luft-Ge-) misch mit unterschiedlichen Mischungsverhältnissen erzeugt und verbrannt.

stratified charge engine 1616

moteur à charge stratifiée
Moteur mis au point par le constructeur japonais Honda et utilisant deux sortes de mélange. Une soupape primaire laisse pénétrer un mélange riche dans une chambre primaire, où se trouve la bougie d'allumage, alors qu'un mélange plus pauvre s'engouffre dans la chambre de combustion principale. Lorsque l'étincelle jaillit, le mélange riche s'enflamme tout d'abord et la combustion gagne alors le mélange pauvre. Les moteurs Honda à charge stratifiée sont très sobres et leurs gaz d'échappement sont moins nocifs grâce à la réduction des teneurs en CO, HC et NO_X.

Schichtladungsmotor, Schichtlademotor
Von der Fa. Honda entwickelter Motor mit inhomogener Gemischzusammensetzung. Ein fettes Gemisch gelangt über ein Hilfseinlaßventil in eine Vorkammer, wo sich die Zündkerze befindet, und ein kraftstoffärmeres Gemisch über das Einlaßventil in den Hauptbrennraum. Beim Funkenüberschlag wird zuerst das fette Gemisch, dann das ärmere Gemisch entzündet. Die Verbrennung erfolgt schichtweise. Mit Schichtladungsmotoren wird der Kraftstoffverbrauch herabgesetzt. Auch werden die NO_X-, CO- und HC-Werte im Abgas verringert.

stripper 1617

1. **pince à dénuder**
2. **stripper**

1. Pince spéciale servant à écorcher et à couper les fils électriques sous enveloppe isolante. La section du fil peut être réglée avec précision.
   Il existe aussi des pinces à dénuder à réglage automatique pour câbles ronds et plats de 0,2 à 6 mm^2, qui ne risquent pas d'entamer le brin.
2. Colonne adjacente d'une tour de fractionnement dans laquelle les fractions légères et volatiles des coupes sont enlevées par injection de vapeur d'eau.

1. **Abisolierzange**
2. **Stripper, Abstreifkolonne**

1. Spezialzange zum Abisolieren und Schneiden von schutzisolierten Kabeln. Die Drahtstärke ist genau einstellbar.
   Es gibt ebenfalls Automatik-Abisolierzangen für alle Rund- und Flachkabel von 0,2–6 mm^2. Durch die Selbsteinstellung ist eine Beschädigung der Kupferlitze ausgeschlossen.
2. Hilfskolonne eines Fraktionierturms, in der Flüssigkeitsgemische von leichtflüchtigen Bestandteilen durch Einblasen von Wasserdampf (Stripdampf) befreit werden.

stripping tongs = stripper

stroboscopic timing 1618

calage de l'allumage par méthode dynamique

dynamische Zündeinstellung
Einstellung des Zündzeitpunktes bei

(dynamique)
Réglage de l'allumage au moyen d'une lampe stroboscopique et avec moteur lancé.

(Einstellung des Zündzeitpunktes bei) laufendem Motor mit Hilfe einer Stroboskoplampe.

stroboscopic timing light = timing lamp

stroke = stroke travel

stroke-bore ratio **1619**

rapport course-alésage
Rapport course du piston/alésage du cylindre.

Hubverhältnis, Hub-Bohrverhältnis
Verhältnis des Kolbenhubs zum Durchmesser der Zylinderbohrung.

stroke travel **1620**

course de piston
Dans les moteurs à deux ou quatre temps, il s'agit d'une phase de cycle correspondant à une course de piston entre les deux points morts.

Hub, Kolbenhub
In den Zweitaktern und Viertaktern entspricht der Takt einem Kolbenhub zwischen beiden Totpunkten.

stroke volume = displacement

Stromberg carburetor® **1621**

carburateur Stromberg
Carburateur à dépression, également appelé à gicleur variable, équipé d'un diffuseur à section variable et ne possédant pas de circuit de ralenti tel qu'on en trouve dans les carburateurs de type courant. La section de passage du gicleur varie selon le mouvement d'une aiguille conique solidaire d'un piston. Le carburateur Stromberg peut être comparé au carburateur à boisseau équipant les motocyclettes.

Stromberg-Vergaser
Gleichdruckvergaser mit veränderlichem Lufttrichterquerschnitt und ohne eigenes Leerlaufsystem wie die üblichen Bauarten. Er arbeitet nach dem Prinzip des konstanten Unterdruckes. Zur Dosierung der Durchflußmenge ändert sich der Düsenquerschnitt durch die Bewegung einer Düsennadel, die mit einem Kolben verbunden ist. Dieser Vergasertyp ähnelt dem Schiebervergaser für Krafträder.

stub axle = steering knuckle

stub axle spindle = steering knuckle axle

stud **1622**

goujon
Tige métallique dont les extrémités sont filetées et servant à l'assemblage de pièces. L'une des extrémités sert à la fixation à demeure du goujon, alors que l'autre est prévue pour la fixation de pièces par écrous.

Stiftschraube
Schraube mit Gewinde an beiden Enden. Das eine Ende dient zur Verankerung der Stiftschraube, das andere zur Befestigung von Verbindungsteilen mit Muttern.

stud extractor 1623

extracteur de goujons, extracteur de vis
Genre de taraud destiné à extirper des boulons ou goujons abimés ou cassés. Le boulon endommagé est préalablement percé bien au centre, après quoi l'extracteur de diamètre approprié est introduit dans l'avant-trou réalisé et vissé selon son pas inverse de celui du boulon.

Schraubenausdreher
Art Gewindebohrer, der zum Ausdrehen von beschädigten Schrauben oder Stiften verwendet wird. Nach dem Vorbohren eines Grundloches wird der Schraubenausdreher eingeführt und entgegen der Gangrichtung der beschädigten Schraube eingeschraubt.

stud holes 1624

alvéoles de cramponnage
Alvéoles répartis sur toute la bande de roulement d'un pneu d'hiver et dans lesquels se fixent les clous ou crampons.

vorvulkanisierte Löcher
Löcher rund um die Lauffläche von Winterreifen zum Einsetzen von Spikes.

studded tire 1625

pneu à clous, pneu à crampons
Pneu d'hiver dont la bande de roulement est hérissée de crampons qui dépassent la surface du sommet de 1 à 1,5 mm. Ces crampons s'enfoncent dans les couches de verglas et doublent de ce fait le pouvoir d'accrochage du pneu sur la chaussée.

Spikesreifen, Nagelreifen
M+S-Reifen, dessen Lauffläche mit Metallstiften versehen ist. Der Überstand beträgt 1–1,5 mm. Auf vereister Fahrbahn dringen die Spikes in die Eisschicht ein und erhöhen den Kraftschlußbeiwert des Reifens.

S.U. carburetor® 1626

carburateur S.U.
Carburateur à pression constante et à section de diffuseur variable. Dans ce type de carburateur une aiguille conique mobile solidaire d'un piston à ressort plonge dans un gicleur. Suivant la position de l'aiguille, la section du gicleur varie afin de doser le débit de carburant.

SU-Vergaser
Gleichdruckvergaser mit veränderlichem Lufttrichterquerschnitt, bei dem eine bewegliche, kegelige Düsennadel, die mit einem federbelastetem Kolben verbunden ist, in eine Nadeldüse eintaucht. Je nach der Stellung der Düsennadel verändert sich der Nadeldüsenquerschnitt zur Dosierung der Durchflußmenge.

sub-frame 1627

berceau-moteur, faux-châssis, sous-châssis
Sur le faux-châssis sont montés la suspension, le moteur et la boîte de vitesses, l'ensemble étant boulonné sur la carosserie.

Nebenrahmen, Zwischenrahmen, Hilfsrahmen, Fahrschemel, Teilrahmen
Der Hilfsrahmen nimmt die Radaufhängung, den Motor und das Getriebe auf und ist selbst an der Karosserie befestigt.

suction carburetor 1628

carburateur à dépression, carburateur à pression constante
Carburateur dans lequel la vitesse de l'air est maintenue constante par la section du diffuseur afin que la dépression agissant sur le gicleur d'essence demeure également constante.

Gleichdruck-Vergaser
Vergasertyp, bei dem die Luftgeschwindigkeit durch den Lufttrichterquerschnitt konstant gehalten wird, damit der auf die Nadeldüse einwirkende Unterdruck ebenfalls konstant bleibt.

suction chamber 1629

cloche de carburateur
Partie supérieure d'un carburateur S.U. dans laquelle le piston solidaire de l'aiguille-pointeau est animé d'un mouvement tributaire de la dépression d'une part et de la pression atmosphérique d'autre part.

Vergaserglocke
Oberteil eines SU-Vergasers, in dem der Kolben mit der Düsennadel sich zwischen Unterdruck und Atmosphärendruck bewegt.

suction governor 1630

régulateur à dépression, régulateur pneumatique
Régulateur d'un moteur diesel couvrant toute la plage allant du régime de ralenti à la vitesse maximale. Il est pour l'essentiel constitué d'un ensemble venturi avec papillon de réglage et d'une chambre à diaphragme. Lorsque le moteur tourne, la dépression qui se manifeste dans l'ensemble venturi, sur lequel est fixé le filtre à air, se répercute dans la chambre à dépression par l'intermédiaire d'un tuyau de connexion. Les mouvements que subit la membrane sous l'effet d'un ressort de réglage sont dès lors retransmis à la tige de réglage (crémaillère).

Membranregler, Unterdruckregler, pneumatischer Regler, pneumatischer Drehzahlregler
Regler eines Dieselmotors, der den ganzen Bereich von der Leerlaufdrehzahl bis zur Höchstdrehzahl überdeckt. Er besteht aus zwei Hauptteilen: dem Klappenstutzen mit der Regelklappe und dem Membranblock. Im Klappenstutzen, worauf der Luftfilter aufgesetzt ist, herrscht bei laufendem Motor Unterdruck, der über eine Unterdruckleitung in die Unterdruckkammer im Membranblock übertragen wird. Durch die Bewegungen der federbelasteten Membran nach links oder rechts verschiebt sich die regelnde Zahnstange.

suction stroke *(See Ill. 18 p. 206)* 1631

course d'admission, course d'aspiration, temps d'admission
Premier temps du cycle à quatre temps (phase résistante) au cours duquel la soupape d'aspiration étant ouverte, le piston, qui crée un vide dans sa course descendante, aspire la veine gazeuse dans le

Ansaugtakt, Ansaughub, Einlaßhub, Einlaßtakt
Erster Takt im Viertaktverfahren. Der sich abwärts bewegende Kolben saugt das Kraftstoff-Luftgemisch in den Zylinder bei geöffnetem Einlaßventil. Die Kurbelwelle dreht sich dabei um 180°. Beim Dieselmotor wird lediglich die

(aspire la veine gazeuse dans le) cylindre. Ce faisant le vilebrequin (arbre moteur) accomplit une demi-rotation. Dans le moteur diesel, ce n'est que la quantité d'air nécessaire à la combustion qui est aspirée dans les cylindres.

(Beim Dieselmotor wird lediglich die) zur Verbrennung erforderliche Luftmenge in die Zylinder angesaugt.

suction valve *(See Ill. 19 p. 216)* **1632**

clapet d'aspiration
Clapet d'une pompe à essence. Lorsque, en phase d'aspiration, la membrane s'incurve vers le bas, le clapet s'ouvre et le carburant s'écoule dans la pompe.

Saugventil, Einlaßventil
Ventil in einer Kraftstoffpumpe. Wird beim Saughub die Membran nach unten gezogen, öffnet das Einlaßventil, und der Kraftstoff wird angesaugt.

sulphation **1633**

sulfatation
Apparition d'une couche de sulfate de plomb sur les plaques d'une batterie dont l'entretien a été négligé ou qui est restée longtemps sans servir. La résistance augmente et la capacité diminue. Si la sulfatation est très avancée, elle devient irréversible. Une batterie sulfatée se reconnaît à un dépôt gris-blanc présent sur les plaques. De surcroît, la batterie sulfatée s'échauffe outre mesure à la charge.

Sulfatation, Sulfatierung
Bei unsachgemäßer Behandlung einer Bleibatterie bildet sich eine Bleisulfatschicht auf den Batterieplatten. Der Widerstand nimmt zu, und die Kapazität sinkt. Ist die Sulfatierung weit fortgeschritten, läßt sich diese Erscheinung nicht mehr zurückbilden. Sulfatierte Batterien erkennt man an dem grauweißen Niederschlag auf den Platten. Ferner erwärmt sich eine sulfatierte Batterie beim Laden übermäßig.

sump = crankcase bottom half

sump drain plug = oil sump plug

sump filter = oil pump strainer

sun gear *(See Ill. 27 p. 347)* **1634**

pignon planétaire, planétaire central
Dans un train épicycloïdal, le pignon planétaire est solidaire en rotation d'un arbre et engrène avec plusieurs satellites qui sont souvent au nombre de trois.

Sonnenrad
In einem Planetenradsatz sitzt ein Sonnenrad auf einer Welle fest, in welches mehrere – meist drei – Planetenräder kämmen.

sunk screw = countersunk screw

super-balloon tire **1635**

pneu superballon
Pneu qui fit sont apparition à la fin des années quarante et qui, pour la

Super-Ballonreifen
Autoreifen, der Ende der Vierziger Jahre entwickelt wurde und erstmals

(des années quarante et qui, pour la) première fois, était plus large que haut (coefficient d'aspect = 95).

(Jahre entwickelt wurde und erstmals) breiter als hoch war (Querschnittsverhältnis = 0,95).

supercharged engine **1636**

moteur à suralimentation
Moteur à explosion dans lequel le mélange air-essence ou l'air seul est comprimé en tout ou en partie par un compresseur à suralimentation. On parvient à obtenir une augmentation de la puissance du moteur de l'ordre de 200%, une plus grande quantité de combustible étant brûlée.

Ladermotor, Auflademotor, Turbomotor
Motor, in dem das Kraftstoff-Luft-Gemisch oder nur die Luft allein ganz oder zum Teil durch ein Aufladegebläse vorverdichtet wird. Durch die Verbrennung der somit erzeugten größeren Brennstoffmenge kann eine Leistungssteigerung des Motors von 200% erzielt werden.

supercharger **1637**

compresseur à suralimentation
Dispositif destiné à comprimer le mélange air-carburant ou l'air seul. Le compresseur à suralimentation est entraîné par l'arbre moteur, par un moteur auxiliaire ou bien, dans le cas d'un compresseur centrifuge, par l'énergie que fournit le flux des gaz d'échappement.

Lader, Aufladegebläse
Einrichtung zur Vorverdichtung von Frischgas oder von Luft. Aufladegebläse werden mechanisch von der Motorwelle, durch einen Hilfsmotor oder als Kreiselgebläse durch die ausströmenden Abgase angetrieben.

supercharging **1638**

suralimentation
Compression de la masse d'air de combustion ou du mélange carburé en dehors des cylindres d'un moteur à explosion.

Aufladung
Vorverdichtung der Verbrennungsluft bzw. des Kraftstoff-Luft-Gemisches außerhalb der Arbeitszylinder eines Verbrennungsmotors.

super-grade petrol (GB) = high-octane gasoline

superhighway (US) **1639**

autoroute, autostrade, voie autoroutière, route nationale (Suisse)
Axe routier à circulation rapide avec séparation nette des deux sens de trafic et sans croisements à niveau.

Autobahn, Bundesautobahn, BAB
Straße für den Schnellverkehr mit Kraftfahrzeugen, die mit getrennten Fahrbahnen frei von Kreuzungen in einer Ebene geführt wird.

super-low-section tire (US) **1640**

pneu à taille ultra basse
Pneumatique dont le coefficient d'aspect est 50, ce qui signifie que sa hauteur équivaut à 50% de sa largeur.

Super-Niederquerschnitts-Reifen
Reifen der 50er Serie, d.h. die Höhe des Reifens beträgt nur 50% der Breite.

super-low-section tyre (GB) = super-low section tire

supplementary heater 1641

chauffage d'appoint, chauffage additonnel

Chauffage utilisé en marche lorsque le chauffage du véhicule est encore insuffisant. Il peut fonctionner indépendamment du moteur en liaison avec le chauffage du véhicule et sert au chauffage de l'habitacle ainsi qu'au désembuage des vitres.

Zusatzheizung

Heizung, die im Fahrbetrieb eingeschaltet werden kann, wenn die fahrzeugeigene Heizung noch nicht genügend Wärme abgibt. Sie wird unabhängig vom Betrieb des Motors in Verbindung mit der Fahrzeugheizung betrieben und dient zum Beheizen des Fahrgastraumes und zum Entfrosten der Fahrzeugscheiben.

supply pump = fuel pump

suppression capacitor = interference-suppression condenser

suppression distributor rotor 1642

rotor déparasité

Doigt de distributeur abritant une résistance d'antiparasitage d'environ 5 kΩ.

Widerstands-Verteilerläufer, entstörter Verteilerläufer

Verteilerläufer, der einen Entstörwiderstand von ca. 5 kΩ enthält.

suppression kit = interference-suppression kit

surface ignition = premature ignition

surface-gap spark plug 1643

bougie d'allumage à étincelle glissante

Bougie d'allumage comportant un isolant s'intercalant entre l'électrode centrale et l'électrode de masse annulaire. De par cette disposition, les étincelles doivent glisser sur l'isolant en passant d'une électrode à l'autre.

Gleitfunkenzündkerze, Zündkerze mit Gleitfunkenstrecke

Zündkerze mit einem Isolator zwischen der Mittelelektrode und der ringförmigen Masseelektrode. Die elektrischen Zündfunken müssen somit über den Isolator hinweggleiten.

surface leakage current 1644

courant parasite, courant de fuite, courant vagabond

Courant électrique errant à la surface d'un isolant par suite d'une isolation insuffisante. C'est surtout dans les organes d'allumage devenus poreux ou crevassés que, l'humidité aidant, se forment des chemins de fuite livrant passage aux courants parasites qui sont à l'origine de courts-circuits à la masse.

Kriechstrom

Störender Stromverlauf an der Oberfläche eines Isolierstoffes infolge mangelhafter Isolierung. In rissig oder porös gewordenen Teilen der Zündanlage können sich durch Schmutz und Feuchtigkeit Kriechfunkenstrecken bilden, über die die Zündspannung unerwünschterweise an Masse springt.

surfacer 1645

mastic
Le mastic sert à combler les inégalités de surface afin que la peinture puisse être appliquée sur un fond lisse et exempt de pores.

Spachtel, Spachtelmasse, Spachtelkitt, Fleckspachtel, Lackspachtel
Spachtelkitt dient zum gleichmäßigen Ausfüllen von Unebenheiten, um einen glatten, porenfreien Untergrund für das Lackieren zu erhalten.

suspension *(See Ill. 35 p. 489)* 1646

suspension
Ensemble des organes concourant à assurer la sécurité de pilotage et à améliorer le confort des passagers, notamment en amortissant les chocs dus aux inégalités de la chaussée.

Achsaufhängung, Federung
Aufhängungselemente, die der Fahrsicherheit und dem Fahrkomfort dienen u.a. beim Überfahren von Fahrbahnunebenheiten.

suspension height-sensing valve = ground clearance compensator

suspension system = suspension

sway bar (US) = anti-roll bar

sweetening 1647

adoucissement
Procédé de neutralisation par élimination ou transformation des composés sulfurés contenus dans les essences.
Le traitement consiste à se débarrasser des produits malodorants tels que les mercaptans et/ou à les transformer en disulfures sans odeur.
On a recours pour ce faire soit au lavage par plombite de soude (solution Doctor), soit à l'oxydation à l'hypochlorite de soude, soit à l'oxydation de l'air en présence de catalyseur (procédé Merox).

Süß-Verfahren, Süßung
Beseitigung oder Umwandlung der in Benzinen enthaltenen Schwefelverbindungen.
Bei der Behandlung werden die unangenehm riechenden Mercaptane entfernt oder in geruchlose Disulfide übergeführt.
Dafür gibt es verschiedene Mittel wie z.B. die Doctorlauge (Natriumplumbit/Schwefellösung), die Hypochloridlösung oder die Oxidation mit Luft in Gegenwart eines Katalysators (Merox-Verfahren).

swept volume = displacement

swing axle 1648

essieu brisé, essieu à suspension indépendante des roues
Essieu brisé oscillant grâce auquel chacune des roues possède sa propre suspension.

Schwingachse, Pendelachse
Achse, an der jedes Rad für sich allein abgefedert wird.

swirl chamber 1649

chambre de tourbillonnement, chambre de turbulence
Antichambre de forme sphérique dans un moteur diesel.

Wirbelkammer, Kolbenwirbelkammer
Kugelige Vorkammer in einem Dieselmotor.

swirl-chamber diesel engine 1650

moteur diesel à chambre de turbulence
Moteur diesel dans lequel, lors de la compression, l'air est refoulé par le piston hors de la chambre principale de combustion pour déboucher, par un conduit tangent, dans la chambre de turbulence en subissant ainsi un mouvement tourbillonnaire. Le combustible injecté se mélange dès lors intimement avec ce tourbillon d'air brûlant et se consume en partie. La portion de combustible restante est acheminée en tourbillonnant dans la chambre principale où elle se consume avec le reste d'air.

Wirbelkammermotor, Kolbenkammerwirbelmotor, Dieselmotor mit Luftwirbelkammer, Wirbelkammer-Dieselmotor
Bei diesem Dieselmotor wird die Luft während der Verdichtung durch den Kolben aus dem Hauptbrennraum über einen tangential einmündenden Schußkanal in die Wirbelkammer gedrückt, wobei sie in eine kreisende Bewegung gerät. Der eingespritzte Kraftstoff mischt sich mit dem heißen Luftwirbel und verbrennt nur zum Teil. Der unverbrauchte Rest gelangt über den Verbindungskanal in den Hauptverbrennungsraum, wo er mit der restlichen Luft verbrannt wird.

swirl duct 1651

volute d'admission
Tubulure d'admission en forme de spirale qui, dans les moteurs diesel à procédé M, confère à la colonne d'air un mouvement tourbillonnaire énergique lors de l'aspiration (effet H) et qui se maintient à la compression.

Drallkanal, Dralleinlaßkanal
Spiralförmige Ansaugleitung, die bei Dieselmotoren mit dem M-Verfahren eine kräftige Durchwirbelung der angesaugten Luftsäule bewirkt, die bis zur Verdichtung anhält.

switching relay = transfer contact

swivel axle = steering knuckle

swivel axle arm = steering lever

swivel axle spindle = steering knuckle axle

swivel pin = king pin

swivel pin inclination = steering axis inclination

swivelling radius = off-set radius

symmetrical lower beam 1652

feux de code symétriques
Feux de croisement ayant la même

symmetrisches Abblendlicht
Abblendlicht für gleichmäßige Fahr-

(Feux de croisement ayant la même) portée lumineuse des deux côtés de la chaussée.

(Abblendlicht für gleichmäßige Fahr-) bahnbeleuchtung.

synchrograph 1653

synchrographe, distribuscope
Banc d'essai pour allumeurs.

Synchrograph
Prüfgerät für Zündverteiler.

synchromesh cone 1654

cône de synchronisation
Pièce de l'embrayage à cônes qui réalise la synchronisation du manchon du baladeur avec le pignon de la vitesse correspondante.

Gleichlaufkonus, Synchronkegel, Reibkonus
Teil der Konuskupplung, das den Gleichlauf zwischen dem Synchronkörper und dem entsprechenden Gangrad herstellt.

synchromesh gear box *(See Ill. 21 p. 224)* 1655

boîte de vitesses synchronisée
La boîte de vitesses synchronisée se distingue de la boîte de vitesses à plusieurs trains baladeurs par le fait que les engrenages et les pignons engrènent de façon permanente et que les rapports de démultiplication sont obtenus par le déplacement de manchons ou synchroniseurs.

Synchrongetriebe, Gleichlaufgetriebe
Das Synchrongetriebe unterscheidet sich vom Wechselgetriebe dadurch, daß alle Zahnradpaare dauernd im Eingriff sind. Die verschiedenen Übersetzungen werden durch Verschieben von Schaltmuffen erzielt.

synchromesh gearbox = synchromesh gear box

synchromesh transmission = synchromesh gear box

synchronized countershaft transmission = synchromesh gear box

synchronizer sleeve 1656

manchon extérieur de synchroniseur
Dans la boîte de vitesses synchronisée, le manchon intérieur du baladeur est emmanché à cannelures sur l'arbre secondaire dont il est solidaire en rotation. Dès qu'il y a synchronisation entre le manchon intérieur et le pignon monté fou sur l'arbre secondaire, le manchon extérieur s'engage dans le pignon.

Synchronschiebemuffe, Schiebemuffe, Schaltmuffe, Klauenring, Synchronschiebehülse
Im Synchrongetriebe sitzt der Gleichlaufkörper (Synchronkörper) längsverschiebbar, jedoch drehfest auf der Hauptwelle. Sobald der Gleichlauf zwischen dem Gleichlaufkörper und dem sich lose drehenden Zahnrad auf der Hauptwelle hergestellt ist, wird die Schiebemuffe in das Zahnrad eingeschoben.

synchronizing assembly 1657

moyeu de synchroniseur, manchon intérieur de synchroniseur

Synchronkörper, Gleichlaufkörper
Längsverschiebbare Muffe auf der

(interieur de synchroniseur)
Manchon coulissant dans les cannelures de l'arbre secondaire et réalisant un embrayage conique avec le pignon qu'il attaque en vue de la synchronisation des vitesses.

(Längsverschiebbare Muffe auf der) Hauptwelle, die durch Reibkonus mit dem nebenstehenden Zahnrad gekoppelt wird, um den Gleichlauf herzustellen.

synchronizing slide collar = synchronizer sleeve

synchronizing sliding sleeve = synchronizer sleeve

synchrotester **1658**

synchrotester
Appareil servant au calibrage de carburateurs multiples et double corps.

Synchrontester
Gerät für die Synchronisation von Mehrvergaseranlagen.

synthetic resin enamel **1659**

laque synthétique
Peinture très brillante qui a du corps et résiste très bien aux intempéries.

Kunstharzlack
Hochglänzender und wetterbeständiger Lack mit guter Füllkraft.

synthetic-resin glue **1660**

colle à résine
Colle utilisée à chaud pour la fixation de garnitures sur les segments de frein.

Kunstharzkleber, Kunstharzleim
Warmkleber zur Befestigung von Bremsbelägen auf Bremsbacken.

syringe hydrometer = hydrometer

tab washer with long tab **1661**

frein droit à aileron
Frein à sécurité absolue s'opposant au desserrage d'une vis par suite de trépidations.

Sicherungsblech mit Lappen
Formschlüssige Sicherung, die das Lokkern einer Schraube durch Erschütterung verhindern soll.

tab washer with long and short tab at right angles **1662**

frein d'équerre à ailerons
Frein à sécurité absolue comportant deux ailerons disposés à angle droit.

Sicherungsblech mit zwei Lappen
Formschlüssige Sicherung mit zwei Lappen, die rechtwinklig zueinander stehen.

tach-dwell meter = dwell-angle tester

tachograph = trip recorder

tachometer = revolution counter

tail lamp = rear light

tail light = rear light

talc 1663

talc
Agent antifriction utilisé entre des pièces en caoutchouc comme par exemple entre la chambre à air et le pneumatique.

Talcum
Gleitmittel zur Verminderung der Reibung zwischen Gummiteilen, z.B. zwischen Reifen und Schlauch.

tamper-proof carburetor (US) 1664

carburateur anti-pollution, carburateur inviolable, carburateur infraudable
Carburateur dont les vis de richesse et de réglage de l'entre bâillement du papillon des gaz sont réglées en usine par suite des dispositions légales relatives à la teneur en CO des gaz d'échappement. Les deux vis sont scellées au moyen d'un capuchon d'inviolabilité que l'on ne peut ôter sans le casser.

Abgasvergaser
Vergaser, bei dem die Leerlaufgemisch-Einstellschraube und die Drosselklappenanschlagschraube bereits werkseitig eingestellt und fixiert werden, damit die gesetzlichen Bestimmungen über den CO-Anteil im Abgas über eine lange Laufzeit innerhalb der Toleranz eingehalten werden. Die beiden Schrauben werden mittels Kunststoffkappen versiegelt.

tamper-proof carburettor (GB) = tamper-proof carburetor

tank car = tank truck

tank truck (US) 1665

camion-citerne, citerne
Camion spécialement conçu pour le transport de liquides en vrac.

Tankwagen
Lastkraftwagen für die Beförderung von flüssigen Stoffen.

tanker = tank truck

tap cutting bolt set = set of screw taps

tap wrench 1666

tourne-à-gauche
Outil dans lequel s'encastre le taraud.

Windeisen
Werkzeug zum Spannen von Gewindebohrern.

taper roller bearing 1667

roulement à rouleaux coniques
Roulement à rouleaux dont les pièces de roulement sont coniques.

Kegelrollenlager, Radial-Kegelrollenlager
Rollenlager mit kegelförmigen Rollenkörpern.

tapered needle 1668

aiguille-pointeau, aiguille de dosage, aiguille conique
Aiguille plongeant dans le gicleur d'un carburateur à diffuseur variable.

Düsennadel
Kegelige Dosiernadel in einem Vergaser mit veränderlichem Lufttrichterquerschnitt.

tapered piston 1669

piston conique
Dans la suspension hydrolastique, un piston conique solidaire de la suspension de la roue s'appuie sur un diaphragme élastique en caoutchouc. Lorsque la roue surmonte une inégalité du sol, le piston se déplace vers le haut, ce qui a pour effet de refouler le liquide hydraulique se trouvant dans la canalisation reliant les deux éléments hydrolastiques.

konischer Kolben
Bei der Hydrolasticfederung stützt sich ein mit der Radaufhängung gekoppelter, konischer Kolben auf einer elastischen Gummimembran ab. Beim Überfahren einer Bodenunebenheit bewegt sich der Kolben aufwärts, wodurch das Hydrauliköl in die Verbindungsleitung verdrängt wird.

tapered seat plug 1670

bougie d'allumage à épaulement conique
Bougie d'allumage qui se visse sans joint d'étanchéité, en sorte que la chaleur qui s'y accumule puisse être évacuée plus facilement vers la culasse.

Zündkerze mit konischem Sitz, Kegelsitzkerze
Zündkerze, die ohne Dichtring eingeschraubt ist, so daß die Wärme besser an den Zylinderkopf abgeleitet wird.

tappet = valve tappet

tappet clearance = valve clearance

TCI = transistorized ignition system

TDC = top dead center

TEL = tetraethyl lead

telescopic jack 1671

cric télescopique latéral
Cric fonctionnant par l'action d'une vis et dont le bras s'engage dans un support prévu spécialement sous la coque à l'avant ou à l'arrière du véhicule.

Teleskopwagenheber
Wagenheber mit Schraubenspindel, der seitlich an der betreffenden Wagenheberaufnahme vorn oder hinten angesetzt wird.

temperature-sensitive spring = bimetal strip

1672

thermo-rupteur
Interrupteur dont les contacts s'ouvrent et se ferment selon la température.

Thermoschalter, Temperaturwächter
Schalter, dessen Kontakte sich je nach der Temperatur öffnen und schließen.

1673

temperature sensor
sonde de température
La plupart des sondes de température auxquelles on a recours en construction automobile sont des thermistances. On en trouve dans le bloc-cylindres des moteurs refroidis par air et dans le circuit de refroidissement des moteurs refroidis par eau. Elles apparaissent aussi dans les systèmes d'injection d'essence ainsi que dans le système électronique de chauffage automatique de l'habitacle.

Temperaturfühler
Als Temperaturfühler werden im Kfz-Bereich überwiegend NTC-Widerstände, sogenannte Heißleiter, eingesetzt. Temperaturfühler befinden sich im Motorblock luftgekühlter bzw. im Kühlmittelkreislauf wassergekühlter Motoren zum Messen der Temperatur. Bei der Benzineinspritzung und der elektronischen Innenraum-Heizungsautomatik werden ebenfalls Temperaturfühler verwendet.

temperature time switch = thermo-time switch

1674

tempering steel
acier pour trempe et revenu
Les aciers de traitement thermique sont des aciers de construction qui se prêtent à la trempe et au revenu et dont la ductilité ainsi que la résistance à la traction se trouvent renforcées à la suite de ce traitement.

Vergütungsstahl
Vergütungsstähle sind Baustähle, die sich zum Härten mit nachfolgendem Anlassen eignen, wonach deren Zähigkeit und Zugfestigkeit beträchtlich erhöht werden.

1675

tensile test
essai de traction
L'essai de traction consiste à soumettre une éprouvette à un effort de traction jusqu'à la rupture.

Zugversuch
Beim Zugversuch wird ein Probestab auf Zug bis zum Bruch beansprucht.

1676

terminal *(See Ill. 2 p. 44, Ill. 30 p. 398)*
pôle
Chacune des extrémités d'une source de courant ou d'un récepteur électrique utilisée pour les connexions au circuit.

Pol, Endpol
Anschlußklemme einer Stromquelle bzw. eines Stromverbrauchers für die Verbindung mit dem Netz.

1677

terminal nut *(See Ill. 32 p. 425)*
écrou de raccordement
Ecrou vissé sur la borne de connexion d'une bougie d'allumage

Anschlußmutter
Mutter auf dem Anschlußbolzen einer Zündkerze, die zur Befestigung des

(connexion d'une bougie d'allumage) et qui sert à la fixation du câble haute tension.

(Zündkerze, die zur Befestigung des) Hochspannungskabels dient.

test lamp 1678

lampe-témoin
Ampoule d'environ 5 watts branchée sur un fil électrique. Elle permet notamment de déceler la présence d'un courant ou d'une tension sur un circuit ou aux bornes d'un récepteur.

Prüflampe
Glühlampe von ca. 5 Watt mit Kabel. Mit der Prüflampe wird u.a. das Vorhandensein von Strom bzw. Spannung in einem Stromkreis oder an einem Verbraucher geprüft.

test light = test lamp

test nozzle holder 1679

porte-injecteur étalon, injecteur étalon, pressiomètre
L'injecteur étalon est destiné à régler la pression de tarage sans qu'il soit pour autant nécessaire de déposer l'injecteur en cause. Il s'intercale en série entre la tuyauterie haute pression et le porte-injecteur à contrôler. La pression de tarage se règle sur une bague tournante à graduations.

Prüfdüsenhalter
Der Prüfdüsenhalter dient zum Nachstellen des Einspritzdruckes ohne Ausbau der Einspritzdüse. Er wird in Reihe zwischen der Druckleitung und dem zu prüfenden Düsenhalter geschaltet. Der erforderliche Druck wird an einem Skalenring eingestellt.

test socket = diagnostic connector

tetraethyl lead 1680

tétraéthyle de plomb
Produit antidétonant de l'essence.

Bleitetraäthyl, Tetraäthylblei, TEL
Antiklopfmittel im Benzin.

tetramethyl lead 1681

tétraméthyle de plomb
Produit antidétonant de l'essence.

Bleitetramethyl, TML
Antiklopfmittel im Benzin.

thermal exhaust manifold reactor 1682

réacteur thermique
Le réacteur thermique remplace le collecteur d'échappement et se fixe sur la culasse. Il est porté par les gaz d'échappement qui le traversent à une température avoisinant les 1000° C. Ainsi s'opère la combustion du monoxyde de carbone et des hydrocarbures avec le reste d'oxygène non brûlé, tous contenus dans les gaz.

Abgasreaktor, Thermoreaktor, Nachverbrenner
Der Thermoreaktor wird anstelle des Auspuffkrümmers an den Zylinderkopf angeflanscht. Durch die durchströmenden Abgase wird er auf ca. 1000° C aufgeheizt, wobei die CO- und HC-Abgasanteile mit dem unverbrannten Restsauerstoff verbrennen.

thermal time switch = thermo-time switch

thermal timing switch = thermo-time switch

thermal value = heat rating

thermal voltmeter 1683

voltmètre thermique
Voltmètre dont le fonctionnement repose sur le dégagement de chaleur d'un fil dilatable traversé par le courant électrique. Il est entre autres utilisé pour le contrôle de charge des alternateurs.

Hitzdrahtvoltmeter
Spannungsmeßgerät, dessen Funktionsweise von der Erhitzung eines stromdurchflossenen, dehnbaren Drahtes (Längenänderung) abhängig ist. Es wird unter anderem bei der Ladekontrolle von Lichtmaschinen verwendet.

thermoplast = thermoplastic

thermoplastic 1684

matière thermoplastique, thermoplastique
Matière synthétique ramollissant par chauffage et utilisée notamment comme agent filmogène dans les peintures synthétiques.

Thermoplast
Kunststoff, der durch Erwärmung plastisch verformbar ist und der u.a. als Filmbildner in Kunstharzlacken Verwendung findet.

thermosiphon water cooling = natural circulation water cooling

thermostat *(See Ill. 17 p. 182, Ill. 28 p. 362)* 1685

thermostat, calorstat, régulateur de température d'eau, soupape thermostatique
Dispositif régulateur logé dans la durit reliant la culasse au réservoir supérieur du radiateur. Il veille à ce que le moteur atteigne rapidement sa température de marche et la conserve lorsqu'il tourne. Quand le moteur est froid, la soupape du thermostat est fermée en sorte que l'eau ne puisse passer du bloc-cylindres au radiateur. La soupape ne s'ouvrira que lorsque le moteur aura atteint sa température de marche en permettant ainsi à l'eau de refluer vers le radiateur où elle se refroidira.

Thermostat, Kühlwassertemperaturregler, Kühlwasserthermostat, Kühlmittelregler
Temperaturregler, der im Kühlwasserrohr zwischen Kühleroberkasten und Zylinderkopf untergebracht ist. Er sorgt dafür, daß das Kühlwasser schnell seine Betriebstemperatur erreicht und während des Betriebs beibehält. Bei kaltem Motor ist das Ventil im Thermostat geschlossen, so daß dem Wasser der Weg vom Zylinderblock zum Kühler versperrt ist. Erst nach Erreichen der Betriebstemperatur öffnet das Ventil und gibt den Durchfluß zum Kühler frei.

thermo-time switch *(see Ill. 16 p. 180)* 1686

thermo-contact temporisé
Contact temporisé qui s'enclenche

Thermozeitschalter
Schalter mit temperatur- und zeitab-

(Contact temporisé qui s'enclenche) selon la température à laquelle il est soumis. Dans l'injection d'essence à commande électronique, l'injecteur de départ à froid fonctionne d'après les informations qu'il reçoit d'un thermo-contact temporisé.

(Schalter mit temperatur- und zeitab-) hängiger Schaltung. Bei der elektronischen Benzineinspritzung wird das Elektrostartventil aufgrund der vom Thermozeitschalter vermittelten Angaben gesteuert.

thickness of lining 1687

épaisseur de garniture
Dans les voitures automobiles, les garnitures de frein qui n'ont plus qu'une épaisseur de 2mm doivent être remplacées. La limite d'usure pour les camions et poids lourds se situe à environ 3 à 4 mm (frein à tambour).

Belagdicke, Belagstärke
Bei Pkw sind die Bremsbeläge mit einer Restdicke von ca. 2 mm zu erneuern, für Lkw bei ca. 3 bis 4 mm (Trommelbremse).

thin-bodied oil = low-viscosity oil

thinner 1688

diluant
Essence ou autre hydrocarbure utilisé dans les peintures pour en fixer la consistance.

Verdünnungsmittel
Benzin oder andere Kohlenwasserstoffe werden in Lacken zur Einstellung der Konsistenz als Verdünnungsmittel verwendet.

third gear *(See Ill. 21 p. 224)* 1689

troisième vitesse, troisième rapport
En troisième vitesse, le rapport de démultiplication de la pignonnerie peut être en moyenne de l'ordre de 1,4:1. Si l'on y ajoute un rapport final de 4:1 par exemple, on obtiendra pour la troisième vitesse une démultiplication totale de 5,6:1, 5,6 tours de vilebrequin correspondant à 1 tour de roue motrice.

dritter Gang
Beim dritten Gang liegt das Untersetzungsverhältnis eines mittleren Pkw bei ca. 1,4:1. Rechnet man die Übersetzung des Achsantriebes hinzu, z.B. 4:1, so ergibt sich für den dritten Gang ein Untersetzungsverhältnis von insgesamt 5,6:1, d.h. 5,6 Kurbelwellenumdrehungen entsprechen einer Umdrehung des Antriebsrades.

third motion shaft *(See Ill. 21 p. 224)* 1690

arbre de sortie, arbre secondaire
Arbre de sortie de la boîte de vitesses transmettant le mouvement de rotation à l'arbre de transmission.

Hauptwelle, Abtriebswelle, Getriebehauptwelle
Abtriebswelle des Getriebes, die die Drehbewegung auf die Gelenkwelle überträgt.

third speed = third gear

thread 1691

filet
Rainure hélicoïdale creusée le long d'un corps cylindrique par le déplacement d'un profil géométrique (triangle, carré, rectangle, trapèze).

Gewinde
Eingeschnittene Nut, die durch schraubenförmige Bewegung einer geometrischen Figur (Dreieck, Quadrat, Rechteck, Trapez) entlang einer zylindrischen Fläche entsteht.

thread angle 1692

angle de flanc, angle des flancs
Angle formé par les flancs du profil de filet.

Flankenwinkel
Jener Winkel, den die Flanken des Gewindeprofils miteinander bilden.

thread gage (US) 1693

calibre de filetage
Instrument de mesure destiné à vérifier les filetages.

Gewindelehre
Meßzeug zum Prüfen der Maßhaltigkeit von Schraubengewinden.

thread gauge (GB) = thread gage

thread lead angle 1694

angle de pas, angle d'inclinaison de filet
Angle sous lequel progresse l'hélice d'un filet.

Steigungswinkel
Winkel, unter dem die Schraubenlinie eines Gewindes ansteigt.

thread pitch = screw pitch

three-cylinder engine 1695

moteur à trois cylindres
Moteur à deux ou à quatre temps dont les manetons sont décalés de 120°.

Dreizylindermotor
Zweitakt- oder Viertaktmotor mit um 120° gegeneinander versetzten Kurbelzapfen.

three-phase alternating-current generator = three-phase alternator

three-phase alternator *(See Ill. 1 p. 26)* 1696

alternateur triphasé
Alternateur produisant du courant triphasé redressé par un jeu de dioides au silicium.

Drehstromgenerator, Drehstromlichtmaschine, kollektorlose Lichtmaschine
Lichtmaschine, die dreiphasigen Wechselstrom abgibt. Dieser wird mit Hilfe von Siliziumdioden gleichgerichtet.

three-phase bridge circuit 1697

montage en pont triphasé
Disposition de six diodes de puissance dans un alternateur triphasé, dont un groupe de trois se situe du côté positif et l'autre groupe du côté négatif. Les trois

Drehstrom-Brückenschaltung
Anordnung von sechs Leistungsdioden in einem Drehstromgenerator, bei der jeweils drei an der Plusseite bzw. an der Minusseite liegen. Die in den drei Phasen erzeugten positiven Halbwellen

(groupe du côté négatif. Les trois) diodes positives livrent passage aux demi-ondes positives prenant naissance lors des trois phases et qui se dirigent ainsi vers la batterie, alors que les diodes négatives ne laissent passer que les demi-ondes de même signe qu'elles.

(Phasen erzeugten positiven Halbwellen) wandern über die Plusdioden zur Batterie, die negativen Halbwellen über die Minusdioden.

three-point mounting = three-point suspension

three-point safety belt 1698

ceinture combinée, ceinture de sécurité à trois points
Ceinture de sécurité à trois points de fixation.

Dreipunktgurt
Sicherheitsgurt mit drei Verankerungspunkten.

three-point suspension 1699

suspension à trois points, montage à trois points
Suspension du moteur en trois points par silentblocs.

Dreipunktaufhängung, Dreipunktlagerung.
Abfederung des Motors an drei Stellen durch Gummipuffer.

three-port two-stroke engine 1700

moteur deux temps à trois lumières
Dans ce type de moteur deux temps, trois conduits débouchent dans le cylindre: le conduit d'aspiration, le conduit d'échappement et le canal de transfert.

Dreikanal-Zweitaktmotor, Motor mit Querstromspülung
Bei diesem Zweitaktmotor münden drei Kanäle in den Zylinder: der Einlaßkanal, der Auslaßkanal und der Überströmkanal.

three quarter floating axle 1701

essieu trois quarts flottant
Dans ce montage du pont arrière, la roue tractrice est clavetée sur l'extrémité du demi-arbre et l'extrémité de la trompette pénètre dans le moyeu où elle est soutenue directement par un roulement.

Dreiviertelachse
Bei dieser Hinterachsausführung ist das Antriebsrad mit dem Radwellenende fest verbunden. Das Ende des Hinterachstrichters wird durch die Radnabe geführt und dort durch ein Lager abgestützt.

throttle control lever 1702

levier de commande de papillon(s)
Levier qui commande l'ouverture du papillon ou des papillons des gaz et qui est relié à la pédale des gaz.

Betätigungshebel der Drosselklappe, Drosselklappenhebel
Hebel zur Steuerung der Drosselklappenöffnung vom Gaspedal aus.

throttle-flap switch = throttle-valve switch

throttle linkage = carburator linkage

throttle pedal control linkage = carburetor linkage

throttle plate 1703

papillon anti-retour, papillon de réglage
Papillon pivotant sur un axe et monté dans l'ensemble venturi d'un régulateur à dépression (moteur diesel). Il est relié à la pédale d'accélérateur par un système de tringlerie.

Regelklappe
Drehbare Regelklappe im Venturirohr eines Unterdruckreglers bei Dieselmotoren. Sie ist über Gestänge mit dem Fahrpedal verbunden.

throttle stop screw *(See Ill. 8 p. 84)* 1704

vis de butée du papillon des gaz
Vis servant à régler l'ouverture du papillon des gaz dans un carburateur. Grâce à cette vis, il est possible de modifier légèrement le régime du moteur lors du réglage du ralenti.

Drosselklappenanschlagschraube, Leerlauf-Anschlagschraube, Begrenzungsschraube für Drosselklappenspaltmaß
Schraube zur Einstellung des Drosselklappenspaltes. Beim Einregulieren des Leerlaufs wird mit Hilfe dieser Schraube die Motordrehzahl geringfügig geändert.

throttle valve *(See Ill. 8 p. 84)* 1705

papillon des gaz, clapet de carburateur, accélérateur, volet de marche
Dispositif de réglage du mélange d'air et de carburant aspiré par le moteur. Le papillon des gaz est commandé par la pédale d'accélérateur et il pivote sur un axe à la sortie de la chambre de mélange du carburateur.

Drosselklappe
Klappe des Vergasers, die am Ausgang der Mischkammer auf einer Welle drehbar angeordnet ist und der Regelung des vom Motor angesaugten Kraftstoff-Luft-Gemisches dient. Sie wird vom Gaspedal gesteuert.

throttle valve stop screw = throttle stop screw

throttle-valve switch *(See Ill. 16 p. 180)* 1706

contacteur de papillon d'air
Contacteur que l'on rencontre dans les systèmes d'injection électronique ou les allumages transistorisés et sur lequel agit le papillon commandant l'arrivée d'air.

Drosselklappenschalter
Schalter, der bei der elektronischen Benzineinspritzanlage bzw. Transistorzündung von der Drosselklappe, die die Luftzufuhr steuert, betätigt wird.

throttling pintle nozzle 1707

injecteur à étranglement
Injecteur dont le téton permet d'obtenir une pré-injection lorsque l'aiguille commence à se soulever de son siège. Vers la fin de la course

Drosselzapfendüse, Drosseldüse
Einspritzdüse, deren Zapfen so ausgebildet ist, daß eine Voreinspritzung durch einen Ringspalt beim Anheben der Nadel erfolgt. Gegen Ende des

(son siège. Vers la fin de la course) de l'aiguille, la section de passage s'élargit et le débit de combustible injecté atteint sa valeur maximale.

(der Nadel erfolgt. Gegen Ende des) Nadelhubs wird die Durchflußöffnung größer, so daß der Kraftstoff voll eingespritzt wird.

throw out bearing = release bearing cup

throw out lever = clutch release lever

thrust ball bearing 1708

butée à billes

Pièce de l'embrayage monodisque. Au débrayage la butée à billes est actionnée par la fourchette et agit sur la bague de débrayage ou le diaphragme. Dans la plupart des voitures les butées à billes sont graissées une fois pour toutes chez le fabricant, alors que dans les camions elles doivent être regraissées à intervalles réguliers.

Kugeldrucklager, Kugelausrücklager

Teil der Einscheibenkupplung. Beim Auskuppeln wird das Kugeldrucklager von der Ausrückgabel gegen den Ausrückring bzw. die Tellerfeder gedrückt. Bei den Pkw werden die Kugeldrucklager meist im Herstellwerk ein für allemal geschmiert, während sie bei den Lkw regelmäßig nachgeschmiert werden.

thrust bearing = release bearing cup

thrust fork = clutch fork

thrust plate = pressure plate

thumb nut = wing nut

tie bar (US) *(See Ill. 33 p. 440)* 1709

barre de connexion, barre d'accouplement, barre d'assemblage, bielle de connexion

Pièce de la timonerie de direction reliant les leviers de fusée. Dans les essieux rigides elle est d'un seul tenant. Dans les essieux brisés, elle se divise en deux ou trois éléments s'articulant sur des rotules.

Lenkverbindungsstange, Spurstange, Lenkspurstange

Teil des Lenkgestänges zur Verbindung der Spurstangenhebel (bei Starrachsen ungeteilt). Bei Pendelachsen sind die Spurstangen zwei- oder dreigeteilt und mit Kugelgelenken miteinander verbunden.

tie rod (US) = tie bar

time-delay relay = time-lag relay

time-lag relay 1710

relais temporisé, relais à retardement

Relais dans lequel les contacts du circuit de puissance ne sont actionnés que quelques secondes

Verzögerungsrelais, Zeitrelais

Relais, bei dem die Kontakte im Arbeitskreis erst einige Sekunden nach dem Ein- oder Ausschalten des Steuerstromes in der Erregerwicklung be-

(actionnés que quelques secondes) après le passage du courant ou la coupure de celui-ci dans l'enroulement d'excitation de la bobine. On trouve des relais temporisés dans les lave-glace automatiques, les commutateurs à minuterie et les boîtes clignotantes.

(stromes in der Erregerwicklung be-) tätigt werden. Verzögerungsrelais finden bei der Scheibenwaschautomatik als Wischwaschgeber, den Intervallschaltern und den Blinkanlagen Verwendung.

timer = contact breaker

timer core = trigger wheel

timing adjustment 1711

calage de la distribution

Réglage des moments d'ouverture et de fermeture des soupapes d'admission et d'échappement par rapport à la position angulaire du vilebrequin.

Steuerungseinstellung

Einstellung der Öffnungs- und Schließzeiten der Einlaß- und Auslaßventile mit Bezug auf die Winkellage der Kurbelwelle.

timing advance device = injection timing mechanism

timing chain *(See Ill. 17 p. 182)* 1712

chaîne de distribution

C'est par l'intermédiaire de la chaîne de distribution que le pignon de distribution est entraîné par le pignon d'attaque du vilebrequin.

Steuerkette

Das Nockenwellenrad wird über die Steuerkette vom Kurbelwellenrad angetrieben.

timing contacts = trigger contacts

timing device = injection timing mechanism

timing gear case *(See Ill. 17 p. 182)* 1713

carter de distribution

Carter vissé sur le bloc-moteur et abritant le pignon de distribution monté sur l'arbre à cames.

Steuergehäuse

Gehäuse, das auf dem Motorblock aufgeschraubt ist. Hinter dem Steuergehäuse befindet sich das auf der Nokkenwelle aufgesteckte Nockenwellenrad.

timing lamp 1714

lampe stroboscopique, pistolet stroboscopique, projecteur stroboscopique, stroboscope

Lampe utilisée pour régler le point d'allumage. Elle contient un tube électronique qui émet un éclair lumineux à chaque allumage de la bougie. Le moteur tournant au

Stroboskop, Stroboskoplampe, Stroboskop-Blitzlampe, Zündeinstellstroboskop, Zündlichtpistole, Zündlicht-Stroboskop, Zündblitzpistole, Zündzeitpunkt-Einstellpistole, Zündzeitpunktstroboskop, Lichtblitz-Stroboskop

Lampe zur Einstellung des Zündzeit-

(bougie. Le moteur tournant au) ralenti, on éclaire le repère mobile du volant-moteur ou de la poulie et l'index fixe du carter pour voir s'ils coïncident à chaque allumage. Les repères ne sont bien entendu pas identiques pour tous les moteurs. Parfois le point mort haut (avance 0°) est indiqué par un index fixe et la plage de réglage du point d'allumage par un secteur gradué. On trouve également deux repères sur le carter moteur, l'un pour le PMH ou avance 0° et le second pour le point d'allumage. Si les repères ne s'alignent pas au cours du réglage, on débloque la vis de fixation du corps de distributeur et l'on fait légèrement pivoter ce dernier jusqu'à ce que le point d'allumage soit correct. Si, vu dans le sens de rotation du moteur, le repère mobile apparaît derrière l'index fixe, il y a retard à l'allumage. Si au contraire le repère mobile apparaît devant l'index fixe, il y a trop d'avance à l'allumage.

(Lampe zur Einstellung des Zündzeit-) punktes. Sie enthält eine Elektronenröhre, die bei jeder Zündung der Kerze aufblitzt. Die bewegliche Markierung auf der Schwungscheibe oder Riemenscheibe und die Gegenmarkierung auf dem Gehäuse (Festmarke) werden bei leerlaufendem Motor angeblitzt und auf Übereinstimmung überprüft.
Die Markierungen sind selbstverständlich nicht bei allen Motoren einheitlich. Zuweilen wird der obere Totpunkt durch eine Markierung angegeben und der Verstellbereich durch eine Gradteilung oder zwei Festmarken befinden sich auf dem Motorgehäuse, eine für den OT und die andere für den Zündzeitpunkt.
Fluchten die Schwungscheiben- und die Gehäusemarkierung nicht miteinander, so wird bei laufendem Motor die Sockelschraube des Verteilergehäuses gelockert und dieses verdreht, bis der Zündzeitpunkt wieder stimmt. Erscheint die Umlaufmarke in Drehrichtung des Motors gesehen hinter der Festmarke, liegt Spätzündung vor. Wenn im umgekehrten Fall die Umlaufmarke vor der Festmarke erscheint, liegt der Zündzeitpunkt zu früh.

timing light = timing lamp

timing mark = fixed timing mark/rotating timing mark

timing relay = time-lag relay

timing strobe = timing lamp

tin **1715**

étain
Métal d'un blanc d'argent brillant, malléable et ductile, un peu plus dur que le plomb. L'étain résiste à l'action de l'air et de l'eau. Grâce à l'étamage, un couche d'étain est déposée sur la surface de pièces métalliques pour les préserver de l'oxydation.

Zinn
Silberweiß glänzendes, weiches und dehnbares Metall, das etwas härter als Blei ist. Zinn ist gegen Wasser und Luft beständig. Durch Eintauchen in geschmolzenes Zinn (Verzinnung) werden Metallteile mit einer Schutzschicht gegen Korrosion überzogen.

tip circle 1716

cercle de tête

Dans un engrenage le cercle de tête relie les sommets de toutes les dents.

Kopfkreis

Bei Zahnrädern bildet der Kopfkreis die Begrenzungslinie aller Zahnköpfe.

tip lever = tire mounting lever

tipper (GB) = dump truck

tipping lorry (GB) = dump truck

tire (US) *(See Ill. 33 p. 440)* 1717

pneumatique, pneu

Partie de la roue du véhicule enveloppant la jante. On distingue les pneus à chambre à air et les pneus sans chambre dits "tubeless".

Le pneumatique est généralement désigné par deux chiffres. Le premier (E) indique la largeur de l'enveloppe et le second (J) le diamètre de la jante au siège du pneumatique. Ensuite s'ajoutent des symboles reconnus sur le plan international:

S (speed) = vitesse max. admise 150, 160 ou 175 km/h suivant le diamètre de jante.

H (high speed) = vitesse max. admise 200 km/h.

SR (pneu à carcasse radiale) = vitesse max. admise 180 km/h.

HR (pneu à carcasse radiale) = vitesse de 180 à 210 km/h.

VR (pneu à carcasse radiale) = vitesse au-delà de 210 km/h.

Les principales composantes du pneumatique sont la carcasse, les nappes de sommet, la bande de roulement, le flanc et le talon avec tringle. Le pneu à carcasse diagonale, dont les nappes de fils superposées se croisent en diagonale, a été remplacé par le pneu à carcasse radiale, dans lequel les plis sont disposés dans le sens radial d'un talon à l'autre.

Dans cette dernière version, quoique la gomme de flanc plus souple ait

Reifen, Decke, Autoreifen, Fahrzeugreifen, Luft-Reifen

Teil eines Rades rund um die Felge. Es gibt Reifen mit Gummischlauch sowie schlauchlose Reifen.

Im allgemeinen werden die Reifen durch zwei Zahlen gekennzeichnet, die auf Reifenbreite und Felgendurchmesser hinweisen. Hinzu kommen international anerkannte Kennzeichen:

S (speed) = zul. Höchstgeschwindigkeit 150, 160 oder 175 km/h je nach dem Felgendurchmesser.

H (high speed) = zul. Höchstgeschwindigkeit 200 km/h.

SR (Radialreifen) = zul. Höchstgeschwindigkeit 180 km/h.

HR (Radialreifen) = Geschwindigkeit von 180–210 km/h.

VR (Radialreifen) = Geschwindigkeit über 210 km/h.

Die wesentlichen Teile eines Reifens sind der Gewebeunterbau (Reifenunterbau, Karkasse), der Zwischenbau, der Laufstreifen (Lauffläche, Protektor), der Seitengummi und der Wulst mit Drahtkern. Die früher verwendeten Diagonalreifen mit Kordfäden, die sich diagonal zur Reifenachse übereinander kreuzen, sind gänzlich durch die Radialreifen (Gürtelreifen) zurückgedrängt worden, bei deren Karkasse die Fäden der Kordgewebelagen radial von einem Wulst zum andern verlaufen. Obwohl die Flanken beim Radialreifen zur Verformung neigen, so daß der Eindruck entsteht, es mangele an Luft-

(la gomme de flanc plus souple ait) tendance à la déformation, – ce qui donne l'impression d'une pression de gonflage insuffisante – le contact de la bande de roulement sur la chaussée assure une meilleure adhérence qu'avec le pneu à carcasse diagonale. De même le pneu radial présente une meilleure motricité, une meilleure tenue au freinage, une plus grande stabilité dans les virages et sa résistance au roulement est faible.
Les pneus à carcasse radiale sont équipés, entre autres, d'une ceinture textile ou d'une ceinture métallique. Les modèles à ceinture textile sont, il est vrai, plus confortables, mais leur longévité est moindre que celle des pneus à ceinture métallique, dont le coût est plus élevé.
Depuis de nombreuses années, le pneu taille basse ou pneu large s'implante de plus en plus sur le marché. La tendance est en effet à la fabrication de pneus dont le coefficient d'aspect (rapport entre largeur et hauteur), qui normalement se situe à 80, descend jusqu'à 60 ou 50. Grâce à l'élargissement de la bande de roulement, ils ont une meilleure tenue de route, mais ils sont grands consommateurs de puissance, ce qui équivaut à augmenter la consommation de carburant.

(druck entsteht, es mangele an Luft-)druck, ist der Fahrbahnkontakt besser als beim Diagonalreifen, ebenso der Lauf, das Bremsverhalten und die Kurvenfestigkeit. Auch ist der Rollwiderstand geringer.
Radialreifen werden u.a. mit Textil- und Stahlgürtel gebaut. Textilgürtelreifen bieten zwar einen größeren Fahrkomfort als die Stahlgürtelreifen, haben dagegen eine kürzere Lebensdauer. Seit vielen Jahren gewinnt der Niederquerschnitts-Reifen immer mehr an Bedeutung. Die Entwicklung geht nämlich dahin, Reifen mit niedrigerem Querschnittsverhältnis (Verhältnis der Querschnittshöhe zur Reifenbreite) herzustellen. Bisher lag das Verhältnis bei 0,80, jedoch werden Querschnittsverhältnisse von 0,60 und sogar 0,50 angestrebt. Bei gleicher Höhe besitzt der Niederquerschnitts-Reifen einen breiteren Laufstreifen. Er verformt sich kaum bei Kurvenfahrt, wodurch die Straßenlage verbessert wird. Allerdings ist sein Leistungsbedarf größer, was sich negativ im Kraftstoffverbrauch auswirkt.

tire cap = tread

tire carcass = carcass

tire contact patch = contact patch

tire gage (US) **1718**

contrôleur de pression des pneus
Manomètre pouvant se présenter sous forme de crayon ou de montre avec une échelle graduée de 0 à 3 ou 10 bars.

Reifendruckprüfer
Manometer in Stab- oder Uhrform mit einem Skalenbereich bis zu 3 oder 10 bar.

tire inflating pressure 1719

pression de gonflage des pneumatiques
Pression de gonflage prescrite par le fabricant. Elle figure souvent sur un autocollant placé sur le tableau de bord ou sur la portière côté conducteur. Elle n'est valable que pour les pneus à froid. On se gardera de soutirer de l'air des pneus dont la pression a augmenté par suite d'échauffement.
En cas de pression trop élevée, une usure précoce peut se manifester au centre du pneumatique. Si, au contraire, la pression est trop basse, l'usure interviendra des deux côtés de la bande de roulement.

Reifenfülldruck, Reifenluftdruck, Reifendruck
Vom Hersteller vorgeschriebener Druck zum Aufpumpen der Fahrzeugreifen. Die Fülldruckwerte sind meist auf einem Aufkleber an der Armaturentafel bzw. an der Vordertür links angegeben. Sie gelten nur für kalte Reifen. Der durch die Erwärmung des Reifens angestiegene Druck soll nicht durch Abzapfen herabgesetzt werden.
Bei zu hohem Reifenfülldruck machen sich Verschleißspuren in der Reifenmitte bemerkbar. Ist der Fülldruck zu niedrig, tritt der Verschleiß beiderseits der Lauffläche auf.

tire inflation tank 1720

bouteille d'air pour gonflage des pneumatiques
Bouteille qui, dans une installation de freins à air comprimé, se trouve directement derrière le compresseur et sert non seulement au gonflage des pneumatiques mais aussi au filtrage de l'huile et des vapeurs d'eau que contient l'air comprimé.

Reifenfüllflasche
Flasche hinter dem Kompressor einer Druckluftbremsanlage, die nicht nur zum Aufpumpen der Reifen, sondern auch zur Filterung von Öl und Wasserdampf aus der Druckluft dient.

tire inflator 1721

gonfleur de pneus
Appareil se présentant le plus souvent en version portable avec manomètre et réservoir d'air incorporé. Généralement il possède une touche positive et une touche négative respectivement pour l'entrée et la sortie d'air.

Reifenfüll- und Prüfgerät
Meist tragbares Gerät mit Manometer und eingebautem Luftbehälter sowie Plus- und Minustaste für Luftzufuhr bzw. Luftablassen.

tire iron = tire mounting lever

tire mounting lever 1722

démonte-pneu de voiture
Levier à extrémité légèrement recourbée et bords arrondis permettant de retirer un pneu de voiture de sa jante.

Reifenmontierhebel, Montiereisen
Flacher Hebel mit gebogener Spitze und abgerundeten Kanten, mit dem der Autoreifen von der Felge abgenommen wird.

tire pressure = tire inflating pressure

tire pressure chart 1723

tableau de pression de gonflage

1. Tableau qui s'applique essentiellement aux poids lourds. Il indique la pression de gonflage en bars = kgf/cm^2 pour divers types de pneu selon les charges sur essieu (en kg).
2. Tableau à l'usage des stations-service, dans lequel figure la pression de gonflage pour les pneus de la plupart des modèles de voiture.

Reifendrucktabelle

1. Tabelle, die vor allem für Lkw und Lastzüge Anwendung findet. Sie gibt Aufschluß über den Reifenüberdruck in bar = kp/cm^2 für die verschiedenen Reifenarten je nach der Achslast (kg).
2. Tabelle für Reparaturwerkstatt und Reifendienst, in der die Reifenfülldrücke für die meisten Autofabrikate aufgeführt sind.

tire pressure warning lamp = puncture indicator

tire rotation 1724

permutation des roues

Quelques constructeurs automobiles recommandent de permuter les roues au terme d'un certain kilométrage, afin d'obtenir une meilleure répartition de l'usure des pneumatiques. La permutation s'effectue de chaque côté ou en diagonale. Toutefois ce procédé a ses détracteurs. En effet, des défauts affectant la direction, les amortisseurs ou des articulations peuvent passer inaperçus, car, en cas de permutation des roues, ces défauts n'ont pas le temps de laisser leur empreinte sur le relief du pneumatique.

Radtausch

Automobilhersteller empfehlen, die Räder nach gewisser Laufzeit untereinander auszutauschen, um einen gleichmäßigen Reifenverschleiß zu erwirken. Die Räder einer Seite werden miteinander ausgetauscht oder der Radtausch erfolgt kreuzweise. Über die Wirksamkeit des Radtausches sind jedoch die Meinungen geteilt. Fehler der Lenkung, der Stoßdämpfer sowie der Gelenke können nämlich durch das Austauschen der Räder verschleiert werden, weil bestimmte Fehlerquellen dann nicht genügend Zeit haben, ihre Kennmarken auf dem Reifenprofil zu hinterlassen.

tire tread = tread

tire valve = valve

tire wear 1725

usure des pneus

Usure normale ou accélérée des pneumatiques dont l'état des sculptures peut être révélateur. Une pression de gonflage insuffisante peut occasionner l'usure des sculptures latérales et parfois même la destruction de la carcasse. En

Reifenabnutzung, Reifenverschleiß

Normale oder vorzeitige Abnutzung der Reifen, die am Reifenprofil festgestellt werden kann. Ein zu geringer Luftdruck kann zur Abnutzung der Profilränder und im Extremfall zur Zerstörung der Karkasse führen. Ein zu hoher Luftdruck dagegen macht sich (la destruction de la carcasse. En) revanche, une pression de gonflage excessive se traduira par une usure anormale des sculptures centrales. Si le carrossage est mal réglé, l'usure sera irrégulière et la bande de roulement s'élimera d'un seul côté. Enfin des gommages dans les sculptures peuvent être imputables à des amortisseurs ou des roulements défectueux, à un balourd ou à une direction déficiente.

(hoher Luftdruck dagegen macht sich) durch eine erhöhte Abnutzung der Profilmitte bemerkbar. Bei einem falsch eingestellten Radsturz ist der Verschleiß ungleichmäßig, das Reifenprofil wird einseitig abgefahren. Schließlich können Auswaschungen im Profil auf Unwucht, defekte Stoßdämpfer, Lager oder Lenkungsteile zurückzuführen sein.

TML = tetramethyl lead

toe *(See Ill. 36 p. 528)* **1726**

parallélisme
Inclinaison de plan de la roue par rapport au sens de la marche.

Spur
Schrägstellung der Radebene zur Fahrtrichtung.

toe in *(See Ill. 36 p. 528)* **1727**

pinçage, pincement, pincement aux jantes
Légère convergence dans le sens de la marche des roues avant non motrices se trouvant au repos. Il s'agit en fait de la différence relevée entre les deux roues d'un essieu, la mesure étant prise à mi-hauteur de ces dernières, sur le rebord de jante à l'avant et à l'arrière.
En raison des réactions du sol sur les roues avant, celles-ci tendent en effet à s'ouvrir si elles sont poussées par le châssis (traction arrière).
Etant donné que les jantes se voilent légèrement à l'usage, il faut veiller que la mesure de l'écartement se fasse exactement au même endroit du rebord de la jante à l'avant et à l'arrière de la roue, c'est-à-dire que celle-ci devra accomplir une demi-rotation entre les deux prises de mesure. Il convient également que les roues prennent une position de marche normale en ligne droite (point médian du boîtier de direction). Le cas échéant, le parallélisme sera corrigé sur la longueur de la barre de connexion.

Vorspur, positive Spur
Geringe Schrägstellung der nicht angetriebenen Vorderräder im Stand, die vorn etwas näher zusammenstehen als hinten. Die Vorspur ist der Unterschiedsbetrag zwischen dem vorderen und hinteren Felgenkantenabstand der beiden Räder einer Achse auf halber Höhe. Durch die Fahrwiderstände zwischen Rad und Fahrbahn werden nämlich die Vorderräder während der Fahrt vorn auseinander gedrückt, wenn sie vom Fahrgestell geschoben sind (Hinterradantrieb).
Weil die Felgen immer auf die Dauer etwas Schlag bekommen, muß das Nachmessen am Rad vorn und hinten genau an derselben Stelle erfolgen, d.h. das Rad soll zwischen beiden Meßvorgängen eine halbe Umdrehung vollführen. Ebenso ist darauf zu achten, daß die Räder im Fahrzustand gerade stehen. Gegebenenfalls wird die Vorspur an der Spurstangenlänge nachgestellt. Schließlich gibt der Automobilhersteller Auskunft darüber, ob die Messung im belasteten oder unbelasteten Zustand des Wagens vorgenommen wird. Grundvoraussetzung für optimale

(longueur de la barre de connexion.) Chaque fabricant fournit des indications sur l'état de charge du véhicule dont le parallélisme est à vérifier. Toutefois les conditions d'un résultat optimum sont une direction et des amortisseurs en bon état et une pression réglementaire de gonflage des pneus.
Des traces d'usure ondulées ou en dents de scie sur le bord de la bande de roulement d'un pneu sont l'indice d'un parallélisme mal réglé.

(wird. Grundvoraussetzung für optimale) Meßergebnisse ist jedoch der einwandfreie Zustand der Lenkung und der Stoßdämpfer sowie der vorschriftsmäßige Reifendruck.
Zähnezahn- bzw. wellenförmige Verschleißspuren auf der Lauffläche eines Reifens sind Anzeichen einer falsch eingestellten Vorspur.

toe out *(See Ill. 36 p. 528)* **1728**

ouverture
Dans les véhicules à traction avant, les roues avant s'écartent lègèrement dans le sens de la marche à l'état de repos.

Nachspur, negative Spur
Bei Fahrzeugen mit Frontantrieb stehen die Vorderräder in Ruhestellung vorn etwas auseinander.

tooth flank **1729**

flanc de dent
Partie du profil d'une dent d'engrenage comprise entre le cercle primitif et le fond de la dent.

Zahnflanke
Die zwischen Teilkreis und Lückengrund liegende Seitenfläche eines Zahnes.

tooth lock washer **1730**

rondelle plate à crans
Frein à sécurité relative agissant par friction et s'opposant au desserrage d'une vis par suite de trépidations.

federnde Zahnscheibe
Kraftschlüssige Schraubensicherung, die das Lockern einer Schraube durch Erschütterung verhindern soll.

tooth pitch **1731**

pas de dents, pas d'engrenage
Distance sur un cercle primitif entre les plans médians de deux dents consécutives d'un pignon ou d'une roue dentée.

Zahnteilung, Teilung
Auf dem Teilkreis gemessener Abstand zweier aufeinanderfolgender Zähne von Mitte zu Mitte.

tooth thickness **1732**

épaisseur de dent
L'épaisseur de la dent d'une roue dentée est relevée sur le cercle primitif de cette roue.

Zahndicke
Auf dem Teilkreis gemessene Dicke eines Zahnrads.

toothed drive belt **1733**

courroie crantée
Courroie trapézoïdale, dentelée sur

Zahn(keil)riemen
Keilriemen mit Zähnen an der Innen-

(Courroie trapézoïdale, dentelée sur) sa face interne, et qui permet la transmission de forces sans glissement.

(Keilriemen mit Zähnen an der Innen-) seite zur schlupffreien Übertragung von Drehmomenten.

toothed quadrant = gear segment

toothed rubber belt = toothed drive belt

top aerial (GB) = roof antenna

top antenna (US) = roof antenna

top center (US) = top dead center

top dead center (US) **1734**

point mort haut, PMH
Fin de la course ascendante du piston dans la partie supérieure du cylindre.
Dès lors le piston se trouve au point mort haut, lorsqu'il est au point le plus éloigné du vilebrequin et en même temps le plus proche de la culasse. Au point mort haut comme au point mort bas, la vitesse du piston est égale à zéro.

oberer Totpunkt, OT, äußerer Totpunkt, deckelseitiger Totpunkt, obere Totlage
Endlage des Kolbenhubs im oberen Zylinderteil.
Der Kolben ist am oberen Totpunkt angelangt, wenn er von der Kurbelwelle am weitesten entfernt und dem Zylinderkopf am nächsten ist.
Im oberen wie im unteren Totpunkt gilt die Kolbengeschwindigkeit als gleich Null.

top dead centre (GB) = top dead center

top gasoline **1735**

essence directe
Produit de la distillation fractionnée continue du pétrole. Il est surtout composé d'alcanes et de cycloalcanes.

Straightrun-Benzin, Topbenzin, SR-Benzin
Produkt aus der fraktionierten Destillation von Rohöl. Es besteht hauptsächlich aus Alkanen und Cycloalkanen.

top gear **1736**

quatrième vitesse, quatrième rapport
Dans la boîte manuelle à quatre vitesses, le rapport d'engrenages est de 1:1 pour la quatrième vitesse, la vitesse d'entrée équivalant à la vitesse de sortie (prise directe). Si on y ajoute un rapport final de 4:1 par exemple, on obtient pour cette même quatrième vitesse une démultiplication totale de 4:1, quatre tours de vilebrequin correspondant à un tour de roue motrice.

vierter Gang
Beim Vierganggetriebe liegt die Übersetzung des vierten Ganges meist bei 1:1 (direkter Gang). In dem Falle ist die Getriebeeingangsdrehzahl gleich der Getriebeausgangsdrehzahl. Rechnet man die Übersetzung des Achsantriebes hinzu, z.B. 4:1, so ergibt sich für den vierten Gang ein Untersetzungsverhältnis von insgesamt 4:1, d.h. vier Kurbelwellenumdrehungen entsprechen einer Umdrehung des Antriebsrades.

top hose stub = radiator inlet connection

top piston ring *(See Ill. 26 p. 338)* 1737

segment de feu, segment "coup de feu"
Premier segment du piston. Il est en règle générale chromé sur toute sa périphérie, car il est particulièrement exposé à l'action corrosive des gaz brûlés et, de surcroît, il est le moins lubrifié. Le chromage assure également une plus longue durée de service.

Feuerring, Topring, Obenring
Oberster Kolbenring, der auf dem ganzen Umfang verchromt ist, weil er am wenigsten geschmiert wird und der korrodierenden Wirkung der verbrannten Gase ausgesetzt ist. Durch Verchromen wird die Lebensdauer der Feuerringe erheblich erhöht.

top tank = radiator top tank

top-up plug = oil level plug

top-up water = distilled water

top wishbone *(See Ill. 35 p. 489)* 1738

bras triangulaire supérieur, levier triangulé supérieur
Elément supérieur de la suspension par quadrilatères. Il s'articule au moyen d'une rotule sur le porte-fusée et pivote sur la coque.

oberer Dreieckslenker
Oberer Teil der Doppel-Querlenkerradaufhängung. Er ist einerseits mit der Karosserie oder dem Fahrgestell drehbar verbunden und andererseits am Achsschenkelträger über ein Kugelgelenk angeschlossen.

tops 1739

fractions de tête
Gaz (méthane, éthane, propane et butane) obtenus en tête de tour lors de la distillation atmosphérique du pétrole brut.

Kopfprodukte, Topgase
Gase (Methan, Äthan, Propan und Butan), die bei der Topdestillation des Erdöls an der Spitze der Destillationskolonne anfallen.

torque converter *(See Ill. 34 p. 481)* 1740

convertisseur hydraulique de couple, convertisseur hydrocinétique
Le convertisseur hydraulique est dérivé du coupleur hydraulique. Il se compose essentiellement d'une pompe ou impulseur, d'une turbine réceptrice et d'un stator ou réacteur se trouvant tous trois dans un carter hermétique rempli d'huile. La pompe est entrainée de manière permanente par l'arbre moteur. En raison de la force centrifuge à

Strömungswandler, Drehmomentwandler, Föttinger-Wandler, hydrodynamisches Getriebe, hydraulischer Dreielement-Drehmomentwandler
Der Strömungswandler ist aus der Strömungskupplung hervorgegangen und setzt sich normalerweise aus einem Pumpenrad, einem Turbinenrad und einem Leitrad (Stator) zusammen, die in einem abgeschlossenen, ölgefüllten Gehäuse untergebracht sind. Die Pumpe wird dauernd von der Motorwelle angetrieben. Durch die Fliehkraft

(raison de la force centrifuge à) laquelle l'huile est soumise, celle-ci est projetée de l'aubage de la pompe, elle pénètre dans la turbine réceptrice et reflue vers l'aubage de la pompe après avoir traversé le stator. Contrairement au coupleur hydraulique, le convertisseur de couple permet une augmentation continue du couple moteur pouvant atteindre le quadruple de sa valeur selon le rapport vitesse de turbine/ vitesse de pompe.

(welle angetrieben. Durch die Fliehkraft) wird das Öl aus den Pumpenschaufeln in das Turbinenrad hineingeschleudert und strömt über das Leitrad zum Pumpenrad zurück. Im Gegensatz zur hydraulischen Kupplung ist beim Strömungswandler eine stufenlose Drehmomentsteigerung bis auf das vierfache je nach dem Drehzahlverhältnis zwischen Pumpe und Turbine möglich.

torque stabiliser 1741

barre de stabilisation

Barre de torsion en forme d'U écrasé disposée perpendiculairement au sens de la marche du véhicule et solidaire de ce dernier par l'intermédiaire de deux silentblocs. Les extrémités de la barre de torsion sont reliées à l'essieu.

Drehstabstabilisator

Quer zur Fahrtrichtung angeordneter, U-förmiger Torsionsfederstab, dessen Schenkel mit der Achse verbunden sind. Er ist über zwei Gummilager am Fahrzeug befestigt.

torque tube 1742

tube central, tube de réaction

Tube prolongeant le boîtier du différentiel dans le sens de la marche du véhicule, enveloppant l'arbre de transmission longitudinal et s'articulant à la boîte de vitesses.

Reaktionsrohr

Rohr, welches das Differentialgehäuse in Fahrtrichtung verlängert, die Gelenkwelle umschließt und mit dem Getriebe gelenkig verbunden ist.

torque wrench 1743

clé dynamométrique, clé à indicateur de couple, bras dynamométrique

Clé de serrage indiquant sur un vernier la valeur du couple appliqué au serrage ou au desserrage.

Drehmomentenschlüssel, Drehmometer

Schraubenschlüssel, der beim Anziehen bzw. Lösen die Größe des aufgebrachten Drehmomentes auf einer Skala anzeigt.

torsion bar 1744

barre de torsion

Barre de section ronde en acier spécial. L'une de ses extrémités est fixée sur le châssis et l'autre sur un levier articulé à la roue. Lorsque celle-ci surmonte un obstacle, la barre se tord d'elle-même. Les barres de torsion ne pouvant en

Drehstab, Drillstab, Torsionsstab, Torsionsfederstab, Drehstabfeder

Runder Stab aus hochwertigem Sonderstahl. Das eine Ende wird am Rahmen und das andere an einem Hebel des zu federnden Rades eingespannt. Bei der Radbewegung auf Bodenunebenheiten verdreht sich der Stab um seine Längs-

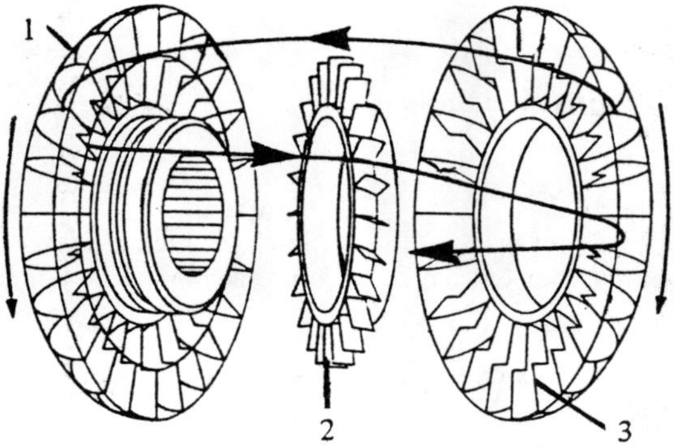

Ill. 34: torque converter **(1740)**

1 turbine
2 reactor
3 propeller

(barres de torsion ne pouvant en) aucune façon travailler à la flexion, elles sont pour la plupart logées dans un tube.

(verdreht sich der Stab um seine Längs-) achse. Drehstäbe dürfen nicht auf Biegung beansprucht werden und werden deshalb häufig in einem Rohr geführt.

touch spark = break spark

touch-spark ignition = make-and-break ignition

touch-up lacquer 1745

peinture pour retouches
Peinture pour éraflures et égratignures qui ne mettent pas le métal à nu.

Tupflack
Lack für kleine Kratzer, die nicht bis auf das blanke Metall gehen.

touch-up paint spray = paint spray can

toughened glass 1746

verre trempé
Le verre trempé est obtenu par refroidissement brusque du verre porté à une température de 600° C voisine de la température de ramollissement au moyen de jets d'air comprimé ou de brouillard. Ainsi prennent naissance des contraintes superficielles, qui améliorent sensiblement la résistance du verre à la rupture ainsi que son élasticité. Lorsqu'il subit un choc violent, le verre trempé s'émiette au lieu de voler en éclats dangereux.

Einschichten-Sicherheitsglas, Einscheiben-Sicherheitsglas, vorgespanntes Glas
Einscheiben-Sicherheitsglas wird durch schroffes Abschrecken einer auf 600° C erhitzten Scheibe mit einem kalten Luftstrom erzeugt, wobei Druckspannungen in seiner Oberfläche entstehen. Diese Behandlung verbessert die Bruchfestigkeit sowie die Elastizität des Glases erheblich, so daß es bei starkem Stoß in kleine Körner zerfällt und nicht in gefährliche Splitter.

tow bar 1747

barre de remorquage
Barre composée de plusieurs éléments et se terminant par un crochet à chaque extrémité pour fixation dans les oeillets de remorquage.

Abschleppstange
Mehrteilige bzw. zerlegbare Stange mit Abschlepphaken zum Einhängen in die gesetzlich vorgeschriebenen Abschleppösen.

tow truck (US) = wrecker

towing eye 1748

oeillet de remorquage
Oeillet prévu à l'avant et à l'arrière de certains véhicules permettant le remorquage par câble.

Abschleppöse
Öse, die vorn und hinten an einigen Fahrzeugen angebracht ist und welche die Befestigung eines Abschleppseils gestattet.

towing lug = towing eye

track = track width

track arm = track rod arm

track-measuring instrument = alignment unit

track rod (GB) = tie bar

track rod arm 1749

levier d'accouplement, levier de fusée, bras de direction
Dans l'épure de Jeantaud, les deux leviers de fusée sont reliés entre eux par la barre d'accouplement. Ils agissent sur les fusées et modifient de ce fait l'orientation des roues directrices.

Spurstangenhebel, Lenkarm
Im Lenktrapez sind die beiden Spurstangenhebel durch die Spurstange miteinander verbunden. Sie wirken auf die gelenkten Räder über die Achsschenkel.

track width 1750

voie
Intervalle séparant les roues d'un même essieu et qui se mesure entre les plans moyens des roues à leur intersection avec le sol. Dans le cas de bandages jumelés, l'écartement est mesuré à partir d'un point central se situant entre les doubles pneus. La voie peut être différente à l'avant et à l'arrière du véhicule.

Spurweite
Abstand der Reifenmitten einer Achse auf der Standebene. Bei doppelter Bereifung gilt der Abstand der Mitten der Zwillingsreifen. Die Spurweite kann an Vorder- und Hinterrädern unterschiedlich sein.

tracking 1751

1. **alignement des essieux**
2. **formation de lignes de fuite**

1. Position de l'essieu avant par rapport à l'essieu arrière.
2. Formation de lignes parasites par l'humidité ou l'encrassement à la surface d'un isolant, favorisant le passage de courants de fuite.

1. **Achsparallelität**
2. **Kriechwegbildung**

1. Stellung der Vorderachse zur Hinterachse.
2. Unerwünschte Bildung von Kriechstromwegen durch Verschmutzung oder Feuchtigkeit an der Oberfläche eines Isolators (z.B. Zündkerze).

tracking-circle diameter = turning lock

trackless trolley (US) 1752

trolleybus
Véhicule électrique roulant sur pneumatiques et affecté aux transports urbains. Il est alimenté par deux perches avec organe

Obus, O-Bus, Oberleitungsomnibus, Trolleybus, Fahrleitungsomnibus
Elektrisch angetriebenes Nahverkehrsmittel mit Luftreifen, das seinen Fahrstrom einer zweipoligen Fahrleitung

(par deux perches avec organe) mobile de contact frottant sur une ligne aérienne bifilaire.

(strom einer zweipoligen Fahrleitung) (Oberleitung) mit zwei Stromabnehmern entnimmt.

traction resistance 1753

résistance à l'avancement
Somme de toutes les forces qui contrarient le déplacement d'un véhicule roulant. Ses diverses composantes sont la résistance au roulement, la résistance de l'air ou résistance aérodynamique, la résistance en côte et la résistance à l'accélération.

Fahrwiderstand, Stirnwiderstand
Summe aller die Bewegung eines Fahrzeuges hemmenden Gegenkräfte. Sie setzt sich aus Roll-, Luft-, Steigungs- und Beschleunigungswiderstand zusammen.

tractive resistance = traction resistance

tractive unit = truck-tractor train

tractor-trailer unit = truck-tractor train

traffic lane 1754

voie de circulation
Toute partie d'une chaussée divisée dans le sens longitudinal par une ou plusieurs lignes de couleur soit continues, soit discontinues ainsi que par des marques provisoires.

Fahrspur, Fahrstreifen, Verkehrsspur, Verkehrsstreifen
Durch Leitlinien durchgezogene Fahrstreifenbegrenzungslinien oder bauliche Elemente gekennzeichneter Fahrstreifen in der Längsrichtung einer Fahrbahn.

traffic-lights 1755

feux de signalisation, signaux du système tricolore
Appareil lumineux à feux rouge, orange et vert dont l'allumage alterné sert à régler la circulation des véhicules et des piétons principalement dans les croisements.

Lichtzeichenanlage, Lichtsignalanlage, Verkehrsampel, Ampel
Wechsellichtzeichenanlage, die in drei Phasen (Grün, Gelb und Rot) der Regelung des Fahrzeug- und Fußgängerverkehrs meistens an Kreuzungen dient.

traffic sign 1756

signal routier, panneau de signalisation
Signal prévu dans les dispositions du code de la route pour régler la circulation routière. On distingue principalement: les signaux de danger, les signaux de priorité, les signaux d'interdiction, les signaux d'obligation, les signaux relatifs à l'arrêt et au stationnement et les signaux d'indication.

Straßenverkehrszeichen, Verkehrszeichen
Von der Straßenverkehrsordnung vorgesehenes Zeichen zur Regelung des Verkehrs. Man unterscheidet drei Arten von Verkehrszeichen: Gefahrenzeichen, Vorschriftszeichen und Richtzeichen.

trafficator = direction indicator

trailer brake valve 1757

valve relais d'urgence
La valve relais d'urgence transmet aux cylindres de roues la pression de freinage qui lui vient du réservoir auxiliaire. En cas de rupture d'attelage elle assure le freinage automatique et immédiat de la remorque.

Anhängerbremsventil
Das Anhängerbremsventil läßt die Druckluft aus dem Anhänger-Vorratsbehälter auf die Bremszylinder zuströmen. Bei Abreißen des Anhängers sorgt es dafür, daß der Anhänger sofort selbsttätig bremst.

trailer cable plug 1758

fiche de prise de remorque
Fiche normalisée à 13 broches.

Anhängerstecker
Genormter dreizehnpoliger Stecker.

trailer coach = caravan

trailer-control valve 1759

valve de commande de la remorque
Dans un dispositif de freinage à air comprimé, on trouve à l'arrière du véhicule tracteur une valve qui commande le circuit de freinage de la remorque.

Anhängersteuerventil
Bei der Druckluftbremsanlage befindet sich ein Anhängersteuerventil ganz hinten im Zugwagen zur Steuerung der Anhängerbremsanlage.

trailer-lighting socket 1760

prise de remorque
Prise de courant standardisée à 13 broches (anciennement 7)
L (fil jaune) = clignotant gauche
R (fil vert) = clignotant droit
58 L (fil noir) = feu AR gauche
58 R (fil brun) = feu AR droit
54 (fil rouge) = feux stop gauche et droit
54 G (fil bleu) = feu antibrouillard de remorque
31 (fil blanc) = masse

Anhängersteckdose
Steckdose mit dreizehn genormten Anschlüssen (früher 7).
L (Leitung gelb) = Blinkleuchte links
R (grün) = Blinkleuchte rechts
58 L (schwarz) = Schlußleuchte links
58 R (braun) = Schlußleuchte rechts
54 (rot) = beide Bremsleuchten
54 G (blau) = Nebelschlußleuchte des Anhängers
31 (weiß) = Masse

trailer receptacle = trailer-lighting socket

trailing brake shoe 1761

mâchoire secondaire, segment secondaire, segment tendu, secteur tendu
Segment de frein s'appliquant sur le tambour dans le sens inverse de la marche du véhicule.

ablaufende Backe, Sekundärbacke
Die gegen die Fahrtrichtung an die Trommel gepreßte Bremsbacke.

transfer contact 1762

inverseur

Combinaison d'un contact de travail et d'un contact de repos. Lorsque le courant de commande circule dans l'enroulement d'excitation, le contact de travail se ferme. S'il y a absence de courant de commande dans la bobine, le contact de repos est fermé.

Wechsler, Umschaltrelais, Umschaltglied, Umschaltekontakt

Kombiniertes Arbeits- und Ruhestromrelais. Bei stromdurchflossener Magnetspule wird der Arbeitskontakt geschaltet. Ist dagegen die Magnetspule stromlos, bleibt der Ruhekontakt geschlossen.

transfer port 1763

lumière de transfert

Dans le moteur deux temps, le mélange pré-comprimé dans le carter étanche débouche dans le cylindre par un canal de transfert lors de la course descendante du piston.

Überströmschlitz

In einem Zweitaktmotor strömt bei Abwärtsgang des Kolbens das im Kurbelgehäuse vorverdichtete Zweitaktgemisch durch den Überströmschlitz in den Zylinder.

transfer pump = fuel pump

transistor control unit = trigger box

transistor ignition unit = trigger box

transistor unit = trigger box

transistorized coil ignition = transistorized ignition system

transistorized ignition system 1764

allumage transistorisé, allumage inductif

Dans l'allumage transistorisé sans rupteur, un impulseur magnétique commande un transistor, tandis que dans la version avec rupteur mécanique, un faible courant d'enclenchement travers les grains de contact du rupteur.

Transistorzündanlage, TSZ, Transistor-Spulen-Zündanlage

Bei der kontaktlosen Transistorzündanlage wird der Transistor durch einen Zündimpulsgeber gesteuert. Bei der kontaktgesteuerten TSZ dagegen durchfließt der schwache Steuerstrom die Unterbrecherkontakte.

transistorized regulator 1765

régulateur électronique, régulateur transistorisé

Régulateur comportant des transistors qui remplacent les paires de contact que l'on rencontre dans le régulateur électromécanique. Il est le plus souvent intégré à l'alternateur, cette solution

elektronischer Regler, Transistorregler

Regler, der mit Transistoren anstelle von Regelkontaktpaaren bestückt ist. Er ist meist in die Lichtmaschine eingebaut, was die Leitungsverbindung überflüssig macht und damit eine Störungsquelle ausschließt.

(l'alternateur, cette solution) permettant de simplifier le câblage et d'exclure ainsi une source de panne (alternateur à REI).

(rungsquelle ausschließt.)

transmission (US) = gearbox

transmission ratio 1766

rapport de transmission
Rapport entre la vitesse de rotation d'entrée et la vitesse de rotation de sortie d'un couple de roues dentées.

Übersetzungsverhältnis
Verhältnis der Eingangsdrehzahl zur Ausgangsdrehzahl eines Zahnradpaares.

transmission reduction 1767

démultiplication, réduction
Rapport dans lequel la vitesse est réduite dans la transmission d'un mouvement d'un arbre à un autre.

Getriebeuntersetzung, Übersetzung ins Langsame
Übersetzung ins Langsame der Drehzahlen zweier Wellen.

transverse engine 1768

moteur transversal
Moteur disposé transversalement au sens de la marche du véhicule.

querstehender Motor, Quermotor
Quer zur Fahrtrichtung liegender Motor.

trapezoid-arm type suspension *(See Ill. 35 p. 489)* 1769

suspension par quadrilatères, suspension à deux parallélogrammes déformables, suspension à bras transversaux inégaux
Type de suspension avant le plus rencontré dans les voitures de tourisme. Deux leviers triangulés s'articulent par la base à la coque et par le sommet au porte-fusée par l'intermédiaire de rotules de direction. Un ressort et un amortisseur viennent prendre appui entre le bras triangulé inférieur et la caisse. Les deux leviers sont de longueur inégale, le bras supérieur étant sensiblement plus court que le bras inférieur et non parallèle à ce dernier. De par cette disposition la voie et le carrossage demeurent constants. En outre, grâce au carrossage négatif, la roue reste presque perpendiculaire au sol dans le négociation de virages.

Trapez-Querlenkerradaufhängung
Meist angewandte Querlenkerbauart in der Radaufhängung von Personenkraftwagen. Sie besteht aus jeweils zwei übereinanderliegenden Dreieckslenkern, die mit der Karosserie drehbar und mit dem Achsschenkel über Kugelgelenke dreh- und schwenkbar verbunden sind. Der Stoßdämpfer mit der Schraubenfeder ringsum stützt sich einerseits auf dem unteren Dreieckslenker, andererseits auf dem Wagenaufbau ab. Beide Dreieckslenker sind unterschiedlich lang. Der obere ist wesentlich kürzer und nicht parallel zum anderen angeordnet, so daß die Spurweiten- und Sturzänderung des Rades beim Einfedern unwesentlich ist. Außerdem steht bei Kurvenfahrt das Rad senkrecht zur Fahrbahn durch den negativen Radsturz.

trapezoidal belt = V-belt

tread *(See Ill. 33 p. 440)* 1770

chape, sommet, bande de roulement, bande d'usure
La bande de roulement est la partie du pneumatique garnie de sculptures et qui est en contact avec le sol.

Laufstreifen, Reifenlauffläche, Lauffläche, Protektor
Die Lauffläche mit dem Reifenprofil ist diejenige Reifenpartie, die mit der Fahrbahn in Berührung kommt.

tread pattern 1771

reliefs de la bande de roulement, sculptures de la bande de roulement
Ensemble des saillies et des creux moulés à la périphérie d'un pneumatique et constituant la bande de roulement.

Reifenprofil
Kombination von Rippen, Rillen, Stollen, Klötzen usw., welche die Lauffläche eines Reifens bildet.

tread wear = tire wear

tread wear indicator 1772

indicateur d'usure, témoin d'usure
Indicateur noyé dans la bande de roulement d'un pneumatique et qui apparaît lorsque les sculptures n'ont plus qu'une épaisseur de 1,6 mm.

Profilabnutzungsanzeiger, Verschleiß-Indikator, Abfahrgrenzen-Indikator
Quersteg in der Lauffläche eines Reifens, der bei einem Restprofil von 1,6 mm sichtbar wird.

treadle brake valve 1773

robinet de commande à pédale
Robinet de commande d'un circuit de freinage à air comprimé et qui, en cas de freinage à fond, ne requiert qu'un effort moindre de la part du conducteur.

Trittplatten-Bremsventil
Ventil einer Druckluftbremsanlage, das bei Vollbremsung eine geringere Pedalkraft erfordert.

triangle connection = delta connection

trigger box 1774

module électronique, boîtier électronique, bloc électronique
Dans uns système d'allumage électronique, tous les composants électroniques sont regroupés en circuit imprimé dans un bloc électronique s'intercalant entre la batterie et la bobine d'allumage.

Schaltgerät, Steuergerät, Transistorteil, Transistorschaltgerät
In einem elektronischen Zündsystem sind alle elektronischen Bauteile auf einer Leiterplatte bzw. in einem Schaltgerät zwischen Batterie und Zündspule angeordnet.

trigger contacts 1775

contacts de déclenchement
Contacts commandés par une came se trouvant sur l'arbre d'un allumeur-déclencheur (injection

Auslösekontakte
Nockenbetätigte Kontakte an einem Zündverteiler mit Einspritzauslöser zur Bestimmung des Einspritzzeitpunktes.

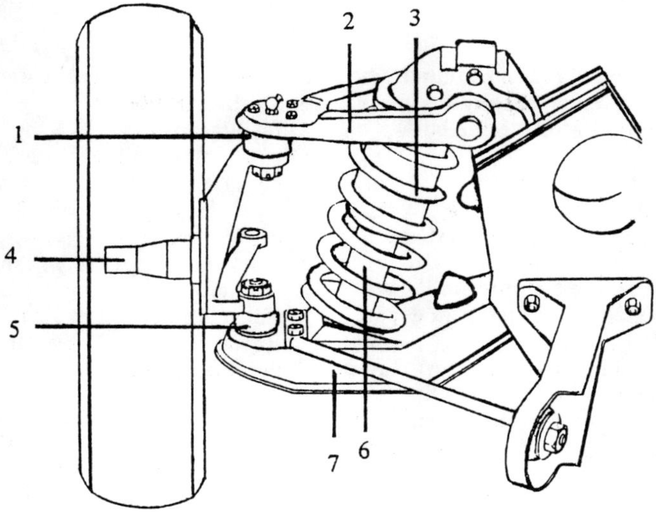

Ill. 35: trapezoid-arm type suspension **(1769)**

1 upper ball joint
2 top wishbone
3 helical spring
4 steering knuckle axle
5 lower ball joint
6 damper
7 lower wishbone

(allumeur-déclencheur (injection) d'essence par dosage électronique) et servant à déterminer le moment d'ouverture des injecteurs.

(Bestimmung des Einspritzzeitpunktes.)

trigger wheel 1776

1. noyau synchroniseur, impulseur magnétique en croix, impulseur magnétique à étoile, rélucteur mobile
2. tambour à écrans

1. Rotor d'un générateur d'impulsions dans un système d'allumage transistorisé sans rupteur. Il est monté sur l'arbre d'allumage et entraîné au départ de l'arbre à cames.
2. Dans l'allumage transistorisé avec déclencheur à effet Hall, il s'agit d'un tambour qui comporte autant d'écrans que le moteur à de cylindres.

1. Impulsgeberrad, Zackenrad, Induktionsgeberrad, Rotor
2. Blendenrotor

1. Rotor eines Induktionsgebers in einer kontaktlosen Transistorzündanlage. Das Impulsgeberrad sitzt auf der Verteilerwelle und wird von der Nockenwelle aus angetrieben.
2. Bei der Transistorzündanlage mit Hallgeber handelt es sich um einen Rotor, der so viele Blenden hat wie der Motor Zylinder.

trigger wheel vane 1777

écran
Sur le tambour d'un système d'allumage transistorisé sans rupteur avec déclencheur à effet Hall se trouvent disposés des écrans qui, lors de la rotation du tambour, traversent l'entrefer d'une barrière magnétique. La largeur de chaque écran détermine l'angle de came qui ne doit de ce fait pas être réglé.

Blende
Auf dem Rotor einer kontaktlosen Transistorzündanlage mit Hallgeber sind Blenden angeordnet, die bei der Drehung des Rotors den Luftspalt einer Magnetschranke durchlaufen. Die Blendenbreite bestimmt den Schließwinkel, der somit keiner Einstellung bedarf.

trilex wheel 1778

roue trilex
Roue de poids lourd divisée en trois parties inégales. Lorsqu'il faut changer de roue, le croisillon demeure sur le moyeu, seuls le pneumatique et la jante sont démontés.

Trilex-Rad
In drei ungleiche Segmente geteiltes Rad für Schwerfahrzeuge. Beim Radwechsel verbleibt der Radstern auf der Radnabe, d.h. nur der Reifen nebst Felge wird gewechselt.

trip mileage indicator 1779

totalisateur partiel, compteur journalier
Compteur figurant dans le tachymètre et pouvant être remis à zéro à l'aide d'un bouton.

Kurzstreckenzähler, Tageskilometerzähler
Zähler im Tachometer, der mit Hilfe eines Rückstellknopfes auf Null zurückgestellt werden kann.

trip odometer = trip mileage indicator

trip recorder 1780

tachygraphe

Appareil qui enregistre sur un disque la vitesse en fonction du temps.

Tachograph, Fahrtschreiber

Schreibendes Tachometer, das die gefahrenen Geschwindigkeiten zeitabhängig auf einer Diagrammscheibe aufzeichnet.

triphase current 1781

courant triphasé

Courant alternatif composé de trois courants monophasés décalés d'un tiers de période l'un par rapport à l'autre.

Dreiphasenwechselstrom, Dreiphasenstrom, Drehstrom

Wechselstrom, der durch Verkettung dreier um 120° phasenverschobener Einphasenströme entsteht.

trolley 1782

trolley

Dispositif composé d'une perche flexible fixée sur le toit d'un véhicule électrique et d'un organe mobile de contact (roulette) servant à transmettre le courant d'une ligne aérienne.

Stromabnehmer

Gefederte Stange mit Schleifstück auf dem Dach eines elektrisch betriebenen Fahrzeugs zur Stromentnahme aus der Fahrleitung.

trolley jack = hydraulic trolley jack

trolley line = overhead line

trolleybus (GB) = trackless trolley

truck (US) 1783

camion

Véhicule automobile destiné au transport de charges et de marchandises.

Lastkraftwagen, Lkw

Kraftwagen, der zur Beförderung von Lasten und Gütern eingerichtet ist.

truck tractor 1784

tracteur semi-porteur, tracteur articulé, tracteur-automobile

Véhicule tracteur à deux ou trois essieux sur la partie arrière duquel est attelée la semi-remorque ou remorque à deux roues (sans essieu avant).

Aufsattler, Sattelschlepper, Sattelschlepperzugmaschine, Sattelzugmaschine

Zwei- oder dreiachsige Straßenzugmaschine, auf deren hinterem Teil der Anhänger ohne Vorderachse (Sattelauflieger, Sattelanhänger) aufgesattelt wird.

truck-tractor train 1785

train routier double, train routier articulé

Ensemble constitué d'un véhicule

Sattelzug, Sattelschleppzug, Sattelkraftfahrzeug

Zusammenstellung eines Sattelschlep-

(Ensemble constitué d'un véhicule) tracteur et d'une remorque à deux roues.

(Zusammenstellung eines Sattelschlep-)pers mit einem Sattelauflieger.

trumpet horn 1786

avertisseur électropneumatique
Avertisseur dans lequel une membrane soumise à l'action d'un électro-aimant est animée d'un mouvement vibratoire qui se répercute sur la colonne d'air d'un pavillon.

Fanfarenhorn, Elektrofanfare
Akustische Warnanlage, in der eine Membrane durch einen Elektromagneten in rhythmische Schwingungen versetzt wird. Diese Schwingungen werden dann auf die Luftsäule eines Trichters übertragen.

trunk = luggage compartment

tubed tire (US) 1787

pneu à chambre
Pneumatique renfermant un tube de caoutchouc circulaire à l'opposé du pneumatique dit sans chambre ou tubeless.

Reifen mit Schlauch
Reifen mit einem inneren endlosen Schlauch aus Gummi im Gegensatz zum schlauchlosen Reifen.

tubed tyre (GB) = tubed tire

tubeless tire (US) 1788

pneu à chambre intégrée, pneu increvable, pneu sans chambre, pneu tubeless, pneu à chambre incorporée
Pneumatique dont la chambre à air est remplacée par une couche de gomme molle. La pression de gonflage s'y maintient très longtemps et le pneu s'échauffe très peu.

schlauchloser Reifen
Bei diesem Reifentyp ist der Schlauch durch eine weiche Gummischicht (Innenseele) ersetzt. Der Reifenfülldruck bleibt lange erhalten, und die Erwärmung ist gering.

tubeless tyre (GB) = tubeless tire

tubular radiator 1789

radiateur tubulaire, radiateur en tubes à ailettes
Radiateur dont le faisceau est constitué de tubes longs et minces à section circulaire, ovale ou rectangulaire et à travers lesquels l'eau s'écoule. Ces tubes sont reliés entre eux par des ailettes en tôle de cuivre qui augmentent ainsi la surface de refroidissement par air.

Wasserröhrenkühler, Rippenrohrkühler
Bei Wasserröhrenkühlern besteht der Kühlerkern aus langen, dünnwandigen Röhrchen mit rundem, ovalem oder rechteckigem Querschnitt, durch die das Wasser strömt. Zur Vergrößerung der Kühlfläche sind die Röhrchen durch Rippen aus Kupferblech miteinander verbunden, die von Luft umspült werden.

tungsten wire 1790

fil de tungstène
Fil utilisé pour la confection de filaments en raison du point de fusion très élevé du tungstène.

Wolframdraht
Draht, der aufgrund des hohen Schmelzpunktes von Wolfram für die Herstellung von Glühwendeln (Wolframwendeln) verwendet wird.

tune-up = tuning

tuning 1791

réglage-moteur, mise au point du moteur
Le réglage du jeu aux soupapes (réglage des culbuteurs), le calage de l'allumage et le réglage du carburateur sont les trois principales operations du réglage-moteur.

Einstellung des Motors
Zur Einstellung des Motors gehören die Ventilspieleinstellung, die Zündzeitpunkteinstellung und die Vergasereinstellung.

turbine *(See Ill. 34 p. 481)* 1792

turbine réceptrice
Rotor à aubes qui, dans un coupleur hydraulique, fait face à un autre rotor appelé pompe. Il est solidaire de l'arbre récepteur de la boîte de vitesses.

Turbinenrad, Läufer-Sekundärschale
Schaufelrad (Abtrieb), das in einer Strömungskupplung mit einem Pumpenrad (Antrieb) gekoppelt ist. Es ist mit der Getriebeeingangswelle verbunden.

turbulence chamber = swirl chamber

turbulence chamber engine = swirl chamber diesel engine

turbulence combustion chamber = swirl chamber

turbulence space = swirl chamber

turn signal = direction indicator

turning circle, kerb to kerb = turning lock

turning clearance circle 1793

diamètre de braquage entre murs, diamètre minimal extérieur de braquage
Diamètre exprimé en mètres du plus petit cercle décrit par les parties saillantes et extérieures au virage d'un véhicule lors du braquage maximum.

kleinster Wendekreisdurchmesser, Wendekreis
Durchmesser des kleinsten Kreises, angegeben in m, der durch die kurvenäußeren, vorstehenden Fahrzeugteile beim größten Lenkeinschlag beschrieben wird.

turning lane 1794

couloir de sortie
Couloir repéré par des marques au sol et que doivent obligatoirement

Abbiegespur, Abbiegestreifen
Jene bei Knotenpunkten für den Links- und Rechtsabbiegeverkehr bestimmte

(sol et que doivent obligatoirement) emprunter les automobilistes tournant à gauche ou à droite dans une intersection.

(und Rechtsabbiegeverkehr bestimmte) und entsprechend gekennzeichnete Fahrspur.

turning lock 1795

diamètre minimal de braquage entre trottoirs
Diamètre exprimé en mètres du plus petit cercle décrit par la centre du pneumatique de la roue avant extérieure au virage d'un véhicule lors du braquage à fond.

kleinster Spurkreisdurchmesser
Durchmesser des kleinsten Kreises, angegeben in m, den die Reifenmitte des kurvenäußeren Vorderrads beim größten Lenkeinschlag auf der Standebene beschreibt.

turning radius 1796

angle de braquage des roues intérieure et extérieure, divergence en virage
Angle résultant de la différence de l'angle de braquage de la roue intérieure et de celui de la roue extérieure.

Spurdifferenzwinkel
Differenzwinkel zwischen Einschlagwinkel des kurveninneren Rades und Einschlagwinkel des kurvenäußeren Rades.

turns ratio 1797

rapport de transformation
Quotient du nombre de spires de l'enroulement secondaire par le nombre de spires de l'enroulement primaire d'une bobine d'allumage. En règle générale, il se situe entre 1:60 et 1:150. Dans les allumages transistorisés, on peut arriver à un rapport de transformation de l'ordre de 1:400.

Wicklungsverhältnis, Windungszahlverhältnis, Übersetzungsverhältnis, Windungszahlenübersetzung
Verhältnis der Windungszahlen von Sekundär- und Primärspule einer Zündspule. Normalerweise liegt es zwischen 1:60 bis 1:150.
Bei Transistorzündanlagen kann ein Windungszahlverhältnis von 1:400 erreicht werden.

12N socket = trailer-lighting socket

twin-barrelled carburetor (US) = dual carburetor

twin carburetor = dual carburetor

twin-choke carburetor = dual carburetor

twin-filament bulb = bilux bulb

twin-line brake 1798

frein à deux conduites
Le frein à deux conduites possède deux canalisations de liaison entre le véhicule tracteur et la remorque, à savoir une canalisation

Zweileitungsbremse
Die Zweileitungsbremse hat zwei Verbindungsleitungen zwischen Triebfahrzeug und Anhänger, nämlich eine Vorratsleitung und eine Bremsleitung.

(à savoir une canalisation) d'alimentation et une canalisation de commande.

(ratsleitung und eine Bremsleitung.)

twin-piston engine 1799

moteur à double piston
Moteur deux temps dont les pistons se déplacent dans des cylindres séparés avec chambre de combustion commune.

Doppelkolbenmotor
Zweitaktmotor, dessen Kolben sich in getrennten Zylindern mit gemeinsamem Verbrennungsraum bewegen.

twin-pressure gage = dual air pressure gage

twin wheel 1800

roue jumelée
Les roues jumelées sont des roues chaussées chacune d'un pneumatique individuel et qui sont montées par paire des deux côtés de l'essieu du train arrière de certains poids lourds. En cas d'usure légèrement inégale, ce sera le pneumatique le plus usé qui sera monté côté extérieur.

Zwillingsrad
Zwillingsräder sind Räder mit einzelner Reifenbestückung, die paarweise beiderseits der Hinterachse von schweren Lkw montiert werden.
Bei geringfügig ungleichmäßigem Reifenverschleiß muß der Reifen mit der größeren Abnutzung außen montiert werden.

two-circuit brake circuit = double-circuit braking system

two-circuit ignition system 1801

allumage à double circuit
Allumage comportant deux rupteurs et deux bobines, conçu pour moteurs à huit ou à douze cylindres, chacun des deux circuits étant affecté à la moitié du nombre total de cylindres.

Zweikreiszündanlage
Zündanlage mit zwei Zündunterbrechern und zwei Zündspulen für Acht- und Zwölfzylindermotoren, bei der jeder Kreis der Hälfte der Zylinderzahl zugeordnet ist.

two-contact regulator 1802

régulateur à deux étages
Régulateur comportant deux paires de contact pouvant occuper trois positions.

Zweikontaktregler
Regler mit zwei Regelkontaktpaaren, die drei Stellungen einnehmen können.

two-door saloon (GB) = two-door sedan

two-door sedan (US) 1803

coach
Conduite intérieure à deux portes et à quatre places.

zweitürige Limousine
Zweitüriger, allseitig geschlossener Pkw mit vier Sitzplätzen.

two-leading-shoe brake = duplex brake

two-part plastic body filler 1804

enduit à deux composants

Résine polyester que l'on mélange avec un durcisseur pour effecteur de petites réparations sur la carrosserie.

Zweikomponenten-Spachtelmasse

Polyesterharz, das mit einem Härter angerührt wird und zur Bearbeitung kleiner Schadenstellen an Holz und Metall dient.

two-phase carburetor (US) 1805

carburateur compound, carburateur à étages, carburateur avec papillons de gaz à ouvertures décalées, carburateur à ouverture différentielle, carburateur à registres

Les carburateurs à étages ont une cuve à niveau constant commune et deux chambres de mélange dont les corps ont souvent un diamètre différent. A bas régime, lorsque le débit d'air est faible, seul fonctionne le corps primaire possédant le plus petit diamètre et dont le papillon est commandé par la pédale des gaz. A partir d'un certain régime, lorsque le débit d'air est plus fort, le corps secondaire, dont le papillon s'ouvre automatiquement ou mécaniquement, entre à son tour en action. A noter que le corps primaire fonctionne avec le dispositif de mise en marche à froid, le circuit de ralenti et la pompe de reprise.

Fallstrom-Stufenvergaser, Stufenvergaser, Registervergaser

Registervergaser haben eine gemeinsame Schwimmerkammer und zwei Mischkammern mit meist ungleich breiten Lufttrichtern. Bei geringem Luftdurchsatz ist lediglich die Mischkammer mit dem kleinen Lufttrichter (erste Stufe) in Betrieb, deren Drosselklappe durch das Gaspedal betätigt wird. Ab einer bestimmten Drehzahl bzw. bei stärkerem Luftdurchsatz wird die zweite Stufe mechanisch oder automatisch zugeschaltet. Die erste Stufe arbeitet mit der Kaltstarteinrichtung, dem Leerlaufsystem und der Beschleunigungspumpe.

two-phase-carburettor (GB) = two-phase carburetor

two-speed final drive 1806

couple à deux rapports

Couple final avec engrenage planétaire monté dans la grande couronne.

Zweigang-Achse

Achse, bei der ein Planetenradsatz in das Tellerrad eingebaut ist.

two-stage carburetor (US) = two-phase carburetor

two-stage fuel filter 1807

filtre à combustible double

Dans le circuit d'alimentation en combustible d'un moteur diesel on trouve parfois un filtre double à combustible réunissant le filtre-

Kraftstoff-Doppelfilter

In der Kraftstoffanlage eines Dieselmotors können Vorreiniger und Hauptfilter zu einer Baueinheit zusammengefaßt werden.

(combustible réunissant le filtre-) nourrice et l'avant-filtre disposés côte à côte.

(faßt werden.)

two-stroke-cycle engine = two-stroke engine

two-stroke engine 1808

moteur deux temps

Type de moteur accomplissant un cycle complet pour un tour de vilebrequin ou deux courses de piston, alors que le moteur à quatre temps n'a qu'une course motrice pour deux tours de vilebrequin ou quatre courses de piston. Ainsi les quatre opérations d'admission, de compression, d'explosion-détente et d'échappement sont réunies en deux temps.

1er temps: Le piston se déplace du point mort bas vers le point mort haut. Au-dessus du piston le mélange air-essence est comprimé. Dans sa course ascendante, le piston crée cependant une dépression d'environ 0,3 bar dans le carter et, dès que la base du piston démasque le conduit d'aspiration, les gaz frais pour le cycle suivant s'engouffrent dans le carter.

2ème temps: La deuxième phase débute par la combustion peu avant le PMH. La pression des gaz brûlés repousse le piston vers le bas. Le conduit d'aspiration est alors obturé, ce qui a pour effet d'emprisonner les gaz frais dans le carter et de les comprimer légèrement. En fin de course, le piston découvre la lumière d'échappement et, immédiatement après, le canal de transfert. Les gaz brûlés s'échappent dans l'atmosphère et le reste est repoussé par les gaz frais qui pénètrent dans la chambre de combustion par le canal de transfert (période de balayage).

Les moteurs deux temps ne sont donc pas équipés de soupapes

Zweitaktmotor, Zweitakter

Motorenart, bei der ein Arbeitsspiel in zwei Takten, d.h. während einer einzigen Kurbelwellenumdrehung bzw. zweier Kolbenhübe abläuft im Gegensatz zum Viertaktmotor, bei dem ein Arbeitsspiel zwei Kurbelwellenumdrehungen oder vier Kolbenhüben entspricht. Die vier Arbeitsvorgänge Ansaugen, Verdichten, Arbeiten und Ausstoßen werden also auf zwei Takte beschränkt.

1. Takt: Der Kolben bewegt sich von unten nach oben. Über ihm wird das Kraftstoff-Luft-Gemisch verdichtet. Beim Aufwärtsgang des Kolbens entsteht jedoch im Kurbelgehäuse ein Unterdruck von ca. 0,3 bar. Gibt dann die untere Kolbenkante den Ansaugkanal frei, beginnt das Ansaugen in die Kurbelkammer für das nächste Arbeitsspiel.

2. Takt: Der zweite Takt fängt mit der Zündung kurz vor dem oberen Totpunkt an. Durch den Verbrennungsdruck wird der Kolben nach unten gedrückt, wobei der Ansaugkanal geschlossen und das in der Kurbelkammer eingeschlossene Frischgas leicht verdichtet wird. Der Kolben gibt dann den Auslaßschlitz und gleich darauf den Überströmkanal frei. Die verbrannten Gase puffen aus. Der Rest wird durch das einströmende Frischgas ausgestoßen (Spülvorgang).

Zweitaktmotoren haben also keine Einlaß- und Auslaßventile, auch keine Nockenwellen wie die Viertakter. Theoretisch müßte der Zweitaktmotor aufgrund der doppelten Zahl von Arbeitstakten zweimal mehr leisten als ein Viertaktmotor mit gleichem Hubraum. Dies ist jedoch nicht der Fall,

(donc pas équipés de soupapes) d'admission et d'échappement ni d'arbres à cames comme les moteurs à quatre temps. Théoriquement, à cylindrée égale, le moteur deux temps devrait développer une puissance double de celle d'un moteur à quatre temps. En pratique cependant le remplissage des cylindres se fait dans des conditions moins favorables. Une partie des gaz frais, qui se mélange avec les gaz brûlés, est expulsée avec ces derniers et, inversement, des gaz brûlés non évacués peuvent se mélanger avec la nouvelle charge, ce qui peut provoquer des ratés.
Le moteur deux temps est d'une construction plus simple que le moteur à quatre temps et sa marche est plus régulière. Il possède moins de pièces mobiles que le moteur à quatre temps et son entretien est simple et ne requiert pas de réglage. Toutefois sa consommation en carburant et en huile est relativement élevée. On le rencontre surtout dans les motocyclettes et rarement dans les automobiles.

(raum. Dies ist jedoch nicht der Fall,) weil die Zylinderfüllung zu wünschen übrig läßt. Beim Auspuffen vermischen sich Frischgase und Altgase, und ein Teil des Frischgases geht dadurch verloren. Umgekehrt wird ein Teil der Abgase nicht ausgestoßen, was unter Umständen zu Aussetzern führen kann.
Der Zweitaktmotor ist einfach in seiner Bauart. Er hat weniger bewegliche Teile als der Viertaktmotor und eine größere Laufruhe. Seine Wartungskosten sind gering, denn er bedarf keiner Einstellung. Allerdings ist der Öl- und Kraftstoffverbrauch bei Zweitaktmotoren relativ hoch. Sie werden vor allem bei Krafträdern, selten bei Pkw eingesetzt.

two-stroke oil 1809

huile pour moteurs deux temps
Huile fluide (SAE 20) destinée à être mélangée avec l'essence dans laquelle elle se dissout facilement. Elle ne forme que des résidus sans dureté.

Zweitaktöl
Dünnflüssiges Motorenöl (SAE 20), das sich für Gemischschmierung eignet und sich in Benzin gut lösen läßt. Es bildet nur weiche Rückstände.

two-system contact breaker 1810

rupteur double, double linguet
Il s'agit soit de deux rupteurs indépendants rattachés chacun à une bobine séparée, soit de deux rupteurs montés en parallèle et s'ouvrant simultanément ou alternativement.

Zweifach-Zündunterbrecher, Doppelhebelunterbrecher
Es handelt sich entweder um zwei unabhängige Zündunterbrecher, die je mit einer getrennten Zündspule verbunden sind, oder um zwei Zündunterbrecher in Parallelschaltung, die sich zusammen oder abwechselnd öffnen (Zweikreiszündanlage).

two-way break-before-make contact = transfer contact

two-way damper valve 1811

soupape d'amortissement à deux voies

Soupape disposée sur la cloche de séparation d'un élément hydrolastique et à travers laquelle le liquide hydraulique est refoulé de la chambre inférieure dans la chambre supérieure de l'élément sous l'effet d'un piston, lorsque la roue surmonte un obstacle.

Zweiwegdämpfungsventil

Dämpfungsventil auf der Blechglocke eines Federaggregats bei der hydrolastischen Radaufhängung, durch welches das Hydrauliköl mit Hilfe eines Kolbens aus der unteren Kammer in die obere Kammer des Federelements beim Durchfahren einer Bodenunebenheit verdrängt wird.

two-wheel trailer = semi-trailer

two-wheeled trailer = semi-trailer

UDC = top dead center

ultrasonic anti-theft device 1812

alarme à ultra-sons, anti-effraction à ultra-sons

Appareil qui grâce à un ou plusieurs senseurs assure la protection volumétrique de l'habitacle d'une voiture par l'émission d'un champ d'ultra-sons. Toute perturbation de ce champ déclenche l'avertisseur sonore et l'allumage automatique des phares. De plus il est possible de raccorder l'alarme à des contacteurs pour protéger le capot ou le coffre.

Diebstahl-Alarmanlage mit Ultraschallsystem

Vorrichtung, die mit Hilfe von einem oder mehreren Sensoren den Fahrgastraum mit einem Ultraschallfeld überwacht. Wird dieses Feld gestört, erfolgt die Alarmauslösung, und die Scheinwerfer werden automatisch eingeschaltet. Motorraum- und Kofferraumhaube können über Kontaktschalter mit einbezogen werden.

unbalance 1813

balourd, déséquilibre

Déséquilibre dans une pièce tournante telle qu'une roue ou un arbre à cardan, lorsque le centre de gravité n'est plus sur l'axe de rotation.

Unwucht

Ungleiche Massenverteilung bei Drehkörpern wie Rädern, Gelenkwellen usw. Bei drehenden Maschinenteilen liegt Unwucht vor, wenn der Schwerpunkt nicht mehr auf der Drehachse liegt.

unclutch, to 1814

débrayer

Désolidariser momentanément le moteur de la transmission en enfonçant la pédale de débrayage.

abkuppeln, loskuppeln, auskuppeln, entkuppeln

Den Motor zeitweilig vom Getriebe trennen durch Niedertreten des Kupplungspedals.

underbody selant 1815

protection du châssis
Matière à base de bitume, de caoutchouc, de PVC-bitume, de bitume-caoutchouc avec addition d'oxyde d'aluminium et de zinc, de cire, bitume et de PVC ou de caoutchouc-PVC.
Elle est destinée à protéger le dessous de la coque contre les pierrailles, le sel d'épandage et l'humidité. Le revêtement protecteur doit être surveillé et retouché si nécessaire.

Unterbodenschutz
Material auf Basis von Bitumen, Kautschuk, Kunststoff-Bitumen, Bitumen-Kautschuk mit Aluminium- und Zinkoxidbeimischung, Wachs-Bitumen-Kunststoff oder Kautschuk-Kunststoff. Es schützt die Fahrzeugunterseite gegen die Einwirkung von Steinschlag, Streusalz und Nässe und muß regelmäßig überprüft und nachgearbeitet werden.

undercoating material = underbody protection

undercutting saw 1816

scie d'entre-lames
Scie à denture fine pour creuser les isolants en mica s'intercalant entre les lames d'un collecteur, après rectification au tour.

Kommutatorsäge, Kollektorsäge
Feinsäge zum Aussägen der Glimmerisolation zwischen den Kommutatorlamellen nach dem Überdrehen auf der Drehmaschine.

underfloor engine 1817

moteur horizontal, moteur à plat
Moteur qui, dans les camions et les cars, est disposé entre les essieux sous le châssis du véhicule.

Unterflurmotor
Motor, der vor allem bei Lkw und Bussen im Fahrgestell zentral bzw. unter dem Aufbau verankert ist.

underfloor protection = underbody protection

under-inflation 1818

sousgonflage, dégonflement
Manque de pression d'air dans les pneumatiques, qui s'aplatissent et s'usent prématurément sur les bords. Le sousgonflage accroît la résistance au roulement et influe négativement sur la tenue de route dans les virages.

Reifenunterdruck
Bei zu niedrigem Luftdruck ist der Reifen flachgedrückt, und die Außenkanten werden abgefahren (Schulterverschleiß). Der Rollwiderstand nimmt zu, die Kurvenfestigkeit wird geringer.

undersealing = underbody sealant

understeer, to 1819

sous-virer
Le véhicule tend à décrire dans un virage un cercle plus grand que celui correspondant au braquage des roues. Il renâcle à négocier le virage et tend à suivre une trajectoire rectiligne. Les tractions avant sont

untersteuern
Das Fahrzeug fährt in einer Kurve einen größeren Kreis, als es dem Lenkeinschlag der Vorderräder entspricht. Es ist kurvenunwillig und neigt zur Geradeausfahrt. Dies ist besonders bei Fronttriebsätzen der Fall.

(rectiligne. Les tractions avant sont) particulièrement sensibles à ce phénomène.

(Fronttriebsätzen der Fall.)

unequal wishbone type suspension = trapezoidal-arm type suspension

unfilled charged battery = dry charged battery

unidirectional-breakdown diode = Zener diode

unifining 1820

unifining
Raffinage de produits pétroliers légers à l'hydrogène en présence de catalyseurs à teneurs en cobalt et molybdène.

Unifining
Raffination von leichen Erdöldestillaten mit Wasserstoff in Gegenwart von kobalt- und molybdänhaltigen Katalysatoren.

uniflow scavenging 1821

balayage en équicourant
Mode de balayage dans les moteurs deux temps. Les gaz frais s'engouffrent dans le cylindre à travers des lumières démasquées par le piston de telle sorte que le cylindre soit balayé par le flux dans le sens de l'axe. Les gaz brûlés sont quant à eux évacués par une ou plusieurs soupapes d'échappement se trouvant dans la culasse et commandées par un arbre à cames.

Gleichstromspülung
Spülverfahren bei Zweitaktmotoren. Das Frischgas wird durch vom Kolben gesteuerte Schlitze so eingeführt, daß der Zylinder in Achsrichtung durchströmt wird. Die Altgase entspannen sich in den Auspuff über ein oder mehrere Auslaßventile im Zylinderkopf, die von einer Nockenwelle betätigt werden.

united injector 1822

injecteur-pompe
Elément constitué d'une pompe d'injection et d'un injecteur.

Pumpendüse
Einspritzpumpe und Einspritzdüse sind bei der Pumpendüse zu einem Bauteil zusammengefaßt.

universal coupling = cardan joint

universal joint = cardan joint

universal joint spider = cardan spider

universal vise grip plier = self-grip wrench

universally jointed propeller shaft = propeller shaft

unloaden weight = empty weight

unsprung mass 1823

masse non suspendue
Les roues, les freins de même que certaines parties de la suspension des

ungefederte Masse
Die Fahrzeugräder mit den Bremsen sowie einige Teile der Radaufhängung

(certaines parties de la suspension des) roues constituent la masse non suspendue d'un véhicule.

(sowie einige Teile der Radaufhängung) gehören zu den ungefederten Massen eines Kraftfahrzeuges.

unsupercharged engine *(See Ill. 17 p. 182)* **1824**

moteur à aspiration, moteur atmosphérique
Moteur à explosion dans lequel le mélange gazeux est naturellement aspiré par opposition au moteur suralimenté.

Saugmotor
Motor, in dem das Frischgas normalerweise angesaugt wird im Gegensatz zum aufgeladenen Motor.

updraft carburetor (US) **1825**

carburateur vertical
Carburateur dans lequel le mélange explosif est aspiré de bas en haut.

Steigstromvergaser, Aufstromvergaser
Vergaser, bei welchem das Kraftstoff-Luft-Gemisch von unten nach oben angesaugt wird.

updraught carburettor (GB) = updraft carburetor

upper ball joint *(See Ill. 35 p. 489)* **1826**

rotule de direction supérieure
Rotule grâce à laquelle le bras triangulé supérieur d'une suspension avant s'articule au porte-fusée.

oberes Kugelgelenk
Kugelgelenk, mit dem der obere Dreieckslenker einer Vorderachsaufhängung mit dem Achsschenkel dreh- und schwenkbar verbunden ist.

upper beam = high beam

upper calorific value **1827**

pouvoir calorifique supérieur
Quantité totale de chaleur dégagée par un gaz ou un combustible liquide lors de la combustion.

Brennwert, oberer Heizwert, H_O, Verbrennungswärme
Wärmemenge, die bei der vollständigen Verbrennung eines Gases oder eines flüssigen Brennstoffes freigesetzt wird.

upper dead centre (GB) = top dead center

upper tank = radiator top tank

upper whishbone = top wishbone

upright radiator **1828**

radiateur à débit vertical
Radiateur de type classique à faisceau de tubes verticaux.

Fallstrom-Kühler
Übliche Kühlerbauart mit Kühlwasserströmung von oben nach unten.

upstroke *(See Ill. 18 p. 206)* **1829**

course ascendante
Mouvement d'un piston du point mort bas jusqu'au point mort haut.

Aufwärtshub, Aufwärtsgang, Aufwärtsbewegung
Kolbenbewegung vom unteren zum oberen Totpunkt.

upward stroke = upstroke

used oil 1830

huile de vidange, huile usagée
Huile moteur récupérée lors de vidanges périodiques et rendue provisoirement inutilisable par suite d'infiltration d'eau, sous l'effet de l'air et des hautes températures et en raison des résidus solides qu'elle contient.
Toutefois les huiles usagées peuvent être recyclées par filtrage, distillation et raffinage. On en obtient alors des huiles de base, des huiles anticorrosives ou de simples huiles lubrifiantes.
Dans nombre de pays, la législation sur la protection de l'environnement réglemente la manière de se débarrasser des huiles de vidange.

Altöl
Beim Ölwechsel abgelassenes Motoren-öl, das durch Wasser, Rückstände, Luft- und Temperatureinwirkung unbrauchbar geworden ist. Es kann jedoch in einem Recycling-Prozeß durch Filtration, Destillation und Raffination aufgearbeitet werden. Das Endprodukt dient als Basisöl, Korrosionsschutzöl oder einfaches Schmieröl.
In vielen Ländern gibt es Umweltschutzgesetze, wonach Altöl nicht beliebig aufbewahrt oder weggeschüttet werden darf.

utility car = station wagon

U-type engine 1831

moteur à cylindres parallèles, moteur en deux lignes
Moteur à explosion constitué de deux moteurs en ligne et de deux vilebrequins. Il est disposé de telle sorte que les deux rangées de cylindres forment un U.

U-Motor
Verbrennungsmotor bestehend aus zwei Reihenmotoren mit zwei Kurbelwellen. Die beiden Zylinderreihen bilden ein U.

V-belt *(See Ill. 28 p. 362)* 1832

courroie trapézoïdale
Courroie sans fin de section trapézoïdale enroulée sur deux poulies à gorges. Elle entraîne entre autres l'alternateur, le ventilateur ainsi que la pompe à eau. La courroie trapézoïdale est correctement tendue quand elle se laisse fléchir de 10 à 15 mm.

Keilriemen
Endloser Riemen mit trapezförmigem Querschnitt, der auf zwei Riemenscheiben mit Eindrehungen läuft. Er wird zum Antrieb der Lichtmaschine, des Ventilators und der Wasserpumpe benutzt. Er gilt als richtig gespannt, wenn er sich 10 bis 15 mm durchdrükken läßt.

V-eight engine 1833

moteur V 8
Moteur à explosion avec deux rangées de quatre cylindres disposées en V.

Achtzylinder-V-Motor
Verbrennungsmotor mit zwei Reihen von je vier Zylindern in V-Anordnung.

V-four engine 1834

moteur V 4

Moteur à explosion avec deux rangées de deux cylindres disposées en V.

Vierzylinder-V-Motor

Verbrennungsmotor mit zwei Reihen von je zwei Zylindern in V-Anordnung.

V-six engine 1835

moteur V 6

Moteur à explosion avec deux rangées de trois cylindres disposées en V.

Sechszylinder-V-Motor

Verbrennungsmotor mit zwei Reihen von je drei Zylindern in V-Anordnung.

V-toothed gear = herringbone gearing

vacuum 1836

dépression

Pression dont la valeur est inférieure à la pression atmosphérique.

Unterdruck

Druck, dessen Wert unter dem Atmosphärendruck liegt.

vacuum advance *(See Ill. 24 p. 260)* 1837

commande d'avance à dépression, correcteur d'avance à dépression, régulateur à dépression, avance à dépression, capsule manométrique

La commande d'avance à dépression est fixée sur l'allumeur. Elle comporte une membrane commandée par ressort et qui est reliée au carburateur par une conduite. La dépression régnant dans la tubulure d'admission agit sur la membrane en faisant varier la tension du ressort. La membrane agit à son tour sur le plateau du rupteur en le faisant tourner dans le sens inverse de la rotation de la came provoquant ainsi l'avance à l'allumage. Le correcteur d'avance à dépression est dès lors tributaire de la charge à l'opposé de l'avance centrifuge qui elle dépend du régime-moteur.

Unterdruckversteller, Unterdruckdose, Membrandose, Unterdruckzündverstellung

Der Unterdruckversteller befindet sich am Zündverteiler. Er enthält eine federbelastete Membran, die am Vergaser über eine Schlauchverbindung angeschlossen ist. Der im Ansaugrohr des Motors herrschende Unterdruck wirkt durch Federdruck auf die Membran, die ihrerseits durch Verdrehung der Unterbrecherplatte gegen die Drehrichtung des Nockens eine zusätzliche Frühzündung bewirkt. Die Unterdruckzündverstellung ist also lastabhängig im Gegensatz zum drehzahlabhängigen Fliehkraftversteller.

vacuum advance control = vacuum advance

vacuum advance-retard mechanism = vacuum advance

vacuum advance unit 1838

capsule avance

Capsule manométrique pour le

Frühdose

Membrandose (Unterdruckdose) zur

(Capsule manométrique pour le) réglage à charge partielle dans le sens de l'avance.

(Membrandose (Unterdruckdose) zur) Teillastverstellung in Richtung früh.

vacuum capsule = vacuum advance

vacuum control = vacuum advance

vacuum cylinder 1839

cylindre à dépression
Cylindre de l'assistance de freinage à dépression divisé en deux chambres par le piston.

Vakuumzylinder
Vakuumteil in einem Unterdruckbremskraftverstärker, der durch den Vakuumkolben in zwei Räume geteilt ist.

vacuum distillation 1840

distillation sous vide
Distillation sous vide du résidu atmosphérique du pétrole distillé sous pression normale et qui fournit notamment du gas-oil, des huiles lubrifiantes et un résidu court (bitume, asphalte ou brai).

Vakuum-Destillation
Destillation im Vakuum des Rückstandes aus der Normaldruck-Destillation von Erdöl, wobei man schweres Dieselöl, Schmieröle und einen weiteren Rückstand (Bitumen, Asphalt) erhält.

vacuum door locking 1841

condamnation à dépression
Système de condamnation de toutes les portes d'un véhicule commandé par la dépression régnant dans la pipe d'aspiration du moteur (cfr. verrouillage central des portes).

unterdruckgesteuerte Zentralverriegelung
Verriegelungsanlage zum Verschließen aller Wagentüren, die durch den Unterdruck im Saugrohr des Motors gesteuert wird (s. unter Zentralverriegelung).

vacuum feed device 1842

exhausteur, élévateur d'essence
Dans certains anciens modèles d'automobile, appareil à dépression qui puise l'essence dans le réservoir principal et l'élève dans un petit réservoir supplémentaire appelé nourrice, se trouvant en charge sur le carburateur.

Unterdruckförderer
Unterdruckgesteuerte Vorrichtung, die bei alten Automodellen den Kraftstoff aus dem Benzintank in einen Fallbehälter über dem Vergaser ansaugt.

vacuum gage (US) 1843

dépressiomètre
Manomètre qui se branche généralement sur le collecteur d'admission entre le carburateur et le moteur.
Tout moteur à explosion fonctionnant tel un compresseur, qui aspire et comprime un mélange

Unterdruckprüfer, Unterdrucktester, Unterdruckmesser
Manometer, das sich am Einlaßkrümmer zwischen Vergaser und Motor anschließen läßt.
Nachdem der Verbrennungsmotor ähnlich einem Kompressor arbeitet, der ein Gasgemisch ansaugt und verdichtet,

(qui aspire et comprime un mélange) gazeux, une fuite se traduirait par une chute de rendement. C'est grâce au dépressiomètre que cette chute peut être évaluée avec précision. De surcroît, il est possible de localiser exactement la fuite ou le défaut du moteur, lorsqu'on observe attentivement les déviations de l'aiguille de l'instrument.
A noter que le dépressiomètre sert aussi à vérifier la pompe à essence.

(ein Gasgemisch ansaugt und verdichtet,) führt jede Undichtheit zu einem Leistungsabfall. Eine solche Undichtheit wird mit dem Unterdruckprüfer gemessen. Außerdem gestattet der Zeigerausschlag die Undichtheit bzw. die Fehlerquelle zu lokalisieren. Mit dem Unterdruckprüfer wird ebenfalls die Funktionsfähigkeit der Kraftstoffpumpe untersucht.

vacuum gauge (GB) = vacuum gage

vacuum hose *(See Ill. 24 p. 260)* **1844**

flexible à dépression
1. Conduit flexible reliant le carburateur au correcteur d'avance à dépression. C'est par ce flexible que la dépression créée dans la cheminée du carburateur se transmet à la membrane du correcteur d'avance.
2. Tuyau reliant la prise de dépression d'un servofrein à la pipe d'admission du moteur.

Unterdruckleitung, Unterdruckschlauch, Vakuumleitung
1. Leitung, die den Vergaser mit dem Unterdruckversteller verbindet. Über diese Leitung wirkt der im Vergaserdurchlaß erzeugte Unterdruck auf die Membran des Unterdruckverstellers ein.
2. Verbindungsschlauch zwischen Bremskraftverstärker und Motor-Saugrohr.

vacuum hose connecting seat **1845**

prise de dépression, raccord de conduite de dépression
Ouverture sur la face avant du servofrein à dépression qui relie ce dernier avec la pipe d'aspiration du moteur par l'intermédiaire d'un flexible à dépression.

Vakuumanschluß
Öffnung im Verstärkergehäuse, die den Bremskraftverstärker über eine druckfeste Vakuumleitung mit dem Motoransaugkrümmer verbindet.

vacuum ignition adjustment = vacuum advance

vacuum-operated timing gear = vacuum advance

vacuum pump **1846**

pompe à vide
Pompe qui dans les moteurs diesel et les moteurs deux temps fournit la dépression nécessaire au servofrein.

Vakuumpumpe
Pumpe, die bei Diesel- und Zweitaktmotoren den Unterdruck für den Bremskraftverstärker erzeugt.

vacuum retard unit **1847**

capsule retard
Dans un correcteur d'avance à

Spätdose
In einem Unterdruckversteller ist der

(Dans un correcteur d'avance à) dépression, la capsule retard vient s'ajouter à la capsule avance et, en dépression, elle agit sur la position angulaire du plateau du rupteur en direction du retard, c'est-à-dire dans le sens de rotation de l'arbre d'allumage. Cette capsule retard est branchée sur la tubulure d'admission du moteur par une seconde conduite à dépression à un endroit situé exactement derrière le papillon des gaz.

(In einem Unterdruckversteller ist der) Frühdose eine Spätdose nachgeschaltet, die bei Unterdruck die Unterbrecherplatte in Richtung spät, d.h. in der Drehrichtung der Verteilerwelle verstellt. Diese Spätdose ist über eine zweite Vakuumleitung separat an das Saugrohr des Motors angeschlossen, gerade hinter der Drosselklappe.

vacuum servo brake 1848

servofrein à dépression
Dispositifs de freinage qui s'intercalent dans les canalisations entre le maître-cylindre et les cylindres récepteurs d'un circuit de freinage hydraulique et qui peuvent amplifier l'effort musculaire que le conducteur exerce sur la pédale. Dans le moteur à essence à quatre temps, le servofrein utilise la dépression engendrée dans la pipe d'admission du moteur à laquelle s'oppose la pression atmosphérique extérieure. Dans les moteurs diesel tout comme dans les moteurs à deux temps, la dépression est créée par une pompe à vide. Ces dispositifs sont soit à commande hydraulique, soit à commande mécanique directe par la pédale de frein. S'il n'y a pas de dépression dans la tubulure d'admission, le dispositif de freinage fonctionne comme un circuit de freinage hydraulique normal.

Unterdruckbremskraftverstärker, Saugluft-Bremskraftverstärker, Saugluftverstärker, Vakuum-Servo-Bremse
Bremsgeräte, die bei hydraulischen Bremsanlagen in die Druckleitung zwischen Hauptzylinder und Radzylindern montiert werden. Sie können die Pedalkraft des Fahrers verdoppeln oder sogar vervierfachen. Zur Verstärkung der aufgebrachten Muskelkraft des Fahrers nutzen sie die Druckdifferenz zwischen dem im Ansaugkrümmer herrschenden Unterdruck und dem atmosphärischen Außendruck beim Viertakt-Ottomotor. Bei Zweitaktern oder Dieselmotoren wird der Unterdruck durch eine Vakuumpumpe erzeugt. Diese Bremsgeräte werden entweder hydraulisch oder mechanisch, d.h. unmittelbar vom Bremspedal gesteuert. Fällt der Unterdruck aus, funktioniert die Anlage wie eine normale Flüssigkeitsbremse weiter.

vacuum spark advance = vacuum advance

vacuum spark advance mechanism = vacuum advance

vacuum timing control = vacuum advance

valve *(See Ill. 17 p. 182)* 1849

1. soupape
2. valve
1. Organe régulateur et obturateur reliant l'intérieur du cylindre

1. Ventil, Pilzventil, Tellerventil
2. Reifenventil
1. Steuerbares Absperrorgan, das den Zylinderraum mit dem Vergaser

(reliant l'intérieur du cylindre) avec le carburateur ou avec l'air libre. Il se compose d'un clapet (champignon, tulipe) à portée tronconique et d'une tige (queue). Les soupapes sont réalisées en acier au chrome, au nickel, au silicium ou au molybdène.

2. Petite soupape à clapet servant au gonflage des pneumatiques. Dans les pneus à chambre, la valve est moulée avec la chambre à air; dans les pneus sans chambre, elle est collée sur la jante étanche à l'air. Elle est soit en caoutchouc, soit en acier.

(Zylinderraum mit dem Vergaser) bzw. der Außenluft verbindet. Es besteht aus dem Ventilteller mit kegeligem Sitz und dem Ventilschaft. Ventile sind aus legiertem Stahl (Chrom, Nickel, Silizium, Molybdän) hergestellt.

2. Kleineres Ventil zum Aufpumpen von Autoreifen. Beim Schlauchreifen sitzt das Ventil auf dem Schlauch und beim schlauchlosen Reifen auf der luftdichten Felge. Es gibt Gummiventile und Metallventile.

valve adjustment = valve setting

valve clearance **1850**

jeu de soupape, jeu de réglage des culbuteurs, jeu de réglage des basculeurs

Jeu entre l'extrémité de la tige de soupape et la commande d'ouverture, la soupape étant fermée. Ce jeu est nécessaire, car la tête de soupape doit toujours avoir une assise étanche parfaite sur son siège malgré les imprécisions du montage et la dilatation thermique auxquelles la tige est soumise. Selon les instructions du fabricant, le jeu est réglé soit avec moteur chaud, soit avec moteur froid. Si le jeu est insuffisant, les soupapes ne sont plus étanches, ce qui occasionne des pertes de compression et diminue la puissance du moteur. De surcroît le manque d'étanchéité de la soupape d'admission peut provoquer des retours de flamme au carburateur par la pipe d'admission. Enfin les têtes et les sièges se détériorent par manque de dissipation thermique. En cas de jeu excessif, le remplissage du cylindre laisse à désirer, car

Ventilspiel

Spiel zwischen Ventilschaftende und Ventilantrieb bei geschlossenem Ventil. Das Ventilspiel ist notwendig, weil der Ventilteller trotz Montageungenauigkeiten und Wärmeausdehnung des Ventilschaftes auf dem Ventilsitz gasdicht aufliegen muß.

Nach Anweisung des Herstellwerkes wird das Ventilspiel bei kaltem oder warmem Motor eingestellt. Ist das Ventilspiel zu klein, schließen die Ventile nicht mehr dicht und aus mangelhafter Verdichtung ergeben sich Leistungsverluste. Ferner schlagen die Flammen durch das undicht gewordene Einlaßventil in die Saugleitung und können dadurch einen Vergaserbrand auslösen. Schließlich werden Ventilteller und Ventilsitz durch ungenügende Wärmeabfuhr rasch zerstört. Bei zu großem Spiel ergibt sich eine schlechte Zylinderfüllung, weil die Ventile zu spät öffnen und zu früh schließen, was zu einem Leistungsabfall führt.

(cylindre laisse à désirer, car) l'ouverture de la soupape d'admission se fait en retard et sa fermeture en avance, ce qui aboutit à une perte de puissance.

(zu einem Leistungsabfall führt.)

valve clearance adjustment = valve setting

valve control 1851

commande à soupapes

Type de commande d'un moteur à explosion grâce auquel l'ouverture et la fermeture des conduits d'admission et d'échappement s'opèrent par des soupapes champignons.

Ventilsteuerung

Steuerungsart in einem Verbrennungsmotor, wobei das Öffnen und Schließen der Gaskanäle durch Pilz- oder Tellerventile erfolgen.

valve core 1852

obus de valve

Clapet d'obturation de la valve d'un pneumatique. L'obus conventionnel est à ressort; l'obus plus court, de fabrication française, en est dépourvu. Il s'enfonce sous l'action de l'aiguille de la valve (tige de valve).

Luftventileinsatz, Ventileinsatz

Verschlußstück im Reifenventil. Die konventionelle Ausführung hat eine Feder, der kleinere Einsatz französischer Bauart hat keine. Der Ventileinsatz wird mit Hilfe einer Ventilnadel eingedrückt.

valve disc = valve head

valve extractor = valve spring lifter

valve face = valve mating surface

valve gear cover = rocker cover

valve gear mechanism 1853

mécanisme de distribution

Organes de commande d'ouverture et de fermeture des soupapes depuis l'arbre à cames jusqu'aux culbuteurs ou basculeurs.

Ventiltrieb

Steuerungsteile zum Öffnen und Schließen der Ventile von der Nockenwelle bis hin zu den Kipp- bzw. Schwinghebeln.

valve grinder 1854

ventouse

Outil spécial utilisé pour le rodage des soupapes avec de la pâte à roder.

Sauger, Ventileinschleifer, Gummisauger

Sonderwerkzeug zum Einschleifen der Ventile mit Schleifpaste.

valve guide 1855

guide de soupape

Cylindre dans lequel coulisse la queue de la soupape et généralement

Ventilführung

Zylinder, in dem sich der Ventilschaft bewegt. Er ist in einer Bohrung des Zy-

(queue de la soupape et généralement) (bewegt. Er ist in einer Bohrung des Zy-)

emmanché à force dans un alésage du bloc-moteur. Les guides usés ne garantissent plus une assise concentrique de la soupape sur son siège et sont à l'origine d'une surconsommation d'huile, car l'huile moteur pénètre le long des guides usés dans les collecteurs d'aspiration et d'échappement ainsi que dans la chambre de combustion. Lorsqu'une soupape doit être remplacée, le remplacement du guide de soupape s'impose de même.

linderblocks eingepreßt. Verschlissene Ventilführungen gewährleisten keinen konzentrischen Ventilsitz und führen zu hohem Ölverbrauch, weil das Schmieröl über die ausgeschlagenen Ventilführungen in den Ansaug- und Auspuffkrümmer sowie in den Verbrennungsraum gelangen. Wird das Ventil ausgetauscht, so muß die Ventilführung ebenfalls ausgewechselt werden.

valve head *(See Ill. 18 p. 206)* **1856**

clapet, champignon, tulipe, tête de soupape
Partie supérieure de la soupape de forme tronconique. Son angle d'appui est en général de 45°, rarement de 30°.

Ventilteller
Kegelförmiger Oberteil des Ventils. Meist hat der Kegel einen Winkel von 45°, seltener 30°.

valve-in-head = drop valve

valve-in-the-head engine = overhead-type engine

valve holder **1857**

appareil de retenue de soupape
Outil spécial servant à maintenir une soupape fermée afin qu'elle ne tombe pas dans le cylindre lors du remplacement du ressort.

Ventilhalter
Sonderwerkzeug zum Halten des geschlossenen Ventils, damit es beim Ausbau der Ventilfeder nicht in den Zylinder fällt.

valve lap **1858**

ouverture simultanée, chevauchement des soupapes, croisement des temps d'ouverture
La soupape d'admission commence à s'ouvrir alors que le soupape d'échappement n'est pas entièrement refermée. Le temps durant lequel les deux soupapes sont ouvertes est si court qu'un retour au carburateur des gaz d'échappement est exclu. On obtient de cette manière une meilleure cylindrée particulièrement en régime élevé.

Ventilüberdeckung
Das Einlaßventil öffnet, während das Auslaßventil noch nicht ganz geschlossen ist. Die Zeitspanne, in der beide Ventile geöffnet sind, ist so kurz bemessen, daß ein Rückschlagen der Abgase in den Vergaser ausgeschlossen ist. Auf diese Weise wird eine bessere Füllung der Zylinder mit Frischgas bei hoher Drehzahl erzielt.

valve mating surface 1859

portée de soupape
Portée de la tête de la soupape reposant sur le siège de soupape ménagé dans la culasse.

Ventilsitzfläche, Ventildichtfläche, Ventilauflagefläche
Ringförmiger Teil des Ventiltellers, der auf dem Ventilsitz des Zylinderkopfes ruht.

valve needle = float needle

valve-opening pressure = nozzle-opening pressure

valve operating chain = timing chain

valve play = valve clearance

valve push rod *(See Ill. 17 p. 182)* 1860

tige de poussoir
La tige de poussoir transmet au culbuteur le mouvement alternatif que lui imprime la came de commande.

Stoßstange
Die Stoßstange überträgt die Drehbewegung der Nocken auf den Ventilkipphebel.

valve refacer 1861

rectifieuse de soupapes
Rectifieuse avec laquelle on refait la portée d'une soupape en observant un angle de 44° au lieu de 45° afin d'obtenir une assise étanche plus rapide de la soupape sur son siège.

Ventilschleifmaschine
Schleifmaschine zur Instandsetzung von Ventilen. Der Ventilteller wird normalerweise unter einem Winkel von 44° statt 45° nachgearbeitet, damit ein rascheres Dichtschlagen in den Ventilsitz erreicht wird.

valve remover = valve spring lifter

valve reseating 1862

rectification de siège de soupape
La rectification du siège de soupape s'effectue sous un angle donné (46° ou 31°) par enlèvement de matière réduit au minimum. Le siège rectifié est alors enduit d'une pâte spéciale permettant de contrôler la portée de la soupape.

Ventilsitzfräsen
Fräsvorgang am Ventilsitz in einem bestimmten Winkel (46° oder 31°) bzw. unter sparsamster Materialabnahme. Anschließend wird der Ventilsitz mit Tuschierpaste bestrichen und das Tragbild des wieder eingeführten Ventils geprüft.

valve rocker = rocker arm

valve rocker arm = rocker arm

valve rocker cover = rocker cover

valve rod = valve shaft

valve rotator 1863

rotocap
Dispositif conçu pour faire tourner la soupape à chaque ouverture en sorte que, celle-ci modifiant sans cesse sa position sur le siège, les résidus de combustion ne s'incrustent pas au même endroit.

Ventildrehvorrichtung
Vorrichtung, die bei jeder Öffnung des Ventils dieses um seine Achse weiterdreht, damit die Verbrennungsrückstände nicht immer an derselben Stelle einschlagen.

valve seat 1864

siège de soupape
Surface de contact de la soupape sur le cylindre. Un portage impeccable de la soupape sur son siège garantit une étanchéité parfaite et de bonnes conditions de dissipation thermique. Les sièges sont fraisés à 45°, rarement à 30°. De surcroît les deux bords présentent un chanfrein de 15° et 75°. La largeur du siège est généralement de 1,25 à 1,50 mm pour la soupape d'admission et de 1,60 à 2,50 mm pour la soupape d'échappement. Habituellement le siège de la soupape d'échappement est plus large que celui de la soupape d'admission afin de permettre une meilleure dissipation thermique à la soupape d'échappement plus chaude.

Ventilsitz
Berührungsfläche des Ventils mit dem Zylinder. Ein einwandfreier Ventilsitz gewährleistet das vollkommene Abdichten des Ventils sowie eine gute Wärmeabführung. Die üblichen Winkel am Ventilsitz betragen 45° oder seltener 30°. Außerdem sind beide Ventilsitzkanten mit 15° bzw. 75° abgeschrägt. Die Ventilsitzbreite stellt sich auf 1,25 bis 1,50 beim Einlaßventil und auf 1,60 bis 2,50 mm beim Auslaßventil. Im allgemeinen ist der Sitz des Auslaßventils breiter als derjenige des Einlaßventils, um bei den heißeren Auslaßventilen eine bessere Wärmeabfuhr zu gewährleisten.

valve seat grinding set 1865

jeu de fraises pour sièges de soupape
Jeu de fraises pour le fraisage et la rectification de sièges de soupape.

Ventilsitzfräser-Satz
Fräsersatz zum Fräsen und Korrigieren von Ventilsitzen.

valve seat grinding tool 1866

dispositif de tournage pour sièges de soupape
Dispositif qui se boulonne sur une culasse et qui, équipé d'un outil de tournage, permet de refaire un siège de soupape endommagé.

Ventilsitzdrehwerkzeug, Ventilsitzdrehvorrichtung
Vorrichtung, die auf dem Zylinderkopf verschraubt wird und das Nacharbeiten von ausgeschlagenen bzw. verbrannten Ventilsitzen mit einem Drehmeißel vollführt.

valve seat insert 1867

siège de soupape rapporté
Les sièges rapportés sont réalisés en acier au chrome-nickel, au

Ventilsitzring
Ventilsitzringe sind aus Chrom-Nickel-Stahl, Chrom-Mangan-Stahl, Kupfer-

(en acier au chrome-nickel, au) chrome-manganèse, en alliages cuivre-étain, en fonte centrifugée ou en métal dur et sont en général emmanchés à force et sertis.

(Stahl, Chrom-Mangan-Stahl, Kupfer-) Zinn-Legierungen, Schleuderguß oder Hartmetall hergestellt und werden in den Zylinderkopf eingepreßt.

valve setting **1868**

réglage des jeux aux soupapes, réglage des soupapes, réglage des culbuteurs
Réglage du jeu entre la tige de soupape et la pièce de commande du mouvement de la soupape (culbuteur, doigt de poussée, came), la soupape étant fermée. A cet effet on se sert d'un jeu de cales d'épaisseurs et le réglage s'effectue fréquemment par vis et contre-écrous ou par vis autobloquantes. Dans les moteurs ACT à poussoirs, on règle les jeux aux soupapes an ajoutant ou en retirant des rondelles ou pastilles calibrées. Parfois il suffit de régler simplement une vis à six pans creux montée transversalement dans le poussoir. Dans certains cas le démontage de l'arbre à cames s'impose.

Ventileinstellung, Ventilspieleinstellung
Spieleinstellung bei geschlossenem Ventil zwischen Ventilschaftende und Betätigungselement (Kipphebel, Schwinghebel, Nocken) mittels einer Spaltlehre häufig durch Verdrehen einer Stellschraube mit Gegenmutter oder durch selbstsichernde Einstellmutter. Bei obenliegender Nockenwelle mit Tassenstösseln erfolgt die Ventilspieleinstellung durch Wegnehmen oder Hinzufügen von kalibrierten Beilagescheiben oder mittels einer im Stößel querliegenden Innensechskantschraube. Bei einigen Motorausführungen muß die Nockenwelle abmontiert werden.

valve shaft *(See Ill. 18 p. 206)* **1869**

tige de soupape, queue de soupape
Partie de la soupape reliée à la tête par un congé à grand rayon.

Ventilschaft, Ventilspindel
Der Ventilschaft ist mit dem Ventilteller durch eine Abrundung (Kehlung) verbunden.

valve shaft seal **1870**

bague de rejet d'huile, joint d'étanchéité de soupape, bague de retenue d'huile
Joint souple devant s'opposer à un passage d'huile excessif par le guide de la soupape.

Ventilschaftabdichtung, Ventilabdichtring
Abdichtung, die einen übermäßigen Öleintritt über die Ventilführung verhüten soll.

valve spindle = valve shaft

valve spring *(See Ill. 17 p. 182, Ill. 18 p. 206)* **1871**

ressort de soupape
Ressort hélicoïdal fermant et maintenant la soupape sur son siège. Il s'appuie sur le guide d'un côté et

Ventilfeder
Schraubendruckfeder, die das Ventil schließt und auf seinem Sitz festhält. Sie stützt sich auf die Ventilführung

(Il s'appuie sur le guide d'un côté et) sur la coupelle de l'autre. Si le ressort de soupape est avachi ou cassé, l'étanchéité de la soupape n'est plus assurée.

(Sie stützt sich auf die Ventilführung) und Ventilfederplatte ab. Ist die Ventilfeder lahm oder gebrochen, schließt das Ventil nicht mehr richtig.

valve spring cup = valve spring retainer

valve spring compressor = valve spring lifter

valve spring lifter 1872

démonte-soupapes, lève-soupapes
Outil spécial servant à comprimer le ressort des soupapes au démontage et au montage.

Ventilfederheber
Sonderwerkzeug zum Spannen der Ventilfeder beim Aus- und Einbau.

valve spring retainer 1873

cuvette, coupelle
Pièce se trouvant à l'extrémité de la tige de soupape et sur laquelle le ressort prend appui.

Ventilfederplatte, Ventilfederteller
Die Ventilfederplatte sitzt am Ventilschaftende und dient der Abstützung der Ventilfeder.

valve stem = valve shaft

valve tappet *(See Ill. 17 p. 182)* 1874

poussoir
Les poussoirs s'intercalent avec leur tige et le culbuteur entre les cames de l'arbre de distribution et les soupapes.

Ventilstößel, Nockenstößel
Ventilstößel bzw. Nockenstößel verbinden die Nockenwelle mit den Ventilen über eine Stoßstange und einen Kipphebel.

valve timing = valve setting

valve-timing diagram 1875

épure de distribution, diagramme de distribution
Diagramme dans lequel figurent les temps d'ouverture et de fermeture des soupapes par rapport à la circonférence décrite par le vilebrequin.

Steuerdiagramm, Steuerzeitendiagramm
Das Steuerdiagramm gibt Aufschluß über die Öffnungs- und Schließzeiten (Steuerzeiten) der Ventile, bezogen auf die Winkellage der Kurbelwelle.

vanity mirror = make-up mirror

vaporizing chamber = mixing chamber

vapor lock (US) 1876

tampon de vapeur, bouchon de vapeur, poche de vapeur, vapour-lock
Panne d'alimentation en carburant

Dampfblasenbildung
Unterbrechung der Benzinzufuhr durch Dampfblasenbildung, die auf eine Überhitzung des Vergasers oder der Ben-

(Panne d'alimentation en carburant) due à l'échauffement du carburateur ou de la pompe à essence.
De même les gouttelettes d'eau que recèle le liquide de freinage peuvent très bien former une poche de vapeur dans la canalisation hydraulique par suite de l'échauffement résultant d'un freinage trop long et trop sec.
Cette poche de vapeur se laisse facilement comprimer en sorte que l'effet de freinage à la pédale perd de son efficacité.

(hitzung des Vergasers oder der Ben-) zinpumpe zurückzuführen ist. Auch die in der Bremsflüssigkeit enthaltenen Wassertröpfchen können durch Überhitzung bzw. langes und scharfes Bremsen zu einer Dampfblasenbildung in der Bremsleitung führen. Diese Dampfblasen lassen sich zusammendrücken, und die Bremswirkung läßt nach.

vapour lock (GB) = vapor lock

variable-choke carburetor (US) = variable-venturi carburetor

variable interval intermittent wipe = intermittent wiping

variable-venturi carburetor (US) 1877

carburateur à diffuseur variable
Carburateur inversé à pression constante et à diffuseur de section variable. Dans ce type de carburateur, une aiguille de dosage conique, commandée par une soupape, plonge dans le gicleur principal dont elle modifie la section de passage selon la charge et le régime du moteur.

variabler Venturi-Vergaser, VV-Vergaser
Fallstrom-Gleichdruckvergaser mit veränderlichem Lufttrichterquerschnitt. Bei dieser Ausführung ragt eine kegelige, von einem Venturiventil gesteuerte Düsennadel in die Hauptdüse. Der Ringspalt zwischen Düsennadel und Hauptdüse ändert sich je nach Belastung und Drehzahl des Motors.

variable-venturi carburettor (GB) = variable-venturi carburetor

variomatic® 1878

transmission variomatic, système DAF
Transmission automatique dans laquelle le couple moteur est transmis par deux courroies trapézoïdales chaussant chacune une poulie conique motrice et une poulie conique réceptrice. Les poulies coniques sont constituées d'un flasque mobile et d'un flasque fixe. Grâce à cette organisation, le rapport des diamètres peut varier par le déplacement axial des flasques mobiles. Les poulies motrices sont commandées par la

DAF-Variomatic-Getriebe, Keilriemenautomatik, stufenloses Getriebe
Automatisches Getriebe, bei dem die Kraftübertragung durch zwei Keilriemen erfolgt, die je auf einer Antriebs- und Abtriebsscheibe laufen. Die Keilriemenscheiben (Konusscheiben, Kegelscheiben) besitzen je eine feststehende und eine bewegliche Scheibenhälfte. Aufgrund dieser Anordnung kann der wirksame Scheibendurchmesser durch axiales Verstellen der beweglichen Scheibenhälften verändert werden. Die Antriebsscheiben werden durch den Unterdruck im Ansaugrohr über Flieh-

(motrices sont commandées par la) dépression régnant dans la pipe d'admission via des masselottes centrifuges et des cylindres à dépression. Ford (Fiesta CTX) et Fiat (Uno Selecta) ont adopté ce système en remplaçant les courroies trapézoïdales par des courroies métalliques à maillons.

(Unterdruck im Ansaugrohr über Flieh-) gewichte und Vakuumzylinder gesteuert. Ford (Fiesta CTX) und Fiat (Uno Selecta) haben das System übernommen und ersetzten die DAF-Keilriemen durch haltbare Metallgliederbänder.

varnish 1879

vernis incolore
Revêtement incolore de peinture métallisée par application en deux couches. Il a pour but d'enrober les paillettes d'aluminium saillantes et de donner un fini brillant.

Klarlack
Lacküberzug bei der Metalleffektlackierung. Er soll die herausragenden Aluminium-Teilchen versiegeln und den Decklack auf Hochglanz bringen.

vee-engine 1880

moteur à cylindres en V
Moteur à explosion comportant deux rangées de cylindres disposées en V. Il peut s'agir d'une version à quatre, six ou huit cylindres.

V-Motor
Verbrennungsmotor mit zwei Zylinderreihen, die ein V bilden. Es kann ein Vier-, Sechs- oder Achtzylindermotor sein.

vegetable oil 1881

huile végétale
Huile ayant un point d'inflammation élevé et un bas point de solidification telle que l'huile de ricin. Elle est utilisée dans les moteurs de voitures de compétition soumis à des conditions très sévères.

Pflanzenöl
Öl mit hohem Flammpunkt und niedrigem Stockpunkt wie z.B. Rizinusöl. Es eignet sich besonders für schwere Betriebsbedingungen wie bei Rennwagenmotoren.

vehicle body = bodyshell

vehicle height 1882

hauteur de véhicule
Hauteur du véhicule non chargé, y compris capote, galerie porte-bagages, etc.

Fahrzeughöhe, Höhe (unbelastet)
Höhe des Fahrzeuges im unbelasteten Zustand einschließlich Verdeck, Gepäckgitter usw.

vehicle length 1883

longueur hors tout
La longueur hors tout d'un véhicule s'entend y compris les pare-chocs. Pour les remorques, les dimensions sont indiquées "avec

Fahrzeuglänge, Länge über alles
Die Fahrzeuglänge wird einschließlich der Stoßfänger gemessen. Bei Anhängern werden die Masse „mit Zuggabel" und „ohne Zuggabel" angegeben, wo-

(dimensions sont indiquées "avec) flèche de remorque" et sans "fléche de remorque", cette dernière mention figurant entre parenthèses.

(und „ohne Zuggabel" angegeben, wo-) bei das Maß „ohne Zuggabel" eingeklammert ist.

vehicle width 1884

largeur hors tout
Largeur du véhicule calculée hors tout, c'est-à-dire y compris les moyeux, les ailes, les poignées, etc.

Fahrzeugbreite, Breite über alles
Breite des Fahrzeuges über alles einschließlich Radnaben, Kotflügel, Türgriffen usw.

vent hole = petrol tank breather

vent screw = bleeder screw

ventilator = fan

venturi *(See Ill. 8 p. 84)* 1885

1. venturi, diffuseur
2. ensemble venturi, porte-clapet
1. Partie de la chambre de mélange du carburateur dont la section rétrécie a pour but de ne laisser qu'une faible ouverture au passage de l'air et de provoquer de ce fait son accélération. En général on trouve deux chiffres gravés sur le diffuseur qui sont une référence au diamètre extérieur et au diamètre intérieur à l'endroit le plus étroit.
2. Pièce constitutive d'un régulateur pneumatique de moteur diesel.

1. Lufttrichter, Mischkanal
2. Klappenstutzen
1. Teil der Mischkammer im Vergaser, der aufgrund seines eingeengten Querschnittes den Luftstrom durch eine schmale Öffnung fließen läßt und ihn somit beschleunigt. Auf dem Lufttrichter sind zwei Zahlen eingraviert, die auf den Außen- bzw. Innendurchmesser an der schmalsten Stelle hinweisen.
2. Hauptbestandteil eines Unterdruckreglers bei Dieselmotoren.

venturi progression hole = bypass bore

vernier caliper = slide caliper

vertical bevel drive 1886

arbre vertical de commande d'arbre à cames
Arbre à pignons coniques de plus en plus rarement utilisé pour la commande de l'arbre à cames.

Königswelle, Zwischenwelle
Welle mit Kegelrädern zum Antreiben der Nockenwelle (veraltete Antriebsart).

vertical shaft = vertical bevel drive shaft

VI improver 1887

additif de viscosité
Additif qui améliore l'indice de viscosité d'une huile lubrifiante en

Viskositätsindexverbesserer, Viskositäts-Temperatur-Verbesserer, VI-Verbesserer
Wirkstoff, der das Viskositäts-Tempe-

(viscosité d'une huile lubrifiante en) la rendant plus insensible aux variations de température (polyméthacrylate, polyisobutylène).

(Wirkstoff, der das Viskositäts-Tempe-) ratur-Verhalten des Schmieröls verbessert, d.h. das Schmieröl temperaturunempfindlicher macht (Polymethacrylat, Polyisobutylen).

vibration damper = resonance damper

vice (GB) = vise

visco-driven fan = viscose radiator fan

viscose radiator fan 1888

ventilateur à accouplement viscostatique, ventilateur à coupleur viscothermostatique, ventilateur à viscocoupleur

Ventilateur à accouplement hydraulique partiellement rempli d'une huile spéciale à base de silicone.

Viskose-Lüfter, Viscolüfter, Lüfter mit Viskosekupplung

Lüfter mit hydraulischer Kupplung, die zum Teil mit silikonhaltigem Spezialöl gefüllt ist.

viscosity 1889

viscosité

Résistance d'un liquide à l'écoulement due au frottement intérieur. La viscosité d'une huile moteur diminue à mesure que sa température augmente et elle varie selon sa catégorie ou "grade".

Viskosität

Zähigkeit eines flüssigen Stoffes infolge innerer Reibung. Die Viskosität eines Schmieröls sinkt mit zunehmender Temperatur und ist je nach Viskositätsklasse verschieden groß.

viscosity index 1890

indice de viscosité

Nombre qui caractérise la sensibilité d'un lubrifiant à la température, pour ce qui concerne la modification de sa viscosité.

Viskositätsindex

Maß für die Temperaturempfindlichkeit eines Schmiermittels in bezug auf die Änderung seiner Viskosität.

viscous-coupled fan = viscose radiator fan

viscous fan = viscose radiator fan

vise (US) 1891

étau

Outil à deux mâchoires coulissant sur vis et permettant de saisir fermement des pièces que l'on désire travailler à la main ou à la machine.

Schraubstock

Werkzeug mit zwei auf Spjndel geführten Backen zum Festhalten von Werkstücken für die Bearbeitung von Hand oder Maschine.

vise-grip = self-grip wrench

voice synthesizer 1892

synthétiseur de parole
Dispositif permettant la reproduction électro-acoustique de la voix humaine par la synthèse de vibrations électriques qui, par l'intermédiaire d'un haut-parleur, sont converties en vibrations mécaniques.

Sprachsynthesizer
Einrichtung für die elektro-akustische Nachbildung der Menschenstimme durch Zusammensetzung elektrischer Schwingungen, die mit einem Lautsprecher in mechanische Schwingungen umgewandelt werden.

volt-ampere tester 1893

volt-ampère-tester
Appareil de contrôle comportant un voltmètre et un ampèremètre et qui, combiné avec une résistance en charge, sert à tester les alternateurs.

Volt-Ampère-Tester
Gerät mit Ampèremeter und Voltmeter, das in Verbindung mit einem Belastungswiderstand zum Testen von Drehstromgeneratoren verwendet wird.

voltage dip = voltage drop

voltage drop 1894

chute de tension
Différence de potentiel relevée entre deux points d'un conducteur ou appareil électrique parcouru par un courant.

Spannungsabfall, Spannungsverlust, Potentialabfall
Spannungsunterschied zwischen zwei Punkten eines stromdurchflossenen elektrischen Leiters oder Geräts.

voltage indicator 1895

contrôleur de tension, détecteur de tension
Lampe-témoin combinée avec un petit tournevis qui permet de détecter une tension sur un fil électrique.

Spannungsprüfer, Autolichtprüfer, Strompüfer
Mit einem kleinen Schraubenzieher kombinierte Glühlampe, die anzeigt, ob eine elektrische Leitung unter Strom steht.

voltage regulator = generator regulator

voltaic cell = galvanic cell

voltmeter 1896

voltmètre
Appareil de mesure de tensions continues et alternatives qui se branche en parallèle sur le circuit. Il peut mesurer des tensions élevées par montage de résistances.

Voltmeter
Meßgerät zur Ermittlung von elektrischen Gleich- und Wechselspannungen. Voltmeter werden im Stromkreis parallel geschaltet. Höhere Spannungen werden durch Dazwischenschalten eines Widerstandes gemessen.

volt-tester probe = voltage indicator

volume screw = idle mixture control screw

volumetric efficiency 1897

rendement volumétrique, coefficient de remplissage
Rapport entre le volume de mélange effectivement aspiré à l'admission et le volume théorique qu'il pourrait atteindre lorsque le piston est au point mort bas. A très haut régime, les cylindres ne "repirent" plus aussi facilement et ils ont du mal à aspirer le flux gazeux. De ce fait, le rendement volumétrique peut chuter considérablement à 50% par exemple. Cela signifie qu'ils ne sont plus qu'à moitié pleins. On peut améliorer le rendement volumétrique en élargissant la lumière ou le collecteur d'admission de même qu'en recourant à des carburateurs à deux ou plusieurs corps.

volumetrischer Wirkungsgrad, Füllungsgrad, Zylinderfüllungsgrad, Liefergrad
Verhältnis des tatsächlichen Luft-Kraftstoffvolumens im Zylinder beim Einlaßhub zum idealen Volumen, wenn der Kolben beim unteren Totpunkt steht. Bei ganz hohen Drehzahlen kann der Motor sozusagen in Atemnot geraten, d.h. er kann das Gemisch nicht mehr richtig ansaugen. Der volumetrische Wirkungsgrad sinkt dann erheblich z.B. auf 50%, und die Zylinder sind in dem Falle nur noch halb voll. Breitere Einlaßöffnungen oder breitere Einlaßkrümmer sowie der Einbau von Doppel- oder Mehrfachvergasern erhöhen den volumetrischen Wirkungsgrad.

volute casing 1898

carter en spirale
Carter d'un turbocompresseur à gaz d'échappement par lequel le mélange air-essence ou l'air s'achemine en surpression vers les cylindres.

Spiralgehäuse
Wendelförmiges Gehäuse in einem Abgasturbolader, wodurch das Frischgas oder die Luft bei erhöhtem Druck zu den Zylindern strömt.

vulcanite = ebonite

vulcanization 1899

vulcanisation
Opération de fabrication du caoutchouc par addition de soufre, afin qu'il obtienne une consistance suffisante.

Vulkanisation
Verfahren zur Herstellung von Gummi aus Kautschuk durch Zugabe von Schwefel, damit er die erforderliche Konsistenz erhält.

vulcanized fiber 1900

fibre vulcanisée
Matière plastique très résistante aux contraintes mécaniques et qui est obtenue par le traitement de la cellulose dans une solution de chlorure de zinc.

Vulkanfiber
Strapazierfähiger Kunststoff, der durch Behandlung von Zellstoffbahnen mit Chlorzinklösung hergestellt wird.

VV carburetor = variable-venturi carburetor

wand antenna (US) 1901

antenne fouet
Antenne flexible d'une seule pièce en acier ou en fibre de verre avec âme en fil métallique.

Rutenantenne
Einteilige, biegsame Antenne aus Stahl oder Fiberglas. Bei den Fiberglasausführungen besteht die Seele aus einer Antennenlitze.

Wankel engine = rotary piston engine

warm-running compensator 1902

correcteur de réchauffage, régulateur de pression de commande
Régulateur de pression relié au doseur-distributeur de carburant d'un système d'injection continue d'essence K-Jetronic. Son but est de régler la pression de commande agissant sur le piston de commande. Lorsque le moteur est chaud, il maintient la pression de commande à un niveau constant, mais cette pression baisse lorsque le moteur est froid, ce qui a pour effet d'enrichir le mélange.

Warmlaufregler, Steuerdruckregler
Druckregler, der über eine Verbindungsleitung mit dem Kraftstoffmengenteiler einer kontinuierlichen Benzineinspritzanlage K-Jetronic verbunden ist. Seine Aufgabe ist es, den Steuerdruck zu regeln, der auf den Steuerkolben wirkt. Bei warmem Motor hält er den Steuerdruck konstant, jedoch wird er bei kalter Maschine herabgesetzt, so daß ein fetteres Gemisch erzeugt wird.

warm-up regulator = warm running compensator

warning buzzer 1903

vibreur, ronfleur
Petit appareil avertisseur fonctionnant selon le principe de la sonnette électrique. Il rappelle par exemple au conducteur qu'il a omis d'éteindre ses projecteurs lors de l'ouverture de sa portière.

Warnsummer
Kleines Signalgerät, das nach dem Prinzip der elektrischen Klingel arbeitet. Ein Warnsummer erinnert z.B. den Autofahrer an die noch brennenden Scheinwerfer beim Öffnen der Wagentür.

warning triangle 1904

triangle de présignalisation
Appareil repliable qui doit se placer à une distance déterminée d'un véhicule en panne. Dans la plupart des pays, le triangle de présignalisation fait partie de l'équipement de bord obligatoire.

Warndreieck, Pannenwarndreieck
Aufstellbares Warngerät zur Absicherung von Pannenfahrzeugen. In vielen Ländern ist das Mitführen eines Warndreiecks obligatorisch.

washer bottle 1905

réservoir de liquide
Réservoir faisant partie l'équipement d'un lave-glace de pare-brise.

Vorratsbehälter
Flüssigkeitsbehälter einer Scheibenwaschanlage.

washer jet 1906

gicleur de lave-glace

Gicleur qui, dans un système de lave-glace à commande électrique ou pneumatique, est orienté vers le pare-brise pour pouvoir l'asperger.

Spritzdüse

Der Windschutzscheibe zugewandte Düse, die in einer elektrisch oder pneumatisch betriebenen Scheibenwaschanlage das Scheibenwaschmittel auf die Scheibe spritzt.

waste oil = used oil

water cooling *(See Ill. 28 p. 362)* 1907

refroidissement par eau

Refroidissement par circulation d'eau. On distingue la circulation par thermosiphon provoquée par la différence de densité entre l'eau chaude et l'eau froide et la circulation par pompe, auquel cas l'eau est pompée dans le bloc-moteur et reflue dans le radiateur.

Le refroidissement est plus sûr et plus homogène à toutes les allures dans un moteur refroidi par eau que dans un moteur refroidi par air. De même le niveau sonore est bien meilleur grâce à la présence de chemises d'eau. Toutefois le moteur refroidi par eau n'atteint que très lentement sa température de fonctionnement, ce qui augmente sa consommation en carburant, mais une fois à l'arrêt il la conserve plus longuement. Il est aussi sujet à toute une série de pannes telles que les dégâts dus au gel, l'entartrage, la surchauffe du moteur par suite de manque d'eau, la corrosion et surtout les fuites.

Wasserkühlung

Umlaufkühlung, bei der das Wasser in einem Kreislauf zirkuliert. Der Umlauf erfolgt entweder aufgrund des Temperaturunterschiedes zwischen kaltem und warmem Wasser (Thermosiphonkühlung) oder durch Zwangsumlaufkühlung, wobei das Wasser durch eine Wasserpumpe in den Zylinderblock gefördert wird und in den Kühler zurückläuft.

Bei wassergekühlten Motoren ist die Kühlwirkung sicherer und gleichmäßiger bei allen Drehzahlen als bei luftgekühlten Motoren. Auch ist die Geräuschdämpfung und die Laufruhe des wassergekühlten Motors besser. Dieser erreicht jedoch seine Betriebstemperatur nur sehr langsam, und dies macht sich im Kraftstoffverbrauch bemerkbar. Dafür bleibt er im Stillstand längere Zeit warm. Einige Störungen wie Frostschäden, Kesselsteinansatz, Überhitzung des Motors durch Wassermangel, Korrosion und Undichtheiten können mit der Zeit zum Vorschein treten.

water galleries *(See Ill. 28 p. 362)* 1908

chemise d'eau

Cavité ménagée autour des cylindres et de leur culasse, dans laquelle circule l'eau de refroidissement d'un moteur refroidi par eau.

Zylinderwassermantel, Kühlwassermantel

Bei wassergekühlten Motoren sind Zylinderblock und Zylinderkopf doppelwandig gebaut, so daß der Hohlraum mit Kühlwasser gefüllt ist.

water pump *(See Ill. 17 p. 182, Ill. 28 p. 362)* **1909**

pompe à eau
La pompe à eau est en règle générale commandée par le moteur à l'aide d'une courroie et elle sert à faire circuler le liquide de refroidissement dans toutes les parties du moteur. Dans le circuit de refroidissement, elle se situe entre la tubulure de sortie d'eau et les chemises d'eau du bloc-cylindres.

Wasserpumpe, Kühlwasserpumpe, Kühlmittelpumpe
Die Wasserpumpe wird generell über Riementrieb durch den Motor betätigt. Der Wasserumlauf erfolgt zwangsläufig in allen Motorteilen. Die Wasserpumpe sitzt zwischen dem Kühlerauslaufstutzen und dem Zylinderwassermantel.

water pump grease **1910**

graisse pour pompe à eau
Graisse spéciale qui a la propriété de ne pas se dissoudre dans l'eau.

Wasserpumpenfett
Spezialfett für Wasserpumpen, das im Wasser nicht lösbar ist.

water pump plier **1911**

pince multiprise, pince polygrip, pince bicroc
Pince à mâchoires dentées et articulation coulissante.

Wasserpumpenzange
Greifzange mit Gleitgelenk.

water temperature gage (US) **1912**

indicateur de température d'eau
Appareil fixé sur le tableau de bord et indiquant la température de l'eau de refroidissement. Il peut s'agir d'un appareil électrique ou simplement d'un manomètre à tuyau élastique relié à une sonde de température immergée. A mesure que la température de l'eau augmente, l'aiguille se met à bouger sous l'effet de la dilatation d'alcool dénaturé présent dans le circuit.

Kühlwasser-Fernthermometer, Fernthermometer
Temperaturmesser am Armaturenbrett, der die Kühlwassertemperatur anzeigt. Bei der einen Art handelt es sich um einen Rohrfederdruckmesser, der mit einem im Kühlwasser eingetauchten Temperaturfühler verbunden ist. Mit zunehmender Kühlwassertemperatur rührt sich der Zeiger des Druckmessers durch die Ausdehnung von vergälltem Alkohol im geschlossenen System. Bei der anderen Bauart erfolgt die Anzeige auf elektrischem Wege.

water temperature gauge (GB) = water temperature gage

water tube *(See Ill. 28 p. 362)* **1913**

tube à eau
Dans un radiateur, les boîtes à eau supérieure et inférieure sont reliées entre elles par un faisceau de tubes qui, dans la plupart des cas, sont réunis par des ailettes de refroidissement et à travers lesquels l'eau de refroidissement circule.

Wasserrohr
In einem Kühler sind der obere und der untere Wasserkasten durch Wasserröhrchen verbunden, durch die das Kühlwasser strömt. Diese meist mit Kühlblechen versehenen Wasserröhrchen bilden den Kühlerkern.

waterproof glass paper = wet-and-dry paper

watt 1914

watt
Unité de puissance électrique. 1 watt = 1 volt X 1 ampère.

Watt
Einheit der elektrischen Leistung. 1 Watt = 1 Volt x 1 Ampère.

wax-type thermostat 1915

thermostat à cire, thermostat à papillon
Dans le thermostat à cire, on trouve un piston garni de caoutchouc au centre d'un cylindre en laiton parfaitement étanche et rempli d'une matière dilatable semblable à la cire. Lorsque l'eau se met à chauffer, la matière fond, se dilate et agit sur le piston, qui à son tour ouvre la soupape. Lorsque la température de l'eau baissera, le piston sera repoussé par un ressort de rappel.

Dehnstoff-Thermostat, Wachs-Thermostat
Beim Wachs-Thermostat steht ein in Gummi gebetteter Arbeitskolben mitten in einem druckfesten Messingzylinder, der mit einem wachsartigen Dehnstoff gefüllt ist. Beim Erwärmen schmilzt der Dehnstoff und dehnt sich aus, so daß der Kolben verschoben wird und das Kühlwasserventil öffnet. Sinkt die Wassertemperatur, so drückt eine Rückholfeder den Kolben zurück.

weber 1916

weber
Unité de mesure du flux magnétique (symbole Wb).

Weber
Einheit des magnetischen Flusses (Kurzzeichen Wb).

wedge-type combustion chamber 1917

chambre de combustion en coin
Chambre de combustion de forme compacte, dans laquelle la soupape d'admission et la soupape d'échappement sont disposées en biais et parallèlement l'une à l'autre. Cette forme en coin favorise l'effet d'écrasement de la veine gazeuse entre le piston et la culasse.

keilförmiger Brennraum
Kompakter Brennraum, in dem Einlaß- und Auslaßventil schräg und zugleich parallel zueinander angeordnet sind. Diese keilförmige Bauweise begünstigt die Durchwirbelung des brennfähigen Gemisches zwischen Kolben und Zylinderkopf.

wedge-type piston ring 1918

segment de piston à section en trapèze rectangle
Segment compresseur à section en forme de coin et résistant aux très fortes sollicitations thermiques.

einseitiger Trapezring
Verdichtungsring mit einseitig keilförmigem Querschnitt, der für hohe thermische Beanspruchung eingesetzt wird.

welding 1919

soudure, soudage
Réalisation d'un assemblage de pièces (métaux de même

Schweißung
Herstellung einer unlösbaren Verbindung von Werkstoffen (gleichartigen

(pièces (métaux de même) composition, matières synthétiques) sous pression, par voie thermique ou grâce à la conjugaison de ces deux procédés.

(dung von Werkstoffen (gleichartigen) Metallen, Kunststoffen) durch Druck, Wärmezufuhr oder beides zusammen.

welding transformer 1920

transformateur de soudage
Appareil qui transforme le courant alternatif de secteur en un courant alternatif à basse tension, car la soudure électrique requiert de fortes intensités de courant à basse tension.

Schweißtransformator
Apparat, der die Wechselspannung des Ortsnetzes in einen Wechselstrom niedriger Spannung verwandelt; denn das Elektroschweißen erfordert eine hohe Stromstärke bei niedriger Spannung.

wet cylinder liner 1921

chemise humide
La chemise humide est un cylindre amovible directement en contact avec l'eau de refroidissement, ce qui permet d'obtenir une très bonne dissipation de chaleur. En revanche, si la chemise humide n'est pas parfaitement étanche, l'eau risque de s'infiltrer dans la chambre de combustion ou dans le carter du vilebrequin, où elle se mélangera à l'huile-moteur.

nasse Laufbuchse
Nasse Zylinderlaufbuchsen sind auswechselbare Hohlzylinder. Sie werden direkt vom Kühlwasser umspült und gewährleisten eine gute Kühlung des Motors. Werden sie nicht einwandfrei abgedichtet, so kann das Kühlwasser in den Verbrennungsraum oder in das Schmieröl im Kurbelgehäuse gelangen.

wet-and-dry paper 1922

papier abrasif à l'eau
Papier enduit d'une poudre de verre ou de corindon pour travaux de ponçage et de polissage. La grosseur du grain est indiquée en chiffres sur le papier. Plus le chiffre est élevé, plus le grain est fin. Le gros grain a une capacité de ponçage assez forte, mais il donne une surface rugueuse, tandis que le grain fin lisse mieux la surface au prix d'un plus faible pouvoir abrasi. A présent une nouvelle norme internationale fixe un code de granulation précédé de la lettre "P". Ce nouveau code s'étend jusqu'à la granulation P 1200 correspondant au grain 600 précédemment utilisé.

Universal-Schleifpapier
Papier mit aufgeleimten Glaspulver oder Corundbestreuung zum Schleifen und Glätten. Die Körnung des Schleifpulvers wird in Zahlen auf dem Schleifpapier angegeben, je größer die Zahl, desto feiner das Korn und damit auch das Schleifpapier. Grobe Körnung bedeutet große Schleifleistung und rauhe Oberfläche, feine Körnung dagegen kleine Schleifleistung, jedoch glattes Schleifbild. Neuerdings hat man eine internationale Norm eingeführt, bei der der Körnungszahl der Buchstabe „P“ vorangesetzt wird. Diese P-Reihe reicht bis P 1200 (entspricht 600 bei der alten Körnungskennzeichnung).

wet-type air filter 1923

filtre à air humide

Type de filtre possédant une cartouche filtrante en toile métallique ou en laine d'acier imbibée d'huile et retenant la poussière au passage.

Naßluftfilter, Naßfilter

Der Naßluftfilter hat einen Filtereinsatz aus Metallgewebe oder aus Stahlwolle, der mit Öl benetzt ist.

wheel *(See Ill. 33 p. 440)* 1924

roue

La roue d'un véhicule automobile se compose essentiellement d'un moyeu, d'un voile et d'une jante. Les principaux types de roue sont les modèles à voile plein, à rayons en fil d'acier et en acier moulé. Dans la roue à voile plein, la jante et le voile sont en tôle emboutie, les deux pièces étant réunies par rivets ou plus souvent par soudage. La roue à rayons en fil d'acier se distingue par sa légèreté. Dans cette version la jante et le moyeu sont réunis par des rais croisés en fil d'acier. Quant aux roues en acier moulé, elles sont d'une seule pièce et les modèles en alliage d'aluminium sont particulièrement légers, élégants, tout en conservant une bonne rigidité. Les roues de voiture sont normalisées, leurs caractéristiques étant, dans l'ordre, les suivantes:
Pour la jante: largeur en pouces, profil du rebord et diamètre en pouces.
Pour le voile: nombre de trous de fixation, déport en mm et profil du dispositif de sécurité pour les pneus tubeless.

Rad

Das Rad eines Kraftfahrzeuges setzt sich hauptsächlich aus der Nabe, dem Radkörper und der Felge zusammen. Die gebräuchlichsten Räderarten sind die Scheibenräder, die Drahtspeichenräder und die Gußräder.
Beim Scheibenrad sind Felge und Radkörper aus Stahlblech gepreßt. Beide Teile sind miteinander vernietet oder eher verschweißt. Beim Drahtspeichenrad, das sich durch seine leichte Bauweise auszeichnet, ist die Felge mit gekreuzten Stahlspeichen gegen die Radnabe verspannt.
Gußräder werden in einem Stück gegossen. Die Ausführungen aus Leichtmetall sind besonders leicht, elegant und weisen eine ausreichende Steifigkeit auf. Fahrzeugräder sind nach folgendem Grundschema genormt, das die wichtigsten Abmessungen enthält: Felgenmaulweite in Zoll – Hornausführung (Kennbuchstabe) – Felgendurchmesser in Zoll – Anzal der Befestigungslöcher – Einpreßtiefe der Radschlüssel in mm – Felgenprofil mit Humpschulter für schlauchlose Reifen (Kennbuchstaben).

wheel alignment *(See Ill. 36 p. 528)* 1925

angles caractéristiques des roues

Les angles caractéristiques des roues sont généralement donnés par le pincement aux jantes, le carrossage et le contre-carrossage ainsi que par la chasse.

Radlauf, Radstellung, Radeinstellung

Der Radlauf ergibt sich aus der Einstellung der Vorspur, des Radsturzes und des Nachlaufs.

wheel alignment analyzer = alignment unit

wheel-arch = wheel housing

wheel balancing = balancing

wheel base 1926

empattement
Distance séparant les axes des essieux avant et arrière. Dans les véhicules à plusieurs essieux, les empattements s'additionnent de l'avant vers l'arrière.

Achsabstand, Achsstand, Radstand
Abstand der Nabenmitten von Vorder- und Hinterrädern. Bei mehrachsigen Fahrzeugen werden einzelne Radstände von vorn nach hinten addiert.

wheel bearing clearance 1927

jeu latéral des roulements de roues avant
Jeu de 0,01 à 0,1 mm prévu aux roulements à rouleaux enfilés sur la fusée.

Radlagerspiel
Axialspiel von 0,01 bis 0,1 mm an den Schrägrollenlagern, die auf dem Achszapfen sitzen.

wheel blocking = wheel lock-up

wheel camber = camber

wheel cap = axle cap

wheel chock = chock

wheel cover = axle cap

wheel cylinder *(See Ill. 5 p. 65, Ill. 15 p. 164)* 1928

cylinder récepteur, cylindre de roue
Cylindre relié au maître-cylindre du circuit de freinage par des canalisations rigides et souples et sur lequel se répercute la pression exercée sur le liquide de freins lors du freinage.

Radzylinder, Hydraulik-Radzylinder
Der Radzylinder ist über Bremsrohre und Bremsschläuche mit dem Hauptzylinder der Bremsanlage verbunden. Beim Bremsvorgang steht er unter dem vom Hauptzylinder weitergeleiteten Druck.

wheel disc 1929

disque de roue, voile de roue, corps de roue
Pièce en tôle d'acier emboutie généralement soudée ou rivetée sur la jante et reliant cette dernière au moyeu à l'aide de boulons.

Radkörper, Radschlüssel
Scheibe aus gepreßtem Stahlblech, die mit der Felge verschweißt oder vernietet ist und diese mit der Radnabe durch Bolzen verbindet.

wheel embellisher = axle cap

wheel fixing bolt *(See Ill. 13 p. 150)* 1930

boulon de moyeu
Boulon de fixation de la jante sur le moyeu de la roue.

Radbolzen
Bolzen zur Befestigung der Felge auf der Radnabe.

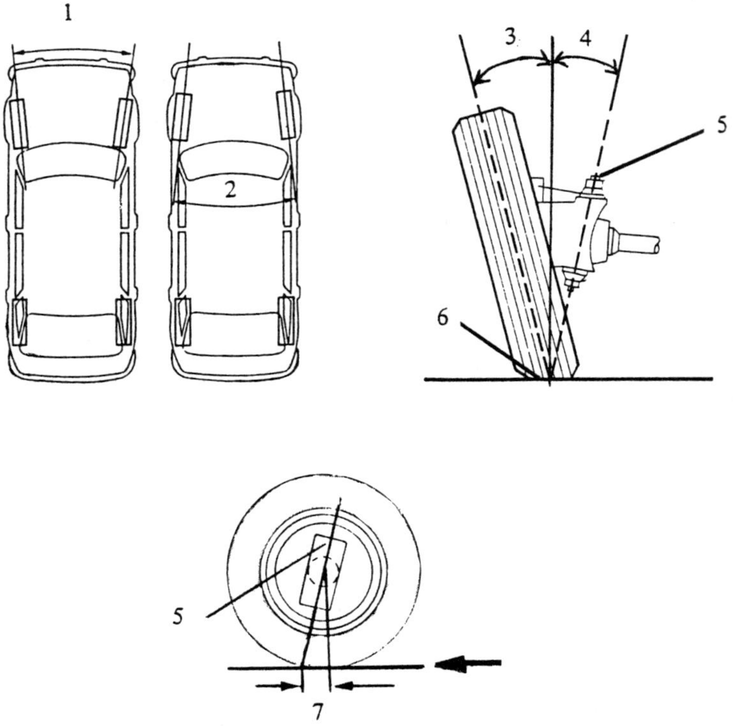

Ill. 36: wheel alignment **(1925)**

1 toe out
2 toe in
3 camber
4 steering axis inclination
5 king pin
6 contact patch
7 caster

wheel fixing nut 1931

écrou de roue
Elément de fixation de la jante sur le moyeu de roue. Il se visse sur un toc. Il convient de serrer les écrous de roue à la clé dynamométrique, sans quoi on risque de voiler le disque de frein.

Radmutter
Verbindungselement zwischen Radnabe und Felge. Radmuttern sollen nur mit dem Drehmomentschlüssel angezogen werden, sonst verziehen die Bremsscheiben.

wheel house = wheel housing

wheel housing 1932

passage de roue
Evidement pratiqué dans la carrosserie d'une automobile et qui permet le débattement de la suspension de chaque roue.

Radkasten, Räderkasten, Radschacht
Aussparung in der Karosserie, die Schwingungen der Radaufhängung beim Ein- und Ausfedern gestattet.

wheel hub = hub

wheel hub cap = axle cap

wheel imbalance = unbalance

wheel lift = lift

wheel lock-up 1933

blocage des roues
Interruption brusque du mouvement de rotation des roues au freinage, alors que le véhicule poursuit sa course. Le blocage des roues intervient en effet lorsque l'effort de freinage l'emporte sur l'adhérence des roues sur le sol.

Blockieren der Räder
Plötzliches Sperren der Drehbewegung der Räder beim Bremsvorgang, wobei das Fahrzeug sich weiter fortbewegt. Blockieren tritt nämlich ein, wenn die Bremskraft das Moment der Haftreibungskraft zwischen Rad und Fahrbahn übersteigt.

wheel mirror 1934

miroir de roue
Miroir réglable à une ou à trois faces, fixé sur la jante d'une roue lors du contrôle des trains par projection lumineuse.

Radspiegel
An einer Radfelge verstellbar befestigter Spiegel für die optische Achsvermessung. Er kann ein- oder dreiteilig sein.

wheel nut spanner = wheelbrace

wheel offset = dishing

wheel rake = camber

wheel rim = rim

wheel shaft = axle shaft

wheel slip 1935

patinage
Le patinage de la roue provient d'une différence entre la vitesse de rotation de l'arbre de roue et celle qui résulte de la vitesse du véhicule. Il se manifeste entre le pneumatique et la chaussée et s'exprime en pour cent.

Schlupf, Radschlupf
Unterschied zwischen der Drehschnelle der Antriebswelle und der Drehschnelle, die sich aus der Fahrgeschwindigkeit ergibt. Der Radschlupf entsteht also zwischen Reifen und Fahrbahn und wird in Prozent ausgedrückt.

wheel-slip brake control system = ABS braking device

wheel suspension = suspension

wheel suspension lever 1936

bras de suspension, bras porte-fusée
Dans la suspension hydropneumatique, chaque roue indépendante est reliée au châssis par un bras de suspension au centre duquel s'articule un piston coulissant dans un cylindre selon les déplacements verticaux de la roue.

Schwingarm
Federungsteil der hydropneumatischen Federung, das das einzeln aufgehängte Rad mit dem Fahrgestell verbindet. Der Schwingarm ist in seiner Mitte mit einem Kolben gekoppelt, der sich je nach den senkrechten Bewegungen des Rades in einem Zylinder aufwärts und abwärts bewegt.

wheel suspension travel = lift

wheel track = track width

wheel valance = wheel housing

wheel well = wheel housing

wheelbrace 1937

vilebrequin démonte-roues
Outil servant au serrage et au desserrage des écrous et boulons de fixation de roue.

Radmutterschlüssel, Radschlüssel
Werkzeug zum Lösen bzw. Anziehen von Radmuttern und Radbolzen.

wheelnut = wheel fixing nut

whirl chamber = swirl chamber

whirl-chamber diesel engine = swirl-chamber diesel engine

white lead 1938

céruse, blanc de céruse, blanc d'argent
Carbonate basique de plomb très toxique utilisé en peinture.

Bleiweiß
Sehr giftiges basisches Bleicarbonat, das für Anstriche verwendet wird.

whiteheart malleable cast iron 1939

fonte malléable à coeur blanc, fonte malléable Réaumur, fonte malléable européenne
Fonte malléable obtenue par traitement thermique de pièces coulées en fonte blanche et où la décarburation joue un rôle essentiel.

weißer Temperguß
Guß, der aus weißem Gußeisen durch Tempern unter Kohlenstoffentzug (Entkohlung) gewonnen wird.

wide-base tire (US) = low-section tire

wide-beam headlight 1940

projecteur de virage et de brouillard
Phare dont le verre a été moulé de telle sorte qu'il diffuse un faisceau lumineux large et plat éclairant les bas-côtés de la chaussée dans les virages.

Breitstrahlscheinwerfer, Breitstrahler
Scheinwerfer mit Streuscheibe, deren Oberflächenprofil einen breiten und flachen Lichtstrahl zur Ausleuchtung der Fahrbahnränder bei Kurvenfahrt bildet.

wind channel = wind tunnel

wind tunnel 1941

soufflerie aérodynamique, tunnel aérodynamique
Dispositif expérimental en forme de tunnel, dans lequel une maquette de voiture est soumise à l'action d'une veine fluide produite par un ventilateur, afin que l'on puisse étudier son comportement à l'écoulement.

Windkanal
Tunnelartige Versuchseinrichtung, in der u.a. ein Kraftwagenmodell dem von einem Gebläse erzeugten Luftstrom ausgesetzt ist, damit sein aerodynamisches Verhalten erforscht werden kann.

window crank mechanism 1942

lève-glace
Mécanisme se trouvant à l'intérieur du panneau de garnissage de porte et servant à l'ouverture ainsi qu'à la fermeture des glaces de porte à l'aide d'une manivelle de lève-glace, auquel cas la vitre se déplace dans des coulisses. Le lève-glace manuel à câble est essentiellement constitué de galets chaussés par un câble. Il existe également d'autres systèmes manuels tels que le lève-glace à secteur et le lève-glace à crémaillère.

Fensterheber, Fensterkurbelmechanismus, Kurbelapparat
Mechanismus in der Seitenverkleidung der Wagentür zum Öffnen und Schließen der Seitenfenster mit Hilfe einer Fensterkurbel, wobei die Scheibe auf jeder Seite sich in Fensterführungsschienen bewegt. Beim Seilzug-Fensterheber läuft ein Drahtseil über Rollen. Es gibt aber auch andere handbetätigte Systeme wie der Zahnstangen- und der Zahnsegment-Fensterheber.

window lift mechanism = window crank mechanism

window lifter = window crank mechanism

window regulator = window crank mechanism

window winder = window crank mechanism

windscreen (GB) = windshield

windscreen aerial (GB) = windshield antenna

windscreen washer bottle = washer bottle

windscreen wiper = windshield wiper

windshield (US) **1943**

pare-brise

Plaque en verre spécial ou en matière transparente sertie ou collée dans une baie à l'avant du véhicule. Elle permet au conducteur d'avoir une bonne visibilité à l'avant, tout en le protégeant du vent et des intempéries surtout aux grandes vitesses. C'est sur l'extérieur de cette plaque que reposent le ou les essuie-glace.

Windschutzscheibe, Frontscheibe

Scheibe aus Sicherheitsglas bzw. aus durchsichtigem Material, die vorn in einem Gummirahmen gelagert oder durch Einkleben in der Karosserie befestigt ist. Sie gewährt dem Fahrer die Sicht nach vorn und bietet ihm Schutz vor Wind und Wetter, besonders bei hohen Geschwindigkeiten. Auf der Windschutzscheibe ruhen außen ein oder zwei Scheibenwischer.

windshield antenna (US) **1944**

antenne de pare-brise

Antenne collée sur le pare-brise d'une voiture automobile tout comme la résistance chauffante d'une lunette arrière. Certaines de ces antennes se placent sur le pourtour du pare-brise, en sorte qu'elles n'affectent en rien la visibilité du conducteur, d'autres modèles se fixent seulement sur le bord supérieur.

Windschutzscheibenantenne, Scheibenantenne, Fensterantenne

Antenne, die auf die Windschutzscheibe aufgedruckt wird sowie die dünnen Heizleiter einer heizbaren Heckscheibe. Meist laufen die Leiter rund um die ganze Windschutzscheibe und fallen so nicht auf. Bei einigen Ausführungen werden die Antennenleiter nur auf die Oberkante der Windschutzscheibe aufgerieben.

windshield washer unit **1945**

lave-glace

Dispositif permettant de projeter de l'eau pompée par jets à travers des gicleurs sur la plus grande surface du pare-brise, où elle se répandra en nappe grâce aux essuie-glace.

Dans les lave-glace électriques, on trouve une pompe qui puise de l'eau dans un réservoir et qui la projette sur le pare-brise par des

Scheibenwaschanlage

Vorrichtung zum Spritzen von Waschwasser mittels Düsen auf die Windschutzscheibe, wo es durch die Scheibenwischer verteilt wird. Kernstück der elektrischen Scheibenwaschanlage ist eine Wasserpumpe, die das Waschwasser aus einem Vorratsbehälter schöpft und über Düsen einen Wasserstrahl auf die Windschutzscheibe pumpt.

(projette sur le pare-brise par des) gicleurs.
Dans les systèmes pneumatiques, le conducteur doit agir par pression du pied ou de la main (soufflet en caoutchouc, bouton-poussoir).
Avant l'hiver, il est conseillé de prévoir un antigel pour le réservoir.

(pumpt.)
Bei der pneumatischen Ausführung wird die Anlage mit Gummibalg oder Pumpenknopf in Gang gesetzt.
Vor dem Winter sollte dem Waschwasser ein Enteisungsmittel beigegeben werden.

windshield wiper 1946

essuie-glace
Dispositif à commande électrique ou pneumatique assurant la netteté du champ visuel par temps de pluie ou de neige. Puissance consommée 15 à 25 watts.

Scheibenwischer, Wischer
Elektrisch oder pneumatisch angetriebene Vorrichtung zur Erhaltung eines klaren Blickfeldes bei Regenwetter oder Schneetreiben. Leistungsbedarf 15 bis 25 Watt.

windshield wiper delay switch = intermittent wiper control switch

wing (GB) = fender

wing extension 1947

élargisseur d'aile
Rebord en saillie d'une aile de voiture devant obligatoirement être fixée sur la carrosserie lors du montage de pneus extra-larges.

Kotflügelverbreiterung
Überstehende Kotflügelkante, die z.B. bei Verwendung von Breitreifen nachträglich angeschraubt werden muß.

wing nut 1948

écrou à oreilles plates, papillon
Ecrou muni de deux ailettes.

Flügelmutter
Schraubenmutter mit zwei flachen Ansätzen.

winged nut = wing nut

winter diesel fuel 1949

gas-oil d'hiver
Pendant la période d'hiver, on peut s'approvisionner en combustible diesel à bas point de figeage, car par suite de très basses températures extérieures la fluidité du gas-oil risque de devenir insuffisante du fait de la formation de microcristaux de paraffine.
Généralement le gas-oil d'hiver est utilisé sans inconvénient jusqu'à des températures extérieures d'environ -20°.

Winter-Dieselkraftstoff
Nachdem das Fließvermögen des Dieselkraftstoffes infolge Paraffin-Ausscheidung bei anhaltendem Frost ungenügend werden kann, werden in den Wintermonaten Dieselkraftstoffe mit tieferem BPA-Punkt (Trübungspunkt) getankt, um Betriebsstörungen zu vermeiden. In den meisten Fällen kann Winter-Dieselkraftstoff bis ca. $-20^\circ C$ Außentemperatur störungsfrei verwendet werden.

winter oil 1950

huile d'hiver
L'huile d'hiver est repérée par la lettre W. Il s'agit d'une huile fluide de grade SAE 5 W à SAE 20 W.

Winteröl
Winteröl wird mit dem Zusatz W gekennzeichnet. Es ist ein dünnflüssiges Öl, das die Viskositätsklassen SAE 5 bi bis SAE 20 W überdeckt.

winter tire (US) 1951

pneu d'hiver
Pneumatique à nervures en relief devant être gonflé avec une légère surpression. Il perd de son efficacité lorsque ses sculptures n'ont plus qu'une épaisseur de 4 mm. La gomme d'un pneu d'hiver a la particularité de devenir d'autant plus souple que la température est basse.

Winterreifen
Grobstolliger Reifen, der mit höherem Fülldruck aufgepumpt wird. Er ist winteruntauglich, wenn das Profil der Lauffläche bereits auf 4 mm abgefahren ist. Die thermoelastische Haftmischung eines Winterreifens wird bei sinkender Außentemperatur geschmeidiger.

winter tyre (GB) = winter tire

wiper arm 1952

bras de monture d'essuie-glace
Partie mobile d'une monture d'essuie-glace animée d'un mouvement de va-et-vient par un moteur électrique via une tringlerie intermédiaire.

Wischarm, Wischerarm
Bewegliches Teil einer Wischeranlage, das von einem Elektromotor über ein Übertragungsgestänge in eine Hin- und Herbewegung versetzt wird.

wiper blade 1953

raclette d'essuie-glace
Lame de caoutchouc d'un bras de monture d'essuie-glace qui est appliquée sur le pare-brise.

Wischblatt, Wischerblatt, Wischgummi
Gummiblatt am Wischerarm, das auf der Windschutzscheibe aufliegt.

wiper-delay mechanism = intermittent wiper control switch

wiper motor 1954

moteur d'essuie-glace
Moteur électrique dont l'arbre convertit le mouvement rotatif en mouvement pendulaire par un système de tringlerie.

Scheibenwischermotor
Rotationsmotor, dessen Abtriebswelle die Drehbewegung über Gestänge in Hin- und Herdrehung umwandelt.

wire to 1955

câbler
Réunir par un fil de connexion.

verdrahten, verkabeln
Mit einer Stromleitung verbinden.

wire 1956

câble, fil
Les générateurs et les consommateurs de courant électrique sont réunis entre eux par des câbles. Ceux-ci possèdent une âme en cuivre protégée par une gaine en matière plastique à l'épreuve des huiles, des carburants et des températures élevées. Les fils de faible section étant mis à part, l'âme du câble est constituée de plusieurs brins torsadés, qui lui confèrent sa souplesse et sa résistance.
Dans le circuit secondaire de l'allumage, dans lequel on enregistre des pointes de haute tension de 25.000 volts, la gaine isolante du câble est bien entendu renforcée.

Kraftfahrzeugleitung, Leitung
Stromerzeuger und Stromverbraucher werden durch Leitungen miteinander verbunden. Diese haben eine Kupferseele, die von einer öl-, benzin- und wärmefesten Kunststoffisolierung umhüllt ist. Abgesehen von sehr kleinen Querschnitten ist die Kupferseele aus biegsamen und reißfesten Einzeldrähten gezwirnt.
Im Sekundärstromkreis der Zündanlage, in dem Hochspannungsspitzen von 25.000 V geläufig sind, ist die Kunststoffisolierung selbstverständlich verstärkt.

wire cross section = wire section

wire-mesh strainer = oil pump strainer

wire retaining ring 1957

jonc d'arrêt
Anneau fendu en fil d'acier dont les deux extrémités sont recourbées vers l'intérieur afin qu'on puisse les joindre à l'aide d'une pince.

Drahtsprengring
Offener Drahtring, dessen Enden nach innen gebogen sind, damit sie mit einer Zange zusammengedrückt werden können.

wire section 1958

section de câble, section de fil
Pour les divers conducteurs du câblage électrique d'un véhicule automobile des sections normalisées (sections nominales) sont imposées afin d'éviter une chute de tension trop importante ou un échauffement excessif de ces conducteurs.
Les sections prescrites des câbles et fils sont les suivantes:
0,5 mm^2 : Pour les conducteurs de courant de faible intensité, par exemple pour les témoins lumineux, l'éclairage du tableau de bord, la montre de bord, l'indicateur du niveau d'essence, etc. (intensité en service continu: environ 0,5 A).
0,75 mm^2 : Par exemple pour les

Leiterquerschnitt, Leitungsquerschnitt, Kabelquerschnitt
Für die verschiedenen Leitungslitzen des Bordnetzes sind Normquerschnitte (Nennquerschnitte) vorgesehen, um einen allzu großen Spannungsverlust und eine gefährliche Erwärmung der betreffenden Leitung zu verhüten.
Folgende Leiterquerschnitte sind für Kraftfahrzeugleitungen vorgeschrieben:
0,5 mm^2 : Für schwach belastete Leitungen, z.B. von Kontroll-Leuchten, Instrumentenleuchten, Zeituhr, Benzinuhr usw. (Dauerstrom ca. 0,5 A).
0,75 mm^2 : z.B. für Begrenzungsleuchte, Schlußlicht, Zündanlage usw. (Dauerstrom ca. 6 A).
1 mm^2 : z.B. für Fahrtrichtungsanzei-

(0,75 mm^2: Par exemple pour les) feux de position, les feux arrière, le circuit d'allumage, etc. (intensité en service continu: environ 6 A).
1 mm^2: Par exemple pour l'indicateur de direction et les stops (intensité en service continu: environ 3 A).
1,5 mm^2: Par exemple pour les câbles isolés de phares, l'avertisseur sonore et le moteur d'essuie-glace (intensité en service continu: environ 10 A).
2,5 mm^2: Par exemple pour le câblage groupé des phares (intensité en service continu: environ 20 A).
4–10 mm^2: Pour le câble de charge de l'alternateur.
16–120 mm^2: Pour le câble du démarreur.

(1 mm^2: z.B. für Fahrtrichtungsanzei-) ger, Bremsleuchte usw. (Dauerstrom ca. 3 A).
1,5 mm^2: z.B. für Scheinwerfereinzelleitungen, Signalhorn und Wischermotor (Dauerstrom ca. 10 A).
2,5 mm^2: z.B. für Scheinwerfer-Sammelleitungen (Dauerstrom ca. 20 A).
4–10 mm^2: Für Ladeleitungen (Lichtmaschine).
16–120 mm^2: Für Anlasserkabel.

wire stripper = stripper

wiring diagram = car wiring diagram

wishbone suspension = trapezoid-arm type suspension

withdrawal fork = clutch fork

wood alcohol = methanol

working cycle **1959**

cycle de fonctionnement
Cycle de toutes les phases successives se déroulant dans le cylindre d'un moteur à explosion. Dans un moteur à quatre temps, le cycle de fonctionnement se répète après deux tours de vilebrequin.

Arbeitsspiel
Periodisch wiederkehrender Ablauf aller Vorgänge (Takte) im Zylinder eines Verbrennungsmotors.
Beim Viertaktmotor läuft ein Arbeitsspiel in zwei Kurbelwellenumdrehungen ab.

working cylinder *(See Ill. 10 p. 132)* **1960**

cylindre de travail
Espace rempli de liquide hydraulique dans lequel se meut le piston à tige d'un amortisseur télescopique.

Arbeitszylinder
Mit Spezial-Stoßdämpferöl gefüllter Raum in einem Teleskopstoßdämpfer, in dem sich ein Kolben mit Kolbenstange auf- und abbewegt.

working-medium volume = combustion chamber

working pit = inspection pit

working stroke = ignition stroke

worm 1961

vis sans fin
Vis dont les filets sont taillés sur une tige cylindrique et qui transmet son mouvement de rotation à une roue dentée tangente. L'axe de la vis sans fin et l'arbre de la roue tangente sont perpendiculaires l'un par rapport à l'autre.

Schnecke
Eine auf einem zylindrischen Schaft eingeschnittene, endlose Schraube, die ihre Drehbewegung auf ein mit ihr kämmendes Schneckenrad überträgt. Die Wellen von Schnecke und Schneckenrad stehen rechtwinklig zueinander.

worm gear final drive 1962

couple à vis sans fin
Couple final constitué d'une vis sans fin engrenant une roue hélicoïdale. Il se distingue par sa marche silencieuse et son grand rapport de transmission. Il est toutefois rarement utilisé en construction automobile.

Schneckenradantrieb
Achsantrieb bestehend aus Schnecke und Schneckenrad. Schneckenradantriebe haben eine große Laufruhe und ein hohes Übesetzungsverhältnis. Sie werden jedoch selten in Kraftfahrzeuge eingebaut.

worm and nut steering 1963

direction à vis et écrou
Un écrou animé d'un mouvement ascendant et descendant est commandé par une vis sans fin. Le levier de direction est alors actionné à son tour par un levier à fourche solidaire de l'écrou.

Spindellenkung, Fulminalenkung, Schraubenlenkung, Schraubenlenkgetriebe
Eine Lenkmutter wird auf einer Lenkschraube nach oben und nach unten verschoben, wobei der Lenkstockhebel über einen Gabelhebel betätigt wird, der mit der Lenkmutter verbunden ist.

worm and sector steering 1964

direction à secteur
La colonne de direction se termine par une vis sans fin en prise avec un secteur denté qui fait tourner la bielle pendante, laquelle entraîne à son tour la bielle de direction.

Schneckenlenkung, Schneckensegmentlenkung
Die Lenksäule endet mit einem Schneckengewinde, das in ein Schneckenradsegment eingreift. Dieses verdreht den Lenkstockhebel, der die mit ihm verbundene Lenkstange in Bewegung setzt.

wrench (US) 1965

clé à vis, clé à écrou, clé de serrage
Outil servant à serrer ou à desserrer des écrous ou des vis.

Schraubenschlüssel
Werkzeug zum Anziehen oder Lösen von Schrauben bzw. Muttern.

wrist pin (GB) = piston pin

wye connection = star connection

X-frame 1966

cadre en X
Cadre à longerons en X et traverses profilées.

X-Rahmen
Rahmen aus X-förmigen Längsträgern und Quertraversen.

xylidine 1967

xylidine
Arylamine dérivant des xylènes, utilisée notamment comme produit antidétonant de l'essence.

Xylidin
Von Xylolen abgeleitete primäre Amine, die als Antiklopfmittel im Benzin Verwendung findet.

Y-connection = star connection

zamak 1968

Zamak
Alliage à base de zinc auquel s'ajoutent de l'aluminium, du cuivre et du magnésium. Il est notamment utilisé dans la construction de carburateurs.

Zamak
Zinklegierung mit Beimischungen von Aluminium, Kupfer und Magnesium. Zamak wird u.a. als Vergaserwerkstoff verwendet.

Zener diode 1969

diode Zener
Diode à semi-conducteur servant de transmetteur de valeur de consigne pour les régulateurs de tension des alternateurs. Elle laisse passer le courant dans le sens de non-conduction à une tension déterminée.

Z-Diode, Zenerdiode, Lawinendiode
Halbleiterdiode, die als Sollwertgeber für die Spannungsregler von Generatoren dient. Sie wird in Sperrichtung bei einer bestimmten Spannung leitend.

Zenith carburetor® 1970

carburateur Zenith, carburateur compensé
Carburateur comportant un gicleur principal, le jet, et un gicleur supplémentaire dit compensateur alimenté par un puits de compensation et qui, en ralenti accéléré, fournit un appoint de carburant. Au terme de l'accélération, le puits se vide et le carburant est à nouveau débité par le gicleur principal.

Zenith-Vergaser
Vergaser mit einer Hauptdüse und einer Zusatzdüse, die mit einer Vorratskammer verbunden ist und bei Beschleunigung zusätzlichen Kraftstoff abgibt. Nach dem Gasgeben wird die Vorratskammer leer, und der Kraftstoff fließt erneut aus der Hauptdüse.

zeolites 1971

zéolites
Groupe d'aluminosilicates. Les zéolites sont utilisées notamment comme catalyseurs lors du craquage catalytique.

Zeolithe, Siedesteine
Gruppe von Silikatmineralen. Zeolithe werden u.a. als Katalysatoren beim katalytischen Cracken eingesetzt.

zero delivery = no delivery

zinc 1972

zinc
Métal blanc-bleuâtre qui se dinstingue par son pouvoir de dilatation thermique. A l'air humide, le zinc se recouvre d'une couche protectrice d'hydrocarbonate. Il est appliqué notamment comme produit antirouille sous forme de revêtement très mince recouvrant des pièces métalliques.

Zink
Bläulichweißes Metall mit großer Wärmeausdehnung. An feuchter Luft überzieht es sich mit einer Schicht von basischem Carbonat, die das Metall vor weiterem Angriff schützt. Es wird u.a. in dünnen Überzügen auf Metallgegenständen als Rostschutz verwendet.

Index français

Deutsches Wortregister

Index of Illustrations
Index des figures
Wortregister zu den Bildtafeln

Bibliography
Bibliographie
Literaturverzeichnis

Leçons sur l'automobile de L. Hérion, tomes I à VII, Ecole de Technologie des Ateliers de Liège

L'automobile, technologie professionnelle générale, Editions Foucher, Paris

Nouveau manuel de l'automobiliste de L. Razaud et R. V. Vivier, Ed. Chiron-Moteurs, Paris

Les pannes des automobiles de L. Razaud, Ed. Chiron-Moteurs, Paris

Technique automobile, équipement électrique de L. Blanckaert, Editions Plantyn s.a., Anvers

Technique automobile, contrôle et réglage des véhicules automobiles de J. Thonon et B. Steens, Editions Plantyn s.a., Anvers

Le mécanicien d'automobiles, J. Maurizot et M. Delanette, Ed. Eyrolles, Paris

"Entretenez votre voiture sans problème", Ed. Gründ, Paris

Dictionnaire illustré de la technique automobile de Cz. Blok et W. Jezewski, E.T.A.I.

"Know about your car", The Automobile Association, Basingstoke, England

Fachkunde Kraftfahrtechnik, Holland + Josenhans Verlag Stuttgart

Der Kfz-Handwerker, Fr. Schelkle, Holland + Josenhans Verlag Stuttgart

Prüfungsbuch Kraftfahrzeugtechnik, Verlag Europa-Lehrmittel Wuppertal

Schlag nach! für Autofahrer, Bibliographisches Institut Mannheim

Auto und Elektrizität, ADAC Verlag München

Elektrik am Auto, R. Hüppen / D. Korp, Motorbuch Verlag Stuttgart

Autoradioeinbau und Entstörung, Blaupunkt Werke GmbH Hildesheim

Fachwörterbuch Kraftfahrtechnik Deutsch-Englisch / Englisch-Deutsch, Robert Bosch GmbH